Artificial Intelligence and Information Sensing

人工智能与信息感知

王　雪　编著

U0198224

清华大学出版社
北京

内 容 简 介

本书系统全面地介绍了人工智能与信息感知理论与实践的内容。依据信息感知系统的组成、特点以及信息感知过程，以感知、融合、智能处理为主线，重点介绍了面向信息感知处理背景下的人工智能前沿理论与方法。内容包括：信息感知与数据融合基本原理与方法；神经计算基本方法，神经计算实现技术以及支持向量机；深度学习中典型神经网络实现及其应用；模糊逻辑计算中模糊逻辑与模糊推理、模糊计算实现和应用；进化计算中遗传算法、粒群智能、蚁群智能等方法和实例。

本书可作为高等院校电子、计算机、测控技术、自动化等相关专业本科生、研究生的教材，也可作为工程技术人员开展人工智能与信息感知实践的重要参考书。

本书封面贴有清华大学出版社防伪标签，无标签者不得销售。
版权所有，侵权必究。举报：010-62782989，beiqinquan@tup.tsinghua.edu.cn。

图书在版编目(CIP)数据

人工智能与信息感知/王雪编著. —北京：清华大学出版社，2018(2023.9 重印)
ISBN 978-7-302-49975-6

Ⅰ. ①人…　Ⅱ. ①王…　Ⅲ. ①智能技术　Ⅳ. ①TP18

中国版本图书馆 CIP 数据核字(2018)第 067441 号

责任编辑：魏贺佳
封面设计：常雪影
责任校对：赵丽敏
责任印制：丛怀宇

出版发行：清华大学出版社
网　址：http://www.tup.com.cn，http://www.wqbook.com
地　址：北京清华大学学研大厦 A 座　　邮　编：100084
社 总 机：010-83470000　　邮　购：010-62786544
投稿与读者服务：010-62776969，c-service@tup.tsinghua.edu.cn
质量反馈：010-62772015，zhiliang@tup.tsinghua.edu.cn
印 装 者：北京建宏印刷有限公司
经　销：全国新华书店
开　本：185mm×260mm　　印　张：23　　字　数：556 千字
版　次：2018 年 6 月第 1 版　　印　次：2023 年 9 月第 8 次印刷
定　价：89.00 元

产品编号：077347-01

前言

Foreword

人工智能研究正迅速发展，无论是学术界还是产业界都竞相关注。创新人工智能领域，探寻人工智能的根源，理解人类智能是未来人工智能领域的重大科学挑战。2006 年以来，以深度学习为代表的机器学习算法在机器视觉和语音识别等领域取得了极大的成功，使人工智能再次受到学术界和产业界的广泛关注。

人工智能是国际竞争的新焦点。作为引领未来的战略性技术之一，发展人工智能是提升国家核心竞争力、维护国家安全的重大战略。我国相继出台规划政策，围绕技术、人才、标准等进行部署，希望在新一轮科技领域中掌握主导权。

人工智能是经济发展的新引擎。作为新一轮产业变革的核心驱动力，人工智能释放历次科技革命和产业变革积蓄的巨大能量，并创造新的经济发展引擎，引发经济结构重大变革，深刻改变人类生产生活方式，实现社会生产力的整体跃升。

人工智能发展将从知识表达到大数据驱动知识学习，转向数据驱动和知识指导相结合；从数据分类处理迈向跨媒体认知、学习和推理；从智能机器、人机协同融合到增强智能；从个体智能到网络群体智能；从机器人走向引领社会和工业等领域的深度智能。

信息感知利用传感系统对被测对象变化进行测量，是信息处理的首要环节。信息感知测量系统具有"感、知、联"一体化的功能，涉及数据采集、数据传输与信息处理，具有包括信息采集、过滤、压缩、融合等环节。信息采集是获取测量信息，提高信息的准确性；信息过滤是对采集到的信息进行有效特征提取；信息压缩是实现冗余数据去除；信息融合是对多传感器感知的信息进行融合处理、识别或判别。

信息感知是人工智能与现实世界交互的基础和关键，是人工智能服务于工业社会的重要桥梁。人工智能通过对感知的信号与信息进行识别、判断、预测和决策，对不确定信息进行整理挖掘，实现高效的信息感知，让物理系统更加智能。人工智能与信息感知作为高度关注的热门领域，将两者进行有机结合具有重要的理论与应用价值。

本书作者于 2008 年出版了《测试智能信息处理》(清华大学出版社)一书，在此基础上根据当前国内外人工智能与信息感知领域发展趋势和研究成果进行了全面的拓展和修订，增加了信息感知与数据融合、深度学习等人工智能与信息感知技术。

本书以信息感知系统的感知、融合、人工智能处理为主线，介绍了人工智能与信息感知领域的前沿理论与方法。本书共分为 10 章。第 1 章是人工智能信息感知概述；第 2 章是信息感知与数据融合；第 3 章是神经计算基础；第 4 章是神经计算基本方法；第 5 章是深度学习；第 6 章是支持向量机；第 7 章是模糊逻辑与模糊推理基本方法；第 8 章是模糊计算实现；第 9 章是遗传算法；第 10 章是粒群智能。本书基本框架如下页图所示。

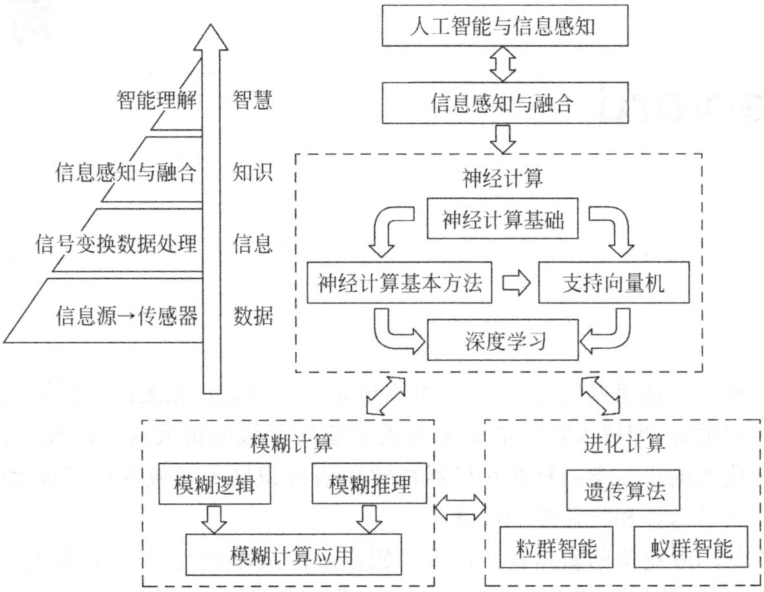

戴鹏、张鹏博、毕道伟、刘佑达、戴逸翔、刘晏池、张蔚航、游伟等参与讨论和部分内容的撰写及后期的文字录入、校对、绘图与实例验证工作。本书还参考和引用了相关的论文和书籍等资料，在此一并对上述人员和文献作者表示衷心的感谢。

特别感谢我的妻子和女儿的鼓励与支持，还要感谢我的父母和所有给予我支持和帮助的朋友，谨以此书献给他们。

最后还要特别感谢清华大学出版社的张秋玲老师、刘嘉一老师，在本书的编写过程中他们给予了很多富有建设性的意见和建议。衷心感谢清华大学出版社的支持。

本书的出版得到了国家高技术研究发展计划（“863”）、国家重点基础研究发展计划（“973”）、“十三五”国家重点研发计划等相关项目和国家自然科学基金项目（61272428、61472216）的支持，在此表示衷心感谢。

《人工智能与信息感知》涉及多个新兴交叉学科，新的理论、方法与应用层出不穷，有待进一步深入研究和探索，书中一些内容仅供读者参考。由于水平有限，时间仓促，书中不妥之处在所难免，希望读者朋友不吝赐教。

王雪

2018年2月于清华园

Contents..

目录

第1章 概述

CHAPTER 1

1.1 智能信息感知的产生及其发展

1.1.1 智能感知系统的组成与特点

当前科技界普遍认为，信息技术由四大部分组成，即信息获取、信息传输、信息处理与信息应用。这四部分组成了一个如图1.1所示的信息链。信息链的源头——信息获取，属于测试与检测技术的研究范畴。

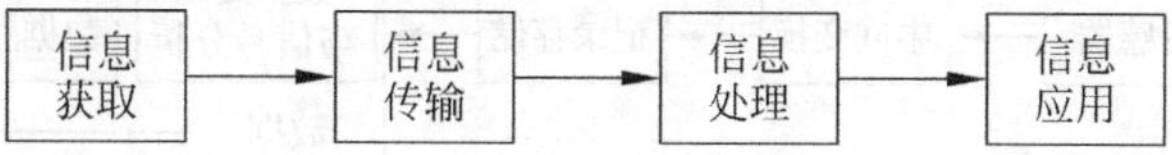

图1.1 信息技术的四个组成部分及其信息链

测试与检测技术的基本任务是研究信息获取技术及信息相关物理量的测量方法，并解决如何准确获得和处理信息问题，为被测信号（或数据）正确、可靠的传输提供必要的技术支持。同时针对信息获取、变送传输、数据处理和执行控制等部分的需要，研究在相关的信号产生、对象追踪、状态反馈、信息传送、动作控制、结果输出等技术环节中应用的控制技术与方法。

测试与检测技术是一门工程应用技术，具有鲜明的时代性，其内涵随着科学技术的发展与时俱进。仪器已从单纯机械结构、机电结构发展成为集传感器技术、计算机技术、电子技术、现代光学、精密机械等多种高新技术于一身的产品，其用途也从单纯数据采集发展为集数据采集、信号传输、信号处理以及控制为一体的测控过程。进入21世纪以来，随着计算机网络技术、软件技术、微纳米技术的发展，仪器技术出现了智能化、虚拟化、远程化和微型化的发展趋势。

测试与检测技术主要从信息获取技术上掌握相关物理量的测量方法并解决如何准确获得信息的信号与数据处理方法问题，为被测信号(或数据)正确、可靠的传输提供必要的技术支持。测试与检测技术所涉及的控制是针对信息获取、变送传输、数据处理和执行控制等部分的需要，研究在相关的信号产生、对象跟踪、状态反馈、信息传送、动作控制、结果输出等技术环节中应用的控制技术与方法。仪器测试技术则体现了该学科系统性、完整性、集成性的特征。

测试与检测技术的实质是信息获取、信息处理、信息利用的工具，是研究以获取信息为目的的信息转换、处理、传输、存储、显示与应用等技术与装置的应用科学。

著名科学家钱学森明确指出："发展高新技术信息技术是关键，信息技术包括测量技术、计算机技术和通信技术。测量技术是关键和基础。"而测试与检测技术是其中的一项重要内容。

智能感知系统是对物质世界的信息进行测量与控制的基础手段和设备，因而美国商务部报告在关于新兴数字经济部分提出，信息产业包括计算机软硬件行业、通信设备制造及服务行业、仪器仪表测试行业。信息技术包括信息获取、信息处理、信息传输与信息应用四部分内容。其中，信息的获取是靠仪器测试来实现的。测试技术中的传感器、信号采集系统就是完成这一任务的具体器件。如果不能获取信息，或信息获取不准确，那么信息的存储、处理、传输都是毫无意义的。因而，信息获取是信息技术的基础，是信息处理、信息传输和信息应用的前提。测试与检测技术是获取信息的工具，没有仪器测试，进入信息时代将是不可能的。因而，测试与检测技术是信息技术中"信息获取—信息处理—信息传输—信息应用"的源头技术，也是信息技术中的关键技术。

一般来说，感知测量系统由传感器、中间变换装置和显示记录存储装置三部分组成，如图 1.2 所示。

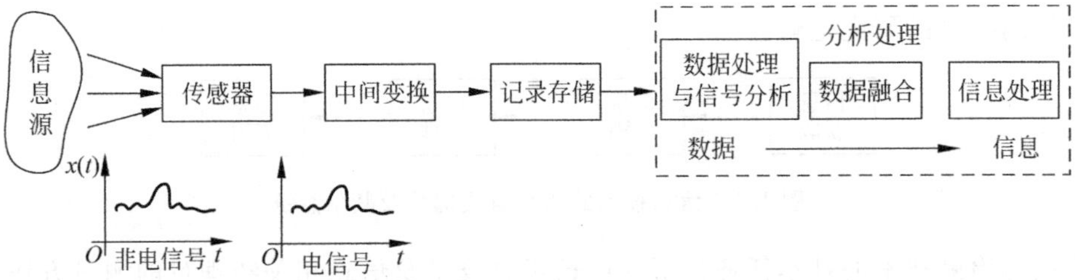

图 1.2　信息-信号的转换、传输与处理过程

感知测量系统中的记录存储部分主要以计算机为主体构成。若想对测量的数据进行处理，首先要进行信号分析，如通常采用快速傅里叶变换(FFT)、频谱分析、小波分析等；感知测量系统要对来自多个传感器检测到的信号进行数据处理，需要进行数据融合完成对信号的深入分析，在此基础上采用智能计算方法进行信息处理，进而实现感知测量系统的最终测量目标。

感知是人类认识自然、掌握自然规律的实践途径之一，是科学研究中获得感性材料、接受自然信息的途径，是形成、发展和检验自然科学理论的实践基础。测试属于信息科学范畴，又被称为信息探测工程学。

信息，一般可理解为消息、情报或知识，例如语言文字是社会信息，商品报道是经济信息，遗传密码是生物信息等。然而，从物理学观点出发来考察，信息是物质所固有的，是其客观存在或运动状态的特征。信息本身不是物质，不具有能量，但信息的传输却依靠物质能量。一般来说，传输信息的载体称为信号，信息蕴涵于信号之中。

人类认识世界，是以感官感知自然信息开始的。物质的颜色、形状、声响、温度变化，可以由人的视觉、听觉、触觉等器官感知，但人的感官感知事物的变化有局限性，人类感官的延伸——传感器，是近代信息探测工程学中的重要内容，传感技术的发展，扩展了人类感知信息的智能。

信息感知涉及任何一项工程领域，无论是生物、海洋、气象、地质、雷达、通信以及机械、电子等工程，都离不开信息感知与处理。

按照信号变化的物理性质，可分为非电信号与电信号。例如，随时间变化的力、位移、加速度等，称为非电信号；而随时间变化的电压、电流、电荷等，则称为电信号。电信号与非电信号可以比较方便地互相转换，因此，在工程中常常将各种非电物理量变换为电信号，以利于信息的传输、存储和处理。

工程中的信息感知与处理，是指从传感器第一次敏感元件获得初始信息，采用一定设备手段进行分析处理的过程，包括了信息的获取、传输、转换、分析、变换、处理、检测、显示及应用等过程。通常又把研究信号的构成和特征值的过程称为信号分析；把信号再经过必要的加工变换，以期获得有用信息的过程称为信号处理。信号分析对信号本身的信息结构没有影响，而信号处理过程中，往往有可能使信号本身的信息结构有所改变。传感器是感知测量系统中的信息敏感和检测部件，它直接感受被测信息并输出与其成一定比例关系的物理量（信号），以满足系统对信息传输、处理、记录、显示和控制的要求。

人们常常习惯于把传感器比作人的感官，计算机比作人的大脑。因此，信息感知与计算机技术的发展促进了信息感知系统的智能化。从信息化角度出发，“智能”应体现在三个方面，即：感知，信息的获取；思维，信息的处理；行为，信息的利用。

人工智能与信息感知如图1.3所示，由应用层、感知层与信息层三个层次组成。其中，应用层面向实际应用对象，涵盖了安防监控、环境监测、智能制造、智慧城市等被测的物理环境对象；感知层基于传感网与物联网对应用层的物理环境对象进行信息的感知，信息感知涵盖了数据融合的基础理论，采用了协作感知、自适应融合、统计与估计、特征推理的理论和方法；信息层基于信息感知的数据，采用神经网络、深度学习、进化计算、粒群智能、模糊逻辑、支持向量机等人工智能的理论和方法，实现了智慧感知。

1.1.2　智能计算的产生与发展

智能计算是人工智能信息感知的核心技术。20世纪90年代以来，在人工智能与信息感知研究的纵深发展过程中，人们特别关注到精确处理与非精确处理的双重性，强调符号物理机制与连接机制的综合，倾向于冲破“物理学式”框架的“进化论”新路，一门称为智能计算(computational intelligence，CI)的新学科分支被概括地提出并以更加明确的目标蓬勃发展。

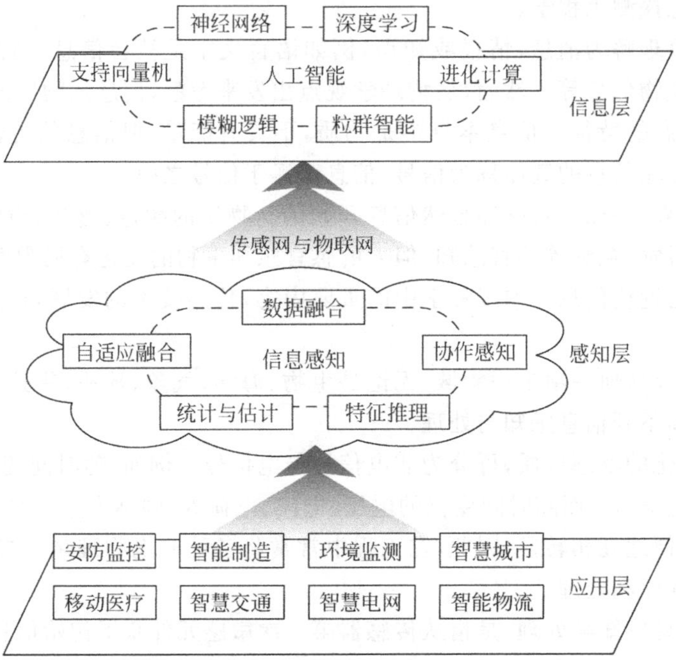

图 1.3　人工智能与信息感知框架

美国的 James C. Bezdek 教授首次提出了智能计算的定义。他在《国际近似推理杂志》上论道：智能计算依靠生产者提供的数字材料，而不是依赖于知识，而人工智能使用的是知识精华。Bezdek 还说：人工神经网络应称为计算神经网络，即“人工”两字应改为“计算”。在人工智能(artificial intelligence，AI)和智能计算 CI 的关系上，Bezdek 认为 CI 是 AI 的子集，即 CI∈AI。J. C. Bezdek 在题为“什么是智能计算”的报告中讲到：智能有三个层次，第一层是生物智能(biological intelligence，BI)，它是由人脑的物理化学过程反映出来的，人脑是有机物，它是智能的物质基础。第二层是人工智能，它是非生物的，是人造的，常用符号表示，AI 的来源是人的知识精华和传感器数据。第三层是智能计算，它是由数学方法和计算机实现的，CI 的来源是数值计算和传感器。以上三者第一个英文字符取出来称之为 ABC。显然，从复杂性看有三个层次，即 B(有机)、A(符号)、C(数值)，而且 BI 包含了 AI，AI 又包含了 CI。

根据 Bezdek 的看法，AI 是 CI－BI 的中间过渡，因为 AI 中除了计算算法外，还包含符号表示和数值信息处理。模糊集和模糊逻辑是 CI—AI 的平滑过渡，因为它包含了数值信息和语义信息。他还认为：计算神经网络是一个最底层最基本的环节，也是 CI 的一个重要基石，主要用于模式识别，由以下四个点决定：功能、结构(联接拓扑和更新策略)、形式(集成和传递的节点函数式)、数据(用于训练/测试的数据)。按以上几点，计算神经网络有多种形式，如前馈、自组织以及与模糊结合的模糊神经网络等。

目前国际上提出智能计算就是以人工神经网络为主导，与模糊逻辑系统、进化计算以及信号与信息处理学科的综合集成。新一代的智能计算信息处理技术应是神经网络、模糊系统、进化计算、混沌动力学、分形理论、小波变换、人工生命等交叉学科的综合集成。

尽管对智能计算的定义、内容以及与其他智能学科分支的关系尚没有统一的看法，但智能计算的下列两个重要特征却是人们比较共同的认识：

智能计算与传统人工智能不同，主要依赖的是生产者提供的数字材料，而不是依赖于知识；它主要借助数学计算方法(特别是与数值相联系的计算方法)的使用。这就是说，一方面，CI的内容本身具有明显的数值计算信息处理特征；另一方面，CI强调用“计算”的方法来研究和处理智能问题。需强调的是，CI中计算的概念在内涵上已经加以拓广和加深。一般地，在解空间进行搜索的过程都被称为计算。深度学习近年来的发展，深度学习拓宽了神经网络的应用范围，特别是面向大数据的信息挖掘与分析，包括图像处理、自动驾驶以及自然语言处理等领域。

智能计算发展的重要方向之一就是不断引进深入的数学理论和方法，以“计算”和“集成”作为学术指导思想，进行更高层次的综合集成研究。目前的研究方向不仅突破了模型及算法层次的综合集成的模式，而且已经进入了感知层与认知层的综合集成。

智能信息感知可以划分为两大类，一类为基于传统计算机的信息处理，另一类为基于神经网络和深度学习的智能信息感知。基于传统计算机的信息处理系统包括智能仪器、自动跟踪监测仪器系统、自动控制制导系统、自动故障诊断系统等。在人工智能系统中，它们具有模仿或代替与人的思维有关的功能，通过逻辑符号处理系统的推理规则来实现自动诊断、问题求解以及专家系统的智能。这种智能实际上体现了人类的逻辑思维方式，主要应用串行工作程序按照一些推理规则一步一步进行计算和操作，目前应用领域很广。

人工神经网络是模仿延伸人脑认知功能的新型智能信息处理系统。由于大脑是人的智能、思维、意识等一切高级活动的物质基础，构造具有脑智能的人工智能信息处理系统，可以解决传统方法所不能或难以解决的问题。以联接机制为基础的神经网络具有大量的并行性、巨量的互连性、存储的分布性、高度的非线性、高度的容错性、结构的可变性、计算的非精确性等特点，它是由大量的简单处理单元(人工神经元)广泛互连而成的一个具有自学习自适应和自组织性的非线性动力系统，也是一个具有全新计算结构模型的智能信息处理系统。它可以模仿人脑处理不完整的、不准确的信息，甚至具有处理非常模糊的信息的能力。这种系统能联想记忆和从部分信息中获得全部信息。由于其非线性，当不同模式在模式特征空间的分界面极为复杂时，仍能进行分类和识别。由于其自适应自学习功能，系统能从环境及输入中获取信息来自动修改网络结构及其连接强度，以适应各种需要而用于知识推广及知识分类。由于分布式存储和自组织性，而使系统连接线即使被破坏了50%，它仍能处在优化工作状态，这在军事电子系统设备中有着特别重要的意义。因此，基于神经计算的智能信息处理是模拟人类形象思维、联想记忆等高级精神活动的人工智能信息处理系统。以概率统计为基础的支持向量机理论和主分量分析方法已经迅速得到发展和应用，成为神经计算中一个崭新的研究热点和应用方法。深度学习，也是最重要的人工智能实现方法之一。深度学习将特征与分类器结合到一个框架中，是一种自动学习特征的方法。它是基于数据特征的自学习性，提高了特征提取的效率，具有更强的特征表达能力，可实现大规模数据的学习和表达。

模糊逻辑及其模糊推理得到迅速发展和应用，为模糊计算提供了新的扩展空间和处理知识的方法。进化计算作为人工智能中的另一重要发展分支迅速发展，在传统遗传算法的基础上又在群智能的理论和方法方面有所突破。粒群智能和蚁群智能已经建立了较为完整的理论方法体系，为大数据环境下的分析和决策起到重要作用。

1.2 人工智能信息感知技术关键

1.2.1 神经计算技术

脑神经系统是以离子电流机构为基础的由神经细胞组成的非线性的(nonlinear)、适应的(adaptive)、并行的(parallel)和模拟的(analog)网络(network),简称 NAPAN。在脑神经系统中,信息的收集、处理和传送都在细胞上进行。各个细胞基本上只有兴奋与抑制两种状态。神经细胞的响应速度是毫秒级,比半导体器件要慢得多。神经细胞主要依靠网络的超并行性来实现高度的实时信息处理和信息表现的多样性。神经细胞上的突触机构具有很好的可塑性。这种可塑性使神经网络具有记忆和学习功能。突触结合的连接形成了自组织特性,并随学习而变化,使神经网络具有强大的自适应功能。

由于脑神经系统的复杂性,至今还没有可用于分析和设计 NAPAN 的理论。尽管人们早已经知道在人的大脑中存在着 NAPAN,但由于研究 NAPAN 的难度很大,而且电子计算机的功能已经十分强大,因而人们一直未能对它进行深入的研究。只有在开始注重到数字计算机的局限性的今天,人们才感到必须研究 NAPAN,希望通过它能实现崭新的超并行模拟计算机。

神经科学已经从分子水平到细胞水平分析了神经元的详细构造和功能,对脑神经系统所实现的信息处理的基本性质的理解也逐步深入。然而,即使细胞的结构以及生理的和物理的机理都弄清楚了,但对涉及 140 亿个神经细胞所组成的脑神经系统的超并行性、层次和分布式构造所形成的系统本质特性人们还知之甚少。目前,需要从系统论的立场出发来研究复杂的 NAPAN。在网络层次上弄清其功能和信息处理原理,确定使其体系化的理论。

神经网络模型和学习算法的研究把许多简单的神经细胞模型并行分层相互结合成网络模型,提供了信息处理的有效手段,为建立 NAPAN 理论提供了新途径。人工神经网络是对真实脑神经系统构造和功能予以极端简化的模型。对神经网络的研究,有助于人类对 NAPAN 的理解,有助于探明大脑的信息处理方式,建立脑的模型,进一步弄清脑的并行信息处理的基本原则,并从应用角度寻求其工程实现的方法。

神经网络的主要特征是大规模的并行处理、分布式的信息存储、良好的自适应性、自组织性以及很强的学习功能、联想功能和容错功能。与冯·诺依曼计算机相比,神经网络的信息处理模式更加接近人脑。主要表现在以下 7 个方面:

(1) 能够处理连续的模拟信号(例如连续变换的图像信号);

(2) 能够处理不精确的、不完全的模糊信息;

(3) 冯·诺依曼计算机给出的是精确解,神经网络给出的是次最优的逼近解;

(4) 神经网络并行分布工作,各组成部分同时参与运算,单个神经元的动作速度不快,但网络总体的处理速度极快;

(5) 神经网络具有鲁棒性,即信息分布于整个网络各个权重变换之中,某些单元的障碍不会影响网络的整体信息处理功能;

(6) 神经网络具有较好的容错性,即在只有部分输入条件,甚至包含了错误输入条件的情况下,网络也能给出正确的解;

(7) 神经网络在处理自然语言理解、图像识别、智能机器人控制等疑难问题方面具有独到的优势。

神经网络以联接主义为基础,是人工智能研究领域的一个分支。从微观角度,符号是不存在的,认知的基本元素是神经细胞。认知过程是大量神经细胞的连接引起神经细胞不同兴奋状态和系统表现出的总体行为。传统的符号主义与其不同。符号主义认为,认知的基本元素是符号,认知过程是对符号表示的运算。人类的语言、文字、思维均可用符号来描述,而且思维过程只不过是这些符号的存储、变换和输入、输出而已。以这种方法实现的系统具有串行、线性、准确、易于表达的特点,体现了逻辑思维的基本特性。20世纪70年代的专家系统和20世纪80年代日本的第五代计算机研制计划就体现了典型的符号主义思想。

基于符号主义的传统人工智能和基于联接主义的神经网络分别描述了人脑左、右半脑的功能,反映了人类智能的两重性:一方面是精确处理,另一方面是非精确处理,分别对应认知过程的理性和感性两个方面。两者的关系是互补的,不可替代。理想的智能系统及其表现的智能行为应是两者相互结合的结果。

支持向量机(support vector machine,SVM)是建立统计学习理论基础上的一种人工智能方法。统计学习理论是针对小样本情况研究统计学习规律的理论,是传统统计学的重要发展和补充,为研究有限样本情况下机器学习的理论和方法提供了理论框架,其核心思想是通过控制学习机器的容量实现对推广能力的控制。支持向量机方法是一种通用学习机器,较以往方法表现出很多理论和实践上的优势。

统计学在解决机器学习问题中起着基础性的作用。传统的统计学所研究的主要是渐近理论,即当样本趋向于无穷多时的统计性质。在实际问题中,样本数目通常是有限的。然而传统计算理论仍以样本数目无穷多为前提假设来推导各种算法,期望该类算法在样本较少时也能获得较好的表现。然而,当样本数有限时,传统的人工智能方法表现出较差的泛化能力。

基于统计与估计理论框架的支持向量机方法,为有限样本情况下的机器学习问题提供了有力的理论基础,在此基础上支持向量机方法表现出优良特性。统计学习理论具有较完备的理论基础,更符合在有限样本情况下的智能感知应用场景的需求。

1.2.2 深度学习

深度学习作为机器学习算法研究中的一个新技术,其目的是建立、模拟人脑分析学习的神经网络。深度学习是人工神经网络研究的前沿方向,也是最重要的人工智能实现方法之一。深度学习框架将特征与分类器结合到一个框架中,是一种自动学习特征的方法。深度学习基于数据特征自学习,减少了人工提取特征的工作量,其包含的深层模型使特征具有更强的表达能力,从而实现对大规模数据的学习与表达。

深度学习的概念由Hinton等人于2006年提出。该研究组基于深度置信网络提出非监督贪心逐层训练算法,为解决深层结构相关的优化问题提供了解决方案,后续研究中栈式自编码器、卷积神经网络、递归神经网络、深度增强学习技术被相继提出。深度学习方法包含监督学习与无监督学习两类,不同的学习框架建立的学习模型存在差异。例如,卷积神经网络是一种深度监督学习框架下的机器学习模型;深度置信网络是无监督框架下的机器学习模型。深度学习立足于经典有监督学习算法和深度模型,充分利用大型标注数据集提取对象的复杂抽象特征，同时也发展无监督学习技术和深度模型在小数据集的泛化能力。深度学习是当前的研究热点，深度学习平台资源也非常丰富，包括：TensorFlow、Caffe、Caffe2、Pytorch、CNTK、Keras、Torch7、Leaf、DeepLearning4 等。

深度学习与浅学习相比具有以下优点：

(1) 在网络表达复杂目标函数的能力方面，浅结构神经网络有时无法很好地实现高变函数等复杂高维函数的表示，而用深度结构神经网络能够较好地表征。

(2) 深度学习网络结构是对人类大脑皮层的最好模拟。与大脑皮层一样，深度学习对输入数据的处理是分层进行的，用每一层神经网络提取原始数据不同水平的特征。

(3) 在信息共享方面，深度学习获得的多重水平的提取特征可以在类似的不同任务中重复使用，相当于对任务求解提供了一些无监督的数据，可以获得更多的有用信息。

(4) 深度学习比浅层学习具有更强的表示能力，而由于深度的增加使得非凸目标函数产生的局部最优解是造成学习困难的主要因素。

(5) 深度学习方法试图找到数据的内部结构，发现变量之间的真正关系形式。数据表示方式对训练学习的成功产生很大的影响，高效的表示能够消除输入数据中与学习任务无关因素的改变对学习性能的影响，同时保留对学习任务有用的信息。

自编码器是深度学习框架中的典型结构，可用作表达转换的途径，也可作为非线性降维方法。自编码器是一种无监督的机器学习技术，其采用神经网络产生的低维输出表征高维输入。传统线性降维方法，如主成分分析，通过在高维空间中寻求最大方差方向，以减少数据维度；线性度限制了可提取的特征维度。自编码器用神经网络的非线性特点，克服了该限制。自编码器通常有单层与多层的编码器与解码器，通常多层结构具有更强的学习能力。自编码器是一种前馈网络，多层网络结构可提高特征提取效率。通用近似定理能够保证至少一个隐藏层，且隐藏单元足够多的前馈神经网络能以任意精度近似逼近任意函数。多层编码器(至少有一个隐藏层)的主要优点是其中的各隐藏层的自编码器在数据域内能表示任意近似数据的恒等函数，不会丢失输入信息。同时，该结构还可以有效降低表示某些函数的计算成本，以及学习函数所需的训练数据量。多层自编码器能比响应的浅层或线性自编码器具有更好的压缩效率。训练多层自编码器的方法是通过启发式贪婪算法对各层自编码器进行逐层预训练，优化多层自编码器隐层的权值矩阵。

深度置信网络是在自编码器基础上发展而来的第一类深度非卷积模型之一。深度置信网络的出现标志着深度学习的兴起。在该网络模型被提出之前，深层神经网络被认为难以优化。深度置信网络在多个数据集上的学习效率已经超过了核化支持向量机，证明了该模型的有效性。深度置信网络是具有若干浅变量层的模型。深度置信网络与传统神经网络的区别主要体现在网络结构与训练算法方面。深度置信网络最后两层是一个受限玻尔兹曼机，其他层均为 Top-Down 的有向结构；在训练过程中，深度置信网络是作为栈式受限玻尔兹曼机进行预训练，完成预训练过程后，进一步增加一个输出层，采用反向传播算法进行训练。

卷积神经网络是一种前馈神经网络，受生物自然视觉认知机制启发而来，其人工神经元可以响应一部分覆盖范围内的周围单元，在大型图像处理等方面具有卓越性能。1959 年，Hubel 等人发现动物视觉皮层细胞负责检测光学信号，受此启发，20 世纪 90 年代，LeCun 提出了卷积神经网络的现代架构，其卷积运算大致包含下述过程：首先，采用三个可训练的滤波器组对输入图像进行卷积,卷积后在每一层产生特征映射图;然后,对特征映射图中每组四个像素进行求和、加权值、加偏置运算;最后,对处理后的像素进行池化处理,得到最终输出值。卷积神经网络应用广泛,对多维数组信号、强局部关联性强信号、图像视频信号、时序信号等具有很强的处理能力,在文本分类、语音识别、人脸检测识别、视频识别/理解、生物医学图像分析等领域具有广泛应用。

递归神经网络是一种具有固定权值、外部输入和内部状态的神经网络,可将其看作以权值和外部输入为参数的,关于内部状态的行为动力学模型。递归神经网络针对时序数据进行分析,在时间上展开深层结构,挖掘长时间跨度数据的特征。近年来不断涌现出递归神经网络的深层结构,包括门增强单元(gate reinforcement unit,GRU)、长短时记忆单元(long-short term memory,LSTM)等,有效提高了不同时间粒度的数据特征融合性能,在自然语言处理、文本分析、语音识别等领域已得到充分应用。

深度增强学习是面向开放式问题提出的自主学习方法。深度增强学习通过主动尝试不同策略,获取环境反馈,对选取策略进行迭代评估,模拟人的自主学习探索过程,实现对开放式问题的策略优化。2016 年 AlphaGo 在围棋比赛中击败人类选手,充分体现了深度增强学习的学习能力。近年来深度增强学习相关研究发展迅速,有广阔的应用前景。

深度学习已在很多领域得到广泛应用和发展,包括语音和音频识别、图像分类及识别、人脸识别、视频分类、行为识别、图像超分辨率重建、纹理识别、行人检测、场景标记、门牌识别、手写体字符识别、图像检索、人体运行行为识别等。深层神经网络—隐马尔可夫混合模型成功应用于大词汇量语音识别,基准测试字词错误率为 18.5%,与之前最领先的常规系统相比,相对错误率减少了 33%。基于递归神经网络的向量化定长表示模型,可应用于机器翻译。该模型在翻译每个单词时,根据该单词在源文本中最相关信息的位置以及已翻译出的其他单词,预测对应于该单词的目标单词。深度卷积神经网络在"ILSVRC—2012 挑战赛"中,取得了图像分类和目标定位任务的第一。同样,基于卷积神经网络的学习方法的户外人脸识别正确率分别达 97.45%和 97.35%,只比人类识别 97.5%的正确率略低。

深度学习目前存在的问题阻碍了其进一步发展。深度学习在理论方面存在的困难主要有两个,第一个是关于统计学习,另一个和计算量相关。相对浅层学习模型来说,深度学习模型对非线性函数的表示能力更好。根据通用的神经网络逼近理论,对任何一个非线性函数来说,都可以由一个浅层模型和一个深度学习模型很好的表示,但相对浅层模型,深度学习模型需要较少的参数。深度学习训练的计算复杂度也是需要关心的问题,即我们需要多大参数规模和深度的神经网络模型去解决相应的问题,在对构建好的网络进行训练时,需要多少训练样本才能足以使网络满足拟合状态。另外,网络模型训练所需要消耗的计算资源很难预估,对网络的优化技术仍有待进步。由于深度学习模型的代价函数都是非凸的,这也造成理论研究方面的困难。

1.2.3 模糊计算技术

美国加州大学伯克利分校 L. Zadeh 教授发表了著名的论文 *Fuzzy Sets*(模糊集),开创了模糊理论,该方法已得到广泛应用。Zadeh 也被国际上誉为"模糊之父"。模糊理论已成为信息科学中的重要组成部分之一。

Zadeh 教授当初曾提出过一个著名的不相容原理:"随着系统复杂性增加,人们对系统进行精确而有效地描述的能力会降低，直至一个阈值，精确和有效成为互斥”。其实质在于：真实世界中的问题，概念往往没有明确的界限，而传统数学的分类总试图定义清晰的界限，这是一种矛盾，一定条件下会变成对立的东西。从而引出一个极其简单而又重要的思想：任何事情都离不开隶属程度这样一个概念。这就是模糊理论的基本出发点。

随着系统复杂度提高，当复杂性达到与人类思维系统可比拟时，传统的数学分析方法就不适用了。模糊数学或模糊逻辑更接近于人类思维和自然语言，因此模糊理论为复杂系统分析、人工智能研究提供了一种有效的方法。

1.2.4 进化计算技术

进化计算是智能计算的重要组成部分，已在各领域得到较为广泛的应用。基于仿生学理论，科学家从生物中寻求构建人工智能系统的灵感。从生物进化的机理中发展出适合于现实世界复杂问题优化的模拟进化算法（simulated evolutionary optimization），主要有Holland，Bremermann等创立的遗传算法，Rechenberg和Schwfel等创立的进化策略以及Fogel，Owens，Walsh等创立的进化规则。同时还有一些生物学家Fraser，Baricelli等做了生物系统进化的计算机仿真。

1. 遗传算法的发展过程

密歇根大学教授Holland研究了自然和人工系统的自适应行为。该研究发展了一种用于创造通用程序和机器的理论。通用程序和机器具有适应任意环境的能力。采用群体搜索方法，基于二进制编码，实现了复制、交换、突变、显性、倒位的模式。

2. 遗传算法的基本理论研究

遗传算法理论主要研究遗传算法的编码策略、全局收敛和搜索效率的基础理论、遗传算法的新结构、基因操作策略、参数的优化选择以及与其他算法的综合应用。遗传算法主要模拟达尔文生物进化优胜劣汰过程，通过群体迭代选择、杂交和变异，体现适应性的过程，由随机状态向寻优状态进化。

3. 进化计算与遗传算法的关系

进化计算（evolutionary computation，EC）体现了生物进化中的4个要素，即：繁殖、变异、竞争和自然选择。目前进化计算包括：遗传算法（genetic algorithm，GA）、进化策略（evolution strategy）、进化规划（evolutionary programming）等。现有进化式计算的方法与模型可分为以下9种：

（1）最具有代表性、最基本的遗传算法；

（2）较偏数值分析的进化策略；

（3）介于数值分析和人工智能的进化规划；

（4）偏向进化的自组织和系统动力学特性的进化动力学；

（5）偏向以程式表现人工智能行为的遗传规划；

（6）适应动态环境学习的分类元系统；

（7）用以观察复杂系统互动的各种生态模拟系统；

(8) 研究人工生命的细胞自动机;

(9) 模拟蚂蚁群体行为的蚁元系统。

4. 遗传算法的应用

遗传算法的应用研究比理论研究更多,已实现多学科交叉融合。遗传算法的应用按其方式可分为三部分:基于遗传的优化计算、基于遗传的优化编程、基于遗传的机器学习,分别对应遗传计算(genetic computation)、遗传编程(genetic programming)、遗传学习(genetic learning)。

遗传计算是GA中应用最广泛的方法。自De Jong起,面向经典函数优化问题,采用二进制编程和实数编码进行优化。面向组合优化问题,遗传计算采用序号编码,通过特殊交换操作实现优化。

遗传算法的兴起伴随着神经网络的复活,神经网络已与GA方法实现深度结合。神经网络的应用面临着两大问题:神经网络拓扑结构的优化设计与高效的学习算法。遗传算法为解决该两大问题提供了有效工具,用于优化神经网络的结构权重和学习规则。

蚁群优化(ant colony optimization,ACO)是一种离散优化问题的元启发式算法,它利用一群人工蚂蚁的协作来寻找最优解。ACO算法既可以解决静态的组合优化问题,又可以解决动态的组合优化问题。所谓的静态问题指的是在问题定义时,问题的特征一旦给出,这些特征在问题求解期间就不会发生改变。其中的一个典型例子就是旅行商问题(traveling salesman problem,TSP),在问题中城市的位置和它们之间的相对距离是问题定义的一部分,在程序运行期间不会改变。相反,动态问题由函数定义,函数中的变量值会随着系统的动态特性改变。运行期间发生变化要求优化算法必须能够在线调整以适应新的条件。

ACO中的人工蚂蚁代表一个随机构建过程,在构建过程中通过不断向部分解添加符合定义的解成分从而构建出一个完整的解。因此,ACO元启发式算法可以应用到任何能够定义的构建性启发式组合优化问题中。

通常ACO算法由三个过程相互作用:蚂蚁构建解、更新信息素和后台执行。首先由一群蚂蚁并行异步地访问所考虑问题的邻近状态。蚂蚁根据信息素和启发式信息,采用随机局部决策方法选择移动的下一步。蚂蚁将可以逐步建立起优化问题的解。若蚂蚁建立了一个解,或者是在构建解的期间,蚂蚁将对解进行评估。更新信息素就是修改信息素浓度的过程。信息素的浓度可能会因蚂蚁在点或连接的边上释放信息素而增加,也可能会由于信息素的蒸发而减少。从实际的角度看,释放新的信息素增加了蚂蚁访问某个点或者某条连接边的概率,这些点(边)有可能已经有很多蚂蚁访问过,或者至少有一只蚂蚁访问过,并产生了好的解从而会吸引以后的蚂蚁重新访问。不同的是,信息素的蒸发是很有用的:它可以避免算法朝着一个并非最佳的解区域过早收敛,从而使算法有更多的机会探索搜索空间中的新区域。后台执行的过程就是执行单一蚂蚁不能完成的集中行动。后台执行包括局部优化过程的执行和全局信息的收集,在非局部的情况下,该全局信息可以用于决定是否释放某些额外的信息素来调整搜索过程。

微粒群优化算法(particle swarm optimization,PSO)是由美国社会心理学家James Kennedy和电器工程师Russen Eberhart共同提出,是继蚁群算法之后又一种新群体智能算法。微粒群优化是一种模仿鸟类群体行为的进化算法。该算法体现了一种简单朴素的智能思想：鸟类使用简单的规则来确定自己的飞行方向和速度，试图保持在鸟群中而不致相互碰撞。该思想产生了一个数学上的优化算法：与其他进化类优化算法相类似，也采用"群体"和"进化"的概念，同样也是依据个体的适应值大小进行操作，所不同的是把每个个体视为在搜索空间中的一个没有重量和体积的微粒，并在搜索空间中以一定的速度飞行。该飞行速度则由个体和群体的飞行经验进行动态调整，从而获得寻优方案。

人工智能信息感知是采用传感系统获取复杂环境各类信息，通过数据融合提取数据的有效信息，运用人工智能技术，实现人机协同增强智能、群体集成智能、自主智能系统的智慧应用。

人工智能信息感知需要多种人工智能方法的综合集成应用。人工智能方法主要涵盖神经网络、深度学习、模糊计算和进化计算等方面，实现复杂系统的智能应用。面向未来的智能信息感知应用需求，人工智能方法将会不断出现新理论、新模式与新的核心技术，将会具有令人憧憬的发展前景，为未来经济发展注入新动能。

参考文献

[1] 王雪. 无线传感网络测量系统. 北京：机械工业出版社，2007.

[2] 王伯雄，王雪. 工程测试技术. 北京：清华大学出版社，2006.

[3] Bengio Y, Courville A, Vincent P. Representation learning: a review and new perspectives. IEEE Transactions on Pattern Analysis & Machine Intelligence, 2013, 35(8): 1798-1828.

[4] Szegedy C, Liu W, Jia Y, et al. Going deeper with convolutions. 2014: 1-9.

[5] Farabet C, Couprie C, Najman L, et al. Learning Hierarchical Features for Scene Labeling. IEEE Transactions on Pattern Analysis & Machine Intelligence, 2013, 35(8): 1915-1929.

[6] Long J, Shelhamer E, Darrell T. Fully convolutional networks for semantic segmentation//Computer Vision and Pattern Recognition. IEEE, 2015: 3431-3440.

[7] Ji S, Xu W, Yang M, et al. 3D Convolutional Neural Networks for Human Action Recognition. IEEE Transactions on Pattern Analysis & Machine Intelligence, 2012, 35(1): 221-231.

[8] Beckwith T G. Mechanical Measurements (Fifth Edition). New York: Addison-Wesley Publishing Company, 2001.

[9] Brooks R R, Iyengar S S. Multi-sensor fusion: fundamentals and applications with software. Prentice-Hall, Inc. 1998.

[10] 中国仪器仪表学会. 仪器科学与技术学科发展报告. 北京：中国科学技术出版社，2013.

[11] Tran D, Bourdev L, Fergus R, et al. Learning Spatiotemporal Features with 3D Convolutional Networks. 2014: 4489-4497.

[12] Ahmed E, Jones M, Marks T K. An improved deep learning architecture for person re-identification//Computer Vision and Pattern Recognition. IEEE, 2015: 3908-3916.

[13] Girshick R, Donahue J, Darrell T, et al. Region-Based Convolutional Networks for Accurate Object Detection and Segmentation. IEEE Transactions on Pattern Analysis & Machine Intelligence, 2016, 38(1): 142.

[14] Wang Y, Narayanan A, Wang D. On Training Targets for Supervised Speech Separation. IEEE/ACM Transactions on Audio Speech & Language Processing, 2014, 22(12): 1849-1858.

[15] Fang H, Gupta S, Iandola F, et al. From captions to visual concepts and back//Computer Vision and

Pattern Recognition. IEEE,2015：1473-1482.

[16] Jang J S R,Sun C T. Neuro-fuzzy and soft computing：a computational approach to learning and machine intelligence. Prentice-Hall,Inc. 1996.

[17] Webster J G. Electrical Measurement,Signal Processing,and Displays. Pure & Applied Chemistry,2003,66(4)：759-759.

[18] 熊和金,陈德军.智能信息处理.北京：国防工业出版社,2006.

[19] 高隽.智能信息处理方法导论.北京：机械工业出版社,2004.

[20] 卢文祥,杜润生.工程测试与信息处理.武汉：华中科技大学出版社,2002.

[21] Liang M,Hu X. Recurrent convolutional neural network for object recognition//Computer Vision and Pattern Recognition. IEEE,2015：3367-3375.

[22] Zhang R,Lin L,Zhang R,et al. Bit-Scalable Deep Hashing With Regularized Similarity Learning for Image Retrieval and Person Re-Identification. IEEE Transactions on Image Processing,2015,24(12)：4766-4779.

[23] Ma C,Huang J B,Yang X,et al. Hierarchical Convolutional Features for Visual Tracking//IEEE International Conference on Computer Vision. IEEE,2016：3074-3082.

[24] He K,Zhang X,Ren S,et al. Deep Residual Learning for Image Recognition. 2015：770-778.

[25] Liu Z,Li X,Luo P,et al. Semantic Image Segmentation via Deep Parsing Network. 2015：1377-1385.

[26] 苏运霖.计算和智能.计算机科学,1996,23(2)：45-48.

[27] 郑咸义,帅藕莲,徐秉铮.软计算计算集成与集成开发环境.计算机科学,1996,23(2)：49-51.

[28] 沈理.模糊逻辑和模糊控制.计算机科学,1994,21(5)：13-17.

[29] 史习智.信号处理与软计算.北京：高等教育出版社,2003.

[30] 曾黄麟.智能计算.重庆：重庆大学出版社,2004.

[31] 王耀南.智能控制系统—模糊逻辑·专家系统·神经网络控制.长沙：湖南大学出版社,1996.

[32] 张颖,刘秋艳.软计算方法.北京：科学出版社,2002.

[33] 高济.基于知识的软件智能化技术.杭州：浙江大学出版社,2000.

[34] 王雪.智能软计算及其应用.清华大学研究生讲义,2003.

[35] Zhang S,Yang M,Cour T,et al. Query Specific Rank Fusion for Image Retrieval. IEEE Transactions on Pattern Analysis & Machine Intelligence,2015,37(4)：803-815.

[36] Wang L,Lu H,Xiang R,et al. Deep networks for saliency detection via local estimation and global search//IEEE Conference on Computer Vision and Pattern Recognition. IEEE,2015：3183-3192.

[37] Hong C,Yu J,Wan J,et al. Multimodal Deep Autoencoder for Human Pose Recovery. IEEE Transactions on Image Processing,2015,24(12)：5659-5670.

[38] Stuhlsatz A,Lippel J,Zielke T. Feature extraction with deep neural networks by a generalized discriminant analysis. IEEE Transactions on Neural Networks & Learning Systems,2012,23(4)：596.

第2章

信息感知与数据融合

CHAPTER 2

2.1 概述

信息感知、计算智能是人工智能的重要组成部分。信息感知是实现人工智能的基础，计算智能是实现人工智能的关键。

信息感知是面向感知信息，并基于先验知识模型进行融合处理的过程。传感系统实时采集的数据信息通过感知处理，得到测量对象的状态信息。感知系统能够综合来自各类传感系统和计算云等来源的数据，分析提取感知数据源的有效信息。采用感知测量网络协作获取的多传感系统测量数据通过计算智能方法，提取有效的特征信息，从而提高系统的感知能力。

传感网与物联网的出现为网络化信息感知提供了可能。人工智能对网络化信息感知提出了新的需求。网络化协作感知通过无线传感器网络等手段获取的原始感知数据具有不确定性和高度冗余性。数据的不确定性主要表现为：不同性质、不同类型的感知信息其形式和内容均不统一，由于传感器采样和量化方式不同造成的信息精度差异，由于传感器感知域的局限性导致获取的信息不全面等问题。此外，感知数据具有较高的冗余性，该冗余主要来源于数据的时空相关性。大量冗余信息对资源受限的感知网络在信息传输、存储和处理以及能量供给方面提出了极大的挑战。因此，一方面需要研究网络化信息协作感知的有效方法，对不确定信息进行数据去除，将其整合为应用服务所需要的确定信息；另一方面，需要研究网络化信息感知数据的高效融合机制，通过数据压缩和数据融合等网内数据处理方法实现智能信息感知。

2.2 协作感知与数据融合

21世纪以来，信息技术、网络技术、人工智能技术迅速发展，数据融合已成为人类智能活动的基本部分。因而人们面临着两个方面的挑战：一是构造网络协作感知系统，从而优化综合各种传感器提供的各类数据，以获得更准确而完整的信息，这就是信息空间的结构认识和构造问题；二是融合处理来自不明信号源、不确定、非线性、非高斯、非平稳、低信噪比的信号，不仅是数字信号，而且包括用模糊语言表示的语言型模糊信息，并对外部环境变化做出灵活的自适应反应，从而实现高性能智能数据处理与控制。这就是数据的获取、加工、处理、融合问题，该挑战也是数据融合技术的研究目标。数据融合的最终目的是构造高性能智能化系统。

未来协作感知与数据融合的发展方向包括网络协作、系统集成与数据融合。①网络协作是感知测量手段的优化，是实现感知智能（人工智能三大组成部分之一）的基础。网络协作化测量，依托先进感知测量理论、传感网络技术、协作感知计算方法，实现对各类被测量的有效测量与信息提取，为后端的深入融合分析奠定技术基础并提供实现手段。②系统集成是系统结构和框架的优化，也就是说，系统在外部硬件结构上采用多传感器框架，而不是单一传感器结构。在内部结构上采用集成的模式，即由各种智能技术（如人工智能、神经网络、模糊推理等）的模块构成，而不是靠单一的技术模式；后者指的是各种模块间的连接和算法，即要求融合（或者综合）多种技术和各类信息。可见，集成是构造数据融合系统的基本前提，是物质基础。③数据融合是各模块的连接器，是"上层建筑"的优化，是系统的核心所在。只有构造集成和融合的系统框架，才能实现系统的取长补短；只有实现集成和融合的统一，才能构造出具有学习、自治、推理能力的高性能智能化系统。图2.1是集成、融合关系图，图中模块表示传感器数据及其对应的算法。可见，一方面融合在系统中起到连接各技术模块的桥梁作用，另一方面通过融合又可生成新的功能模块。在这里，融合的概念更加拓宽了，它在外部表示多传感器的集成，而在内部表示各种处理模块（即各种技术）之间的综合。协作式信号处理机制可以协作地完成节点任务规划、信号处理、数据融合、数据查询和动态路由规划的连续优化过程，对满足未来智能数据处理和控制系统发展的需求至关重要。

2.2.1 网络化智能协作感知

近年来，多传感器系统已经广泛深入到人类生活的各个领域。传感网与物联网应用范围涵盖了民用服务（如环境监测和灾难救助）、工业过程（如设备控制和机器监测）和军事应用（如战场环境下的目标探测、分类和跟踪）等领域。人工智能对传感网络技术及其计算策略和网络策略提出了新的要求。

传感网络由一组空间上散布的传感节点组成，用于收集所处环境的信息。终端传感节点将不同传感器的物理信息经过预处理后，得到一些抽象值或估计值，然后将结果通过通信网络传输到处理单元，处理单元采用信息融合方法将从网络中不同部分所采集的信息进行集成，然后根据融合后的信息对环境进行适当的反馈。由同一个处理单元控制的一组邻域

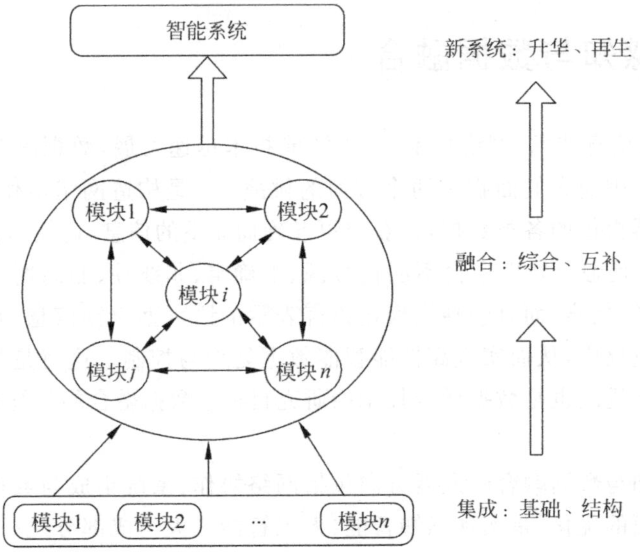

图 2.1　集成、融合关系图

传感节点形成一个簇。例如，在跟踪应用中，传感网络中的每个处理单元既可以采用所处簇内的数据执行跟踪，也可以通过与其他处理单元的通信与协作，提高跟踪精度。

1. 传感网络协作测量关键问题

传感网络协作测量涉及多方面问题，如传感网络布置、网络通信、数据联合和融合等。其中，数据融合算法的设计和分析是传感网络研究的焦点。近来传感网络技术的进步降低了传感节点造价，使得布置大量传感节点，以数量换取质量成为可能。如何采用最有效的方式从无线传感网络的大量数据中提取有用信息已经成为新的研究热点，给网络结构设计、信息融合方法、传感节点布置机制和数据路由技术，及至传感网络的其他方面都带来了新的挑战。高效、容错性强的网络结构对传感网络具有重要意义。除信息发送的实时性和复杂性外，连接的拓扑结构对数据路由的计算和传感节点布局机制有显著影响。因此，传感网络的整体性能依赖于其网络结构。信息融合算法的设计是传感网络协作测量的核心任务之一。传感技术的发展使传感节点变得更好、更小、更便宜，同时也使传感节点的布置更加复杂、更具技术性，以满足传感信息融合的容错性需求。

委员会和层次化结构是网络结构的两种基本类型。在委员会结构网络中，每个节点是自治的，与部分或者其他所有节点连接，以便局部信息能够在任意两个连接的节点之间广播。在这种结构下，由单个节点收集的信息可在网络内最大程度地共享。全连接网络是委员会结构中的一种特例，被广泛用在许多实际应用中。但是，由于由 N 个节点组成的全连接网络需要 $O(N^2)$ 个连接，对通讯资源提出了很高的要求。而且，因为在信息融合阶段数据在所有参与的节点中共享，在委员会结构下进行的估计是有偏估计。

层次化结构则在多层次上排列节点，每个节点仅仅与它的直接下属和上级节点通信。在每一级，单个节点收到来自低级节点信息，按照它们在等级中的位置协作融合信息，向上级节点报告融合和抽象结果。最高级控制节点基于下层节点所产生的最终结果做出适当决策。与委员会结构相比，具有 N 个节点的分等级结构仅仅需要增加 $O(N)$ 个连接，但是该结构的通讯机制更复杂，通信延迟也更长。由于节点不会与任何同级别的节点相连，因此估计结果是无偏的，但是当评估结果向上级移动时，协作融合误差可能会积累。由于委员会和层次化结构的不足，采用其中任何一种构建传感网络都是不恰当的。实际应用中，通常采用混合结构。

针对网络所遇到的数据量大、通信带宽低、网络环境不可靠等问题，目前已有一种采用移动代理的传感网络结构。与传统采用客户端/服务器结构的网络通常将所有节点的数据都传送到上层处理节点中不同，基于移动代理的传感网络将算法发送到相应的节点中。因此，采用基于移动代理的方法能显著降低通信能耗和带宽，同时降低了恶意监视带来的风险。

基于移动代理的传感网络协作感知通常将网络测量任务划分为一定数量的子任务，每个子任务处理单元都将派遣出一个携带信息融合算法的移动代理。该代理沿着一定路径有选择地访问传感节点，逐步融合新的数据，当所有移动代理返回处理单元后再执行最终信息融合，在此基础上给出了与基于移动代理的传感网络协作感知相关的3个技术问题：移动代理路由，信息融合和性能优化。

移动代理路由的目标是为移动代理访问传感节点找到最优路径。由于通信花费和探测精度都依赖于访问节点的顺序和数量，因此路径规划的结果将直接影响基于移动代理的传感网络的整体性能。

信息融合主要考虑节点上所执行的数据处理的类型和由移动代理所携带的结果，通过交迭函数融合各节点的估计值。在传感网络中，首先应当基于所有节点数据生成具有最优解析度的交迭函数；然后应用多解析分析过程在期望解析度上寻找最优值。在基于移动代理的传感网络中，移动代理在传感节点之间迁移以采集各传感节点的读数，实现渐进协作融合。当所有移动代理完成融合后，整合各部分融合结果形成最终的决策结果。采用基于移动代理的传感网络中的多分辨率信息融合算法，通过在累计融合前采用多分辨率融合以降低信息传输量。

除路由机制和融合算法外，基于代理的传感网络协作感知的性能还依赖于许多其他理论。事实上，由于移动代理产生、派遣的时间花费和数据路由将产生延迟，因此基于代理的传感网络并不总是能降低数据传输时间。通过比较传感网络和基于移动代理的传感网络的性能，考虑各种参数，如代理数量，代理和文件访问花费比例、网络传输率和节点数等。

2. 协作式信号处理融合特点

在许多军事或民用应用中，传感节点通常布置在危险或恶劣的环境中。这些环境中传感节点的运行和数据通信不如在结构化区域中安装的一般计算网络可靠。因此，容错性是数据融合算法不可缺少的特性。传感节点的测量值通常被模糊处理成一定的估计区间，并利用传感节点的冗余度来提高网络的容错性。信息融合的另一个重要能力是能够通过融合多传感节点的信息获得比最优解或最优解集合更好的解。对这一问题的研究主要集中在目标探测和跟踪领域，近来传感网络的出现对这一问题的研究提出了新的要求。目前，最主要的问题集中在如何基于传感器联合分布推导出 Bayesian 融合器的问题。但是，这样的方法仅仅当联合传感器分布已知、并且可以用计算式表达时是有效的。从传感网络增加的适应度角度看，获取这样的联合分布非常困难。需要注意的是，由于最优融合策略必须通过各传感节点间的协作实现，因此仅了解单个传感节点的分布信息是不够的。但另一方面，从传感网络的各种传感器收集已知目标的信息则相对容易。由此可知，优化设计后的融合算法可以以很大的概率使最终的融合结果接近最优解。

传感网络中的数据采集与处理既可以在传感节点内部独立完成，也可以通过节点间的协作完成。根据层次不同，节点间信息融合主要包含两种形式：数据融合和决策融合。在数据融合中，传感节点将原始数据或经过初步处理的数据发送给中心处理节点；而在决策融合中，各节点首先根据对自身获取的目标信息进行初步决策，而后将决策信息发至中心处理节点。但对于两种融合方法而言，如何减少通信和计算花费都是至关重要的。由于数据融合算法消耗的传输能量远高于决策融合算法，因此，这里主要讨论决策融合在传感网络中的应用。

能耗、通信带宽和计算能力是传感网络协作测量感知面临的三大约束条件，如何根据应用需求选择适当融合方法对于提高网络性能有着重要的意义。一般而言，融合信息量越大融合结果精度越高，但同时也给网络带来更多通信和计算能耗。资源的严格限制使协作信息处理技术和通信方法成为传感网络研究的重要问题。协作式信号处理方法必须同时考虑各节点的通信负担、计算能力和剩余能量，使数据融合过程在满足一定精度要求的前提下，实现通信和计算能耗的最小化。

协作式信号处理方法的性能可通过检测质量、跟踪质量、网络可扩展性、网络寿命、资源利用率等指标来衡量，针对不同信号处理算法，协作信号处理机制也不同，但各种协作信号处理机制都必须平衡算法性能和复杂性，以适应传感网络的需求。根据融合机制不同，决策融合可分为集中式融合和分布式融合两类。

集中式融合是一种最常见的融合机制。在该机制中，各节点将决策信息直接传送给中心处理节点完成进一步数据融合。虽然这种机制被广泛应用于多种系统中，但基本框架决定了对于传感网络而言它存在一些本质缺陷：首先，通常网络中只存在一个或几个中心处理节点，中心处理节点需要消耗更多的能量、网络带宽，大部分数据处理工作需要在中心处理中完成，这将影响网络传输的可靠性并降低网络寿命；其次，由于各节点都自主的完成数据采集、初步决策和决策信息传输等工作，集中式融合机制无法动态选择传感节点以实现对融合精度的实时控制。通常，集中式融合方法通过选择一定数量的最优节点来减少通信量以节约能耗。当目标进入监测区域后，各被选择节点同时向中心处理节点传送数据，这将给网络造成大量通讯负担从而引起无线网络联接的拥塞。

分布式数据融合则根据节点的空间位置、测量能力和测量需求将网络划分为多个簇。各节点实现初步决策后，先将决策信息传递给簇首节点完成簇内数据融合，簇首节点再将融合结果传递至中心处理节点中完成最终信息融合。与集中式融合相比，分布式融合通过簇内融合分散数据传输量，加强网络稳定性，减少网络能耗。但在该融合机制中，簇内信息的融合和传递仍由簇首统一规划，因此仍无法实现对节点的动态选择。

这里在分布式协作融合机制基础上提出了一种新的融合机制，即渐进协作融合机制，该机制通过节点与节点间渐进地完成融合，动态控制融合精度，实现网络能耗与测量精度的动态平衡。融合过程中，各节点首先完成数据采集和初步决策，信息传输则由外部指令触发。开始监测时，中心处理节点根据一定评价指标选择网络最优节点作为激活节点，并向其传递测量指令，而后该节点选择下一激活节点，并将本节点获取的决策信息传递至新的激活节点中。新的激活节点将接收到的决策信息与自身决策信息融合得到不完全融合结果并传递给下一激活节点。如此不断地循环节点选择和渐进协作融合过程直至结果满足一定精度要求，而后将融合结果传递至中心处理节点中。由于渐进分布式融合机制可根据各节点当前状态动态选择最佳节点序列完成融合，当融合精度满足要求时立即中止融合过程，并采用顺序传递的方式共享决策信息，进一步缓解了传感网络的传输拥塞，从而减少网络能耗和延时。另外，由于渐进协作融合是动态选择的过程，因此可以有效避免网络故障的影响，以提高网络适应性和稳定性。

2.2.2　多传感器数据融合

数据融合是20世纪80年代诞生的信息处理技术，主要解决多传感器信息处理问题。多传感器数据融合研究如何充分发挥各个传感器的特点，把分布在不同位置的多个同类或不同类传感器所提供的局部、不完整的观察量加以综合，利用其互补性、冗余性，克服单个传感器的不确定性和局限性，提高整个传感器系统有效性能，以形成对系统环境相对完整一致的感知描述，提高测量信息的精度和可靠性，从而提高智能系统识别、判断、决策、规划、反应的快速性和准确性，同时也降低其决策风险(见图2.2)。

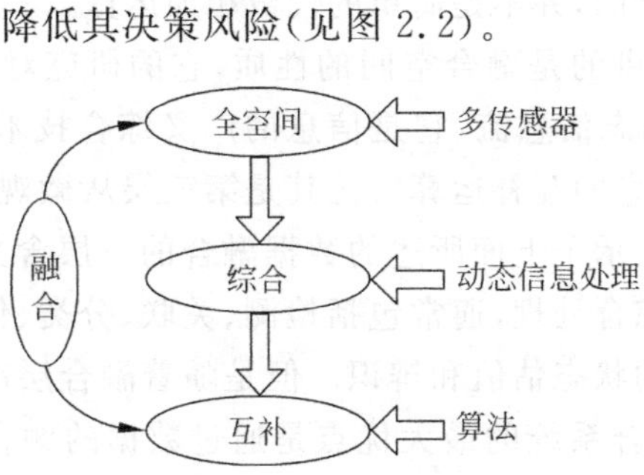

图2.2　数据融合的过程

数据融合的概念主要包括下面3个层次上的含义。

1. 第一层含义是信息的全空间

融合系统要处理的是确定和不确定(模糊)的、全空间和子空间的、同步和非同步的、同类型和不同类型的、数字的和非数字的信息，比传统系统更为复杂的多源、多维信息，是全空间信息。就频域来讲，它覆盖的是全频段。关于什么是信息，已有精辟的论述。控制论的奠基人维纳曾经指出：信息就是信息，不是物质，也不是能量。这是在人类历史上，第一次把信息和物质、能量区分开来，把它看做是第三资源，使信息、能源与物质成为人类社会赖以生存与发展的三大支柱。信息论的创始人香农认为：信息是用来消除观察者认识上的不确定性的东西。不管怎样定义信息的概念，它表示的是系统运动的连续变化状态，即动态特性，这是信息的内涵所在。信息是一个复杂的概念，从广义上讲，信息可分为自然信息(可由传感器获取)和社会信息。通常，数据融合的对象不但包括由传感器得到的数据，还包括社会信息。我们知道，系统的状态变化可分为随机过程、混沌过程、确定过程以及模糊过程。前三者可用数字信息来描述，而后者只能用语义信息来描述。因此高性能智能系统要求同时处理数字信息和语义(模糊)信息。这类问题的解决往往需要引入数据融合的概念和技术。

2. 第二层含义是信息的综合

融合可看作是系统动态过程中所进行的数据综合加工处理。广义讲，它也是一种数据处理系统，只不过这里所说的系统指的是多传感器系统，即数据融合系统在结构上是一个多输入系统，是多模块集成系统。需要说明的是组合和融合之间有不同的含义。前者指的是外部特性，它涉及的是网络结构、层次等方面的问题，而后者主要讲的是内部特性，指的是系统信息有效综合的具体问题。

3. 第三层含义是信息的互补过程

互补包括信息表达方式上的互补，结构上的互补，功能上的互补，不同层次上的互补等。它是解决系统多功能的主要手段之一，也是实现系统智能化的必要手段。融合的目的之一是要解决系统功能上的互补问题；反过来，互补信息的融合可以使系统发生质的飞跃。互补策略是智能系统研究的一个重要的新途径，其本质在于对不确定处理和精确处理的互补，而这种互补过程是极为复杂的，并不是简单的代数相加运算。

如上所述，第一层含义讲的是融合空间的性质，它的研究对象是复杂的多维多输入系统；第二层讲的是融合的动态信息流，它是信息的广义综合技术；第三层讲的是融合的算法性质，它的核心问题是信息的互补运算。尤其是第三层从微观结构(指融合的本质)上说明了融合的内涵。图 2.2 表示了上面所述的数据融合的三层含义。可见，融合首先是不同信息在不同层次上的一种综合处理，通常包括检测、关联、分类、估值以及综合等环节，融合的结果可以是不同层次上的状态估值和辨识。但是随着融合层次的增加，融合后的信息越来越清晰，越来越丰富。融合系统的最大优点是通过数据的融合，使相关群的信息更加准确，更加可靠。这是因为它获取的是信息空间的全部信息，而不是局部信息。从状态空间观点来讲，它是最优的，是全状态的信息处理。状态空间的全局最优控制和处理需要多传感器的信息。可见，数据融合技术是在状态空间中多源、多种数据的获取、传输以及加工处理的基本手段。

数据融合系统的 4 个元素通常表示为：①信息源元素(含传感器元素)，它向系统提供原始的信息；②信息转换、传递、交换元素，它完成信息的预处理；③信息互补、综合处理元素，它完成信息的再生、升华；④数据融合处理报告元素，即输出融合处理结果。图 2.3 给出数据融合系统的 4 个元素和相对应的系统信息的 3 个元素。总之，从数据处理角度看，无论数据融合是以何种方式进行，数据融合系统应包含下面 3 个方面的内容。

(1) 汇总。首先是汇总系统的不同类型传感器的所有信息。汇总系统全部信息是实现融合的基本前提。这里信息除了包括由不同水平的传感器提供的数字信息外，还包括以语言形式提供的模糊信息。

(2) 模块。包含了具有不同功能的模块、综合和连接不同模块的模块以及完成模块之间的信息交换与互补运算的处理模块。

(3) 指标。融合系统要求实时、准确、抗干扰、高可靠性。

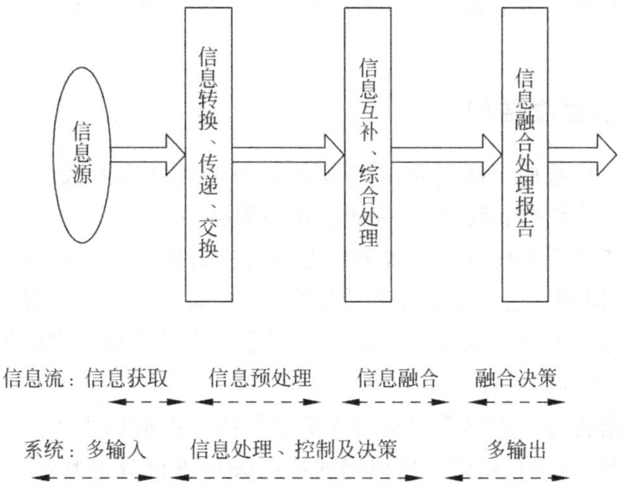

图 2.3　数据融合的基本框架

2.3　多传感数据融合基本原理

2.3.1　多传感器数据融合目标

单一传感器获得的仅是环境特征的局部、片面的信息，信息量非常有限，且每个传感器还受到自身品质、性能及噪声的影响，采集到的信息往往不完善，带有较大的不确定性，甚至是错误的。而融合多个传感器的信息可以在较短的时间内，以较小的代价、得到使用单个传感器所不可能得到的精确特征。因此，通过多传感器进行测量并进一步融合数据，对于全面了解被测对象信息，提高准确性而言有重要意义。

多传感器数据的融合就像人脑综合处理信息一样，充分利用多个传感器资源，通过对多传感器及基观测信息的合理支配和使用，把多传感器在空间或时间上冗余或互补的信息，依据某种准则来进行组合，以获得被测对象的一致性解释或描述。具体地说，多传感器数据融合原理如下：

(1) N 个不同类型的传感器收集观测目标的数据；

(2) 对传感器的输出数据(离散的或连续的时间函数数据，输出矢量，成像数据或一个直接的属性说明)进行特征提取的变换，提取代表观测数据的特征矢量；

(3) 对特征矢量进行模式识别处理(如聚类算法，自适应神经网络，或其他能将特征矢量变换成目标属性判决的统计模式识别法等)完成各传感器关于目标的说明；

(4) 将各传感器关于目标的说明数据按同一目标进行分组，即关联；

(5) 利用融合方法将每一目标各传感器数据进行合成，得到该目标的一致性解释与描述。

2.3.2　多传感器数据融合的层次与结构

数据融合的系统结构研究包含两部分，即数据融合的层次结构和数据融合的体系结构。

融合的层次结构主要从信息的角度来分析融合系统；数据融合的体系结构则主要是从硬件的角度来分析融合系统。

1. 数据融合的层次结构

数据融合系统可以按照层次划分,对于层次划分问题存在着较多的看法。目前较为普遍接受的是三层次融合结构：数据层、特征层和决策层。

数据层融合是指将全部传感器的观测数据直接进行融合,然后从融合的数据中提取特征矢量,并进行判断识别。这便要求传感器是同质的,如果传感器是异质的,则数据只能在特征层或者决策层进行融合。数据层融合的优点是保持了尽可能多的原始信息,缺点是处理的信息量大,因而处理实时性较差。

特征层融合是指将每个传感器的观测数据进行特征提取以得到一个特征矢量,然后把这些特征矢量融合起来,并根据融合后得到的特征矢量进行身份判定。特征层融合对通信带宽的要求较低,但由于数据丢失使其准确性有所下降。

决策层融合是指每个传感器执行一个对目标的识别,将来自每个传感器的识别结果进行融合。该层次融合对通信带宽要求最低,但产生的结果相对最不准确。

B. Dasarethy 则以数据的输入输出作为分类的标准,进一步将该三层次结构扩展为五层次结构：即数据入—数据出融合、数据入—特征出融合、特征入—特征出融合、特征入—决策出融合、决策入—决策出融合。并以此得出了相应的一般融合层次结构,利用了图示方法说明了该层次结构,该层次结构具有较为普遍的意义,不仅可以应用于军事领域,而且可以应用于复杂工业领域。

数据融合的层次结构是按照信息抽象程度来划分的。在多传感器融合系统的实际工程应用中,应综合考虑传感器的性能、系统的计算能力、通信的带宽、期望的准确率以及现有资金的能力,以确定采用哪种层次化系统结构模型或者混合的层次模型。而基于信息的层次结构的确定,可以为系统硬件体系结构的确定打好基础。

2. 数据融合的体系结构

数据融合的体系结构大致分为三类：集中式、分布式和混合式。集中式是将各传感器节点的数据都送到中央处理器进行融合处理。该方法可以实现实时融合,其数据处理的精度高、解法灵活,缺点是对处理器要求高、可靠性较低、数据量大,故难于实现。分布式是各传感器利用自己的量测单独跟踪目标,将估计结果送到总站,总站再将子站的估计合成为目标的联合估计。该方法对通信带宽要求低、计算速度快、可靠性和延续性好,但跟踪精度没有集中式高。混合式是将以上两种形式进行组合,它可以在速度、带宽、跟踪精度和可靠性等相互影响的各种制约因素之间取得平衡,因此目前的研究着重于混合式结构。

采用何种体系结构完全是为了满足各种不同的实际需要,在设计数据融合体系结构时,应根据确定的系统层次结构来确定相应的体系结构,同时还必须考虑数据通信、数据库管理、人机接口、传感器管理等许多支撑技术。

图 2.4 是多传感器数据融合的示意图,传感器之间的冗余数据增强了系统的可靠性,传感器之间的互补数据扩展了单个的性能。一般而言,多传感器融合系统具有以下优点：提高系统的可靠性和鲁棒性,扩展时间上和空间上的观测范围,增强数据的可信任度,增强系

统的分辨能力。

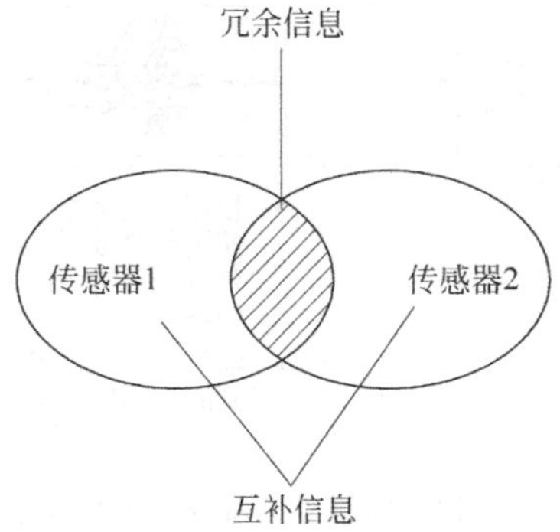

图 2.4　多传感器数据融合

在设计多传感器融合系统时，应考虑以下一些基本问题：

(1) 系统中传感器的类型、分辨力、准确率；

(2) 传感器的分布形式；

(3) 系统的通信能力和计算能力；

(4) 系统的设计目标；

(5) 系统的拓扑结构(包括数据融合层次和通信结构)。

3. 数据融合的分类与特点

综合数据融合的层次结构和体系结构，还可对数据融合进行分类。融合结构可分为像素级融合、特征级融合和决策级融合等。

像素级融合是对各传感器的输出信号直接进行采集、分析和预处理，生成目标特征，它是在对数据进行预处理之前的融合，可以在像素或分辨单元上进行，也叫做数据级融合，此层次融合的优点是直接融合现场数据，失真度小，能提供其他融合层次所不能提供的全面信息，信息损失量小，但所需处理的传感器的数据量大，处理代价高、时间长、实时性差，原始数据易受噪声污染，融合系统需具有较好的容错能力。

特征级融合先对来自传感器的原始信息进行特征提取，然后对特征信息进行综合与处理，这种融合方式既保留了足够数量的重要信息，又可对信息进行压缩，减少了大量干扰数据，有利于实时处理，并具有较高的精确度。目前大多数 C3I 系统及其他领域应用的数据融合的研究都是在该层次上展开。

特征级融合的例子如图 2.5 所示的多层神经网络。目标的特征向量从振动、温度和光强的测量数据中抽取，然后把这些特征向量连接起来形成一个综合特征向量输入到神经网络中。神经网络经过离线训练，可以识别出感兴趣的目标，并且把它们从虚假目标中分离出来，这样当输入一个新的特征向量时，网络就可以以一定的概率、置信度或优先级指出该特征向量是属于哪一类。因为训练网络的时候使用了所有传感器的数据，所以如果某一个传感器由其他类型的传感器所代替，就要重新开始收集数据并进行重新训练。

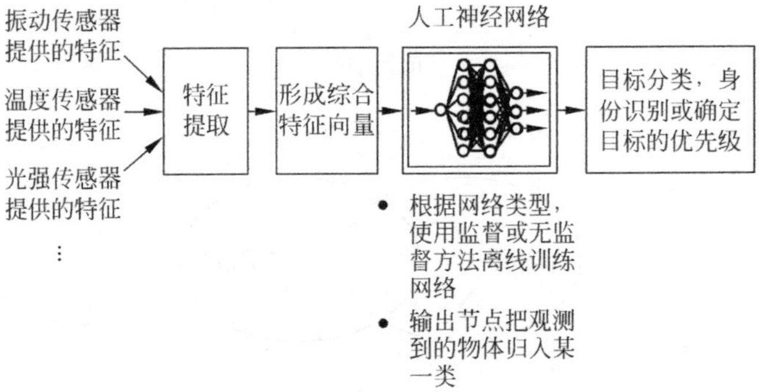

图 2.5　神经网络分类器特征级数据融合

决策级融合是根据一定的准则以及每个决策的可信度作出最优决策，这种融合方式索要处理的信息量最小，而且实时性好，还能在一种或几种传感器失效的情况下保持决策的可靠性，具有很强的容错能力，所需要的通信量小，传输带宽低，容错能力比较强，对传感器类型的要求比较低。表 2.1 对三种融合层次的特性作了比较。

表 2.1　三种融合层次特性比较

特　　征	像素级融合	特征级融合	决策级融合
信息量	最大	中等	最小
信息损失	最小	中等	最大
容错性	最差	中等	最好
抗干扰性	最差	中等	最好
对传感器依赖性	最大	中等	最小
数据融合方法	最难	中等	最易
预处理	最小	中等	最大
分类能力	最好	中等	最差

近几年的研究中又出现了一种新的融合层次——监视动态融合处理，它能在最佳控制传感器和系统资源基础上达到精确及时的预测，并通过反馈完善整个融合过程。

数据融合应用领域广泛，但由于数据融合理论尚不成熟，至今尚未形成对所有应用环境普遍适用的具体融合结构。一般结构类型要求既能对给定任务具有优化检测和识别的性能，同时又要求受传感器的性能、数据传输的带宽的影响要小。从数据融合系统的整体功能构成上看，数据融合可以分为传感器、数据采集、单个传感器数据处理、多传感器数据融合、数据存储几个部分，各部分的结构如图 2.6 所示。单从数据融合的具体步骤看，数据融合的结构则可分为集中式结构、分布式结构及其混合结构。

图 2.7 为集中式结构，各个局部传感器直接把底层数据或经简单预处理的数据传入融合中心，因此需要融合系统有足够的带宽和强大的数据处理能力。

图 2.8 为分布式结构，融合中心接受各传感器的局部判决，而不是底层数据，大大减轻了系统内部的通信压力，提高了系统的可靠性及实时性。

这两种结构组成的混合结构，中和了集中式和分布式结构的优缺点，具有很大灵活性，能够适应不同融合要求，缺点是其结构较为复杂，编程实现难度较大。

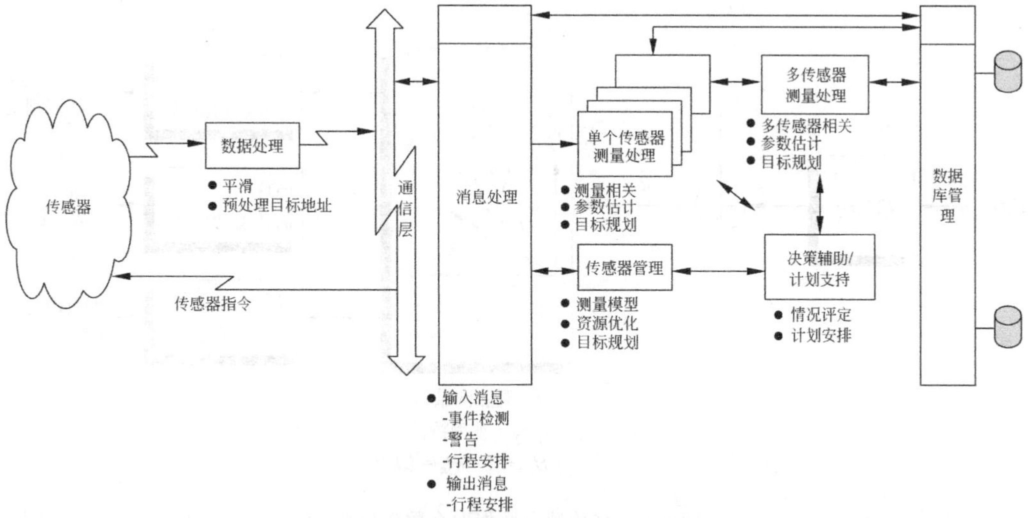

图 2.6 融合系统功能结构

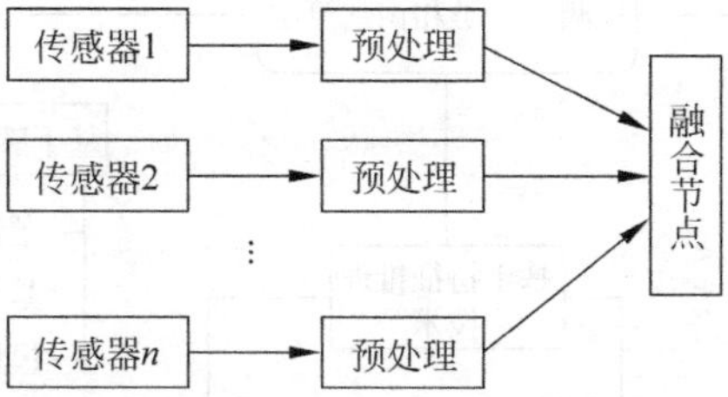

图 2.7 多传感器数据融合集中式结构

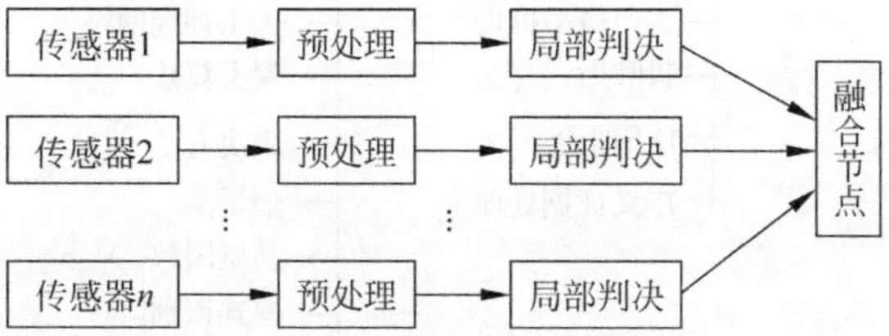

图 2.8 多传感器数据融合分布式结构

以上从数据融合功能实现的角度阐述了多传感器数据融合的基本结构。对于数据融合而言，其数学模型和算法是最为核心的内容，图 2.9 描述了多传感器数据融合的数学模型。在下一节中，将具体介绍一些典型的数据融合方法。

2.3.3 数据融合中的检测、分类与识别算法

数据融合所用到的各种检测、分类与识别算法的分类情况如图 2.10 所示。主要分为基于物理模型的算法、基于特征推理技术的算法和基于知识的算法。在最近的几年中，又发展了基于现代数学模型的数据融合方法，主要包括随机集合理论、条件代数、相关事件代数等。随机集合理论处理的随机变量为集合，而不是传统的随机变量。Goodman 等人运用随机集

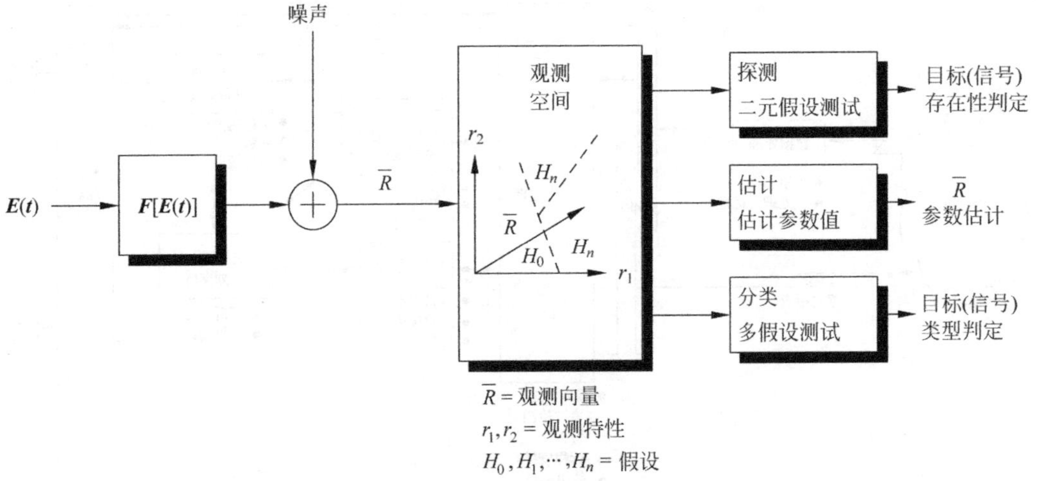

图 2.9　多传感器数据融合数学模型

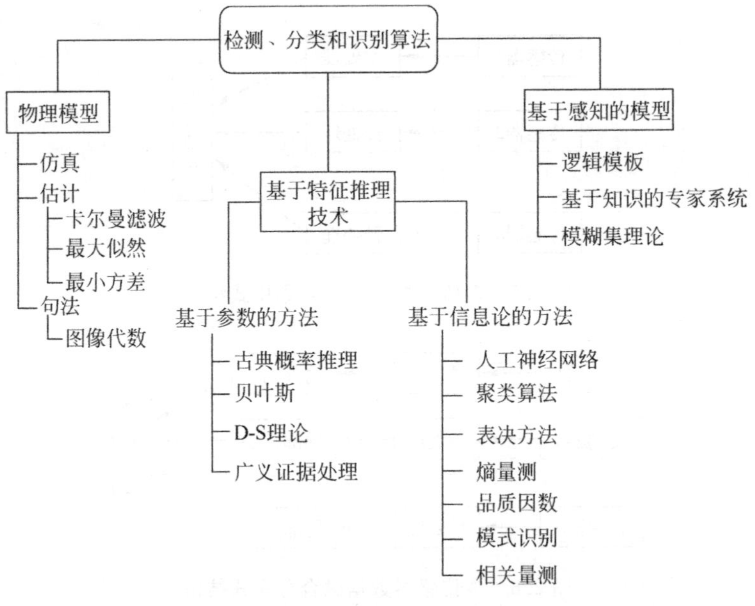

图 2.10　检测、分类和识别算法的分类

合理论将多传感器多目标估计问题转换成单传感器单目标估计问题，还应用随机集合理论把模糊证据(例如用自然语言描述的报表和规则)引入到多传感器多目标估计问题中，同时还应用该理论把不同的专家系统模型(例如模糊逻辑和基于规则的推理逻辑)引入到多传感器多目标估计问题中。

2.3.4　典型的数据融合方法

数据融合技术涉及检测技术、信号处理、通信、模式识别、决策论、不确定性理论、估计理论、最优化理论等众多学科领域。目前较典型的数据融合方法包括以下几种。

1. 统计和估计方法

(1) 古典概率推理。在给定的假设事件下，给出了观测是来源于某一物体或事件的概率。这种方法的主要缺点是：①用于分类物体或事件的观测量的概率密度函数难以得到；②在多变量数据情况下，计算的复杂性加大；③一次只能评估两个假设事件；④无法直接应用先验似然函数这个有用的先验知识。

(2) 卡尔曼滤波。卡尔曼滤波是一种线性递推的滤波方法，将状态变量引入滤波理论，用信息干扰的状态空间模型代替通常滤波采用的协方差函数，并把状态空间描述与离散时间联系起来。它把测得的新数据加到前一时刻的估计值，由系统本身的状态转移方程和一套递推公式求得新检测量的估值。它是基于最小二乘估计的一种信息优化方法，运算量较小，适于实时处理，在目标跟踪、状态估计得到有效的利用。

(3) Bayes 准则。Bayes 准则是多传感器融合技术最早应用的融合方法之一。Duba 于 1976 年提出 Bayes 准则，并将其应用于著名的 PROSPECTOR 专家系统中。该方法在利用样本提供的信息时也充分利用了先验信息，以先验分布为出发点，克服了古典统计中精度和信度前定(采样之前就确定下来，而不依赖于样本)的不合理性。该方法部分解决了古典概率推理中一些无法解决的问题，该方法使用新得到的观测数据来更新假设事件旧的似然函数，从而得到其新的似然函数。Bayes 方法的缺点主要有：①确定先验的似然函数非常困难；②当潜在具有多个假设事件并且是多个事件条件依赖时，计算将变得非常复杂；③各假设事件要求互斥；④不能处理广义的不确定问题。

(4) D-S 证据理论。证据理论是由 Dempster 于 1976 年提出的，后由 Shafer 加以扩充和发展。D-S 证据理论针对事件发生后的结果(证据)探求事件发生的主要原因(假设)，分别通过各证据对所有的假设进行独立判断，得到各证据下各种假设的基本概率分配即 mass 函数。mass 函数是人们主观给出或凭经验和感觉给出的，也可以结合其他方法如以神经网络方法得到相对客观的 mass 函数值，然后对某假设在各证据下的判断信息进行融合，进而形成"综合"证据下该假设发生的融合概率。概率最大的假设即为判决结果。证据理论是概率论的推广，能区分"不确定"和"不知道"，同时也不需要先验概率和条件概率密度。并且证据理论可以实现对证据的组合，而主观 Bayes 方法则不能。但证据理论在推理链较长时，合成公式使用很不方便，而且它需要各证据之间彼此独立，实际中有时难以满足要求。随着推理过程的增加，识别框架变得很复杂，且计算量也大大增加。此外，组合规则的组合灵敏度高，即基本概率赋值的一个很小变化都可以导致结果发生很大变化。

(5) 广义证据处理(GEP)。把决策空间分为若干个假设事件(命题)，然后把 Bayes 方法扩展到此假设空间(在 D-S 理论中称为识别框架)中。经过这样处理，GEP 方法就可以考虑多个假设事件了(如同 D-S 方法一样)。在此方法中，来自非互斥命题的证据可以使用贝叶斯公式融合，从而得到某一判决。正如 D-S 方法那样，GEP 使用来自多个传感器的证据，并且对每个证据分配给相应的概率分配值。而 GEP 方法与 D-S 方法的不同之处就在于，其概率分配值的赋予与融合是基于命题或假设事件的先验条件概率的。

2. 信息论方法

基于信息论技术的方法能把参数数据转换或映射到识别空间中。所有这些方法都有着相同的概念,即识别空间中的相似是通过观测空间中参数的相似来反映的,但是却不能直接对观测数据的某些方面建立明确的识别函数。在这一类方法中,可以采用的技术包括参数模板匹配、神经网络法、聚类算法、表决算法、熵量测技术、品质因数、模式识别以及相关量测等技术。

(1) 聚类分析法。聚类分析是在一定条件,按照目标间相似性把目标空间划分为若干子集,划分的结果应使表示聚类质量的准则函数为最大。当用距离来表示目标间的相似性时,其结果将判别空间划分若干区域,每一区域相当于一个类别。常用的距离函数有明氏(Minkowsky)距离、欧式(Euclidean)距离、马氏(Mahalanobis)距离、类块距离等。判别聚类优劣的聚类准则,一种是凭经验,根据分类问题选择一种准则;另一种是确定一个函数,当函数取最佳值时认为是最佳分类。

使用聚类分析方法有可能得到有偏差的结果,因为该类算法具有启发式的性质。一般来说,数据的规范化、度量尺度及算法的选择,甚至输入数据的次序都可能非常大地影响聚类结果。因此,在使用聚类分析方法时应用有效性和可重复性进行判断,以形成有意义的聚类结果。

(2) 表决法。表决法类似于日常生活中的投票选举,是多传感器数据融合中最简单的技术。它由每个传感器提供对被测对象状态的一个判断,然后由表决方法对这些判断进行搜索,以找到一个由半数以上传感器“同意”的判断(或采取其他简单的判定规则),并宣布表决结果。表决方法处理简洁,特别适合于实时融合,当然融合误差也较大。为了提高方法精度可引入加权方法等其他方法。

(3) 神经网络法。神经网络是一种模仿人脑信息处理机制的网络系统,它是由大量简单的神经元广泛链接而成的。它不需系统的物理模型,有很强的非线性处理能力,并具有自学习、自组织、并行性和容错性等特点,可对多传感器传递来的经特征提取的各种数据进行判断。神经网络链接权值的调整需要训练样本,同时网络学习的收敛性、学习速度以及网络模型、网络层次和节点数的选择等都需要人为地根据融合对象的特点进行调整,这些因素将直接影响融合效果。

深度学习框架将特征与分类器进行融合,是一种自动学习特征的方法。深度学习基于数据特征自学习,减少了人工提取特征的工作量,其包含的深层模型使特征具有更强的表达能力,从而实现对大规模数据的学习与表达。深度学习立足于经典有监督学习算法和深度模型,充分利用大型标注数据集提取对象的复杂抽象特征,同时也发展了无监督学习技术和深度模型在小数据集的泛化能力。

(4) 参数模板匹配。参数模板匹配是把在一段时间内得到的多传感器数据与多个信息源按照预先选择好的条件进行匹配,然后判断观测量是否包含支持某一现象的证据。参数模板匹配法可以应用于对某一事件的检测、态势估计及简单的目标识别等。

(5) 熵量测。熵量测这个名字来源于通信理论。它试图通过事件发生的概率来度量事件中所包含信息的重要程度。通常高概率事件包含有较低价值的信息,而低概率事件包含有较高价值的信息,因此度量信息价值的函数应具有这样的性质,即信息价值的大小与接收到该信息的概率成反比。

(6) 品质因数。品质因数是一种度量机制,它来源于一些直观的或具有启发式的证据,这些证据有助于在观测值与物体属性之间建立起关联。在该类算法中包含了很多灵活的算法来度量这种关联强度。而品质因数技术就是试图在多个证据间找到某种关系，以改善输入数据间关联和分类的效果。有时也将品质因数法看作是模板匹配法，这是因为品质因数法实际上反映了期望的观测值、期望的行为特征、期望的逻辑关系以及任何期望的目标属性。

(7) 模式识别。模式识别主要来解决数据描述与分类问题。历史上模式识别主要有两类基本方法，一是基于统计理论(或决策理论)，另一种方法则是基于句法规则(或结构学)。最近，神经网络作为第三种方法被提出。在统计模式识别中，可以从输入数据中提取出一系列的特征值，然后把特征值分配给某一类。假定特征向量是由属性状态构成的，则统计模型就代表着与某一类对应的属性状态、概率集或者是概率密度函数。当模式的重要信息并不是体现在具体数字的存在与否上，而是体现在特征的相互连接上，也就是产生了结构信息时，就可以使用句法模式识别。可以使用形式上定义好的语言的句法来抽取结构信息，从而评价是否具有相同的模式。一般句法模式算法能够对复杂模式使用简单子模式或原子模式进行等级描述。而神经网络计算，如上面所指出的那样，则是模仿生物神经系统对模式进行分类。

(8) 相关测量。相关测量来源于品质因数的加权组合。当有大量的品质因数时，该方法允许把各品质因数的相互比较和联系加入到计算中。这样，对于两个完全相同的实体来说，相关量测就代表了两者之间的全部似然性。

3. 认知模型方法

认知模型方法主要包含逻辑模板、基于知识的系统及模糊集理论。基于认知的模型试图通过模拟人的处理过程来自动实现决策的制定。

(1) 模糊逻辑法。由于数据融合系统不确定性，难以用传统的二值逻辑进行判断。由L. A. Zadeh 教授提出的模糊集合论是一种精确解决不精确不完全信息的方法。根据模糊逻辑理论，通过模糊概率的计算实现数据融合判断。模糊逻辑的关键在于确立隶属度函数。隶属度函数可根据具体情况选取，如正态函数、三角函数、梯形函数等等。隶属度是主观确定，但其对模糊推理的影响并不大。

(2) 逻辑模板法。逻辑模板法实质上是一种匹配识别的方法，它将系统的一个预先确定的模式(模板)与观测数据进行匹配，确定条件是否满足，从而进行推理。预先确定的模式中可以包含逻辑条件、模糊概念、观测数据以及用来定义一个模式的逻辑关系中的不确定性等。因此模板实质上是一种表示与逻辑关系进行匹配的综合参数模式方法。

(3) 专家系统。专家系统开始于 20 世纪 70 年代中期，实质上是计算机程序，能够以人类专家的水平完成特别困难的某一专业领域的任务。它将人类专家的知识和经验以知识库的形式存入计算机，并模仿人类专家解决问题的推理方式和思维过程，运用人类的知识和经验对现实中的问题做出判断和决策。专家系统具有采用类似自然语言的方式表达，易于理解和维护，能对系统的结论做出解释等优良性能。但专家系统缺乏自学习自我完善能力；随着问题的复杂性增加，推理规则会出现组合爆炸的问题；专家系统的容错能力和处理不确定知识能力差；知识的存储容量与运行速度相互矛盾，实时数据处理困难。为了发挥专家系统优势并克服其缺点，出现了模糊专家系统、神经网络专家系统等，取得了比较满意的结果。图 2.11 描述了三种不同状态下，多传感器数据融合的测量识别方法。

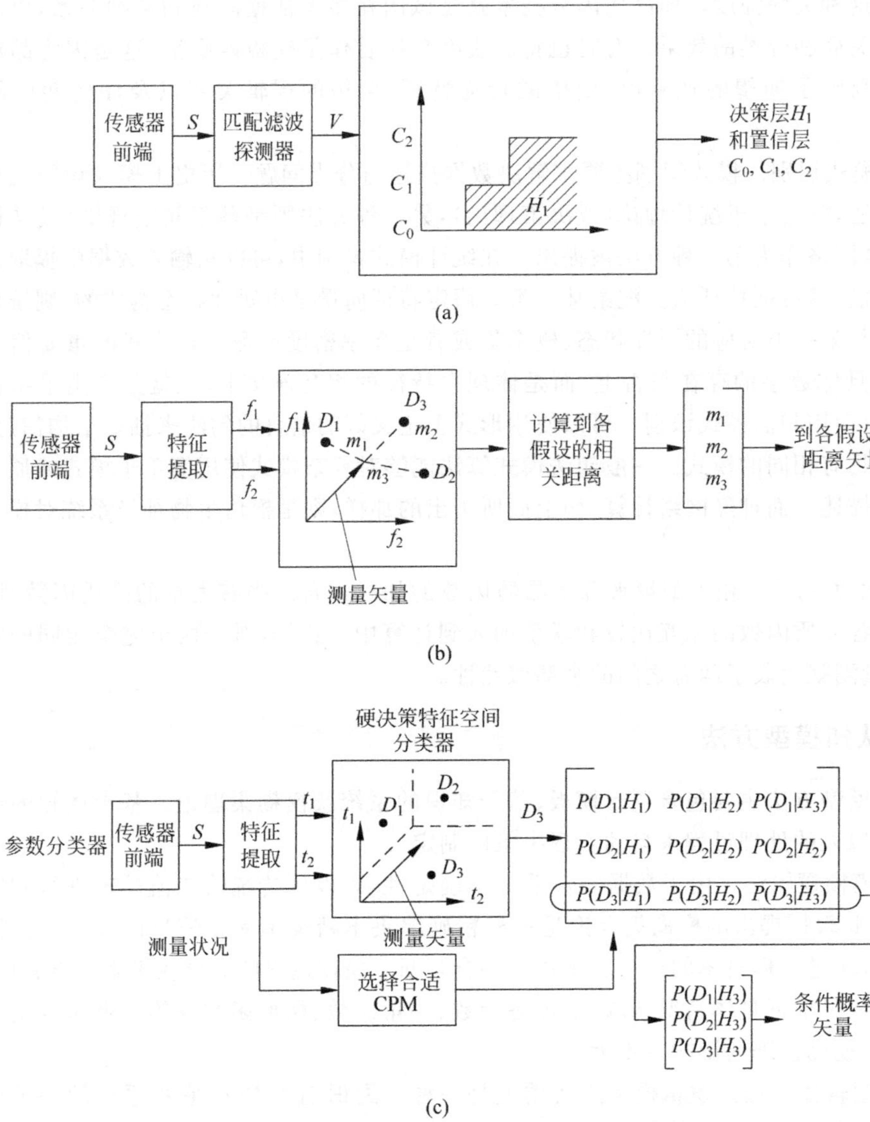

图 2.11　多传感器数据融合的测量识别方法

(a) 多重变量数据融合识别方法；(b) 非参数化划分识别方法；(c) 参数化划分识别方法

(4) 基于知识的系统。基于知识的系统是将规则或知名的专家知识结合起来实现自动的目标识别。当人工推理由于某种原因不能进行时，专家系统可以运用专家的知识进行辅助推理。基于计算机的专家系统一般包括以下 4 个逻辑部分：①一个知识库，包括基本事实、算法和启发式规则等；②一个大型的包含动态数据的全局数据库；③一个控制结构或推理机制；④人机界面。由推理机制运用数据、事实和规则在知识库中进行搜索，最后得出推理结果。

(5) 模糊集理论。模糊集理论将不精确知识或不确定性边界的定义引入到数学运算中来，它可以方便地将系统状态变量映射成控制量、分类或其他类型的输出数据。运用模糊关联记忆，能够对命题是否属于某一集合赋予一个 0(确定不属于)到 1(确定属于)之间的隶属度。模糊集理论从直观上就非常吸引人，这是因为它允许知识或者身份边界的不确定性，因而它具有十分广泛的应用，例如战场威胁物的身份识别、目标跟踪、工业控制和过程控制等。与神经网络不同，模糊系统不累计所有输入输出，而是只累计输出。

2.3.5 多传感器数据融合方法的特点

多传感器数据融合技术是一种跨学科的综合理论和方法，正处在不断地变化和发展中，综合考虑多传感器数据融合技术的应用背景，分析其发展趋势如下：

(1) 加强对多传感器的管理，多传感器组成了多传感器系统的互补体系，必须对它们进行有效的管理，包括各传感节点优先级确定、失效处理、路径选择、配置等，以便获得最优的数据采集性能，得到最佳的融合效果；

(2) 针对多传感器数据融合问题，建立统一的融合理论和广义融合模型；

(3) 研究不确定性融合推理方法和容错能力强、实时性好的高效融合方法；

(4) 解决数据配准、数据预处理、数据库建立、数据库管理、人机接口、通用软件包开发问题，建立高效、实时、使用方便、性能可靠的数据库管理系统和检索推理机制，利用成熟的辅助技术，建立面向具体应用需求的数据融合系统；

(5) 将人工智能技术，如神经网络、遗传算法、模糊理论、专家理论、粗糙集理论等，引入到数据融合领域，利用集成的智能软计算方法，提高多传感融合的性能；

(6) 利用有关的先验数据提高数据融合的性能，研究更加先进复杂的融合方法(未知和动态环境中多传感器集成与融合方法的研究、采用并行计算结构的多传感器集成与融合方法研究等)；

(7) 在多平台/单平台、异类/同类多传感器的应用背景下，建立计算复杂程度低，同时又能满足任务要求的数据处理模型和算法；

(8) 建立数据融合测试评估系统和多传感器管理体系；

(9) 将已有的融合方法工程化和商品化，开发能够提供多种复杂融合方法的处理硬件，以便在数据获取的同时就实时地完成融合；

(10) 加强数据融合技术在特定领域应用的研究。由于不同领域对数据融合理论的应用有着不同的方法和特点，故对不同领域的数据融合理论的研究将针对领域特点适当细化。

2.4 自适应动态数据融合方法

2.4.1 测量模型与方法简述

设待测轴 O 由 N 个智能传感器 $m_1, m_2, m_3, \cdots, m_n$ 组成的多传感器共同测量。各智能传感器具有独立的测量、运算和存储能力，可在 x、y、z 三个方向实时测量 O 的位置和速度，在每一测量点可得数据向量 $d_j=(x_j, y_j, z_j, x_j', y_j', z_j')$，且各传感器之间具有数据传递的能力。该模型通过 N 个智能传感器共同测量，并相互传递数据。传感器内部对自身测得的数据及接收到的数据进行融合，得到本传感器的融合结果，再综合 N 个智能传感器得出最终融合结果。测量模型结构如图 2.12 所示。

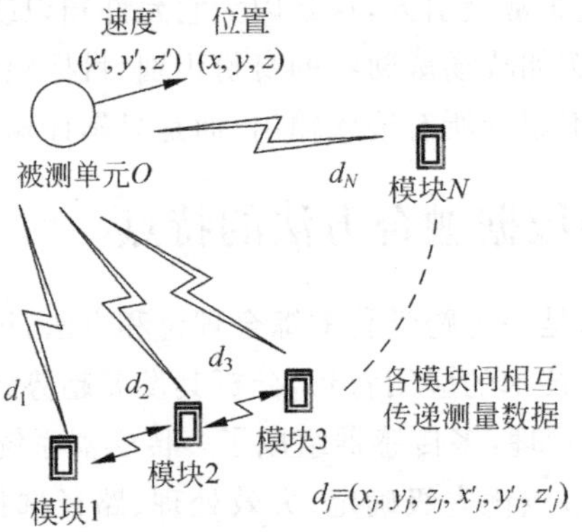

图 2.12　测量模型结构

这里所应用的分布式自适应动态数据融合方法是一种步骤简单，鲁棒性强，易于实现，适用于实时测量的方法。方法本身具有以下 4 个特点：

(1) 承认"在测量时刻被测对象和传感器处于运动状态"这个客观事实，融合过程中考虑了测量时间小量误差对测量结果造成的影响，真正实现动态融合；

(2) 综合考虑多传感器中各传感节点测量精度对最终融合结果造成的不同影响；

(3) 可通过改变传感器的精度参数使融合变得不再"死板"，而是一个动态的过程，即方法可以"适应"各传感节点的精度变化；

(4) 以"表决"的方法，综合各传感节点的测量数据，判断各传感节点是否处于正常的工作状态，以避免处于故障状态的传感节点所测量的数据给最终融合结果带来的不良影响，这个特点也体现了该方法对测量环境变化的"适应"能力。

融合的主要步骤为：

(1) 网络中 N 个智能传感器分别对目标进行测量，得到测量向量值，并向其他智能传感器发送；

(2) 某一智能传感器得到 N 组测量向量值(包括 1 组自身测量向量值与 $N-1$ 组其余传感器传递向量值)后，根据外部定义的各传感器测量精度确定各节点测量数据范围；

(3) 根据所确定的各传感器测量数据范围，以"表决"的方法判别是否存在故障传感器，如有则将该传感器对应的测量数据范围剔除；

(4) 由"表决"后处于正常工作状态的传感器测量数据范围推导包含正确测量值的最优范围；

(5) 在最优范围中选取本智能传感器融合结果；

(6) 综合 N 个智能传感器的融合结果得出最终融合结果。

在以上 6 个步骤中，步骤(2)至步骤(5)在各智能传感节点内部计算，步骤(6)则在融合传感器中完成，故该数据融合方法的结构为分布式结构。

2.4.2　测量数据范围的推导

首先根据各智能传感器的测量值及其测量误差推算测量数据范围。在该模型中主要包括以下 4 方面误差：①各智能传感器测量值中包含测量误差；②对任一测量点而言，各智能传感器接收测量信息的时间与实际测量时间不精确相等，存在一定时间误差；③各传感器间数据传递时间未知；④设备故障将引起测量数据产生更大偏差。与各智能传感器相关的误差如图 2.13 所示。

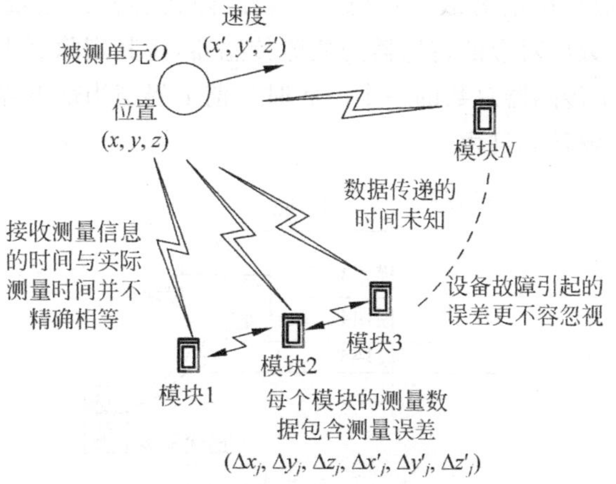

图 2.13 测量中包含的误差

设智能传感器在一测量点测得数据向量 $d_j=(t_j, x_j, y_j, z_j, x'_j, y'_j, z'_j)$(其中 t_j 为接收测量数据时间)，各智能传感器自身的测量误差范围 $\Delta x_j, \Delta y_j, \Delta z_j, \Delta x'_j, \Delta y'_j, \Delta z'_j$ 和数据传递的时间误差的范围 Δt_j 已知。由测量值和误差范围可推知：测量时间在范围 $t_j \pm \Delta t_j$ 内；测得的数据范围为 $x_j \pm \Delta x_j, y_j \pm \Delta y_j, x_j \pm \Delta x_j, x'_j \pm \Delta x'_j, y'_j \pm \Delta y'_j, z'_j \pm \Delta z'_j$，但由于测量过程中，待测轴 O 处于运动状态，故应考虑时间误差对位置误差造成的影响。以待测轴 O 运动的 X 方向分量为例，未考虑 O 运动状态时，原测量数据范围为 $x_j \pm \Delta x_j$；此时若待测轴 O 正以其最大速度 $x'_j + \Delta x'_j$ 运动，在最大的时间误差 Δt_j 内待测轴 O 的运动距离应为 $(x'_j + \Delta x'_j) \times \Delta t_j$。综上，考虑时间误差后 X 方向的实测位置数值范围为：

$$X \in x_j \pm (\Delta x_j + (x'_j + \Delta x'_j) \times \Delta t_j) \tag{2.1}$$

同理，可以得到 Y、Z 方向上的位置数据范围：

$$Y \in y_j \pm (\Delta y_j + (y'_j + \Delta y'_j) \times \Delta t_j) \tag{2.2}$$

$$Z \in z_j \pm (\Delta z_j + (z'_j + \Delta z'_j) \times \Delta t_j) \tag{2.3}$$

由此可见，考虑了时间误差后待测轴 O 的空间位置不确定度增大。而对于速度误差，由于在测量时间范围 $t_j \pm \Delta t_j$ 内，速度的变化趋势和范围未知，故此处无法考虑时间误差对速度测量范围造成的影响。

以上各数据范围由智能传感器测量误差决定，故测量过程中用户可以根据环境因素的变化，实时改变误差范围，以进一步满足动态测量的需求。

2.4.3 最优范围的确定

各智能传感器接收到自身及其余 $N-1$ 个智能传感器传递的测量数值并确定各数据范围后，将进一步推导包含正确测量值的最优范围。正确测量值必然包含在正常传感器的测量数据范围内，由此可以推得以下结论：正确测量值必然包含在各正常传感器的测量数据范围交集内；测量范围与大部分传感器不相交的传感器为故障传感器。

以 X 轴为例，求解包含正确测量值最优范围的步骤为：将 N 组数值范围中 X 方向的位置范围下界依升序排列，依次将排序后各上界与当前上界比较：若该值大于当前上界，则当前上界不变；若该上界小于当前上界大于当前下界则将该上界定义为当前上界；若该上界小于当前下界则对应传感器为故障传感器。若故障传感器的数量超过传感器总数的一半，则原序列的第一组数值对应的传感器为故障传感器，将其剔除后再次重复以上过程直至故障传感器的数量低于传感器总数的一半。此时当前上界与当前下界确定的范围为最优范围。图 2.14 体现了求解基本过程。

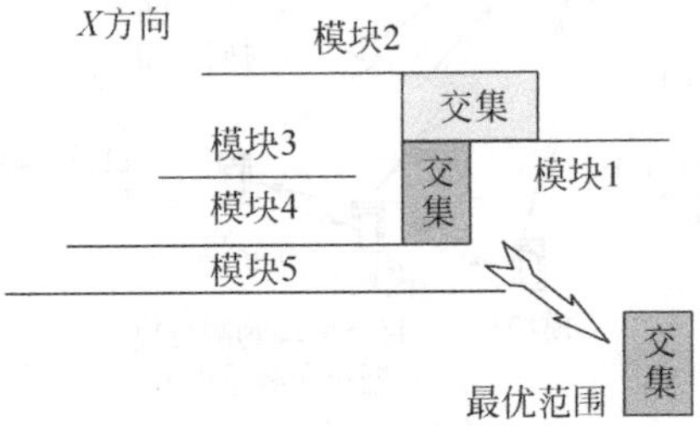

图 2.14　最优范围求解基本过程

然后依次对 Y、Z 方向和时间 t 的测量值重复以上运算过程。运算结束后即得到一系列包含正确测量值的最优(小)范围。最后取包含最优范围的中值为最终的融合结果。另由于在本模型中未对待测轴 O 的加速度做合理假设，无法确定速度测量范围，故此模型中，用各维度最优范围与各传感器测量范围交集的大小作为权重(交集越大则该传感器所测得数值的置信度越高)，将加权平均值作为各方向速度值的融合结果：

$$\bar{v} = \frac{1}{n}\sum_{i=1}^{n} a_i v_i$$

以上计算过程完成了一个智能传感节点内 N 组数值的融合，得到了该智能传感节点的局部融合结果。为减少计算量，在保证融合精度的前提下，各智能传感节点局部融合结果的算术平均值则可作为最终融合结果。

本章首先介绍了人工智能与信息感知的关系，分析了多传感器协作感知与数据融合的基本概念、原理、层次与体系结构；在此基础上给出了典型的协作感知与数据融合方法，主要包括统计和估计的方法、采用信息论的融合方法、神经网络及深度学习方法的数据融合方法。并根据典型的方法的特点进行了分析比较。最后介绍了动态数据协作感知与融合方法，给出了自适应测量模型与方法、测量数据范围的基本模型和测量最优范围的确定等。

参考文献

[1] 胡永利，等. 物联网信息感知与交互技术. 计算机学报，2012，35(6)：1147-1163.

[2] WhiteF E Jr. Joint directions of laboratories data fusion sub-panel report：SIGINT session. Tech. Proc. Joint Service Data Fusion Symposium，Vol. Ⅰ，DFS-90，1990. 469-484.

[3] 王雪. 无线传感网络测量系统. 北京：机械工业出版社，2007.

[4] Kessler J. Functional description of the data fusion process. Japanese Journal of Psychiatric Rehabilitation，1992，11.

[5] Waltz E, Llinas J. Multisensor Data Fusion//International Conference on Industrial, Engineering and Other Applications of Applied Intelligent Systems. Springer, Berlin, Heidelberg, 2007: 1-3.

[6] 1989 Data fusion survey, 1990 data fusion symposium, Johns Hopkins University Applied Physics Laboratory, Laurel, MD, 1990.

[7] Johnson J. Paper AD-220160, Image Intensifier Symposium, Fort Belvoir, VA, 49, Oct. 1958.

[8] Rosell F A, Willson R H. Recent Psychophysical Experiments and the Display Signal-to-Noise Ratio Concept//Perception of Displayed Information. Springer New York, 1973: 167-232.

[9] Gordon G A, Hartman R L, Kruse P W. Imaging-mode Operation of active NMMW systems//Infrared and Millimeter Waves. Academic Press, 1981.

[10] Klein L A. Millimeter-wave and infrared multisensor design and signal processing. Artech House, 1997.

[11] Hall D L, Linn R J. Algorithm selection for data fusion systems//1987 Tri-Service Data Fusion Symposium Technical Proceedings, Vol. Ⅰ, 1987.

[12] Hall D L, Linn R J. A taxonomy of algorithms for multi-sensor data fusion//Joint Service Data Fusion Symposium, Vol. Ⅰ, 1990: 594-610.

[13] Hall D L. Mathematical techniques in multisensor data fusion. Artech House, 1992.

[14] Goodman I R, Mahler R P, Nguyen H T. Mathematics of Data Fusion. Springer Netherlands, 1997.

[15] Pearl J. Probabilistic reasoning in intelligent systems: networks of plausible inference. Morgan Kaufmann Publishers, Inc, 1988.

[16] Thomopoulos S C. Theories in distributed decision fusion: comparison and generalization//Sensor Fusion Ⅲ: 3D Perception and Recognition. International Society for Optics and Photonics, 1991: 195-200.

[17] Thomopoulos S C A. Sensor integration and data fusion. Journal of Robotic Systems, 1990, 7(3): 337-372.

[18] Schalkoff R J. Pattern recognition: statistical, structural and neural approaches. John Wiley & Sons, Inc. 1994.

[19] Blackman S S. Theoretical Approaches To Data Association And Fusion. Proc Spie Sensor Fusion, 1988, 931.

[20] Munkres J. Algorithms for the Assignment and Transportation Problems. Siau Journal of Applied Mathematics, 1957, 5(1): 32-38.

[21] Drummond O E, Castanon D A, Bellovin M S. Comparison of 2-D assignment algorithm for sparse, rectangular, floating point, and cost matrices. SDI Panels Tracking, Institute for Defense Analyses, 1990, (4): 81-97.

[22] Drummond O E. Coordinated Presentation Of Multiple Hypotheses In Multitarget Tracking. Proceedings of SPIE - The International Society for Optical Engineering, 1989, 1096.

[23] Bar-Shalom Y, Tse E. Tracking in cluttered environment with probabilistic data association. Automatica, 1975, 11(5): 451-460.

[24] Bar-Shalom Y. Tracking and data association. Academic Press Professional, Inc. 1987.

[25] Blom H A P, Bar-Shalom Y. The Interacting Multiple Model Algorithm for Systems with Markovian Switching Coefficients. IEEE Transactions on Automatic Control, 1988, 33(8): 780-783.

[26] Morefield C. Application of 0-1 integer programming to multitarget tracking problems. Automatic Control IEEE Transactions on, 1977, 22(3): 302-312.

[27] Rechtin E. Systems architecting: creating and building complex systems. Prentice Hall, 1991.

[28] Draft military standard, systems engineering, MIL-STD-499B, May 15, 1991.

[29] Data fusion subpanel, data fusion lexicon, joint directors of laboratories technical panel for C3,

October,1991.

[30] Luo R C,Kay M G. Multisensor integration and fusion: issues and approaches,sensor fusion,SPIE 931,1988,42-49.

[31] Blackman S S. Multiple sensor tracking and data fusion//Introduction to Sensor Systems. Artech House,1988.

[32] Comparato V G. Fusion - The Key To Tactical Mission Success. International Society for Optics and Photonics,1988.

[33] Blackman S S. Association and Fusion of Multiple Sensor Data. Multitarget-Multisensor Tracking: Advanced Applications,1990.

[34] Robinson G S,Aboutalib A O. Trade-off analysis of multisensor fusion levels//the 2nd National Symposium on Sensors and Sensor Fusion,Vol. Ⅱ,1990: 21-34.

[35] Ramo S,Whinnery J R,Van Duzer T. Fields and waves in communication electronics. Wiley,1984.

[36] Drummond O E. An Efficient Target Extraction Technique For Laser Radar Imagery. Proc Spie, 1989,1096: 23-33.

[37] Castalez P F,Dana J L. Neural networks in data fusion applications//the 2nd National Symposium on Sensors and Sensor Fusion,Vol. Ⅱ,1990: 105-114.

[38] Strom K S,Carter J F,Chockley J H. Joint Army/Air Force millimeter wave/infrared seeker development//The 4th National symposium on sensor Fusion,Vol. Ⅰ,1991: 63-81.

[39] Overland J E,et al. Identifying the density of multi-sensor false alarms//4th National Symposium on sensor Fusion,Vol. Ⅰ,1991: 313-322.

[40] D'Anna E D,Richards M A. A radar angular resolution improvement technique for multispectral sensor beam registration//The 4th National Symposium on Sensor Fusion,Vol. Ⅰ,1991: 417-429.

[41] 王雪. 无线多传感器测量系统. 北京: 机械工业出版社,2007.

[42] 熊和金,陈德军. 智能信息处理. 北京: 国防工业出版社,2006.

[43] 权太范. 信息融合: 神经网络-模糊推理理论与应用. 北京: 国防工业出版社,2002.

[44] 王雪. 智能软计算及其应用. 清华大学研究生讲义,2003.

[45] Lawrence A K. 多传感器数据融合理论及应用. 戴亚平,刘征,郁光辉,译. 北京: 北京理工大学出版社,2004.

[46] 杨万海. 多传感器数据融合及其应用. 西安: 西安电子科技大学出版社,2004.

[47] Parikh D,Polikar R. An Ensemble-Based Incremental Learning Approach to Data Fusion. IEEE Transactions on Systems Man & Cybernetics Part B Cybernetics A Publication of the IEEE Systems Man & Cybernetics Society,2007,37(2): 437-450.

[48] Chang Y L,Liang L S,Han C C,et al. Multisource Data Fusion for Landslide Classification Using Generalized Positive Boolean Functions. IEEE Transactions on Geoscience & Remote Sensing,2007, 45(6): 1697-1708.

[49] Sharaf R,Noureldin A. Sensor integration for satellite-based vehicular navigation using neural networks. IEEE Trans. Neural Networks,2007,18(2): 589-594.

[50] Caron F,Davy M,Duflos E,et. al,. Particle filtering for multisensor data fusion with switching observation models: application to land vehicle positioning. IEEE Trans. Signal Processing,2007,55 (6): 2703-2719.

[51] Alessandretti G,Broggi A,Cerri P. Vehicle and Guard Rail Detection Using Radar and Vision Data Fusion. IEEE Transactions on Intelligent Transportation Systems,2007,8(1): 95-105.

[52] Wu X,Zhang L. Improvement of color video demosaicking in temporal domain. IEEE Trans. Image Processing,2006,15(10): 3138-3151.

[53] Wang X,Wang S. Collaborative signal processing for target tracking in distributed wireless sensor

networks. Journal of Parallel and Distributed Computing,2007,67(5): 501-515.

[54] Wang X, Wang S, Jiang A. A novel framework for cluster-based sensor fusion. The 2006 International Workshop on Intelligent Systems and Intelligent Computing,2006,vol. 2: 2033-2038.

[55] Elliott R J, van der Hoek J. Optimal linear estimation and data fusion. IEEE Trans. Automatic Control,2006,51(4): 686-689.

[56] He Y,Zhang J. New track correlation algorithms in a multisensor data fusion system. IEEE Trans. Aerospace and Electronic Systems,2006,42(4): 1359-1371.

[57] Smith D,Singh S. Approaches to multisensor data fusion in target tracking: a survey. IEEE Trans. Knowledge and Data Engineering,2006,18(12): 1696-1710.

第3章

神经计算基础

CHAPTER 3

3.1 人工神经网络基础

早在计算机出现之前，人类就已经开始探索智能的秘密，并且期盼着有一天可以重新构造人脑，让其代替人类完成相应的工作。这种目标一直激励着人们不断努力。大体上讲，人类对人工智能的研究可以分成两种方式，这两种方式分别对应着两种不同的技术：传统的人工智能技术和基于人工神经网络的技术。实际上，这两种技术是分别从心理的角度和生理的角度对智能进行模拟的，因此，分别适应于认识和处理事物（务）的不同方面。目前，人们除了从不同的角度对这两种技术进行研究外，也已开始探讨如何能将这两种技术更好地结合起来，并且已取得了良好的效果。人们期待着，通过大家的不懈努力，在不久的将来，能在这两种技术的研究以及有机结合方面有所突破，也希望在方法上有新的进展，真正打开智能的大门。

人工神经网络是根据人们对生物神经网络的研究成果设计出来的，它由一系列的神经元及其连接构成，具有规范的数学描述，不仅可以用适当的电子线路来实现，而且可以方便地用计算机程序加以模拟。本章首先简要介绍智能和人工智能，然后简要介绍人工神经网络的发展过程及其基本特点，使读者对有关的概念有一个基本的了解。最后将介绍人工神经网络的基本知识，主要包括：基本的生物神经网络模型，人工神经元模型及其典型的激活函数，人工神经网络的基本拓扑特性，存储类型（CAM-LTM，AM-STM）及映象，有导师（supervised）训练与无导师（unsupervised）训练等基本概念。

3.1.1　人工神经网络的提出

人工神经网络(artificial neural networks,ANN)是对人类大脑系统一阶特性的一种描述。简单而言,它是一个数学模型,可以用电子线路来实现,也可以用计算机程序来模拟,是人工智能研究的一种方法。因此,需要先介绍人工智能的一些基本内容。

1. 智能与人工智能

1）智能的含义

众所周知,人类是具有智能的。因为人类能记忆事物,能有目的地进行一些活动,能通过学习获得知识,并能在后续的学习中不断地丰富知识,还有一定的能力运用这些知识去探索未知的东西,去发现、去创新。那么,智能的含义究竟是什么？如何刻画它呢？粗略地讲,智能是个体有目的的行为、合理的思维以及有效的适应环境的综合能力。也可以说,智能是个体认识客观事物和运用知识解决问题的能力。

按照上述描述,人类个体的智能是一种综合能力。具体来讲,可以包含如下8个方面的能力：

(1) 感知与认识客观事物、客观世界和自我的能力。这是人类在自然界中生存的最基本的能力,是认识世界、推动社会发展的基础。人类首先必须感知客观世界,使客观世界中的事物在自己的头脑中有一个反映,并根据事物反映出来的不同特性将事物区分开来。这是一切活动的基础。"假物必以用者",只有认识了事物,才能制造出支持生存、生活的工具,才有可能不断提高人类的生存能力,并不断改善人类的生活质量。因此可以说,感知是智能的基础。

(2) 通过学习取得经验与积累知识的能力。这是人类在自然界中能够不断发展的最基本的能力。通过学习不断地取得经验、不断地积累知识,又进一步增强了人类认识客观事物、客观世界和自我的能力,从而推动人类社会不断发展。而且,随着社会的发展,知识的积累不仅孤立发生在作为个体的人的身上,更重要的是这种积累能够代代相传。先辈们获取的经验、知识通过一定的形式传给下一代。正是这样,才使人类所掌握的知识越来越多,越来越丰富,以至于人们称现在是知识爆炸的时代。这表明,随着社会的进步,人类的知识积累速度不断加快。

(3) 理解知识,运用知识和经验分析、解决问题的能力。这一能力可以算作是智能的高级形式,是人类对世界进行适当的改造、推动社会不断发展的基本能力。有了知识以后,要使其发挥作用,必须运用这些知识和经验去分析和解决实际问题。所以,作为教育的重要目标,要努力培养学生认识问题、分析问题和解决问题的能力。培根说,知识就是力量。他指的是,当知识得到恰当的应用后,会发挥巨大的作用。所以,大师们一直在告诫人们,不要只读书,尤其不要死读书,要灵活运用书本上的知识去解决实际问题,并在应用中不断丰富知识。

(4) 联想、推理、判断、决策的能力。这是智能高级形式的又一方面。人类通过这种能力,去促进对未来甚至是未知东西的预测和认识,从而具有一定的判断未来、把握未来的能力,从而对未来的东西也能有所准备,进一步增强了在这个世界上生存并不断发展的能力。无论是学习、工作还是生活,都有主动和被动之分。联想、推理、判断、决策的能力是主动的基础；同时，它也是主动采取策略去更有效解决问题的基础——因为较好地掌握了事物发展的趋势。

(5) 运用语言进行抽象、概括的能力。人类的语言是最为丰富的，它除了可以表达实际世界中的事物外，还可以表达出人类的情感以及一些直观不可见的东西，这些使得生活更加丰富多彩。抽象和概括已成为人类认识现实世界和未来世界的一个重要工具。从更高的形式来看，它是形式化描述的基础，而形式化描述则是计算机化、自动化的基础。正是有了语言，人类才有了交流，而且这种交流被广泛扩展到了人与机器之间，使得机器能更好地完成人类所交付的各项任务。丰富的语言抽象和概括能力，使得其他方面的能力可以更充分地发挥出来。

上述这5种能力，被认为是人类智能最基本的能力，从一定的意义上讲，后续的3种能力是这5种能力新的综合表现形式。

(6) 发现、发明、创造、创新的能力。这种能力主要是前面第三种能力的一种高级表现形式，这里强调更多的是创新能力。因为只有创新，才能有活力，才能不断发展。人类正是在不断有所发明、有所创造中前进的。

(7) 实时、迅速、合理地应付复杂环境的能力。这种实时反应能力表示人类对自己遇到的环境及事务可以做出适当的反应。因为世界上几乎所有的事务都将时间作为一个自变量而随其变化而变化，人类面对繁乱复杂的环境，必须有能力做出实时恰当的反映。从一定的意义上说，这也是人类生存的基本能力。

(8) 预测、洞察事物发展、变化的能力。根据历史的经验，根据现实的信息，判断事物的未来发展，以对未来将出现的事物做出必要的准备。那么，如何使类似计算机这样的设备去模拟人类的这些能力呢？这就是人工智能所研究的问题。

2) 人工智能

人工智能研究怎样让计算机模仿人脑从事推理、设计、思考、学习等思维活动，以解决和处理较复杂的问题。简单来说，人工智能就是研究如何让计算机模仿人脑进行工作。

可以将研究人工智能的目的归纳为两个方面：

(1) 增加人类探索世界、推动社会前进的能力。人类从一开始就注意到通过制造和使用工具来加强和延伸自己的生存能力。在初始阶段，这种工具多是用于扩展人类的体力，例如杠杆、拖拉机、各类机械等，它们主要致力于放大、聚集、集中、产生"力量"。后来，从考虑如何让工具帮助人类完成计算开始，人们致力于研究如何能使工具代替人类进行思维，哪怕是"部分的"代替。当计算机出现之后，更进一步促使人类探索如何使计算机模拟人感知、思维和行为的规律，进而设计出具有类似人类某些智能的计算机系统，从而达到延伸和扩展人类智能和能力的目的。

(2) 进一步认识自己。到目前为止，虽然以生物神经科学家、医学解剖学家为首的各专业的科学家进行了数代大量艰苦的研究，人类对自身的大脑还是知之甚少，在很大程度上，大脑的运行机理还是一个未揭开的谜。研究人工智能，可以从已知的一些结论(不排除一些猜想)入手，从人的大脑以外来探讨它的活动机理。有人将这种做法叫做用物化了的智能去考察和研究人脑智能的物质过程和规律。这也许是人类揭开自身大脑之谜的一个有效途径。人们相信，这种探索可以为认识大脑提供帮助。

人类对自己的大脑确实知之甚少，自从人工智能一词诞生以来，人们从不同的出发点、方法学以及不同的应用领域出发进行了大量的研究。正是由于存在这些不同,导致了对人工智能不同的认识,也就形成了不同的学术流派。较有代表性的包括:符号主义(符号/逻辑主义)学派,连接主义(并行分布处理)学派,进化主义(行动/响应)学派。

2. 物理符号系统

人们常讲,计算机世界就是数据处理世界,而数据是对现实世界中抽象出来的信息进行的形式化描述。当然,这种形式化系统的不同,会导致数据世界的不同。所以,信息是现实在人脑中的反映,而数据则是信息的一种表现形式,如图3.1所示。信息不会随其载体的变化而变化,而数据则是随其载体的变化而变化的。例如,"2"在十进制中用阿拉伯数字表示成"2",而二进制中又被表示成"10",在计算机内部,它又被用高、低电平表示出来。因此,信息需要在一定的载体上以某种规定的形式表达出来。习惯上,人们用一系列的基本符号以及组合这些符号的一些规则去表达一些信息和行为。这些基本符号以及组合这些符号的规则就是所谓的物理符号系统。

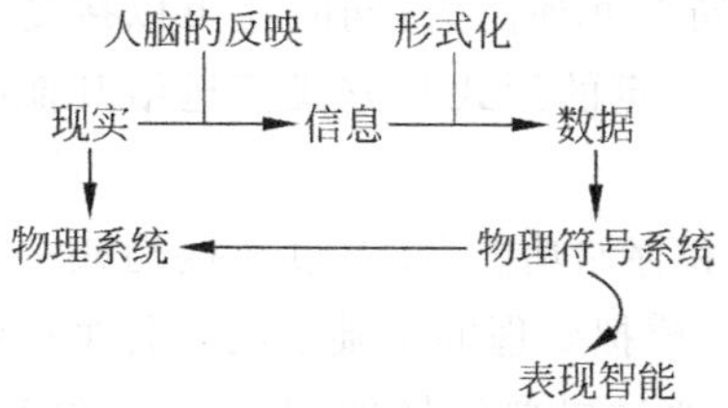

图3.1 物理符号系统用于对物理系统的描述

物理符号系统是Newell和Simon在1967年提出的假说,该假说认为:一个物理系统表现智能行为的充要条件是它有一个物理符号系统。

这就是说,物理符号系统需要有一组称为符号的实体,它们都是物理模型,可以在另一类称为符号结构的实体中作为成分出现,以构成更高级别的系统。

在这里,人们希望通过抽象,用一系列物理符号及其相应的组成规则来表达一个物理系统的存在和运行,例如简单的整数及其运算系统、实数及其运算系统、数理逻辑符号系统。传统的人工智能技术就是以物理符号系统为基础的。在这里,问题必须经过形式化处理后才能被表达、处理。

要想实现对事务(物)的形式化描述,第一步必须对其进行适当的抽象。然而在抽象过程中,需要舍弃一些特性,同时保留一些特性。但是,世界的千差万别要求物理符号系统能较好地表达所要求的全部信息,在一定意义上讲,这与抽象又存在一定的矛盾。因为,为了形式化所进行的抽象有时需要舍弃大量的信息,而这将导致经过形式化处理后的系统难以表达出物理系统的完整面貌。更严重的是,抽象过程有时还会使其失去物理系统的本来面貌。在现实世界中,这种问题有许多。实际上,在某些情况下如果勉强对它们进行形式化处理,一方面会导致面目全非,另一方面可能会因为过于复杂等问题,使得系统难以具有良好的结构。这里称此类问题是难以形式化的,这是物理符号系统所面临的困难。

由此也可以看出,物理符号系统对全局性判断、模糊信息处理、多粒度的视觉信息处理等是非常困难的,这就导致了人们去探求此类问题的新的处理方法。

3. 连接主义观点

为了研究智能,在现代神经科学的研究成果基础上,人们提出了另一种观点,认为:智能的本质是连接机制。神经网络是一个由大量简单的处理单元组成的高度复杂的大规模非线性自适应系统。

虽然按此说法来刻画神经网络，未能将其所有的特性完全描述出来，但它却从以下4个方面出发，力图最大限度地体现人脑的一些基本特征，同时使得人工神经网络具有良好的可实现性。

（1）物理结构。现代神经科学的研究结果认为，大脑皮层是一个广泛连接的巨型复杂系统，包含大约10^{11}个神经元，这些神经元通过10^{15}个连接构成一个大规模的神经网络系统。人工神经网也将是由与生物神经元类似的人工神经元通过广泛的连接构成的。人工神经元将模拟生物神经元的功能。它们不仅具有一定的局部处理能力，同时还可以接受来自系统中其他神经元的信号，并可以将自己的"状态"按照一定的形式和方式传送给其他的神经元。

（2）计算模拟。人脑中的神经元，既有局部的计算和存储功能，又通过连接构成一个统一的系统。人脑的计算就是建立在这个系统大规模并行模拟处理的基础上的。各个神经元可以接受系统中其他神经元通过连接传送过来的信号，通过局部的处理，产生一个结果，再通过连接将此结果发送出去。神经元接受和传送的信号被认为是模拟信号。所有这些，对大脑中的各个神经元来说，都是同时进行的。因此，该系统是一个大规模并行模拟处理系统。由于人工神经网络中存在大量的有局部处理能力的人工神经元，所以，该系统也将实现信息的大规模并行处理，以提高其性能。

（3）存储与操作。研究认为，大脑对信息的记忆是通过改变突触（synapse）的连接强度来实现的。神经元之间的连接强度确定了它们之间所传递信号的强弱，而连接强度则由相应的突触决定。也就是说，除神经元的状态所表现出的信息外，其他信息以神经元之间连接强度的形式分布存放。存储区与操作区合二为一。这里的处理是按大规模、连续、模拟方式进行的。由于其信息是由神经元的状态和神经元之间实现连接的突触强弱所表达的，所以说信息的分布存放是它的另一个特点。这是人工神经网络模拟实现生物神经系统的第三大特点。信息的大规模分布存放为信息的充分并行处理提供了良好的基础。同时，这些特性又使系统具有了较强的容错能力和联想能力，也给概括、类比、推广提供了强有力的支持。

（4）训练。生活实践的经验表明，人类大脑的功能除了受到先天因素的限制外，还被后天的训练所影响。先天因素和后天因素中，后天的训练更为重要。一个人的学习经历、工作经历都是他的宝贵财富。这些表明，人脑具有很强的自组织和自适应性。同可以见到的表象不同，从生理的角度来讲，人的许多智力活动并不是按逻辑方式进行的，而是通过训练形成的。因此，人工神经网络将根据自己的结构特性，使用不同的训练、学习过程，自动从"实践"中获取相关的知识，并将其存放在系统内。这里的"实践"就是训练样本。

实际上，虽然人类很早就开始了神经网络的研究，然而真正广泛地将其作为人工智能的一项新技术来研究只是近几十年的事。这种努力在20世纪60年代受到挫折后，停顿了近20年。后来，人们发现传统的人工智能技术要在近期取得大的突破还较为困难，同时人们在生物神经网络和人工神经网络方面的研究获得了进展，重新唤起了人们对用人工神经网络来实现人工智能的兴趣。希望通过共同的努力，尽快构造出一个较为理想的人工智能系统。

为此，许多方面的科学家分别从各自的学科入手，交叉联合，进行研究。所以说，人工神经网络理论是许多学科共同努力的结果。这些学科主要包括神经科学、生物学、计算机科学、生理学、数学、工程技术、心理学、哲学、语言学等。

4. 两种模型的比较

物理符号系统和人工神经网络系统从不同的方面对人脑进行模拟，其差别见表 3.1。

表 3.1 物理符号系统和人工神经网络系统的差别

项　目	物理符号系统	人工神经系统
处理方式	逻辑运算	模拟运算
运行方式	串行	并行
动作	离散	连续
存储	局部操作	全局操作

可以说，物理符号系统是从人的心理学的特性出发，去模拟人类问题求解的心理过程。所以它擅长于模拟人的逻辑思维，可以将它看做是思维的高级形式。而在许多系统中，一些形象思维的处理需要用逻辑思维来实现，这就导致了系统对图像处理类问题的处理效率不高。

作为连接主义观点的人工神经网络，是从仿生学的观点出发，从生理模拟的角度去研究人的思维与智能，擅长于对人的形象思维进行模拟，这是人类思维的低级形式。从目前的研究结果看，因为这种系统的非精确性的特点，使得它处理以逻辑思维为主进行求解的问题较为困难。图 3.2 给出了两种系统与人类思维形式的对应比较。

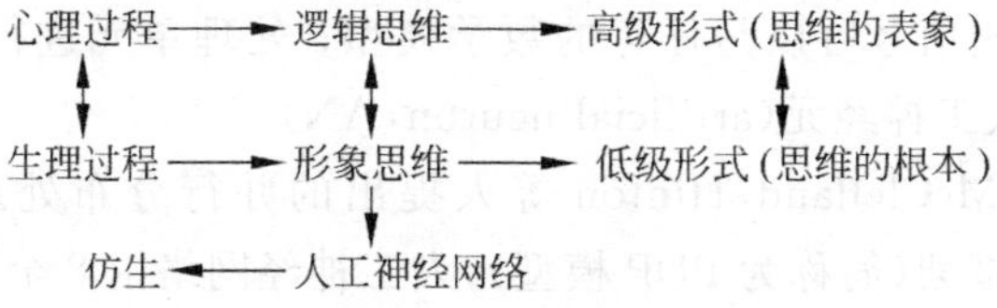

图 3.2 两种系统与人类思维形式的比较

这两种观点导致了两种不同的人工智能技术：基于物理符号系统的传统人工智能技术和基于连接主义观点的人工神经网络技术。这两种技术的比较见表 3.2。从表中可以看出，这两种技术导致处理问题方法的不同，使得相应系统的开发方法和适应的对象有着很大的差别。按照这一分析，传统的人工智能方法和人工神经网络并不是可以完全互相取代的，它们应该有着不同的应用领域。

表 3.2 两种人工智能技术的比较

项　目	基于物理符号系统的传统人工智能技术	基于连接主义观点的人工神经网络技术
基本实现方式	串行处理：由程序实现控制	并行处理：对样本数据进行多目标学习，并通过人工神经元之间的相互作用实现控制
基本开发方式	设计规则、框架、程序；用样本数据进行调试(由人根据已知的环境去构造一个模型)	定义人工神经网络的结构原型，通过样本数据依据基本的学习算法完成学习——自动从样本中抽取内涵(自动适应应用环境)
适应领域	精确计算：符号处理、数值计算	非精确计算：模拟处理、感受、大规模数据并行处理
模拟对象	左脑(逻辑思维)	右脑(形象思维)

3.1.2 人工神经网络的特点

信息的分布表示、运算的全局并行和局部操作、处理的非线性是人工神经网络的 3 大特点，其构造和处理均是围绕此 3 点进行的。

1. 人工神经网络的概念

人工神经网络是人脑及其活动的一个理论化的数学模型，它由大量的处理单元通过适当的方式互连构成，是一个大规模的非线性自适应系统。1988 年，Hecht-Nielsen 曾经给人工神经网络下了如下定义：

人工神经网络是一个并行、分布处理结构，它由处理单元及称为连接的无向信号通道互连而成。这些处理单元(processing element，PE)具有局部内存，并可以完成局部操作。每个处理单元有一个单一的输出连接，这个输出可以根据需要分支成多个并行连接，且这些并行连接都输出相同的信号，即相应处理单元的信号，信号的大小不因分支的多少而变化。处理单元的输出信号可以是任何需要的数学模型，每个处理单元中进行的操作必须是局部的。也就是说，它必须仅仅依赖于经过输入连接到达处理单元的所有输入信号的当前值和存储在处理单元局部内存中的值。

该定义主要强调了 4 个方面的内容：并行、分布处理结构；一个处理单元的输出被任意分支，且大小不变；输出信号可以是任意的数学模型；处理单元进行完全的局部操作。这里说的处理单元就是人工神经元(artificial neuron，AN)。

按照 Rumellhart，McClelland，Hinton 等人提出的并行分布处理(parallel distributed processing，PDP)理论框架(简称为 PDP 模型)，人工神经网络由 8 个方面的要素组成：

(1) 一组处理单元(PE 或 AN)；

(2) 处理单元的激活状态(a_i)；

(3) 每个处理单元的输出函数(f_i)；

(4) 处理单元之间的连接模式；

(5) 传递规则$\left(\sum w_{ij} o_i\right)$；

(6) 把处理单元的输入及当前状态结合起来产生激活值的激活规则(F_i)；

(7) 通过经验修改连接强度的学习规则；

(8) 系统运行的环境(样本集合)。

可以将 PDP 模型表示成图 3.3 的形式。

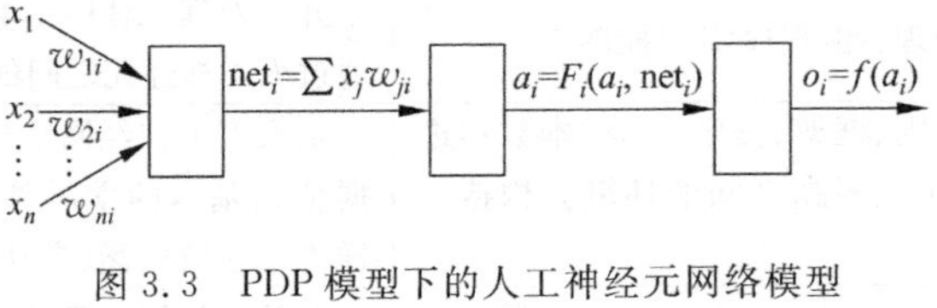

图 3.3 PDP 模型下的人工神经元网络模型

以上这两种定义都比较复杂。为了使用方便，1987 年，Simpson 从人工神经网络的拓扑结构出发，给出了一个虽然不太严格但是却简明扼要的定义，它对一般的应用来说是足以说明问题的：人工神经网络是一个非线性的有向图，图 3.3 中含有可以通过改变权重大小来存放模式的加权边，并且可以从不完整的或未知的输入找到匹配的模式。

人工神经网络除了可以叫做并行分布处理系统外，还可以叫做人工神经系统（artificial neural system）、神经网络（neural network）、自适应系统（adaptive systems）、自适应网（adaptive networks）、连接模型（connectionism）、神经计算机（neuro computer）等。

人工神经网络不仅在形式上模拟了生物神经系统，它也确实具有大脑的一些基本特征：

（1）神经元及其连接。从系统构成的形式上看，由于人工神经网络是受生物神经系统的启发构成的，因此从神经元本身到连接模式，基本上都是以与生物神经系统相似的方式工作的。这里的人工神经元与生物神经元相对应，可以改变强度的连接则与突触相对应。

（2）信息的存储与处理。从表现特征上来看，人工神经网络也力求模拟生物神经系统的基本运行方式。例如，可以通过相应的学习/训练算法，将蕴含在一个较大数据集中的数据联系抽象出来。就像人们可以不断摸索规律、总结经验一样，可以从先前得到的例子按要求产生出新的实例，在一定程度上实现“举一反三”的功能。

2. 学习能力

人工神经网络可以根据所在的环境去改变它的行为。也就是说，人工神经网络可以接受用户提交的样本集合，依照系统给定的算法，不断修正用来确定系统行为的神经元之间的连接强度，而且在网络的基本构成确定之后，这种改变是根据其接受的样本集合自然进行的。一般来说，用户不需要再根据所遇到的样本集合去对网络的学习算法做相应的调整。也就是说，人工神经网络具有良好的学习功能。由于在传统的人工智能系统的研究中，虽然人们对“机器学习”问题给予了足够的重视并倾注了极大的努力，但是，系统的自学习能力差依然是其获得广泛应用的最大障碍。而人工神经网络具有良好的学习功能的这一性能，使得人们对它产生了极大的兴趣。人工神经网络的这一特性称为自然具有的学习功能，以与传统的人工智能系统总要花较大的力气去研究系统的学习问题形成对照。

在学习过程中，人工神经网络不断从所接受的样本集合中提取该集合所蕴含的基本内容，并将其以神经元之间的连接权重的形式存放于系统中。例如，可以构造一个异相连的网络，它在接受样本集合 A 时，可以抽取集合 A 中输入数据与输出数据之间的映射关系。如果样本集合变成了 B，它同样可以抽取集合 B 中输入数据与输出数据之间的映射关系。再例如，对于某一模式，可以用它的含有不同噪声的数据去训练一个网络，在这些数据选择得比较恰当的前提下，可以使得网络今后在遇到类似的含有一定缺陷的数据时，仍然能够得到它对应的完整的模式。也可以说，这表明人工神经网络可以学会按要求产生它从未遇到过的模式。有时候，又将人工神经网络的这一功能叫做抽象功能。

目前，对应不同的人工神经网络模型，有不同的学习/训练算法，有时，同种结构的网络拥有不同的算法，以适应不同的应用要求。对一个网络模型来说，其学习/训练算法是非常重要的。例如，作为一般的多级网络学习/训练算法的 BP 算法，虽然已被发现并应用多年，今天仍然有许多人在研究如何提高它的训练速度和性能。

3. 泛化能力

由于人工神经网络运算的不精确性，其在被训练后，对输入的微小变化是不作反应的。

与事物的两面性相对应，虽然在要求高精度计算时，这种不精确性是一个缺陷，但是，有些场合又可以利用这一点获取系统的良好性能。例如，可以使这种不精确性表现成“去噪声、容残缺”的能力，而这对模式识别有时恰好是非常重要的。还可以利用这种不精确性，比较自然地实现模式的自动分类。

尤其值得注意的是，人工神经网络的这种特性不是通过隐含在专门设计的计算机程序中的人类智能来实现的，而是由其自身结构所固有的特性所给定的。

4. 信息的分布存放

信息的分布存放给人工神经网络提供了另一种特殊的功能。由于一个信息被分布存放在几乎整个网络中，所以，当其中的某一个点或者某几个点被破坏时，信息仍然可以被存取。这能够保证系统在受到一定的损伤时还可以正常工作。但是，这并不是说，可以任意对完成学习的网络进行修改。也正是由于信息的分布存放，对一类网络来说，当它完成学习后，如果再让它学习新的东西，就会破坏原来已学会的东西，BP 网就是这类网络。

5. 适用性问题

人工神经网络并不是可以解决所有问题的，它应该有自己的适用面。人脑既能进行形象思维又能进行逻辑思维，传统的人工智能技术模拟的是逻辑思维，人工神经网络模拟的是形象思维，而这两者适用的方面是不同的，所以，人工神经网络擅长于处理适用形象思维的问题。主要包括两个方面：

(1) 对大量的数据进行分类，并且只有较少的几种情况；

(2) 学习一个复杂的非线性映射。

这两个方面对传统的人工智能技术来说都是比较困难的。目前，人们主要将其用于语音、视觉、知识处理、辅助决策等方面。此外，在数据压缩、模式匹配、系统建模、模糊控制、求组合优化问题最佳解的近似解(不是最佳近似解)等方面也有较好的应用。

3.1.3 历史回顾

人工神经网络的发展是曲折的，从萌芽期到目前，几经兴衰。可以将其发展历史大体上分成如下 5 个时期。

1. 萌芽期

人工神经网络的研究最早可以追溯到人类开始研究自己的智能的时期，这一时期截止到 1949 年。开始时，人类对自身的思维感到非常奇妙，从而也就有了许许多多关于思维的推测，这些推测既有解剖学方面的，也有精神方面的。一直到了神经解剖学家和神经生理学家提出人脑的通信连接机制，才对人脑有了一点了解。到了 20 世纪 40 年代初期，对神经元的功能及其功能模式的研究结果才足以使研究人员通过建立起一个数学模型来检验他们提出的各种猜想。在此期间，产生了两个重大成果，它们构成了人工神经网络萌芽期的标志。

1943 年，心理学家 McCulloch 和数学家 Pitts 建立起了著名的阈值加权和模型，简称为 M-P 模型。1943 年，McCulloch 和 Pitts 总结了生物神经元的一些基本生理特征，对其一阶特性进行形式化描述，提出了一种简单的数学模型与构造方法，这一结果发表在数学生物

理学会刊 *Bulletin of Methematical Biophysics* 上。这为人们用元器件和计算机程序实现人工神经网络打下了坚实的基础。

1949 年，心理学家 D. O. Hebb 提出了神经元之间突触联系可变的假说。他认为，人类的学习过程是发生在突触上的，而突触的连接强度则与神经元的活动有关。据此，他给出了人工神经网络的学习律——连接两个神经元的突触的强度按如下规则变化：在任意时刻，当这两个神经元处于同一种状态时，表明这两个神经元具有对问题响应的一致性，所以，它们应该互相支持，其间的信号传输应该加强，这是通过加强其间突触的连接强度实现的。反之，在某一时刻，当这两个神经元处于不同的状态时，表明它们对问题的响应是不一致的，因此它们之间的突触的连接强度被减弱。这被称为 Hebb 学习律。Hebb 学习律在人工神经网络的发展史中占有重要的地位，被认为是人工神经网络学习训练算法的起点，是一个重要的里程碑。

2. 第一高潮期

第一高潮期大体上可以认为是在 1950—1968 年，也就是从单级感知器(perceptron)的构造成功开始，到单级感知器被无情地否定为止。这是人工神经网络研究受到广泛重视的一个时期。其重要成果是单级感知器及其电子线路模拟。

在 20 世纪 50 年代和 60 年代，一些研究者把生理学和心理学的观点结合起来，研究成功了单级感知器，并用电子线路去实现它。电子计算机出现后，人们才转到用更方便的电子计算机程序去模拟它。由于用程序进行模拟既便于修改又便于测试，而且更重要的是，这种方法的费用特别低。所以，直到今天，大批的甚至是大多数的研究人员仍然在用这种模拟的方法进行研究。

此期间的研究以 Marvin Minsky，Frank Rosenblatt，Bernard Widrow 等为代表人物，代表作是单级感知器。它被人们用于各种问题的求解，甚至在一段时间里，它使人们乐观地认为几乎已经找到了智能的关键。

早期的成功给人们带来了极大的兴奋。不少人认为，只要其他技术条件成熟，就可以重构人脑，因为重构人脑的问题已转换成建立一个足够大的网络的问题。包括美国政府在内的许多部门都开始大批投入此项研究，希望尽快占领制高点。

3. 反思期

正在人们兴奋不已的时候，M. L. Minsky 和 S. Papert 对单级感知器进行了深入的研究，从理论上证明了当时的单级感知器无法解决许多简单的问题。在这些问题中，甚至包括最基本的“异或”问题。这一成果在 *Perceptron* 一书中发表，该书由 MIT 出版社在 1969 年出版发行。以该书的出版为标志，人们对人工神经网络的研究进入了反思期。

由于“异或”运算是计算机中最基本的运算之一，所以，这一结果是令人震惊的。由于 Minsky 的卓越、严谨和威望，使得不少人对此结果深信不疑。从而导致了许多研究人员放弃了对这一领域的研究，政府、企业也削减了相应的投资。

虽然如此，还是有一些具有献身精神的科学家在坚持进行相应的研究。在 20 世纪 70 年代和 80 年代早期，他们的研究结果很难得到发表，而且是散布于各种杂志之中，使得不少有意义的成果即使在发表之后，也难以被同行看到，这导致了反思期的延长。著名的 BP 算法的研究就是一个例子。

在这一段的反思中人们发现,有一类问题是单级感知器无法解决的,这类问题是线性不可分的。要想突破线性不可分问题,必须采用功能更强的多级网络。一系列的基本网络模型被建立起来,形成了人工神经网络的理论基础。Minsky 的估计被证明是过分悲观的。可以认为,这一时期一直延续到 1982 年 J. Hopfield 将 Lyapunov 函数引入人工神经网络,作为网络性能判定的能量函数为止。在此期间,取得的主要积极成果有 Arbib 的竞争模型、Kohonen 的自组织映射、Grossberg 的自适应共振模型(ART)、Fukushima 的新认知机、Rumellhart 等人的并行分布处理模型。

4. 第二高潮期

人工神经网络研究的第二次高潮到来的标志是美国加州理工学院生物物理学家 J. Hopfield 的两篇重要论文分别于 1982 年和 1984 年在美国科学院院刊上发表。总结起来,此期间的代表作有:

(1) 1982 年,J. Hopfield 提出循环网络,并将 Lyapunov 函数引入人工神经网络,作为网络性能判定的能量函数,阐明了人工神经网络与动力学的关系,用非线性动力学的方法来研究人工神经网络的特性,建立了人工神经网络稳定性的判别依据,指出信息被存放在网络中神经元的连接上。实际上,这里所指的信息是长期存储的信息(long term memory)。这是一个突破性的进展。

(2) 1984 年,J. Hopfield 设计研制了后来被人们称为 Hopfield 网的电路。在这里,人工神经元被用放大器来实现,而连接则是用其他电子线路实现的。作为该研究的一项应用验证,它较好地解决了著名的 TSP 问题,找到了最佳解的近似解,引起了较大的轰动。

(3) 1985 年,美国加州大学圣迭戈分校(UCSD)的 Hinton,Sejnowsky,Rumelhart 等人所在的并行分布处理(PDP)小组的研究者在 Hopfield 网络中引入了随机机制,提出了所谓的 Boltzmann 机。在这里,他们借助于统计物理学的方法,首次提出了多层网的学习算法。但由于它的不确定性,其收敛速度成了较大的问题,目前主要用来使网络逃离训练中的局部极小点。

(4) 1986 年,并行分布处理小组的 Rumelhart 等研究者重新独立提出了多层网络的学习算法——BP 算法,较好地解决了多层网络的学习问题。之所以这样讲,是因为后来人们发现,类似的算法分别被 Paker 和 Werbos 在 1982 年和 1974 年独立提出过,只不过当时没能被更多的人发现并受到应有的重视。BP 算法的提出,对人工神经网络的研究与应用起到了重大的推动作用。

在此期间,人们对神经网络的研究达到了第二次高潮,仅从 1987 年 6 月在美国加州举行的第一届神经网络国际会议就有 1000 余名学者参加就可以看到这一点。我国在这方面的研究要滞后一些,国内首届神经网络大会是 1990 年 12 月在北京举行的。

5. 再认识与应用研究期

实际上,步入 20 世纪 90 年代后,人们发现,关于人工神经网络还有许多需要解决的问题,其中包括许多理论问题。所以,近期要想用人工神经网络的方法在人工智能的研究中取得突破性的进展还为时过早。因此又开始了新一轮的再认识。

与此同时，许多研究者致力于根据实际系统的需要，改进现有的模型和基本算法，以获取较好的性能。

以物理符号系统为基础的传统的人工智能技术，模拟的是人的逻辑思维过程，人工神经网络则是对人的形象思维的模拟。按照这一说法，这两种不同的人工智能技术应该大体上拥有同样宽的应用面。但是就目前看来，人工神经网络的应用还远不能和传统的计算并驾齐驱，它还在等待着基础研究的重大突破。

人工神经网络的不精确推理，使得它因为结果的精度较低而远远不能满足用户的需要。这在一定程度上也影响了它的应用面。为了解决这个问题，充分发挥两种技术各自的优势，一部分研究者在系统中将其作为初步的筛选工具，取得结果后，再用传统的方法进行求精。大量的实验表明，这是一个有效的方法。

另外，目前还无法对人工神经网络的工作机理进行严格的解释，这使得它的可信度成为一个不大不小的问题。大多数的研究主要集中在以下3个方面：

(1) 开发现有模型的应用，并在应用中根据实际运行情况对模型、算法加以改造，以提高网络的训练速度和运行的准确度。

(2) 希望在理论上寻找新的突破，建立新的专用/通用模型和算法。

(3) 进一步对生物神经系统进行研究，不断丰富对人脑的认识。

3.1.4 生物神经网络

由于人工神经网络是受生物神经网络的启发构造而成的，所以在开始讨论人工神经网络之前，有必要首先考虑人脑皮层神经系统的组成。

科学研究发现，人的大脑中大约含有 10^{11} 个生物神经元，它们通过 10^{15} 个连接形成一个系统。每个神经元具有独立的接受、处理和传递电化学(electrochemical)信号的能力。这种传递经由构成大脑通信系统的神经通路所完成。图 3.4 所示是生物神经元及其相互连接的典型结构。为清楚起见，在这里只画出了两个神经元，其他神经元及其相互之间的连接与此类似。

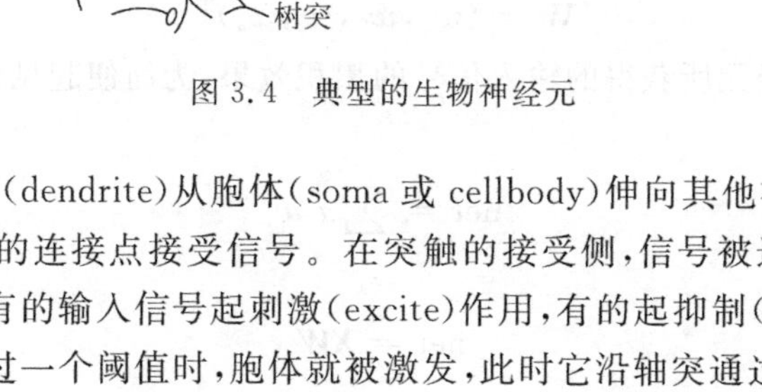

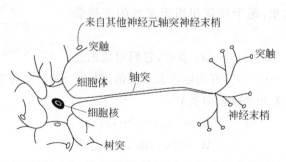

图 3.4 典型的生物神经元

在图 3.4 中，枝蔓(dendrite)从胞体(soma 或 cellbody)伸向其他神经元，这些神经元在被称为突触(synapse)的连接点接受信号。在突触的接受侧，信号被送入胞体，这些信号在胞体里被综合。其中有的输入信号起刺激(excite)作用，有的起抑制(inhibit)作用。当胞体中接受的累加刺激超过一个阈值时，胞体就被激发，此时它沿轴突通过枝蔓向其他神经元发出信号。

在这个系统中，每一个神经元都通过突触与系统中很多其他的神经元相联系。研究认为，同一个神经元通过由其伸出的枝蔓发出的信号是相同的，而这个信号可能对接受它的不同神经元有不同的效果，这一效果主要由相应的突触决定：突触的连接强度越大，接受的信号就越强，反之，突触的连接强度越小，接受的信号就越弱。突触的连接强度可以随着系统受到的训练而被改变。

总结起来，生物神经系统有如下6个基本特征：

(1) 神经元及其连接；

(2) 神经元之间的连接强度决定信号传递的强弱；

(3) 神经元之间的连接强度是可以随训练而改变的；

(4) 信号可以是起刺激作用的，也可以是起抑制作用的；

(5) 一个神经元接受的信号的累积效果决定该神经元的状态；

(6) 每个神经元可以有一个“阈值”。

3.1.5 人工神经元

从上述可知，神经元是构成神经网络的最基本单元(构件)。因此，要想构造一个人工神经网络系统，首要任务是构造人工神经元模型。同时，希望这个模型不仅是简单、容易实现的数学模型，而且还应该具有生物神经元的6个基本特性。

1. 人工神经元的基本构成

根据上述对生物神经元的讨论，希望人工神经元可以模拟生物神经元的一阶特性——输入信号的加权和。

对于每一个人工神经元来说，它可以接受一组来自系统中其他神经元的输入信号，每个输入对应一个权，所有输入的加权和决定该神经元的激活(activation)状态。这里，每个权就相当于突触的连接强度。基本模型见图3.5。

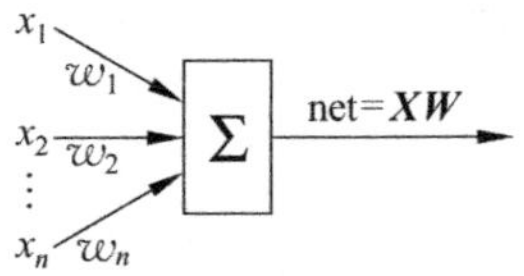

图3.5 不带激活函数的人工神经元

设 n 个输入分别用 $x_1, x_2, \cdots, x_n$ 表示，它们对应的连接权值依次为 $w_1, w_2, \cdots, w_n$，所有的输入及对应的连接权值分别构成输入向量 $\boldsymbol{X}$ 和连接权向量 $\boldsymbol{W}$：

$$\boldsymbol{X} = (x_1, x_2, \cdots, x_n)$$

$$\boldsymbol{W} = (w_1, w_2, \cdots, w_n)^{\mathrm{T}}$$

用net表示该神经元所获得的输入信号的累积效果，为简便起见，称之为该神经元的网络输入：

$$\text{net} = \sum x_i w_i \tag{3.1}$$

写成向量形式，则有

$$\text{net} = \boldsymbol{XW} \tag{3.2}$$

2. 激活函数

神经元在获得网络输入后，它应该给出适当的输出。按照生物神经元的特性，每个神经元有一个阈值，当该神经元所获得的输入信号的累积效果超过阈值时，它就处于激发态；否则，应该处于抑制态。为了使系统有更宽的适用面，希望人工神经元有一个更一般的变换函数，用来执行对该神经元所获得的网络输入的变换，这就是激活函数(activation function)，也可以称之为激励函数、活化函数，用 f 表示：

$$o = f(\text{net}) \tag{3.3}$$

式中，o 是该神经元的输出。由此式可以看出，此函数同时也用来将神经元的输出进行放大处理或限制在一个适当的范围内。典型的激活函数有线性函数、非线性斜面函数、阶跃函数和 S 形函数 4 种。

1) 线性函数

线性函数(linear function)是最基本的激活函数，起到对神经元所获得的网络输入进行适当的线性放大的作用。它的一般形式为

$$f(\text{net}) = k \times \text{net} + c \tag{3.4}$$

式中，k 为放大系数；c 为位移，它们均为常数。图 3.6(a)所示为其图像。

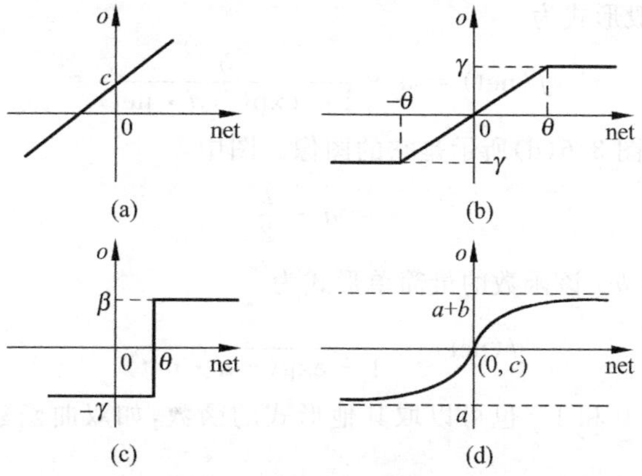

图 3.6　4 种常用的激活函数

(a) 线性函数；(b) 非线性斜面函数；(c) 阶跃函数；(d) S 形函数

2) 非线性斜面函数

线性函数非常简单，但是它的线性特征极大地降低了网络性能，甚至使多级网络的功能退化成单级网络的功能。因此，在人工神经网络中有必要引入非线性激活函数。

非线性斜面函数(ramp function)是最简单的非线性函数，实际上它是一种分段线性函数。由于它简单，所以有时也被人们采用。这种函数在于把函数的值域限制在一个给定的范围$[-\gamma, \gamma]$内。

$$f(\text{net}) = \begin{cases} \gamma, & \text{net} > \theta \\ k \cdot \text{net}, & -\theta < \text{net} \leqslant \theta \\ -\gamma, & \text{net} \leqslant -\theta \end{cases} \tag{3.5}$$

式中，γ 为常数。一般规定 $\gamma>0$，它被称为饱和值，为该神经元的最大输出。图 3.6(b)所示为其图像。

3）阈值函数

阈值函数(threshold function)又叫阶跃函数，当激活函数仅用来实现判定神经元所获得的网络输入是否超过阈值 θ 时，使用此函数。

$$f(\text{net})=\begin{cases}\beta, & \text{net}>\theta \\ -\gamma, & \text{net}\leqslant\theta\end{cases} \tag{3.6}$$

式中，β,γ,θ 均为非负实数，θ 为阈值。图 3.6(c)所示是它的图像。通常，采用式(3.6)的二值形式：

$$f(\text{net})=\begin{cases}1, & \text{net}>\theta \\ 0, & \text{net}\leqslant\theta\end{cases} \tag{3.7}$$

有时还将式(3.7)中的 0 改为 −1，此时就变成了双极形式：

$$f(\text{net})=\begin{cases}1, & \text{net}>\theta \\ -1, & \text{net}\leqslant\theta\end{cases}$$

4）S 形函数

S 形函数又叫压缩函数(squashing function)或逻辑斯特函数(logistic function)，其应用最为广泛。它的一般形式为

$$f(\text{net})=a+\frac{b}{1+\exp(-d\cdot\text{net})} \tag{3.8}$$

式中，a,b,d 为常数。图 3.6(d)所示是它的图像。图中，

$$c=a+\frac{b}{2}$$

它的饱和值为 a 和 $a+b$。该函数的最简单形式为

$$f(\text{net})=\frac{1}{1+\exp(-d\cdot\text{net})}$$

此时，函数的饱和值为 0 和 1。也可以取其他形式的函数，如双曲函数、扩充平方函数。当取扩充平方函数

$$f(\text{net})=\begin{cases}\dfrac{\text{net}^2}{1+\text{net}^2}, & \text{net}>\theta \\ 0, & \text{net}\leqslant\theta\end{cases}$$

时，饱和值仍然是 0 和 1。当取双曲函数

$$f(\text{net})=\tanh(\text{net})=\frac{e^{\text{net}}-e^{-\text{net}}}{e^{\text{net}}+e^{-\text{net}}}$$

时，饱和值则是 −1 和 1。

S 形函数之所以被广泛应用，除了其非线性和处处连续可导性外，更重要的是由于该函数对信号有一个较好的增益控制：函数的值域可以由用户根据实际需要给定，当 net 的值比较小时，$f(\text{net})$有一个较大的增益；当 net 的值比较大时，$f(\text{net})$有一个较小的增益，这为防止网络进入饱和状态提供了良好的支持。

3. M-P 模型

将人工神经元的基本模型和激活函数合在一起构成人工神经元，这就是著名的McCulloch-Pitts模型，简称为M-P模型，也可以称之为处理单元(PE)。

UCSD的PDP小组曾经将人工神经元定义得比较复杂，在本书中，为方便起见，均采用这种简化了的定义，同时简记为AN。图3.7所给出的神经元在今后给出的图中均用一个节点表示。

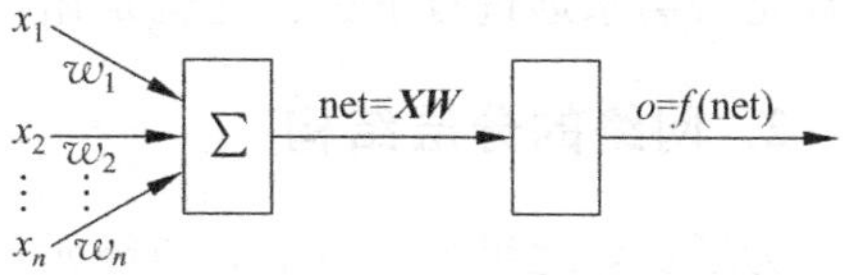

图3.7 人工神经元

3.1.6 人工神经网络的拓扑特性

为了方便理解，用节点代表神经元，用加权有向边代表从神经元到神经元之间的有向连接，相应的权代表该连接的连接强度，用箭头代表信号的传递方向。

1. 连接模式

在生物神经系统中，一个神经元接受的信号可以对其起刺激作用，也可能对其起抑制作用。在人工神经网络系统中，注意到神经元是以加权和的形式接受其他神经元给它的信号的，所以无须特意去区分它们，只用通过赋予连接权的正、负号就可以了：

(1) 用正号("+"，可省略)表示传送来的信号起刺激作用，用于增加神经元的活跃度；

(2) 用负号("−")表示传送来的信号起抑制作用，用于降低神经元的活跃度。

那么，如何组织网络中的神经元呢？研究发现，物体在人脑中的反映带有分块的特征，对一个物体，存在相应的明、暗区域。受到这一点启发，可以将这些神经元分成不同的组，也就是分块进行组织。在拓扑表示中，不同的块可以被放入不同的层中。另一方面，网络应该有输入和输出，从而就有了输入层和输出层。

层次(又称为级)的划分，导致了神经元之间3种不同的互联模式：层(级)内连接、循环连接、层(级)间连接。

(1) 层内连接。层内连接又叫做区域内(intra-field)连接或侧(lateral)连接。它是本层内的神经元之间的连接，可用来加强和完成层内神经元之间的竞争：当需要组内加强时，这种连接的连接权取正值；在需要实现组内竞争时，这种连接权取负值。

(2) 循环连接。循环连接在这里特指神经元到自身的连接，用于不断加强自身的激活值，使本次的输出与上次的输出相关，是一种特殊的反馈信号。

(3) 层间连接。层间(inter-field)连接指不同层中的神经元之间的连接。这种连接用来实现层间的信号传递。

在复杂的网络中，层间的信号传递既可以是向前的(前馈信号)，又可以是向后的(反馈信号)。一般前馈信号只被允许在网络中向一个方向传送；反馈信号的传送则可以自由一些，它甚至被允许在网络中循环传送。

在反馈方式中，一个输入信号通过网络变换后产生一个输出，然后该输出又被反馈到输入端，对应于这个新的输入，网络又产生一个新的输出，这个输出又被再次反馈到输入端……如此重复下去。随着这种循环的进行，希望在某一时刻，输入和输出不再发生变化——网络稳定了下来，那么，网络此时的输出将是网络能够给出的、最初的输入所应对应的最为理想的输出。在这个过程中，信号被一遍一遍修复和加强，最终得到适当的结果。但是，最初的输入是一个可以“修复”的对象么？如果是，系统是否真的有能力修复它呢？这种循环是否会永远进行下去？这就是循环网络的稳定性问题。

2. 网络的分层结构

为了更好地组织网络中的神经元，将其分布到各层(级)。按照上面对网络的连接的划分，称侧连接引起的信号传递为横向反馈；层间的向前连接引起的信号传递为层前馈(简称前馈)；层间的向后连接引起的信号传递为层反馈。横向反馈和层反馈统称为反馈。

1) 单级网

虽然单个神经元能够完成简单的模式侦测，但是为了完成较复杂的功能，还需要将大量的神经元联成网，有机的连接使它们可以协同完成规定的任务。

最简单的人工神经网络如图 3.8 所示，该网接受输入向量 $\boldsymbol{X}$：

$$\boldsymbol{X}=(x_1,x_2,\cdots,x_n)$$

经过变换后输出向量 $\boldsymbol{O}$：

$$\boldsymbol{O}=(o_1,o_2,\cdots,o_n)$$

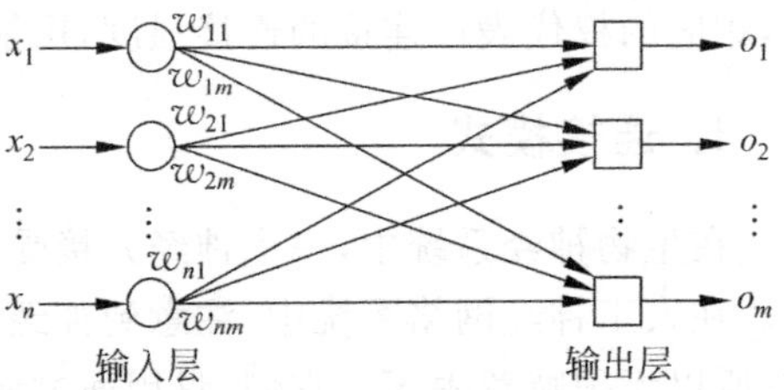

图 3.8　简单单级网

图 3.8 表面上看是一个两层网，但是由于其中的输入层的神经元不对输入信号做任何处理，它们只起到对输入向量 $\boldsymbol{X}$ 的扇出作用。因此，在计算网络的层数时人们习惯上并不将它作为一层。

设输入层的第 i 个神经元到输出层的第 j 个神经元的连接强度为 w_{ij}，即 $\boldsymbol{X}$ 的第 i 个分量以权重 w_{ij} 输入到输出层的第 j 个神经元中，取所有的权构成(输入)权矩阵 $\boldsymbol{W}$，即

$$\boldsymbol{W}=(w_{ij})$$

输出层的第 j 个神经元的网络输入记为 net_j：

$$\text{net}_j=x_1w_{1j}+x_2w_{2j}+\cdots+x_nw_{nj}$$

式中，$1\leqslant j\leqslant m$。取

$$\textbf{NET}=(\text{net}_1,\text{net}_2,\cdots,\text{net}_m)$$

从而有

$$\textbf{NET}=\boldsymbol{XW} \tag{3.9}$$

$$\boldsymbol{O}=\boldsymbol{F}(\textbf{NET}) \tag{3.10}$$

式中，$\boldsymbol{F}$ 为输出层神经元的激活函数的向量形式。这里约定，$\boldsymbol{F}$ 对应每个神经元有一个分量，而且它的第 j 个分量对应作用在 $\textbf{NET}$ 的第 j 个分量 net_j 上。一般情况下，不对其各个分量加以区分，认为它们是相同的。对此，后文不再说明。

根据信息在网络中的流向，称 $\boldsymbol{W}$ 是从输入层到输出层的连接权矩阵，而这种只有一级连接矩阵的网络叫做简单单级网。为方便起见，有时将网络中的连接权矩阵与其到达方相关联。例如，上述的 $\boldsymbol{W}$ 就可以被称为输出层权矩阵。

在简单单级网的基础上，在其输出层加上侧连接就构成单级横向反馈网，如图 3.9 所示。

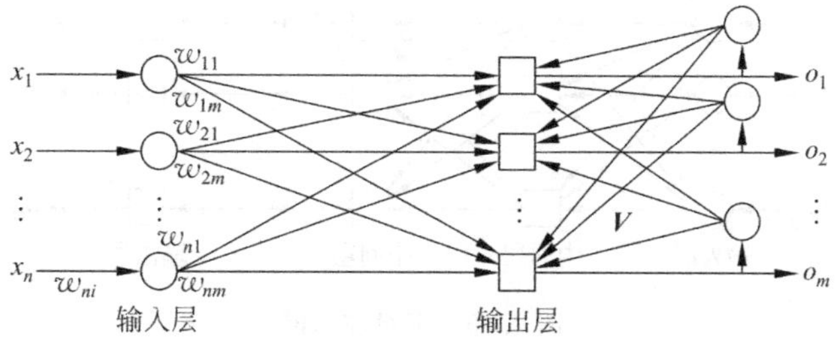

图 3.9　单级横向反馈网

设输出层的第 i 个神经元到输出层的第 j 个神经元的连接强度为 v_{ij}，即 $\boldsymbol{O}$ 的第 i 个分量以权重 v_{ij} 输入到输出层的第 j 个神经元中。取所有的权构成侧连接权矩阵 $\boldsymbol{V}$，即

$$\boldsymbol{V} = (v_{ij})$$

则

$$\mathbf{NET} = \boldsymbol{XW} + \boldsymbol{OV} \tag{3.11}$$

$$\boldsymbol{O} = \boldsymbol{F}(\mathbf{NET}) \tag{3.12}$$

在此网络中，对一个输入，如果网络最终能给出一个不变的输出，也就是说，网络的运行能逐渐达到稳定，则称该网络是稳定的，否则称之为不稳定的。网络的稳定性问题是困扰有反馈信号网络性能的重要问题。因此，稳定性判定是一个非常重要的问题。

由于信号的反馈，使得网络的输出随时间的变化而不断变化，所以时间参数有时候也是在研究网络运行中需要特别给予关注的一个重要参数。下面假定，在网络的运行过程中有一个主时钟，网络中神经元的状态在主时钟的控制下同步变化。在这种假定下，有

$$\mathbf{NET}(t+1) = \boldsymbol{X}(t)\boldsymbol{W} + \boldsymbol{O}(t)\boldsymbol{V} \tag{3.13}$$

$$\boldsymbol{O}(t+1) = \boldsymbol{F}(\mathbf{NET}(t+1)) \tag{3.14}$$

式中，当 $t=0$ 时 $\boldsymbol{O}(0)=\mathbf{0}$。读者自己可以考虑 $\boldsymbol{X}$ 仅在 $t=0$ 时加在网络中的情况。

2）多级网

研究表明，单级网的功能是有限的，适当增加网络的层数是提高网络计算能力的一个途径，这也部分模拟了人脑某些部位的分级结构特征。

从拓扑结构上来看，多级网是由多个单级网连接而成的。图 3.10 所示是一个典型的多级前馈网，又叫做非循环多级网络。在这种网络中，信号只被允许从较低层流向较高层。这里约定，用层号确定层的高低：层号较小者，层次较低；层号较大者，层次较高。各层的层号按如下方式递归定义：

（1）输入层。与单级网络一样，该层只起到输入信号的扇出作用，所以在计算网络的层数时不被计入。该层负责接收来自网络外部的信息，被记作第 0 层。

（2）第 j 层。该层是第 $j-1$ 层的直接后继层（$j>0$），它直接接受第 $j-1$ 层的输出。

（3）输出层。它是网络的最后一层，具有该网络的最大层号、负责输出网络的计算结果。

（4）隐藏层。除输入层和输出层以外的其他各层叫隐藏层。隐藏层不直接接受外界的信号，也不直接向外界发送信号。

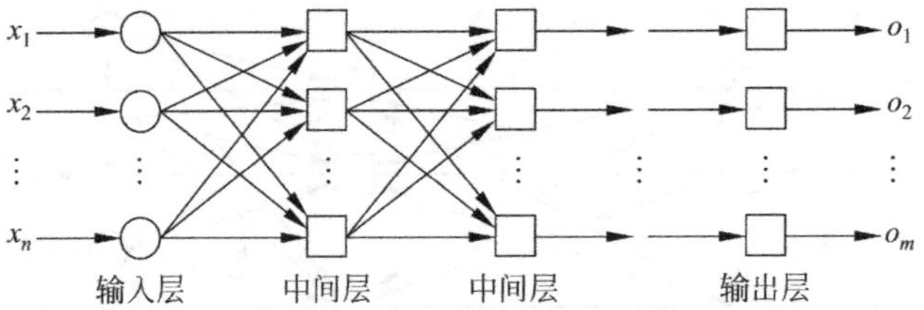

图 3.10 多级前馈网

此外，这里约定：

(1) 输出层的层号为该网络的层数，并称一个输出层号为 n 的网络为 n 层网络或 n 级网络。

(2) 第 $j-1$ 层到第 j 层的连接矩阵为第 j 层连接矩阵，输出层对应的矩阵叫输出层连接矩阵。后文中，在需要的时候，一般用 $\boldsymbol{W}^{(j)}$ 表示第 j 层矩阵。

前面曾提到过，非线性激活函数在多级网络中起着非常重要的作用。实际上，它除了能够根据需要对网络中各神经元的输出进行变换外，还使得多级网络的功能超过单级网络，为解决人工神经网络所面临的线性不可分问题提供了基础。

增加网络层数的目的在于提高网络的计算能力。但是，如果使用线性激活函数，则多级网的功能不会超过单级网的功能。事实上，设有 n 层网络，$\boldsymbol{X}$ 是其输入向量，$\boldsymbol{W}^{(1)},\boldsymbol{W}^{(2)},\cdots,\boldsymbol{W}^{(n)}$ 是各级连接矩阵，$\mathbf{NET}_1,\mathbf{NET}_2,\cdots,\mathbf{NET}_n$ 分别是各级的网络输入向量，$\boldsymbol{F}_1,\boldsymbol{F}_2,\cdots,\boldsymbol{F}_n$ 为各级神经元的激活函数，现假定它们均是线性的，则

$$\boldsymbol{F}_i(\mathbf{NET}_i)=\boldsymbol{K}_i\mathbf{NET}_i+\boldsymbol{A}_i,\quad 1\leqslant i\leqslant n \tag{3.15}$$

式中，$\boldsymbol{K}_i,\boldsymbol{A}_i$ 是常数向量，且这里的 $\boldsymbol{K}_i\mathbf{NET}$ 有特殊的意义，它表示 $\boldsymbol{K}_i$ 与 $\mathbf{NET}_i$ 的分量对应相乘，结果仍然是同维向量。

令

$$\boldsymbol{K}_i=(k_1,k_2,\cdots,k_n)$$
$$\mathbf{NET}_i=(\mathrm{net}_1,\mathrm{net}_2,\cdots,\mathrm{net}_n)$$

则

$$\boldsymbol{K}_i\mathbf{NET}_i=(k_1\mathrm{net}_1,k_2\mathrm{net}_2,\cdots,k_n\mathrm{net}_n) \tag{3.16}$$

网络的输出向量为

$$\begin{aligned}
\boldsymbol{O}&=\boldsymbol{F}_n(\cdots\boldsymbol{F}_3(\boldsymbol{F}_2(\boldsymbol{F}_1(\mathbf{NET}_1)))\cdots)\\
&=\boldsymbol{F}_n(\cdots\boldsymbol{F}_3(\boldsymbol{F}_2(\boldsymbol{K}_1\boldsymbol{X}\boldsymbol{W}^{(1)}+\boldsymbol{A}_1))\cdots)\\
&=\boldsymbol{F}_n(\cdots\boldsymbol{F}_3(\boldsymbol{K}_2(\boldsymbol{K}_1\boldsymbol{X}\boldsymbol{W}^{(1)}+\boldsymbol{A}_1)\boldsymbol{W}^{(2)}+\boldsymbol{A}_2)\cdots)\\
&=\boldsymbol{F}_n(\cdots\boldsymbol{F}_3(\boldsymbol{K}_2\boldsymbol{K}_1\boldsymbol{X}\boldsymbol{W}^{(1)}\boldsymbol{W}^{(2)}+\boldsymbol{K}_2\boldsymbol{A}_1\boldsymbol{W}^{(2)}+\boldsymbol{A}_2)\cdots)\\
&=\boldsymbol{F}_n(\cdots(\boldsymbol{K}_3(\boldsymbol{K}_2\boldsymbol{K}_1\boldsymbol{X}\boldsymbol{W}^{(1)}\boldsymbol{W}^{(2)}+\boldsymbol{K}_2\boldsymbol{A}_1\boldsymbol{W}^{(2)}+\boldsymbol{A}_2)\boldsymbol{W}^{(3)}+\boldsymbol{A}_3)\cdots)\\
&\ \ \vdots\\
&=\boldsymbol{K}_n\cdots\boldsymbol{K}_3\boldsymbol{K}_2\boldsymbol{K}_1\boldsymbol{X}\boldsymbol{W}^{(1)}\boldsymbol{W}^{(2)}\boldsymbol{W}^{(3)}\cdots\boldsymbol{W}^{(n)}+\\
&\quad\boldsymbol{K}_n\cdots\boldsymbol{K}_3\boldsymbol{K}_2\boldsymbol{A}_1\boldsymbol{W}^{(2)}\boldsymbol{W}^{(3)}\cdots\boldsymbol{W}^{(n)}+\\
&\quad\boldsymbol{K}_n\cdots\boldsymbol{K}_3\boldsymbol{A}_2\boldsymbol{W}^{(3)}\cdots\boldsymbol{W}^{(n)}\\
&\quad\vdots+
\end{aligned}$$

$$
\begin{aligned}
&\boldsymbol{K}_n\cdots\boldsymbol{K}_{i+1}\boldsymbol{A}_i\boldsymbol{W}^{(i+1)}\cdots\boldsymbol{W}^{(n)}\\
&\vdots +\\
&\boldsymbol{K}_n\boldsymbol{A}_{n-1}\boldsymbol{W}^{(n)} + \boldsymbol{A}_n\\
=\ &\boldsymbol{KXW} + \boldsymbol{A}
\end{aligned}
$$

式中，

$$
\begin{aligned}
\boldsymbol{K} &= \boldsymbol{K}_n\cdots\boldsymbol{K}_3\boldsymbol{K}_2\boldsymbol{K}_1\\
\boldsymbol{W} &= \boldsymbol{W}^{(1)}\boldsymbol{W}^{(2)}\boldsymbol{W}^{(3)}\cdots\boldsymbol{W}^{(n)}\\
\boldsymbol{A} &= \boldsymbol{K}_n\cdots\boldsymbol{K}_3\boldsymbol{K}_2\boldsymbol{A}_1\boldsymbol{W}^{(2)}\boldsymbol{W}^{(3)}\cdots\boldsymbol{W}^{(n)} +\\
&\quad \boldsymbol{K}_n\cdots\boldsymbol{K}_3\boldsymbol{A}_2\boldsymbol{W}^{(3)}\cdots\boldsymbol{W}^{(n)}\\
&\quad \vdots +\\
&\quad \boldsymbol{K}_n\cdots\boldsymbol{K}_{i+1}\boldsymbol{A}_i\boldsymbol{W}^{(i+1)}\cdots\boldsymbol{W}^{(n)}\\
&\quad \vdots +\\
&\quad \boldsymbol{K}_n\boldsymbol{A}_{n-1}\boldsymbol{W}^{(n)} + \boldsymbol{A}_n
\end{aligned}
$$

上述式子中，向量 $\boldsymbol{K}_i$ 之间的运算遵循式(3.16)的约定。

从上述推导可知，这个多级网相当于一个激活函数为 $\boldsymbol{F}(\mathbf{NET})=\boldsymbol{K}\mathbf{NET}+\boldsymbol{A}=\boldsymbol{KXW}+\boldsymbol{A}$、连接矩阵为 $\boldsymbol{W}$ 的简单单级网络。显然，如果网络使用的是非线性激活函数，则不会出现上述问题。因此说，非线性激活函数是多级网络的功能超过单级网络的保证。

3) 循环网

如果将输出信号反馈到输入端，就可构成一个多级的循环网络，如图 3.11 所示。其中的反馈连接还可以是其他的形式。

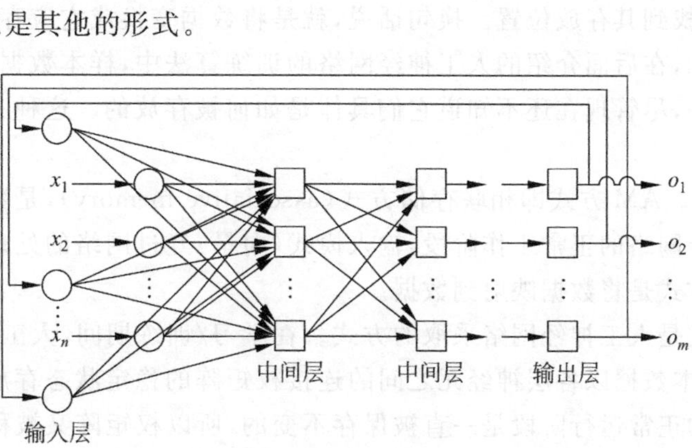

图 3.11　多级循环网

引入反馈的主要目的是解决非循环网络对上一次输出无记忆的问题。在非循环网络中，输出仅仅由当前的输入和权矩阵决定，而和较前的计算无关。在循环网中，它需要将输出送回到输入端，从而使当前的输出受到上次输出的影响，进而又受到前一个输入的影响，如此形成一个迭代。也就是说，在这个迭代过程中，输入的原始信号被逐步加强、修复。

这种性能在一定程度上反映了人类大脑的短期记忆特征——看到的东西不是一下子就从脑海里消失的。

当然，前面曾提到过，这种反馈信号会引起网络输出的不断变化。如果这种变化逐渐减小，并且最后能消失，一般来说，这种变化就是所希望的变化。当变化最后消失时，称网络达到了平衡状态。如果这种变化不能消失，则称该网络是不稳定的。

3.1.7 存储与映射

人工神经网络是用来处理信息的。可以认为，所有信息都是以模式的形式出现的：输入向量是模式，输出向量是模式，同层的神经元在某一时刻的状态是模式，所有的神经元在某一时刻的状态是模式，网络中任意层的权矩阵、权矩阵所含的向量都是模式。在循环网络中，所有的神经元的状态沿时间轴展开，这就形成一个模式系列。因此，在人工神经网络中，有两种类型的模式：空间模式(spatial model)和时空模式(spatial-temporal model)。网络所有神经元在某一时刻的状态所确定的网络在该时刻的状态叫做空间模式；以时间维为轴展开的空间模式系列叫做时空模式，这两种模式之间的关系如同一个画面与整个影片的关系。仅在考虑循环网络的稳定性和网络训练的收敛过程时涉及时空模式，一般情况下只研究空间模式。

在日常生活中，当寻找某一单位时需要知道它的地址，然后根据地址去访问它；在计算机系统中，目前习惯的也是通过地址去存放和取出数据。实际上，在人工神经网络技术中，空间模式的存取还有另外两种方式。所以，按照信息存放与提取的方式的不同，空间模式共有3种存储类型：

(1) RAM方式。RAM方式即随机访问方式(random access memory)，就是现有的计算机中的数据访问方式。这种方式需要按地址存取数据，即将地址映射到数据。

(2) CAM方式。CAM方式即内容寻址方式(content addressable memory)。在这种方式下，数据自动找到其存放位置。换句话说，就是将数据变换成它应存放的位置，并执行相应的存储。例如，在后面介绍的人工神经网络的训练算法中，样本数据被输入后，它的内容被自动存储起来，尽管现在还不知道它们具体是如何被存放的。这种方式是将数据映射到地址。

(3) AM方式。AM方式即相联存储方式(associative memory)，是数据到数据的直接转换。在人工神经网络的正常工作阶段，输入模式(向量)经过网络的处理被转换成输出模式(向量)。这种方式是将数据映射到数据。

后面两种方式是人工神经网络采取的方式。在学习/训练期间，人工神经网络以CAM方式工作，即将样本数据以各层神经元之间的连接权矩阵的稳定状态存放起来。由于权矩阵在大多数网络的正常运行阶段是一直被保存不变的，所以权矩阵又被称为网络的长期存储(long term memory,LTM)。

网络在正常工作阶段是以AM方式工作的。此时，输入模式被转换成输出模式。因为输出模式是以网络输出层的神经元的状态表示出来的，而在下一个时刻，或者在下一个新的输入向量加到网络上的时候，这一状态将被改变，所以称由神经元的状态表示的模式为短期存储(short term memory,STM)。

输入向量与输出向量的对应关系是网络设计者所关心的另一个问题。和模式完善相对应，人工神经网络可以实现还原型映射。如果此时训练网络的样本集为向量集合，即

$$\{\boldsymbol{A}_1,\boldsymbol{A}_2,\cdots,\boldsymbol{A}_n\} \tag{3.17}$$

那么在理想情况下，该网络在完成训练后，其权矩阵存放的将是上式所给的向量集合。此时网络实现的映射将是自相联(auto-associative)映射。

人工神经网络还可以实现变换型和分类型映射。如果此时训练网络的样本集为向量对组成的集合，即

$$\{(\boldsymbol{A}_1,\boldsymbol{B}_1),(\boldsymbol{A}_2,\boldsymbol{B}_2),\cdots,(\boldsymbol{A}_n,\boldsymbol{B}_n)\} \tag{3.18}$$

则在理想情况下，该网络在完成训练后，其权矩阵存放的将是上式所给的向量集合所蕴含的对应关系，也就是输入向量 $\boldsymbol{A}_i$ 与输出向量 $\boldsymbol{B}_i$ 的映射关系。此时网络实现的映射是异相联(hetero-associative)映射。

由样本集确定的映射关系被存放在网络中后，当输入一个实际的输入向量时，网络应能完成相应的变换。对异相联映射来说，如果网络中存放的集合为式(3.18)，那么在理想情况下，当输入向量为 $\boldsymbol{A}_i$ 时，网络应该输出向量 $\boldsymbol{B}_i$。实际上在许多时候，网络输出的并不是 $\boldsymbol{B}_i$，而是 $\boldsymbol{B}_i$ 的一个近似向量，这是人工神经网络计算的不精确性造成的。

当输入向量 $\boldsymbol{A}$ 不是集合式(3.18)中某个元素的第一分量时，网络会根据集合式(3.18)给出 $\boldsymbol{A}$ 对应的理想输出近似向量。多数情况下，如果在集合式(3.18)中不存在这样的元素$(\boldsymbol{A}_k,\boldsymbol{B}_k)$，使得

$$\boldsymbol{A}_i \leqslant \boldsymbol{A}_k \leqslant \boldsymbol{A}$$

或者

$$\boldsymbol{A} \leqslant \boldsymbol{A}_k \leqslant \boldsymbol{A}_j$$

且

$$\boldsymbol{A}_i \leqslant \boldsymbol{A} \leqslant \boldsymbol{A}_j$$

则向量 $\boldsymbol{B}$ 是 $\boldsymbol{B}_i$ 与 $\boldsymbol{B}_j$ 的插值。

3.1.8　人工神经网络的训练

人工神经网络最具有吸引力的特点是其学习能力。1962年，Rosenblatt给出了人工神经网络著名的学习定理：人工神经网络可以学会它能够表达的任何东西。但是，人工神经网络的表达能力是有限的，这就极大限制了它的学习能力。

人工神经网络的学习过程就是对它的训练过程。所谓训练，就是在将由样本向量构成的样本集合(简称为样本集、训练集)输入到人工神经网络的过程中，按照一定的方式调整神经元之间的连接权，使得网络能将样本集的内涵以连接权矩阵的方式存储起来，从而使得网络接受输入时，可以给出适当的输出。

从学习的高级形式来看，一种是有导师学习，另一种是无导师学习，而前者看起来更为普遍。无论是学生到学校接受老师的教育，还是自己读书学习，都属于有导师学习。还有不少时候，人们是经过一些实际经验不断总结学习的，也许这些应该算做无导师学习。

从学习的低级形式来看，恐怕只有无导师的学习形式。因为到目前为止，还未能发现在生物神经系统中有导师学习是如何发生的。在那里还找不到“导师”的存在并发挥作用的迹象，所有的只是自组织、自适应的运行过程。

1. 无导师学习

无导师学习(unsupervised learning)与无导师训练(unsupervised training)相对应。该方法最早由Kohonen等人提出。

虽然从学习的高级形式来看，人们熟悉和习惯的是有导师学习，但是人工神经网络模拟

的是人脑思维的生物过程。而按照上述说法，这个过程应该是无导师学习的过程。所以，无导师训练方法是人工神经网络较具说服力的训练方法。

无导师训练方法不需要目标，其训练集中只含一些输入向量，训练算法致力于修改权矩阵，以使网络对一个输入能够给出相容的输出，即相似的输入向量可以得到相似的输出向量。

在训练过程中，无导师训练算法用来将训练的样本集合中蕴含的统计特性被抽取出来，并以神经元之间连接权的形式存于网络中，以使网络可以按照向量的相似性进行分类。

虽然用一定的方法对网络进行训练后可以收到较好的效果，但是对给定的输入向量来说，它们应被分成多少类，某一个向量应该属于哪一类，这一类输出向量的形式是什么样的，等等，都是难以事先给出的。从而在实际应用中，还要求将其输出变换成一个可理解的形式。另外，其运行结果的难以预测性也给此方法的使用带来了一定的障碍。

主要的无导师训练方法有 Hebb 学习律、竞争与协同(competitiveand cooperative)学习、随机连接学习(randomly connected learning)等。其中 Hebb 学习律是最早被提出的学习算法，目前的大多数算法都来源于此算法。

Hebb 算法是由 D. O. Hebb 在 1961 年提出的。该算法认为，连接两个神经元的突触的强度按下列规则变化：当两个神经元同时处于激发状态时被加强，否则被减弱。可用如下数学表达式表示：

$$W_{ij}(t+1) = W_{ij}(t) + \alpha o_i(t) o_j(t) \tag{3.19}$$

式中，$W_{ij}(t+1)$，$W_{ij}(t)$分别表示神经元 AN_i 到 AN_j 的连接在时刻 $t+1$ 和时刻 t 的强度；$o_i(t)$，$o_j(t)$为这两个神经元在时刻 t 的输出；α 为给定的学习率。

2. 有导师学习

在人工神经网络中，除了上面介绍的无导师训练外，还有有导师训练。有导师学习(supervised learning)与有导师训练(supervised training)相对应。

虽然有导师训练从生物神经系统的工作原理来说，因难以解释而受到一定的非议，但是目前看来，有导师学习却是非常成功的。因此，需要对有导师学习方法进行研究。

在这种训练中，要求用户在给出输入向量的同时，还必须同时给出对应的理想输出向量。因此，采用这种训练方式训练的网络实现的是异相联的映射。输入向量与其对应的输出向量构成一个训练对。

有导师学习/训练算法的主要步骤包括：

(1) 从样本集合中取一个样本($\boldsymbol{A}_i$，$\boldsymbol{B}_i$)；

(2) 计算出网络的实际输出 $\boldsymbol{O}$；

(3) 求 $\boldsymbol{D}=\boldsymbol{B}_i-\boldsymbol{O}$；

(4) 根据 $\boldsymbol{D}$ 调整权矩阵 $\boldsymbol{W}$；

(5) 对每个样本重复上述过程，直到对整个样本集来说误差不超过规定范围。

有导师训练算法中，最为重要、应用最普遍的是 Delta 规则。1960 年，Widrow 和 Hoff 提出了如下形式的 Delta 规则：

$$W_{ij}(t+1) = W_{ij}(t) + \alpha[y_i - a_j(t)]o_i(t) \tag{3.20}$$

也可以写成

$$W_{ij}(t+1) = W_{ij}(t) + \Delta W_{ij}(t)$$
$$\Delta W_{ij}(t) = \alpha \delta_i o_i(t)$$
$$\delta_i = y_i - a_j(t)$$

Grossberg 的写法为

$$\Delta W_{ij}(t) = \alpha a_i(t)[o_j(t) - W_{ij}(t)]$$

更一般的 Delta 规则为

$$\Delta W_{ij}(t) = g[a_i(t), y_j, o_j(t), W_{ij}(t)] \tag{3.21}$$

上述式子中，$W_{ij}(t+1)$，$W_{ij}(t)$分别表示神经元 AN_i 到 AN_j 的连接在时刻 $t+1$ 和时刻 t 的强度；$o_i(t)$，$o_j(t)$为这两个神经元在时刻 t 的输出；y_j 为神经元 AN_j 的理想输出；$a_i(t)$，$a_j(t)$分别为神经元 AN_i 和 AN_j 的激活状态；α 为给定的学习率。

3.2 感知器

感知器(perceptron)是最早被设计并被实现的人工神经网络。作为对人工神经网络的初步认识，本节将介绍感知器与人工神经网络的早期发展；线性可分问题与线性不可分问题；Hebb 学习律，Delta 规则，感知器的训练算法。

3.2.1 感知器与人工神经网络的早期发展

1943 年，McCulloch 和 Pitts 发表了他们关于人工神经网络的第一个系统研究。1947 年，他们又开发出一个用于模式识别的网络模型——感知器，通常就叫做 M-P 模型，即阈值加权和模型。图 3.12 所示是一个单输出的感知器，不难看出，它实质上就是一个典型的人工神经元。按照 M-P 模型的要求，该人工神经元的激活函数是阶跃函数。为了适应更广泛的问题的求解，可以按如图 3.13 所示的结构，用多个这样的神经元构成一个多输出的感知器。

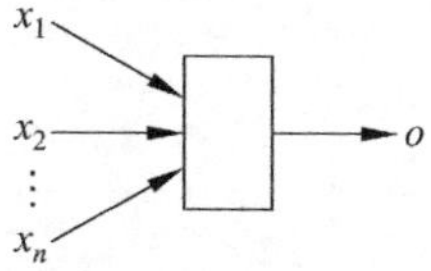

图 3.12 单输出的感知器(M-P 模型)

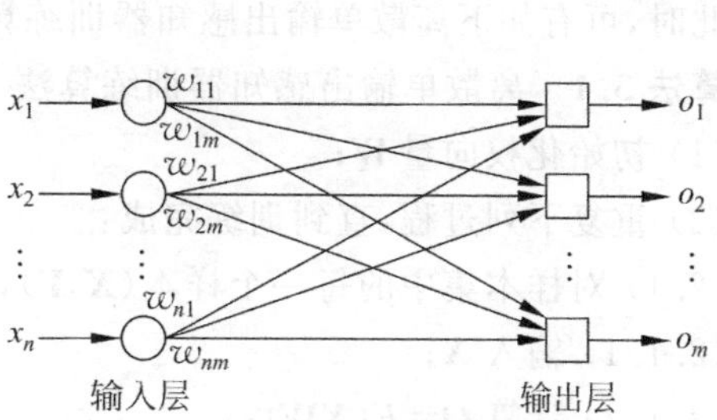

图 3.13 多输出感知器

由于感知器的出现，使得人工神经网络在 20 世纪 40 年代初步呈现出其功能及诱人的发展前景。M-P 模型的建立，标志着已经有了构造人工神经网络系统的最基本构件。人工神经网络研究的这一初步成功，使得人们开始致力于探索如何用硬件和软件去实现神经生理学家所发现的神经网络模型。到了 20 世纪 60 年代，感知器的研究获得了较大的发展，并展示了较为乐观的前景。1962 年，Rosenblatt 证明了关于感知器的学习能力的重要结论。他向人们宣布：人工神经网络可以学会它能表示的任何东西。正当人们为取得的巨大进展而高兴的时候,却发现有许多问题用人工神经网络是无法解决的。Minsky 对问题进行了严格分析,证明了单级网无法解决“异或”等最基本的问题。这使得人工神经网络一下子被打入了冷宫,使其发展从第一个高潮期进入了反思期。有人认为,Minsky 的悲观观点就像是在人工神经网络研究的历史长河中筑起了一道大坝,“研究”有机会在此积蓄力量,为今后的发展打下必要的基础。实际上,人工神经网络的发展史,也表现出人们对问题的“认识、实践、再认识、再实践”的过程。

3.2.2 感知器的学习算法

感知器的学习是有导师学习。

感知器训练算法的基本原理来源于著名的 Hebb 学习律,其基本思想是:逐步将样本集中的样本输入到网络中,根据输出结果和理想输出之间的差别来调整网络中的权矩阵。作为本书介绍的第一个人工神经网络模型,本节将按离散单输出感知器、离散多输出感知器、连续多输出感知器分别详细叙述相应的算法,目的在于引导读者了解和掌握用计算机程序实现人工神经网络的基本方法。

1. 离散单输出感知器训练算法

参考图 3.12,设 F 为相应的激活函数,先按阈值函数来考虑有关问题。约定今后对这类自变量及其函数的值、向量分量的值只取 0 和 1 的函数和向量,都简称为二值的。按照这种约定,使用阈值函数作为激活函数的网络就是二值网络。另外,设 $\boldsymbol{W}$ 为网络的权向量,$\boldsymbol{X}$ 为输入向量,则

$$\boldsymbol{W}=(w_1,w_2,\cdots,w_n)$$
$$\boldsymbol{X}=(x_1,x_2,\cdots,x_n)$$

网络的训练样本集为

$$\{(\boldsymbol{X},\boldsymbol{Y})\mid \boldsymbol{X}\text{ 为输入向量},\boldsymbol{Y}\text{ 为 }\boldsymbol{X}\text{ 对应的输出}\}$$

此时,可有如下离散单输出感知器训练算法。

算法 3.1 离散单输出感知器训练算法

(1) 初始化权向量 $\boldsymbol{W}$;

(2) 重复下列过程,直到训练完成:

(2.1) 对样本集中的每一个样本 $(\boldsymbol{X},\boldsymbol{Y})$,重复如下过程:

(2.1.1) 输入 $\boldsymbol{X}$;

(2.1.2) 计算 $\boldsymbol{O}=F(\boldsymbol{XW})$;

(2.1.3) 如果输出不正确,则

当 $o=0$ 时,取 $\boldsymbol{W}=\boldsymbol{W}+\boldsymbol{X}$;

当 $o=1$ 时,取 $\boldsymbol{W}=\boldsymbol{W}-\boldsymbol{X}$。

上述算法中,当 $o=0$ 时,按 $\boldsymbol{W}+\boldsymbol{X}$ 修改权向量 $\boldsymbol{W}$。这是因为,理想输出本来应该是 1,但现在却是 0,所以相应的权应该增加,而且是增加对该样本的实际输出真正有贡献的权。当 $o=1$ 时恰好相反,详细情况读者可以自己进行分析。

2. 离散多输出感知器训练算法

参考图 3.13,设 F 为网络中神经元的激活函数,$\boldsymbol{W}$ 为权矩阵,w_{ij} 为输入向量的第 i 个分量到第 j 个神经元的连接权:

$$\boldsymbol{W} = (w_{ij})$$

网络的训练样本集为

$$\{(\boldsymbol{X},\boldsymbol{Y}) \mid \boldsymbol{X}\text{为输入向量},\boldsymbol{Y}\text{为}\boldsymbol{X}\text{对应的输出}\}$$

这里,假定 $\boldsymbol{X}$,$\boldsymbol{Y}$ 分别是维数为 n 的输入向量和维数为 m 的理想输出向量:

$$\boldsymbol{X} = (x_1, x_2, \cdots, x_n)$$

$$\boldsymbol{Y} = (y_1, y_2, \cdots, y_n)$$

之所以称 $\boldsymbol{Y}$ 为输入向量 $\boldsymbol{X}$ 的理想输出向量,是为了与网络的实际输出向量 $\boldsymbol{O}$ 相区别。之所以将($\boldsymbol{X}$,$\boldsymbol{Y}$)选作样本,是因为在实际系统(这里指人工神经网络所模拟的对象)运行中,当遇到输入向量 $\boldsymbol{X}$ 时系统会输出向量 $\boldsymbol{Y}$。显然,也希望相应的人工神经网络在接受到输入向量 $\boldsymbol{X}$ 时也能输出向量 $\boldsymbol{Y}$。但是,由于人工神经网络是对实际系统的模拟,再加上它的不精确性,实际上它很难在接受输入向量 $\boldsymbol{X}$ 时精确地输出向量 $\boldsymbol{Y}$。此时网络会输出 $\boldsymbol{Y}$ 的一个近似向量 $\boldsymbol{O}$

$$\boldsymbol{O} = (o_1, o_2, \cdots, o_n)$$

为了区分向量 $\boldsymbol{Y}$ 和 $\boldsymbol{O}$,称 $\boldsymbol{Y}$ 是 $\boldsymbol{X}$ 对应的理想输出向量;$\boldsymbol{O}$ 为 $\boldsymbol{X}$ 对应的实际输出向量。在离散多输出感知器中,由于它含有多个输出神经元,在训练算法的组织上不能再沿用算法 3.1 的实现方式。但是,仍然遵循相同的原理,按照相同的思想去实施对各连接权的调整。具体算法如下。

算法 3.2　离散多输出感知器训练算法

(1) 初始化权矩阵 $\boldsymbol{W}$;

(2) 重复下列过程,直到训练完成:

(2.1) 对样本集中的每一个样本($\boldsymbol{X}$,$\boldsymbol{Y}$),重复如下过程:

(2.1.1) 输入 $\boldsymbol{X}$;

(2.1.2) 计算 $\boldsymbol{O}=F(\boldsymbol{XW})$;

(2.1.3) for $i=0$ to m 执行如下操作:

if $o_i \neq o_j$ then

　　if $o_i=0$ then for $j=1$ to n

$$w_{ij} = w_{ij} + x_i$$

　　else for $j=1$ to n

$$w_{ij} = w_{ij} - x_i$$

在算法中,依次对输出层的每一个神经元的理想输出和实际输出进行比较。如果它们不相同,则对相应的连接权进行修改。相当于将对离散单输出感知器神经元的处理逐个用于离散多输出感知器输出层的每一个神经元。

在算法 3.1 和算法 3.2 中,第一步都要求对神经元的连接权进行初始化。在程序的实现中,就是给 $\boldsymbol{W}$ 一个初值。实验表明,对大部分网络模型来说(也有例外情况),$\boldsymbol{W}$ 的各个元素不能用相同的数据进行初始化,因为这样会使网络失去学习能力。一般使用一系列小伪

随机数对 $\boldsymbol{W}$ 进行初始化。

第二步的控制是说“重复下列过程，直到训练完成”。但是，什么情况下为“训练完成”呢？一般很难对每个样本重复一次就可以达到精度要求，算法必须经过多次迭代，这样才有可能使网络的精度达到要求。问题是如何来控制这个迭代次数。一种方法是对样本集执行规定次数的迭代，另一种方法是给定一个精度控制参数，第三种方法是将这两种方法结合起来使用。这里所说的精度是指网络的实际输出与理想输出之间的差别。

对第一种方法，可以采用如下方式加以实现：设置一个参数，用来记录算法的迭代次数。同时，在程序中设定一个最大循环次数的值。当迭代次数未达到该值时，迭代继续进行；当迭代次数超过该值时，迭代停止。该方法存在的问题是，对一个给定的样本集，事先并不知道究竟需要迭代多少次网络的精度才可以达到用户的要求。迭代的次数太多，会损失训练算法的效率；迭代的次数太少，网络的精度就难以达到用户的要求。因此，仅仅用迭代次数实施对网络训练的控制是难以取得令人满意的结果的。一种改进的方法是分阶段进行迭代。设定一个基本的迭代次数 N，每当训练完成 N 次迭代后，就给出一个中间结果。如果此中间结果满足要求，则停止训练；否则，将进行下一个 N 次迭代训练。如此下去，直到训练完成。当然，这样做需要程序能够实现训练的暂停、继续、停止等控制。

第二种方法的实现与第一种方法的实现类似，只是比较的对象不同罢了。这种方法要解决的问题有两个：首先，要解决精度的度量问题，最简单的方法是用所有样本的实际输出向量与理想输出向量的对应分量差的绝对值之和作为误差的度量；另一种简单的方法是用所有样本的实际输出向量与理想输出向量的欧氏距离的和作为误差的度量。用户一般可以根据实际问题，选择一个适当的度量。其次，存在这样的可能，网络无法表示样本所代表的问题。在这种情况下，网络在训练中可能总也达不到用户的精度要求。这时，训练可能成为“死循环”。

为了用这两种方法各自的优点去弥补对方的缺点，可以将这两种方法结合起来综合使用，构成第三种方法，也就是同时使用迭代次数和精度来实现训练控制。

在精度控制中，用户需要首先根据实际问题，给定一个训练精度控制参数。建议在系统初始测试阶段，这个精度要求低一些，测试完成后再给出实际的精度要求。这样做的目的是避免在测试阶段花费太多时间，因为有时训练时间是很长的。

还需要指出的是，在算法的实现中，读者还可以采用一些方法，从不同的角度去提高算法的效率。

3. 连续多输出感知器训练算法

在掌握了感知器的基本训练算法后，现在将感知器中各神经元的输出函数改成非阶跃函数，使它们的输出值变成是连续性的，从而使得网络的输入、输出向量更具一般性，更容易适应应用的要求，达到较好的扩充网络功能和应用范围的目的。由于只是网络神经元的激活函数发生了变化，其拓扑结构仍然不变，所以在下面讨论连续多输出感知器训练算法时仍然参考图 3.13，$\boldsymbol{W}$，$\boldsymbol{O}$，$\boldsymbol{X}$，$\boldsymbol{Y}$，n，m 等参数的意义如上所述。在下面给出的算法 3.3 中，使用上面提到的第二种方法来实现对迭代次数的控制。ε 被用来表示训练的精度要求。不同的是，在这里，$\boldsymbol{X}$，$\boldsymbol{Y}$ 的分量值可以是一般的实数。

算法 3.3　连续多输出感知器训练算法

(1) 用适当的小伪随机数初始化权矩阵 $\boldsymbol{W}$；

(2) 初置精度控制参数 ε、学习率 α、精度控制变量 $d=\varepsilon+1$；

(3) While $d\geqslant\varepsilon$ do

(3.1) $d=0$；

(3.2) for 每个样本($\boldsymbol{X},\boldsymbol{Y}$) do

(3.2.1) 输入 $\boldsymbol{X}(=(x_1,x_2,\cdots,x_n))$；

(3.2.2) 求 $\boldsymbol{O}=F(\boldsymbol{XW})$；

(3.2.3) 修改权矩阵 $\boldsymbol{W}$：

$$\text{for } i=1 \text{ to } n,\quad j=1 \text{ to } m \text{ do}$$
$$w_{ij}=w_{ij}+\alpha(y_j-o_j)x_i;$$

(3.2.4) 累积误差：

$$\text{for } j=1 \text{ to } m \text{ do}$$
$$d=d+(y_j-o_j)^2$$

在上述算法中，用公式 $w_{ij}=w_{ij}+\alpha(y_j-o_j)x_i$ 取代了算法 3.2 第(2.1.3)步中的多个判断。y_j 与 o_j 之间的差别对 w_{ij} 的影响由 $\alpha(y_j-o_j)x_i$ 表现出来。这样处理之后，不仅使得算法的控制在结构上更容易理解，还使得它的适应面更宽。

当用计算机程序实现该算法时，$\varepsilon,\alpha,d,i,j,n,m$ 均可以用简单变量来表示，$\boldsymbol{W}$ 可以用一个 n 行 m 列的二维数组存放。建议将样本集用两个二维数组存放：一个 p 行 n 列的二维数组用来存放输入向量集，它的每一行表示一个输入向量；另一个 p 行 m 列的二维数组用来存放相应的理想输出向量集，它的每一行表示一个对应的理想输出向量。读者也可以根据自己的习惯确定存放这些数据的方式。

另外，在系统的调试过程中，可以在适当的位置加入一些语句，用来显示网络目前的状态。例如，按一定的间隔显示实际输出向量与理想输出向量的比较、连接矩阵、误差测度等，使得系统的调试过程可以在设计者/调试者的良好控制下进行。当然，根据需要，也可以将这些数据以文件的形式存放起来，以便于以后进行更深入的分析。

实际上，上面给出的算法只是一些基本算法，在实现过程中读者还可以对它们进行适当的修改，以使它们有更高的运行效率，并能获得更好的效果。

上述感知器的训练算法还有一些值得注意的问题：

(1) Minsky 曾经在 1969 年证明，有许多基本问题是感知器无法解决的，这类问题被称为线性不可分问题。因此，算法遇到的第一个问题是，样本集所代表的问题是否是线性可分的？由于抽样的随机性，有时甚至会出现这样的现象：问题本身是线性可分的，但样本集反映出来的却是线性不可分的，或者相反。这虽然是抽样的技术问题，但在实际上是存在的。因此，也应该引起足够的重视。将这一问题作为困扰感知器的第一个问题。

(2) 因为世界是在不断变化的，所以一个问题可能在某一时刻是线性可分的，而在另一时刻又变得线性不可分。这类问题的处理就更为困难了。

(3) 由于问题是通过抽样得来的实际数据表示的，它很可能不是惯用的数据模型表现形式。因此，很难直接从样本数据集看出该问题是否是线性可分的。

(4) 未能证明，一个感知器究竟需要经过多少步才能完成训练。而且，给出的算法是否优于穷举法,也是未能说明的。在简单情况下,穷举法可能会更好。

显然,上述问题都是与样本集相关的。这就相当于说,问题(指被模拟的系统)本身对感知器的影响是非常大的。下面将考虑线性不可分问题。

3.2.3 线性不可分问题

Rossenblatt 给出的感知器的学习定理表明,感知器可以学会它所能表达的任何东西。与人类的大脑相同,表达能力和学习能力是不同的。表达是指感知器模拟特殊功能的能力,而学习要求由一个用于调整连接权以产生具体表示的一个过程的存在。显然,如果感知器不能够表达相应的问题,就无从考虑它是否能够学会该问题了。所以,这里的"它能表示"成为问题的关键。也就是说,是否存在一些不能被感知器表示的问题呢?

前面已经提到,Minsky 在 1969 年就指出,感知器甚至无法解决像"异或"这样简单的问题。那么,这类问题是什么样的问题?它有什么特点?除了"异或",还有多少这样的问题?这样的问题是有限的吗?下面从"异或"问题入手进行相应的分析,希望找出这一类问题的特性来,以寻找相应的解决方法。

1. "异或"(exclusive-or)问题

Minsky 得出的最令世人失望的结果是:感知器无法实现最基本的"异或"运算。而"异或"运算是电子计算机最基本的运算之一。这就预示着人工神经网络将无法解决电子计算机可以解决的大量问题。因此,它的功能是极为有限的,是没有前途的。那么,感知器为什么无法解决"异或"问题呢?先看"异或"运算的定义:

$$g(x,y)=\begin{cases}0, & x=y\\ 1, & x\neq y\end{cases}$$

相应的真值表如表 3.3 所示。

表 3.3 "异或"运算的真值

$g(x,y)$		运算对象 y	
		0	1
运算对象 x	0	0	1
	1	1	0

由定义可知,这是一个双输入、单输出的问题。也就是说,如果感知器能够表达它,则此感知器的输入应该是一个二维向量,输出则为标量。因此,该感知器可以只含有一个神经元。为方便起见,设输入向量为(x, y),输出为 o,神经元的阈值为 θ。感知器如图 3.14 所示。图 3.15 为网络函数的图像。显然,无论如何选择 a,b,θ 的值,都无法使得直线将点(0,0)和点(1,1)(它们对应的函数值为 0)与点(0,1)和点(1,0)(它们对应的函数值为 1)划分开来。即使使用 S 形函数,也难以做到这一点。这种由单级感知器不能表达的问题被称为线性不可分问题。

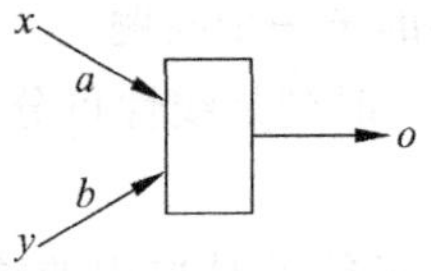

图 3.14 单神经元感知器

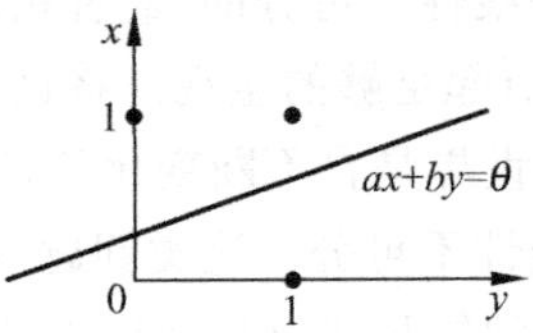

图 3.15 平面划分

表 3.4 含两个自变量的所有二值函数

自变量		函数及其值															
x	y	f_1	f_2	f_3	f_4	f_5	f_6	f_7	f_8	f_9	f_{10}	f_{11}	f_{12}	f_{13}	f_{14}	f_{15}	f_{16}
0	0	0	0	0	0	0	0	0	0	1	1	1	1	1	1	1	1
0	1	0	0	0	0	1	1	1	1	0	0	0	0	1	1	1	1
1	0	0	0	1	1	0	0	1	1	0	0	1	1	0	0	1	1
1	1	0	1	0	1	0	1	0	1	0	1	0	1	0	1	0	1

有了上述思路，来考察只有两个自变量且自变量只取 0 或 1 的函数的基本情况。表 3.4 给出了所有这种函数的定义。其中，f_7，f_{10} 为线性不可分的，其他均为线性可分的。然而，当变量的个数较多时，难以找到一个较简单的方法去确定一个函数是否为线性可分的。事实上，这种线性不可分的函数随着变量个数的增加而快速增加，甚至远远超过了线性可分函数的个数。现在，仍然只考虑二值函数的情况。设函数有两个自变量，因为每个自变量的值只可以取 0 或 1，从而函数共有 2^2 个输入模式。在不同的函数中，每个模式的值可以为 0 或者 1。这样，总共可以得到 2^{2^n} 种不同的函数。表 3.5 是 R. O. Windner 1960 年给出的 n 为 1～6 时二值函数的个数以及其中的线性可分函数的个数的研究结果。从中可以看出，当 $n \geqslant 4$ 时，线性不可分函数的个数远远大于线性可分函数的个数。而且随着 n 的增大，这种差距会在数量级上越来越大。这表明，感知器不能表达的问题的数量远远超过了它所能表达的问题的数量。这也难怪当 Minsky 给出感知器的这一致命缺陷时，会使人工神经网络的研究跌入漫长的黑暗期。

表 3.5 二值函数与线性可分函数的个数

自变量个数	函数的个数	线性可分函数的个数
1	4	4
2	6	14
3	256	104
4	65 536	1882
5	4.3×10^9	94 572
6	1.8×10^{19}	5 028 134

2. 线性不可分问题的克服

20 世纪 60 年代后期，人们就弄清楚了线性不可分问题，并且知道，单级网的这种限制可以通过增加网络的层数来解决。

事实上，一个单级网络可以将平面划分成两部分，用多个单级网组合在一起，并用其中的一个去综合其他单级网的结果，就可以构成一个两级网络，该网络可以被用来在平面上划分出一个封闭或开放的凸域来。如图 3.16 所示，如果第一层含有 n 个神经元，则每个神经元可以确定一条 n 维空间中的直线，其中，AN_i 用来确定第 i 条边。输出层的 AN_0 用来实现对它们的综合。这样，就可以用

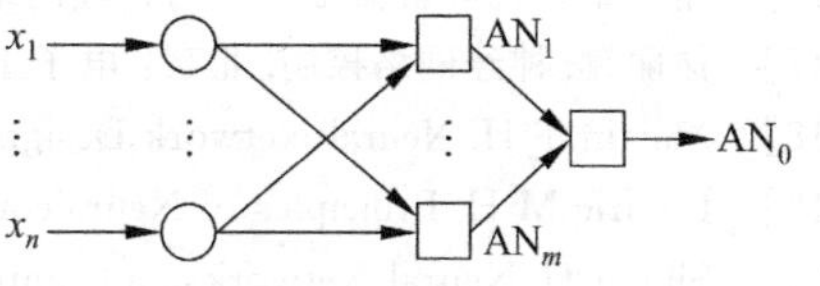

图 3.16 两级单输出网

一个两级单输出网在 n 维空间中划分出一个 m 边凸域来。在这里，图中第二层的神经元相当于一个与门。当然，根据实际需要，输出层的神经元可以有多个。这可以根据网络要模拟的实际问题来决定。

按照这些分析，很容易构造出第一层含两个神经元，第二层含一个神经元的两级网络来实现"异或"运算。

输出层的神经元可以不仅仅实现"与"运算，它也可以实现其他类型的函数。

此外，网络的输入输出也可以是非二值的，这样，网络识别出来的就是一个连续的域，而不仅仅是域中的有限个离散的点。一个非凸域可以拆分成多个凸域。因此，三级网将会更一般一些，可以用它识别出一些非凸域。而且在一定的范围内，网络所表现出来的分类功能主要受到神经元的个数和各个连接权的限制。这些问题显然又是与问题紧密相关的。

多级网络虽然很好地解决了线性不可分问题，但是，由于无法知道网络隐藏层的神经元的理想输出，所以，感知器的训练算法难以直接用于多层网的训练。因此，在多级网训练算法的设计中，解决好隐藏层连接权的调整问题是非常关键的。

参考文献

[1] 胡伍生. 神经网络理论及其工程应用. 北京：测绘出版社，2006.
[2] 周开利. 神经网络模型及其 MATLAB 仿真程序设计. 北京：清华大学出版社，2005.
[3] 董长虹. 神经网络与应用. 北京：国防工业出版社，2005.
[4] 冯定. 神经网络专家系统. 北京：科学出版社，2006.
[5] 魏海坤. 神经网络结构设计的理论与方法. 北京：国防工业出版社，2005.
[6] Xia Y, Wang J. A general projection neural network for solving monotone variational inequalities and related optimization problems. IEEE Transactions on Neural Networks, 2004, 15(2): 318-328.
[7] Hu X, Wang J. Solving Pseudomonotone variational inequalities and pseudoconvex optimization problems using the projection neural network. IEEE Transactions on Neural Networks, 2006, 17(6): 1487-1499.
[8] Maeda Y, Wakamura M. Simultaneous perturbation learning rule for recurrent neural networks and its FPGA implementation. IEEE Transactions on Neural Networks, 2005, 16(6): 1664-1672.
[9] Chong S Y, Tan M K, White J D. Observing the evolution of neural networks learning to play the game of Othello. IEEE Transactions on Evolutionary Computation, 2005, 9(13): 240-251.
[10] Abdollahi F, Talebi H A, Patel R V. A stable neural network-based observer with application to flexible-joint manipulators. IEEE Transactions on Neural Networks, 2006, 17(1): 118-129.
[11] 蒋宗礼. 人工神经网络导论. 北京：高等教育出版社，2001.
[12] 杨建刚. 人工神经网络实用教程. 杭州：浙江大学出版社，2001.
[13] 王洪元，史国栋. 人工神经网络技术及其应用. 北京：中国石油出版社，2002.
[14] 韩力群，人工神经网络理论、设计及应用. 北京：化学工业出版社，2002.
[15] 吴微. 神经网络计算. 北京：高等教育出版社，2003.
[16] 谢庆生，尹健. 机械工程中的神经网络方法. 北京：机械工业出版社，2003.
[17] 徐丽娜. 神经网络控制. 北京：电子工业出版社，2003.
[18] Martin T H. Neural Network Design. PWS Publishing Company, 1996.
[19] Fredric M H. Principles of Neuralcomputing for Science & Engineering. McGraw Hill, 2001.
[20] Simon H. Neural Networks: a Comprehensive Foundation. Perntice-Hall, 1999.
[21] Holland J H. Adaptation Natural and Artificial Systems. MIT Press, 1975.

第4章

神经计算基本方法

CHAPTER 4

4.1 BP 网络

在第 3 章介绍的感知器的算法中，理想输出与实际输出之差被用来估计直接到达该神经元的连接权重的误差。当为解决线性不可分问题而引入多级网络后，如何估计网络隐藏层的神经元误差就成了难题。因为在实际中，无法知道隐藏层的任何神经元的理想输出值。BP(back propagation)算法利用输出层的误差来估计输出层直接前导层的误差，再用这个误差估计更前一层的误差。如此下去，就可获得所有其他各层的误差估计。从而形成将输出端表现出的误差沿着与输入信号传送相反的方向逐级向网络的输入端传递的过程。因此，人们将此算法称为向后传播算法，简称 BP 算法。使用 BP 算法进行学习的多级非循环网络称为 BP 网络。虽然这种误差估计本身的精度会随着误差本身的向后传播而不断降低，但它还是给多层网络的训练提供了较有效的办法。所以，多年来该算法受到了广泛的关注。本节将介绍 BP 网络的构成及其训练过程、隐藏层权值调整方法的直观分析、BP 训练算法中使用的 Delta 规则(最速下降法)的理论推导、算法的收敛速度及其改进讨论，以及 BP 网络中的几个重要问题。

4.1.1 BP 网络简介

BP 算法是非循环多级网络的训练算法。虽然该算法的收敛速度非常慢，但由于它具有广泛的适用性，使得它在 1986 年被提出后，很快就成为应用最为广泛的多级网络训练算法，并对人工神经网络的推广应用发挥了重要作用。

BP 算法对人工神经网络的第二次研究高潮的到来起到了很大的作用。从某种意义上讲,BP 算法的出现,结束了多层网络没有训练算法的历史,并被认为是多级网络系统的训练方法。此外,它还有很强的数学基础,所以其连接权的修改是令人信服的。

然而,BP 算法也有它的弱点。非常慢的训练速度、高维曲面上局部极小点的逃离问题、算法的收敛问题等都是困扰 BP 网络的严重问题,尤其是后面的两个问题,甚至会导致网络失效。虽然它有这样一些限制,但是其广泛的适应性和有效性使得人工神经网络的应用范围得到了较大的扩展。

从 BP 算法被重新发现到引起人们的广泛关注并发挥巨大的作用,应该归功于 UCSD 的 PDP(parallel distributed processing)研究小组的 Rumelhart,Hinton 和 Williams。他们在 1986 年独立给出了 BP 算法清楚而简单的描述,使得该算法非常容易让人掌握并加以实现。另外,由于此时人们对人工神经网络的研究正处于第二高潮期,而且 PDP 小组在人工神经网络上的丰富研究成果也给其发表能受到广泛关注提供了便利条件。该成果发表后不久人们就发现,早在 1982 年 Paker 就完成了相似的工作。后来人们进一步发现,甚至在更早的 1974 年,Werbos 就已描述了该方法。遗憾的是,Paker 和 Werbos 的工作在完成 10 余年后都没能引起人们的关注,这无形中导致多级网络的训练算法及其推广应用向后推迟了 10 余年。通过这件事情也应该看到,要想使重要的研究成果能引起广泛的重视而尽快发挥作用,论文的发表也是非常重要的。

4.1.2 基本 BP 算法

1. 网络的构成

1) 神经元

与一般的人工神经网络一样,构成 BP 网的神经元仍然是第 3 章中定义的神经元。按照 BP 算法的要求,这些神经元所用的激活函数必须是处处可导的。多数设计者一般使用 S 形函数。对一个神经元来说,取它的网络输入

$$\text{net} = x_1 w_1 + x_2 w_2 + \cdots + x_n w_n$$

式中,$x_1, x_2, \cdots, x_n$ 为该神经元所接受的输入;$w_1, w_2, \cdots, w_n$ 分别是它们对应的连接权。该神经元的输出为(如图 4.1 所示)

$$o = f(\text{net}) = \frac{1}{1+\mathrm{e}^{-\text{net}}} \tag{4.1}$$

当 net=0 时,$o=0.5$,并且 net 落在区间(−0.6,0.6)中时,o 的变化率比较大,而在(−1,1)之外,o 的变化率非常小。

现求 o 关于 net 的导数:

$$\begin{aligned} f'(\text{net}) &= \frac{\mathrm{e}^{-\text{net}}}{(1+\mathrm{e}^{-\text{net}})^2} = \frac{1+\mathrm{e}^{-\text{net}}-1}{(1+\mathrm{e}^{-\text{net}})^2} \\ &= \frac{1}{1+\mathrm{e}^{-\text{net}}} - \frac{1}{(1+\mathrm{e}^{-\text{net}})^2} \\ &= o - o^2 = o(1-o) \end{aligned}$$

注意到:

$$\lim_{\text{net}\to+\infty} \frac{1}{1+\mathrm{e}^{-\text{net}}} = 1, \quad \lim_{\text{net}\to-\infty} \frac{1}{1+\mathrm{e}^{-\text{net}}} = 0$$

由式(4.1)可知，o 的值域为(0,1)，从而 $f'(\text{net})$ 的值域为(0,0.25)，而且是在 o 为 0.5 时，$f'(\text{net})$ 达到极大值(如图 4.2 所示)。

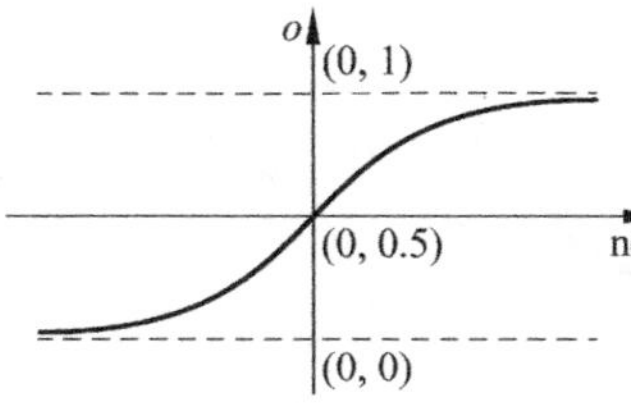

图 4.1　BP 网神经元的激活函数

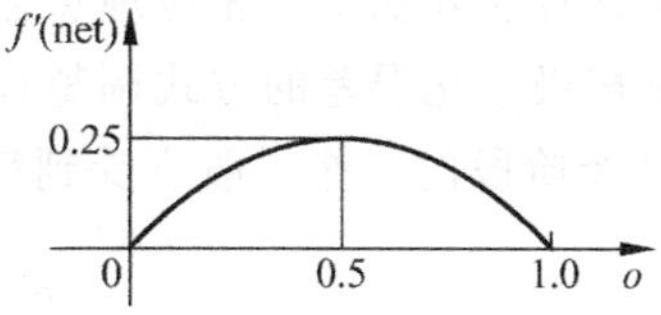

图 4.2　$f'(\text{net})$与 o 的关系曲线

由图 4.1 与图 4.2 可知，在后续对训练的讨论中，应该将 net 的值尽量控制在收敛比较快的范围内。

实际上，也可以用其他函数作为 BP 网络神经元的激活函数，只要该函数是处处可导的。

2）网络的拓扑结构

实际上，只需用一个二级网络就可以说明 BP 算法。

通常设 BP 网络的输入样本集为

$$\{(\boldsymbol{X},\boldsymbol{Y}) \mid \boldsymbol{X}\text{ 为输入向量},\boldsymbol{Y}\text{ 为 }\boldsymbol{X}\text{ 对应的输出}\}$$

网络有 n 层，第 $h(1\leqslant h\leqslant n)$ 层神经元的个数用 L_h 表示，该层神经元的激活函数用 F_h 表示，该层的连接矩阵用 $\boldsymbol{W}^{(h)}$ 表示。

显然，输入向量、输出向量的维数是由问题直接决定的，而网络隐藏层的层数和各个隐藏层神经元的个数则与问题相关。目前的研究结果还难以给出它们与问题的类型及其规模之间的函数关系。实验表明，增加隐藏层的层数和隐藏层神经元的个数不一定能够提高网络的精度和表达能力，在多数情况下，BP 网一般都选用二级网络。

2. 训练过程概述

首先，前面已经提到过，人工神经网络的训练过程是根据样本集对神经元之间的连接权进行调整的过程，BP 网络也不例外。其次，BP 网络执行的是有导师训练。所以，其样本集由形如

（输入向量，理想输出向量）

的向量对构成。所有这些向量对都应该是来源于网络即将模拟的系统实际“运行”结果。它们可以是从实际运行系统中采集来的。

在开始训练前，所有的权值都应该用一些不同的小随机数进行初始化。“小随机数”用来保证网络不会因为权过大而进入饱和状态，从而导致训练失败；“不同”用来保证网络可以正常学习。实际上，如果用相同的数去初始化权矩阵，则网络将无能力学习。

BP 算法主要包含 4 步，这 4 步被分为两个阶段：

1）向前传播阶段

(1) 从样本集中取一个样本$(\boldsymbol{X}_p,\boldsymbol{Y}_p)$，将 $\boldsymbol{X}_p$ 输入网络；

(2) 计算相应的实际输出 $\boldsymbol{O}_p$。

在此阶段，信息从输入层经过逐级变换传送到输出层。该过程也是网络在完成训练后

正常运行时执行的过程。在此过程中,网络执行的是下列运算:

$$\boldsymbol{O}_p = F_n(\cdots(F_2(F_1(\boldsymbol{X}_p\boldsymbol{W}^{(1)})\boldsymbol{W}^{(2)})\cdots)\boldsymbol{W}^{(n)})$$

2) 向后传播阶段

(1) 计算实际输出与相应理想输出的差;

(2) 按极小化误差的方式调整权矩阵。

这两个阶段的工作一般应受到精度要求的控制,在此取

$$E_p = \frac{1}{2}\sum_{j=1}^{m}(y_{pj} - o_{pj})^2 \tag{4.2}$$

作为网络关于第 p 个样本的误差测度。将网络关于整个样本集的误差测度定义为

$$E = \sum E_p \tag{4.3}$$

如前所述,之所以将此阶段称为向后传播阶段,是对应于输入信号的正常传播而言的。因为在开始调整神经元的连接权时,只能求出输出层的误差,而其他层的误差要通过此误差反向逐层后推才能得到。有时候也称之为误差传播阶段。

3. 误差传播分析

1) 输出层权的调整

为了说明清晰方便,采用图 4.3 中的相应符号来讨论输出层连接权的调整。图中,AN_q 是输出层的第 q 个神经元,w_{pq}是从其前导层的第 p 个神经元到 AN_q 的连接权。取

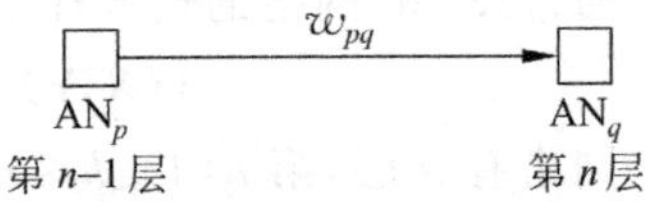

图 4.3 AN_p 到 AN_q 的连接

$$w_{pq} = w_{pq} + \Delta w_{pq} \tag{4.4}$$

根据 Delta 规则有

$$\Delta w_{pq} = \alpha\delta_q o_p \tag{4.5}$$

由于在本章中不再区分神经元的激活状态和输出值,所以上式中的计算按下式进行:

$$\delta_q = f'(\mathrm{net}_q)(y_q - o_q) \tag{4.6}$$

而

$$f'(\mathrm{net}_q) = o_q(1 - o_q)$$

所以

$$\begin{aligned}\Delta w_{pq} &= \alpha\delta_q o_p \\ &= \alpha f'(\mathrm{net}_q)(y_q - o_q)o_p \\ &= \alpha o_q(1 - o_q)(y_q - o_q)o_p\end{aligned}$$

即

$$\Delta w_{pq} = \alpha o_q(1 - o_q)(y_q - o_q)o_p \tag{4.7}$$

δ_q 可以看成是 AN_q 表现出来的误差,它由 AN_q 的输出值和 AN_q 的理想输出值以及与 w_{pq} 直接相关联的 AN_p 的输出值确定。

2) 隐藏层权的调整

对隐藏层权的调整,仍然可以采用式(4.4)和式(4.5),只不过在这里不可以再用式(4.6)去计算相应的神经元所表现出来的误差,因为此时无法知道该神经元的理想输出。为了解决这个问题,在这里先从直观上研究如何计算相应神经元所表现的误差。

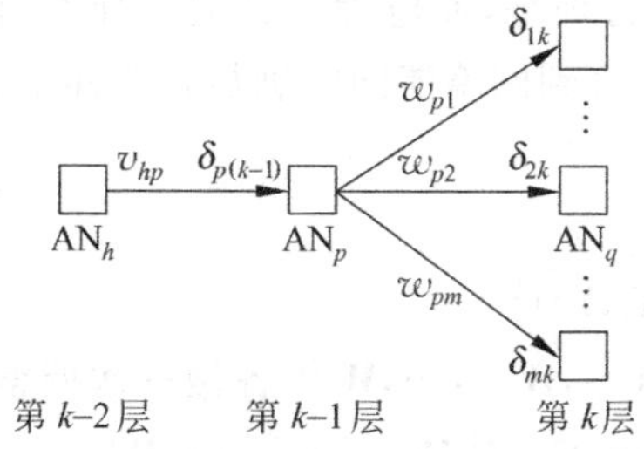

图 4.4　误差反向传播示意图

为使讨论更清晰，对隐藏层连接权调整的讨论将参考图 4.4 进行。按照该图的表示，省去了有些符号上表示网络层号的上标。一方面，将相应的层号标注在图的下方。另一方面，仅在需要的地方让层号以下标的形式出现。

假定图 4.4 中的 $w_{p1}, w_{p2}, \cdots, w_{pm}$ 的调整已经完成。所以，此时 $\delta_{1k}, \delta_{2k}, \cdots, \delta_{mk}$ 的值是已知的。要想调整 v_{hp}，就必须知道 $\delta_{p(k-1)}$。由于 AN_p 的理想输出是未知的，所以，必须采用一定的方法对 $\delta_{p(k-1)}$ 进行合适的估计。

从图 4.4 中可以看出，$\delta_{p(k-1)}$ 的值应该是和 $\delta_{1k}, \delta_{2k}, \cdots, \delta_{mk}$ 有关的，在 $\delta_{1k}, \delta_{2k}, \cdots, \delta_{mk}$ 等每个值中，都含有 $\delta_{p(k-1)}$ 的“成分”。因此，自然就想到用 $\delta_{1k}, \delta_{2k}, \cdots, \delta_{mk}$ 来估计 $\delta_{p(k-1)}$。同时，$\delta_{p(k-1)}$ 又是通过 $w_{p1}, w_{p2}, \cdots, w_{pm}$ 与 $\delta_{1k}, \delta_{2k}, \cdots, \delta_{mk}$ 关联的。具体而言，不妨认为 $\delta_{p(k-1)}$：

通过权 w_{p1} 对 δ_{1k} 做出贡献
通过权 w_{p2} 对 δ_{2k} 做出贡献
⋮
通过权 w_{pm} 对 δ_{mk} 做出贡献

从而，AN_p 的输出误差是与

$$w_{p1}\delta_{1k} + w_{p2}\delta_{2k} + \cdots + w_{pm}\delta_{mk}$$

相关的。这样，可以用它近似表示 AN_p 的理想输出与实际输出的差。根据式(4.6)得到

$$\delta_{p(k-1)} = f'_{k-1}(\mathrm{net}_p)(w_{p1}\delta_{1k} + w_{p2}\delta_{2k} + \cdots + w_{pm}\delta_{mk}) \tag{4.8}$$

从而有

$$\begin{aligned}\Delta v_{hp} &= \alpha\delta_{p(k-1)} o_{h(k-2)} \\ &= \alpha f'_{k-1}(\mathrm{net}_p)(w_{p1}\delta_{1k} + w_{p2}\delta_{2k} + \cdots + w_{pm}\delta_{mk}) o_{h(k-2)} \\ &= \alpha o_{p(k-1)}(1 - o_{p(k-1)})(w_{p1}\delta_{1k} + w_{p2}\delta_{2k} + \cdots + w_{pm}\delta_{mk}) o_{h(k-2)}\end{aligned}$$

即

$$\Delta v_{hp} = \alpha o_{p(k-1)}(1 - o_{p(k-1)})(w_{p1}\delta_{1k} + w_{p2}\delta_{2k} + \cdots + w_{pm}\delta_{mk}) o_{h(k-2)} \tag{4.9}$$

$$v_{hp} = v_{hp} + \Delta v_{hp} \tag{4.10}$$

式中，$o_{p(k-1)}, o_{h(k-2)}$ 分别表示第 $k-1$ 层的第 p 个神经元、第 $k-2$ 层的第 h 个神经元的输出。

4. 基本的 BP 算法

知识的分布表示原理指出，由于知识是分布表示的，所以人工神经网络可以在实际应用中根据不断获取的经验来增加自己的处理能力。因此，它的学习可以不是一次完成的。也就是说，人工神经网络应该可以在工作过程中通过对新样本的学习而获得新的知识，以不断丰富自己的知识。这就要求在一定的范围内，网络在学会新知识的同时，保持原来学会的东西不被忘记。这个特性被称为可塑性。

然而，BP 网络并不具有这种可塑性。它要求用户一开始就要将所有要学的样本一次性交给它，而不是“学会”一个以后再学其他的。这就要求不能在完成一个样本的训练后才进行下一个样本的训练。所以，训练算法的最外层循环应该是“精度要求”，其次才是对样本集中的样本进行循环。也就是说，在 BP 网络针对一个样本对各个连接权作一次调整后，虽然

此样本还不能满足精度要求，此时也不能继续按此样本进行训练，而应考虑其他的样本，待样本集中的所有样本都被考虑过一遍后，再重复这个过程，直到网络能同时满足各个样本的要求。

具体做法是，对样本集

$$S=\{(\boldsymbol{X}_1,\boldsymbol{Y}_1),(\boldsymbol{X}_2,\boldsymbol{Y}_2),\cdots,(\boldsymbol{X}_s,\boldsymbol{Y}_s)\}$$

网络根据$(\boldsymbol{X}_1,\boldsymbol{Y}_1)$计算出实际输出$\boldsymbol{O}_1$和误差测度$E_1$，对$\boldsymbol{W}^{(1)},\boldsymbol{W}^{(2)},\cdots,\boldsymbol{W}^{(M)}$各做一次调整。在此基础上，再根据$(\boldsymbol{X}_2,\boldsymbol{Y}_2)$计算出实际输出$\boldsymbol{O}_2$和误差测度$E_2$，对$\boldsymbol{W}^{(1)},\boldsymbol{W}^{(2)},\cdots,\boldsymbol{W}^{(M)}$分别做第二次调整……如此下去。本次循环最后再根据$(\boldsymbol{X}_s,\boldsymbol{Y}_s)$计算出实际输出$\boldsymbol{O}_s$和误差测度$E_s$，对$\boldsymbol{W}^{(1)},\boldsymbol{W}^{(2)},\cdots,\boldsymbol{W}^{(M)}$分别做第$s$次调整。这个过程相当于是对样本集中各个样本的一次循环处理。这个循环需要重复下去，直到对整个样本集来说，误差测度的总和满足系统的要求为止，即

$$\sum E_p<\varepsilon$$

式中，ε为精度控制参数。按照这一处理思想，可以得出下列基本的BP算法。

算法 4.1 基本BP算法

(1) for $h=1$ to M do

(1.1) 初始化$\boldsymbol{W}^{(h)}$；

(2) 初始化精度控制参数ε；

(3) $E=\varepsilon+1$；

(4) while $E>\varepsilon$ do

(4.1) $E=0$；

(4.2) 对S中的每一个样本$(\boldsymbol{X}_p,\boldsymbol{Y}_p)$；

(4.2.1) 计算出$\boldsymbol{X}_p$对应的实际输出$\boldsymbol{O}_p$；

(4.2.2) 计算出E_p；

(4.2.3) $E=E+E_p$；

(4.2.4) 根据式(4.4)和式(4.7)调整$\boldsymbol{W}^{(M)}$；

(4.2.5) $h=M-1$；

(4.2.6) while $h\neq0$ do

(4.2.6.1) 根据式(4.9)和式(4.10)调整$\boldsymbol{W}^{(h)}$；

(4.2.6.2) $h=h-1$；

(4.3) $E=E/2.0$。

实验表明，算法4.1较好地抽取了样本集中所含的输入向量和输出向量之间的关系。通过对实验结果的仔细分析会发现，BP网络接受样本的顺序仍然对训练的结果有较大的影响。比较而言，它更“偏爱”较后出现的样本：如果每次循环都按照$(\boldsymbol{X}_1,\boldsymbol{Y}_1),(\boldsymbol{X}_2,\boldsymbol{Y}_2),\cdots,(\boldsymbol{X}_s,\boldsymbol{Y}_s)$所给定的顺序进行训练，在网络“学成”投入运行后，对于与该样本序列较后的样本较接近的输入，网络所给出的输出精度将明显高于与样本序列较前的样本较接近的输入对应的输出精度。那么，是否可以根据样本集的具体情况，给样本集中的样本安排一个适当的顺序，以求达到基本消除样本顺序的影响，获得更好的学习效果呢？这是非常困难的。因为无论如何排列这些样本，它终归要有一个顺序，序列排得好，顺序的影响只会稍微小一些。另

外，要想给样本数据排定一个顺序，本来就不是一件容易的事情，再加上要考虑网络本身的因素，就更困难了。

样本顺序对结果的影响原因是什么呢？深入分析算法 4.1 可以发现，造成样本顺序对结果产生严重影响的原因是：算法对 $\boldsymbol{W}^{(1)},\boldsymbol{W}^{(2)},\cdots,\boldsymbol{W}^{(M)}$ 的调整是分别依次根据 $(\boldsymbol{X}_1,\boldsymbol{Y}_1)$，$(\boldsymbol{X}_2,\boldsymbol{Y}_2),\cdots,(\boldsymbol{X}_s,\boldsymbol{Y}_s)$ 完成的。“分别”“依次”决定了网络对“后来者”的“偏爱”。实际上，按照这种方法进行训练，有时甚至会引起训练过程的严重抖动，更严重的，它可能使网络难以达到用户要求的训练精度。这是因为排在较前的样本对网络的部分影响被排在较后的样本的影响掩盖掉了，从而使排在较后的样本对最终结果的影响就要比排在较前的样本的影响大。这又一次表明，虽然依据知识的分布表示原理，信息的局部破坏不会对原信息产生致命的影响，但是这种被允许的破坏是非常有限的。此外，算法在根据后来的样本修改网络的连接矩阵时，进行的是全面的修改，这使得“信息的破坏”也变得不再是局部的。这正是 BP 网络在遇到新内容时必须重新对整个样本集进行学习的主要原因。

虽然在精度要求不高的情况下，顺序的影响有时是可以忽略的，但还是应该尽量消除。那么，如何消除样本顺序对结果的影响呢？根据上述分析，算法应该避免“分别”“依次”的出现。因此，不再“分别”“依次”根据 $(\boldsymbol{X}_1,\boldsymbol{Y}_1),(\boldsymbol{X}_2,\boldsymbol{Y}_2),\cdots,(\boldsymbol{X}_s,\boldsymbol{Y}_s)$ 对 $\boldsymbol{W}^{(1)},\boldsymbol{W}^{(2)},\cdots,\boldsymbol{W}^{(M)}$ 进行调整，而是用 $(\boldsymbol{X}_1,\boldsymbol{Y}_1),(\boldsymbol{X}_2,\boldsymbol{Y}_2),\cdots,(\boldsymbol{X}_s,\boldsymbol{Y}_s)$ 的“总效果”去实施对 $\boldsymbol{W}^{(1)},\boldsymbol{W}^{(2)},\cdots,\boldsymbol{W}^{(M)}$ 的修改。这就可以较好地将对样本集中样本的一系列学习变成对整个样本集的学习。获取样本集“总效果”最简单的办法是取

$$\Delta w_{ij}^{(h)}=\sum\Delta_p w_{ij}^{(h)} \tag{4.11}$$

式中，$\sum$ 表示对整个样本集的求和；$\Delta_p w_{ij}^{(h)}$ 代表连接权 $w_{ij}^{(h)}$ 关于样本 $(\boldsymbol{X}_p,\boldsymbol{Y}_p)$ 的调整量。从而得到算法 4.2。

算法 4.2 消除样本顺序影响的 BP 算法

(1) for $h=1$ to M do

(1.1) 初始化 $\boldsymbol{W}^{(h)}$；

(2) 初始化精度控制参数 ε；

(3) $E=\varepsilon+1$；

(4) while $E>\varepsilon$ do

(4.1) $E=0$；

(4.2) 对所有的 i,j,h：$\Delta w_{ij}^{(h)}=0$；

(4.3) 对 S 中的每一个样本 $(\boldsymbol{X}_p,\boldsymbol{Y}_p)$：

(4.3.1) 计算出 $\boldsymbol{X}_p$ 对应的实际输出 $\boldsymbol{O}_p$；

(4.3.2) 计算出 E_p；

(4.3.3) $E=E+E_p$；

(4.3.4) 对所有的 i,j，根据式(4.7)计算 $\Delta_p w_{ij}^{(M)}$；

(4.3.5) 对所有的 i,j：$\Delta w_{ij}^{(M)}=\Delta w_{ij}^{(M)}+\Delta_p w_{ij}^{(M)}$；

(4.3.6) $h=M-1$；

(4.3.7) while $h\neq0$ do

(4.3.7.1) 对所有的 i,j，根据式(4.9)计算 $\Delta_p w_{ij}^{(h)}$；

(4.3.7.2) 对所有的 i,j：$\Delta w_{ij}^{(h)}=\Delta w_{ij}^{(h)}+\Delta_p w_{ij}^{(h)}$；

(4.3.7.3) $h=h-1$；

(4.4) 对所有的 i,j,h：$w_{ij}^{(h)}=w_{ij}^{(h)}+\Delta w_{ij}^{(h)}$；

(4.5) $E=E/2.0$。

上述算法较好地解决了因样本的顺序引起的精度问题和训练的抖动问题。但是，该算法的收敛速度还是比较慢的。为了解决收敛速度问题，人们也对算法进行了适当的改造。例如，给每一个神经元增加一个偏移量以加快收敛速度；直接在激活函数上加一个位移使其避免因获得 0 输出而使相应的连接权失去获得训练的机会；连接权的本次修改要考虑上次修改的影响，以减少抖动问题。Rumelhart 等人 1986 年提出了考虑上次修改影响的公式：

$$\Delta w_{ij}=\alpha\delta_j o_i+\beta\Delta w'_{ij} \tag{4.12}$$

式中，$\Delta w'_{ij}$ 为上一次的修改量；β 为冲量系数，一般可取到 0.9。1987 年，Sejnowski 与 Rosenberg 给出了基于指数平滑的方法，它对某些问题是非常有效的：

$$\Delta w_{ij}=\alpha[(1-\beta)\delta_j o_i+\beta\Delta w'_{ij}] \tag{4.13}$$

式中，$\Delta w'_{ij}$ 也是上一次的修改量，β 在 0～1 之间取值。

4.1.3 BP 算法的实现

要弄清楚 BP 网络，只需要考察二级网就可以了。而且，在绝大多数应用中选用的都是二级 BP 网络。因此，本节以典型的二级 BP 网为例介绍它的实现方式。

设输入向量是 n 维的，输出向量是 m 维的，隐藏层有 H 个神经元，样本集含有 s 个样本。隐藏层和输出层神经元的激活函数分别为 F_1 和 F_2。算法的主要数据结构如下：

$\boldsymbol{W}[H,m]$——输出层的权矩阵；

$\boldsymbol{V}[n,H]$——输入（隐藏）层的权矩阵；

$\boldsymbol{\Delta}_o[m]$——输出层各连接权的修改量组成的向量；

$\boldsymbol{\Delta}_h[H]$——隐藏层各连接权的修改量组成的向量；

$\boldsymbol{O}_1$——隐藏层的输出向量；

$\boldsymbol{O}_2$——输出层的输出向量；

$(\boldsymbol{X},\boldsymbol{Y})$——一个样本。

算法的主要实现步骤如下：

(1) 用不同的小伪随机数初始化 $\boldsymbol{W},\boldsymbol{V}$；

(2) 初始化精度控制参数 ε、学习率 α；

(3) 循环控制参数 $E=\varepsilon+1$；循环最大次数 M；循环次数控制参数 $N=0$；

(4) while $E>\varepsilon$ & $N<M$ do

(4.1) $N=N+1$；$E=0$；

(4.2) 对每一个样本 $(\boldsymbol{X},\boldsymbol{Y})$，执行如下操作：

(4.2.1) 计算：$\boldsymbol{O}_1=F_1(\boldsymbol{XV})$；$\boldsymbol{O}_2=F_2(\boldsymbol{O}_1\boldsymbol{W})$；

(4.2.2) 计算输出层的权修改量：for $i=1$ to m

(4.2.2.1) $\boldsymbol{\Delta}_o[i]=(1-\boldsymbol{O}_2[i])(\boldsymbol{Y}[i]-\boldsymbol{O}_2[i])$；

(4.2.3) 计算输出误差：for $i=1$ to m

(4.2.3.1) $E=E+(\boldsymbol{Y}[i]-\boldsymbol{O}_2[i])^2$；

(4.2.4) 计算隐藏层的权修改量：for $i=1$ to H

(4.2.4.1) $Z=0$

(4.2.4.2) for $j=1$ to m

$$\boldsymbol{Z}=\boldsymbol{Z}+\boldsymbol{W}[i,j]\times\boldsymbol{\Delta}_o[j];$$

(4.2.4.3) $\boldsymbol{\Delta}_h[i]=\boldsymbol{Z}$;

(4.2.5) 修改输出层权矩阵：for $k=1$ to H & $i=1$ to m

(4.2.5.1) $\boldsymbol{W}[k,i]=\boldsymbol{W}[k,i]+\alpha\boldsymbol{O}_1[k]\boldsymbol{\Delta}_o[i]$;

(4.2.6) 修改隐藏层权矩阵：for $k=1$ to n & $i=1$ to H

(4.2.6.1) $\boldsymbol{V}[k,i]=\boldsymbol{V}[k,i]+\alpha\boldsymbol{O}_1[k]\boldsymbol{\Delta}_h[i]$。

建议读者在做实验时，可以将隐含层神经元的个数 H 作为一个输入参数，实验一下，对同一个问题(相同的样本集)，看在隐藏层中用多少个神经元能够得到最好的效果。同样，也可以同时将 ε、循环最大次数 M 等作为算法的输入参数。另一个建议是，在网络的调试阶段，在最外层循环内加一层控制，让系统在每循环若干次后，将误差测度、权矩阵输出，以便使调试者可以了解到训练的实际进程，也可在训练不收敛时及时停止算法，以尽早进行调整。这里所说的调整主要是指对权矩阵 $\boldsymbol{W}$ 和 $\boldsymbol{V}$ 初值的调整。因为不同的初值可能会导致网络陷入局部极小点，而一旦陷入了局部极小点，网络就很难达到系统的精度要求。

另外，上述是对算法 4.1 的实现，读者可以对此实现进行适当的修改来实现算法 4.2。

4.1.4 BP 算法的理论基础

BP 算法有很强的理论基础。BP 算法对网络的训练被看成是在一个高维空间中寻找一个多元函数的极小点。事实上，不妨设网络有 M 层，各层的连接矩阵分别为

$$\boldsymbol{W}^{(1)},\boldsymbol{W}^{(2)},\cdots,\boldsymbol{W}^{(M)} \tag{4.14}$$

如果第 h 层的神经元有 H_h 个，则网络被看成一个含有

$$nH_1+H_1H_2+H_2H_3+\cdots+H_MM \tag{4.15}$$

个自变量的系统。该系统将针对样本集

$$S=\{(\boldsymbol{X}_1,\boldsymbol{Y}_1),(\boldsymbol{X}_2,\boldsymbol{Y}_2),\cdots,(\boldsymbol{X}_s,\boldsymbol{Y}_s)\}$$

进行训练。取网络的误差测度为该网络相对于样本集中所有样本误差测度的总和：

$$E=\sum_{p=1}^{s}E^{(p)} \tag{4.16}$$

式中，$E^{(p)}$ 为网络关于样本$(\boldsymbol{X}_p,\boldsymbol{Y}_p)$的误差测度。由上式可知，如果对任意的

$$(\boldsymbol{X}_p,\boldsymbol{Y}_p)\in S$$

均能使 $E^{(p)}$ 最小，则就可使 E 最小。因此，为了后面的叙述简洁，用 w_{ij} 代表 $w_{ij}^{(h)}$，用 net_j 表示相应的神经元 AN_j 的网络输入，用 E 代表 $E^{(p)}$，用$(\boldsymbol{X},\boldsymbol{Y})$代表$(\boldsymbol{X}_p,\boldsymbol{Y}_p)$，其中

$$\boldsymbol{X}=(x_1,x_2,\cdots,x_n)$$

$$\boldsymbol{Y}=(y_1,y_2,\cdots,y_m)$$

该样本对应的实际输出为

$$\boldsymbol{O}=(o_1,o_2,\cdots,o_m)$$

用理想输出与实际输出的方差作为相应的误差测度：

$$E = \frac{1}{2}\sum_{k=1}^{m}(y_k - o_k)^2 \tag{4.17}$$

按照最速下降法，要求 E 的极小点，应该有

$$\Delta w_{ij} \propto -\frac{\partial E}{\partial w_{ij}} \tag{4.18}$$

这是因为$\partial E/\partial w_{ij}$为 E 关于 w_{ij} 的增长率，为了使误差减小，所以取 Δw_{ij} 与它的负值成正比。图 4.5 为相应的示意图。

图 4.5(a)中，当$\partial E/\partial w_{ij}>0$ 时，系统当前所处的位置在极小点的右侧，所以 w_{ij} 的值应该减小，故此时 $\Delta w_{ij}<0$ 成立。图 4.5(b)表示相反的情况，此时$\partial E/\partial w_{ij}<0$，系统当前所处的位置在极小点的左侧，所以 w_{ij} 的值应该增大，故此时 $\Delta w_{ij}>0$ 成立。

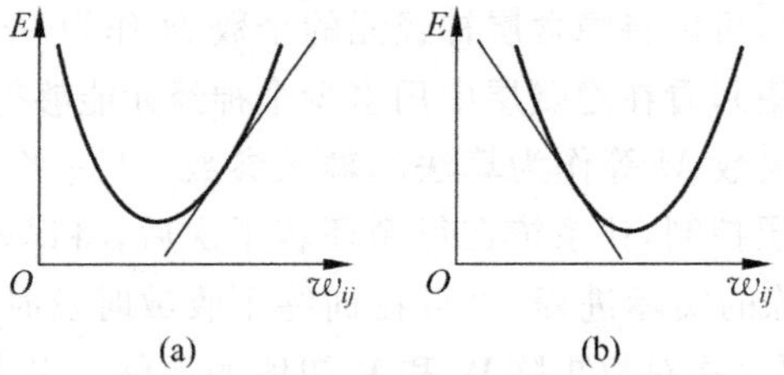

图 4.5　Δw_{ij} 与 E 的关系示意图

(a) $\frac{\partial E}{\partial w_{ij}}>0, \Delta\partial w_{ij}<0$；(b) $\frac{\partial E}{\partial w_{ij}}<0, \Delta\partial w_{ij}>0$

注意到式(4.17)，需要变换出 E 相对于该式中网络此刻的实际输出的关系，因此，

$$\frac{\partial E}{\partial w_{ij}} = \frac{\partial E}{\partial \mathrm{net}_j}\frac{\partial \mathrm{net}_j}{\partial w_{ij}} \tag{4.19}$$

而式中的

$$\mathrm{net}_j = \sum_k w_{kj} v_k$$

所以

$$\frac{\partial \mathrm{net}_j}{\partial w_{ij}} = \frac{\partial\left(\sum_k w_{kj} o_k\right)}{\partial w_{kj}} = o_i \tag{4.20}$$

将式(4.20)代入式(4.19)，可以得到

$$\begin{aligned}\frac{\partial E}{\partial w_{ij}} &= \frac{\partial E}{\partial \mathrm{net}_j}\frac{\partial \mathrm{net}_j}{\partial w_{ij}} \\ &= \frac{\partial E}{\partial \mathrm{net}_j}\frac{\partial\left(\sum_k w_{kj} o_k\right)}{\partial w_{ij}} \\ &= \frac{\partial E}{\partial \mathrm{net}_j} o_i\end{aligned}$$

令

$$\delta_j = -\frac{\partial E}{\partial \mathrm{net}_j} \tag{4.21}$$

根据式(4.18)，可以得到

$$\Delta w_{ij} = \alpha\delta_j o_i \tag{4.22}$$

式中，α 为比例系数，在这里为学习率。

下面的问题是求(4.21)。显然，当 AN_j 是网络输出层的神经元时，net_j 与 E 的函数关系比较直接，从而相应的计算比较简单。但是，当 AN_j 是隐藏层的神经元时，net_j 与 E 的函数关系就不是直接的关系，相应的计算也就比较复杂了。因此，需要按照 AN_j 是输出层的神经元和隐藏层的神经元分别进行处理。

1. AN_j 为输出层神经元

当 AN_j 为输出层神经元时，注意到

$$o_j = f(net_j)$$

容易得到

$$\frac{\partial o_j}{\partial net_j} = f'(net_j) \tag{4.23}$$

从而

$$\begin{aligned}\delta_j &= -\frac{\partial E}{\partial net_j}\\ &= -\frac{\partial E}{\partial o_j}\frac{\partial o_j}{\partial net_j}\\ &= -\frac{\partial E}{\partial o_j}f'(net_j)\end{aligned}$$

注意到式(4.17)，有

$$\begin{aligned}\frac{\partial E}{\partial o_j} &= \frac{\partial\left[\frac{1}{2}\sum_{k=1}^{m}(y_k - o_k)^2\right]}{\partial o_j}\\ &= \frac{\partial(y_j - o_j)^2}{\partial o_j}\\ &= -(y_j - o_j)\end{aligned}$$

所以

$$\delta_j = (y_j - o_j)f'(net_j) \tag{4.24}$$

故当 AN_j 为输出层的神经元时，它对应的连接权 Δw_{ij} 应该按照下列公式进行调整：

$$\begin{aligned}w_{ij} &= w_{ij} + \alpha\delta_j o_i\\ &= w_{ij} + \alpha f'(net_j)(y_j - o_j)o_i\end{aligned} \tag{4.25}$$

2. AN_j 为隐藏层神经元

当 AN_j 为隐藏层神经元时，式(4.21)中的 net_j 及其对应的 $o_j(=f(net_j))$ 在 E 中是不直接出现的，所以这个偏导数不能直接求，必须进行适当的变换。由于 net_j 是隐藏层的，而式中所含的是输出层神经元的输出，所以考虑将“信号”向网络的输出方向“推进”一步，使之与 $o_j = f(net_j)$ 相关：

$$\begin{aligned}\delta_j &= -\frac{\partial E}{\partial net_j}\\ &= -\frac{\partial E}{\partial o_j}\frac{\partial o_j}{\partial net_j}\end{aligned}$$

由于 $o_j=f(\mathrm{net}_j)$，所以

$$\frac{\partial o_j}{\partial \mathrm{net}_j}=f'(\mathrm{net}_j)$$

从而有

$$\delta_j=-\frac{\partial E}{\partial o_j}f'(\mathrm{net}_j) \tag{4.26}$$

注意到式(4.17)，其中的 o_k 是它的所有前导层的所有神经元的输出 o_j 的函数。当前的 o_j 通过它的直接后继层的各个神经元的输出去影响下一层各个神经元的输出，最终影响到式(4.17)中的 o_k。而目前只用考虑将 o_j 送到它的直接后继层的各个神经元。不妨假定当前层(神经元 AN_j 所在的层)的后继层为第 h 层，该层各个神经元 AN_k 的网络输入为

$$\mathrm{net}_k=\sum_{i=1}^{H_h}w_{ik}o_i \tag{4.27}$$

因此，E 对 o_j 的偏导可以转换成如下形式：

$$\frac{\partial E}{\partial o_j}=\sum_{i=1}^{H_h}\left(\frac{\partial E}{\partial \mathrm{net}_k}\frac{\partial \mathrm{net}_k}{\partial o_j}\right) \tag{4.28}$$

再由式(4.27)，可得

$$\frac{\partial \mathrm{net}_k}{\partial o_j}=\frac{\partial\left(\sum_{i=1}^{H_h}w_{ik}o_i\right)}{\partial o_j}=w_{jk} \tag{4.29}$$

将式(4.29)代入式(4.28)，可得

$$\begin{aligned}\frac{\partial E}{\partial o_j}&=\sum_{i=1}^{H_h}\left(\frac{\partial E}{\partial \mathrm{net}_k}\frac{\partial \mathrm{net}_k}{\partial o_j}\right)\\&=\sum_{i=1}^{H_h}\left(\frac{\partial E}{\partial \mathrm{net}_k}w_{jk}\right)\end{aligned} \tag{4.30}$$

与式(4.21)中的 net_j 相比，式(4.30)中的 net_k 为较后一层神经元的网络输入。由于 Δw_{ij} 的计算是从输出层开始并逐层向输入层推进的，因此当要计算 AN_j 所在层的连接权的修改量时，神经元 AN_k 所在层的 δ_k 已经被计算出来了。而 $\delta_k=-\partial E/\partial \mathrm{net}_k$，即式(4.30)中的 $\partial E/\partial \mathrm{net}_k$ 就是 $-\delta_k$。从而

$$\frac{\partial E}{\partial o_j}=-\sum_{i=1}^{H_h}\delta_k w_{jk} \tag{4.31}$$

将其代入式(4.26)，可得

$$\begin{aligned}\delta_j&=-\frac{\partial E}{\partial o_j}f'(\mathrm{net}_j)\\&=-\left(-\sum_{i=1}^{H_h}\delta_k w_{jk}\right)f'(\mathrm{net}_j)\end{aligned}$$

即

$$\delta_j=\left(\sum_{i=1}^{H_h}\delta_k w_{jk}\right)f'(\mathrm{net}_j) \tag{4.32}$$

由式(4.22)，可得

$$\Delta w_{ij}=\alpha\left(\sum_{i=1}^{H_h}\delta_k w_{jk}\right)f'(\mathrm{net}_j)o_i$$

故对隐藏层神经元的连接权 w_{ij}，有

$$w_{ij}=w_{ij}+\alpha\left(\sum_{i=1}^{H_h}\delta_k w_{jk}\right)f'(\mathrm{net}_j)o_i \tag{4.33}$$

4.1.5 几个问题的讨论

前面曾经提到过，BP 网络是应用最为广泛的网络。例如，它曾经被用于文字识别、模式分类、文字到声音的转换、图像压缩、决策支持等。但是，有许多问题困扰着该算法。尤其是如下 5 个问题，对 BP 网络有非常大的影响，有的甚至是非常严重的。下面对这 5 个问题进行简单的讨论。

1. 收敛速度问题

BP 算法最大的弱点是它的训练很难掌握，所以在 4.1.3 节特别建议读者在网络的调试阶段加强对网络的监视。该算法的训练速度是非常慢的，尤其是当网络的训练达到一定程度后，其收敛速度可能会下降到令人难以忍受的地步。例如，对一个输入向量的维数为 4、输出向量的维数为 3、隐藏层有 7 个神经元的 BP 网络，算法在外层循环执行到 5000 次之前，收敛速度较快。大约每迭代 100 次，误差可以下降 0.001 左右，但从第 10 000～20 000 次迭代，总的误差下降量还不到 0.001。更严重的是，训练有时是发散的。

2. 局部极小点问题

BP 算法采用的是最速下降法，从理论上看，其训练是沿着误差曲面的斜面向下逼近的。对一个复杂的网络来说，其误差曲面是一个高维空间中的曲面，它是非常复杂且不规则的，其中分布着许多局部极小点。在网络的训练过程中，一旦陷入了这样的局部极小点，目前的算法就很难逃离。所以，在 4.1.3 节的算法实现中曾提醒读者，需要严密监视训练过程，一旦发现网络在还未达到精度要求，而其训练难以取得进展时，就应该终止训练，因为此时网络已经陷入了一个局部极小点。在这种情况下，可以想办法使它逃离该局部极小点或者避开此局部极小点。避开的方法之一是修改 $\boldsymbol{W}$,$\boldsymbol{V}$ 的初值，重新对网络进行训练。因为开始“下降”位置的不同，会使得网络有可能避开该极小点。由于高维空间中的曲面是非常复杂的，所以当网络真的可以“躲开”该局部极小点时，它还有可能陷入其他的局部极小点。因此一般来讲，对局部极小点采用“躲开”的办法并不总是有效的。较好的方法是当网络掉进局部极小点时，能使它逃离该局部极小点，而向全局极小点继续前进。后面将介绍的统计方法在一定程度上可以实现这一功能。但是，统计方法会使网络的训练速度变得更慢。

Wasserman 在 1986 年提出，将 Cauchy 训练与 BP 算法结合起来，可以在保证训练速度不被降低的情况下找到全局极小点。

3. 网络瘫痪问题

在训练中，权可能变得很大，这会使神经元的网络输入变得很大，从而又使得其激活函

数的导函数在此点上的取值很小。根据式(4.5)～式(4.11),此时的训练步长会变得非常小,进而导致训练速度降得非常低,最终导致网络停止收敛。这种现象叫做网络瘫痪。因此,在对网络的连接权矩阵进行初始化时要用不同的小伪随机数。

4. 稳定性问题

前面曾提到,BP 算法必须将整个训练集一次提交给网络,再对它进行连接权的调整,而且最好使用算法 4.2,用整个样本集中各样本所要求的修改量综合实施权的修改。这种做法虽然增加了一些额外的存储要求,但却能获得较好的收敛效果。

显然,如果网络遇到的是一个连续变化的环境,则它将变成无效的。由此看来,BP 网络难以模拟生物系统。

5. 步长问题

从 4.1.4 节可以看出,BP 网络的收敛是基于无穷小的权修改量,而这个无穷小的权修改量预示着需要无穷的训练时间,这显然是不行的。因此,必须适当控制权修改量的大小。

显然,如果步长太小,收敛就非常慢;如果步长太大,可能会导致网络的瘫痪和不稳定。较好的解决办法是设计一个自适应步长,使得权修改量能随着网络的训练而不断变化。一般来说,在训练的初期,权修改量可以大一些,到了训练的后期,权修改量可以小一些。1988 年,Wasserman 曾经提出过一个自适应步长算法,该算法可以在训练过程中自动调整步长。

4.2 径向基函数神经网络

1985 年,Powell 提出了多变量插值的径向基函数(radial basis function,RBF)方法。1988 年,Broomhead 和 Lowe 首先将 RBF 应用于神经网络设计,从而构成了 RBF 神经网络。

RBF 神经网络的结构与多层前向网络类似,它是一种三层前向网络。输入层由信号源点组成;第二层为隐含层,单元数视所描述问题的需要而定;第三层为输出层,它对输入模式的作用做出响应。从输入空间到隐含层空间的变换是非线性的,而从隐含层空间到输出层空间的变换是线性的。隐单元的变换函数是 RBF,它是一种局部分布的对中心点径向对称衰减的非负非线性函数。

构成 RBF 网络的基本思想是:用 RBF 作为隐单元的"基"构成隐含层空间,这样就可将输入矢量直接(即不通过权连接)映射到隐空间。当 RBF 的中心点确定以后,这种映射关系也就确定了。而隐含层空间到输出空间的映射是线性的,即网络的输出是隐单元输出的线性加权和。此处的权即为网络可调参数。由此可见,从总体上看,网络由输入到输出的映射是非线性的,而由网络输出对可调参数而言又是线性的。这样网络的权就可由线性方程组直接解出或用递推最小二乘(recursive least squares,RLS)方法进行递推计算,从而大大加快了学习速度并避免局部极小问题。下面对这种网络进行简要介绍。

4.2.1 函数逼近与内插

从泛函分析可知,若 H 为具有重建核的 Hilbert 空间(RKHS),且$\{\boldsymbol{\varphi}_i\}$为 H 的正交归

一化基底，若存在常数 C_i，使得 $\langle \boldsymbol{\varphi}(\boldsymbol{x}), \boldsymbol{\varphi}(\boldsymbol{t})\rangle = C_i K(\boldsymbol{x},\boldsymbol{t})$，$K(\boldsymbol{x},\boldsymbol{t})$ 为 H 的重建核，则 $\boldsymbol{H}$ 中的任一函数 $\boldsymbol{f}$ 可表示为

$$\boldsymbol{f}(\boldsymbol{x}) = \sum_i a(i)\, \boldsymbol{\varphi}_i(\boldsymbol{x},\boldsymbol{t}_i) \tag{4.34}$$

式中，$\{\boldsymbol{\varphi}(\boldsymbol{x},\boldsymbol{t}_i) \mid i=1,2,\cdots,N\}$ 为 N 个基函数；$a(i)$ 为 $\boldsymbol{f}$ 与 $\boldsymbol{\varphi}_i$ 的内积，即 $\boldsymbol{f}$ 可用 $\boldsymbol{\varphi}_i$ 的线性组合逼近。由于径向基函数(RBF)$_{\boldsymbol{\varphi}}(\|\boldsymbol{x}-\boldsymbol{t}_i\|)$是非负的对称函数，它唯一确定了一个 RKHS，所以 H 中的任何函数都可以以 $\boldsymbol{\varphi}$ 为基底来表示，$\boldsymbol{t}_i$ 为 $\boldsymbol{\varphi}$ 的中心，求函数在未知点 $\boldsymbol{x}$ 的值相当于函数的内插。

多变量的 RBF 插值问题可描述为：在 n 维空间中，给定一个有 N 个不同点的集合 $\{\boldsymbol{X}_i \in \mathbb{R}^{(n_i)} \mid i=1,2,\cdots,N\}$，并在 $\mathbb{R}^{(1)}$ 中相应给定 N 个实数集合 $\{d_i \in \mid i=1,2,\cdots,N\}$，寻求一函数 $F:\mathbb{R}^{(N)} \to \mathbb{R}^{(1)}$ 使之满足插值条件

$$F(\boldsymbol{X}_i) = d_i,\quad i = 1,2,\cdots,N \tag{4.35}$$

在 RBF 方法中，函数 F 具有如下形式

$$F(\boldsymbol{X}) = \sum_{i=1}^{N} w_i \varphi(\|\boldsymbol{X}-\boldsymbol{X}_i\|) \tag{4.36}$$

式中，$\varphi(\|\boldsymbol{X}-\boldsymbol{X}_i\|)(i=1,2,\cdots,N)$ 为 RBF，一般为非线性函数；$\|\cdot\|$ 表示范数，通常取欧氏范数。取已知数据点 $\boldsymbol{X}_i \in \mathbb{R}^{(n_i)}$ 为 RBF 的中心，φ 关于中心点径向对称。通用的 RBF 有高斯函数

$$\varphi(\nu) = \exp\left(-\frac{\nu^2}{2\sigma^2}\right),\quad \sigma > 0,\quad \nu \geqslant 0 \tag{4.37}$$

多二次函数

$$\varphi(\nu) = (\nu^2 + c^2)^{-\frac{1}{2}},\quad c > 0,\quad \nu \geqslant 0 \tag{4.38}$$

逆多二次函数

$$\varphi(\nu) = (\nu^2 + c^2)^{-\frac{1}{2}},\quad c > 0,\quad \nu \geqslant 0 \tag{4.39}$$

薄板样条函数

$$\varphi(\nu) = \nu^2 \lg \nu \tag{4.40}$$

将插值条件 $F(X_i)=d_i(i=1,2,\cdots,N)$ 代入式(4.40)可得含 N 个未知系数(权)w_i 的 N 个线性方程

$$\boldsymbol{\Phi W} = \boldsymbol{d} \tag{4.41}$$

式中，$N\times N$ 的矩阵 $\boldsymbol{\Phi}$ 称为插值矩阵，它可表示为

$$\boldsymbol{\Phi} = (\varphi_{ji} \mid j,i = 1,2,\cdots,N) \tag{4.42}$$

其中

$$\varphi_{ji} = \varphi(\|\boldsymbol{X}_j - \boldsymbol{X}_i\|),\quad j,i = 1,2,\cdots,N \tag{4.43}$$

式(4.41)中

$$\boldsymbol{W} = (w_1, w_2, \cdots, w_N)^{\mathrm{T}} \tag{4.44}$$

$$\boldsymbol{d} = (d_1, d_2, \cdots, d_N)^{\mathrm{T}} \tag{4.45}$$

上述式中，φ_{ji} 为 RBF 单元；$\boldsymbol{W}$ 为权矢量；$\boldsymbol{d}$ 为期望响应矢量。对于某些 RBF(例如高斯函数和逆多二次函数)，$\boldsymbol{\Phi}$ 具有如下显著的性质：

设 $\boldsymbol{X}_i(i=1,2,\cdots,N)$ 是 $\mathbb{R}^{(N)}$ 中的 N 个不同点，则插值矩阵 $\boldsymbol{\Phi}$ 是正定的。

若$\boldsymbol{\Phi}$可逆,则可得权矢量

$$\boldsymbol{W} = \boldsymbol{\Phi}^{-1}\boldsymbol{d} \tag{4.46}$$

式中,$\boldsymbol{\Phi}^{-1}$为$\boldsymbol{\Phi}$的逆。如果$\boldsymbol{\Phi}$趋于奇异,则上式的求解就成为病态问题,这时可将它摄动到$\boldsymbol{\Phi}+\lambda\boldsymbol{I}$求解。其中$\lambda$为一小的正实数。这种摄动在形式上与下面的正规化法所得的结果是相同的。

式(4.46)的病态问题表明,这种插值方法泛化(generalization)性能不良,即当输入数据含有噪声或输入新的数据时,输出响应有可能严重失调。下面介绍的正规化方法可以改善这种性能。

4.2.2 正规化理论

由有限数据点恢复其背后隐含的规律(函数)是一个反问题,而且往往是不适应的。解决这类问题可用正规化理论,即加入一个约束使问题的解稳定。这样,目标函数应包含以下两项。

(1) 常规误差项

$$E_s(\boldsymbol{F}) = \frac{1}{2}\sum_{i=1}^{N}(d_i - y_i)^2 = \frac{1}{2}\sum_{i=1}^{N}[d_i - F_i(\boldsymbol{x})]^2 \tag{4.47}$$

式中,N为样本数;d_i为应有输出。

(2) 正规化项

$$E_c(\boldsymbol{F}) = \frac{1}{2}\| P\boldsymbol{F} \|^2 \tag{4.48}$$

式中,P为线性微分算子,它代表对$\boldsymbol{F}(x)$的先验知识。一般来说,$\boldsymbol{F}(\boldsymbol{x})$具有内插能力的条件为$\boldsymbol{F}$是平滑的,所以$P$代表了平滑性约束。严格说来,问题的解是$\boldsymbol{f}(\boldsymbol{x})\in\boldsymbol{F}$应为RKHS中的元素。这样的问题变为使

$$\begin{aligned} E(\boldsymbol{F}) &= E_s(\boldsymbol{F}) + \lambda E_c(\boldsymbol{F}) \\ &= \frac{1}{2}\sum_{i=1}^{N}[d_i - F_i(\boldsymbol{x})]^2 + \frac{1}{2}\lambda\| P\boldsymbol{F} \|^2 \end{aligned} \tag{4.49}$$

极小化$F(\boldsymbol{x})$。

上述问题可转化为求解$E(\boldsymbol{F})$的Euler方程:

$$P^*PF(\boldsymbol{x}) = \frac{1}{\lambda}\sum_{i=1}^{N}[d_i - F_i(\boldsymbol{x})]\delta(\boldsymbol{x}-\boldsymbol{x}_i) \tag{4.50}$$

式中,P^*为P的伴随算子。令$G(\boldsymbol{x},\boldsymbol{x}_i)$为自伴随算子$P^*P$的格林函数,它满足除在$\boldsymbol{x}=\boldsymbol{x}_i$奇点$\boldsymbol{x}=\boldsymbol{x}_i$处有值外其余各处$P^*PG(\boldsymbol{x},\boldsymbol{x}_i)=0$,即

$$P^*PG(\boldsymbol{x},\boldsymbol{x}_i) = \delta(\boldsymbol{x}-\boldsymbol{x}_i) \tag{4.51}$$

于是式(4.50)的解化为下述积分变换:

$$F(\boldsymbol{x}) = \int_{R^{(P)}} G(\boldsymbol{x},\boldsymbol{\xi})\varphi(\boldsymbol{\xi})\mathrm{d}\xi \tag{4.52}$$

式中,$\varphi(\boldsymbol{\xi})$就是式(4.50)右端的函数(变量$\boldsymbol{x}$用$\boldsymbol{\xi}$代替):

$$\varphi(\boldsymbol{\xi}) = \frac{1}{\lambda}\sum_{i=1}^{N}[d_i - F_i(\boldsymbol{\xi})]\delta(\boldsymbol{\xi}-\boldsymbol{x}_i) \tag{4.53}$$

代入式(4.52)可得

$$F(\boldsymbol{x})=\frac{1}{\lambda}\sum_{i=1}^{N}[d_i-F_i(\boldsymbol{\xi})]G(\boldsymbol{x},\boldsymbol{x}_i) \tag{4.54}$$

可见,正规化问题的解是 N 个基函数 $G(\boldsymbol{x},\boldsymbol{x}_i)$ 的线性组合。这样问题就变为求上式中的未知系数:

$$w_i=\frac{1}{\lambda}[d_i-F(\boldsymbol{x}_i)],\quad i=1,2,\cdots,N \tag{4.55}$$

根据

$$F(\boldsymbol{x})=\sum_{i=1}^{N}w_iG(\boldsymbol{x},\boldsymbol{x}_i)$$

先求 $\boldsymbol{x}_j$ 处的 $F(\boldsymbol{x}_j)$ 值

$$F(\boldsymbol{x}_j)=\sum_{i=1}^{N}w_iG(\boldsymbol{x}_j,\boldsymbol{x}_i),\quad j=1,2,\cdots,N \tag{4.56}$$

并令

$$\boldsymbol{G}=\begin{bmatrix} G(\boldsymbol{x}_1,\boldsymbol{x}_1) & G(\boldsymbol{x}_1,\boldsymbol{x}_2) & \cdots & G(\boldsymbol{x}_1,\boldsymbol{x}_N)\\ G(\boldsymbol{x}_2,\boldsymbol{x}_1) & G(\boldsymbol{x}_2,\boldsymbol{x}_2) & \cdots & G(\boldsymbol{x}_2,\boldsymbol{x}_N)\\ \vdots & \vdots & & \vdots\\ G(\boldsymbol{x}_N,\boldsymbol{x}_1) & G(\boldsymbol{x}_N,\boldsymbol{x}_2) & \cdots & G(\boldsymbol{x}_N,\boldsymbol{x}_N)\end{bmatrix}$$

$$\boldsymbol{w}=(w_1,w_2,\cdots,w_N)$$

则有

$$\boldsymbol{w}=\frac{1}{\lambda}(\boldsymbol{d}-\boldsymbol{F})$$

以及

$$\boldsymbol{F}=\boldsymbol{G}\boldsymbol{w}$$

由此二式消去 $\boldsymbol{F}$,可得

$$(\boldsymbol{G}+\lambda\boldsymbol{I})\boldsymbol{w}=\boldsymbol{d} \tag{4.57}$$

式中,$\boldsymbol{I}$ 为 $N\times N$ 的单位阵;$\boldsymbol{G}$ 为格林矩阵,它是一个对称阵,即 $G(\boldsymbol{x}_i,\boldsymbol{x}_j)=G(\boldsymbol{x}_j,\boldsymbol{x}_i)$,所以 $\boldsymbol{G}^{\mathrm{T}}=\boldsymbol{G}$。只要各数据点 $\boldsymbol{x}_1,\boldsymbol{x}_2,\cdots,\boldsymbol{x}_N$ 不同,$\boldsymbol{G}$ 就是正定的。实际上总可选择足够大的 λ,使 $\boldsymbol{G}+\lambda\boldsymbol{I}$ 为正定且可逆,所以有

$$\boldsymbol{w}=(\boldsymbol{G}+\lambda\boldsymbol{I})^{-1}\boldsymbol{d} \tag{4.58}$$

综上所述,正规化问题的解为

$$F(\boldsymbol{x})=\sum_{i=1}^{N}w_iG(\boldsymbol{x},\boldsymbol{x}_i) \tag{4.59}$$

式中,$G(\boldsymbol{x},\boldsymbol{x}_i)$ 为自伴随算子 P^*P 的格林函数,$\boldsymbol{w}$ 为权系数。$G(\boldsymbol{x},\boldsymbol{x}_i)$ 与 P 的形式有关,即与对问题的实验知识有关。若稳定算子 P 为平移及旋转不变,则有

$$G(\boldsymbol{x},\boldsymbol{x}_i)=G(\|\boldsymbol{x}-\boldsymbol{x}_i\|) \tag{4.60}$$

显然 $G(\boldsymbol{x},\boldsymbol{x}_i)$ 是一个 RBF,$F(\boldsymbol{x})$ 的形式为

$$F(\boldsymbol{x})=\sum_{i=1}^{N}w_iG(\|\boldsymbol{x}-\boldsymbol{x}_i\|) \tag{4.61}$$

上面的分析最后可归纳成如下命题。

对于任意定义在紧支子集$\mathbb{R}^n$上的连续函数$F(\boldsymbol{x})$以及任意分段连续的自伴随算子的格林函数$G(\boldsymbol{x},\boldsymbol{x}_i)$，存在一个函数$F^*(\boldsymbol{x})=\sum_{i=1}^{N}w_iG(\boldsymbol{x},\boldsymbol{x}_i)$，使之对于所有$\boldsymbol{x}$和任意正数$\varepsilon$满足如下等式：

$$|F(\boldsymbol{x})-F^*(\boldsymbol{x})|<\varepsilon \tag{4.62}$$

由正规化理论构成的神经网络如图4.6所示。它是一个三层网络。输入层直接和隐含层相连。隐含层有N个单元，其变换函数为格林函数。网络输出为隐含层输出的线性组合，由式(4.61)计算。

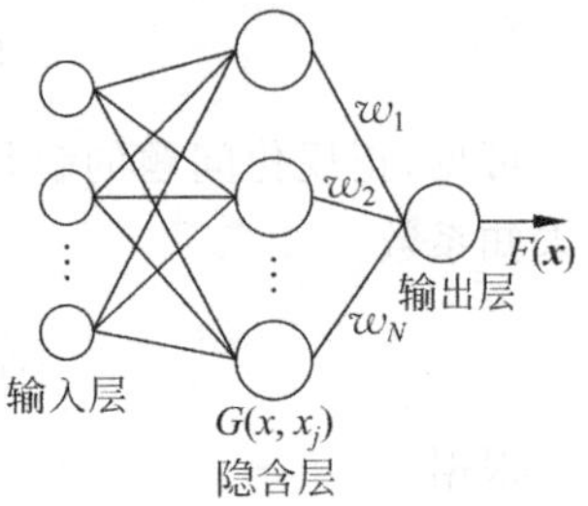

图4.6 正规化网络

4.2.3 RBF网络的学习

在RBF网络中，输出层和隐含层所完成的任务是不同的，因而它们的学习策略也不相同。输出层是对线性权进行调整，采用的是线性优化策略，因而学习速度较快。而隐含层是对作用函数(格林函数)的参数进行调整，采用的是非线性优化策略，因而学习速度较慢。由此可见，两个层次学习过程的时标(timescale)也是不相同的，因而学习一般分为两个层次进行。下面介绍RBF网络常用的学习方法。

1. 随机选取RBF中心(直接计算法)

随机选取RBF中心(直接计算法)是一种最简单的方法。在此方法中，隐单元RBF的中心是随机在输入样本数据中选取，且中心固定。RBF的中心确定以后，隐单元的输出是已知的，这样网络的连接权就可通过求解线性方程组来确定。对于给定问题，如果样本数据的分布具有代表性，则此方法不失为一种简单可行的方法。

当RBF选用高斯函数时，可表示为

$$G(\|\boldsymbol{X}-\boldsymbol{t}_i\|^2)=\exp\left(-\frac{M}{d_{\mathrm{m}}^2}\|\boldsymbol{X}-\boldsymbol{t}_i\|^2\right) \tag{4.63}$$

式中，M为中心数(即隐含层单元数)；d_{m}为所选中心之间的最大距离；$\boldsymbol{t}_i$为初始化的聚类中心。在此情况下，高斯RBF的均方差(即宽度)固定为

$$\sigma=\frac{d_{\mathrm{m}}}{\sqrt{2M}} \tag{4.64}$$

这样选择σ的目的是为了使高斯函数的形状适度，既不太尖，也不太平。

网络的连接权矢量可由式(4.64)计算，即

$$\boldsymbol{W}=\boldsymbol{G}^{+}\boldsymbol{d} \tag{4.65}$$

式中，$\boldsymbol{d}$是期望矢量；$\boldsymbol{G}^{+}$是$\boldsymbol{G}$的伪逆矩阵，$\boldsymbol{G}$由下式确定：

$$\boldsymbol{G}=(g_{ji}) \tag{4.66}$$

式中，

$$g_{ji}=\exp\left(-\frac{M}{d_{\mathrm{m}}^2}\|\boldsymbol{X}_j-\boldsymbol{t}_i\|^2\right),\quad j=1,2,\cdots,N;\quad i=1,2,\cdots,M \tag{4.67}$$

式中，$\boldsymbol{X}_j$是第j个输入样本数据向量。矩阵伪逆的计算可以用奇异值分解方法。

2. 自组织学习选取 RBF 中心

自组织学习选取的 RBF 中心是可以移动的，并通过自组织学习确定其位置，而输出层的线性权则通过有监督学习规则计算。由此可见，这是一种混合的学习方法。自组织学习部分在某种意义上对网络的资源进行分配，学习的目的是使 RBF 中心位于输入空间重要的区域。

RBF 中心的选择可以采用 k 均值聚类算法。这是一种无监督的学习方法，在模式识别中有广泛的应用。具体步骤如下：

(1) 初始化聚类中心 $\boldsymbol{t}_i(i=1,2,\cdots,M)$。一般是从输入样本 $\boldsymbol{X}_i(i=1,2,\cdots,N)$ 中选择 M 个样本作为聚类中心。

(2) 将输入样本按最临近规则分组，即将 $\boldsymbol{X}_i(i=1,2,\cdots,N)$ 中的 M 个样本分配给中心 $\boldsymbol{t}_i(i=1,2,\cdots,M)$ 的输入样本聚类集合 $\theta_i(i=1,2,\cdots,M)$，即 $\boldsymbol{X}_j\in\theta_i$，且满足

$$d_i=\min\|\boldsymbol{X}_j-\boldsymbol{t}_i\|,\quad j=1,2,\cdots,N;\quad i=1,2,\cdots,M \tag{4.68}$$

式中，d_i 表示最小欧氏距离。

(3) 计算 θ_i 中样本的平均值(即聚类中心 $\boldsymbol{t}_i$)：

$$\boldsymbol{t}_i=\frac{1}{M_i}\sum_{x_j\in\theta_j}\boldsymbol{X}_j \tag{4.69}$$

式中，M_i 为 θ_i 的输入样本数。

按以上步骤计算，直到聚类中心分布不再变化。RBF 的中心确定以后，如果 RBF 是高斯函数，则可用式(4.64)计算其均方差 σ，从而可以计算隐单元的输出。

对于输出层线性权的计算可以采用误差校正学习算法，例如最小二乘法(LMS)。这时，隐含层的输出就是 LMS 算法的输入。

3. 有监督学习选取 RBF 中心

在这种方法中，RBF 的中心以及网络的其他自由参数都是通过有监督的学习来确定的。

这是 RBF 网络学习的最一般化形式。对于这种情况，有监督学习可以采用简单有效的梯度下降法。

不失一般性，考虑网络为单变量输出。定义目标函数：

$$\xi=\frac{1}{2}\sum_{j=1}^{N}e_j^2 \tag{4.70}$$

式中，N 为训练样本数；e_j 为误差信号，由下式定义：

$$\begin{aligned}e_j&=d_j-F^*(\boldsymbol{X}_j)\\&=d_j-\sum_{i=1}^{M}w_iG(\|\boldsymbol{X}_j-\boldsymbol{t}_i\|_{c_i})\end{aligned} \tag{4.71}$$

对网络学习的要求是：寻求网络的自由参数 $w_i,\boldsymbol{t}_i$ 和 $\boldsymbol{R}_i^{-1}$(后者与权范数矩阵 $\boldsymbol{C}_i$ 有关)，使目标函数 ξ 达到极小。当上述问题用梯度下降法实现时，可得网络自由参数优化计算的公式如下。

(1) 线性权 w_i(输出层)

$$\frac{\partial\xi(n)}{\partial w_i(n)}=\sum_{j=1}^{N}e_j(n)G(\|\boldsymbol{X}_j-\boldsymbol{t}_i(n)\|_{c_i}) \tag{4.72}$$

$$w_i(n+1)=w_i(n)-\eta_i\frac{\partial\xi(n)}{\partial w_i(n)},\quad i=1,2,\cdots,M \tag{4.73}$$

(2) RBF 中心 $\boldsymbol{t}_i$(隐含量)

$$\frac{\partial\xi(n)}{\partial\boldsymbol{t}_i(n)}=2w_i(n)\sum_{j=1}^{N}e_j(n)G'(\|\boldsymbol{X}_j-\boldsymbol{t}_i(n)\|_{c_i})\boldsymbol{R}_i^{-1}[\boldsymbol{X}_j-\boldsymbol{t}_i(n)] \tag{4.74}$$

$$\boldsymbol{t}_i(n+1)=\boldsymbol{t}_i(n)-\eta_2\frac{\partial\xi(n)}{\partial\boldsymbol{t}_i(n)},\quad i=1,2,\cdots,M \tag{4.75}$$

(3) RBF 的扩展 $\boldsymbol{R}^{-1}$(隐含量)

$$\frac{\partial\xi(n)}{\partial\boldsymbol{R}^{-1}(n)}=-w_i(n)\sum_{i=1}^{N}e_j(n)G'(\|\boldsymbol{X}_j-\boldsymbol{t}_i(n)\|_{c_i})\boldsymbol{\Omega}_{ji} \tag{4.76}$$

$$\boldsymbol{\Omega}_{ji}=[\boldsymbol{X}_j-\boldsymbol{t}_i(n)][\boldsymbol{X}_j-\boldsymbol{t}_i(n)]^{\mathrm{T}} \tag{4.77}$$

$$\boldsymbol{R}_i^{-1}(n+1)=\boldsymbol{R}_i^{-1}(n)-\eta_3\frac{\partial\xi(n)}{\partial\boldsymbol{R}_i^{-1}(n)} \tag{4.78}$$

式中,$G'(\cdot)$是格林函数对自变量的一阶导数。关于以上计算公式有以下几点说明:

(1) 目标函数 ξ 对线性权 w_i 是凸的,但对于 $\boldsymbol{t}_i$ 和 $\boldsymbol{R}^{-1}$ 则是非线性的。对于后一种情况,即 $\boldsymbol{t}_i$ 和 $\boldsymbol{R}^{-1}$ 最优值的搜索可能卡在参数空间的局部极小点。

(2) 学习速率 η_1,η_2 和 η_3 一般是不相同的。

(3) 与 EBP 算法不同,上述的梯度算法没有误差回传。

(4) RBP 为高斯函数时,参数 $\boldsymbol{R}_i^{-1}$ 代表高斯函数的均方差(宽度)σ。

(5) 梯度矢量$\partial\xi/\partial\boldsymbol{t}_i$ 具有与聚类相似的效应,即使 t_i 成为输入样本聚类的中心。

初始化问题的递推算法是一个极为重要的问题。为了减小学习过程的收敛到局部极小的可能,搜索应始于参数空间某个有效的区域。为了达到这一目的,可以先用 RBF 网络实现一个标准的高斯分类算法,然后用分类结果作为搜索的起点。

为了使网络的结构尽可能简单(即隐含层单元数尽可能小),优化 RBF 的参数是必要的,特别是 RBF 的中心。当然,同样的扩展性能也可采用增加网络复杂性的方法来实现,即中心固定而隐单元数增加。这时,网络只有输出层线性权 $\boldsymbol{w}_i$ 一个自由参数,可用线性优化策略进行调整。

4. 正交最小二乘法选取 RBF 中心

RBF 神经网络的另一个重要的学习方法是正交最小二乘(orthogonal least square, OLS)法,OLS 法来源于线性回归模型。在以下的讨论中,不失一般性,仍假定输出层只有一个单元。令网络的训练样本对为$\{\boldsymbol{X}_n,\boldsymbol{d}(n)\}$,$n=1,2,\cdots,N$。其中,$N$ 为训练样本数;$\boldsymbol{X}_n\in\mathbb{R}^{n_i}$ 为网络的输入数据矢量;$\boldsymbol{d}(n)\in\mathbb{R}^1$ 为网络的期望输出响应。根据线性回归模型,网络的期望输出响应可表示为

$$\boldsymbol{d}(n)=\sum_{i=1}^{M}p_i(n)\boldsymbol{w}_i+\boldsymbol{e}(n),\quad n=1,2,\cdots,N;\quad i=1,2,\cdots,M \tag{4.79}$$

式中,M 为隐含层单元数,$M<N$;$p_i(n)$是回归算子,实际上是隐含层 RBF 在某种参数下的响应,可表示为

$$p_i(n)=G(\|\boldsymbol{X}_n-\boldsymbol{t}_i\|),\quad n=1,2,\cdots,N;\quad i=1,2,\cdots,M \tag{4.80}$$

另外,$\boldsymbol{w}_i$ 是模型参数,它实际上是输出层与隐含层之间的连接权;$\boldsymbol{e}(n)$是残差。将式(4.79)写

成矩阵方程形式，有

$$d = PW + e \tag{4.81}$$

$$d = [d(1), d(2), \cdots, d(N)]^{\mathrm{T}}$$

$$W = [w_1, w_2, \cdots, w_M]^{\mathrm{T}}$$

$$P = [P_1, P_2, \cdots, P_M]$$

$$P_i = [p_i(1), p_i(2), \cdots, p_i(N)]^{\mathrm{T}}$$

$$e = [e(1), e(2), \cdots, e(N)]^{\mathrm{T}}$$

式中，$\boldsymbol{P}$ 为回归矩阵。求解回归方程式(4.81)的关键问题是回归算子矢量 $\boldsymbol{P}_i$ 的选择。一旦 $\boldsymbol{P}$ 确定，模型参数矢量就可用线性方程组求解。RBF 的中心 $\boldsymbol{t}_i(1\leqslant i\leqslant M)$ 一般是选择输入样本数据矢量集合 $\{\boldsymbol{X}_n \mid n=1,2,\cdots,N\}$ 中的一个子集。确定一组 $\boldsymbol{t}_i(1\leqslant i\leqslant M)$ 时，对应于输入样本能得到一个回归矩阵 $\boldsymbol{P}$。这里要注意的是，回归模型中的残差 $\boldsymbol{e}$ 是与回归算子的变化及其个数 M 的选择有关的。每个回归算子对降低残差 $\boldsymbol{e}$ 的贡献是不相同的，要选择那些贡献显著的算子，剔除贡献差的算子。

OLS 法的任务是通过学习选择合适的回归算子矢量 $\boldsymbol{P}_i(1\leqslant i\leqslant M)$ 及其个数 M，使网络输出满足二次性能指标要求。OLS 法的基本思想是：通过正交化 $\boldsymbol{P}_i(1\leqslant i\leqslant M)$，分析 $\boldsymbol{P}_i$ 对降低残差的贡献，选择合适的回归算子，并根据性能指标，确定回归算子 M。下面介绍 OLS 方法。

先讨论回归矩阵 $\boldsymbol{P}$ 的正交问题，将 $\boldsymbol{P}$ 进行正交-三角分解：

$$P = UA \tag{4.82}$$

式中，$\boldsymbol{A}$ 是一个 $M\times M$ 的上三角阵，且对角元素为 1。

$$A = \begin{bmatrix} 1 & a_{12} & a_{13} & \cdots & a_{1M} \\ 0 & 1 & a_{23} & \cdots & a_{2M} \\ 0 & 0 & 1 & \cdots & a_{3M} \\ \vdots & \vdots & \vdots & & \vdots \\ 0 & 0 & 0 & \cdots & a_{M-1M} \\ 0 & 0 & 0 & \cdots & 1 \end{bmatrix} \tag{4.83}$$

$\boldsymbol{U}$ 是一个 $N\times M$ 矩阵，其各列 $\boldsymbol{u}_i$ 正交：

$$U^{\mathrm{T}}U = H \tag{4.84}$$

$\boldsymbol{H}$ 是一个对角元素为 h_i 的对角阵：

$$h_i = u_i^{\mathrm{T}} u_i = \sum_{n=1}^{N} u_i^2(n) \tag{4.85}$$

将式(4.82)代入式(4.81)，有

$$d = UAW + e = Ug \tag{4.86}$$

$$g = AW \tag{4.87}$$

式(4.84)的正交最小二乘解为

$$\hat{g} = H^{-1}U^{\mathrm{T}}d \tag{4.88}$$

或

$$\hat{g}_i = \frac{u_i^{\mathrm{T}} d}{u_i^{\mathrm{T}} u_i}, \quad 1\leqslant i\leqslant M \tag{4.89}$$

式中，$\hat{g}_i$ 为矢量$\hat{\boldsymbol{g}}$的分量。$\hat{\boldsymbol{g}}$和$\hat{\boldsymbol{W}}$应满足下面的三角方程组：

$$\boldsymbol{A}\hat{\boldsymbol{W}} = \hat{\boldsymbol{g}} \tag{4.90}$$

上述的正交化可采用传统的 Cram-Sechmidt 正交化方法（简称 G-S 方法）或 Householder 变换实现。这里采用 G-S 方法。该方法是每次计算 $\boldsymbol{A}$ 的一列，并做如下正交化：

$$\left.\begin{aligned} &\boldsymbol{u}_i = \boldsymbol{P}_i \\ &\alpha_{ik} = \frac{\boldsymbol{u}_i^{\mathrm{T}}\boldsymbol{P}_k}{\boldsymbol{u}_i^{\mathrm{T}}\boldsymbol{u}_i} \\ &\boldsymbol{u}_k = \boldsymbol{P}_k - \sum_{i=1}^{k-1}\alpha_{ik}\boldsymbol{u}_i \\ &1 \leqslant i \leqslant k;\quad k = 2,\cdots,M \end{aligned}\right\} \tag{4.91}$$

假定式(4.86)中的矢量 $\boldsymbol{Ag}$ 和 $\boldsymbol{e}$ 互不相关，则输出响应的能量可表示为

$$\boldsymbol{d}^{\mathrm{T}}\boldsymbol{d} = \sum_{i=1}^{M} g_i^2\boldsymbol{u}_i^{\mathrm{T}}\boldsymbol{u}_i + \boldsymbol{e}^{\mathrm{T}}\boldsymbol{e} \tag{4.92}$$

上式两边除以 $\boldsymbol{d}^{\mathrm{T}}\boldsymbol{d}$，得

$$1 - \sum_{i=1}^{M}\varepsilon_i = q \tag{4.93}$$

$$\varepsilon_i = \frac{g_i^2\boldsymbol{u}_i^{\mathrm{T}}\boldsymbol{u}_i}{\boldsymbol{d}^{\mathrm{T}}\boldsymbol{d}},\quad 1 \leqslant i \leqslant M \tag{4.94}$$

ε_i 定义为误差压缩比，而 $q=\dfrac{\boldsymbol{e}^{\mathrm{T}}\boldsymbol{e}}{\boldsymbol{d}^{\mathrm{T}}\boldsymbol{d}}$为相对二次误差。由式(4.93)可知，$\varepsilon_i$ 越大，则 q 越小。而由式(4.89)又知，g_i 仅与 $\boldsymbol{d}$ 和 $\boldsymbol{u}_i$ 有关，因而 ε_i 也仅与 $\boldsymbol{d}$ 和 $\boldsymbol{u}_i$ 有关。由于 $\boldsymbol{d}$ 是已知的，这样就可根据式(4.94)选择使 ε_i 尽可能大的回归算子 $\boldsymbol{u}_i(\boldsymbol{P}_i)$。由此可见，式(4.93)为寻找重要的回归算子提供了一种简单有效的方法。现将 OLS 学习算法的步骤总结如下：

(1) 预选一个隐含层单元数 M。

(2) 预选一组 RBF 的中心矢量 $\boldsymbol{t}_i(1\leqslant i\leqslant M)$。

(3) 根据上一步选定的 RBF 中心，使用输入样本矢量 $\boldsymbol{X}_n(n=1,2,\cdots,N)$按式(4.80)计算回归矩阵 $\boldsymbol{P}$。

(4) 按式(4.91)正交化回归矩阵各列。

(5) 按式(4.89)及式(4.94)分别计算

$$\boldsymbol{G}_1 = 0 \tag{4.95}$$

$$\varepsilon_i = \frac{g_i^2\boldsymbol{u}_i^{\mathrm{T}}\boldsymbol{u}_i}{\boldsymbol{d}^{\mathrm{T}}\boldsymbol{d}},\quad 1 \leqslant i \leqslant M \tag{4.96}$$

(6) 由式(4.83)计算上三角阵 $\boldsymbol{A}$，并由三角方程 $\boldsymbol{AW}=\boldsymbol{g}$ 求解连接权矢量 $\boldsymbol{W}$，式中

$$\boldsymbol{g} = (g_1, g_2, \cdots, g_M)^{\mathrm{T}} \tag{4.97}$$

(7) 检查下式是否得到满足：

$$1 - \sum_{i=1}^{M}\varepsilon_i < \rho \tag{4.98}$$

式中，$0<\rho<1$ 为选定的容差。如果上式得到满足，则停止计算。否则，转步骤(2)，即重新

选择 RBF 中心。

这里有一点需要说明，即步骤(1)选的 M 可能偏大或偏小，这就需要通过学习寻求一个合适的值。

4.2.4 RBF 网络的一些变形

1. 广义 RBF 网络

正规化网络格林函数与输入训练数据 $X_i(i=1,2,\cdots,N)$ 是一一对应的，即隐单元数与输入样本数 N 是相同的。当 N 很大时，网络的实现是复杂的，且高维矩阵逆的计算容易产生病态问题。解决这一问题的方法是减少隐单元数，即用小于 N 个格林函数去逼近格林函数为 N 的正规化问题，则可构成如图 4.7 所示的广义(generalized) RBF 网络(简称 GRBF 网络)。

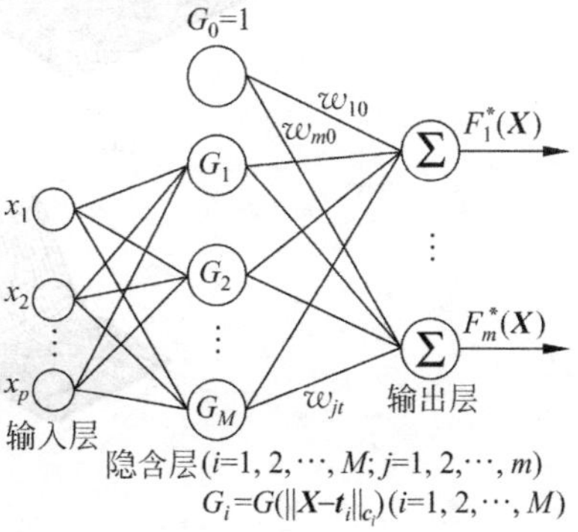

图 4.7 GRBF 网络

在图 4.7 中，输出单元还设置了偏移，其做法是令隐含层一个单元 G_0 的输出恒等于 1，而与其相连的权 w_{j0} $(j=1,2,\cdots,m)$ 为该输出单元的偏移。由图 4.7，网络的输出可表示为

$$F_j^* = w_{j0} + \sum_{i=1}^{M} w_{ji} G(\| \boldsymbol{X} - \boldsymbol{t}_i \|_{c_i}), \quad j = 1,2,\cdots,m \tag{4.99}$$

GRBF 网络与正规化 RBF 网络的结构相似，但有两个重要的不同之处：

(1) GRBF 网络的隐含层单元数 $M<N$，而正规化 RBF 网络的隐含层单元数 $M=N$。

(2) GRBF 网络的格林函数中心 t_i、隐含层单元数 M、权范数矩阵 $\boldsymbol{R}_i^{-1}$ 以及连接权 w_{ji} 是通过学习确定的。而正规化 RBF 网络的格林函数的参数是已知的，仅连接权 w_{ji} 未知。

由于 GRBF 网络的隐含层单元数 $M<N$，因此格林函数的参数往往需要通过学习才能使逼近接近于正规化的精确解。

2. RBF 网络的其他变形

采用归一化 RBF 作为隐单元函数：

$$Z_j(x) = \frac{G\left(\dfrac{\| \boldsymbol{X} - \boldsymbol{t}_i \|}{\sigma_j^2}\right)}{\sum_{i=1}^{J} G\left(\dfrac{\| \boldsymbol{X} - \boldsymbol{t}_j \|}{\sigma_1^2}\right)} \tag{4.100}$$

这样对所有输入样本，$\sum_{i=1}^{J} Z_j = 1$，即所有隐单元输出之和为 1。

RBF 的响应完全是局部的(图 4.8(a))，Sigmoid 函数(图 4.8(b))是全局的。RBF 的优点是对有限区域逼近时有很大的灵活性，这是靠较大量隐单元达到的。另一种折中的方法是高斯条(Gaussian bar)函数(图 4.8(c))，它是半局部的，其形式为

$$Z_j(x) = \exp\left[-\frac{\| \boldsymbol{X} - \boldsymbol{t}_j \|^2}{2\sigma_j^2}\right] = \prod \exp\left[-\frac{(x_i - t_{ji})}{2\sigma_j^2}\right] \tag{4.101}$$

式中，j 表示第 j 高斯条单元；i 表示输入第 i 维(分量)。如果把每个高斯函数看成对每一维局部性条件的表示，则当任一局部条件成立时高斯条函数即作出响应，而 RBF 单元则要求每个局部条件都成立时才作出响应。可见高斯条单元像一个求和单元，而 RBF 则是求积单元。应注意，高斯条函数的可调参数比同一规模的 RBF 多。各函数中心的选取可用监督学习方法。

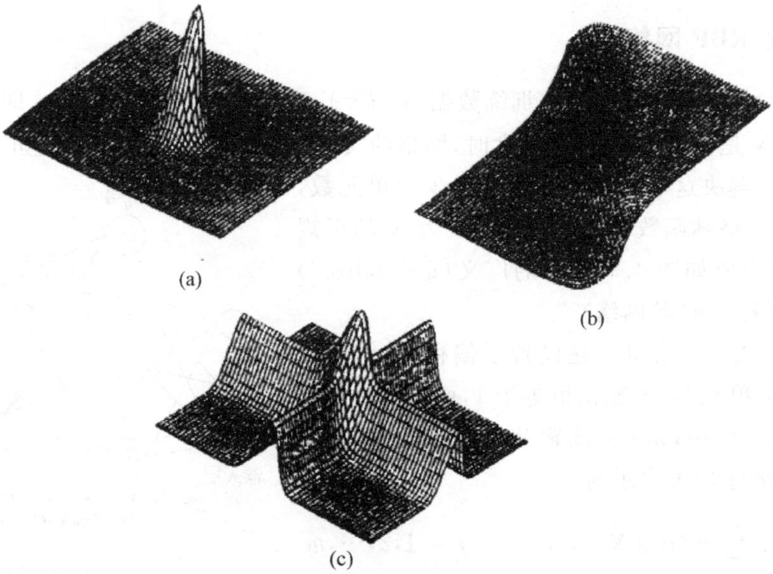

图 4.8　二维激活函数的响应

(a) 高斯函数；(b) Sigmoid 函数；(c) 高斯条函数

4.3　Hopfield 反馈神经网络

4.3.1　联想存储器

记忆存储器是生物系统一个独特而重要的功能，联想记忆(associative memory，AM)是人脑记忆的一种重要形式。

联想记忆有两个突出的特点：第一，信息(数据)的存取不是像传统计算机那样通过存储器的地址来实现，而是由信息本身的内容来实现，所以它是按内容存取记忆(content-addressable memory，CAM)；第二，信息也不是集中存储在某些单元中，而是分布存储的。在人脑中单元与处理是合一的。

从作用方式看，联想可分为线性和非线性两种。例如，线性联想记忆的关系可写为

$$\boldsymbol{y} = \boldsymbol{W}\boldsymbol{x}$$

式中，$\boldsymbol{x}$ 为输入向量(有时称为检索向量，key vector)；$\boldsymbol{y}$ 为输出向量(联想的结果)；$\boldsymbol{W}$ 是存储矩阵。非线性联想存储的关系为

$$\boldsymbol{y} = F(\boldsymbol{W}\boldsymbol{x})$$

式中，F 为某一非线性函数。

还可将联想分为静态线性联想和动态非线性联想。静态线性联想的作用是即时的，即

$$\boldsymbol{y}(t)=\boldsymbol{W}\boldsymbol{x}(t)$$

动态非线性联想的公式是：

$$\boldsymbol{y}(t+1)=F[\boldsymbol{W}\boldsymbol{x}(t)] \tag{4.102}$$

最简单的静态线性联想存储可以用以前讨论的前馈网络实现，如图 4.9 所示。

若 $\boldsymbol{x}$ 为 n 维列向量，$\boldsymbol{y}$ 为 m 维列向量，则有

$$\boldsymbol{y}=\boldsymbol{W}\boldsymbol{x}$$

式中，$\boldsymbol{W}$ 为 $m\times n$ 阵。

这样做的缺点是当 $\boldsymbol{W}$ 一定时，输入向量 $\boldsymbol{x}$ 必须完全正确，联想结果 $\boldsymbol{y}$ 才会正确，所以没有实用意义。解决这一问题的办法是采用动态联想存储器。这需要把输出反馈回去，构成一个动态系统(图 4.10)，其作用过程可写为

$$\boldsymbol{y}(t+1)=\boldsymbol{\Gamma}[\boldsymbol{W}\boldsymbol{x}(t)]$$

式中，$\boldsymbol{\Gamma}$ 为某一非线性算子，最简单的是用阈值函数(取符号)：

$$\boldsymbol{\Gamma}[\cdot]=\begin{bmatrix}\operatorname{sgn}(\cdot) & 0 & \cdots & 0\\ 0 & \operatorname{sgn}(\cdot) & 0 & 0\\ \vdots & \vdots & & \vdots\\ 0 & 0 & \cdots & \operatorname{sgn}(\cdot)\end{bmatrix}$$

加入 $\boldsymbol{x}$ 后系统经过演变会达到稳定状态。如果系统是渐近稳定的，则它的稳定点称为吸引子(attractor)。每个吸引子有一定的吸引域。选择 $\boldsymbol{W}$ 使待存向量是系统的吸引子，则 $\boldsymbol{x}$ 落在相应 $\boldsymbol{y}$ 的吸引域中，即可联想出正确的内容要求。

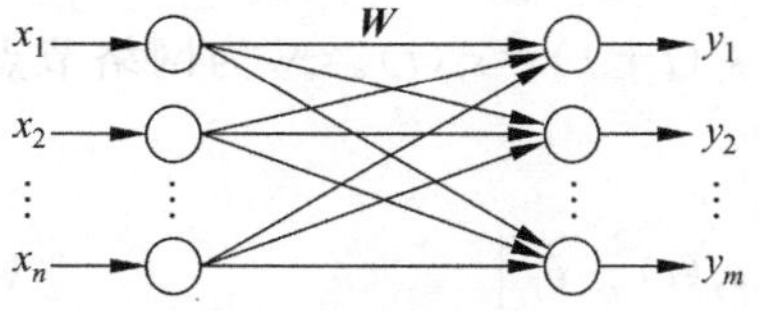

图 4.9 静态 AM

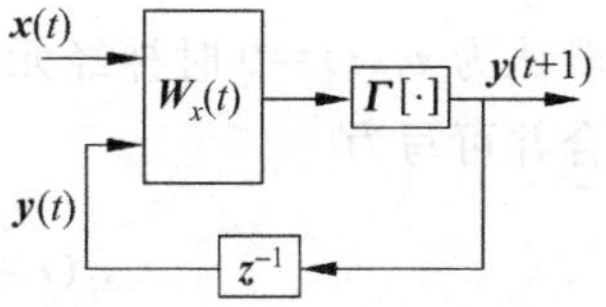

图 4.10 动态 AM 框图

4.3.2 反馈网络

在反馈网络中，所有节点都是一样的，它们之间都可以相互连接(一个节点既接受其他节点来的输入，同时也输出给其他节点)。图 4.11(a)画出了这种网络的展开图，图 4.11(b)是其简化形式(为简单计，在图 4.11(a)中认为神经元是 M-P 模型，图中所示为各节点没有自反馈的情况)。由于引入反馈，所以它是一个非线性动力学系统。

对于一个非线性动力学系统，系统的状态从某一初值出发经过演变后可能有如下几种结果：

(1) 渐近稳定点(吸引点)；

(2) 极限环；

(3) 混沌(chaos)；

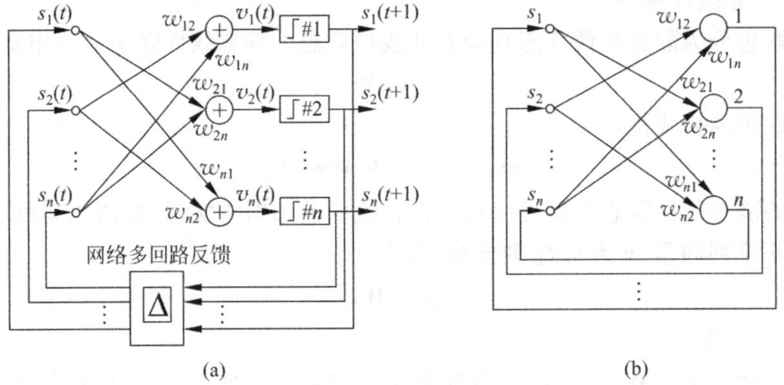

图 4.11 反馈网络

(4) 状态发散。

由于神经元模型是一个有界函数，故系统的状态不会发生发散现象。本节不讨论理论分析这类系统的方法，而从应用角度对最常用的反馈网络——Hopfield 模型给出一些定性分析。

1. 离散 Hopfield 网络

离散 Hopfield 网络的构造如图 4.11 所示，作用过程可写为

$$\begin{cases} v_j(t) = \sum_{i=1}^{N} w_{ji}s_i(t) - \theta_j \\ s_j(t+1) = \mathrm{sgn}[v_j(t)] \end{cases}$$

一般认为 $v_j(t)=0$ 时神经元状态保持不变，即 $s_j(t+1)=s_j(t)$。N 为网络节点总数。将上式合并可写为

$$s_j(t+1) = \mathrm{sgn}\Big[\sum_{i=1}^{N} w_{ji}s_j(t) - \theta_j\Big] \tag{4.103}$$

式中，$s_j(t)$为任一时刻单元 j 的状态(取+1 或−1)。整个网络的状态可用列向量 $\boldsymbol{s}$ 表示：

$$\boldsymbol{s} = (s_1, s_2, \cdots, s_N)^{\mathrm{T}}$$

一般情况下网络是对称的($w_{ij}=w_{ji}$)且无自反馈($w_{jj}=0$)，所以 $\boldsymbol{W}$ 可用一个 $N\times N$ 的对角线为 0 的对称矩阵表示，如果用 4.3.1 节中的算子 $\Gamma[\cdot]$，则有

$$\boldsymbol{s}(t+1) = \Gamma[\boldsymbol{v}(t)] = \Gamma[\boldsymbol{W}\boldsymbol{s}(t) - \boldsymbol{\theta}]$$

式中，$\boldsymbol{v}(t)=(v_1(t), v_2(t), \cdots, v_N(t))^{\mathrm{T}}$，$\boldsymbol{\theta}=(\theta_1, \theta_2, \cdots, \theta_N)^{\mathrm{T}}$。

当 $\theta=0$ 时，可写为更简洁的形式：

$$\boldsymbol{s}(t+1) = \boldsymbol{\Gamma}[\boldsymbol{W}\boldsymbol{s}(t)] \tag{4.104}$$

这种网络有两种工作方式：

(1) 串行(或称异步，asynchronous)方式，即任一时刻只有一个单元按式(4.103)改变状态，其余单元保持不变(各单元动作顺序可以随机选择，或按某种确定顺序完成动作)。

(2) 并行(或称同步，synchronous)方式，即某一时刻所有神经元同时改变状态。如果网络从 $t=0$ 的任一初态 $\boldsymbol{s}(0)$开始变化，存在某一有限 t，此后网络状态不再变化，即

$$\boldsymbol{s}(t+1)=\boldsymbol{s}(t)$$

则称网络式(4.103)达到稳定状态。显然稳定状态应满足

$$s_j=\operatorname{sgn}\Big[\sum_{i=1}^{N}w_{ji}s_i-\theta_i\Big],\quad j=1,2,\cdots,N \tag{4.105}$$

定义网络的能量函数如下：

(1) 异步方式

$$E=-\frac{1}{2}\sum_i\sum_j w_{ji}s_i(t)s_j(t)-\sum_i s_i(t)\theta_i=-\frac{1}{2}\boldsymbol{s}^{\mathrm{T}}(t)\boldsymbol{W}\boldsymbol{s}(t)-\boldsymbol{s}^{\mathrm{T}}(t)\theta$$

(2) 同步方式

$$\begin{aligned}E&=-\frac{1}{2}\sum_i\sum_j w_{ji}s_i(t+1)s_j(t)-\sum_i[s_i(t)+s_i(t+1)]\theta_i\\&=-\frac{1}{2}\boldsymbol{s}^{\mathrm{T}}(t+1)\boldsymbol{W}\boldsymbol{s}(t)-\frac{1}{2}\boldsymbol{\theta}^{\mathrm{T}}[\boldsymbol{s}(t+1)+\boldsymbol{s}(t)]\end{aligned}$$

由于 s_i,s_j 只可能是$+1$和-1，w_{ij} 和 θ_i 均有界，所以能量也是有界的，即

$$\begin{aligned}|E|&\leqslant\frac{1}{2}\sum_i\sum_j|w_{ji}||s_i||s_j|+\sum_i|\theta_i||s_i|\\&=\frac{1}{2}\sum_{ij}|w_{ji}|+\sum_i|\theta_i|\end{aligned}$$

从任一初始状态开始，若在每次迭代时都满足 $\Delta E=E(t+1)-E(t)\leqslant 0$，则网络的能量将越来越小，最后趋于稳定状态 $\Delta E=0$。下面针对不同情况分别讨论。

1) 异步方式，网络对称($w_{ij}=w_{ji}$)

(1) 对角线元素 $w_{ii}=0$ 时，设只有神经元 i 改变状态，此时可能有

$$\Delta s_i=s_i(t+1)-s_i(t)=\begin{cases}0, & s_i(t+1)=s_i(t)\\+2, & s_i(t+1)=1,\quad s_i(t)=-1\\-2, & s_i(t+1)=-1,\quad s_i(t)=1\end{cases}$$

可将能量变化写为

$$\Delta E=-\frac{1}{2}\sum_{j=1}^{N}w_{ij}s_j\Delta s_i-\frac{1}{2}\sum_{j=1}^{N}w_{ji}s_j\Delta s_i-\theta_i\Delta s_i$$

由 $w_{ji}=w_{ij}$ 和 $w_{ii}=0$，得

$$\Delta E=-\Big(\sum_{j=1}^{N}w_{ji}s_j+\theta_i\Big)\Delta s_i$$

而 $s_i(t+1)=\operatorname{sgn}\Big(\sum_{j=1}^{N}w_{ji}s_j+\theta_i\Big)$，且 $\Delta s_i=s_i(t+1)-s_i(t)$，所以，当 $\sum_{j=1}^{N}w_{ji}s_j+\theta_i\geqslant 0$，$\Delta s_i\geqslant 0$ 时，$\Delta E\leqslant 0$；当 $\sum_{j=1}^{N}w_{ji}s_j(t)+\theta_i<0$，$\Delta s_i\leqslant 0$ 时，$\Delta E\leqslant 0$。即无论什么条件下都有 $\Delta E\leqslant 0$。

(2) 对角线元素 $w_{ii}>0$ 时，

$$\begin{aligned}\Delta E&=-\frac{1}{2}\sum_{j\neq i}w_{ij}s_j\Delta s_i-\frac{1}{2}\sum_{j\neq i}w_{ji}s_j\Delta s_i-w_{ii}[s_i^2(t+1)-s_i^2(t)]-\theta_i\Delta s_i\\&=-\Big(\sum_j w_{ij}s_j+\theta_i\Big)\Delta s_i-w_{ii}\Delta s_i[s_i(t+1)+s_i(t)]\end{aligned}$$

由于 $w_{ii}>0$，且 Δs_i 与 $s_i(t+1)$ 同号，所以仍有 $\Delta E\leqslant 0$。

2）同步方式，网络对称（$w_{ij}=w_{ji}$）

$$\Delta E=-\frac{1}{2}\boldsymbol{s}^{\mathrm{T}}(t+1)\boldsymbol{W}\boldsymbol{s}(t)-\frac{1}{2}\boldsymbol{\theta}^{\mathrm{T}}[\boldsymbol{s}(t+1)+\boldsymbol{s}(t)]+\frac{1}{2}\boldsymbol{s}^{\mathrm{T}}(t)\boldsymbol{W}\boldsymbol{s}(t-1)+\frac{1}{2}\boldsymbol{\theta}^{\mathrm{T}}[\boldsymbol{s}(t)+\boldsymbol{s}(t-1)]$$

$$=\frac{1}{2}[\boldsymbol{s}^{\mathrm{T}}(t)\boldsymbol{W}][\boldsymbol{s}(t+1)-\boldsymbol{s}(t-1)]-\frac{1}{2}\boldsymbol{\theta}^{\mathrm{T}}[\boldsymbol{s}(t+1)-\boldsymbol{s}(t-1)]$$

$$=-\frac{1}{2}[\boldsymbol{s}^{\mathrm{T}}(t)\boldsymbol{W}+\boldsymbol{\theta}^{\mathrm{T}}][\boldsymbol{s}(t+1)-\boldsymbol{s}(t-1)]$$

由于在项$[\boldsymbol{s}^{\mathrm{T}}(t)\boldsymbol{W}+\boldsymbol{\theta}^{\mathrm{T}}]$中每个分量 i 与其在 $\boldsymbol{s}(t+1)$ 中对应的每一分量 $s_i(t+1)$ 同号，从而

$$[\boldsymbol{s}^{\mathrm{T}}(t)\boldsymbol{W}+\boldsymbol{\theta}^{\mathrm{T}}][\boldsymbol{s}(t+1)-\boldsymbol{s}(t-1)]\geqslant 0,\quad \forall i \text{ 成立}$$

所以有 $\Delta E\leqslant 0$。现在考虑在稳定点，即 $\Delta E=0$ 时的情况。

若 $\boldsymbol{s}(t)=\boldsymbol{s}(t+1)=\boldsymbol{s}(t-1)$，则 $\Delta E=0$，网络达到稳定点。

若 $\boldsymbol{s}(t)\neq\boldsymbol{s}(t+1)=\boldsymbol{s}(t-1)$，则 $\Delta E=0$，网络稳定于周期为 2 的振荡环。

下面结合只有两个单元的实例(图 4.12)具体说明。

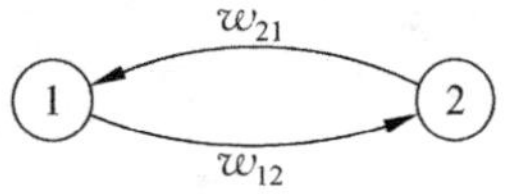

图 4.12 有两个单元的反馈网络

例 4.1 若离散 Hopfield 网络的工作方式为串行方式，且 $\boldsymbol{W}$ 对称，即

$$\boldsymbol{W}=\begin{pmatrix}0 & -1\\ -1 & 0\end{pmatrix}$$

显然{(−1,1),(1,−1)}是稳定点。

若其工作方式为并行方式，且 $\boldsymbol{W}$ 对称，则此时除稳定点{(−1,1),(1,−1)}外还有一个长度为 2 的振荡环{(1,1),(−1,−1)}。

若其工作方式为并向方式，且 $\boldsymbol{W}$ 反对称，即

$$\boldsymbol{W}=\begin{pmatrix}0 & 1\\ -1 & 0\end{pmatrix}$$

此时没有稳定点而{(1,1),(−1,1),(−1,−1),(1,−1)}构成一个长度为 4 的振荡环。

结合上面讨论的情况，可得出以下几个结论：

(1) 对于串行工作方式，若 $\boldsymbol{W}$ 对称且对角线元素非负，则网络演变的结果总要收敛于一个稳定点。

(2) 对于并向工作方式，若 $\boldsymbol{W}$ 对称，则网络演变的结果总要收敛到一个稳定点或一个长度为 2 的振荡环，也可以收敛到一个长度小于等于 2 的环。

(3) 对于并行工作方式，若 $\boldsymbol{W}$ 反对称且对角线元素为零，则在一定条件下网络将收敛于一个长度为 4 的环。

除上面研究的 3 种情况外还有其他情况，如串行 $\boldsymbol{W}$ 反对称、串行 $\boldsymbol{W}$ 任意、并行 $\boldsymbol{W}$ 任意等。这几种情况下都会出现较复杂的情况，这里不再讨论。为清楚起见给出一个具体实例。

例 4.2 网络有 3 个节点，权矩阵为(图 4.13)

$$\boldsymbol{W}=\frac{1}{3}\begin{bmatrix}0 & -2 & +2\\ -2 & 0 & -2\\ +2 & -2 & 0\end{bmatrix}$$

W 对称且对角线元素非负，所以有稳定点。因为有 3 个节点，所有共有 $2^3=8$ 个状态(阈值取为 0)。其中只有两个状态，即(1，−1，1)和(−1，1，−1)是稳定态，因为它们满足式(4.105)，其余状态都会收敛到与之邻近的稳定状态上(图 4.14)。从图 4.14 可见，这种网络有一定的纠错能力。

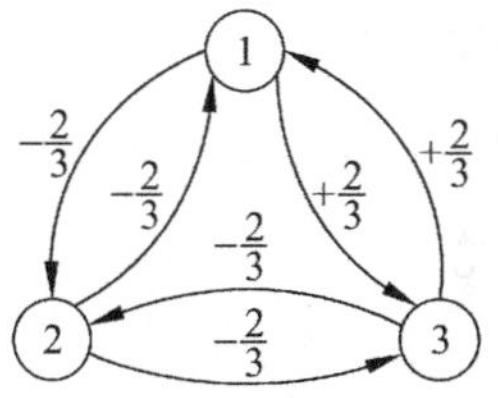

图 4.13　3 个节点的网络图

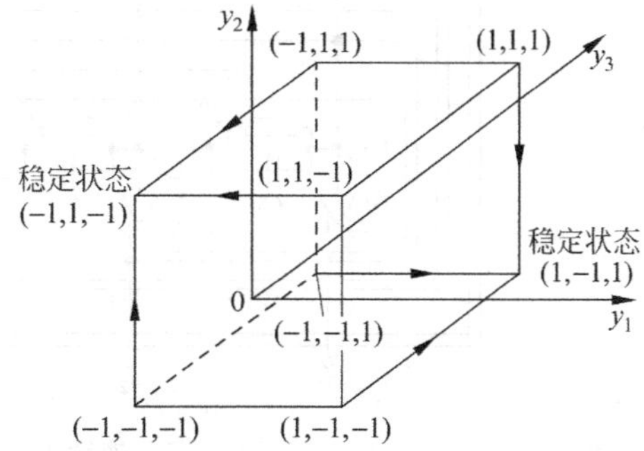

图 4.14　网络状态

(1) 若测试向量是(−1，−1，1)，(1，1，1)和(1，−1，−1)，则它们都会收敛到稳态(1，−1，1)上。

(2) 若测试向量是(1，1，−1)，(−1，−1，−1)和(−1，1，1)，则它们都会收敛到稳态(−1，1，−1)上。

2. 连续 Hopfield 网络

连续的 Hopfield 网络可与一电子线路对应(图 4.15)，每一神经元可有一个(有正反向输出的)放大器模拟，输入端并联的电阻和电容可模拟生物神经元的时间常数，互相连接间的电导 T_{ij} 则模拟各神经元间突触的特性(相当权系数)。该网络的微分方程为

$$\left.\begin{aligned} C_i\frac{\mathrm{d}v_i}{\mathrm{d}t} &= \sum_{i=1}^{N}T_{ji}s_i-\frac{v_j}{R_j}+i_j \\ s_j &= g(v_j) \end{aligned}\right\} \tag{4.106}$$

可以证明，若 g^{-1} 为单调增且连续，$C_j>0$，$T_{ji}=T_{ij}$，则沿系统的轨迹有 $\frac{\mathrm{d}E}{\mathrm{d}t}\leqslant 0$，当且仅当 $\frac{\mathrm{d}v_i}{\mathrm{d}t}=0$ 时，$\frac{\mathrm{d}E}{\mathrm{d}t}=0\ (i=1,2,\cdots,N)$，其中，$E=-\frac{1}{2}\sum_{i=1}^{N}\sum_{j=1}^{N}T_{ij}s_is_j-\sum_{j=1}^{N}i_js_j+\sum_{j=1}^{N}\frac{1}{R_j}\int_0^{s_j}g_j^{-1}(v_j)\mathrm{d}v_j$ 为系统的能量函数。

在一定条件下，能量函数 E 是一个单调减函数。所以当从某一初始状态变化时，网络的演变是使 E 下降，达到某一局部极小时就停止变化。这些能量的局部极小点就是网络的稳定点或称吸引子。

记能量函数 $E=-\frac{1}{2}\sum_{i=1}^{N}\sum_{j=1}^{N}T_{ij}s_is_j-\sum_{j=1}^{N}i_js_j+\sum_{j=1}^{N}\frac{1}{R_j}\int_0^{s_j}g_j^{-1}(v_j)\mathrm{d}v_j$ 对 $\boldsymbol{s}$ 的梯度为

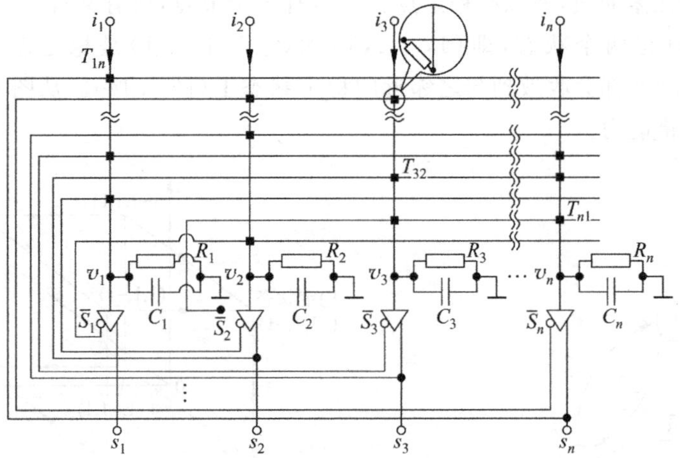

图 4.15　连续 Hopfield 网络电路图

$$\nabla_s E = \frac{\partial E}{\partial s} = \begin{vmatrix} \dfrac{\partial E}{\partial s_1} \\ \dfrac{\partial E}{\partial s_2} \\ \vdots \\ \dfrac{\partial E}{\partial s_N} \end{vmatrix}$$

E 对 $\boldsymbol{s}$ 求导并写为向量形式：

$$\nabla_s E = -(\boldsymbol{Ts} + \boldsymbol{I} + \boldsymbol{R}^{-1}\boldsymbol{v})$$

式中，$\boldsymbol{I}=(i_1, i_2, \cdots, i_N)^{\mathrm{T}}$ 为外加电流向量，$\boldsymbol{R}^{-1}$ 为对角矩阵 $\boldsymbol{R}$ 的逆。把式(4.106)写成向量形式：

$$\boldsymbol{C}\frac{\mathrm{d}v}{\mathrm{d}t} = \boldsymbol{Ts} + \boldsymbol{I} - \boldsymbol{R}^{-1}\boldsymbol{v} = -\boldsymbol{\nabla}_s E$$

$$\frac{\mathrm{d}v}{\mathrm{d}t} = -\boldsymbol{C}^{-1} - \boldsymbol{\nabla}_s E$$

式中，$\boldsymbol{C}^{-1}$ 为对角矩阵 $\boldsymbol{C}$ 的逆。

这说明状态变量 $\boldsymbol{v}$ 的变化速度与 E 的梯度成比例，因而式(4.106)表示的网络是一个梯度系统(gradient system)。

4.3.3 用反馈网络作联想存储器

上面简单介绍了反馈网络的一般性质，以下研究用反馈网络 AM(确切地说是动态联想存储器)中的一些问题。如无特殊说明，认为所用模型是离散 Hopfield 网络模型。各单元状态取＋1 或－1，所以所存向量是由＋1 与－1 组成的符号串。当网络模型为 N(共有 N 个单元)时，存储向量 $\boldsymbol{u} \in \{-1, +1\}^{(N)}$。为讨论方便，先介绍 Hamming 距离的性质。

两个向量 $\boldsymbol{s}^{(1)}, \boldsymbol{s}^{(2)}$ 的 Hamming 距离指 $\boldsymbol{s}^{(1)}, \boldsymbol{s}^{(2)}$ 中不同分量数，用 $d_{\mathrm{h}}(\boldsymbol{s}^{(1)}, \boldsymbol{s}^{(2)})$ 表示，因此有：

(1) $d_{\mathrm{h}}(\boldsymbol{s}, -\boldsymbol{s}) = N$。

(2) 若 $\sum_{i=1}^{N} s_i^{(1)} \boldsymbol{s}_i^{(2)} = 0$，即 $\boldsymbol{s}^{(1)}, \boldsymbol{s}^{(2)}$ 正交，则 $d_{\mathrm{h}}(\boldsymbol{s}^{(1)}, \boldsymbol{s}^{(2)}) = \frac{N}{2}$。

可以证明 AM 的如下两个性质：

(1) 对于阈值 $\theta=0$ 的情况，若向量 $\boldsymbol{u}$ 是一个稳定状态，则 $-\boldsymbol{u}$ 也是稳定状态($\boldsymbol{W}\boldsymbol{u}=\boldsymbol{0}$ 的情况除外)。

(2) 对于无自反馈网络($w_{ii}=0, \forall i$)，只要满足 $d_{\mathrm{h}}(\boldsymbol{u},\boldsymbol{v})=1$ 或 $d_{\mathrm{h}}(\boldsymbol{u},\boldsymbol{v})=N-1$，则当 $\boldsymbol{u}$ 为稳定状态时，$\boldsymbol{v}$ 一定不是稳定状态。

由上面两点可见，有 m 个稳定状态的网络至少会同时存在 m 个其他(不需要的)稳定状态，并且有些向量不可能同时成为同一网络的稳定状态。

对 AM 的最基本要求是要存储的向量都是网络的稳定状态(吸引子)，此外还有两个重要指标：

(1) 容量。一般将容量理解为某一定规模的网络可存储二值向量的平均最大数量，用 C 表示，显然这与联想记忆所允许的误差有关。一种情况是对某一特定的学习算法，当错误联想的概率小于 1/2 时，网络所能存储的最多向量数；另一种情况是不管用哪种学习算法，只要能找到合适的 $\boldsymbol{W}$ 使得任一组 m 个向量 $u_1, u_2, \cdots, u_m$ 能成为该网络的稳定状态，满足此条件的 m 最大值。

(2) 纠错能力(或联想能力)。纠错能力是指当对某一网络输入一个不完全的测试向量时，网络能纠正测试样本的错误从而联想起与之距离最近的所存样本的能力。换句话说，只要输入与所存的某一样本的 Hamming 距离小于 A，则网络就会稳定在该已存样本上。A 定量表示了纠错能力。

显然这两个性质是有矛盾的，使 A 大就应使每个吸引子的“吸引力”大，这会导致容量 C 减少。它们不仅与网络结构有关，也与用以确定 $\boldsymbol{W}$ 的学习算法有关。

如前述，网络中除了希望有的稳定点以外，还会存在一些不希望有的稳定点，称为多余吸引子或假吸引子(spurious attractor)。因此，好的 AM 应当除基本吸引子外，多余吸引子很少，而且其吸引域也比基本吸引子的吸引域小得多。图 4.16 画出了 AM 性能的示意图，图(a)是性能好的 AM，图(b)是性能差的 AM。

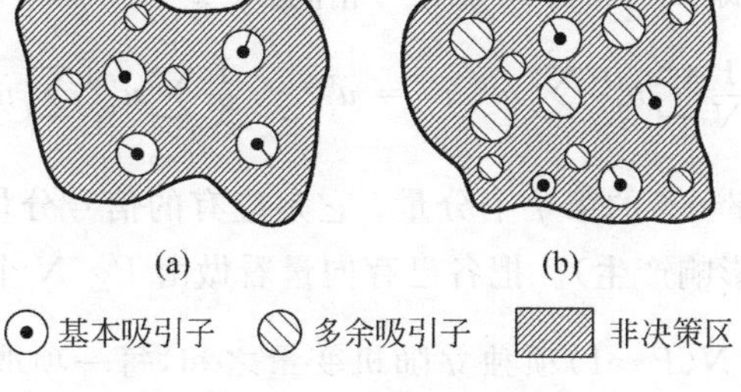

图 4.16　AM 吸引力

要设计一个全面满足上述要求的 AM 是很难的，甚至根本做不到，因此只能针对具体要求取合理的折中。网络规模确定后，主要问题是选择学习算法以确定 $\boldsymbol{W}$。下面讨论学习算法。

4.3.4 相关学习算法

设给定 P 个待定向量$\{\boldsymbol{u}^{(1)},\boldsymbol{u}^{(2)},\cdots,\boldsymbol{u}^{(P)}\}$，且 $\boldsymbol{u}^{(i)}\in\{-1,+1\}^{(N)}(i=1,2,\cdots,P)$。采用 Hebb 规则，$\Delta w_{ji}=\eta s_j s_i$，可有 $w_{ji}=\dfrac{1}{N}\sum_{k=1}^{P}u_i^{(k)}u_j^{(k)}(j=1,2,\cdots,N)$。其中 $u_i^{(k)}$ 为第 k 个待存向量 $\boldsymbol{u}^{(k)}$ 的第 i 个分量，则权矩阵 $\boldsymbol{W}$ 可写为

$$\boldsymbol{W}=\frac{1}{N}\sum_{k=1}^{P}\boldsymbol{u}^{(k)}(\boldsymbol{u}^{(k)})^{\mathrm{T}}-\boldsymbol{I}=\frac{1}{N}\sum_{k=1}^{P}\boldsymbol{u}^{(k)}(\boldsymbol{u}^{(k)})^{\mathrm{T}}-\frac{P}{N}\boldsymbol{I}\tag{4.107}$$

式中，$\boldsymbol{I}$ 是单位阵；$\boldsymbol{u}^{(k)}(\boldsymbol{u}^{(k)})^{\mathrm{T}}$ 表示向量的外积，故上式又称为外积规则。具体步骤为：

(1) 置 $\boldsymbol{W}=\boldsymbol{0}$；

(2) 对 $k=1\sim P$，输入 $\boldsymbol{u}^{(k)}$。对所有连接(i,j)，令

$$w_{ij}^{(k)}=w_{ij}^{(k-1)}+u_i^{(k)}u_j^{(k)}$$

下面验证这样做是否合乎要求。假定各向量 $\boldsymbol{u}^{(1)},\boldsymbol{u}^{(2)},\cdots,\boldsymbol{u}^{(P)}$ 是正交的，且 $P<N$，则有

$$\begin{aligned}\boldsymbol{W}\boldsymbol{u}^{(1)}&=\frac{1}{N}(\boldsymbol{u}^{(1)}(\boldsymbol{u}^{(1)})^{\mathrm{T}}-\boldsymbol{I})\boldsymbol{u}^{(1)}+\frac{1}{N}\sum_{k=2}^{P}(\boldsymbol{u}^{(k)}(\boldsymbol{u}^{(k)})^{\mathrm{T}}-\boldsymbol{I})\boldsymbol{u}^{(1)}\\&=\frac{1}{N}(N-1)\boldsymbol{u}^{(1)}-\frac{1}{N}(P-1)\boldsymbol{u}^{(1)}=\frac{1}{N}(N-P)\boldsymbol{u}^{(1)}\end{aligned}$$

所以，$\mathrm{sgn}(\boldsymbol{W}\boldsymbol{u}^{(1)})=\boldsymbol{u}^{(1)}$。可见 $\boldsymbol{u}^{(1)}$ 是一个稳定状态。还可看出，用外积规则学习的 $\boldsymbol{W}$ 是无自反馈且对称的。

上面研究的是所存向量为正交的，下面再看一个若各向量为随机的(各分量取-1或1的概率相同)，仍按 Hebb 规则：

$$w_{ji}=\frac{1}{N}\sum_{k=1}^{P}(u_i^{(k)}u_j^{(k)})$$

当输入向量为 $\boldsymbol{x}$ 时，单元 j 的总作用 v_j 为

$$v_j=\sum_{i=1}^{N}w_{ji}x_i=\frac{1}{N}\sum_{i=1}^{N}\sum_{k=1}^{P}u_j^{(k)}u_i^{(k)}x_i=\frac{1}{N}\sum_{k=1}^{P}u_j^{(k)}\sum_{i=1}^{N}u_i^{(k)}x_i$$

考虑一个特殊情况，即 $\boldsymbol{x}$ 与所存向量之一相同，令 $\boldsymbol{x}=\boldsymbol{u}^{(\mu)}$，则

$$v_j=\frac{1}{N}\sum_{k=1}^{P}u_j^{(k)}\sum_{i=1}^{N}u_i^{(k)}x_i=u_j^{(\mu)}+\frac{1}{N}\sum_{\substack{k=1\\k\neq u}}^{P}u_j^{(k)}\sum_{i=1}^{N}u_i^{(k)}u_i^{(\mu)}\tag{4.108}$$

式中右边第一项就是向量 $\boldsymbol{u}^{(\mu)}$ 的第 j 个分量；它是应有的信号分量；第二项可视为噪声项(由 $\boldsymbol{u}^{(\mu)}$ 和其他向量交互影响产生)。把各已存向量看做由 $P\times N$ 个伯努利实验产生的随机序列，则上述第二项包括 $N(P-1)$项独立随机变量之和，每一项取值为$\pm\dfrac{1}{N}$。据中心极限定理，它们服从高斯分布，其均值为 0，方差为 $N(P-1)\dfrac{1}{N^2}=\dfrac{P-1}{N}$。有用信号分量 $u_j^{(\mu)}$ 以等概率取$+1$或-1，即均值为 0，方差为 1，故信噪比为

$$\rho=\frac{\text{信号方差}}{\text{噪声方差}}=\frac{1}{(P-1)/N}=\frac{N}{P-1}\approx\frac{N}{P}$$

可见要信噪比高必须所存向量数 P 比 N 小得多。

外积学习的网络有如下性质：

(1) 当待存的样本两两正交时，只要满足 $N>P$，则 P 个样本都可以是网络的稳定点，且各样本的吸引域为

$$d_{\mathrm{h}} \leqslant \frac{N-P}{2P}$$

(2) 对随机选取的样本(即样本不一定两两正交，其各分量取 $+1$ 及 -1 的概率为 1/2)，为达到满意的信噪比，P 应小于 N。

4.3.5 反馈网络用于优化计算

一个优化问题的实例是二元组 (F,C)，其中 F 是一个集合或可行点的定义域，C 是费用函数(目标函数或映射)：

$$C: F \rightarrow \mathbb{R}$$

问题是寻找一个 $f \in F$，使得对一切 $y \in F$，有

$$C(f) \leqslant C(y)$$

这样的一个 f 称为给定实例的优化解。

优化问题分为两大类：一类是数学规划问题，另一类是组合问题。其区别是前者的解域是相连的，一般是求一组实数或一个函数；后者的解域是离散的，是从一个有限集合或可数无限集合里寻找一个解。

如果把一个动态系统的稳定点视为一个能量函数的极小点，而把能量函数视为一个优化问题的目标函数，那么从初态朝这个稳定点的演变过程就是一个求解该优化问题的过程。

反馈网络用于优化计算和作为联想存储这两个问题是对偶的：用于优化计算时 $\boldsymbol{W}$ 已知，目的是使 E 达到最小稳定状态；而联想存储时稳定状态则是给定的(对应于待存向量)，要通过学习寻找合适的 $\boldsymbol{W}$。

用 Hopfield 反馈网络求解优化问题时，如何把问题的目标函数表达成如下二次型的能量函数是一个关键问题：

$$E=-\frac{1}{2}\sum_{i=1}^{N}\sum_{j=1}^{N}T_{ij}v_i v_j-\sum_{i=1}^{N}\theta_i v_i=-\frac{1}{2}\boldsymbol{X}^{\mathrm{T}}\boldsymbol{W}\boldsymbol{x}-\boldsymbol{x}^{\mathrm{T}}\boldsymbol{I} \tag{4.109}$$

式中，$\boldsymbol{I}$ 为外加输入向量。常用的 Hopfield 的网络有两类：

(1) 连续型网络(CHNN)，其动态方程为

$$\begin{cases}\dfrac{\mathrm{d}u_i}{\mathrm{d}t}=f_i(v_1,v_2,\cdots,v_N)\\ v_i=g_i(u_i),\quad i=1,2,\cdots,N\end{cases} \tag{4.110}$$

这里，g_i 常用 Sigmoid 函数(图 4.17)，即

$$v_i=g_i(u_i)=\frac{1}{2}\left(1+\tanh\frac{u_i}{u_0}\right)$$

式中，u_0 为可控制函数的斜率，$u_0 \rightarrow 0$ 时，g_i 变为阶跃函数。

(2) 离散型网络(DHNN)，其动态方程为

$$\begin{cases}u_i=f_i(v_1,v_2,\cdots,v_n)\\ v_i=g_i(u_i)\\ v_i\in\{0,1\},\quad i=1,2,\cdots,N\end{cases} \tag{4.111}$$

这里，g_i 通常为阶跃函数(图 4.18)，即

$$v_i = g_i(u_i) = \begin{cases} 1, & u_i > 0 \\ 0, & u_i < 0 \end{cases}$$

式中，N 为神经元的个数，u_i 和 v_i 分别表示第 i 个神经元的输入和输出。

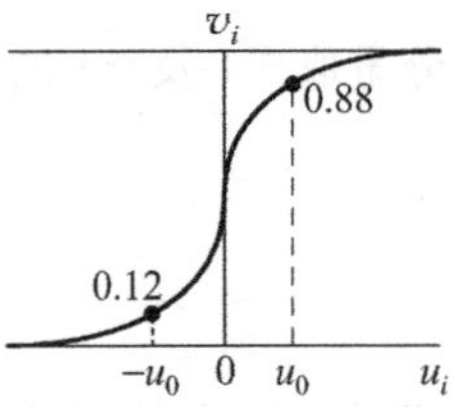

图 4.17 Sigmoid 函数

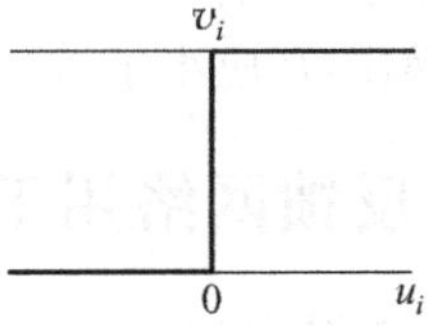

图 4.18 阶跃函数

用上述两种网络求解优化问题的一般步骤为：

(1) 用罚函数法写出问题的目标函数。设优化问题为

$$\min\theta(v_1, v_2, \cdots, v_n)$$

约束为 $p_i(v_1, v_2, \cdots, v_n) \geqslant 0, i=1,2,\cdots,k$，其中 k 为约束数，则目标函数为

$$J = \theta(v_1, v_2, \cdots, v_n) + \sum_{i=1}^{K} \lambda_i F[p_i(v_1, v_2, \cdots, v_N)]$$

式中，λ_i 为足够大的常数，取值可以互不相同。令 J 与式(4.109)中的 E 相等可定出各连接权 T_{ij} 的值。

(2) 写网络的动态方程。Hopfield 网络是一个梯度系统，所以它满足

$$\frac{\mathrm{d}u_i}{\mathrm{d}t} = -\frac{\partial E}{\partial v_i}$$

对于连续型网络，有

$$\frac{\mathrm{d}u_i}{\mathrm{d}t} = -k_i \frac{\partial(v_1, v_2, \cdots, v_N)}{\partial v_i}$$

对于离散型网络，有

$$\Delta u_i = -k_i \frac{\partial(v_1, v_2, \cdots, v_N)}{\partial v_i}$$

$k_i > 0$，通常取 $k_i = 1$，结合式(4.110)或式(4.111)即可给出网络的动态方程。

(3) 选择合适的初值 $u_1(0), u_2(0), \cdots, u_N(0)$，使网络的动态方程演化直到收敛为止。

例 4.3 用连续 Hopfield 网络求解旅行商问题(TSP，亦称邮递员问题)。

该问题可描述为：有 n 个城市 $A, B, C, \cdots$，其间距离为已知，要求每个城市都访问一次，求合理的路线，使所走过的路径最短。

城市	1	2	3	4	5
A	0	1	0	0	0
B	0	0	0	1	0
C	1	0	0	0	0
D	0	0	0	0	1
E	0	0	1	0	0

图 4.19 TSP 的矩阵表示

用神经网络求解首先要找一个合适的表示方法，以 5 个城市为例，可用一个矩阵表示，如图 4.19 所示。

设 C 为出发点，它表示的路径顺序为 $C \to A \to E \to B \to D \to C$。在此方阵中各行只能有一个元素为 1，其余都为 0，否则它表示的是一条无效路径。以 x, y 表示城市，i 表示第几次访问，即 $x, y \in \{A, B, C, D, E\}$，$i \in \{1,2,3,4,5\}$，图 4.19 中表

示了一条有效路径，其路径总长度为

$$l = d_{CA} + d_{AE} + d_{EB} + d_{BD} + d_{DC}$$
$$= \frac{1}{2}\Big(\sum_{x}\sum_{y\neq x}\sum_{i} d_{xy}v_{xi}v_{y,i+1} + \sum_{x}\sum_{y\neq x}\sum_{i} d_{xy}v_{xi}v_{y,i-1}\Big)$$

式中，d_{xy} 表示城市 x 到城市 y 的距离；v_{xi} 表示矩阵中的第 x 行第 i 列的元素，其值为 1 时表示第 i 步访问 x，为 0 时表示第 i 步不能访问城市 x。

TSP 可表示为如下的优化问题：

$$\min l = \frac{1}{2}\sum_{x}\sum_{y\neq x}\sum_{i} d_{xy}v_{xi}(v_{y,i+1} + v_{y,i-1})$$
$$\text{s. t.} \sum_{x} v_{xi} = 1, \quad \forall i(\text{每个城市必须访问一次})$$
$$\sum_{i} v_{xi} = 1, \quad \forall x(\text{每个城市必须访问一次})$$

写在一起，其目标函数为

$$I = \frac{a}{2}\Big[\sum_{x}\sum_{i}\sum_{j\neq i} v_{yi}v_{xi} + \frac{b}{2}\sum_{x}\sum_{x}\sum_{y\neq x} v_{yi}v_{xi} + \frac{c}{2}\Big(\sum_{x}\sum_{i} v_{xi} - n\Big)^2 + \frac{d}{2}\sum_{x}\sum_{y\neq x}\sum_{i} d_{xy}v_{xj}(v_{y,i+1} + v_{y,i-1})\Big]$$

式中，第 1 项和第 2 项在各行(列)只有一个为 1 时达到最小；第 3 项是当矩阵有 n 个 1 时最小；第 4 项是总路径；a,b,c,d 是不同的常数。

令此 I 与式(4.109)的 E 相等，比较同一变量两端的系数，可得

$$T_{xi,yi} = a\delta_{xy}(1-\delta_{ij}) - b\delta_{ij}(1-\delta_{xy}) - c - dd_{xy}(\delta_{j,i+1} + \delta_{j,i-1})$$

式中，

$$\delta_{ij} = \begin{cases} 1, & i = j \\ 0, & \text{其他} \end{cases}$$

网络的动态方程为

$$\begin{cases} \dfrac{\mathrm{d}u_{xi}}{\mathrm{d}t} = -\dfrac{u_{xi}}{\tau} - \dfrac{\partial E}{\partial v_{xi}} = -\dfrac{u_{xi}}{\tau} - a\sum_{j\neq i} v_{xj} - b\sum_{y\neq x} v_{yi} - c\Big(\sum_{x}\sum_{i} v_{xi} - n\Big) - d\sum_{y} d_{xy}(v_{y,i+1} + v_{y,i-1}) \\ v_{xi} = f(u_{xi}) = \dfrac{1}{2}\Big[1 + \tanh\Big(\dfrac{u_{xi}}{u_0}\Big)\Big] \end{cases}$$

选择适当的参数(a,b,c,d)和初值 u_0，按上式迭代直到收敛。TSP 中 v_{xi} 值要求为 0 或 1，但用连续型网络时 v_{xi} 值在[0,1]区间变化，因此实际计算时，v_{xi} 应在[0,1]区间变化，在连续演变过程中少数神经元的输出值逐渐增大，其他则逐渐减少，最后收敛到状态符合要求即可。

当在计算机上实现时要离散化，此时离散化时间间隔 Δt 的选择很重要：Δt 太大可能使离散后的系统与原连续系统有很大差异，甚至导致不收敛；Δt 太小则迭代次数太多，计算时间太长。一般来说，只要 Δt 选取合理，上述算法是收敛的。

例 4.4　聚类(clustering)问题。

N 个模式(可看做 d 维空间中的 N 个点)要聚成 K 类，使各类本身内的点最近。一般而言，可能的划分方法数为 $K^N/K!$。若用穷举法，工作量是指数型的。划分的准则最常用

的是平方误差。用 d 维向量表示各模式：$\{\boldsymbol{r}_i, i=1,2,\cdots,N\}$，最优划分应使 $x^2=\sum_{i=1}^{p}(r_i^{(p)}-R_p)$ 最小，R_p 为 p 类的中心，即 $R_p=\sum_{i=1}^{N_p} r_i^{(p)}$（$p=1,2,\cdots,K$；$N_p$ 为第 p 类中的点数）。依照以前的方法，聚类问题可用一个矩阵表示，表 4.1 给出的是 $N=10, K=3$ 的例子。

表 4.1　聚类分布情况

点号		1	2	3	4	5	6	7	8	9	10
类号	C_1	1	1	0	0	0	1	0	0	1	0
	C_2	0	0	0	1	1	0	0	0	0	0
	C_3	0	0	1	0	0	0	1	1	0	1

容易看出第 1,2,6,9 点属于 C_1 类，第 4,5 点属于 C_2 类，第 3,7,8,10 点属于 C_3 类。

能量函数可写为

$$E=\frac{a}{2}\sum_{i=1}^{N}\sum_{p=1}^{K}\sum_{q\neq p}^{K} v_{pi}v_{qi}+\frac{b}{2}\sum_{i=1}^{N}\left(\sum_{p=1}^{K}v_{pi}-1\right)^2+\frac{c}{2}\sum_{p=1}^{K}\sum_{i=1}^{N}R_{pi}v_{pi}^2$$

式中，p,q 为聚类号，$p,q=1,2,\cdots,K$。第一项约束为每列(表示每个点)只能有一个 1；第二项约束为每列必须有一个 1。这两个约束表示每个点必须属于一类且只属于一个类。第三项是使类内总距离最小。这里，

$$R_{pi}=(x_i-x_p)^2+(y_i-y_p)^2$$

式中，x_i, y_i 是各点坐标(以二维为例，$d=2$)。x_p, y_p 是类中心的坐标：

$$x_p=\frac{\sum_{i=1}^{N}(x_i v_{pi})}{\sum_{i=1}^{N}v_{pi}},\quad y_p=\frac{\sum_{i=1}^{N}(y_i v_{pi})}{\sum_{i=1}^{N}v_{pi}}$$

4.4 随机型神经网络

前面介绍的 Hopfield 神经网络在动力学模型中属于确定性的网络模型，其能量局部极小所对应的稳态平衡点的存在，为联想记忆的实现提供了必要条件。但是，将 HNN 用于优化问题的求解时，需要得到网络能量上全局最小的稳态平衡点，HNN 无法保证最终给出的解一定是最优解。

随机型的神经网络为求解全局最优解提供了有效的算法。Boltzmann 机(Boltzmann machine)模型采用模拟退火算法，使网络能够摆脱能量局部极小的束缚，最终达到期望的能量全局最小状态，但是这需要以花费较长时间为代价。为了改善 Boltzmann 机求解速度慢的不足，随后介绍的 Gaussian 机模型不但具备 HNN 模型的快速收敛特性，而且具有 Boltzmann 机的“爬山”能力。Gaussian 机模型采用模拟退火和锐化技术，能够有效求解优化问题并满足约束。

本节就模拟退火算法和采用该算法的上述两种随机型神经网络模型进行介绍。

4.4.1 模拟退火算法

模拟退火(simulated annealing,SA)算法,也称为 Metropolis 方法,其思想最早是由 Metropolis 等人于 1953 年提出的。模拟退火技术是随机神经网络解决能量局部极小问题的一个有效方法。

1. 模拟退火算法原理

模拟退火算法在求解组合优化问题时,引入了统计热力学的一些思想和概念,模拟其达到最低能量状态为系统目标函数的解。其基本思想源于物理学中固体物质(如金属)的退火过程。在物理退火过程中,通常先将金属加温至熔化,使其中的粒子可以自由运动,即处于一种高能态。然后,随着温度的逐渐降低,粒子也逐渐形成低能态的晶格。只要在凝固点附近温度下降得足够慢,物质就能摆脱局部应力的束缚,形成最低能量的基态——晶体。

退火是一个热物理学的术语,其意思是对固体或固液混合物加温后再冷却的处理过程,用来产生晶体结构的固体物质。不同的处理过程会产生相异的产物。慢冷却过程产生晶体物质,而快冷却过程则产生玻璃体。最后的物质状态是一种结构有序性(系统熵)的外在表现,是系统所有粒子在能量上的宏观效果。晶体结构对应于物质的基态,而玻璃体则对应于亚稳态。产生这种晶体结果的原因是系统达到热平衡需要一定的时间,换句话说,就是要使系统中的原子充分运动。慢冷却使物体在每个温度上都有足够的时间达到热平衡;而快冷却时,物体没有充分的时间达到热平衡,致使物体最终只能达到亚稳态。这样,很容易把晶体和玻璃体与组合优化问题中的全局最优解和局部最优解对应起来。事实也的确如此,快冷却过程类似于传统的贪婪法或爬山法,慢冷却过程对应于下面要介绍的模拟退火算法。

设 $X=\{X_1,X_2,\cdots,X_i,\cdots,X_n\}$ 为所有可能状态组合的集合,$E(X_i)$ 为某一状态 (X_i) 下的目标函数。组合优化问题可以被考虑为

$$E(X^*)=\min E(X_i),\quad X^*\in X,\quad \forall X_i\in X \tag{4.112}$$

Metropolis 方法可描述为:目标函数 $E(X^*)$ 作为一个物质体系在微观状态 (X_i) 下的内能,采用一控制参数 T 作为该物质体系的温度。将 T 在系统初始状态赋予一个足够高的值,对于每一个 T,用下述的 Metropolis 抽样法来模拟物质体系在温度 T 下的热平衡状态。

随机选一初始状态 X_i,随机对物质体系给一个较小的扰动 ΔX_i,计算内能的变化:

$$\Delta E=E(X_i+\Delta X_i)-E(X_i)$$

若 $\Delta E<0$,内能降低,此扰动被接受;若 $\Delta E\geqslant 0$,是否接受该内能变化 ΔE,要根据概率 $e^{-\Delta E/kT}$ 来判断。若由扰动 ΔX_i 产生的 ΔE 被接受,就用 $X_i+\Delta X_i$ 替代原来的 X_i;否则,重新产生一个新的扰动。如此循环下去达到足够的次数,所得到的状态 X_i 出现的概率将服从 Boltzmann 分布:

$$F=\frac{e^{-E(X_i)/kT}}{\sum_i e^{-E(X_i)/kT}} \tag{4.113}$$

式中,k 为 Boltzmann 常数;F 为概率分布函数。

当 T 从一个足够高的温度下降时,对于每个温度都用上述抽样法计算,使系统逐渐达到平衡。当 $T=0$ 时,$E(X_i)$ 达到最小值,即是所谓退火的“地态”。SA 算法的步骤如

图 4.20 所示。

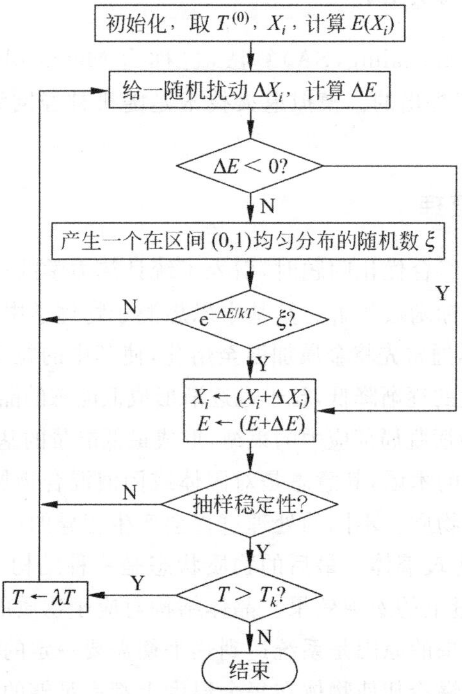

图 4.20 SA 算法步骤

模拟退火法与传统的贪婪法或爬山法的最大区别在于其对状态的接受方式，这也是该算法的优点所在。爬山法只接受比当前状态好的状态，而模拟退火法不但接受好的状态，而且以 Boltzmann 概率接受坏的状态，这在一定程度上避免了搜索停止在局部极小点。从理论上讲，模拟退火算法能够收敛于全局最优解。

通过上述算法可知，模拟退火算法能否达到正的最小值，还取决于 $T^{(0)}$，T 的变化速度和对每个 T 的 Metropolis 抽样稳定性等。同时，这几个参数的选取对计算时间的影响很大。目前没有标准的规定，但有一些常用的处理方法：

(1) $T^{(0)}$ 的选取。有 3 种方法：①均匀地对$\{X_i\}$抽样，取此时 $E(X_i)$的方差为 $T^{(0)}$；②在可能得到的组合中选取两个状态，使 ΔE 最大，取 ΔE 的若干倍为 $T^{(0)}$；③按经验给出 $T^{(0)}$。

(2) 检验 Metropolis 抽样的稳定性。有 3 种方法：①检验正的均值是否稳定；②检验连续若干步中 E 的变化是否都很小；③按固定步数抽样。

(3) T 的速率。令 $T \leftarrow \lambda T$，而 $0 < \lambda < 1$，λ 在区间[0.2,0.9]取数。

(4) 算法终止条件。当 $T \leqslant T_k$ 时终止，其中 T_k 为一阈值温度。

2. 模拟退火算法的收敛性

假设组合优化问题中，求 $f: X \to \mathbb{R}$ 的最小值。设 $\boldsymbol{X}$ 中各态可表达为 $1,2,\cdots,x$，其顺序按 f 值由小到大排列。于是问题转化为如何在一个合理的时间内求得 f。

对于每一状态 i，均有一伴随的邻态集 N_i，可由扰动矩阵隐含表示：

$$\boldsymbol{P}=\begin{bmatrix} p_{11} & p_{12} & \cdots & p_{1x} \\ p_{21} & p_{22} & \cdots & p_{2x} \\ \vdots & \vdots & & \vdots \\ p_{x1} & p_{x2} & \cdots & p_{xx} \end{bmatrix} \tag{4.114}$$

式中的元素 p_{ij} 表示在状态 i 时，选中 j 态作为下一态的可能性。依此有 $N_i=\{j\mid p_{ij}>0\}$。对任意两个状态 i_0,i_f，均存在一个有限的 K 态序列 $j_1,j_2,\cdots,j_k$，使得 $i_0=j_1,i_j=j_k$，且 $P_{jm,jm+1}>0(m=1,2,\cdots,k)$。$X$ 是连通的，$\boldsymbol{P}$ 阵是非负的，具有不可约性。

在状态 i 时，算法以概率 $a_{ij}(c)$ 接受 j 态，$a_{ij}(c)$ 是关于控制参数 c 的连续函数，且具有下列性质：

(1) $a_{ij}(c)=1$，　　　　$\forall i>j,\forall c\geqslant 0$；

(2) $0<a_{ij}(c)<1$，　　　$\forall i<j,\forall c\geqslant 0$；

(3) $a_{ij}(0)$，　　　　　$\forall i<j$；

(4) $a_{ij}(c)\to 1$，　　　　$\forall i<j,\forall c\to 0$。

解序列是由一个带有传递矩阵 $\boldsymbol{T}$ 的马尔可夫过程产生的：

$$\boldsymbol{i}_k=\boldsymbol{T}(c_0)\boldsymbol{T}(c_1)\boldsymbol{T}(c_2)\cdots\boldsymbol{T}(c_{mk})\boldsymbol{i}_0 \tag{4.115}$$

$\boldsymbol{T}=(t_{ij})$ 中的元素具有如下形式：

$$t_{ij}(c)=\begin{cases} a_{ij}(c)p_{ij}, & i\neq j \\ 1-\sum\limits_{k\neq i}a_{ik}(c)p_{ik}, & i=j \end{cases} \tag{4.116}$$

当 $c>0$ 时，$\boldsymbol{P}$ 的不可约性和 $a_{ij}(c)>0$ 保证了 $\boldsymbol{T}$ 的不可约性。$c\to 0$ 时，$\boldsymbol{T}$ 趋于一个三角矩阵，特别是当 i 是局部最小时，因局部最小隐含了当 $k<i$ 时 $p_{ik}=0$，有

$$t_{ij}=1-\sum_{k\neq i}a_{ik}(0)p_{ik}=1-\sum_{k<i}p_{ik}=1$$

于是 $\boldsymbol{T}$ 演变成一单位阵，故 $\boldsymbol{T}$ 是不可约的。

对任一局部最小态 $\boldsymbol{e}_{i_0}$，有

$$\boldsymbol{e}_{i_0}\boldsymbol{T}(0)=\boldsymbol{e}_{i_0}$$

式中，$\boldsymbol{e}_{i_0}$ 为 $\boldsymbol{R}^x$ 中的第 i_0 个单位矢量。显然，上式对 1 态也成立，即 $\boldsymbol{e}_{i_1}\boldsymbol{T}(0)=\boldsymbol{e}_{i_1}$。对给定的 $c>0$，设 $\boldsymbol{\pi}(c)$ 为 $\boldsymbol{T}(c)$ 的一个非奇异本征向量，则下式成立：

$$\boldsymbol{\pi}(c)\boldsymbol{T}(c)=\boldsymbol{\pi}(c) \tag{4.117}$$

下面证明模拟退火算法在 $c\to 0$ 时，使 $\boldsymbol{\pi}(c)\to\boldsymbol{e}_1$，而不是任何局部最小态。

假定条件：

(1) $\boldsymbol{P}$ 阵是对称阵。

(2) $c>0$ 时，$a_{ij}(c)a_{jk}(c)=a_{ik}(c)$，其中 $i<j<k$。

定理 4.1 如果阵 $\boldsymbol{P}$ 是不可约的，并且假设条件(1)，(2)均满足，则对于 $c>0$，$\boldsymbol{T}(c)$ 的本征向量具有如下形式：

$$\boldsymbol{\pi}(c)=\pi_1(c)[1,a_{12}(c),a_{13}(c),\cdots,a_{1x}(c)] \tag{4.118}$$

证明 令

$$\boldsymbol{\pi}(c)=\pi_1(c)[1,a_{12}(c),a_{13}(c),\cdots,a_{1x}(c)]=[\pi_1(c),\pi_2(c),\cdots,\pi_x(c)]$$

则

$$[\boldsymbol{\pi}(c)\boldsymbol{T}(c)]_k = \sum_{j=1}^{x}\pi_j(c)t_{jk}(c) = \pi_k(c)\left[1-\sum_{m\neq k}a_{km}(c)p_{km}\right]+\sum_{j\neq k}\pi_j(c)t_{jk}(c)$$

$$= \pi_k(c) - \sum_{m\neq k}\pi_k(c)t_{km}(c) + \sum_{j\neq k}\pi_j(c)t_{jk}(c) \tag{4.119}$$

对 $1<k<j$，有

$$\pi_j(c)t_{jk}(c) = [\pi_1(c)a_{1j}(c)][a_{jk}(c)p_{jk}] = \pi_1(c)a_{1j}(c)p_{jk}$$

$$= \pi_1(c)a_{1k}a_{kj}(c)p_{jk} = \pi_k(c)t_{kj}(c) \tag{4.120}$$

对 $1<j<k$，同样可以证明

$$\pi_j(c)t_{jk}(c) = \pi_k(c)t_{kj}(c),$$

$$[\boldsymbol{\pi}(c)\boldsymbol{T}(c)]_k = \pi_k(c) - \sum_{m\neq k}\pi_k(c)t_{km}(c) + \sum_{j\neq k}\pi_k(c)t_{kj}(c) \tag{4.121}$$

$$= \pi_k(c) = [\boldsymbol{\pi}(c)]_k$$

即

$$\boldsymbol{\pi}(c)\boldsymbol{T}(c) = \boldsymbol{\pi}(c)$$

定理得证。

当 $c\to 0$ 时可推得

$$\lim_{c\to 0}\boldsymbol{\pi}(c) = \lim_{c\to 0}\pi_1(c)[1,a_{12}(c),\cdots,a_{1x}(c)] = \pi_1(c)(1,0,\cdots,0) = \boldsymbol{e}_1$$

即误差 $|\boldsymbol{e}_i\boldsymbol{T}(c_0)\boldsymbol{T}(c_1)\cdots\boldsymbol{T}(c_R)-\boldsymbol{e}_1|$ 随 $\{c_R\}\to 0$ 而趋向于零。因此，模拟退火算法是收敛于全局最优的。

4.4.2 Boltzmann 机

Boltzmann 机模型是 1984 年由 Hinton 等人提出的。实际上将随机扰动机制运用在 Hopfield 模型上就可形成 Boltzmann 机模型。Boltzmann 机引入了统计物理学中的 Boltzmann 分布概率，并采用了所谓的模拟退火算法，使该模型可以在寻优过程中跳出局部极小点，从而在全局范围内找到最优解。对于优化问题的求解，Boltzmann 机的工作过程实质上是能量优化的过程。解空间中的每一点代表一个解，不同的解有着不同的代价函数(即能量函数)值。所谓优化就是在解空间中寻找代价函数的最小(或最大)解。将模拟退火的方法应用到 Boltzmann 机的分析过程，就可求得能量全局的最优解。

1. Boltzmann 机模型

Boltzmann 机网络可由 n 个神经元组成。每个神经元服从二态规律，即只取 0 和 1 两种状态，并且假定神经元之间的连接权矩阵是对称的。与一般前向网络比较而言，Boltzmann 机的网络拓扑结构没有明显的层次。除此之外，Boltzmann 机最具特色之处是它的网络是以概率方式工作的。

1) Boltzmann 机网络的运行方式

Boltzmann 机是具有对称连接权的随机神经网络，每个神经元节点有两个状态，即神经元的输出 v_i 为 $v_i=0$ 或 $v_i=1$，称之为二值神经元。当神经元的激活函数值发生变化时，将引起节点状态更新，这种更新在各个节点之间是异步的、随机的。当任意节点 i 进行状态更新时，下一状态为 1 的概率为

$$p_i(1) = \frac{1}{1 + e^{-A_i/T}} \tag{4.122}$$

式中，T 表示网络的温度参数，取正值；A_i 表示节点 i 的激活函数，有

$$A_i = \sum_{j \neq i} w_{ij} v_j - \theta_i$$

称式(4.122)表示的S形函数为Boltzmann概率函数。下一状态为0的概率为

$$p_i(0) = 1 - p_i(1)$$

图4.21为温度分别取0.8,2.0和4.0时的3条概率分布变化曲线。

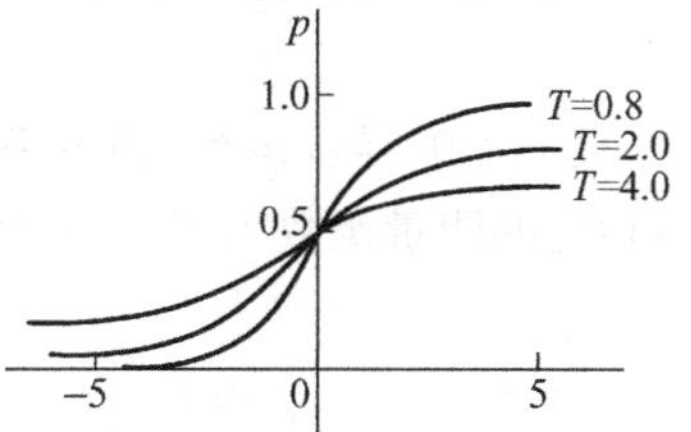

图4.21 概率分布的变化曲线

一般情况下，当激活函数 $A_i > 0$ 时，下一状态为1的概率 $p_i(1)$ 将大于下一状态为0的概率 $p_i(0)$，且随着 A_i 值的增大，$p_i(1)$ 也增大。同理，当 $A_i < 0$ 时，$p_i(0) > p_i(1)$，且随着 A_i 值的减小，状态为0的概率 $p_i(0)$ 增大。此外，概率分布曲线的弯曲程度与温度 T 的大小有关，温度越高，曲线越平缓，状态变化越容易；相反，温度越低，曲线越陡峭，状态变化越难。尤其当温度趋于0($T \to 0$)时，概率分布曲线近似于单位阶跃函数。单元的激活函数性质就基本上被该概率函数描述，因为 $p_i(T=0)$ 基本上等价于一个阈值函数。在此情况下，Boltzmann机与离散Hopfield网络是等价的，仅是用来描述网络单元状态"思想"的出发点不同而已。

借助能量函数的概念来分析温度对网络状态变化的影响，更有助于理解Boltzmann机的工作机理。定义能量函数为

$$E = -\frac{1}{2} \sum_i \sum_j w_{ij} v_j v_i + \sum_i \theta_i v_i \tag{4.123}$$

式中，$w_{ij} = w_{ji}$。

值得注意的是稳态与热平衡的区别。对于确定性反馈神经网络，如HNN模型，一旦进入稳态，网络状态就不再变化。像Boltzmann机这类随机神经网络模型，在一定温度条件下，网络达到一种热平衡态。这是一种概率意义下的稳态，在此状态下网络状态仍可变化，而状态出现的概率分布不再变化。在一定的温度下，从某个初始状态出发，网络可以达到某个平衡状态，但这只是概率意义上的平衡。因此，这属于马尔可夫过程的平衡分布。

考虑第 i 个神经元的状态发生变化，根据前面关于HNN的讨论，有

$$\Delta E_i = -\Delta v_i \left(\sum_{kj} w_{ij} v_j - \theta_i \right) = -\Delta v_i A_i$$

若 $A_i > 0$，则 $p_i(1) > 0.5$，即有较大的概率取 $v_i = 1$；若原 $v_i = 1$，则 $\Delta v_i = 0$，$\Delta E_i = 0$；若原 $v_i = 0$，则 $\Delta v_i > 0$，而此时 $A_i > 0$，所以 $\Delta E_i < 0$。

若 $A_i < 0$，则 $p_i(0) > 0.5$，即有较大的概率取 $v_i = 0$；若原 $v_i = 0$，则 $\Delta v_i = 0$，$\Delta E_i = 0$；若原 $v_i = 1$，则 $\Delta v_i < 0$，而此时 $A_i < 0$，所以 $\Delta E_i < 0$。

不管以上何种情况，随着系统状态的演变，从概率意义上讲，系统的能量总是朝小的方向变化，所以系统最后总能稳定到能量的极小点附近。但由于是随机网络，因此在能量极小点附近系统也不会停止在某一个固定的状态。

由于神经元状态按照概率取值，因此，以上分析只是从概率意义上的说明，网络能量的

总趋势是朝着减小的方向演化，但神经元的状态在某些步可能按小概率取值，从而使能量增加，这对跳出局部极小点是有好处的。这也是 Boltzmann 机与 HNN 的另一个不同之处。

为了有效地演化到网络能量函数的全局最小点，通常采用模拟退火算法来运行网络。即开始采用较高的温度 T，此时各状态出现概率的差异不大，比较容易跳出局部极小点进入到全局最小点附近。然后逐渐降低温度 T，各状态出现概率的差异逐渐拉大，从而较为准确地运动到能量的最小点，同时又阻止它跳出该最小点。

考察 Δv_i 的变化：当 v_i 由 1 变为 0 时，$A_i<0$，$\Delta v_i=-1$，则

$$\Delta E_i = -\Delta v_i A_i = A_i$$

设 $v_i=0$（异步运行）的概率为 p_α，相应的能量函数为 E_α；设 $v_i=1$（异步运行）的概率为 p_β，相应的能量函数为 E_β。于是有

$$\Delta E_i = E_\alpha - E_\beta$$

$$p_\beta = \frac{1}{1+\mathrm{e}^{-\Delta E_i/T}}$$

$$p_\alpha = 1 - p_\beta = \frac{\mathrm{e}^{-\Delta E_i/T}}{1+\mathrm{e}^{-\Delta E_i/T}}$$

显然有

$$\frac{p_\alpha}{p_\beta} = \mathrm{e}^{-\Delta E_i/T} = \mathrm{e}^{-(E_\alpha-E_\beta)/T} = \frac{\mathrm{e}^{-E_\beta/T}}{\mathrm{e}^{-E_\alpha/T}} \tag{4.124}$$

上式可表述为：对于 Boltzmann 机，达到热平衡时任意两个全局状态出现概率之比服从 Boltzmann 分布。式中，p_α，p_β 分别为热平衡态下处于状态 α，β 的概率，E_α，E_β 为相应的能量，T 为温度。Boltzmann 机的命名也正源于此。

2) Boltzmann 机网络的状态转移

下面举例说明温度变化对网络状态转移关系的影响。

例 4.5 假设一个三节点 Boltzmann 机，如图 4.22 所示。网络参数为

$$w_{12}=w_{21}=0,\quad w_{13}=w_{31}=-0.7,\quad w_{23}=w_{32}=0.4$$

$$\theta_1=-0.9,\quad \theta_2=-0.2,\quad \theta_3=0.3$$

试确定温度 $T=0.5$ 和 $T=1$ 时网络的状态转移关系。

首先，计算某一状态下各节点单元的激活函数值。以状态 $v_1v_2v_3=(111)$ 为例

$$A_1 = w_{12}v_2 + w_{13}v_3 - \theta_1 = 0.3$$

$$A_2 = w_{12}v_1 + w_{23}v_3 - \theta_2 = 0.7$$

$$A_3 = w_{13}v_2 + w_{23}v_3 - \theta_3 = -0.6$$

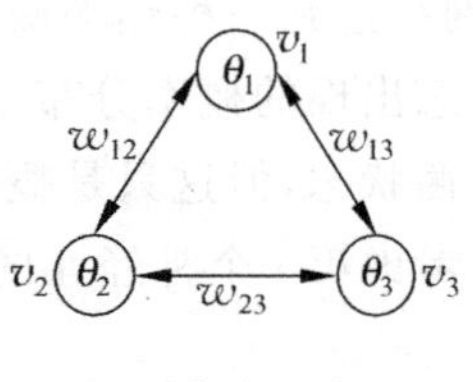

图 4.22 三节点 Boltzmann 机

应用式(4.122)，依次计算温度 $T=0.5$ 和 $T=1$ 时各个状态相应各节点的状态更新概率，结果如表 4.2 所示。这样就可以计算出各个状态的转移概率。

表 4.2 三节点 Boltzmann 机各个状态的节点激发概率

网络状态	节点	$T=1.0$		$T=0.5$		$T=0.2$	
		$p(1)$	$p(0)$	$p(1)$	$p(0)$	$p(1)$	$p(0)$
$S_0(000)$	1	0.71	0.29	0.86	0.14	0.99	0.01
	2	0.55	0.45	0.60	0.40	0.73	0.27
	3	0.43	0.57	0.35	0.65	0.18	0.82

续表

网络状态	节点	T=1.0		T=0.5		T=0.2	
		$p(1)$	$p(0)$	$p(1)$	$p(0)$	$p(1)$	$p(0)$
$S_1(001)$	1	0.55	0.45	0.60	0.40	0.73	0.27
	2	0.65	0.35	0.77	0.23	0.95	0.05
	3	0.43	0.57	0.35	0.65	0.18	0.82
$S_2(010)$	1	0.73	0.27	0.88	0.12	0.99	0.01
	2	0.55	0.45	0.60	0.40	0.73	0.27
	3	0.52	0.48	0.55	0.45	0.62	0.38
$S_3(011)$	1	0.57	0.43	0.65	0.35	0.82	0.18
	2	0.65	0.35	0.77	0.23	0.95	0.05
	3	0.52	0.48	0.55	0.45	0.62	0.38
$S_4(110)$	1	0.71	0.29	0.86	0.14	0.99	0.01
	2	0.57	0.43	0.65	0.35	0.82	0.18
	3	0.27	0.73	0.12	0.88	0.01	0.99
$S_5(101)$	1	0.55	0.45	0.60	0.40	0.73	0.27
	2	0.67	0.33	0.80	0.20	0.97	0.03
	3	0.27	0.73	0.12	0.88	0.01	0.99
$S_6(110)$	1	0.73	0.27	0.88	0.12	0.99	0.01
	2	0.57	0.43	0.65	0.35	0.82	0.18
	3	0.35	0.65	0.23	0.77	0.05	0.95
$S_7(111)$	1	0.57	0.43	0.65	0.35	0.82	0.18
	2	0.67	0.33	0.80	0.20	0.97	0.03
	3	0.35	0.65	0.23	0.70	0.05	0.95

由每个状态可以转移到其他相应的 3 个状态。因为任何时刻每个节点具有相同的状态变化概率，如状态(011)转移到(111)的概率为 $p_1(1)/3$。总之，如果某一状态是由第 i 个节点的激发变化所致，那么当状态中 $v_i=1$ 时，达到这一状态的总概率为 $p_i(1)/3$；当状态中 $v_i=0$ 时，达到这一状态的概率为 $p_i(0)/3$。

状态转移概率可用一个统一式表达为

$$p_t=\frac{v_i p_i(1)+(1-v_i)p_i(0)}{n} \tag{4.125}$$

状态保持不变的概率可按下式求得

$$p_c=1-\sum_{i=1}^{n}\frac{v_i p_i(1)+(1-v_i)p_i(0)}{n} \tag{4.126}$$

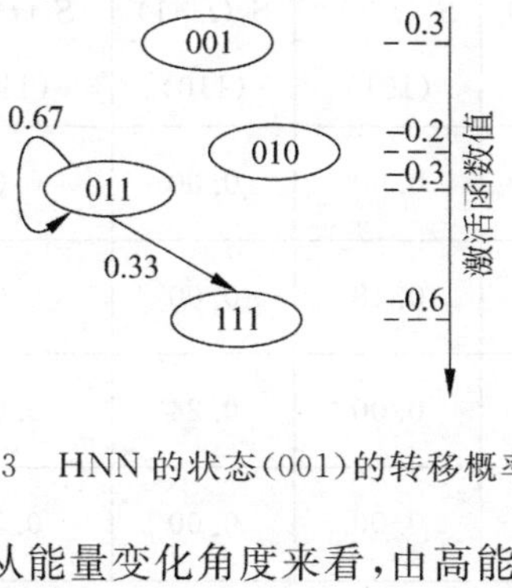

图 4.23　HNN 的状态(001)的转移概率分布

根据式(4.125)和式(4.126)就可以方便地确定在不同温度下，各状态转移到其他状态的概率。图 4.23 和图 4.24 给出了状态(011)的转移概率分布的计算结果及与 HNN 情况的比较。可见，温度的引入使原有 HNN 中(011)状态的转移概率分布发生了一定变化，不仅可以向低能态转移，而且有机会由低能态向高能态转移。当温度较高时，转移到其他状态的概率分别接近 1/6。

从能量变化角度来看，由高能态向低能态转移时，能量差越大，则转移概率越大；反之，由低能态向高能态转移时，能量差为负，差值越大，则转移概率越小。这个结论与图 4.21 的

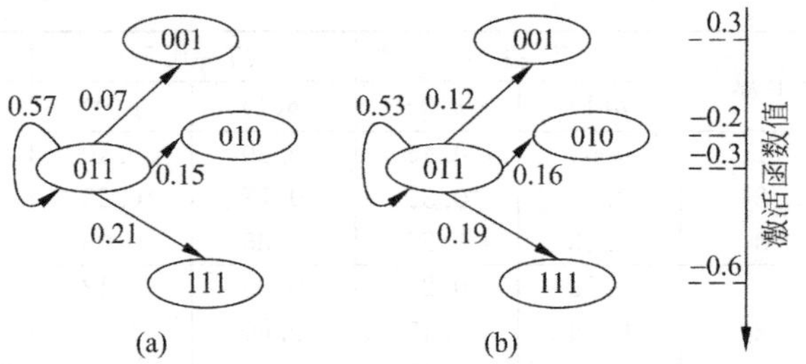

图 4.24　不同温度下 Boltzmann 机的状态(011)的转移概率分布

(a) $T=0.5$；(b) $T=1.0$

分析结果是一致的。

3) Boltzmann 机状态转移的马尔可夫链表示

用图示方法描述网络的状态转移关系是复杂的、不现实的，可以利用随机过程中马尔可夫链的一些知识清晰地表达这一关系。

马尔可夫链是时间和状态都离散的马尔可夫过程。考虑给定系统的一组状态 S_0，$S_1,\cdots,S_{m-1}$，这些状态以已知转移概率 p_{ij}（表示在状态 S_i 后出现状态 S_j 的概率）一个接一个地出现，该系统的状态变化可用 p_{ij} 构成的 $m\times m$ 矩阵表示：

$$\boldsymbol{P}=(p_{ij})=\begin{bmatrix} p_{00} & p_{01} & \cdots & p_{0(m-1)} \\ p_{10} & p_{11} & \cdots & p_{1(m-1)} \\ \vdots & \vdots & & \vdots \\ p_{(m-1)0} & p_{(m-1)1} & \cdots & p_{(m-1)(m-1)} \end{bmatrix}$$

式中，

$$\sum_j p_{ij}=1,\quad p_{ij}\geqslant 0;\quad i,j=1,2,\cdots,m-1$$

这是一个每行元素之和为 1 的非负元素矩阵，称为马尔可夫链的一步转移概率矩阵。

因此，图 4.22 所示的三节点 Boltzmann 机在 $T=1.0$ 时的状态转移图可用表 4.3 所示的转移矩阵表表示。

其中，S 对应的各个状态的能量如表 4.4 所示。

表 4.3　三节点 Boltzmann 机在 $T=1.0$ 时的转移矩阵表

$T=1.0$	$S_0(t+1)$ (000)	$S_1(t+1)$ (001)	$S_2(t+1)$ (010)	$S_3(t+1)$ (011)	$S_4(t+1)$ (100)	$S_5(t+1)$ (101)	$S_6(t+1)$ (110)	$S_7(t+1)$ (111)
$S_0(t)$ (000)	0.44	0.14	0.18	0.00	0.24	0.00	0.00	0.00
$S_1(t)$ (001)	0.19	0.41	0.00	0.22	0.00	0.18	0.00	0.00
$S_2(t)$ (010)	0.15	0.00	0.44	0.17	0.00	0.00	0.24	0.00
$S_3(t)$ (011)	0.00	0.12	0.16	0.53	0.00	0.00	0.00	0.19

续表

$T=1.0$	$S_0(t+1)$ (000)	$S_1(t+1)$ (001)	$S_2(t+1)$ (010)	$S_3(t+1)$ (011)	$S_4(t+1)$ (100)	$S_5(t+1)$ (101)	$S_6(t+1)$ (110)	$S_7(t+1)$ (111)
$S_4(t)$ (100)	0.11	0.00	0.00	0.00	0.62	0.09	0.19	0.00
$S_5(t)$ (101)	0.00	0.15	0.00	0.00	0.24	0.39	0.00	0.22
$S_6(t)$ (110)	0.00	0.00	0.09	0.00	0.14	0.00	0.65	0.12
$S_7(t)$ (111)	0.00	0.00	0.00	0.14	0.00	0.11	0.22	0.53

表 4.4　S 对应的各个状态的能量

状态	S_0	S_1	S_2	S_3	S_4	S_5	S_6	S_7
能量	0.0	0.3	−0.2	−0.3	−0.9	0.1	−1.2	−0.6

假设在 t 时刻出现状态 S_i 的概率为 $P_i(t)$，那么在 $t+1$ 时刻状态为 S_j 的概率 $P_j(t+1)$ 可以由所有进入该状态的概率求和得到，即

$$P_j(t+1)=\sum_i P_i(t)p_{ij} \tag{4.127}$$

例 4.6　对于例 4.5 所给系统，假设在 $t=0$ 时刻处，任何状态的概率均为 0.125，试确定下一时刻状态为 S_2 的概率。

$$P_2(1)=\sum_{i=0}^{7}P_i(0)p_{i2}=0.125\times(18+0.00+0.44+0.16+0.00+0.00+0.09+0.00)=0.109$$

同理，可以计算出到达其他各个状态的概率，如表 4.5 所示。

表 4.5　$t=1$ 时的各个状态的到达概率

温度 T	时间 t	$P_0(t)$	$P_1(t)$	$P_2(t)$	$P_3(t)$	$P_4(t)$	$P_5(t)$	$P_6(t)$	$P_7(t)$
1.0	0	0.125	0.125	0.125	0.125	0.125	0.125	0.125	0.125
1.0	1	0.110	0.103	0.109	0.133	0.155	0.096	0.163	0.133

假定系统初始时刻 $t=0$ 时处于任意一个状态的概率 $P_i(0)=0.125$，起始温度 $T_0=0.1$。利用马尔可夫链的一步转移概率矩阵所建立的马尔可夫链可以计算出，$t=13$ 时刻状态分布概率不再发生变化，于是称此状态为网络的一个热平衡态，如表 4.6 所示。此时，若将温度降到 0.995，则打破了 $T=1.0$ 时的热平衡，状态转移概率重新分布。利用新建立的马尔可夫链，可以计算出下一时刻的状态概率分布，当 $t=15$ 时系统达到一个新的热平衡。同理，若将温度再降到 0.01 时，则当 $t=473$ 时，系统便可进入全局最小能量的稳态 S_6。

表 4.6 随着温度降低网络各个状态的概率分布($\Delta T=0.005$)

温度 T	时间 t	$P_0(t)$	$P_1(t)$	$P_2(t)$	$P_3(t)$	$P_4(t)$	$P_5(t)$	$P_6(t)$	$P_7(t)$
1.00	0	0.125	0.125	0.125	0.125	0.125	0.125	0.125	0.125
1.00	1	0.110	0.103	0.109	0.133	0.155	0.096	0.163	0.133
1.00	2	0.100	0.088	0.103	0.130	0.168	0.085	0.190	0.136
1.00	3	0.093	0.078	0.101	0.125	0.175	0.079	0.210	0.138
1.00	4	0.088	0.072	0.100	0.120	0.179	0.076	0.225	0.140
1.00	5	0.086	0.068	0.099	0.116	0.182	0.074	0.235	0.140
1.00	6	0.084	0.065	0.099	0.113	0.184	0.073	0.242	0.141
⋮	⋮	⋮	⋮	⋮	⋮	⋮	⋮	⋮	⋮
1.00	13	0.080	0.059	0.097	0.105	0.189	0.071	0.257	0.141
⋮	⋮	⋮	⋮	⋮	⋮	⋮	⋮	⋮	⋮
0.500	201	0.040	0.022	0.059	0.071	0.232	0.033	0.415	0.128
⋮	⋮	⋮	⋮	⋮	⋮	⋮	⋮	⋮	⋮
0.500	204	0.039	0.022	0.059	0.070	0.230	0.033	0.419	0.128
⋮	⋮	⋮	⋮	⋮	⋮	⋮	⋮	⋮	⋮
0.100	433	0	0	0	0	0.060	0	0.940	0
0.095	444	0	0	0	0	0.050	0	0.950	0
⋮	⋮	⋮	⋮	⋮	⋮	⋮	⋮	⋮	⋮
0.095	450	0	0	0	0	0.032	0	0.968	0
0.090	451	0	0	0	0	0.031	0	0.969	0
0.085	452	0	0	0	0	0.031	0	0.969	0
0.080	453	0	0	0	0	0.031	0	0.969	0
0.075	454	0	0	0	0	0.030	0	0.970	0
0.070	455	0	0	0	0	0.020	0	0.980	0
⋮	⋮	⋮	⋮	⋮	⋮	⋮	⋮	⋮	⋮
0.070	461	0	0	0	0	0.002	0	0.998	0
0.065	462	0	0	0	0	0.001	0	0.999	0
0.060	463	0	0	0	0	0.001	0	0.999	0
0.055	464	0	0	0	0	0.001	0	0.999	0
0.050	465	0	0	0	0	0.001	0	1	0
⋮	⋮	⋮	⋮	⋮	⋮	⋮	⋮	⋮	⋮
0.010	473	0	0	0	0	0	0	1	0

2. Boltzmann 机学习算法

Boltzmann 机不仅可以解决优化问题,而且还可以通过学习模拟外界所给的概率分布实现联想记忆。学习的实质是修正网络连接权值,使训练集能够在网络上再现。与确定性神经网络不同的是,Boltzmann 机的训练集通常是一组期望的状态概率分布。Boltzmann 机的学习是有导师的学习。

学习过程可分为两个阶段:正相学习期和负相学习期。在正相学习期,将输入部神经元状态固定在某个模式,输出部神经元同时固定在期望输出模式。而在反相学习期,只将网络的输入部固定在某一输入模式,输出部单元是自由的,允许输出以任何状态表示。对于自联想的单元自由动作，当达到某一平衡态时，确定相连单元同时为 1 的平均概率P_{ij}^{+}。在第二阶段，让整个网络完全自由动作，当达到某一热平衡态时，确定相连单元同时为 1 的平均概率 P_{ij}^{-}。根据$(P_{ij}^{+}-P_{ij}^{-})$修正网络权值。当上述过程反复进行若干次后，P_{ij}^{+}与P_{ij}^{-}十分接近时，则认为学习过程结束。

假定网络有 V 个可见单元(输入单元与输出单元)，它们共有 2^V 个可能状态。设 $S=\{S_1,S_2,\cdots,S_r\}$为提供的训练输入模式集，一般 $r<2^V$，即训练模式个数少于可见单元的状态数。训练过程不仅要改变状态本身，而且要改变状态出现的概率，其目的是要控制网络中各状态的能量级，使得这些状态在网络自由运行时按期望的概率出现。

形式上，将训练集用一组概率分布表示

$$P^{+}(S_1),P^{+}(S_2),\cdots,P^{+}(S_a),\cdots,P^{+}(S_r)$$

这里，上标为"+"号表示这些是训练集出现的期望概率；若上标为"－"号则表示允许网络自由运行时相应模式出现的概率，即

$$P^{-}(S_1),P^{-}(S_2),\cdots,P^{-}(S_a),\cdots,P^{-}(S_r)$$

显然，训练目标是使这两组概率分布相同。为此，G. E. Hinton 等人提出利用统计学的 Kullback 偏差 G 来衡量这两组概率分布的距离，即

$$G(w_{ij})=\sum_{a}P^{+}(S_a)\ln\frac{P^{+}(S_a)}{P^{-}(S_a,w_{ij})} \tag{4.128}$$

当 $P^{+}(S_a)=P^{-}(S_a)$时，自然对数项 $\ln\dfrac{P^{+}(S_a)}{P^{-}(S_a)}$的值为零，偏差 G 为零。偏差 G 通常是非负的。网络的训练或称学习过程就是求偏差 G 的极小值。只有调整网络的权值，才可能改变状态能量分布，获得期望的概率分布。

Boltzmann 机的学习是根据网络状态的改变是按某种概率的分布而进行的。下面的定理给出了 Boltzmann 机的权值调节(学习)的算法。

定理 4.2 对于式(4.128)表示的熵测度 G(Kullback 偏差上的梯度下降)，其梯度为

$$\frac{\partial G}{\partial w_{ij}}=-\frac{1}{T}(P_{ij}^{+}-P_{ij}^{-}) \tag{4.129}$$

且

$$\Delta w_{ij}=-a\left(\frac{\partial G}{\partial w_{ij}}\right)=-a\left(\frac{1}{T}\right)(P_{ij}^{+}-P_{ij}^{-}) \tag{4.130}$$

(证明略)

式中，T 为 Boltzmann 机温度；P_{ij}^{+}表示当网络的可见单元由训练集驱动，达到平衡态时权系数 w_{ij} 相连的单元同时激发的平均概率；P_{ij}^{-}表示当网络完全自由动作，达到平衡态时权系数 w_{ij} 相连的单元同时激发的平均概率。该结论的重要意义在于两方面：第一，通过改变某一权值以减小偏差 G，只需知道$(P_{ij}^{+}-P_{ij}^{-})$这一局部信息。如果该项为正，那么在学习过程中相应权值增加 $a(P_{ij}^{+}-P_{ij}^{-})$；若该项为负，相应权值减小 $a(P_{ij}^{+}-P_{ij}^{-})$。这里，a 为(0, 1)区间的经验参数。当偏差 G 为零时，网络达到期望的训练模式概率分布，训练到此结束。第二，这种权值修正方法适用于可见单元，也适用于隐单元。这为实现复杂的 Boltzmann 机学习提供了可能。

例 4.7 假定一个简单的 Boltzmann 机如图 4.25 所示，它包括两个可见单元 V_1，V_2 和一个隐单元 H。任取初始权值 $w_{1H}=-0.5$，$w_{H2}=0.4$，阈值均为零。假设训练集由 00 和 11 组成，它们在 V_1V_2 单元等概率出现。

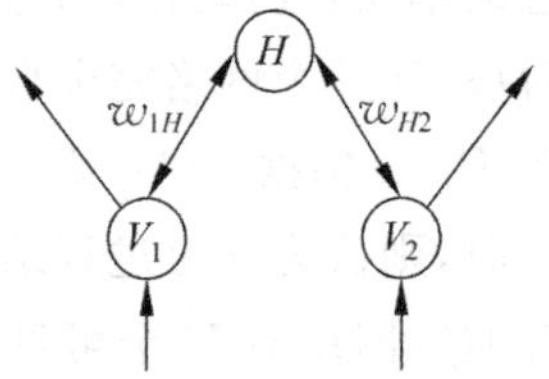

图 4.25 一个三节点 Boltzmann 机

首先，利用马尔可夫链预测网络在温度为 0.25 时的热平衡态概率分布，结果如表 4.7 所示。其中，$P_j(t)$表示 t 时刻网络处于第 j 个状态的概率，而 j 表示 V_1HV_2 状态的二进制值。如 $V_1HV_2=011$ 时，j 表示状态 3。

表 4.7 热平衡态概率分布(初始权值时)

温度 T	时间 t	$P_0(t)$	$P_1(t)$	$P_2(t)$	$P_3(t)$	$P_4(t)$	$P_5(t)$	$P_6(t)$	$P_7(t)$
0.25	0	0.125	0.125	0.125	0.125	0.125	0.125	0.125	0.125
	t	0.097	0.096	0.095	0.439	0.099	0.098	0.013	0.062

要计算偏差 G 的初值，根据假设期望 V_1V_2 为 00 或 11 是等概率出现的，有

$$P_{ij}^{+}(S_{00})=P_{ij}^{+}(S_{11})=0.5$$

当网络处于自由动作时，可见单元状态 V_1V_2 为 00 的概率 $P_{ij}^{-}(S_{00})$，由状态 V_1HV_2 为 000 和 010 决定

$$P_{ij}^{-}(S_{00})=P_0(t)+P_2(t)=0.097+0.095=0.192$$

同样，有

$$P_{ij}^{-}(S_{11})=P_5(t)+P_7(t)=0.098+0.062=0.160$$

由式(4.128)可计算出偏差 G

$$G=P^{+}(S_{00})\ln\frac{P^{+}(S_{00})}{P^{-}(S_{00})}+P^{+}(S_{11})\ln\frac{P^{+}(S_{11})}{P^{-}(S_{11})}$$

$$=0.5\ln\frac{0.5}{0.192}+0.5\ln\frac{0.5}{0.160}=1.048$$

为了减小偏差 G，需根据式(4.130)修正权值 w_{1H}，w_{H2}。先计算$(P_{ij}^{+}-P_{ij}^{-})$，ij 分别为 $1H$ 和 $H2$。由表 4.5 可以直接计算出网络完全自由动作下的概率。

V_1 和 H 同时为 1 的概率为

$$P_{1H}^{-}=P_6(t)+P_7(t)=0.013+0.062=0.075$$

H 和 V_2 同时为 1 的概率为

$$P_{H2}^{-}=P_3(t)+P_7(t)=0.439+0.062=0.501$$

为了获得 P_{1H}^{+}和 P_{H2}^{+}，仍要利用马尔可夫链，但是只考虑相应于“钳位”的状态才能出现。例如，当 V_1V_2 钳位在 00 时，只允许状态 010 和 000 出现。马尔可夫链从 $P_0(0)=P_2(0)=0.5$ 开始，由链产生的所有状态概率的暂态值记为 $\bar{P}_0(1)$到 $\bar{P}_1(1)$，那么这两个可能状态的实际钳位值为：

$$P_0(1)=\bar{P}_0(1)+\bar{P}_1(1)+\bar{P}_4(1)+\bar{P}_5(1),\quad H\text{ 钳位在 0 时的情况}$$

$$P_2(1)=\bar{P}_2(1)+\bar{P}_3(1)+\bar{P}_6(1)+\bar{P}_7(1),\quad H\text{ 钳位在 1 时的情况}$$

当达到热平衡态时，可得

$$P_0(t)=P_2(t)=0.5$$

同理，当 V_1V_2 钳位在状态 11 时，只允许状态 101 和 111 出现。网络达到热平衡态时，得

$$P_5(t)=0.606,\quad P_7(t)=0.314$$

因为上述两个钳位事件是以等概率出现的，所以

$$P_{1H}^{+}=P_{H2}^{+}=P_7(t)/2=0.157$$

这样

$$\frac{\partial G}{\partial w_{1H}}=-\frac{P_{1H}^{+}-P_{1H}^{-}}{T}=-\frac{0.157-0.075}{0.25}=-0.328$$

假定每次 w_{1H} 的修正去掉偏差 G 的 1/4，即

$$\Delta G=-\frac{G}{4}=-\frac{1.048}{4}=-0.262$$

那么权值修正量 Δw_{1H} 为

$$\Delta w_{1H}=\frac{\Delta G}{-0.328}=\frac{-0.262}{-0.328}=0.79$$

修正后的新的权值

$$w_{1H}^{(1)}=-0.5+0.79=0.29$$

同样，w_{H2} 新值的计算去掉偏差 G 的另外 1/4 后为

$$w_{H2}^{(1)}=-0.36$$

现在再用这组新的权值运行网络，达到热平衡态后又得到一组新的概率分布，如表 4.8 所示。新的偏差 G 值为 0.893，比前者减小了 15%。事实上，本例不可能将偏差 G 减小到零，因为对所给定的神经元的阈值（均为零）没有解存在。

表 4.8　热平衡态概率分布（新权值）

温度 T	时间 t	$P_0(t)$	$P_1(t)$	$P_2(t)$	$P_3(t)$	$P_4(t)$	$P_5(t)$	$P_6(t)$	$P_7(t)$
0.25	t	0.113	0.109	0.111	0.025	0.111	0.109	0.345	0.078

3. Boltzmann 机在前向网络中的联想记忆算法

当环境信息或样本输入 Boltzmann 机的可视单元之后，Boltzmann 机就开始学习。Boltzmann 机中的隐单元用来形成网络的内部表达，以描述所输入样本的规律。Boltzmann 机的单元连接根据不同的实际情况可以有不同的方式，在理论上并没有硬性的统一规定。模式联想记忆是 Boltzmann 机的一个应用，基于这一点，这里给出以下具体算法步骤。

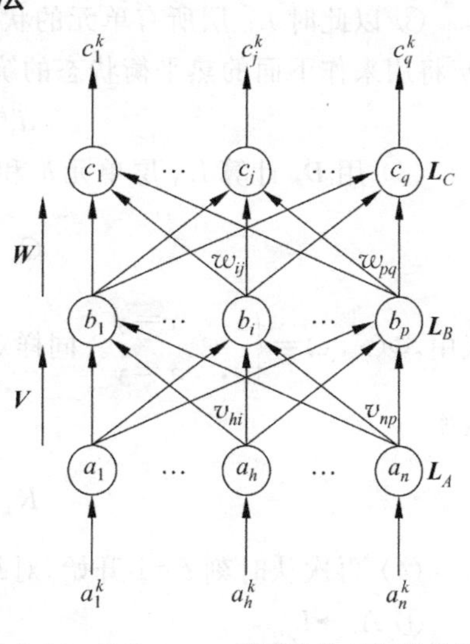

图 4.26　Boltzmann 机网络单元逻辑连接

为便于对下列算法进行描述，从逻辑上可以将 Boltzmann 机连接成图 4.26 所示的前向网络形式。设有 n 个输入模式 $\boldsymbol{A}_k=(a_1,a_2,\cdots,a_h,\cdots,a_n)$，$(k=1,2,\cdots,m;\ h=1,2,\cdots,n)$，送入到网络的输入层 $\boldsymbol{L}_A$（可视单元）。具有 p 个单元的中间层 $\boldsymbol{L}_B$（隐单元）为 $\boldsymbol{B}_k=(b_1,b_2,\cdots,b_i,\cdots,b_p)$，$(i=1,2,\cdots,p)$，分别通过

连接权 w_{ij} 和 v_{hi} 与输出层和输入层连接。在输出层 L_C 的输出模式为 $\boldsymbol{C}_k=(c_1,c_2,\cdots,c_k,\cdots,c_q),(j=1,2,\cdots,q)$。

(1) 给所有的 $\boldsymbol{W}$ 和 $\boldsymbol{V}$ 赋予 $(-1,+1)$ 区间的随机初始值。

(2) 从时刻 $t=1$ 开始，对每一模式对 $(\boldsymbol{A}_k,\boldsymbol{C}_k)(k=1,2,\cdots,m)$ 进行如下操作：

① $\boldsymbol{A}_k\rightarrow\boldsymbol{L}_A,\boldsymbol{C}_k\rightarrow\boldsymbol{L}_C$；

② 随机选取 L_B 中的某单元 i，改变其状态，即

$$b'_i\rightarrow b_i: b'_i=\begin{cases}1, & b_i=0\\0, & b_i=1\end{cases}$$

③ 计算 i 单元状态改变后全局能量的变化 ΔE_i，即

$$\Delta E_i=\sum_h^n v_{ih}a_h(2b_i-1)+\sum_j^q w_{ij}a_h(2b_i-1)$$

④ 如果 $\Delta E_i<0$，接受 i 的变化。如果 $\Delta E_i>0$，且 $P_i>r$，也接受 i 的变化。这里 r 为 $(0,1)$ 之间的随机数；P_i 为 ΔE_i 服从 Boltzmann 分布的概率，可用下式计算

$$P_i=\exp(-\Delta E_i/T(t))$$

或

$$P_i=\frac{1}{1+\exp(-\Delta E_i/T(t))}$$

式中，$T(t)$ 为网络的温度。如果 $\Delta E_i>0$，且 $P_i\leqslant r$，拒绝接受 i 单元状态的变化，此时该单元的状态恢复到变化前的状态。

⑤ 随机选取 L_B 中的另一单元，重复步骤②～步骤④。

⑥ 将 $t+1\rightarrow t$，计算此时的新温度 $T(t)$（逐渐降温）

$$T(t)=\frac{T_0}{\lg(t+1)}$$

式中，T_0 为网络的初始温度。

⑦ 重复步骤②～步骤⑥，直到所有的 $\Delta E_i=0$ 为止。此时，认为网络已处于热平衡状态。

⑧ 以此时 L_B 层所有单元的状态形成一个向量 $\boldsymbol{D}_k=(d_1^{(k)},d_2^{(k)},\cdots,d_i^{(k)},\cdots,d_p^{(k)})$，向量 $\boldsymbol{D}_k$ 将用来作下面的热平衡状态的统计分析。其中，

$$d_i^{(k)}=b_i,\quad i=1,2,\cdots,p$$

(3) 用 $\boldsymbol{D}_k$ 计算 L_A 层单元 h 和 L_B 层单元 i 处于相同状态的对称概率

$$Q_{hi}=\frac{1}{m}\left[\sum_{k=1}^m\Phi(a_h^{(k)},d_i^{(k)})\right]$$

式中，$\Phi(x,y)=\begin{cases}1, & x=y\\0, & x\neq y\end{cases}$。同样对 L_B 层单元 i 和 L_C 层单元 j，计算处于相同状态的对称概率

$$R_{ij}=\frac{1}{m}\left[\sum_{k=1}^m\Phi(c_j^{(k)},d_i^{(k)})\right]$$

(4) 再次从时刻 $t=1$ 开始，对每一模式 $A_k(k=1,2,\cdots,m)$ 进行如下操作

① $A_k\rightarrow L_A$。

② 随机选取 L_B 中的某单元 j，改变其状态，即

$$b'_i \rightarrow b_i: b'_i = \begin{cases} 1, & b_i = 0 \\ 0, & b_i = 1 \end{cases}$$

③ 计算 i 单元状态改变后全局能量的变化 ΔE_i，即

$$\Delta E_i = \sum_h^n v_{hi} a_h (2b_i - 1)$$

④ 如果 $\Delta E_i < 0$，或 $\Delta E_i > 0$，且 $P_i > r$，接受 i 单元状态的变化；否则，不接受。

⑤ 重复步骤②～步骤④。

⑥ 将 $t+1 \rightarrow t$，计算此时的新温度 $T(t)$（逐渐降温）

$$T(t) = \frac{T_0}{\lg(t+1)}$$

⑦ 重复步骤②～步骤⑥，直到所有的 $\Delta E_i = 0$ 为止。

⑧ 构成 $\boldsymbol{D}_k = (d_1^{(k)}, d_2^{(k)}, \cdots, d_i^{(k)}, \cdots, d_p^{(k)})$，$d_i^{(k)} = b_i (i = 1, 2, \cdots, p)$。

(5) 计算单元 i 处于相同状态新的对称概率

$$L_A \rightarrow L_B: Q'_{hi} = \frac{1}{m}\left[\sum_{k=1}^m \Phi(a_h^{(k)}, d_i^{(k)})\right]$$

$$L_B \rightarrow L_C: R'_{ij} = \frac{1}{m}\left[\sum_{k=1}^m \Phi(c_j^{(k)}, d_i^{(k)})\right]$$

(6) 调整连接权

$$L_A \rightarrow L_B: \Delta v_{hi} = a(Q_{hi} - Q'_{hi}) \tag{4.131}$$

$$L_B \rightarrow L_C: \Delta w_{ij} = a(R_{ij} - R'_{ij}), \quad 0 < a < 1 \tag{4.132}$$

(7) 重复步骤(2)～步骤(6)，直到 Δv_{hi} 和 Δw_{ij} $(h=1,2,\cdots,n;\ i=1,2,\cdots,p;\ j=1,2,\cdots,q)$ 变得足够小或达到零时为止。

从上面学习算法的过程中可以看出，网络单元的变化量是根据网络能量按 Boltzmann 分布概率来改变状态的。这是一种随机型的学习过程，有两个阶段：首先，固定住输入输出模式（钳住），让网络中间的隐单元状态随机变化，网络由此捕获输入输出之间的对应规律，这个规律由对称概率 Q_{hi} 和 R_{ij} 表征。这个阶段亦被称为正学习期。然后，仅仅输入单元被“钳住”，让中间隐单元随机变化，此时得到的对称概率分布 Q'_{hi} 和 R'_{ij}，反映了网络在现有连接权下，对输入输出模式对应规律的估计值。这个阶段称为反学习期。

将输入输出之间实际对应规律与估计对应规律之间的差异作为 I/O 层与隐层之间连接权调整的参考误差。随着学习的不断进行，这种差别将越来越小。最终网络将完全捕获输入与输出之间的对应关系。

与一般前馈网络一样，学习后的网络可进行联想。

将模式 A 赋予 L_A 层，其激活状态通过 v_{hi} 前馈到 L_B 层并产生 L_B 层单元的激活状态：

$$b_i = f\left(\sum_h^n v_{hi} a_h\right) \tag{4.133}$$

式中，$i=1,2,\cdots,p$；f 为阶跃函数。用同样的方式，L_B 层单元的激活值通过 w_{ij} 前馈到 L_C 层，产生相应的激活状态：

$$c_j = f\left(\sum_i^p w_{ij} b_i\right) \tag{4.134}$$

式中，$j=1,2,\cdots,q$；f 取阶跃函数；$C(c_1,c_2,\cdots,c_q)$即为 A 所联想出的输出模式。

Boltzmann 机可以看做是一种外界概率分布的模拟机，它从加在输入单元的输入模式中，推测外界的概率结构并加以学习和模拟。虽然 Boltzmann 机是一种功能很强的学习算法，并能找出全局最优点，但是由于采用了 Metropolis 算法，其学习的速度受该模拟退火算法的制约，因而一般说来系统的学习时间较长。所以，当前对 Boltzmann 模拟机的研究主要集中在改进其收敛速度上。

4. Boltzmann 机的模拟程序

对于模拟 4 个神经元(对应 16 个状态)的 Boltzmann 机，相关程序的核心部分描述如下。

```
InitRandom(seed);
Weightini(magnitude);
SetState(istate);
Temp=startTemp;
for(time=0.0;Temp>endTemp;time++)
{
Evolution(Rannum(0,UNIT-1));
if((int)time%display==0)
     DisplayTemp(time);
Temp=startTemp/(1.0+time);
}
DisplayTemp(time);
EquStatis(accumulation);
```

InitRandom 子程序的功能是对随机数发生子程序进行初始化。子程序 Weightini 的作用是用随机数设定结合权值和偏置值。子程序 SetState 的作用是把网络的初始状态设定成由参数指定的状态。子程序 Evolution 的作用是用参数指定某个神经元，并根据 Boltzmann 机状态变化规则来更新神经元的输出值。由于指定的神经元参数是随机数，所以满足了 Boltzmann 机算法的要求。

变量 Temp 表示网络温度。程序是在温度 startTemp 到温度 endTemp 范围内进行模拟退火的。为了提高降温速度，程序没有采用算法中的对数冷却方式，而是采用基于迭代次数的倒数的降温方法。

子程序 EquStatis 的作用是进行若干次状态变化(次数由参数设定)，并计算出这一过程中各状态出现的概率，即了解 Boltzmann 分布的情况。

4.4.3 Gaussian 机

Gaussian 机也称高斯机，是一个随机神经网络模型，它将服从 Gaussian 分布(即正态分布)的噪声加到每个神经元的输入，神经元的输出具有分级响应特性和随机性。可以说 Gaussian 机是 HNN 与 Boltzmann 机的结合，但更具一般性。前面介绍的 MP 模型、HNN 及 Boltzmann 机都是 Gaussian 机的特例。

1. Gaussian 机模型

1）神经元模型

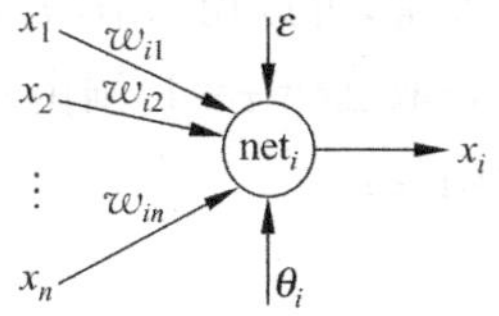

图 4.27　Gaussian 机神经元

Gaussian 机的神经元类似于连续型 HNN 模型的神经元，但也有不同之处，如图 4.27 所示。任意一个神经元 $i(1\leqslant i\leqslant n)$ 的输入都由 3 部分构成：来自其他神经元的输出 x_j、输入偏置（即阈值）θ_i 及由随机噪声引起的输入误差 ε。其中，噪声 ε 是 Gaussian 机中不可缺少的，正是因为这一项打破了神经元输出的确定性。每个神经元的总输入记为 net_i：

$$\text{net}_i = \sum_{j=1}^{n} w_{ij}x_j + \theta_i + \varepsilon \tag{4.135}$$

神经元的激活值 a_i 通常是随时间连续变化的，为了讨论方便，采用以下差分方程：

$$\frac{\Delta a_i}{\Delta t} = -\frac{a_i}{\tau} + \text{net}_i \tag{4.136}$$

式中，τ 表示神经元的时间常数；Δt 表示离散时间步长，考虑到收敛性，Δt 一般取值在 $(0,1)$ 区间。

神经元的输出由 S 形函数确定。输出值在 $(0,1)$ 区间取值，受噪声 ε 影响，它是不确定的。若选双曲正切函数（Sigmoid 函数），则输出 x_i 可表示为

$$x_i = f(a_i) = \frac{1}{2}\left[\tanh\left(\frac{a_i}{a_0}\right) + 1\right] \tag{4.137}$$

式中，a_0 为参考激活初值，它决定曲线的弯曲程度，即增益变化。如果 a_0 趋于 0，那么输出作用函数变为单位阶跃函数。

2）噪声

Gaussian 机最显著的特征是网络输入 net_i 总是要受到随机噪声 ε 的影响。由噪声产生的误差传到激活值 a_i，从而影响神经元的输出值 x_i。

噪声 ε 围绕零均值服从 Gaussian 分布，具有方差 σ^2。σ 定义为

$$\sigma = kT \tag{4.138}$$

式中，k 为常数，$k=2\sqrt{\frac{2}{\pi}}$；T 为温度参数。通过控制温度参数 T，就可以控制噪声 ε 对神经元输出值的影响，这一点在优化问题求解时有助于逃离能量局部极小点。

3）能量函数

Gaussian 机的收敛性依赖于权值 w_{ij} 和输入置值 θ_i。其网络结构类似于连续型 HNN，因此采用同样的形式。定义其能量函数为

$$E = -\frac{1}{2}\sum_{i=1}^{n}\sum_{j=1}^{n} w_{ij}x_jx_i - \sum_{i=1}^{n}\theta_i x_i + \frac{1}{\tau}\sum_{i=1}^{n}\int_{1/2}^{x_i} f^{-1}(x)\mathrm{d}x \tag{4.139}$$

式中，$f^{-1}(\cdot)$ 表示作用函数 $f(\cdot)$ 的反函数。当 a_0 趋于 0 时，式(4.139)中积分求和项消失。

Hopfield 已经证明，在下列两个条件下，能量函数 E 随时间单调减小，即权矩阵 $\boldsymbol{w}$ 是对称的；所有主对角元素 w_{ij} 等于零。在 Gaussian 机中，神经元状态受噪声影响而随机变化，网络状态能量在总的减小趋势下会产生扰动。因此，当噪声充分大时，Gaussian 机模型能

达到能量全局最小。

4）系统参数

Gaussian 机有 3 个系统参数表明其特征，即参数激活值 a_0、温度 T 和离散时间步长 Δt。通常，可以用 GM(a_0，T，Δt)表示具有这些参数的 Gaussian 机模型。

若取 $\Delta t=\tau=1$，则由式(4.136)可以得到如同 MP 模型和 Boltzmann 机神经元的瞬态激活函数：

$$a_i(t+1)=a_i(t)+\Delta a_i(t)=\mathrm{net}_i \tag{4.140}$$

当考虑物理模拟的一般情况时，这种粗略的系统动力学描述可能导致严重的错误。但是这种简化描述方法在某些场合仍然很有效。考虑到计算代价，当期望得到某一优化问题的实用解而不是理论证明时，具有较小 Δt 值的系统动力学精确描述是没有太多意义的。

2. Gaussian 机的子类

在特定条件下由 Gaussian 机模型 GM(a_0，T，Δt)，可以推导出 MP 模型、HNN 模型和 Boltzmann 机模型。

1）MP 模型

MP 模型神经元具有 3 个特征：二值输出；确定性决策；瞬间激活。

对于 Gaussian 机模型，若 $a_0=0$，$T=0$ 同时成立，则输出函数变为单位阶跃函数，输出决策为完全确定性的。所以，GM(0,0,1)表示 MP 模型。

2）HNN 模型

连续型 HNN 模型可由 3 个特征表示：分级输出，即神经元输出值可在一定范围内连续取值；确定性决策；连续激活。

当温度 $T=0$ 时，Gaussian 机具有受 a_0 控制的 S 形输出函数。因此，连续型 HNN 模型可用 GM(a_0，0，Δt)表示。具有很高增益的 HNN 模拟电路可对应 GM(0,0,0)的情况。

3）Boltzmann 机模型

Boltzmann 机模型可刻画为：二值输出；随机决策；瞬间激活。其激活函数与 Gaussian 机神经元的总输入相等，如式(4.140)。因此，Boltzmann 机模型可用 GM(0，T，1)表示。

当 $a_0=0$，输出作用函数为单位阶跃时，输出 O_i 的分布为

$$\bar{O}_i=\int_0^{\infty}1\cdot P(a_i=a)\mathrm{d}a=\varphi\left(\frac{\bar{a}_i}{\sigma_{a_i}}\right) \tag{4.141}$$

$$\sigma_{O_i}^2=\int_0^{\infty}1^2\cdot P(a_i=a)\mathrm{d}a-\bar{O}_i^2=\varphi\left(\frac{\bar{a}_i}{\sigma_{a_i}}\right)\left[1-\varphi\left(\frac{\bar{a}_i}{\sigma_{a_i}}\right)\right] \tag{4.142}$$

式中，$\varphi(x)$为标准累加 Gaussian 分布，定义为

$$\varphi(x)=\frac{1}{\sqrt{2\pi}}\int_{-\infty}^{x}\mathrm{e}^{-z^2/2}\mathrm{d}z \tag{4.143}$$

因为 O_i 是二值的，式(4.141)中的 $\bar{O}_i$ 可以解释为状态为 1 的概率。累加 Gaussian 分布是一 S 形函数，非常适合于式(4.122)定义的 Boltzmann 机模型的概率函数。

当使用的噪声服从对数分布而不是 Gaussian 分布时，GM(0，T，1)表示的模型与 Boltzmann 机完全相同。这为探索两个模型的实验提供了一个方便的桥梁。

Gaussian 机模型包括了 MP 模型、HNN 模型及 Boltzmann 机模型，从某种意义上讲更

具有一般性。

3. Gaussian 机模型锐化与退火

1) 锐化

用 Gaussian 机求解优化问题时，常使用的一个有效技术为输出增益曲线锐化。前面曾提到系统参考激活值 a_0 的大小决定了增益曲线的弯曲程度，a_0 越大，曲线越平缓，输出为(0,1)之间的中间变化值就越多，这种神经元分级响应特性对粗略寻找能量极小是很有益的。但是，较大的 a_0 对优化问题的收敛性也有损害。因此，求解过程中应控制好 a_0 的取值。锐化的实质是在问题求解过程中控制参数 a_0，使输出增益曲线随 a_0 的逐渐减小而变得越来越陡峭，当求解结束时，a_0 应充分小。

实现锐化控制常采用指数、反对数调度方案，也可使用下列双曲调度：

$$a_0 = \frac{A_0}{1 + t/\tau_{a_0}} \tag{4.144}$$

式中，A_0 为 a_0 的初值；τ_{a_0} 为锐化调度的时间常数；t 表示时间。

2) 退火

Gaussian 机求解优化问题时，模拟退火技术与锐化技术同样重要。可以使用下列双曲调度：

$$T = \frac{T_0}{1 + t/\tau_T} \tag{4.145}$$

式中，T_0 为初始温度；τ_T 为模拟退火调度的时间常数。

Gaussian 机求解优化问题的收敛速度比 Boltzmann 机要快，解的质量也较高。图 4.28 所示为两种方式求解过程中能量变化情况。能量 E_2 表示 Boltzmann 机求解过程中的能量变化；E_1 表示 Gaussian 机应用锐化技术后，将原有系统能量表面改变后的一个状态，可见这种情况下再应用模拟退火技术，就比较容易落入能量全局极小状态。一般情况下，只要锐化作用逐渐加强(即 a_0 不断减小)，模拟退火中温度下降得慢一些，Gaussian 机解的质量就比 Boltzmann 机高。

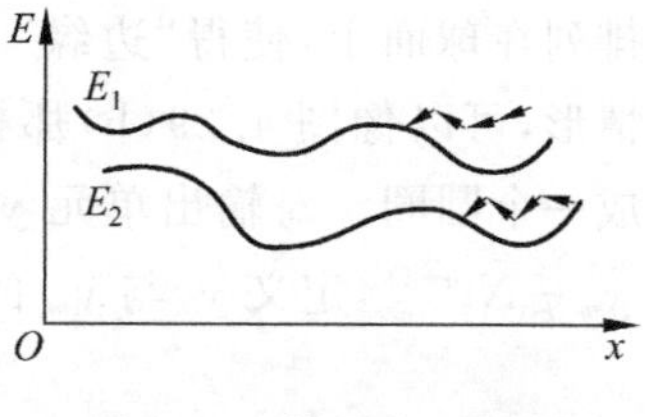

图 4.28 能量表面变化

4.5 自组织竞争网络

对于外界输入的各种信号，人脑中处于不同位置的神经元的反应是不同的。各个神经元通过彼此侧向互相作用、互相竞争自组织成为检测不同信号的特征探测器。据此，Kohonen 提出了自组织特征映射(self-organization feature map，SOFM)神经网络，用来完成对输入样本的排序、映射和分类等工作。它的一个重要特点是保持临近关系这种拓扑性质不变，即相距较近的两个输入向量，经过网络的映射后，相应的输出向量也相距较近。SOFM 网络采用的是无监督(无教师)竞争学习方法。ART 网络与 SOFM 网络有类似之处，但是网络结构更为复杂。它也是基于自组织竞争学习，其出发点是解决网络的稳定性(旧记忆不被遗忘)与灵活性(新样本快速记忆)的矛盾。输入 ART 网络的每一个模式，或者与已存储的某个典型样本相匹配(共振),或者成为一个新的典型样本。

4.5.1 SOFM 网络结构

SOFM 网络分为输入层和输出层,输入层的任意一个单元 $x_n(n=1,2,\cdots,N)$通过权值 W_{mn}与输出层的每一个单元 $y_m(m=1,2,\cdots,M)$连接。输出层各单元常排成一维、二维或多维阵列。在图 4.29(a)中,输出单元排成一个二维阵列。注意在图 4.29(a)中,输入 $\boldsymbol{x}$ 是 N 维向量,图中每条连线表示一个 N 维权向量。

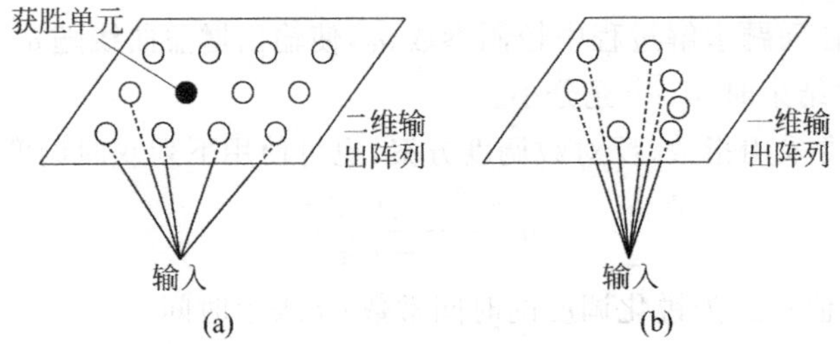

图 4.29 SOFM 网络结构

为了满足学习过程的需要,可以用各种方式对输出层每一个单元 y_c 定义其 l 阶($l=0,1,2,\cdots$)邻域 $N_c^{(l)}$,如图 4.30 所示。这里注意

$$y_c=N_c^{(0)}\in N_c^{(1)}\subset N_c^{(2)}\cdots$$

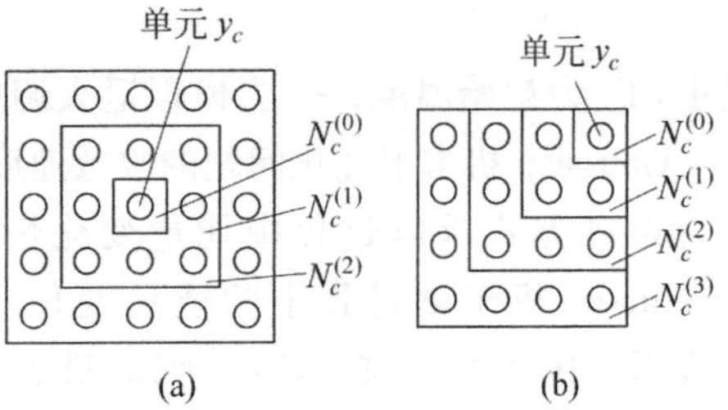

图 4.30 输出单元的邻域

对阵列边缘上的输出单元 y_c 的邻域定义应做相应修改,参见图 4.30(b)。输出层单元也可以排列在球面上,使得"边缘"单元不存在。在一维情形,可以像图 4.29(b)那样将输出层单元排列成一个圆圈。对输出单元 y_c,设另一个输出单元 $y_m\notin N_c^{(q-1)}$,定义 y_c 与 y_m 的距离为

$$d_{mc}=q \tag{4.146}$$

1. 工作流程

假设网络的权值矩阵 $\boldsymbol{W}$ 已经给定,则由网络输入 $\boldsymbol{x}=(x_1,x_2,\cdots,x_N)$可以得到输出

$$y_m=\sum_{n=1}^{N}W_{mn}x_n,\quad m=1,2,\cdots,M \tag{4.147}$$

全体输出单元竞争后,选出唯一的获胜单元 y_c:

$$y_c=\max_{1\leqslant m\leqslant M}y_m \tag{4.148}$$

这表示输入向量 $\boldsymbol{x}$ 被分到 y_c 所代表的这一类中。假设权值向量 $\boldsymbol{W}_m=(w_{m1},w_{m2},\cdots,w_{mN})$的长度固定,即

$$\|\boldsymbol{W}_m\|=C \tag{4.149}$$

则容易验证式(4.148)与下式是等价的:

$$\|\boldsymbol{x}-\boldsymbol{W}_c\|=\min_{1\leqslant m\leqslant M}\|\boldsymbol{x}-\boldsymbol{W}_m\| \tag{4.150}$$

由式(4.150)可以想象,SOFM 方法就是选取 M 个旗杆 $\boldsymbol{W}_m=(w_{m1},w_{m2},\cdots,w_{mN})$。输

入向量离哪个旗杆近，就是哪个旗杆下的兵。

2. 学习过程

利用给定的训练样本$\{x^{(j)}\}_{j=1}^{J}\subset R^{(N)}$，可以通过下述学习过程来确定网络权矩阵$\boldsymbol{W}$：

(1) 网络初始化。将训练样本$\{x^{(j)}\}_{j=1}^{J}$按出现概率排列成序列$\{x^{(k)}\}$，随机选取初始矩阵$W^{(0)}$，令$k=0$。

(2) 相似性检测。将样本$x^{(k)}$输入网络，按式(4.147)得到获胜单元y_c。

(3) 权值更新。利用适当选定的距离函数$h(d_{mc},k)$，按下式修改权值：

$$W_m^{(k+1)}=W_m^{(k)}+h(d_{mc},k)(x^{(k)}-W_m^{(k)}) \tag{4.151}$$

(4) 权值归一化。将权矩阵$\boldsymbol{W}$的各行分别乘以适当的常数，使式(4.149)成立。

(5) 收敛性检测。若权值迭代过程按某种准则收敛，则停止；否则k增加1。转到步骤(2)。

由式(4.151)，

$$W_m^{(k+1)}-x^{(k)}=[1-h(d_{mc},k)](W_m^{(k)}-x^{(k)})$$

因此，当$|1-h(d_{mc},k)|<1$时，

$$|W_m^{(k+1)}-x^{(k)}|<|W_m^{(k)}-x^{(k)}| \tag{4.152}$$

选出获胜单元y_c后，应该调整y_c及其适当邻域内的各输出单元的相应权值向量，使其对$x^{(k)}$做出更大响应或更接近于$x^{(k)}$。调整的幅度应随着各单元与y_c距离的增加而减小。另外，在学习过程中，开始时应该在y_c的较大调整邻域（即使得$h(d_{mc},k)$非零的那些邻点m）内修改权值，然后随着迭代步数k的增加而逐渐收缩调整邻域。这样，随着学习过程的进行，每个输出单元的“专业化程度”越来越高。最后，权值修改的幅度$h_{\max}=\max\limits_{d}h(d,k)$也应随学习迭代步数$k$的增加而减小。总之，距离函数$h(d_{mc},k)$应随着$d_{mc}$的增大而减小，而它的支集（即调整邻域）以及它的最大值$h_{\max}$都随着k的增加而减小。比如，假设限定总的迭代步数为3000（即各个样本向量在学习过程中一共使用了3000次）。在前1000步，可令调整邻域为$N_c^{(3)}$，$h_{\max}=\eta$。而在其后的第2个、第3个1000步中，调整邻域分别为$N_c^{(2)}$和$N_c^{(1)}$，$h_{\max}$分别为$\eta/2$和$\eta/8$。

常用的几种距离函数在图4.31中给出，分别为阶梯函数、三角形函数、高斯函数和墨西哥草帽函数。其中墨西哥草帽函数是两个高斯函数的差，即

$$h(d)=\eta_1\exp\left(-\frac{d^2}{2\sigma_1^2}\right)-\eta_2\exp\left(-\frac{d^2}{2\sigma_2^2}\right)$$

它具有对邻域边缘消除刺激的功能，从而会增强输出平面上分类边界的“对比度”。但是若这种对比度过强，则会使分类边界上出现不表示任何类的“无人区”。

3. 两阶段学习

(1) 自组织（粗分类）阶段。这一阶段一般需要上千次迭代，使训练样本经网络映射后得到位置大致正确的获胜单元。采用高斯距离函数

$$h(d_{mc},k)=\eta_k\exp\left(-\frac{d_{mc}^2}{2\sigma_k^2}\right) \tag{4.153}$$

式中，

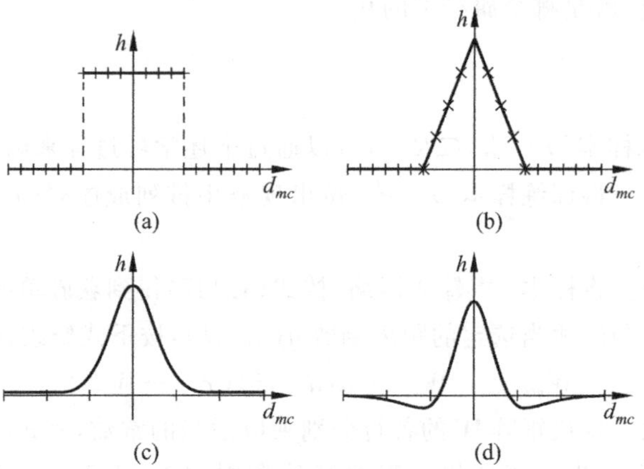

图 4.31　常用距离函数(k 固定)

(a) 阶梯函数；(b) 三角形函数；(c) 高斯函数；(d) 墨西哥草帽函数

$$\eta_k = \eta_0 \exp\left(-\frac{k}{\tau_1}\right), \quad \sigma_k = \sigma_0 \exp\left(-\frac{k}{\tau_2}\right)$$

这里，η_0，σ_0，τ_1 和 τ_2 是可选参数。例如，选 σ_0 为输出层的“半径”，即邻域 $N_c^{(l)}$ 中 l 可取到的最大值。其他参数选为

$$\eta_0 = 0.1, \quad \tau_1 = 1000, \quad \tau_2 = \frac{1000}{\ln\sigma_0} \tag{4.154}$$

(2) 收敛(细化)阶段。在这一阶段可以得到更加精细和准确的分类(即获胜单元)。通常至少需要迭代 $500(M+N)$ 次，其中 M 和 N 分别为输出单元和输入单元的个数。在这一阶段，η_k 应该取作数量级为 0.01 的某一较小数值。注意：η_k 不应太小，以免迭代过程无法有效进行。另外，这时 $h(d_{mc}, k)$ 的支集应该集中在 y_c 的 $N_c^{(1)}$ 和 $N_c^{(2)}$ 邻域中。

4.5.2　SOFM 网络的应用

1. 化学键断裂性分析

考虑 200 种化学键的断裂性质。每一个化学键由 7 个分量组成的一个向量来表示，每个分量描述其电子、能量等各种性质。已知在某种特定条件下，其中 58 种化学键容易断裂，36 种化学键很难断裂，剩下的 106 种化学键的断裂性质则是未知的。现在要用以上 94 种已知断裂性质的化学键来推断未知的 106 种。为此，构造一个 11×11 的平面阵列 SOFM 网络。利用这 200 个向量竞争学习，得到如图 4.32 的结果。

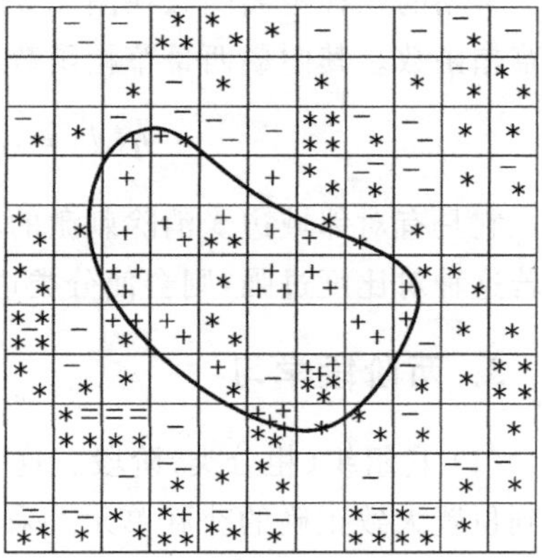

图 4.32　用于化学键断裂性分析的 SOFM 网络聚类结果

“容易”或“很难”断裂的化学键对应的输出层中获胜单元分别标为“+”和“−”，而断裂性质未知的化学键标为“*”。可以看出，大多数“+”号化学键集中在图 4.32 中标出区域的内部。据此可以推测，位于

这一区域的其他未知性质的化学键很有可能也是容易断裂的，而位于这一区域之外的则是难以断裂的。

2. 数学符号识别的粗分类

这里介绍用神经网络来识别 64 个常用的印刷体数学符号。首先，用 Kohonen 网络进行粗分类，每个数学符号由 16×16 黑白点阵表示（黑点为 1，白点为 0）。因此输入层神经元为 256 个。输出层采用一维阵列，神经元个数为 16 个。距离函数定义为

$$h(d,k)=\begin{cases}0, & d>\Lambda(k)\\ \eta(0)\left(1-\dfrac{k}{K}\right), & d\leqslant\Lambda(k)\end{cases}\tag{4.155}$$

式中，$\Lambda(k)=\mathrm{INT}\left(\Lambda(0)\left(1-\dfrac{k}{K}\right)\right)$，$\mathrm{INT}(x)$表示 x 的整数部分；K 是总的迭代步数；k 是当前迭代步数；$\Lambda(0)=8$，$\eta(0)=0.9$。网络训练结束后，64 个训练样本实际被分成 15 类，每一类中的符号较为相似。图 4.33 中给出了部分类中包含的符号。

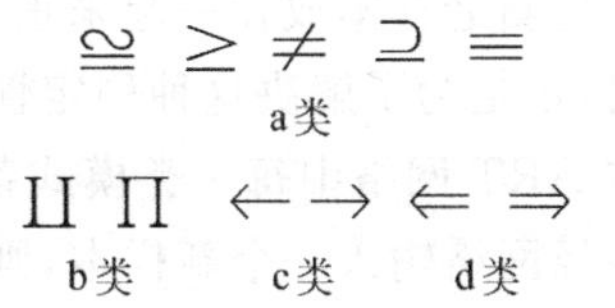

图 4.33　SOFM 网络对数学符号的粗分类

16 个输出单元中，有一个没有被任何样本向量激活，因此将此单元及其连接去掉。然后对每一个子类中的几个数学符号样本，再分别训练 BP 网络做进一步辨识分类，达到了较好精度。对样本集的识别精度达到 100%。对样本的随机污染达到 10%时，正确识别率仍达到 95%。

3. 音素映射

为了达到语音识别的目的，可以用 SOFM 网络实现语音音素到二维输出阵列的映射。输入向量是由 15 个带通滤波器提供的语音信号；输出层是一个 8×12 平面阵列。训练后得到的因素映射表在图 4.34 中给出。以这个网络为基础的语音识别方法成功用于识别芬兰语和日语（识别孤立语旨词，词汇量 1000 个），其音素识别率为 75%～90%，词识别率为 96%～98%，视不同的词汇和讲话人而定。

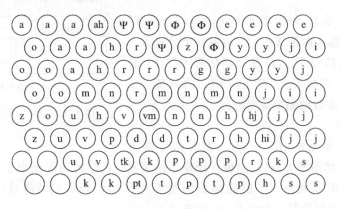

图 4.34　SOFM 网络音素映射实验结果

4.5.3 ART 神经网络

1. 基本想法

自适应谐振理论(adaptive resonance theory)简称 ART。现在已经推出 ART1,ART2,ART3 等 3 种结构,其中,ART1 处理二进制(0,1 值)数据;ART2 可以处理任意实数;而 ART3 扩展为多层网络,并且引入了人类神经元具有的一种化学反应机制。本节以 ART1 为例(以下简记为 ART)做一简要介绍。

以前讲到的各种神经网络有一个共同特点,即利用一组新的样本来重新训练一个神经网络时,以前的学习成果(利用老的样本已经得到的记忆)有被遗忘的倾向。若想不被遗忘,就必须将新老样本放在一起来重新训练,这样就使学习新样本的成本大大增加。ART 网络的提出,正是为了解决这种稳定性(旧记忆不被遗忘)与灵活性(新样本快速记忆)的矛盾。

在 ART 网络中每一类模式都由一个典型权向量来代表,这一点与 SOFM 网络类似。若对神经网络输入一个新样本,则按某种标准确定其是否与某个典型权向量匹配。如果是,则将此样本归入这一类,并且将这一类的典型向量加以调整,使其更匹配于该输入向量,而对其他类相应的典型向量(权值)则不加改变。如果否,即新样本不与任何一个已有典型向量匹配,则以此新样本为标准建立一个新的典型向量,代表一个新的模式类。可见,ART 网络的学习和应用过程不是截然分开的。新样本可以很快找到归属,或建立新的模式类,同时不会太大地影响原有记忆。在这一方面,ART 网络更加接近于人脑的记忆机制,在很大程度上解决了稳定性与灵活性的矛盾。

2. ART 的网络结构

ART 网络的基本结构如图 4.35 所示。网络中单元的取值为二进制(0,1),可分为 3 组:比较层 C,识别层 R 和控制信号 G(包括逻辑控制信号 G_1,G_2 和重置信号 Reset)。图中 ρ 表示相似度标准。下面对各部分功能及相互关系做简单介绍。

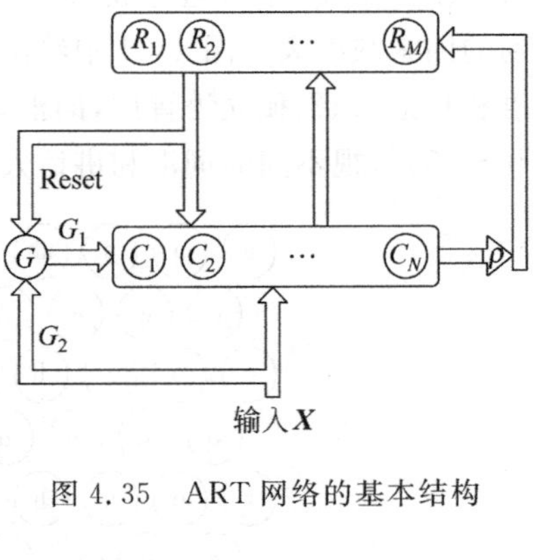

图 4.35 ART 网络的基本结构

1) 比较层 C

C 层有 N 个单元,每个单元 $C_n(n=1,2,\cdots,N)$ 接受 3 个信号:输入向量 $\boldsymbol{X}\in\mathbb{R}^{(N)}$ 的第 n 个分量 X_n、R 层发回的反馈信号 T_{mn},以及控制信号 G_1。C_n 的输出值通过"2/3 多数表决"产生,即 C_n 的取值与 3 个输入信号中占多数的那个信号相同。

2) 竞争层 R

R 层有 M 个单元 $R_1,R_2,\cdots,R_M$,表示 M 个输出模式类。M 可以动态增大,以适应设立新模式的需要。R 层的功能相当于一种前向竞争网络,恰如一个 SOFM 网络。C 层的输出向量 $\boldsymbol{C}=(C_1,C_2,\cdots,C_N)$ 通过权值 $\boldsymbol{B}_m=(B_{1m},B_{2m},\cdots,B_{Nm})$ 与 R 层的每一单元 R_m 前向连接。

3) 控制信号

G_2 的值为输入向量 $\boldsymbol{X}=(X_1,X_2,\cdots,X_N)$ 各分量的逻辑"或",即

$$G_2 = \begin{cases} 0, & \boldsymbol{X} = \boldsymbol{0} \\ 1, & \text{其他} \end{cases} \tag{4.156}$$

G_1 的取值为

$$G_1 = G_2 \overline{R_0} \tag{4.157}$$

式中，R_0 是 $\boldsymbol{R}=(R_1,R_2,\cdots,R_M)$ 的逻辑“或”，$\overline{R_0}$ 为 R_0 的反。因此，只有当 $R=0$（即输出层没有任何单元被激活），并且输入向量 $\boldsymbol{X}$ 不为零时，才有 $G_1=1$；否则 $G_1=0$。

若按照某种事先给定的测量标准，输入向量 $\boldsymbol{X}=(X_1,X_2,\cdots,X_n)$ 不属于输出层获胜单元 R_c 所代表的模式类，则向 R 层发出 Reset 信号，使得 R 层本次竞争获胜单元 R_c 无效。

4）网络运行与训练

ART 网络的运行与训练不是截然分开的。下面先给出一个完整的流程，然后稍加解释。

(1) 初始化。令 $t=0$，

$$T_{mn}(0) = 1, \quad m = 1,2,\cdots,M; \quad n = 1,2,\cdots,N \tag{4.158}$$

$$B_{nm}(0) = \frac{1}{0.5+N}, \quad m = 1,2,\cdots,M; \quad n = 1,2,\cdots,N \tag{4.159}$$

选择相似度标准

$$0 < \rho < 1 \tag{4.160}$$

(2) 向网络输入一个样本模式 $\boldsymbol{X}=(X_1,X_2,\cdots,X_N)\in\{0,1\}^{(N)}\neq 0$。令下标集合 $\Gamma=\{1,2,\cdots,M\}$。令 R 层输出 $\boldsymbol{R}=(R_1,R_2,\cdots,R_M)=\boldsymbol{0}$。此时 $G_2=1$。按“2/3 多数表决”规则产生 C 层输出 $\boldsymbol{C}=(C_1,C_2,\cdots,C_N)=\boldsymbol{X}$。

(3) 计算与 R_m 的前向连接权值 $\boldsymbol{B}_m=(B_{1m},B_{2m},\cdots,B_{Nm})^{\mathrm{T}}$ 的匹配度

$$\mu_m = \boldsymbol{C}\boldsymbol{B}_m \tag{4.161}$$

(4) R 层竞争选出最佳匹配

$$\mu_c = \max_{m\in\Gamma} \mu_m \tag{4.162}$$

并令 $R_c=1$。

(5) 激活获胜单元 R_c 的后向连接权值 $\boldsymbol{T}_c=(T_{c1},T_{c2},\cdots,T_{cN})$，分别回传到 C 层各单元，产生新的 C 层输出，这时 $G_1=0$。因此，

$$C_n = T_{cn} X_n \tag{4.163}$$

(6) 警戒线测试。记向量 $\boldsymbol{X}$ 中等于 1 的分量个数为 $\|\boldsymbol{X}\|_1$，则

$$\|\boldsymbol{X}\|_1 = \sum_{n=1}^{N} X_n, \quad \|\boldsymbol{C}\|_1 = \sum_{n=1}^{N} T_{cn} X_n \tag{4.164}$$

若

$$\frac{\|\boldsymbol{C}\|_1}{\|\boldsymbol{X}\|_1} > \rho \tag{4.165}$$

则接受 R_c 为获胜单元，转向步骤(9)；否则，转向步骤(7)。

(7) 发送 Reset 信号，即令 $R_c=0$，并在 Γ 中去掉 c。若 Γ 这时成为空集，接步骤(8)；否则转向步骤(4)。

(8) M 增加 1 在 R 层启用一个新单元 R_{M+1}，并令 $c=M+1$。

(9) 按下式调整前向与后向权值：

$$T_{cn}(t+1)=T_{cn}(t)X_n,\quad n=1,2,\cdots,N \tag{4.166}$$

$$B_{nc}(t+1)=\frac{T_{cn(t)}X_n}{0.5+\sum_{n=1}^{N}T_{cn}(t)X_n},\quad n=1,2,\cdots,N \tag{4.167}$$

(10) 取消步骤(8)中设立的 Reset 信号，即恢复 R 层所有单元的竞争资格，t 增加 1，返回步骤(2)。

3. 几点注解

R 层中单元 R_m 的前向权值向量 $\boldsymbol{B}_m$ 和后向权值向量 $\boldsymbol{T}_m$ 都可以看做是“R_m”类典型代表向量，称为长期记忆(long term memory，LTM)。只不过 $\boldsymbol{T}_m$ 属于 $\{0,1\}^{(N)}$ 空间，而 $\boldsymbol{B}_m\in\mathbb{R}^{(N)}$ 可以看做是 $\boldsymbol{T}_m$ 按照 $\mathbb{R}^{(N)}$ 上的 $L^{(1)}$ 范数(即各分量绝对值的和)做归一化后得到的。C 和 R 层的状态称为短期记忆(short term memory，STM)。短期记忆用来激活长期记忆，并在必要时用来修正长期记忆。只有当输入向量在 R 层的竞争和在 C 层的匹配一致指明其归属(即共振)时，才完成联想或分类任务。

警戒值 ρ 的选择是很重要的，ρ 值越接近于 1，对样本区分的精细度就越高，能区分的类就越多，但对噪声的敏感度也就越高。在学习过程开始时，可以选取较小的 ρ 值，然后逐渐增大。一般来说，相比其他神经网络，ART 网络的抗噪声能力较差。

利用某个训练样本集，按上述流程确定了权值矩阵 $\boldsymbol{T}=(T_{mn})$ 和 $\boldsymbol{B}=(B_{nm})$ 后，将网络用于一般输入向量时，可以有两种策略：一种策略是保持权值不变，若输入向量 $\boldsymbol{X}$ 按给定警戒线值 ρ 不属于网络中已经存储的任意一类时，则简单地作为拒识处理，并采用其他办法个别处理此种输入向量。另一种策略是根据输入向量按上述步骤(1)～步骤(10)随时修改网络权值。这样，当检测出输入向量属于已存储的某一类时，该类的代表向量 $\boldsymbol{T}_m$ 和 $\boldsymbol{B}_m$ 做相应修改，使其更加“靠近”$\boldsymbol{X}$。而当 $\boldsymbol{X}$ 不属于任何一类时，则已有的权值不做任何修改，只是新分配一个 R 层单元及相应的向下和向上权值。显然，后一种策略更能体现 ART 的特点，即新学到的知识只影响旧的知识中与此密切相关的那一小部分，或者只是产生新的知识存储。

4.6 神经网络计算的组织

使用人工神经网络解决问题时，首先遇到的问题是神经网络的参数(如结构参数等)如何选择。尽管人们已经对人工神经网络做了大量研究工作，但至今还没有一个通用的理论公式来指导参数选择，这里只能介绍一些方法作参考，以便对网络结构达到适用的要求。

4.6.1 输入层和输出层设计

1. 网络信息容量与训练样本数的匹配

在解决实际问题时，训练样本数量往往难以确定。对于确定的样本数，若网络参数太少，则不足以表达样本中蕴涵的全部规律；若网络参数太多，则由于样本信息少而得不到充分的训练。多层前馈的分类逼近能力与网络信息的容量相关,如用网络的权值和阈值总数 n_w 表征网络信息容量,通过研究,一般训练的样本数 P 与给定的训练误差 ε 之间满足下面的匹配关系：

$$P \approx \frac{n_w}{\varepsilon} \tag{4.168}$$

上式表明,网络的信息容量与训练样本数之间存在着合理的匹配关系：当实际问题不能提供较多的样本时,为了降低 ε,需设法减少 n_w。

2. 训练样本数据设计

训练样本数据选择的科学性及数据表示的合理性,对网络设计具有极为重要的影响。样本数据的准备工作是网络设计与训练的基础。

1) 输入数据的设计

训练数据的多少与网络的训练时间有明显关系。在设计输入层和输出层时,应尽可能减少系统的规模,使系统的学习时间和复杂性减少。一般来说确定网络的训练数据时要考虑以下问题：

(1) 训练数据组中必须包括全部模式。神经网络是靠已有的丰富经验来训练的,而且数据样本越全面,训练的网络性能就越好。训练数据组是由一个个训练样本组成的,一个训练样本是一组输入输出数据。将训练数据组尽可能分为不同类型的分组,数据组中必须包括全部模式。例如,要训练网络识别英文字母,如果没有字母 B 的训练数据组,网络就不可能识别 B。

(2) 各输入数据之间尽可能互相不相关或相关性小,否则网络没有泛化能力。

(3) 输入量必须选择那些对输出影响大,且能够控制或提取的训练数据。

(4) 在数据的每一个类型中,还应适当地考虑随机噪声的影响。例如在加工线上,用神经网络识别不合格零件,在训练网络时,必须用各种不合格尺寸及不合格形状的零件的数据来训练网络。

也要注意在靠近分类边界处训练样本的选择。在靠近边界的地方,噪声的影响容易造成网络的错误判断,因此要选用较多的训练样本。

大的训练样本可以避免训练过度。网络从输入层、中间层(隐含层)到输出层单元的充分连接,组成大量的网络权重参数,所以神经网络比传统的统计方法对训练过度更敏感。例如,采用 26 个输入单元和 10 个中间单元,不考虑输出层,总共有 260 个自由参数,这种情况下,训练样本一般应大于 500 个。

为了使网络学习到有效特征,一般的方法是采用大量的训练样本,使网络不至于只学到少量样本不重要的特征。建议训练数据数(也称样本数)的选择方法是将网络中计算的权重数乘以 2,如果再加 1 倍更好,这里不包括训练之后网络检验用的数据组。

训练样本当然要进行筛选和避免人为因素的干扰,同时应注意训练样本中各种可能模式的平衡,不能偏重于某种类型。

2) 输入数据的变量

在设计网络之前必须整理好训练网络的数据,这些数据一般无法直接获得,常常需要用信号处理与特征提取技术,从原始数据中提取反映其特征的参数作为网络输入数据。一般的数据分为以下两种变量：语言变量和数值变量。

语言变量没有具体的数据，其测量值之间没有“大于”或“小于”的等量关系，赋予这类数据的唯一数学关系是“属于”还是“不属于”、“相同”或是“不相同”。语言变量有性别、职业、形状、颜色，如男、女，司机、医生，圆形、方形，黄、蓝等。

判别一个变量是否为语言变量的根据是能否给此变量的值赋予顺序关系，如果能赋予就不属于这类变量。

语言变量可用“n 中取 1”的二进制方式表示，即第 n 个单元为“1”状态，其余 $n-1$ 个单元为“0”状态。这样用 n 个输入神经元来输入网络，若此变量存在，则变量相应的单元输入为 1，其他则为零。例如，红、黄、蓝、黑 4 种颜色类别，可用 0001，0010，0100，1000 分别表示。当类别不是太多时，用这种方法表示不复杂且直观性强。

此外，语言变量还可以采用“$n-1$”表示法，可节省一个神经元，即用全 0 来表示一种类别。例如，用 000，001，010，100 分别表示红、黄、蓝、黑 4 种颜色类别。对输出，若只有两种可能性，则只用一个二进制数来表达就清楚了，如用 0 或 1 表示产品的合格与不合格、数学中的相等与不相等。

数值变量的数值差具有一定的顺序关系，变量也具有顺序关系。例如，产品质量的差与好可以用 0 和 1 表示，而较差与较好的可用 0 和 1 之间的数值表示，如以 0.25 表示较差、0.5 表示中等、0.75 表示较好等。数值的选择要注意保持由小到大的渐进关系。

在神经网络中，最常用的换算方法是线性方法。如果变量的最大值和最小值分别为 V_{max} 和 V_{min}，而网络的实际限制范围是 A_{max} 和 A_{min}，则对变量 V 可用下式进行变换：

$$A = r(V - V_{min}) + A_{max} = rV + (A_{min} - rV_{min}) \tag{4.169}$$

式中，$r=\dfrac{A_{max}-A_{min}}{V_{max}-V_{min}}$。

对于网络的输出值 A，可用下式转换量 V：

$$V = \frac{A - A_{min}}{r} + V_{min} = \frac{A}{r} + \left(V_{min} - \frac{A_{min}}{r}\right) \tag{4.170}$$

所测量的变量一般都具有近似的标准分布，基本对称于其平均值。

3）输出量的表示

这里的输出量实际上指的是网络训练提供的期望输出。输出量代表系统要实现的功能目标，其选择相对容易些。输出量对网络的精度和时间影响不大，可以是数值或语言变量。对于数值变量可以直接用数值表示，由于网络实际输出的只能是 0～1 或 −1～1 之间的数，所以需将期望输出进行标准化处理。对于语言变量可采用“n 中取 1”或“$n-1$”的表示法。

4.6.2 网络数据的准备

数据准备是否得当，直接影响训练时间和网络的性能。下面对有共性的数据准备问题进行讨论。

1. 标准化问题

这里提出的标准化问题是指网络的输入、输出各数值变量都要限制在 0～1 或 −1～1。

当输入变量幅度很大时，例如一个数据变量为10^6 级而另一个数据变量为10^{-6}级，应该从网络上，针对变量的重要程度来调整权值的大小，即网络应该学会使前者的权值很小，而使后者的权值很大，但实际上很难办到。因为要跨越这样大的范围，对学习算法的要求太高了。事实上，许多学习算法对权值范围都有限制，不能适应如此宽的数据变化范围。为此，需要将输入数据归一化到能使网络所有权值调整都在一个不大的范围之内，从而减轻网络训练的难度。标准化是让各分量都在 0～1 或 −1～1 之间变化，即从网络训练开始，就给各输入分量以同等的地位。

标准化的另一个原因是使数据与计量单位无关。例如，一个物品的质量以公斤计，而另一个物品的质量以市斤计，很明显这两件物品所用的数据不同。然而经过标准化处理后，数据就与所用的计量单位无关了。

对于 BP 网络的神经元采用 Sigmoid 转移函数，标准化后可防止因净输入的绝对值过大而使神经元输出饱和，继而使权值调整进入误差曲面的平坦区。

当 Sigmoid 或 tanh 转移函数的输出在 0～1 或 −1～1 之间时，作为导师信号的输出数据如不进行标准化处理，势必数值大的输出分量绝对误差也大，数值小的输出分量绝对误差也小。网络训练时，若只针对输出总误差调整权值，则其结果是在总误差中占份额小的量绝对误差小，而输出分量相对误差较大。碰到这样的问题，只要对输出进行标准化处理就可以了。

当输入与输出矢量的各分量量纲不同时，应对不同分量在其取值范围内分别进行标准化。当各分量物理意义相同，且为同一个量纲时，应在整个数据范围内确定最大值 $x_{\max}$ 和最小值 $x_{\min}$，并进行统一的变换处理。将输入输出数据变换为[0,1]区间的值，常用以下方式变换：

$$\bar{x}_i = \frac{x_i - x_{\min}}{x_{\max} - x_{\min}} \tag{4.171}$$

式中，x_i 代表输入或输出数据；$x_{\min}$ 为数据的最小值；$x_{\max}$ 为数据的最大值。

若将输入输出数据变换[−1,1]区间的值，则常用以下方式变换：

$$x_{\mathrm{m}} = \frac{x_{\max} + x_{\min}}{2}, \quad \bar{x}_i = \frac{x_i - x_{\mathrm{m}}}{\frac{1}{2}(x_{\max} - x_{\min})} \tag{4.172}$$

式中，x_{m} 代表数据变化范围的中间值。按上述方法变换后，处于中间值的原始数据转化为零，而最大值与最小值分别转换为 1 和 −1。当输入或输出矢量中的某个分量取值过于密集时，对其进行以上处理可将数据点拉开距离。

2. 分布变换

若某变量的分布是非正常的，那么标准化是一种线性变换。但若不能改变其分布规律，也会给网络带来很多困难。输入网络的样本应尽量满足下列条件：

(1) 参数变化范围的一致性。网络各输入参数的变化幅度应大致相同，而一般情况是，当某变量的数值较大时，它的变化也大，不利于网络训练。

(2) 样本分布的正常性。由分析可知，具有平坦分布规律的样本更容易学习。因此，要设法使样本的分布尽量匀称。

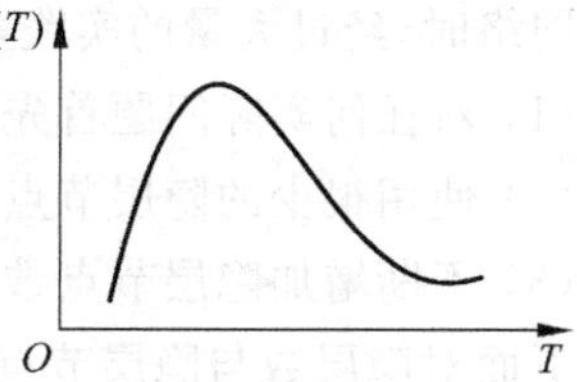

图 4.36　需要变换的样本分布曲线

若将某变量样本分布画成曲线，便得知该变量是否需要进行变换。图 4.36 所示的样本分布曲线就表明需要对该变量进行压缩性变换，以确保样本分布的正常性。

最常用的压缩变换是对数变换。这里应该指出，变换可能为零值的情况下，应先对变量进行偏移处理，然后再进行压缩。其他常用的压缩变换有平方根、立方根方法等。设某变量 x 在 1～10 000 间变化，若取其自然对数，则变化范围就压缩到 0～6.9 之间；若取立方根，便压缩到 1～10 之间，变换的目的在于压缩变化的幅度。

4.6.3 网络初始权值的选择

在没有学习过的网络中，所有的权值都是固定不变的。但网络具有改变权值的能力，可对网络系统进行调节。即使网络初始状态相同，在不同的训练期，由于网络权值不同，也会给出不同的结果。

由于权值的初始值是随机设定的，因此训练后得到的具有同样功能网络的权值也不尽相同，使其寻找输入变量对输出的影响变得更加困难。欲判断输入因素对输出的影响，不要误以为绝对值大的输入因素就重要，而接近于零的因素就不重要；也不要认为大权值所连接的输入因素就重要，而小权值所连接的因素就一定不重要。即使某输入通过一个较大的权值连至隐节点，也不能肯定说明该变量就是重要因素，因为有可能该隐节点与输出神经单元相连的权值小，也可能某输入与多个隐神经元间的权值均较大，但那些隐神经元以兴奋(正权值)和抑值(负权值)相互抵消的方法连到了输出节点，致使该输入因素对输出影响不大。为什么较小的权值所连的输入因素不一定重要呢？因为同一输入经若干较小权值分别连至不同的隐神经元，而这些隐神经元的输出虽然其值都不大，但有可能相加起来会形成一个可观的输出。

从神经元的转移函数来看，它是关于零点对称的。如果每一个节点的净输入均在零点附近，则其输出在转移函数的中点，这个位置不仅远离转移函数的两个饱和区，而且是变化最灵敏的区域，必然会使网络学习速度较快。从净输入 $S_j = W_j X$ 可以看出，为了使各节点的初始净输入在零点附近，可采用两种方法：一种方法是使初始权值足够小；另一种方法是使初始值为 $+1$ 和 -1 的权值数相等。在应用中对隐层权值可采用前者方法，而对输出层可采用后者方法。因为从隐层权值的调整公式来看，如果输出层权值太小，会使隐层初期的调整量变小。按以上方法设置的初始权值，可保证每个神经元一开始都工作在其转移函数变化最大的位置。

初始权值确定以后，相互连接的权值就会随学习的规则变化，以减小输出误差。

4.6.4 隐层数及隐层节点设计

虽然对隐层数及隐层节点数等网络参数的设计没有通用规则进行指导，但在设计多层前馈网络时，经过大量的实践，一般归纳了以下几点结论：

(1) 对任何实际问题首先只用一个隐层。

(2) 使用很少的隐层节点数。

(3) 不断增加隐层节点数，直到获得满意性能为止，否则再考虑用两个隐层。

下面对隐层数与隐层节点数分别叙述。

1. 隐层数的确定

在设计多层神经网络时，首先考虑要采用几个隐层。经研究证明，任意一个连续函数都可用只有一个隐层的网络以任意精度进行逼近。但由于某些先决条件难以满足，在应用时可能造成困难。

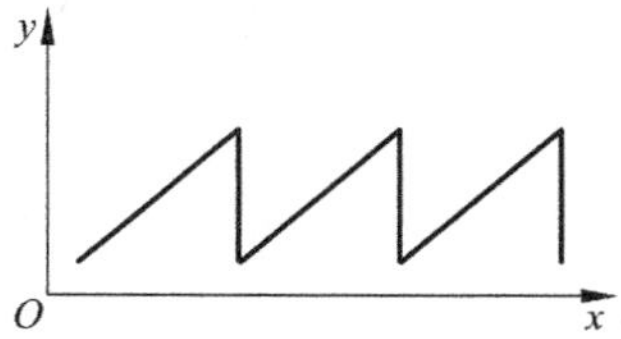

图 4.37 锯齿形函数

分析研究表明，两个隐层的网络可以输出任意的连续函数。下面以图 4.37 的不连续锯齿形函数来说明。

将该曲线分成 30 个等距分开的点来训练隐层数及单元数不同的网络，其结果如表 4.9 所示。表中第一列是隐层单元数，有两个数值时表示采用两个隐层时的各层单元数。表中训练误差和检验误差的值已扩大了 100 倍。

表 4.9 隐层数及节点数与误差的关系

隐层单元数	训练误差	检验误差	均方差
1	4.313	4.330	0.2081
2	2.714	2.739	0.1655
3	2.136	2.148	0.1466
4	0.471	0.485	0.0697
5	0.328	0.349	0.0590
10	0.319	0.447	0.0668
3,7	0.398	0.414	0.0643
5,5	0.161	0.200	0.0447
7,3	0.113	0.163	0.0403

从表 4.9 可以看出，当只有一个隐层时，隐层处理单元数从 3 增加到 4 时会出现一个跳跃，网络性能有明显改善，此后效果就不大；隐层神经元由 5 到 10 时，性能反而有些下降。但若将 10 个神经元分为两个隐层，网络性能就会又上一个台阶。还可看出，当采用两个隐层时，若将隐层神经元大多数配置在第一个隐层，则有利于网络的功能改善。

一般而言，增加隐层可增加人工神经网络的处理能力，但必将使训练复杂化，并增加训练样本数目和训练时间。在设计网络时，首先考虑只选一个隐层。如果选用了一个隐层，在增加节点数量后还不能得到满意结果，这时可以再加一个隐层，但一般应减少总的节点数。

2. 隐层节点数的确定

建立多层神经网络模型时，采用适当的隐层节点数是很重要的，可以说选用隐层节点数往往是网络成败的关键。隐层节点数太少，网络所能获取解决问题的信息就少，网络就难以处理较复杂的问题；若隐层节点数过多，将使网络训练时间急剧增加，而且过多的隐层神经元容易使网络训练过度，如图 4.38 所示，也就是说，网络具有过多的信息处理能力，甚至将训练样本中没有意义的信息也记住了，这样网络就难以分辨样本中的真正模式。

实际上，隐层节点数取决于训练样本的多少、噪声量的大小，以及有待网络学习的输入-输出函数关系或分类的复杂程度。在用神经网络作函数映射时，只有用较多的隐层节点数才能得到波动数较多、幅度变化较大的映射关系，就像在函数逼近时，要使用高阶多项式才

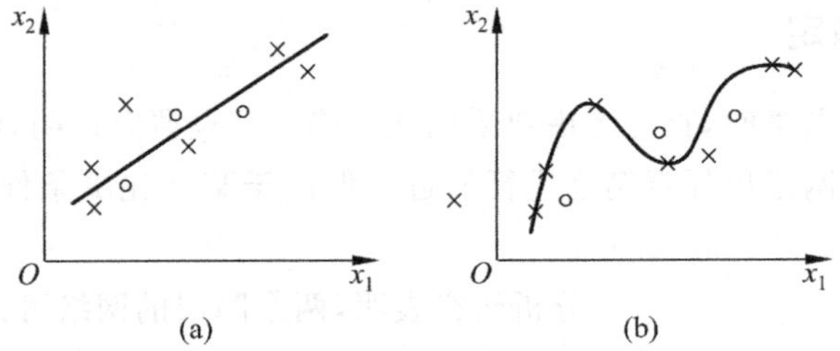

图 4.38　网络过度训练

能获得函数起伏变化大的曲线一样。

在许多应用场合,用所谓金字塔规则来确定隐层节点数是一种较好的方法。在该规则中,从输入层到输出层,节点数不断减少,形状好似金字塔(图 4.39)。此规则对输入、输出神经元数相等的自编码网络显然是例外的。

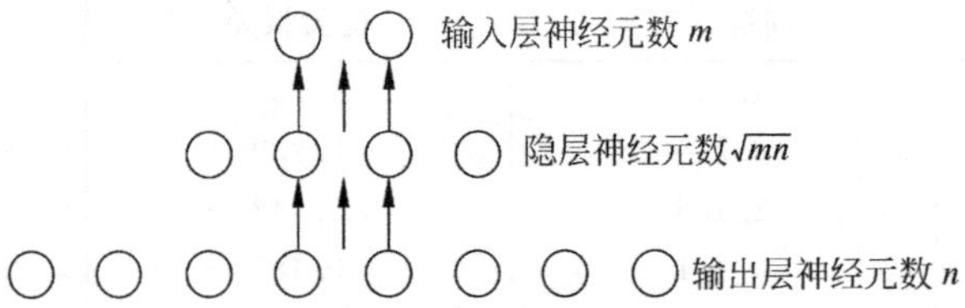

图 4.39　金字塔规则

当只有一个隐层时,若输入、输出节点数分别为 n 和 m,则

$$\text{隐层节点数} = \sqrt{mn}$$

当有两个双隐层时,节点数为

$$\text{第一个隐层节点数} = mr^2, \quad \text{第二个隐层节点数} = mr$$

式中,$r=\sqrt[3]{\dfrac{n}{m}}$。

上面所介绍的公式只是对理想的隐层节点的粗略估计。若输入和输出节点数很小,而问题又相当复杂,以上公式就不适用了。例如,只有一个输入变量和输出变量的复杂函数,就可能需要 10 多个隐层节点才能使网络得到很好的训练;另一方面,若一个简单问题具有许多输入变量和输出变量,且问题也比较简单,少量的隐节点数也就足够了。在输入节点多而输出节点少时,上述的金字塔原则多数情况是适用的,一般可作为实验试凑法的初始值运用。

实验试凑法确定隐节点的方法是:用同一样本集对具有不同隐节点数的网络进行训练,直到权值不再变化,网络稳定为止;然后,依据实验误差最小,确定网络的隐节点数。虽然,这种方法较费时,但也是目前确定隐层节点行之有效的方法。

在使用实验试凑法时,首先隐层的节点数应从较少的单元试起,选择合适的准则评价,训练并检验网络的性能,然后稍增加隐层节点数,重复训练和测试。每一次增加新的节点数,训练都应重新开始,不能采用上一次训练后所得的权值,以免影响网络的性能。

4.6.5　网络的训练、检测及性能评价

网络的学习是通过对给定的训练样本反复训练来实现的。由于这种学习是对连接权的调整,一般通过对网络的输出评价来判定学习的好与差,下面分别讨论。

1. 训练样本与检测样本

网络设计完成后,在开始训练之前,首先要把全部样本集数据用随机的方法,分出一部分作为训练集数据,另一部分作为网络性能检测的检测集数据。检测数据组的多少由全部所得的数据而定,要包括网络设计要求的全部模式。检测样本集数据格式与训练样本集数据相同。在网络训练时,有的软件通过不断地检测数据来检查网络的训练情况,以防网络过度训练。在这样的情况下,检测数据不能再作为网络最后性能的检查,因为这部分检测数据对网络的训练过程有一定的影响。所以,还需要保留另一组检测数据,对训练后的网络作最终的性能测试,这种测试数据称为产品数据。产品数据的选择原则与检测数据相同。必须提醒的是,在数据的选择上不能加入人为因素。这一点对于数据的选择是很重要的。

检测数据与产品数据选用多少组才比较合适,要根据总的数据及网络的结构来决定。除了保证训练样本数据中包括各种应有的模式外,在类型的边界处,应有较多的训练数据,按输入与输出映射关系的复杂程度考虑应有一定的噪声,以保证网络对各种模式有清晰的分辨能力。全面、足够的训练数据才能保证网络有良好的训练。为了能全面检查网络的性能,检测数据和产品数据也要包括全部模式。因此,可以参照这样一个经验规则,即训练样本数是连接权总数的5～10倍。

2. 网络训练方法

对于普通的有导师指导下的训练,每一组用于训练的样本数据中每个输入值都有相应的输出值,也就是样本对。将输入值输入网络,经过网络计算得出一组输出值,再与期望的输出值进行比较。在一批训练数据依次输入网络后,网络得出一组实际输出值与期望输出值的误差,然后根据误差的大小和方向调整连接的权值。网络再输入一组训练样本数据,但是每一轮更换数据最好不要按固定的顺序取数,在新输入的数据组中的权值应使得误差值减少。每输入一批训练样本数据后,就根据误差调整权值,这组数据称为一批(epoch),这批数据的数量称为批的规模。有些人选用批的规模为1,即每输入一组训练数据就调整一次权值。大多数人选用批的规模为全部训练数据组,也就是在全部训练数据都输入完以后,用全部训练数据得到的平均误差作为调整权值的依据。如果批的规模小于训练数据组时,应该每次都要随机选取数据组的输入顺序。除了有时间系列要求进行依顺序输入外,原则上应选用随机输入,否则输出误差可能出现大的摆动,而且难以使误差收敛到要求值。

整个训练要反复地作用网络多次,直到整个训练集作用下的误差小于事前规定的容许值为止,接下来就可以检测网络的性能。

在无导师指导的训练时,同样需要给出一些输入样本数据来训练网络,但这些训练样本集不提供相应的输出模式样本数据,在学习训练计算中能保证:当向网络输入类似的模式时,能产生相同的输出模式。也就是说,网络能抽取训练集的统计特征,从而把输入模式按相似程度划分为若干类。但是在训练之前,无法预先知道某个输入模式将产生什么样的输

出模式或属于哪一类，只有训练后才能对输入模式（无论网络在训练时是否“见过”）进行正确分类。

例如，设有大量的二维样本数据 $\boldsymbol{X}=(x_1,x_2)^{\mathrm{T}}$，经无导师指导的训练后，神经网络可将这些数据分布情况分成 A,B,C 三类，如图 4.40(a)，(b)所示。每类数据使网络的一个相应节点输出为“1”态，其余为“0”态。需注意的是，随着训练对的增加，实际分类边界（实线）与网络分类边界（虚线）将越来越近，如图 4.40(c)所示。

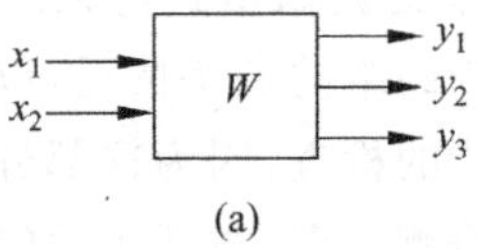

(a)

类别＼输出	y_1	y_2	y_3
A类	1	0	0
B类	0	1	0
C类	0	0	1

(b)

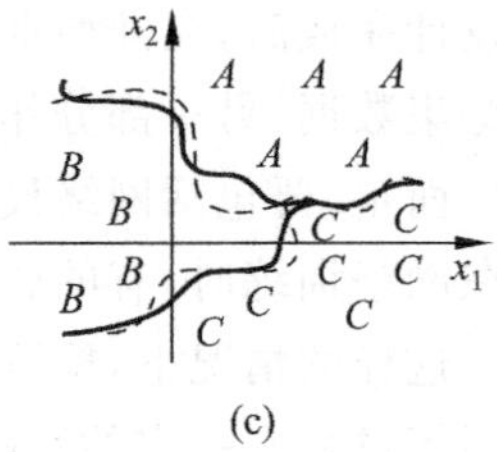

(c)

图 4.40　无导师指导下训练实例

(a) 网络结构；(b) 输出模式；(c) 数据分布

3. 网络训练次数

在隐层节点数一定的情况下，并不是训练次数越多、训练误差越小越好，而是存在着一个最佳训练次数。

网络在训练过程中，应同时输入检测数据，即训练与检测交替进行。训练误差与检测误差值是随训练过程而变化的。在训练过程中，一般随训练次数的增加，训练误差不断减小。检测数据是从全部样本数据中随机选取的，没有参加训练，只是在训练完网络后作为检测网络的性能。一般在网络训练开始时，检测误差随训练次数的增加而降低，也就是说，网络开始不断地学习输入数据的一般特征，但若训练超过一定次数，检测误差反而开始增加，如图 4.41 所示。这表明网络已开始记住输入中不重要的细节，而不仅是它的一般特征。

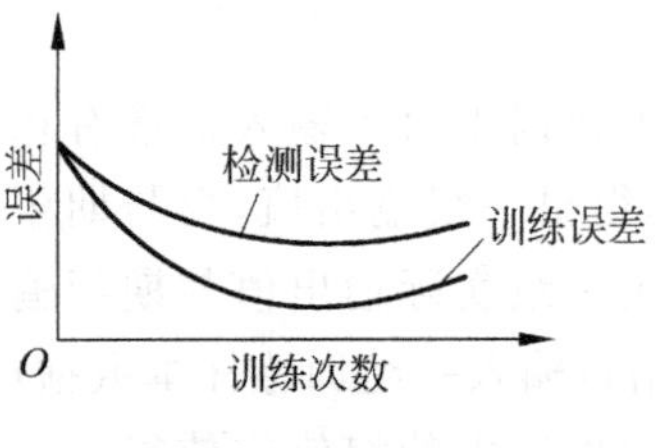

图 4.41　误差曲线

训练的次数与隐层的节点有关。当选用过多的隐层节点时，网络容易过度训练，此时网络不是学到了数据的一般特征，而是记住了单个样本的细微特征，网络性能变差。这时，首先应减少隐层节点数，重新训练网络，或是增加训练数据的数量，以便所有训练样本能代表全体数据的普遍特征。此外，每次改变隐层节点都要重新进行训练，而且应随机地选取处理单元的初始权值。

隐层的节点数与训练样本数据组是密切相关的，若有足够多的训练样本，就可以使隐层节点达到最佳单元数。若在训练时，发现网络训练数据学习很好，收敛很快，但是检测误差还很大，这时就要考虑是不是出现过度训练，或者是训练样本不足，没有代表数据的全部特性，或者检测数据中有的特性没有包括在训练数据之中，所以网络没有学会区分这种特征的本领，这些均是造成检测效果很差的原因。

如果网络对训练样本数据收敛很快，而且检测数据误差很快就达到最小值，然后误差曲线迅速上升，这种情况表明训练数据不足，必须增加训练样本重新训练网络。

由图 4.41 的误差曲线可以看出，在某一个训练次数之前，随着训练次数的增加，两条误差曲线同时下降。在超过这个训练次数后，训练误差继续减小，而检测误差开始上升。此时的训练次数即为最佳训练次数，在此之前停止训练会造成网络训练不足，此后就会出现训练过度。

4. 网络性能评价

介绍下面两种评价网络性能的方法。

1）均方根误差方法

评价网络收敛的好坏，除了速度以外，常用均方根误差来定量反映网络性能，其定义如下：

$$E=\sqrt{\frac{\sum_{i=1}^{m}\sum_{j=1}^{n}(d_{ij}-y_{ij})^2}{mn}} \tag{4.173}$$

式中，m 为训练集的样本数；n 为网络输出单元个数；d_{ij} 为网络期望输出值；y_{ij} 为网络实际输出值。

2）均方差方法

由于均方差的直观性，而且强调大误差的影响超过小误差的影响，所以通常用输出的均方差来衡量网络的性能。除此之外，均方差的导数比其他性能测量方法更容易计算。如果假设误差是标准分布，则均方差一般接近于标准分布的中心，所以几乎所有正反馈网络及其他网络都普遍采用均方差方法。

对于任一输入，网络都有一组输出。设一批数据中，第 p 个数据输入网络后，网络输出层第 j 个单元的实际输出为 y_{pj}，而期望输出为 d_{pj}。若其有 n 个输出单元，则输入数据 p 相应的均方差为

$$E_p=\frac{1}{n}\sum_{j=1}^{n}(d_{pj}-y_{pj})^2 \tag{4.174}$$

如果这批数据共有 m 组，则这一批输入数据的均方差为

$$E=\frac{1}{m}\sum_{p=0}^{m-1}E_p \tag{4.175}$$

均方差评价的缺点：

(1) 均方差只是一个表达式，与网络所完成的任务联系很少。如果网络是要决定在时间系列中是否有特定的信号模式，均方差就显得无能为力。

(2) 如果网络的任务是要将一些模式分类，那么均方差也不能说明分类错误发生的频率。

(3) 用均方差评价无法区别微小错误与大错误。

网络性能评价的方法取决于网络所负担的任务，应根据具体情况而定。

参考文献

[1] 钟珞. 人工神经网络及其融合应用技术. 北京：科学出版社，2007.
[2] 高隽. 人工神经网络原理及仿真实例. 北京：机械工业出版社，2007.

[3] 朱大奇. 人工神经网络原理及应用. 北京：科学出版社，2006.
[4] 田景文. 人工神经网络算法研究及应用. 北京：北京理工大学出版社，2006.
[5] 张代远. 神经网络新理论与方法. 北京：清华大学出版社，2006.
[6] 胡德文. 神经网络自适应控制. 北京：国防科技大学出版社，2006.
[7] Hou Z, Gupta M M. A recurrent neural network for hierarchical control of interconnected dynamic systems. IEEE Transactions on Neural Networks, 2007, 18(2): 466-481.
[8] Liu S, Wang J. A simplified dual neural network for quadratic programming with its KWTA application. IEEE Transactions on Neural Networks, 2006, 17(6): 1500-1510.
[9] Neog D K, Pattnaik S S, Panda D C. Design of a wideband microstrip antenna and the use of artificial neural networks in parameter calculation. IEEE Antennas and Propagation Magazine, 2005, 47(3): 60-65.
[10] Jain S, Ali M M. Estimation of sound speed profiles using artificial neural networks. IEEE Geoscience and Remote Sensing Letters, 2006, 3(4): 467-470.
[11] 杨建刚. 人工神经网络实用教程. 杭州：浙江大学出版社，2001.
[12] 王洪元，史国栋. 人工神经网络技术及其应用. 北京：中国石油出版社，2002.
[13] 韩力群. 人工神经网络理论、设计及应用. 北京：化学工业出版社，2002.
[14] 飞思科技研发中心. MATLAB6.5 辅助神经网络分析与设计. 北京：电子工业出版社，2003.
[15] 飞思科技研发中心. MATLAB6.5 辅助优化计算与设计. 北京：电子工业出版社，2003.
[16] 吴微. 神经网络计算. 北京：高等教育出版社，2003.
[17] 闻新，等. Matlab 神经网络仿真与应用. 北京：科学出版社，2002.
[18] 闻新，等. Matlab 神经网络应用设计. 北京：科学出版社，2002.
[19] 谢庆生，尹健. 机械工程中的神经网络方法. 北京：机械工业出版社，2003.
[20] 徐丽娜. 神经网络控制. 北京：电子工业出版社，2003.
[21] Martin T H. Neural Network Design. PWS Publishing Company, 1996.
[22] Fredric M H. Principles of Neuralcomputing for Science & Engineering. McGraw-Hill, 2001.
[23] Simon H. Neural Networks: a Comprehensive Foundation. Perntice-Hall, 1999.
[24] 钟经农. 神经网络理论在 CAPP 系统中的应用：孔群加工的路径优化. 湖南大学学报，1996，23(5): 80-84.
[25] Haykin S. Neural Network: A Comprehensive Foundation. Upper Saddle River, N. J.: Prentice Hall, 1999.
[26] Jollife I T. Principal component analysis. New York: Springer-Verlag, 1986.
[27] Preisendorfer R W. Principal Component Analysis in Meteorology and Oceanography. New York: Elsevier, 1988.
[28] Loeve M. Probability Theory, 3rd edition. New York: Van Nostrand, 1963.
[29] Strang G. Linear Algebra and Its Applications. New York: Academic Press, 1980.
[30] Oja E. Subspace Methods of Pattern Recognition. Letchworth: Research Studies Press, 1983.
[31] Linsker R. Self-organization in a perceptual network. Computer, 1988, 21: 105-117.
[32] Becker S. Unsupervised learning procedures for neural network. International Journal of Neural Systems, 1991, 2: 17-33.
[33] Stent G S. A physiological mechanism for Hebb's postulate of learning. Proceedings of the National Academy of Sciences, 1973, 70: 997-1001.
[34] Sanger T D. Optimal unsupervised learning in single-layer linear feedforward neural network. Neural Networks, 1989, 12: 459-473.
[35] Kreyszig E. Advanced Engineering Mathematics, 6th edtion. New York: Wiley, 1988.
[36] Chatterjee C, Roychowdhhury V P, Chong E K P. On relative convergence properties of principal

component algorithms. IEEE Transactions on Neural Networks,1998,9：319-329.
[37] 董长虹.神经网络与应用.北京：国防工业出版社,2005.
[38] 胡伍生.神经网络理论及其工程应用.北京：测绘出版社,2006.
[39] Simon Haykin.神经网络原理.叶世伟,史忠植,译.北京：机械工业出版社,2004.
[40] 谢庆生,尹健.机械工程中的神经网络方法.北京：机械工业出版社,2003.
[41] 张晓飞,万福才,刘朋.主元分析法(PCA)在图像颜色特征提取中的应用.沈阳大学学报,2006,5,93-95.
[42] Khan M M,Javed M Y,Anjum M A. Face recognition using sub-holistic PCA. First International Conference on Information and Communication Technologies,2005.152-157.
[43] 程勇,戎洪军.基于小波变换和PCA分析的人脸识别方法及实现.南京工程学院学报,2005,3(3)：12-16.
[44] 张扬,曲延滨.基于蚁群算法与神经网络的机械故障诊断方法.机床与液压,2007,35(7)：241-244.

第5章

深 度 学 习

CHAPTER 5

5.1 深度学习概述

5.1.1 深度学习定义

深度学习作为机器学习算法研究中的一个新的技术，目的是建立、模拟人脑分析学习的神经网络。深度学习的概念源于人工神经网络的研究。含多隐层的多层感知器就是一种深度学习结构。深度学习通过组合低层特征形成更加抽象的高层表示属性类别或特征，以发现数据的分布式特征表示。

深度学习的概念由 Hinton 等人于 2006 年提出。基于深度置信网络（deep belief network，DBN）提出非监督贪心逐层训练算法，以及多层自动编码器深层结构，为解决深层结构相关的优化难题带来希望。Lecun 等人提出的卷积神经网络是第一个真正多层结构学习算法，该算法利用空间相对关系减少参数数目以提高训练性能。深度学习是机器学习中一种基于对数据进行表征学习的方法。深度学习的优势是用非监督式或半监督式的特征学习和分层特征提取算法来替代手工获取特征。

深度学习可通过学习一种深层非线性网络结构，表征输入数据，实现复杂函数逼近，具有很强的从少数样本集中学习数据集本质特征的能力。深度机器学习方法包含监督学习与无监督学习两类。不同的学习框架下建立的学习模型存在差异。其中，卷积神经网络（convolutional neural networks，CNNs）是一种深度的监督学习下的机器学习模型；深度置信网络是一种无监督学习下的机器学习模型。深层网络训练中梯度消失问题的解决方案为：无监督预训练对权值进行初始化结合有监督训练微调。深度神经网络优于基于其他机器学习技术以及手工设计功能的 AI 系统。深度学习立足于经典有监督学习算法，并且深度模型充分利用大型标注数据集提取对象的复杂抽象特征，目前也开始发展无监督学习技术和深度模型在小数据集的泛化能力。深度学习主要思想是先通过自学习的方法学习到训练数据的结构，并在该结构上进行有监督训练微调。分层预训练方法对神经网络进行了更深层次的优化，解决了新的梯度衰减问题，可用于训练 150 层的神经网络。

5.1.2　深度学习特点

深度学习框架将特征和分类器结合到一个框架中，用数据去学习特征，减少了人工提取特征的工作量。无监督(unsupervised)学习的定义是不需要通过人工方式进行样本类别的标注来完成学习。因此，深度学习是一种自动学习特征的方法。

通过学习一种深层非线性网络结构，深度学习采用简化的网络结构实现复杂函数的逼近，体现了从大量无标注样本集中学习数据集特征的能力。通过深度学习可以获得更多的数据特征，基于深层模型使特征具有更强的表达能力。进而，可以对大规模数据进行学习与表达。例如，图像、语音、流媒体等特征不明显的实际问题，深度学习模型通过大规模数据的训练，能够取得更显著的效果。与以往的神经网络相比，深度神经网络在学习训练能力与特征表征方面取得了重要的进展。

5.1.3　深度学习平台

深度学习研究的热潮持续高涨，各种开源深度学习框架也层出不穷，其中包括 TensorFlow、Caffe、Keras、CNTK、Torch7、MXNet、Leaf、Theano、DeepLearning4、Lasagne、Neon 等。以下对各个深度学习框架进行介绍：

TensorFlow

TensorFlow 是由谷歌开发的深度神经网络库，隶属于谷歌大脑项目。TensorFlow 可以提供一系列的能力，例如图像识别、手写识别、语音识别、预测以及自然语言处理等。TensorFlow 支持细粒度的网络层，而且允许用户在无需用低级语言实现的情况下构建新的复杂的层类型。子图执行操作允许在图的任意边缘引入和检索任意数据的结果，对调试复杂的计算图模型具有帮助。

Caffe

Caffe 是 FacebookAI 开发的，采用卷积模型的工业级深度学习工具包，已经成为计算机视觉界最流行的工具包之一。Caffe 遵循 BSD2-Clause 协议，可在单个 K40GPU 上每天处理 6000 万张图像。对单张图片的预测与学习速度可分别达到 1ms 与 4ms，且最新版本的处理速度会更快。Caffe 基于 C++，因此可在多种设备上编译与跨平台运行。

CNTK

微软的 CNTK(Microsoft Cognitive Toolkit)是面向语音识别的深度学习框架。CNTK 支持递归神经网络和卷积神经网络类型的网络模型，从而在图像处理、手写字体和语音识别问题上具有优势。CNTK 使用 Python 或 C++编程接口，支持 64 位的 Linux 和 Windows 系统。CNTK 使用向量运算符的符号图(symbolic graph)网络，支持如矩阵加/乘或卷积等向量操作。CNTK 有丰富的细粒度的网络层构建。构建块的细粒度使用户不需要使用低层次的语言就能创建新的复杂的层类型。CNTK 基于 C++架构，支持跨平台的 CPU/GPU 部署。

MXNet

MXNet 是一个全功能、可编程和可扩展的深度学习框架，支持最先进的深度学习模型。MXNet 支持混合编程模型和多种编程语言的代码。该框架为图像、手写文字和语音的识别和预测以及自然语言处理提供了出色的工具，具有可扩展的强大技术能力。

Torch

Torch 是 BSD3 协议下的开源项目。Torch 的编程语言为 Lua。Lua 不是主流语言，在开发人员没有熟练掌握 Lua 之前，使用 Torch 很难提高开发的整体生产力。

PyTorch

PyTorch 是一种 Python 优先的深度学习框架，提供了两类扩展功能：使用 GPU 加速的 Tensor 计算构建以及基于 tape autograd 系统的深度神经网络。PyTorch 的特点是快速成形、代码可读和支持最广泛的深度学习模型，可复用 Python 软件包进行扩展。

Theano

Theano 支持快速开发高效的机器学习算法，在 BSD 协议下发布。Theano 开创了将符号图用于神经网络编程的趋势。

5.2 自编码器

栈式自编码神经网络是一个由多层稀疏自编码器组成的神经网络，其前一层自编码器的输出作为其后一层自编码器的输入，是一种无监督学习算法。

5.2.1 稀疏自编码器

通常有监督学习过程中，训练样本是有类别标签，而自编码神经网络无监督学习的算法，假设仅有一个无类别标签的训练样本集合$\{x^{(1)},x^{(2)},x^{(3)},\cdots\}$，其中 $x^{(i)}\in\mathcal{R}^n$。针对自编码神经网络无监督学习的算法特点，采用反向传播算法，并让目标值等于输入值，比如 $y^{(i)}=x^{(i)}$。自编码神经网络结构如图 5.1 所示。

自编码神经网络的学习函数 $h_{W,b(x)}\approx x$，尝试逼近一个恒等函数，从而使输出$\hat{x}$接近于输入 x。对于恒等函数的学习意义在于，当自编码神经网络加入某些限制，例如：限定隐藏神经元的数量，可以从输入数据中找到特定结构。若假设某个自编码神经网络的输入 x 是一张 10×10 图像(共计 100 个像素)的像素灰度值，则 $n=100$，其隐藏层 L_2 中有 50 个隐藏神

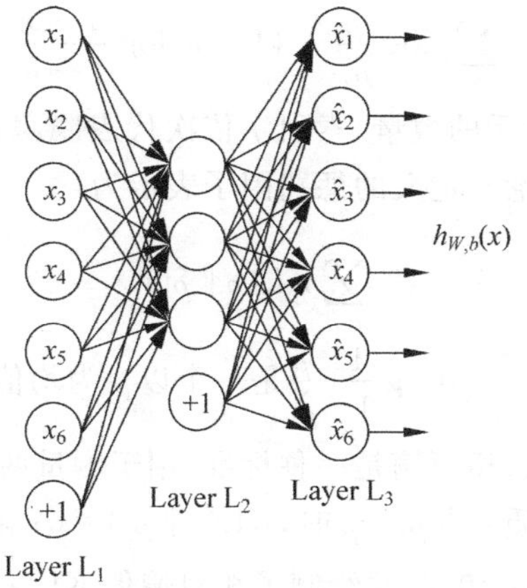

图 5.1　自编码器结构

经元。其中，输出为 100 维的 $y \in \mathcal{R}^{100}$。

由于只有 50 个隐藏神经元，通过自编码神经网络学习输入数据的压缩表示，自编码器需要从 50 维的隐藏神经元激活度向量 $a^{(2)} \in \mathcal{R}^{50}$ 中重构出 100 维的像素灰度值输入 x。

若网络的输入数据是完全随机的，例如每一个输入 x_i 都是跟其他特征完全无关的独立同分布高斯随机变量，则该压缩表示学习难度很大。但是若输入数据中隐含着一些特定的结构，比如某些输入特征是彼此相关的，则算法可以发现输入数据中的相互关联性。通常简单的自编码神经网络通常可以学习完成与主成分分析结果非常相似的输入数据的低维表示。

上述分析是基于隐藏神经元数量较小的假设。若隐藏神经元的数量较大（即比输入像素的个数还要多），则需要通过给自编码神经网络给予限制条件确定输入数据中的结构。若给隐藏神经元加入稀疏性限制，则自编码神经网络即使在隐藏神经元数量较多的情况下仍然可以找到和确定输入数据的关键结构。

下面介绍稀疏性，假设神经元的激活函数是 sigmoid 函数，当神经元的输出接近于 1 时，认为输出被激活，而输出接近于 0 时，认为输出被抑制，这使得神经元大部分的时间被抑制，称为稀疏性限制。若使用 tanh 作为激活函数，当神经元输出接近于－1 时，可认为神经元被抑制。其中 $a_j^{(2)}$ 表示隐藏神经元 j 的激活度，该表示方法并未明确指出哪一个输入 x 产生了激活度。因此，采用 $a_j^{(2)}(x)$ 表示在给定输入为 x 的情况下，自编码神经网络隐藏神经元 j 的激活度。定义隐藏神经元 j 的平均活跃度（在训练集上取平均）：

$$\hat{\rho}_j = \frac{1}{m}\sum_{i=1}^{m}\left[a_j^{(2)}(x^{(i)})\right] \tag{5.1}$$

加入限制：

$$\hat{\rho}_j = \rho \tag{5.2}$$

其中，ρ 是稀疏性参数，通常是一个接近于 0 的较小值（比如 $\rho=0.05$）。为使隐藏神经元 j 的平均活跃度接近 0.05，隐藏神经元的活跃度必须接近于 0。

为实现该限制，在优化目标函数中需加入额外的惩罚因子，该惩罚因子将惩罚 $\hat{\rho}_j$ 和 $\hat{\rho}$ 有显著不同的情况，从而使隐藏神经元的平均活跃度保持在较小范围内。惩罚因子的具体形式有多种合理选择，对惩罚因子定义如下：

$$\sum_{j=1}^{s_2} \rho\log\frac{\rho}{\hat{\rho}_j}+(1-\rho)\log\frac{1-\rho}{1-\hat{\rho}_j} \tag{5.3}$$

其中，s_2 是隐藏层中隐藏神经元的数量，索引 j 依次代表隐藏层中的每一个神经元，该惩罚因子实际上是基于相对熵理论。定义的惩罚因子表示为

$$\sum_{j=1}^{s_2} \mathrm{KL}(\rho \parallel \hat{\rho}_j) \tag{5.4}$$

其中 $\mathrm{KL}(\rho \parallel \hat{\rho}_j)=\rho\log\frac{\rho}{\hat{\rho}_j}+(1-\rho)\log\frac{1-\rho}{1-\hat{\rho}_j}$是一个以 ρ 为均值和一个以 $\hat{\rho}_j$ 为均值的两个伯努利随机变量之间的相对熵。相对熵是一种标准，用于测量两个分布之间的差异。

上述惩罚因子有如下性质：当 $\hat{\rho}_j=\rho$ 时，$\mathrm{KL}(\rho \parallel \hat{\rho}_j)=0$；随着 $\hat{\rho}_j$ 与 ρ 之间的差异增大而单调递增。在图 5.2 中设定 $\rho=0.2$，并绘制了相对熵值 $\mathrm{KL}(\rho \parallel \hat{\rho}_j)$随着 $\hat{\rho}_j$ 的变化曲线。

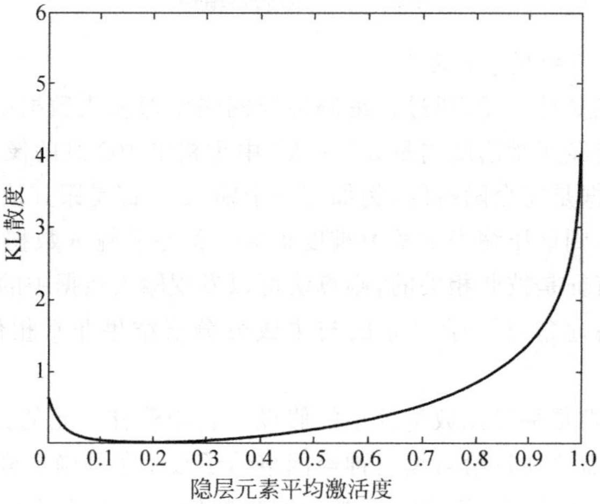

图 5.2　KL 散度

相对熵在 $\hat{\rho}_j=\rho$ 时达到它的最小值 0；而当 $\hat{\rho}_j$ 逼近 0 或 1 时，相对熵则非常大(趋向于∞)。因此，最小化该惩罚因子具有让 $\hat{\rho}_j$ 逼近 ρ 的效果。定义总体代价函数为

$$J_{\mathrm{sparse}}(W,b)=J(W,b)+\beta\sum_{j=1}^{s_2}\mathrm{KL}(\rho \parallel \hat{\rho}_j) \tag{5.5}$$

其中 $J(W,b)$如上述定义，β 控制稀疏性惩罚因子的权重。$\hat{\rho}_j$ 项也(间接地)取决于 W,b，因为它是隐藏神经元 j 的平均激活度，而隐藏层神经元的激活度取决于 W,b。

采用如下过程优化对相对熵的导数计算。综上，在后向传播算法中计算第二层($l=2$)更新的时候，已经计算了如下残差

$$\delta_i^{(2)}=\left(\sum_{j=1}^{s_2}W_{ji}^{(2)}\delta_j^{(3)}\right)f'(z_i^{(2)}) \tag{5.6}$$

将上式替换表示为

$$\delta_i^{(2)}=\left(\left(\sum_{j=1}^{s_2}W_{ji}^{(2)}\delta_j^{(3)}\right)+\beta\left(-\frac{\rho}{\hat{\rho}_i}+\frac{1-\rho}{1-\hat{\rho}_i}\right)\right)f'(z_i^{(2)}) \tag{5.7}$$

基于 $\hat{\rho}_i$ 计算该项更新。在计算任何神经元的后向传播之前，需要对所有训练样本实现

前向传播，从而获取平均激活度。若数据量太大，无法全部存入内存，则可以采用训练样本的前向传播获得的结果，累积计算平均激活度 $\hat{\rho}_i$。完成平均激活度 $\hat{\rho}_i$ 的计算后，需要重新对训练样本进行前向传播，并进一步对其进行后向传播计算。后者对每一个训练样本需要计算两次前向传播，计算效率略低，上述算法能达到梯度下降的效果。

若需要经过上述反向传播实现自编码神经网络，需要对目标函数 $J_{\text{sparse}}(W,b)$ 做梯度下降，验证梯度下降算法的正确性。

采用稀疏自编码器训练完成后，需要对自编码器的学习函数进行可视化表达，来表达学习的结论内容。在 10×10 图像(即 $n=100$)上训练自编码器为例，每个隐藏单元 i 对如下关于输入的函数进行计算：

$$a_i^{(2)} = f\left(\sum_{j=1}^{100} W_{ij}^{(1)} x_j + b_i^{(1)}\right) \tag{5.8}$$

参数 $W_{ij}^{(1)}$ 是输入 x 的权重矩阵。$a_i^{(2)}$ 可看作输入 x 的非线性特征。对 x 加以约束，否则会得到平凡解。假设输入有范数约束 $\|x\|^2=\sum_{i=1}^{100} x_i^2 \leqslant 1$，则令隐藏单元 i 得到最大激励的输入，由下面公式计算的像素 x_j 给出(共需计算 100 个像素，$j=1,\cdots,100$)：

$$x_j = \frac{W_{ij}^{(1)}}{\sqrt{\sum_{j=1}^{100}(W_{ij}^{(1)})^2}} \tag{5.9}$$

采用上式算出各像素的值重构出一幅图像。隐藏单元 i 所搜索特征的真正含义如下所述。

假设训练的自编码器有 100 个隐藏单元，可视化结果将包含 100 幅图像，每个隐藏单元将对应其中一幅图像。100 幅图像表征了隐藏单元学习的图像特征集。

对稀疏自编码器(100 个隐藏单元，在 10×10 像素的输入上训练)进行可视化处理，结果如图 5.3 所示。

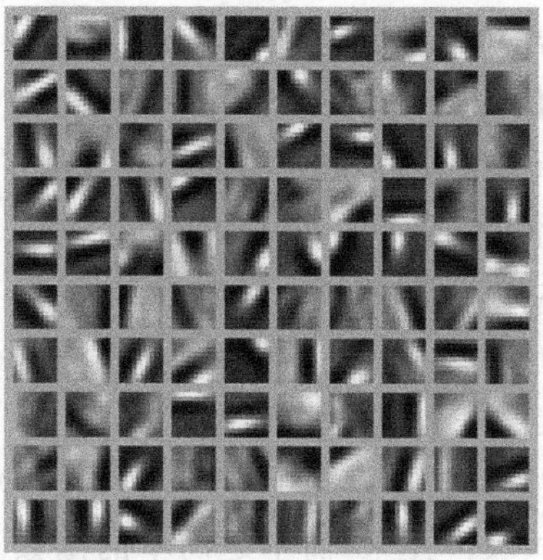

图 5.3　稀疏自编码器训练的可视化结果

图 5.3 的每个小方块均给出了一个(带有有界范数的)输入图像 x，它可使 100 个隐藏单元中的某一个获得最大激励，不同的隐藏单元通过学习产生了在图像的不同位置和方向进行边缘检测的效果。

5.2.2 多层自编码器表示

自编码器通常有单层的编码器和解码器，而多层编码器和解码器具有更强的学习能力。此外，编码器和解码器都是一个前馈网络，从多层网络结构中能够提高特征提取效率。通用近似定理能够保证至少有一个隐藏层，且隐藏单元足够多的前馈神经网络能以任意精度近似任意函数。多层编码器(至少有一层隐藏层)的主要优点是其中的各隐藏层的自编码器在数据域内能表示任意近似数据的恒等函数，不会丢失输入信息。

多层自编码器(编码器至少包含一层额外隐藏层)在给定足够多的隐藏单元的情况下，能以任意精度近似任何从输入到编码的映射。多层神经网络结构可以有效降低表示某些函数的计算成本，以及学习某些函数所需的训练数据量。多层自编码器能比相应的浅层或线性自编码器产生更好的压缩效率。训练多层自编码器的方法是通过启发式贪婪算法对各层的自编码器进行逐层预训练，优化多层自编码器隐层的初始值。因此，优化单层自编码器的识别结果对训练多层自编码器具有重要意义。

5.2.3 各类自编码器介绍

1. 随机自编码器

自编码器是一种前馈网络，可使用与传统前馈网络相同的损失函数和输出单元。设计前馈网络的输出单元和损失函数普遍策略是定义一个输出分布 $p(y|x)$ 并最小化负对数似然 $-\log p(y|x)$。在这种情况下，y 是关于目标的向量。

在自编码器中，x 既是输入也是目标。因此可以采用相同的架构。若给定一个隐藏编码 h，可以认为解码器提供了一个条件分布 $p_{\text{model}}(x|h)$。根据最小化 $-\log p_{\text{decoder}}(x|h)$ 来训练自编码器。损失函数的具体形式由 p_{decoder} 的形式而定。根据传统的前馈网络结构，若 x 是实值的，则通常使用线性输出单元参数化高斯分布的均值。在这种情况下，负对数似然对应均方误差准则。类似地，二值 x 对应于一个 Bernoulli 分布，其参数由 sigmoid 输出单元确定。对于离散的 x 对应 softmax 分布，以此类推。在给定 h 的情况下，为了便于计算概率分布，输出变量通常被视为条件独立。

为了表明与前馈网络的区别，可以将编码函数(encoding function) $f(x)$ 的概念推广为编码分布(encoding distribution) $p_{\text{encoder}}(h|x)$，如图 5.4 所示。任意潜变量模型 $p_{\text{model}}(h,x)$ 定义一个随机编码器

$$p_{\text{encoder}}(h \mid x) = p_{\text{model}}(h \mid x) \tag{5.10}$$

其中编码器和解码器包括某些噪声注入，而不是简单的函数。可以将输出视为来自分布的采样(对于编码器是 $p_{\text{encoder}}(h|x)$，对于解码器是 $p_{\text{decoder}}(x|h)$)。

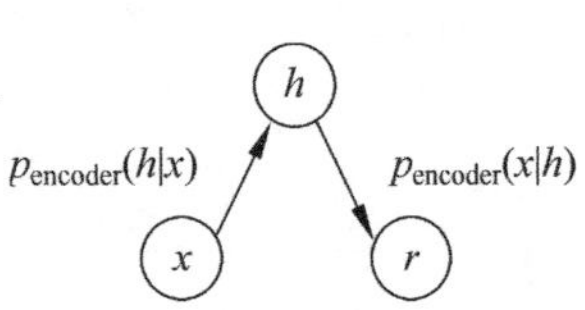

图 5.4 随机自编码器的结构

以及一个随机解码器

$$p_{\text{decoder}}(x \mid h) = p_{\text{model}}(x \mid h) \tag{5.11}$$

通常情况下，编码器和解码器的分布没有必要是与唯一的联合分布 $p_{\text{model}}(x,h)$ 相容的条

件分布。在保证足够的容量和样本的情况下，将编码器和解码器作为去噪自编码器训练，能使编码器和解码器渐近地相容。

2. 去噪声自编码器

去噪声自编码器(denoising auto encoder，DAE)是将不完整的数据作为输入，通过训练来预测原始未被损坏数据作为输出的自编码器。DAE 的训练过程如图 5.5 所示。引入一个损坏过程 $C(\tilde{x}|x)$，该条件分布代表给定数据样本 x 产生损坏样本$\tilde{x}$的概率。自编码器则根据以下过程，从训练数据对$(x,\tilde{x})$中学习重构分布(reconstruction distribution)$p_{\text{reconstruct}}(x|\tilde{x})$：

(1) 从训练数据中采一个训练样本 x。

(2) 从 $C(\tilde{x}|x=x)$采一个损坏样本$\tilde{x}$。

(3) 将$(x,\tilde{x})$作为训练样本来估计自编码器的重构分布 $p_{\text{reconstruct}}(x|\tilde{x})=p_{\text{decoder}}(x|h)$，其中 h 是编码器 $f(\tilde{x})$的输出，p_{decoder}根据解码函数 $g(h)$定义。

通常可简单地对负对数似然$-\log p_{\text{decoder}}(x|h)$进行基于梯度法(若小批量梯度下降)的近似最小化。只要编码器是确定性，去噪自编码器就是前馈网络，可以采用其他类型的前馈网络进行训练学习。

可以将 DAE 在下述期望下进行随机梯度下降：

$$-\mathbb{E}_{x\sim\hat{p}_{\text{data}}(x)}\mathbb{E}_{\tilde{x}\sim C(\tilde{x}|x)}\log p_{\text{decoder}}(x\mid h=f(\tilde{x}))\quad(5.12)$$

其中$\hat{p}_{\text{data}}(x)$是训练数据的分布。

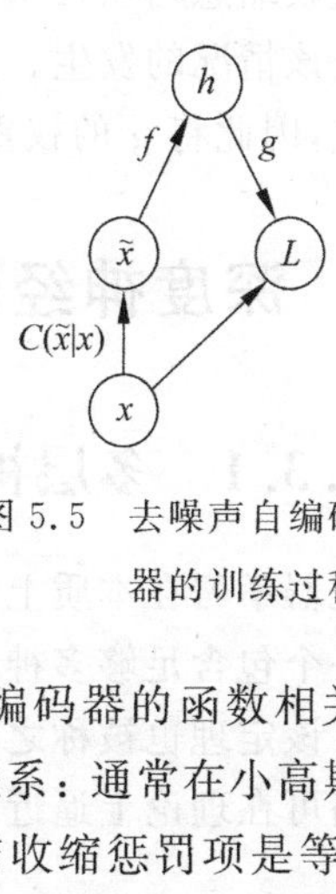

图 5.5 去噪声自编码器的训练过程

3. 收缩自编码器

收缩自编码器(contractive auto encoder，CAE)在编码 $h=f(x)$的基础上增加了显式的正则项，让 f 的导数尽可能小：

$$\Omega(h)=\lambda\left\|\frac{\partial f(x)}{\partial x}\right\|_F^2\quad(5.13)$$

惩罚项 $\Omega(h)$为平方 Frobenius 范数，即元素平方和，作用于与编码器的函数相关偏导数的 Jacobian 矩阵。去噪自编码器和收缩自编码器之间存在一定联系：通常在小高斯噪声的限制下，当重构函数将 x 映射到 $r=g(f(x))$时，去噪重构误差与收缩惩罚项是等价的。即去噪自编码器能抵抗小且有限的输入扰动，而收缩自编码器使特征提取函数能抵抗极小的输入扰动。

分类任务中，基于 Jacobian 的收缩惩罚预训练特征函数 $f(x)$，将收缩惩罚应用在 $f(x)$而不是 $g(f(x))$可以产生更好的分类精度。应用于 $f(x)$的收缩惩罚与得分匹配也有紧密的联系。

收缩(contractive)源于 CAE 弯曲空间的方式。具体讲，由于 CAE 训练为抵抗输入扰动。可认为将输入的邻域收缩到更小的输出邻域。CAE 只在局部收缩的一个训练样本 x 的所有扰动都映射到 $f(x)$的附近。从全局角度看，两个不同的点 x 和 x'会分别被映射到远离原点的两个点 $f(x)$和 $f(x')$。f 扩展到数据流形的中间或远处是合理的。

当 $\Omega(h)$惩罚应用于 sigmoid 单元时，收缩 Jacobian 的简单方式是令 sigmoid 趋向饱和的 0 或 1。CAE 使用 sigmoid 的极值编码输入点，可以解释为二进制编码。该编码保证了

CAE 可以穿过大部分 sigmoid 隐藏单元，进而扩散其编码值。

通常点 x 处的 Jacobian 矩阵 $\boldsymbol{J}$ 能将非线性编码器近似为线性算子。在线性理论中，当 Jx 的范数对于所有单位 x 都小于等于 1 时，$\boldsymbol{J}$ 被称为收缩的。如果 $\boldsymbol{J}$ 收缩了单位球，$\boldsymbol{J}$ 就是收缩的。CAE 为鼓励每个局部线性算子具有收缩性，而在每个训练数据点处将 Frobenius 范数作为 $f(x)$的局部线性近似的惩罚。

CAE 的目标是学习数据的流形结构。使 Jx 很大的方向 x，会快速改变 h，因此可能是近似流形切平面的方向。对应于最大奇异值的方向被解释为收缩自编码器学到的切方向。理想情况下，该切方向应对应于数据的真实变化。

收缩自编码器正则化准则面临的一个实际问题是尽管它在单一隐藏层的自编码器情况下容易计算，但在更深的自编码器情况下会变的难以计算。因此，可以分别训练一系列单层的自编码器，并且每个被训练为重构前一个自编码器的隐藏层。这些自编码器的组合就组成了一个深度自编码器。因为每个层分别训练成局部收缩，深度自编码器自然也是收缩的。该结果与联合训练深度模型完整架构获得的结果是不同的，但能够获得相关的理想定性特征。另一个实际问题为，若不对解码器强加一些约束，收缩惩罚可能导致无用的结果。例如，编码器将输入乘一个小常数 ε，解码器将编码除以一个小常数 ε。随着 ε 趋向于 0，编码器会使收缩惩罚项 $\Omega(h)$趋向于 0，而学不到任何关于分布的信息。通过绑定 f 和 g 的权重来防止该情况的发生。f 和 g 均由线性仿射变换后进行逐元素非线性变换的标准神经网络层组成，因此将 g 的权重矩阵设成 f 权重矩阵的转置。

5.3 深度神经网络

5.3.1 多层神经网络近似定理

机器学习在本质上就是寻找一个有效的函数映射。人工神经网络可以在理论上证明：只需一个包含足够多神经元的隐藏层，多层前馈网络能以任意精度逼近任意复杂度的连续函数。该定理也被称之为通用近似定理(universal approximation theorem)。换句话说，神经网络可在理论上逼近任意非线性系统，这就是目前深度学习能够得到广泛应用的最底层逻辑。

通用近似定理于 1989 年提出，认为一个前馈神经网络若具有线性输出层和至少一层具有任何一种“挤压”性质的激活函数(例如 logistic sigmoid 激活函数)的隐藏层，只要给予网络足够数量的隐藏单元，它可以以任意的精度来近似任何从一个有限维空间到另一个有限维空间的 Borel 可测函数。前馈网络的导数也可以任意好地来近似函数的导数。神经网络可以近似从任何有限维离散空间映射到另一个空间的任意函数。原始定理最初以具有特殊激活函数的单元的形式来描述，该激活函数当变量取绝对值非常大的正值和负值时都会饱和。通用近似定理已经被证明对于更广泛类别的激活函数也是适用的，其中就包括现在常用的整流线性单元。

通用近似定理意味着只需一个包含足够多神经元的隐藏层，多层前馈网络能以任意精度逼近任意复杂度的连续函数。然而，不能保证训练算法能够学得这个函数。即使 MLP 能够表示该函数，学习也可能因两个不同的原因而失败。首先，用于训练的优化算法可能找不到用于期望函数的参数值。其次，训练算法可能由于过拟合而选择了错误的函数。前馈网络提供了表示函数的通用系统，在这种意义上，给定一个函数，存在一个前馈网络能够近似该函数。非通用系统仅能验证训练集上的特殊样本，不能扩展到与训练集不符的样本。

可证明，若具有 d 个输入、深度为 l、每个隐藏层具有 n 个单元的深度整流网络可以描述的线性区域的数量：

$$O\left(\binom{n}{d}^{d(l-1)} n^d\right) \tag{5.14}$$

该深度 l 的指数级，在每个单元具有 k 个过滤器的 maxout 网络中，线性区域的数量

$$O(k^{(l-1)+d}) \tag{5.15}$$

无法完全保证在机器学习时得到的函数类型具有上述属性。

根据统计特征选择深度模型，当选择一个特定的机器学习算法时，就隐含地包含了先验知识特征，这些先验知识特征是关于算法应该学得什么样的函数。学习问题包含发现一组潜在的变差因素，它们可以根据其他更简单的潜在的变差因素来描述。可将深度结构的使用解释为目标函数是包含多个步骤的计算机程序，其中每个步骤使用前一步骤的输出。这些中间输出不一定是变差因素，而是可以类似于网络用来组织其内部处理的计数器或指针。

因此深度学习的主要任务是通过结构设计与训练方法优化确保深层网络能够收敛到目标函数。

5.3.2　深度置信网络

深度置信网络(deep belief network，DBN)是第一批成功应用深度架构训练的非卷积模型之一。2006 年，深度置信网络的出现标志着深度学习的兴起。在提出深度置信网络之前，深层神经网络被认为难以优化。深度置信网络在 MNIST 数据集上表现超过了核化支持向量机，证明该深度架构的有效性。现在与其他无监督或生成学习算法相比，深度置信网络在深度学习中的重要作用仍应该得到承认。

深度置信网络是具有若干潜变量层的生成模型，例如受限玻尔兹曼机(见图 5.6)。潜变量通常是二值的，而可见单元可以是二值或实数。尽管构造连接比较稀疏的 DBN 是可能的，但在一般的模型中，每层的每个单元连接到每个相邻层中的每个单元(没有层内连接)。顶部两层之间的连接是无向的，而所有其他层之间的连接是有向的，箭头指向最接近数据的层。

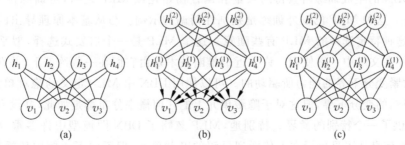

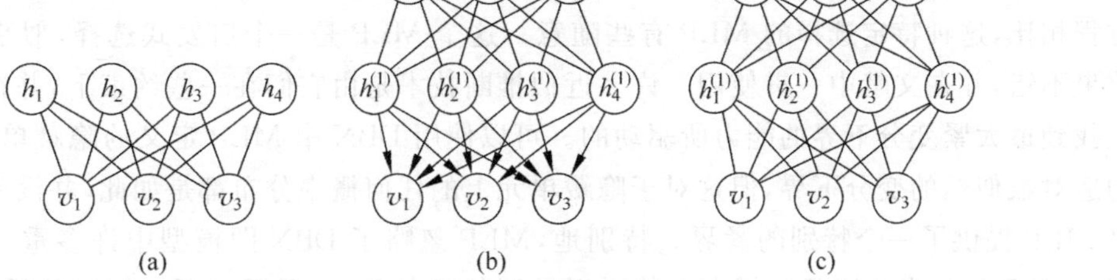

图 5.6　受限玻尔兹曼机示例

(a) 基于二分图的无向图模型；(b) 有向与无向连接的混合图模型；(c) 多层潜变量的无向图模型

具有 1 个隐藏层的 DBN 包含 1 个权重矩阵：$W(1),\cdots,W(l)$。同时也包含 $l+1$ 个偏置向量：$b(0),\cdots,b(l)$，其中 $b(0)$ 是可见层的偏置。DBN 表示的概率分布由下式给出：

$$P(\boldsymbol{h}^{(l)},\boldsymbol{h}^{l-1}) \propto \exp(\boldsymbol{b}^{(l)^{\mathrm{T}}}\boldsymbol{h}^{(l)}+\boldsymbol{b}^{(l-1)^{\mathrm{T}}}\boldsymbol{h}^{(l-1)^{\mathrm{T}}}+h^{(l-1)^{\mathrm{T}}}\boldsymbol{W}^{(l)}\boldsymbol{h}^{(l)})$$
$$P(h_i^{(k)}=1 \mid h^{(k+1)})=\sigma(b_i^{(k)}+\boldsymbol{W}_i^{(k+1)^{\mathrm{T}}}\boldsymbol{h}^{(k+1)})\ \forall i,\forall k\in 1,\cdots,l-2$$
$$P(v_i=1 \mid \boldsymbol{h}^{(1)})=\sigma(b_i^{(0)}+\boldsymbol{W}_i^{(1)^{\mathrm{T}}}\boldsymbol{h}^{(1)})\ \forall i \tag{5.16}$$

在实值可见单元的情况下，替换

$$\boldsymbol{v}\sim\mathcal{N}(v;\boldsymbol{b}^{(0)}+\boldsymbol{W}^{(1)^{\mathrm{T}}}\boldsymbol{h}^{(1)},\beta^{-1}) \tag{5.17}$$

为便于处理，β 为对角形式。理论上，推广到其他指数族的可见单元是直观的。只有一个隐藏层的 DBN 只是一个 RBM。

DBN 的训练过程先基于顶部的两个隐藏层的 RBM 进行若干次 Gibbs 采样。然后，将采样结果作为输入，对 DBN 其余部分进行单次原始采样，从输出单元重构输入样本。深度置信网络中同时包含了有向模型和无向模型。每个有向层的输出具有概率互斥性，而在隐层之间的无向连接会产生相互作用，因此很难对基于深度置信网络的目标优化结果进行评估。基于深度置信网络的状态估计或最大化似然估计，其估计偏差的下界与网络尺度的期望相关，因此估计下界难以用传统概率方法分析。

为训练深度置信网络，可先使用对比散度或随机最大似然方法训练 RBM 以最大化 $\mathbb{E}_{v\sim p_{\text{data}}}\log p(v)$。RBM 的参数定义了 DBN 第一层的参数。然后，第二个 RBM 训练为近似最大化

$$\mathbb{E}_{v\sim p_{\text{data}}}\mathbb{E}_{h^{(1)}\sim p^{(1)}(h^{(1)}1v)}\log p^{(2)}(\boldsymbol{h}^{(1)}) \tag{5.18}$$

其中 $p^{(1)}$ 是第一个 RBM 表示的概率分布，$p^{(2)}$ 是第二个 RBM 表示的概率分布。换句话说，第二个 RBM 被训练为模拟由第一个 RBM 的隐藏单元采样定义的分布，而第一个 RBM 由数据驱动。这个过程能无限重复，从而向 DBN 添加任意多层，其中每个新的 RBM 对前一个 RBM 的样本建模。每个 RBM 定义 DBN 的另一层。这个过程可以被视为提高数据在 DBN 下似然概率的变分下界。在大多数应用中，对 DBN 进行贪心逐层训练后，不需要再花功夫对其进行联合训练。然而，使用醒眠算法对其进行生成精调是可能的。

训练好的 DBN 可以直接用作生成模型，但是对于 DBN 的大多数兴趣来自于它们改进分类模型的能力。可从 DBN 获取权重，并对 MLP 进行定义：

$$\boldsymbol{h}^{(1)}=\sigma(b^{(1)}+\boldsymbol{v}^{\mathrm{T}}\boldsymbol{W}^{(1)})$$
$$\boldsymbol{h}^{(l)}=\sigma(b_i^{(l)}+\boldsymbol{h}^{(l-1)^{\mathrm{T}}}\boldsymbol{W}^{(l)})\ \forall l\in 2,\cdots,m \tag{5.19}$$

利用 DBN 的生成训练后获得的权重和偏置初始化该 MLP 之后，可训练该 MLP 来执行分类任务。这种 MLP 的额外训练是判别性精调的示例。与从基本原理导出的许多推断方程相比，这种特定选择的 MLP 有些随意。这个 MLP 是一个启发式选择，似乎在实践中效果不错，并在文献中一贯使用。许多近似推断技术是由它们在一些约束下，并在对数似然上找到最大紧变分下界的能力所驱动的。可以使用 DBN 中 MLP 定义的隐藏单元的期望，构造对数似然的变分下界，但这对于隐藏单元上的任何概率分布都是如此，并没有理由相信该 MLP 提供了一个特别的紧界。特别地，MLP 忽略了 DBN 图模型中许多重要的相互作用。MLP 将信息从可见单元向上传播到最深的隐藏单元，但不向下或侧向传播任何信息。DBN 图模型解释了同一层内所有隐藏单元之间的相互作用以及层之间的自顶向下的相互

作用。

由于 DBN 的对数似然较难处理，但可使用 AIS 近似。通过近似，可以评估其作为生成模型的质量。

5.3.3 深层玻尔兹曼机

受限玻尔兹曼机(restricted boltzmann machines，RBM)面世之后，成为了深度概率模型中最常见的神经网络学习模型之一。RBM 是包含一层可观察变量和单层潜变量的无向概率图模型。RBM 可以堆叠起来(一个在另一个的顶部)形成更深的模型。图 5.6(a)为 RBM 结构图，它是一个二分图，观察层或潜层中的任何单元之间不允许存在连接。

二值版本的受限玻尔兹曼机可以扩展为其他类型的可见和隐藏单元。输入层由一组 n_v 个二值随机变量组成，统称为向量 v。将 n_h 个二值随机变量的潜在或隐藏层记为 h。与普通玻尔兹曼机相似，受限玻尔兹曼机也是基于能量的模型，其联合概率分布由能量函数指定：

$$P(v=\boldsymbol{v},h=\boldsymbol{h})=\frac{1}{Z}\exp(-E(\boldsymbol{v},\boldsymbol{h})) \tag{5.20}$$

RBM 的能量函数如下式：

$$E(v,h)=-b^{\mathrm{T}}v-c^{\mathrm{T}}h-v^{\mathrm{T}}Wh \tag{5.21}$$

其中 Z 是被称为配分函数的归一化常数：

$$Z=\sum_{v}\sum_{h}\exp\{-E(\boldsymbol{v},\boldsymbol{h})\} \tag{5.22}$$

从配分函数 Z 的定义显而易见，计算 Z 的朴素方法(对所有状态进行穷举求和)计算上可能不易处理，除非有更好的计算方法可以利用概率分布中的规则来计算 Z。在受限玻尔兹曼机的情况下，LongandServedio 正式证明配分函数 Z 是难解的。难解的配分函数 Z 意味着归一化联合概率分布 $P(v)$也难以评估。

深层玻尔兹曼机(deep boltzmann machine，DBM)是另一种深度生成模型。与深度置信网络(DBN)不同的是，它是一个完全无向的模型。与 RBM 不同的是，DBM 有几层潜变量(RBM 只有一层)。但是像 RBM 一样，每一层内的每个变量是相互独立的，见图 5.7 中的图结构。深层玻尔兹曼机已经被应用于包括文档建模在内的各种任务。与 RBM 和 DBN 一样，DBM 通常仅包含二值单元，但很容易就能扩展到实值可见单元。

DBM 是基于能量的模型，这意味着模型变量的联合概率分布由能量函数 E 参数化。在一个深层玻尔兹曼机包含一个可见层 v 和三个隐藏层 $h(1)$，$h(2)$ 和 $h(3)$ 的情况下，联合概率如下式：

$$P(\boldsymbol{v},\boldsymbol{h}^{(1)},\boldsymbol{h}^{(2)},\boldsymbol{h}^{(3)})=\frac{1}{Z(\boldsymbol{\theta})}\exp(-E(\boldsymbol{v},\boldsymbol{h}^{(1)},\boldsymbol{h}^{(2)},\boldsymbol{h}^{(3)};\boldsymbol{\theta})) \tag{5.23}$$

为简化表示，下式省略了偏置参数。DBM 能量函数定义如下：

$$E(\boldsymbol{v},\boldsymbol{h}^{(1)},\boldsymbol{h}^{(2)},\boldsymbol{h}^{(3)};\boldsymbol{\theta})=-\boldsymbol{v}^{\mathrm{T}}\boldsymbol{W}^{(1)}\boldsymbol{h}^{(1)}-\boldsymbol{h}^{(1)\mathrm{T}}\boldsymbol{W}^{(2)}\boldsymbol{h}^{(2)}-\boldsymbol{h}^{(2)^{\mathrm{T}}}\boldsymbol{W}^{(3)}\boldsymbol{h}^{(3)} \tag{5.24}$$

与 RBM 的能量函数相比，DBM 能量函数以权重矩阵($W(2)$和 $W(3)$)的形式表示隐藏单元(潜变量)之间的连接。这些连接对模型行为以及如何在模型中进行推断都有重要的影响。

与全连接的玻尔兹曼机(每个单元连接到其他每个单元)相比，DBM 提供了类似于

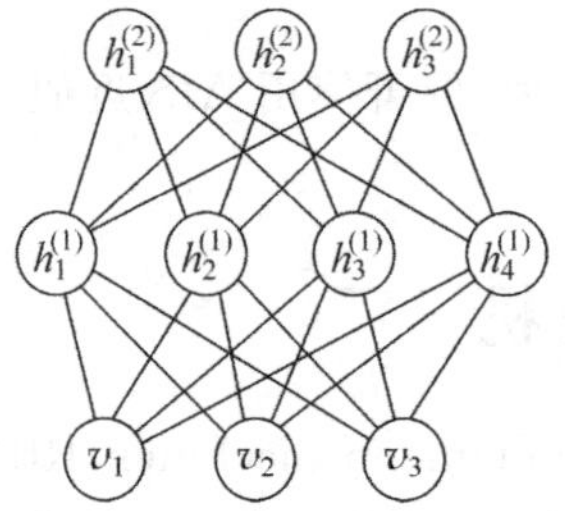

图 5.7 具有一个可见层(底部)和两个隐藏层的深层玻尔兹曼机的模型

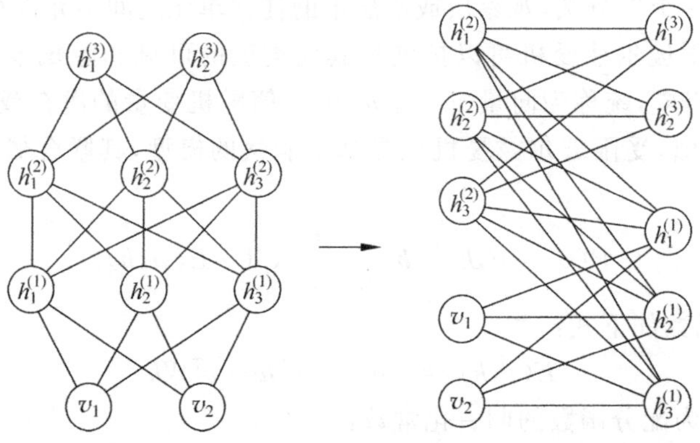

图 5.8 深层玻尔兹曼机(重新排列后显示为二分图结构)

RBM 的某些特点,如图 5.8 所示。DBM 的层可以组织成一个二分图,其中奇数层在一侧,偶数层在另一侧。可见,当条件变量在偶数层时,奇数层中的变量成为条件独立变量。当条件变量在奇数层时,偶数层中的变量成为条件独立变量。

DBM 的二分图结构可以用于 RBM 条件分布的相同公式来确定 DBM 中的条件分布。在给定相邻层值的情况下,层内的单元彼此条件独立,因此二值变量的分布可以由描述每个单元的激活概率进行描述。在具有两个隐藏层的示例中,激活概率由下式给出:

$$P(v_i = 1 \mid \boldsymbol{h}^{(1)}) = \sigma(\boldsymbol{W}_i^{(1)}\boldsymbol{h}^{(1)})$$
$$P(h_i^{(1)} = 1 \mid \boldsymbol{v},\boldsymbol{h}^{(2)}) = \sigma(\boldsymbol{v}^{\mathrm{T}}\boldsymbol{W}_i^{(1)} + \boldsymbol{W}_i^{(2)}\boldsymbol{h}^{(2)}) \tag{5.25}$$

以及

$$P(h_k^{(2)} = 1 \mid \boldsymbol{h}^{(1)}) = \sigma(\boldsymbol{h}^{(1)^{\mathrm{T}}}\boldsymbol{W}_k^{(2)}) \tag{5.26}$$

二分图结构使 Gibbs 采样能在深层玻尔兹曼机中高效采样。Gibbs 采样的方法是一次只更新一个变量。RBM 允许所有可见单元以一个块的方式更新,而所有隐藏单元在另一个块上更新。可以简单地假设具有 l 层的 DBM 需要 $l+1$ 次更新,每次迭代更新由某层单元组成的块。仅在两次迭代中更新所有单元。Gibbs 采样可以将更新分成两个块,一块包括所有偶数层(包括可见层),另一块包括所有奇数层。由于 DBM 二分连接模式,给定偶数层,关于奇数层的分布,因此可以作为块同时且独立地采样。类似地,给定奇数层,可以同时且独立地将偶数层作为块进行采样。高效采样对使用随机最大似然算法的训练尤其重要。

DBM 延续了 DBN 的设计思想。与 DBN 相比,DBM 的后验分布 $P(h|v)$ 更简洁,且可实现更多样的后验近似。深度置信网络采用启发式拟合方法进行分类,在计算过程中可通

过 MLP(使用 sigmoid 激活函数且权重与原始 DBN 相同)中的反向传播估计出隐层元素的期望值。基于 DBM 可对任何分布进行对数似然估计。但是,基于 DBM 的估计过程忽略了相同层内隐藏单元之间的相互作用以及更深层中隐藏单元对更接近输入的隐藏单元自顶向下的反馈影响,因此这类估计误差可能较大。因为 DBN 中基于启发式 MLP 的训练过程不能考虑层间相互作用,所以得到的分布估计不是最优。DBM 中隐层间的各个元素相互之间没有作用,简化了网络结构,因此理论上可通过不动点方程优化 DBM 训练过程的误差下界并使各隐层的参数达到最优。

DBM 的近似推断过程可捕获自顶向下反馈相互作用的影响。这与神经科学中对人脑的神经研究结果相似,因为人脑使用许多自上而下的反馈连接。由于这个性质,DBM 已被用作真实神经科学现象的计算模型。

DBM 一个不理想的特性是采样相对困难。DBN 只需要在其顶部的两层中使用蒙特卡罗采样,而 DBM 生成样本,必须在所有层中使用蒙特卡罗采样,并且模型的每一层都参与每个马尔可夫链转移。

深层玻尔兹曼机学习过程

DBM 中的学习必须面对难解配分函数的挑战,以及难解后验分布的挑战。变分推断允许构建近似难处理的 $P(h|v)$ 的分布 $Q(h|v)$。然后通过最大化 $L(v,Q,\theta)$(难处理的对数似然的变分下界 $\log P(v;\theta)$)学习。

对于具有两个隐藏层的深层玻尔兹曼机,L 由下式给出:

$$\mathcal{L}(Q,\theta)=\sum_i\sum_{j'}v_iW_{i,j'}^{(1)}\hat{h}_{j'}^{(1)}+\sum_{j'}\sum_{k'}\hat{h}_{j'}^{(1)}W_{j',k'}^{(2)}\hat{h}_{k'}^{(2)}-\log Z(\theta)+\mathcal{H}(Q)\quad(5.27)$$

该表达式仍然包含对数配分函数 $\log Z(\theta)$。由于深层玻尔兹曼机包含受限玻尔兹曼机,用于计算受限玻尔兹曼机的配分函数和采样性困难同样会出现在深层玻尔兹曼机中。这意味着评估玻尔兹曼机的概率质量函数需要近似方法,如退火重要性采样。同样,训练模型需要近似对数配分函数的梯度。DBM 通常使用随机最大似然训练。诸如伪似然的技术需要评估非归一化概率的能力,而不是仅仅获得它们的变分下界。对于深层玻尔兹曼机,对比散度是缓慢的,因为它们不能在给定可见单元时对隐藏单元进行高效采样——反而,每当需要新的负相样本时,对比散度将需要磨合一条马尔可夫链。

应用于 DBM 的变分随机最大似然算法描述的是 DBM 的简化变体(缺少偏置参数);很容易推广到包含偏置参数的情况。然而在逐层预训练时,随机初始化后使用随机最大似然训练(如上所述)的 DBM 通常导致失败。在一些情况下,模型不能学习如何充分地表示分布。在其他情况下,DBM 可以很好地表示分布,但是没有比仅使用 RBM 获得更高的似然。除第一层之外,所有层都具有非常小权重的 DBM 与 RBM 表示大致相同的分布。目前已经开发了允许联合训练的各种技术。然而,克服 DBM 的联合训练问题最初和最流行的方法是贪心逐层预训练。在该方法中,DBM 的每一层被单独视为 RBM,进行训练。第一层被训练为对输入数据进行建模。每个后续 RBM 被训练为对来自前一 RBM 后验分布的样本进行建模。在以这种方式训练了所有 RBM 之后,它们可以被组合成 DBM。然后可以用 PCD 训练 DBM。通常,PCD 训练将仅使模型的参数、由数据上的对数似然衡量的性能,或区分输入的能力发生微小的变化。

这种贪心逐层训练过程不仅仅是坐标上升。因为在每个步骤优化参数的一个子集,它与坐标上升具有一些传递相似性。这两种方法是不同的，因为贪心逐层训练过程中，在每个步骤都使用了不同的目标函数。DBM的贪心逐层预训练与DBN的贪心逐层预训练不同。每个单独的RBM的参数可以直接复制到相应的DBN。在DBM的情况下，RBM的参数在包含到DBM中之前必须修改。RBM栈的中间层仅使用自底向上的输入进行训练，但在栈组合形成DBM后，该层将同时具有自底向上和自顶向下的输入。为了解释这种效应，Hinton提倡在将其插入DBM之前，将所有RBM(顶部和底部RBM除外)的权重除2。另外，必须使用每个可见单元的两个"副本"来训练底部RBM，并且两个副本之间的权重约束为相等。这意味着在向上传播时，权重能有效地加倍。类似地，顶部RBM应当使用最顶层的两个副本来训练。为了使用深层玻尔兹曼机获得最好结果，需要修改标准的SML算法，即在联合PCD训练步骤的负相期间使用少量的均匀场。具体来说，应当相对于其中所有单元彼此独立的均匀场分布来计算能量梯度的期望。这个均匀场分布的参数应该通过运行一次均匀场不动点方程获得。Goodfellow比较了在负相中使用和不使用部分均匀场的中心化DBM的性能。

5.3.4 深度神经网络结构分析

深度神经网络(deep neural network，DNN)是人工神经网络(artificial intelligence，AI)的一个分支。传统的神经网络ANN(artifical neural network，ANN)是层次较少的网络型结构，所以又被称为浅层网络(shallow neural network，SNN)，DNN与传统SNN的区别就在于其网络层次结构更多更复杂。由于其层次更多，在图论上说就是图的深度更深，所以被冠名为深度神经网络。多种深度神经网络结构对比如图5.9所示。

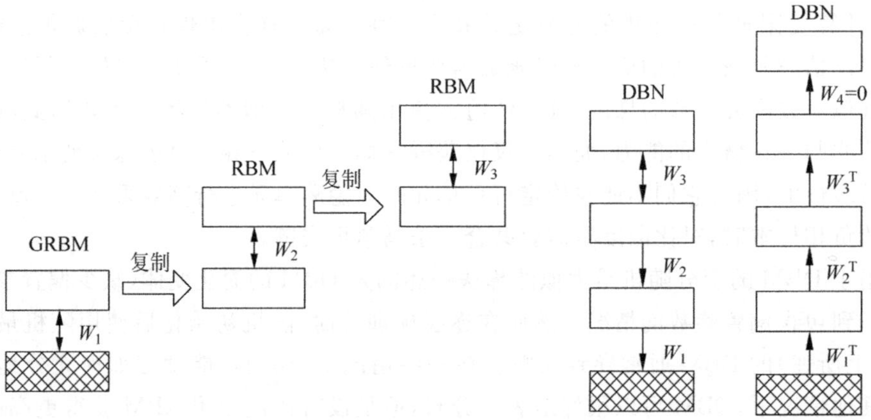

图5.9 多种深度神经网络结构对比

(1) 网络结构区别：DBN(deep belief network)最后的两层是一个受限玻尔兹曼机(restricted boltzman machine，RBM)，并且除了最后两层，其他的层都是top-down结构的有向结构；DNN是一个Bottom-Up的结构，同时，在一般的文献中，将DNN作为一个DBN进行训练得到的模型还是称为DBN。

(2) 训练算法。DBN在训练的时候，当做一个栈式RBM进行训练；DNN在预训练的时候，可以当做一个DBM进行预训练，也可以当做堆栈自编码器进行预训练。当DBN

进行预训练之后，需要在后面添加一个输出层，然后再使用反向传播算法进行训练；并当做堆栈自编码器进行预训练之后，可以直接使用反向传播进行训练。类比于浅层神经网络，深度神经网络训练方法也是反向传播，没有引入无监督的预训练。采用了新的隐层的激活函数，改善了“梯度弥散”。通过正则化改善了过拟合的现象，在输出层采用了新的激活函数。

DBN 是一个有监督的判别模型。栈式去噪自编码器(stacked denoised autoencoder，SDA)深度学习结构与 DBN 类似，采用无监督的网络“堆叠”起来的，它有分层预训练来寻找更好的参数，最后采用 BP 来微调网络。利用算法进行初始化权值矩阵。存在的问题是每层的贪婪学习权值矩阵，带来了过长的训练时间。DBN 成为“生成模型”。卷积神经网络没有预处理过程，该训练算法采用反向传播进行训练学习。由于采用卷积神经网络可以更好的处理 2D 数据，例如图像和语音。

5.4 卷积神经网络

5.4.1 卷积与池化

假设采用激光传感器追踪一艘宇宙飞船的位置，激光传感器给出一个单独的输出 $x(t)$，表示宇宙飞船在时刻 t 的位置。x 和 t 都为实值，这意味着可以在任意时刻从传感器中读出飞船的位置。假设传感器受到一定程度的噪声干扰，为了得到飞船位置的低噪声估计，对得到的测量结果做平均处理。显然时间上越近的测量结果越相关，所以可采用加权平均的方法对更近的测量结果赋予更高的权重。上述方法可以通过一个加权函数 $w(a)$ 来实现，其中 a 表示测量结果距当前时刻的时间间隔。如果对任意时刻都采用这种加权平均的操作，就能得到一个对于飞船位置的平滑估计函数 s：

$$s(t)=\int x(a)w(t-a)da \tag{5.28}$$

这种运算就叫做卷积(convolution)。卷积运算通常用星号表示：

$$s(t)=(x*w)(t) \tag{5.29}$$

在上述例子中，w 必须是一个有效的概率密度函数，否则输出就不再是一个加权平均。另外，在参数为负值时，因为不能预测未来时刻，w 的取值必须为 0。但这些限制仅仅是对上述例子而言。卷积一般被定义在满足上述积分式的任意函数上，并且也不限于加权平均。卷积的第一个参数(在上述例子中为函数 x)一般记为输入(input)，第二个参数(函数 w)称为核函数(kernel function)。输出一般被称作特征映射(feature map)。

激光传感器不能在每个瞬间都反馈测量结果。计算机处理数据时，时间会被离散化，传感器会定期地反馈数据。所以在上述例子中，不失一般性地假设传感器每秒反馈一次测量结果，而且时刻 t 只能取整数值。若假设 x 和 w 都定义在整数时刻 t 上，就可以定义离散形式的卷积：

$$s(t)=(x*w)(t)=\sum_{a=-\infty}^{\infty}x(a)w(t-a) \tag{5.30}$$

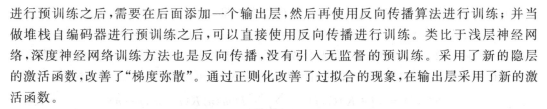

在机器学习的应用中，输入一般是由多维数组构成的数据，而核一般是由学习算法优化

得到的多维数组的参数，其中这些多维数组被称为张量。因为在输入与核中的每一个元素都必须明确地分开存储，一般假设在存储了数值的有限点集以外，这些函数的值都为零。这意味着在实际操作中，可以通过对有限个数组元素的求和来实现无限求和，也可以在多个维度上进行卷积运算。若把一张二维的图像 I 作为输入，也可以使用一个二维的核 K：

$$S(i,j)=(I*K)(i,j)=\sum_{m}\sum_{n}I(m,n)K(i-m,j-n) \tag{5.31}$$

卷积由于是可交换的(commutative)，也可以等价地写作：

$$S(i,j)=(K*I)(i,j)=\sum_{m}\sum_{n}I(i-m,j-n)K(m,n) \tag{5.32}$$

因为 m 和 n 的有效取值范围相对较小，一般在机器学习库中实现上述公式更为简单。卷积运算具备可交换性是因为核相对输入进行了翻转(flip)，m 增大时，输入的索引也会增大，但是核的索引却在减小。翻转核的唯一目的就是实现可交换性，尽管可交换性对于神经网络的证明很有用，但在神经网络的应用中却不是一个重要的性质。因此，大部分神经网络算法库往往会实现一个称为互相关(cross-correlation)的函数，该函数几乎和卷积运算一样，但是并没有对核进行翻转：

$$S(i,j)=(I*K)(i,j)=\sum_{m}\sum_{n}I(i+m,j+n)K(m,n) \tag{5.33}$$

大部分学习算法库实现的是互相关函数，但却将两种运算都叫做卷积。学习算法会在合适的位置学习得到恰当的核，所以一个基于核翻转的卷积运算的学习算法所学得的核，是对未进行翻转的算法学得的核的翻转。单独采用卷积运算在机器学习中是很少见的，卷积经常与其他的函数一起使用，无论卷积运算是否对核进行了翻转，这些函数的组合一般是不可交换的。离散卷积可以看作矩阵的乘法，然而这个矩阵的一些元素被限制为必须和另外一些元素相等。比如对于单变量的离散卷积，矩阵每一行中的元素都要与上一行对应位置平移一个单位的元素相同，这种矩阵也叫做 Toeplitz 矩阵(toeplitz matrix)。对于二维情况，卷积则对应着一个双重分块循环矩阵(doubly block circulant matrix)。除了元素相等的限制以外，卷积一般对应着一个非常稀疏的矩阵(一个几乎所有元素都为零的矩阵)，这是因为核的大小一般要远小于输入图像的大小。任何一个使用矩阵乘法但并不依赖矩阵结构特殊性质的神经网络算法，都适用于卷积运算，并且不需要对神经网络做出大的修改。典型的卷积神经网络为了更有效地处理大规模输入，确实使用了一些专业技巧，但这在理论分析方面并不是严格必需的。

卷积网络中一个典型层包含三级(如图 5.10 所示)。在第一级中会并行的计算多个卷积产生的一组线性激活响应。在第二级中，每一个线性激活响应将会通过一个非线性激活函数，比如 ReLU 激活函数，这一级有时也被称为探测级(detector stage)。在第三级中会采用池化函数(pooling function)来进一步调整这一层的输出。有两组常用的术语用于描述这些层。在复杂层术语中，卷积网络被视为少量相对复杂的层，每层具有许多级。在这组术语中，核张量与网络层之间存在一一对应关系。在简单层术语中，卷积网络被视为更多数量的简单层；每一个处理步骤都被认为是一个独立的层。除特殊说明，本节采用复杂层术语。

池化函数使用某一位置相邻输出的总体统计特征来代替网络在该位置的输出，例如，最大池化(max pooling)函数就可以给出相邻矩形区域内的最大值。其他常用的池化函数包括相邻矩形区域内的平均值、L2 范数以及基于距中心像素距离的加权平均函数。不管采用

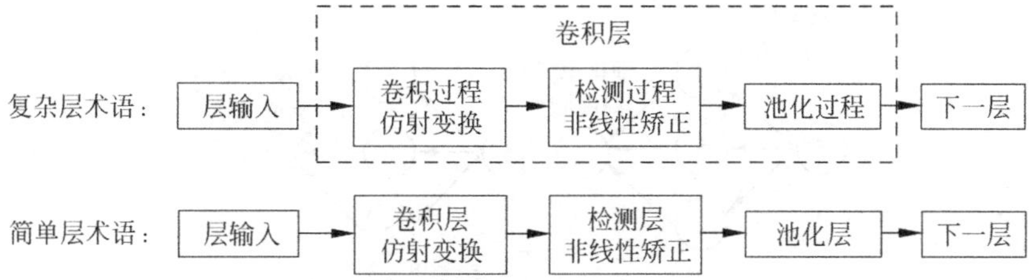

图 5.10　典型卷积神经网络层结构

什么样的池化函数，当输入作出少量平移时，池化能够让输入的表示近似不变(invariant)。平移的不变性是指当对输入进行少量平移时，经过池化函数后的大多数输出并不会发生改变。图 5.11 说明了平移不变性是如何实现的。局部平移不变性是一个很有用的性质，尤其是当只关心某个特征是否出现而不关心它出现的具体位置时。比如当判定一张图像中是否包含人脸时，并不需要知道眼睛的精确像素位置，只需要知道有一只眼睛在脸的左边，有一只在右边。但在其他一些领域，保存特征的具体位置却更重要，比如想要寻找一个由两条边相交而成的拐角时，就需要很好地保存每条边的位置来判定它们是否相交。

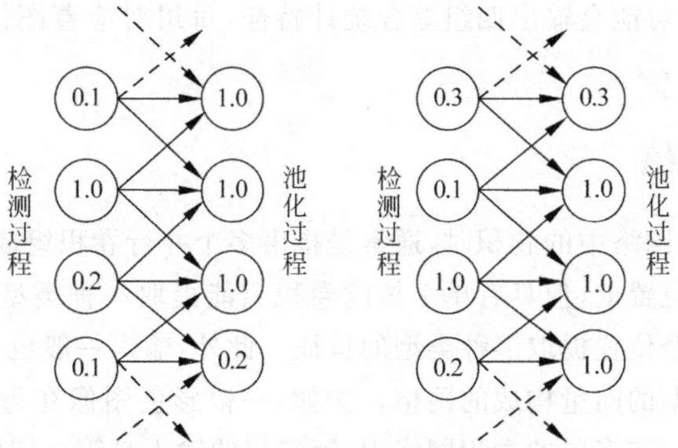

图 5.11　平移不变性的实现过程

使用池化可以看作是增加了一个非常强的先验知识：该层学习获得的函数必须具有平移不变性。当这个假设成立时，池化可以极大地提高网络的统计效率。虽然对空间区域进行池化产生了平移不变性，但当对分离参数的卷积输出进行池化时，特征其实能够学习到本身应该对于哪种变换具有不变性(如图 5.12 所示)。使用分离的参数学习多个特征，再使用池化单元进行池化，可以获得对输入的某些变换的不变性。

池化综合了全部相邻样本的反馈，使得池化单元可以少于探测单元，这是通过综合池化区域的 k 个像素的统计特征而不是单个像素来实现的。如图 5.13 所示，采用最大池化，池的宽度为三并且池之间的步幅为二。这使得表示的大小减少了一半，减轻了下一层的计算和统计负担。注意到最右边的池化区域尺寸较小，但为了不忽略一些探测单元，就必须包含该区域。因为下一层少了约 k 倍的输入，这种方法也提高了网络的计算效率。当下一层的参数数目是关于上一层输入大小的函数时，这种对于输入规模的减小也可以提高统计效率，并且减少对参数的存储需求。在很多任务中，池化对于处理不同大小的输入具有重要作用，比如想对不同大小的图像进行分类时，分类层的输入必须具备固定的大小，而这一般是通过

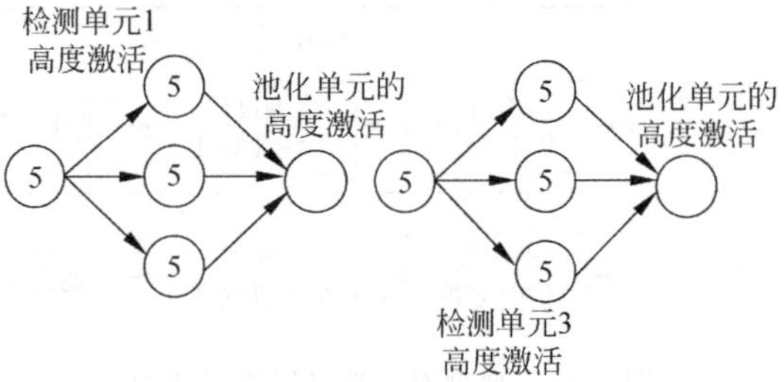

图 5.12　学习不变性

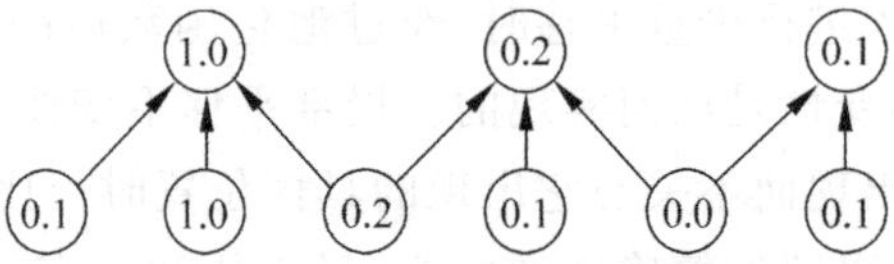

图 5.13　减小池化区域的池化

调整池化区域的偏置大小来实现的，这样分类层就总是能接收到相同数量的统计特征。举例来说，最终的池化层可能会输出四组综合统计特征，每组对应着图像的一个象限，而这是与图像的大小无关的。

5.4.2　卷积核

首先，当提到神经网络中的卷积时，通常是指由多个并行卷积组成的运算。因为尽管卷积可作用在多个空间位置上，但具有单个核的卷积只能提取一种类型的特征。一般希望网络的每一层能够在多个位置提取多种类型的特征。此外，输入一般也不仅仅是实值的网格，而是由一系列观测数据的向量构成的网格。例如，一幅彩色图像在每一个像素点都会有红绿蓝三种颜色的亮度。在多层的卷积网络中，第二层的输入是第一层的输出，一般每个位置都包含多个不同卷积的输出。当处理图像时，通常把卷积的输入输出都看作是三维的张量，其中一个索引用于标明不同的颜色通道，另外两个索引标明每个通道上的空间坐标。由于在软件实现中通常采用批处理模式，所以实际上会使用四维张量，第四维索引用于标明批处理中不同批次的实例，但为简明起见本文忽略了批处理索引。因为卷积网络通常采用多通道卷积，所以即使采用了核翻转，也不一定保证网络的线性运算是可交换的。只有当其中每个运算的输出和输入具有相同的通道数时，这些多通道的运算才是可交换的。

假设有一个四维的核张量 K，它的每一个元素是 $K_{i,j,k,l}$，表示输出中处于通道 i 的一个单元和输入中处于通道 j 中的一个单元的连接强度，并且在输出单元和输入单元之间有 k 行 l 列的偏置。假设输入由观测数据 V 组成，它的每一个元素是 $V_{i,j,k}$，表示处在通道 i 中第 j 行第 k 列的值。再假设输出 Z 和输入 V 具有相同的形式，且输出 Z 是通过对 K 和 V 进行卷积而不涉及翻转得到的，则有

$$Z_{i,j,k} = \sum_{l,m,n} V_{l,j+m-1,k+n-1} K_{i,l,m,n} \tag{5.34}$$

对所有的 l，m 和 n 进行求和是对所有有效的张量索引的值进行求和。跳过核中的一些位置能降低计算的开销，可以把这一过程看作是对全卷积函数输出的下采样

(downsampling)。若只在输出的每个方向上每间隔 s 个像素进行采样，即可定义一个下采样卷积函数 c 使得

$$Z_{i,j,k} = c(\mathbf{K},\mathbf{V},s)_{i,j,k} = \sum_{l,m,n}[V_{l,(j-1)\times s+m,(k-1)\times s+n}, K_{i,l,m,n}] \tag{5.35}$$

s 称为下采样卷积的步幅。卷积也可以在每个移动方向定义不同的步幅，图 5.14 即为该类型实例。

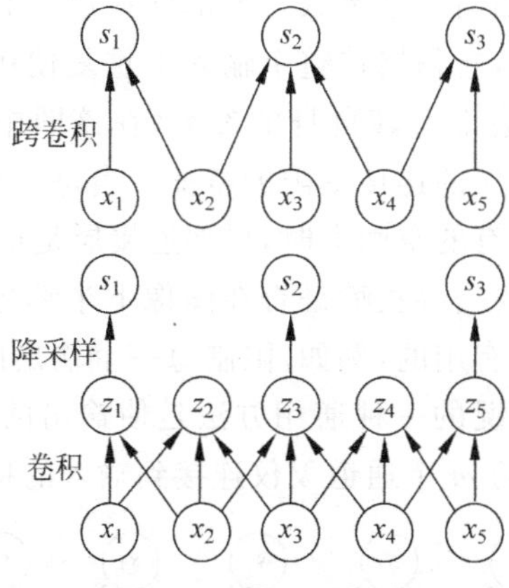

图 5.14　带有步幅的卷积

任何卷积网络的实现中都依赖一个重要性质，那就是需要隐含的对输入 V 用零进行填充使得它加宽。若没有这个性质，网络表示的宽度每一层都会缩减。零填充可以独立的控制核的宽度和输出的大小。若没有零填充，则只能选择网络空间宽度的快速缩减或者一个小型的核——这两种情境都会极大的限制网络的表示能力。有三种零填充情况值得注意。第一种是无论怎样都不使用零填充的极端情况，并且卷积核只允许访问那些图像中能够完全包含整个核的位置，这称为有效卷积。该情况下，输出的所有像素都是输入中相同数量像素的函数，使得输出像素的表示更加规范。然而，输出的大小在每一层都会缩减。若输入的图像宽度是 m，核的宽度是 k，那么输出的宽度就会变成 $m-k+1$。若卷积核非常大的话缩减率会非常显著。因为缩减数大于 0，就会限制网络中能够包含的卷积层的层数。当层数增加时，网络的空间维度最终会缩减到 1×1，此时增加的层无法进行有意义的卷积。第二种特殊的情况是只进行能保持输出和输入具有相同的大小的零填充，这称为相同卷积。该情况下只要硬件支持，网络就能包含任意多的卷积层，因为卷积运算不改变下一层的结构。然而，输入像素中靠近边界的部分相比于中间部分对于输出像素的影响更小，可能会导致边界像素存在一定程度的欠表示。第三种极端情况称为全卷积，通过足够多的零填充使得每个像素在每个方向上恰好被访问了 k 次，最终输出图像的宽度为 $m+k-1$。此时，输出像素中靠近边界的部分相比于中间部分是更少像素的函数，将更难得到一个在卷积特征映射的所有位置都表现不错的卷积核。

通常零填充的最优数量处于“有效卷积”和“相同卷积”之间的某个位置。该情况下多层感知机对应的连接矩阵是相同的，但每一个连接都有它自己的权重，可用一个六维的张量 W 来表示。W 的索引分别是：输出的通道 i，输出的行 j 和列 k，输入的通道 l，输入的行偏置 m 和列偏置 n。局部连接层的线性部分可以表示为

$$Z_{i,j,k}=\sum_{l,m,n}[V_{i,j+m-1,k+n-1}w_{i,j,k,l,m,n}] \tag{5.36}$$

因为上式和具有一个小核的离散卷积运算很像，但并不横跨位置来共享参数，所以也可称为非共享卷积(unshared convolution)。图 5.15 比较了局部连接层、卷积层和全连接层的区别。局部连接层具有两个像素，每条边用唯一的字母标记，来显示每条边都有自身的权重参数。卷积层核宽度为两个像素，该模型与局部连接层具有完全相同的连接。区别不在于哪些单元相互交互，而在于如何共享参数。局部连接层没有参数共享。正如用于标记每条边的字母重复出现所指示的，卷积层在整个输入上重复使用相同的两个权重。全连接层类似于局部连接层，它的每条边都有其自身的参数(在该图中用字母明确标记的话就太多了)。然而，它不具有局部连接层的连接受限的特征。当每一个特征都是一小块空间的函数并且相同的特征不会出现在所有的空间上时，局部连接层是很有用的。例如，若要辨别一张图片是否是人脸图像时，只需要去寻找嘴是否在图像下半部分即可。使用连接被进一步限制的卷积或者局部连接层也是有用的，例如，限制每一个输出的通道 i 仅仅是输入通道 l 的一部分的函数时。实现这种情况的一种通用方法是使输出的前 m 个通道仅仅连接到输入的前 n 个通道，输出的接下来的 m 个通道仅仅连接到输入的接下来的 n 个通道，以此类推。

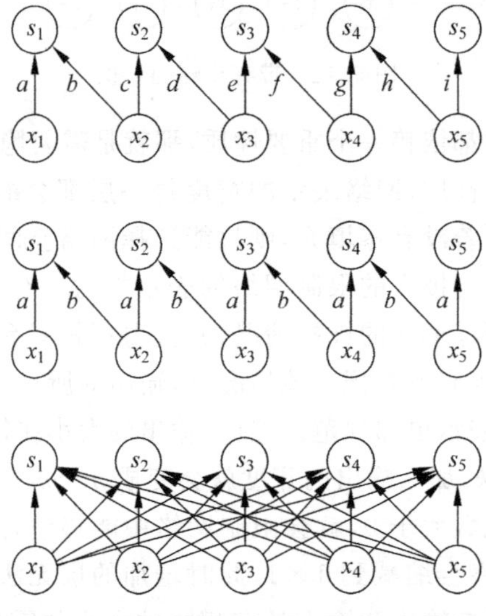

图 5.15　局部连接层，卷积层和全连接层的比较

实现卷积网络时，通常也需要除卷积以外的其他运算，比如必须在给定输出的梯度时能够计算核的梯度。在一些简单情况下，这种运算可以通过卷积来实现，但在很多特殊情况下，包括步幅大于 1 的情况，并不具有这样的性质。卷积是一种线性运算，所以可以表示成矩阵乘法的形式，其中包含的矩阵是关于卷积核的函数且这个矩阵是稀疏的。通过卷积定义的矩阵转置的乘法就是这样一种运算，这种运算可用于计算在卷积层反向传播误差的导数，所以它在训练多于一个隐藏层的卷积网络时是非常必要的。

5.4.3　卷积神经网络结构

卷积网络训练中学习成本最高的部分一般是特征学习。因为在通过若干层池化之后输出层的特征数量较少，所以输出层的计算代价通常相对不高。当使用梯度下降执行监督训练时，每步梯度计算都需要完整地运行整个网络的前向传播和反向传播。减少卷积网络训练成本的一种方式是使用那些不是由监督方式训练得到的特征，其中有三种基本策略可以不通过监督训练而得到卷积核。其中一种是进行随机初始化。另一种是手动设计，比如通过将每个核设置在一个特定的方向或尺度来检测边缘。最后还可以使用无监督的标准来学习核。使用无监督的标准来学习特征可使其能与位于网络结构顶层的分类层相互独立，只需提取一次全部训练集的特征，就可构造用于分类层的新训练集。假设分类层结构类似逻辑回归或者支持向量机，那么学习分类层通常是一个凸优化问题。

随机过滤器经常在卷积网络中表现较好，为卷积池化组成的层赋予随机权重时，自然具有频率选择性和平移不变性。这为选择卷积网络的结构提供了一种简洁的方法：首先通过仅训练分类层来评估几个卷积网络结构的性能，然后选择最好的结构并使用更复杂的方法来训练整个网络。其中一个关键步骤是特征学习，但也可以采用不需要在每个梯度计算步骤中都进行完整的前向和反向传播的方法。与多层感知器一样，使用贪婪逐层预训练，单独训练第一层，然后一次性地从第一层提取所有特征，之后用那些特征单独训练第二层，以此类推。卷积模型的贪婪逐层预训练的经典模型是卷积深度置信网络。卷积网络为多层感知器提供了采用预训练策略的机会，无需一次训练整个卷积层，也可以先训练部分模型，然后可以用来自这个部分模型的参数来定义卷积层的核。这意味着使用无监督学习来训练卷积网络并且在训练的过程中完全不使用卷积是可能的。这种方法可以训练非常大的模型，并且只在分类结果推断期间产生高计算成本，该方法在 2007—2013 年比较流行，当时标记的数据集很小，并且计算能力有限。如今，大多数卷积网络以纯粹监督的方式训练，在每次训练迭代中进行整个网络的完整的前向和反向传播。与其他无监督预训练的方法一样，使用这种方法的一些好处仍然难以通过理论解释清楚，但无监督预训练可以提供一些相对于监督训练的正则化，可以简单地训练较大的结构，且其规则学习的计算成本也较低。

5.5 递归神经网络

5.5.1 展开计算图

计算图是形式化计算结构的方式，是将输入参数映射到输出与损失的计算，该重复结构通常对应于一个事件链。展开计算图就可以实现深度网络结构中的参数共享。

考虑动态系统的经典形式：

$$\boldsymbol{s}^{(t)} = f(\boldsymbol{s}^{(t-1)};\boldsymbol{\theta}) \tag{5.37}$$

其中 $s(t)$ 为系统的状态。s 在时刻 t 的定义需要参考时刻 $t-1$ 时的定义，因此上式是递归的。对于有限时间步 τ，$\tau-1$ 次应用该定义即可展开计算图。比如在 $\tau=3$ 时，对上式展开，可以得到：

$$\boldsymbol{s}^{(3)} = f(\boldsymbol{s}^{(2)};\boldsymbol{\theta}) = f(f(\boldsymbol{s}^{(1)};\boldsymbol{\theta});\boldsymbol{\theta}) \tag{5.38}$$

以上述方式重复应用定义并展开等式，可得到不涉及递归的表达。采用传统的有向无环计算图呈现上式的展开，如图 5.16 所示，每个节点表示在某个时刻 t 的状态，并且函数 f 将 t 处的状态映射到 $t+1$ 处的状态。所有时间步都使用相同的参数(用于参数化 f 的相同

θ 值)。

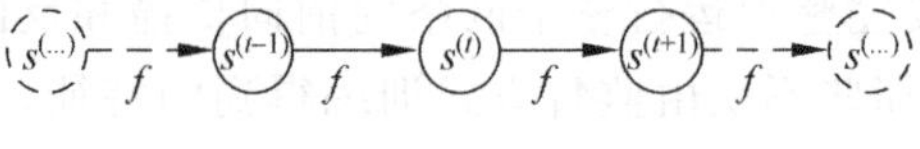

图 5.16　经典动态系统的展开

考虑由外部信号 $x(t)$ 驱动的动态系统

$$s^{(t)} = f(s^{(t-1)}, x^{(t)}; \theta) \tag{5.39}$$

当前状态包含了整个过去序列的信息。递归神经网络可以通过许多不同的方式建立。绝大多数函数都可以被认为是前馈网络,本质上任何涉及递归的函数都可以视作递归神经网络。很多递归神经网络使用下式或类似的公式定义隐藏单元的值。为了表明状态是网络的隐藏单元,采用变量 h 代表状态重写式(5.39):

$$\boldsymbol{h}^{(t)} = f(\boldsymbol{h}^{(t-1)}, \boldsymbol{x}^{(t)}; \boldsymbol{\theta}) \tag{5.40}$$

如图 5.17 所示,典型 RNN 会增加额外的架构特性,如读取状态信息 h 进行预测的输出层。无输出循环网络只处理来自输入 x 的信息,将其合并到经过时间向前传播的状态 h,图中黑色方块表示单个时间步的延迟。

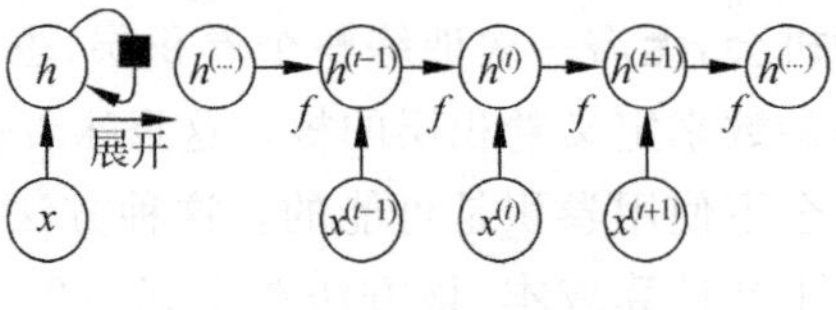

图 5.17　无输出循环网络

当训练递归网络依据历史数据预测未来时,网络通常要学会使用 $h(t)$ 作为过去序列与任务相关的有损摘要。因为此摘要映射任意长度的序列($x(t)$,$x(t-1)$,$x(t-2)$,…,$x(2)$,$x(1)$)到一固定长度的向量 $h(t)$,所以其一般而言一定是有损的。根据不同的训练准则,摘要会选择性地保留过去序列的某些特性。举例来说,在统计语言建模中使用 RNN,一般根据给定前一个词预测下一个词,而没有必要存储时刻 t 前输入序列中的所有信息,而只需要存储足够预测句子其余部分的信息。最苛刻的情况是要求 $h(t)$ 足够丰富,并能大致恢复输入序列,如自编码器框架。

式(5.40)可以用两种不同的绘制方式表达。一种方式是为可能在模型的物理实现中存在的部分赋予一个节点,如生物神经网络。网络定义了实时操作的回路,如图 5.17 左侧,其当前状态可以影响其未来的状态。采用回路图的黑色方块表明在时刻 t 的状态到时刻 $t+1$ 的状态单个时刻延迟中的相互作用。另一个绘制 RNN 的方法是展开计算图,其中每一个组件由许多不同的变量表示,每个时间步一个变量,表示在该时间点组件的状态。每个时间步的每个变量可绘制为计算图的一个独立节点,如图 5.17 右侧所示。上述的展开是将左图中的回路映射为右图中包含重复组件的计算图的操作。展开图的大小取决于序列长度,可以用一个函数 $g(t)$ 代表经 t 步展开后的递归:

$$\begin{aligned} \boldsymbol{h}^{(t)} &= g^{(t)}(\boldsymbol{x}^{(t)}, \boldsymbol{x}^{(t-1)}, \boldsymbol{x}^{(t-2)}, \cdots, \boldsymbol{x}^{(2)}, \boldsymbol{x}^{(1)}) \\ &= f(\boldsymbol{h}^{(t-1)}, \boldsymbol{x}^{(t)}; \boldsymbol{\theta}) \end{aligned} \tag{5.41}$$

函数 $g(t)$ 将全部的过去序列($x(t)$,$x(t-1)$,$x(t-2)$,…,$x(2)$,$x(1)$)作为输入来生成当前状态,但是展开的递归架构允许将 $g(t)$ 分解为函数 f 的重复应用。因此,展开过程主要有两个优点：

（1）无论序列的长度，学习得到的模型始终具有相同的输入大小；

（2）在每个时间步使用相同参数的相同转移函数 f。

这两个因素使得在所有时间步和序列长度上学习单一模型 f 成为可能，而不需要在所有可能时间步学习独立的模型 $g(t)$。学习单一的共享模型有利于提高泛化性，并且估计模型所需的训练样本远远少于不包含参数共享的模型的。递归图和展开图表示方法各有利弊：递归图简洁，而展开图能够明确描述其中的计算流程，展开图还通过显式的信息流动路径帮助说明信息在时间上向前和向后的思想。

递归神经网络的设计模式包括以下 3 种。

（1）从输出层向隐层递归。这类神经网络每个时间步都有输出，并且隐藏单元之间有递归连接的网络，如图 5.18 所示，左侧是使用循环连接绘制的 RNN 网络结构，右侧是该网络在时间上展开的计算图，其中每个节点现在与一个特定的时间实例相关联。损失 L 衡量每个 o 与相应的训练目标 y 的距离。当使用 softmax 输出时，假设 o 是未归一化的对数概率。损失 L 内部计算 $\hat{y}=\text{softmax}(o)$，并将其与目标 y 比较。RNN 输入到隐藏的连接由权重矩阵 U 参数化，隐藏到隐藏的循环连接由权重矩阵 W 参数化以及隐藏到输出的连接由权重矩阵 V 参数化。

（2）隐层进行自回归。这类神经网络每个时间步都产生一个输出，只有当前时刻的输出到下个时刻的隐藏单元之间有递归连接的网络，如图 5.19 所示。在每个时刻 t，输入为 x_t，隐藏层激活为 $h(t)$，输出为 $o(t)$，目标为 $y(t)$，损失为 $L(t)$。左侧为隐层自回归的神经网络结构图，右侧为该网络时间上展开的计算图。这类 RNN 没有 1 类 RNN 的表示能力那样强大，表示的函数集合更小。第 1 类 RNN 可以选择将其想要的关于过去的任何信息放入隐藏表示 h 中并且将 h 传播到未来。该 RNN 被训练为将特定输出值放入 o 中，并且 o 是允许传播到未来的唯一信息。此处没有从 h 前向传播的直接连接。之前的 h 仅通过产生的预测间接地连接到当前。o 通常缺乏过去的重要信息，除非它非常高维且内容丰富。这使得该图中的 RNN 不那么强大，但是它更容易训练，因为每个时间步可以与其他时间步分离训练，允许训练期间更多的并行化。

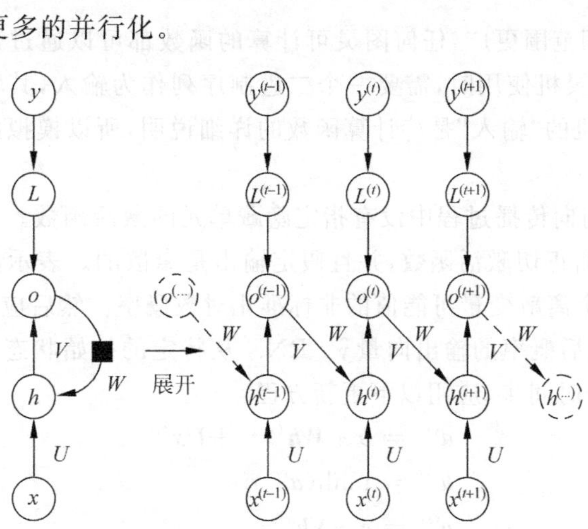

图 5.18 计算循环网络训练损失的计算

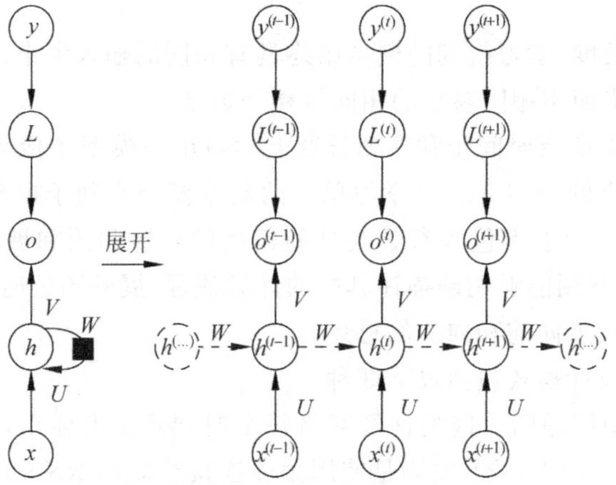

图 5.19　隐层自回归的反馈连接

(3) 隐藏单元之间存在递归连接，但读取整个序列后产生单个输出的递归网络，如图 5.20 所示。这样的网络可以用于概括序列并产生用于进一步处理的固定大小的表示。在结束处可能存在目标，或者通过更下游模块的反向传播来获得输出 $o(t)$上的梯度。

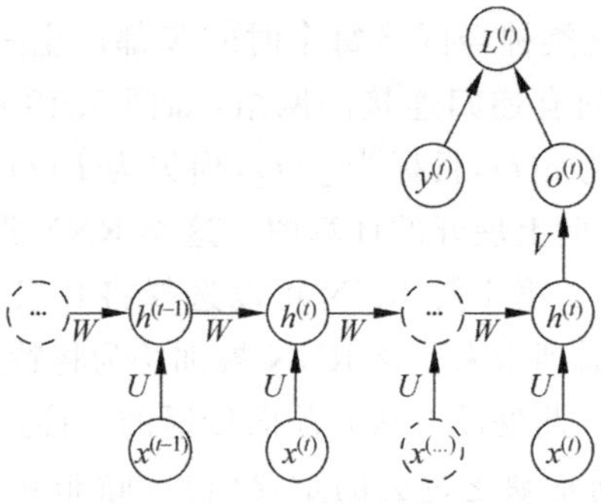

图 5.20　隐藏单元递归连接的网络

第 1 类 RNN 适用范围更广，任何图灵可计算的函数都可以通过这样一个有限维的递归网络。RNN 作为图灵机使用时，需要一个二进制序列作为输入，其输出必须离散化以提供二进制输出。图灵机的"输入"是待计算函数的详细说明，所以模拟此图灵机的等效网络足以应付所有问题。

第 1 类 RNN 的前向传播过程中没有指定隐藏单元的激活函数。在预测词或字符的应用场景中通常采用双曲正切激活函数，并且假定输出是离散的。表示离散变量的常规方式就是把输出 o 作为每个离散变量可能值的非标准化对数概率。然后应用 softmax 函数进行后续处理，获得标准化后概率的输出向量 $\hat{y}$。RNN 从特定的初始状态 $h(0)$开始前向传播，从 $t=1$ 到 $t=\tau$ 的每个时间步，应用以下更新方程：

$$\begin{aligned}
\boldsymbol{a}^{(t)} &= \boldsymbol{b} + \boldsymbol{W}\boldsymbol{h}^{(t-1)} + \boldsymbol{U}\boldsymbol{x}^{(t)} \\
\boldsymbol{h}^{(t)} &= \tanh(\boldsymbol{a}^{(t)}) \\
\boldsymbol{o}^{(t)} &= \boldsymbol{c} + \boldsymbol{V}\boldsymbol{h}^{(t)} \\
\hat{y}^{(t)} &= \mathrm{softmax}(\boldsymbol{o}^{(t)})
\end{aligned} \tag{5.42}$$

其中参数的偏置向量 b 和 c 连同权重矩阵 U、V 和 W，分别对应于输入层到隐层、隐层到输出层和隐层到隐层的连接。该递归网络将一个输入序列映射到相同长度的输出序列，其中与 x 序列配对的 y 的总损失就是所有时间步的损失之和。若 $L(t)$ 为给定的 $x(1),\cdots,x(t)$ 后 $y(t)$ 的负对数似然估计值，则

$$\begin{aligned} &L(\{\boldsymbol{x}^{(1)},\cdots,\boldsymbol{x}^{(t)}\},\{\boldsymbol{y}^{(1)},\cdots,\boldsymbol{y}^{(t)}\}) \\ &= \sum_t L^{(t)} \\ &= -\sum_t \log p_{\text{model}}(y^{(t)} \mid \{\boldsymbol{x}^{(1)},\cdots,\boldsymbol{x}^{(t)}\}) \end{aligned} \tag{5.43}$$

其中 $p_{\text{model}}(y(t)|\{x(1),\cdots,x(t)\})$ 为读取模型输出向量 $\hat{y}(t)$ 中对应于 $y(t)$ 的项。从参数计算来看，该损失函数的梯度计算成本很高。梯度计算涉及执行一次前向传播，接着是由右到左的反向传播。该操作的时间复杂度是 $O(\tau)$，由于前向传播图是固有循序的，所以不能通过并行计算优化。由于前向传播中的各个状态必须保存，直到反向传播时被再次使用，因此内存代价也是 $O(\tau)$。

5.5.2 回声状态网络

在时序数据估计过程中，从上一时刻的隐层 $h(t-1)$ 估计当前时刻 $h(t)$ 的递归权重映射，以及从网络输入 $x(t)$ 到隐层 $h(t)$ 的输入权重映射是递归网络学习的关键。一类研究思路是设计递归隐藏单元，增强融合输入历史时序信息的能力，且只学习输出权重。回声状态网络(echo state network，ESN)采用储层计算，其内置大量的递归隐藏单元，形成临时特征池，对历史时序数据的不同粒度的特征进行提取。

储层计算递归网络将到当前时刻为止的任意长度时间序列映射为一个长度固定的向量，设定为递归隐层的状态，通过施加一个线性回归的预测算子以解决长时预测问题。训练目标函数设定为输出权重的凸函数。例如，若输出是从隐藏单元到输出目标的线性回归，训练目标函数就是输出标签的均方误差，则可通过简化的学习算法即可解决训练问题。

合理设置输入和递归的权重，可提高递归神经网络对历史时序数据的特征表征能力。回声状态网络将递归网络改为动态网络系统，通过训练让动态系统收敛到稳定边缘的输入和递归权重。首先，尽量使递归网络所对应的输入到输出的状态转换函数的雅克比(Jacobian)矩阵的特征值接近1。递归神经网络的Jacobian矩阵的特征值谱为 $J(t)=\partial s(t)/\partial s(t-1)$。特征值谱 $J(t)$ 的谱半径(spectral radius)定义为特征值绝对值的最大值。假定反向传播中Jacobian矩阵 J 不随 t 改变，可分析谱半径对递归神经网络训练过程的影响。当神经网络为线性时，假设 J 特征值 λ 对应的特征向量为 v。定义初始梯度向量为 g，经过输出误差反向传播后，可以得到 J_g，迭代 n 次后会得到 J_{ng}。若初始梯度相量中包含扰动 δ，则初始梯度向量为 $g+\delta v$，则经过单次迭代之后得到 $J(g+\delta v)$。迭代 n 步后得到 $J_n(g+\delta v)$。因此，由 g 开始的反向传播和由 $g+\delta v$ 开始的反向传播，n 次迭代后会产生 δJ_{nv} 的偏离。若 v 为 J 特征值 λ 对应的一个单位特征向量，在每次迭代过程中与雅克比矩阵相乘是在该特征向量方向上进行缩放。反向传播的两次产生的误差为 $\delta|\lambda|_n$。当 v 为最大特征值 $|\lambda|$ 对应的特征向量时，初始扰动 δ 可产生最大分离。

当 $|\lambda|>1$ 时，偏差 $\delta|\lambda|_n$ 会在迭代过程中指数增长。当 $|\lambda|<1$，偏差就会随着迭代次数

增加而指数缩小。雅克比矩阵在每个迭代过程中步长是相同的，则对应网络为线性递归网络。当回声状态网络中存在非线性结构时，非线性的导数在多次迭代后接近零，有助于防止谱半径过大导致的误差梯度爆炸。设计回声状态网络的过程中通常将谱半径设定为远大于1的。基于反复矩阵乘法的反向传播算法同样适用于没有非线性的前向传播神经网络，其隐层的时序状态参数可表示为 $h(t+1)=h(t)W^{\mathrm{T}}$。当线性映射 W^{T} 在 $L2$ 范数的测度下导致隐层的状态参数 h 不断缩小，则该映射是收缩的，并让 h 随时间收敛。当谱半径小于1时，则从 $h(t)$ 到 $h(t+1)$ 的映射必定是收缩的，因此在每次迭代过程中，离当前时刻越远的变化对神经网络的状态参数的影响越小。在实际计算过程中，由于硬件存储状态向量的精度有限（如32位整数），回声状态网络会丢失历史信息。

雅克比矩阵描述了回声状态网络的隐层状态参量 $h(t)$ 的微小变化的时间前向传播，以及 $h(t+1)$ 的梯度向时间后向传播的过程。W 和 J 为实方阵，但不一定为对称矩阵，因此可能存在复数的特征值和特征向量，其中虚数分量对应回声状态网络中潜在的振荡行为。即使隐层状态参量 $h(t)$ 在反向传播中是实值的，传播误差仍可以通过复数基表示。当对于幅值大于1的特征值将放大 $h(t)$ 的误差，若该误差始终为实数且对应到该特征向量上，则会在迭代过程中指数放大。反之亦然。

对于非线性映射，回声状态网络的雅克比矩阵在迭代过程中的变化状态难以预测。微小的初始变化经过多次迭代有可能造成梯度爆炸。纯线性和非线性情况的区别为使用压缩非线性（如 tanh）的激活函数可以使递归动态量限制在一定范围内，从而确保回声状态网络递归状态的稳定性。但即便能确保前向传播动态参量有界，反向传播的动态量仍然可能无界，例如，当 tanh 序列都在状态中间的线性部分，并由谱半径大于1的权重矩阵连接。然而，所有 tanh 单元同时位于线性激活点是非常罕见，对应的回声状态网络在实际中仍具有较好的稳定性和收敛精度。

5.5.3 门控增强单元

单个门控单元同时控制遗忘因子和更新状态单元的决定。更新公式如下：

$$h_i^{(t)}=u_i^{(t-1)}h_i^{(t-1)}+(1-u_i^{(t-1)})\sigma\Big(b_i+\sum_j U_{i,j}x_j^{(t)}+\sum_j W_{i,j}r_j^{(t-1)}h_j^{(t-1)}\Big) \tag{5.44}$$

其中 u 代表“更新”门，r 表示“复位”门，定义如下：

$$u_i^{(t)}=\sigma\Big(b_i^u+\sum_j U_{i,j}^u x_j^{(t)}+\sum_j W_{i,j}^u h_j^{(t)}\Big) \tag{5.45}$$

$$r_i^{(t)}=\sigma\Big(b_i^r+\sum_j U_{i,j}^r x_j^{(t)}+\sum_j W_{i,j}^r h_j^{(t)}\Big) \tag{5.46}$$

复位和更新门能独立地“忽略”状态向量的一部分。更新门像条件渗漏累积器一样可以线性门控任意维度，从而选择将它复制（在 sigmoid 的一个极端）或完全由新的“目标状态”值（朝向渗漏累积器的收敛方向）替换并完全忽略它（在另一个极端）。复位门控制当前状态中哪些部分用于计算下一个目标状态，在过去状态和未来状态之间引入了附加的非线性效应。围绕这一主题可以设计更多的变种，比如复位门的输出可以在多个隐藏单元间共享。全局门的乘积和一个局部门可用于全局控制和局部控制的连接。

5.5.4 长短时记忆单元

引入自递归以产生梯度长时间持续流动的路径是初始长短期记忆(long short-term memory,LSTM)模型的核心贡献。该模型的关键扩展是使自递归的权重视上下文而定,而不是固定的。门控此自递归(由另一个隐藏单元控制)的权重,累积的时间尺度可以动态地改变。由于时间常数是模型本身的输出,即使是具有固定参数的 LSTM,累积的时间尺度也可以因输入序列而改变。LSTM 已经在许多应用中获得应用,如无约束手写识别、语音识别、手写识别、机器翻译、为图像生成标题。LSTM 块如图 5.21 所示。其中的细胞结构彼此循环连接,代替一般循环网络中普通的隐藏单元。这里使用常规的人工神经元计算输入特征。如果 sigmoid 输入门允许,它的值可以累加到状态单元。状态单元具有线性自循环,其权重由遗忘门控制。细胞的输出可以被输出门关闭。所有门控单元都具有 sigmoid 非线性,而输入单元可具有任意的压缩非线性。状态单元也可以用作门控单元的额外输入。黑色方块表示单个时间步的延迟。在浅递归网络的架构下,相应的前向传播公式如下。LSTM 递归网络除了外部的 RNN 递归外,还具有内部的"LSTM 细胞"递归循环(自环),LSTM 不是简单地向输入和递归单元的仿射变换之后施加一个逐元素的非线性。与普通的递归网络类似,每个单元有相同的输入和输出和参数与控制信息流动的门控单元系统。其组成部分是状态单元 $s(t)_i$,与渗漏单元有类似的线性自环。其自环的权重(或相关联的时间常数)由遗忘门(forgetgate)$f(t)_i$ 控制(时刻 t 和细胞 i),由 sigmoid 单元将权重设置为 0 和 1 之间的值:

$$f_i^{(t)} = \sigma\left(b_i^f + \sum_j U_{i,j}^f x_j^{(t)} + \sum_j W_{i,j}^f h_j^{(t-1)}\right) \tag{5.47}$$

其中 $x(t)$ 是当前输入向量,h^t 是当前隐藏层向量,h^t 包含所有 LSTM 细胞的输出。b^f,U^f,W^f 分别是偏置、输入权重和遗忘门的递归权重。

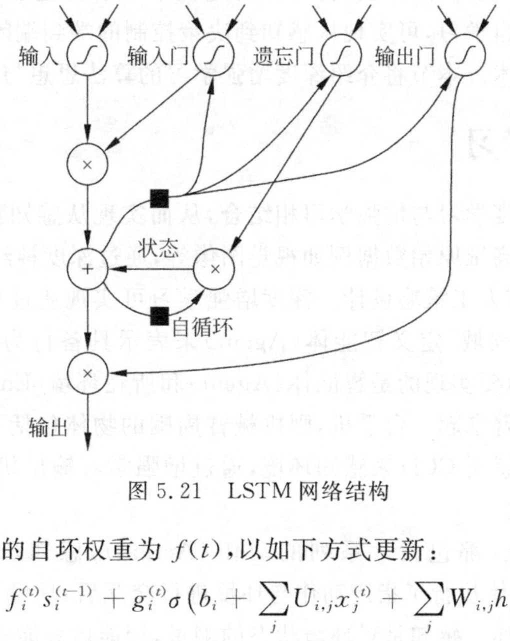

图 5.21 LSTM 网络结构

假设其中一个条件的自环权重为 $f(t)$,以如下方式更新:

$$s_i^t = f_i^{(t)} s_i^{(t-1)} + g_i^{(t)} \sigma\left(b_i + \sum_j U_{i,j} x_j^{(t)} + \sum_j W_{i,j} h_j^{(t-1)}\right) \tag{5.48}$$

其中 b, U, W 分别是 LSTM 细胞中的偏置、输入权重和遗忘门的递归权重。外部输入门(external input gate)单元 $g_i^{(t)}$ 以类似遗忘门(使用 sigmoid 获得一个 0 和 1 之间的值)的方式更新,但有自身的参数:

$$g_i^{(t)} = \sigma\left(b_i^g + \sum_j U_{i,j}^g x_j^{(t)} + \sum_j W_{i,j}^g h_j^{(t-1)}\right) \tag{5.49}$$

LSTM 细胞的输出 $\boldsymbol{h}_i^{(t)}$ 可以由输出门(output gate)$q_i^{(t)}$ 关闭,(利用 sigmoid 单元作为门控):

$$h_i^{(t)} = \tanh(s_i^{(t)}) q_i^{(t)}$$

$$q_i^{(t)} = \sigma\left(b_i^o + \sum_j U_{i,j}^o x_j^{(t)} + \sum_j W_{i,j}^o h_j^{(t-1)}\right) \tag{5.50}$$

其中 $\boldsymbol{b}^o, \boldsymbol{U}^o, \boldsymbol{W}^o$ 分别是偏置、输入权重和输出门的递归权重。在这些变体中,可以选择使用细胞状态 $s_i^{(t)}$ 作为额外的输入(及其权重),输入到第 i 个单元的三个门,如图 5.21 所示。将需要三个额外的参数。LSTM 网络比简单的递归架构更易于学习长期依赖,不仅用于测试长期依赖学习能力的人工数据集,而且在具有挑战性的序列处理任务上获得最先进的表现。

5.6 深度增强学习

深度增强学习(deep reinforcement learning,DRL)是近年来深度学习领域的一个重要分支,目的是实现人工智能从感知到决策控制的闭环,进而实现通用人工智能。深度增强学习算法已经在视频游戏、围棋、机器人等领域取得了突破性进展。2016 年 Google DeepMind 推出的 AlphaGo 围棋系统,采用蒙特卡罗树搜索和深度学习结合的方式使计算机的围棋水平达到甚至超过了顶尖职业棋手的水平,引起了世界性的轰动。AlphaGo 的算法核心是深度增强学习,使得计算机在自对弈的过程中不断优化控制策略。深度增强学习算法基于深度神经网络自学习,可实现从感知到决策控制的端到端闭环,是人工智能实现与现实世界交互的关键技术。本节将介绍深度增强学习的算法思想与实现过程。

5.6.1 增强学习

深度增强学习将深度学习与增强学习相结合,从而实现从感知到动作的端对端学习的算法。输入感知信息为高维原始数据例如视觉图像等,通过深度神经网络的策略规划,直接输出动作控制指令,没有人工策略设计。深度增强学习可实现通过自主学习掌握一种甚至多种技能。在人工智能领域,定义智能体(Agent)来表示具备行为能力的系统,包括机器人,无人车等。增强学习要实现的是智能体(Agent)和所在环境(Environment)之间交互任务。例如控制一个机械臂拿起一台手机,则机械臂周围的物体包括手机属于环境。机械臂通过传感器例如视觉传感器 CCD 来感知环境,通过增强学习输出机械臂控制指令,执行动作实现拿起手机的目标。

智能体与环境交互,都包括一系列的动作(Action),感知(Observation)和反馈值(Reward)。反馈是智能体执行了指定动作与环境进行交互后,环境参量会发生变化。该变化用反馈值来衡量好与坏。感知是对环境状态的测量,智能体只能感知到环境的部分信息,例如视觉 CCD 只能获得某个特定角度的图像画面。在每个时间点智能体从动作集合 A 中选择一个优化动作 a_t 执行。该动作集合可以是连续指令，如机器人的控制；也可以是离散控制，如特殊定义的按键操作。动作集合的大小直接影响整个优化任务的求解难度。目前的深度增强学习算法着重处理离散输出的优化问题。

增强学习的优化目标为输出的控制策略应获得尽可能高的反馈值。反馈值越高表示控制策略越优化。每个时刻，智能体根据当前的感知环境结果来确定下一步的动作。环境感知结果作为智能体的自身状态(State)评估依据。状态和动作存在映射关系，即每个智能体状态可以对应一个优化动作，或者对应几个动作的概率。通常用概率来表征输出策略，动作执行采用概率最高的输出策略。状态与动作的关系可视作输入与输出的对应关系，而基于当前状态 s 给出动作 a 的过程为策略(Policy)，用 π 表示，则决策过程可表示为 $a=\pi(s)$ 或者 $\pi(a|s)$，其中 a 表示动作，s 表示状态。增强学习的任务就是优化策略 π 从而使反馈值最高。初始情况从随机的策略开始进行试验，就可以得到一系列的状态，动作和反馈值：

$$\{s_1, a_1, r_1, s_2, a_2, r_2, \cdots, s_t, a_t, r_t\} \tag{5.51}$$

上述公式描述了时序的训练样本。增强学习算法需要根据这些样本来改进控制策略，从而使得后续得到的样本中的反馈值更高。增强学习在经典物理的框架下，将时间分为具有时序的片段，则增强学习样本可以表示为形如 $\{s_0, a_0, r_0, s_1, a_1, r_1, \cdots, s_t, a_t, r_t\}$ 的状态，动作和反馈值序列。

增强学习的前提假设是，确定的输入对应确定的输出。例如机械臂学习掷筛子，以掷出 6 点为目标。若无论如何调整机械臂关节的角度及扭矩，掷出的点数永远是随机的，则不可能通过增强算法使机械臂达成目标。因此，增强学习算法的有效性建立在增强学习中每一次参数调整都会造成确定性影响的前提下。这是增强学习算法建立的基础，同时也反映了当前人工智能研究的局限性。因而，在时间和确定性假设基础上，即可采用马尔可夫决策进行深入分析。

5.6.2 马尔可夫决策

马尔可夫决策基于假设：未来系统状态只取决于当前系统状态。即假定能观测封闭环境内的所有对象的精确状态，则未来这些对象的状态变化只跟当前的状态相关，与过去无关。数学描述为：一个状态 S_t 是马尔可夫过程当且仅当

$$P(s_{t+1} \mid s_t) = P(s_{t+1} \mid s_t, s_{t-1}, \cdots, s_1, s_0) \tag{5.52}$$

P 表示概率。这里的状态是完全可观察的全部的环境状态。对于策略游戏，例如围棋，所有棋子状态是完全可观测的。上述公式可以用概率论的方法来证明。增强学习问题均可以模型化为马尔可夫决策问题。

一个基本马尔可夫决策可以用 (s,a,P) 表示，s 表示状态，a 表示动作，P 表示状态转移概率，即根据当前的状态 s_t 和 a_t 转移到 s_{t+1} 的概率。若已知转移概率 P 的分布，就是实现了对象建模。基于该模型可以求解该对象的未来状态，进而获取最优的输出动作。这种通过模型来获取最优动作的方法为基于模型的方法。

5.6.3 决策迭代

1. 价值函数

状态与动作具有对应关系，则每个状态可以用量化的值来描述，并判断该状态的好坏，用以描述未来回报的期望。决策过程如图 5.22 所示。因此，定义回报(Return)表示时刻 t 的状态对应回报：

$$G_t = R_{t+1} + \lambda R_{t+2} + \cdots = \sum_{k=0}^{\infty} \lambda^k R_{t+k+1} \tag{5.53}$$

其中 R 是反馈值，λ 是折扣因子，通常设定小于 1，即当下的反馈是比较重要的，过去时间越久，对未来影响越小。根据该定义，只有整个过程结束，才能获取所有的反馈值来计算出每个状态的回报。因此，再引入价值函数(value function)的概念，用价值函数 $v(s)$ 表示当前状态在未来的潜在回报价值。价值函数定义为回报的期望：

$$v(s) = \mathbb{E}[G_t \mid S_t = s] \tag{5.54}$$

推导可得：

$$v(s) = \mathbb{E}[R_{t+1} + \lambda v(S_{t+1}) \mid S_t = s] \tag{5.55}$$

上式为 Bellman 方程的基本形态。从式中可以看出，当前状态的价值和下一步动作的价值取决于以往的反馈值。基于 Bellman 方程可迭代计算价值函数。

图 5.22 智能体决策过程

2. 动作价值函数

在价值函数的基础上，考虑到每个状态之后都有多种动作可以选择，每个动作之后的状态也不同，增强学习更关心当前状态与下一步动作组合的价值。如果能评估特定状态下每个动作的价值，就可以将价值最大的动作作为优化策略。定义动作价值函数(action-value function)$Q^{\pi}(s,a)$。动作价值函数也用反馈值来表示。动作价值函数采用的反馈值是执行完特定动作之后得到的反馈值，而价值函数中描述状态对应的反馈值则是多种动作对应的反馈的期望值。动作价值函数的数学描述为：

$$\begin{aligned} Q^{\pi}(s,a) &= \mathbb{E}[r_{t+1} + \lambda r_{t+2} + \lambda^2 r_{t+3} + \cdots \mid s,a] \\ &= \mathbb{E}_{s'}[r + \lambda Q^{\pi}(s',a') \mid s,a] \end{aligned} \tag{5.56}$$

动作价值函数的定义中包含 π，表明是在对应 π 策略下的动作价值。对于每一个动作，都需要根据当前的状态通过策略生成动作控制输出，与选择的策略是对应的。但价值函数与策略不对应。动作价值函数比价值函数适用范围更广，因为动作价值函数更直观，更方便应用于算法当中。

3. 最优价值函数

增强学习求解最优策略的方法包括基于价值方法、基于策略方法和基于模型方法。基于策略方法是直接计算策略函数，基于模型方法是估计模型，也就是计算出状态转移函数，从而整个 MDP 过程得解。深度增强学习采用的是基于价值方法，通过求解最优的价值函数(optimal value function)，进而获取对应的最优策略。最优动作价值函数可用动作价值函数表示：

$$Q^{\pi}(s,a)=\max_{\pi}Q^{\pi}(s,a) \tag{5.57}$$

即最优的动作价值函数就是所有策略下的动作价值函数的最大值。基于该定义就可确定最优动作价值的唯一性，进而求解马尔可夫问题。基于上节定义的价值函数，可得：

$$Q^{*}(s,a)=\mathbb{E}_{s'}[r+\lambda\max_{a'}Q^{*}(s',a')\mid s,a] \tag{5.58}$$

最优的 Q 值为最大值，等式右侧为使 a' 取最大值时对应的 Q 值。以下介绍基于 Bellman 方程的两个最基本算法，策略迭代和值迭代。

4. 策略迭代

策略迭代的目的是通过迭代计算价值函数使策略 π 收敛到最优。策略迭代本质上就是直接使用 Bellman 方程得到：

$$\begin{aligned}v_{k+1}(s)&=\mathbb{E}_{\pi}[R_{t+1}+\gamma v_{k}(S_{t+1})\mid S_{t}=s]\\&=\sum_{a}\pi(a\mid s)\sum_{s',r}p(s',r\mid s,a)[r+\gamma v_{k}(s')]\end{aligned} \tag{5.59}$$

策略迭代一般分成两步：

策略评估(policy evaluation)：更新价值函数，更好的估计基于当前策略的状态价值。

策略改进(policy improvement)：使用贪婪搜索算法产生新的样本用于策略评估。

策略迭代使用当前策略产生新的样本，使用新的样本更好的估计策略的价值，然后利用策略的价值更新策略，并不断反复。最终策略将收敛到最优已经在理论上得到证明。具体算法流程为：

(1) Initialization
　$V(s)\in\mathbb{R}$ and $\pi(s)\in\mathcal{A}(s)$ arbitrarily for all $s\in\mathcal{S}$
(2) Policy Evaluation
　Repeat
　　$\Delta\leftarrow 0$
　　For each $s\in\mathcal{S}$:
　　　$v\leftarrow V(s)$
　　　$V(s)\leftarrow\sum_{s',r}p(s',r\mid s,\pi(s))[r+\gamma V(s')]$
　　　$\Delta\leftarrow\max(\Delta,|v-V(s)|)$
　until $\Delta<\theta$(a small positive number)
(3) Policy Improvement
　policy-stable ← *true*
　For each $s\in\mathcal{S}$;
　　$a\leftarrow\pi(s)$
　　$\pi(s)\leftarrow\arg\max_{a}\sum_{s',r}p(s',r|s,a)[r+\gamma V(s')]$
　　If $a\neq\pi(s)$, then *policy-stable* ← *false*
　If *policy-stable*, then stop and return V and π; else go to 2

其中策略评估最为重要。策略迭代的关键是得到状态转移概率 P，即上节建立的马尔可夫模型的概率分布。该模型要反复迭代直到收敛为止,则模型误差会影响每次迭代过程,因此需要对迭代过程进行限制,例如设定最大迭代次数或比率。

5. 价值迭代

价值迭代基于 Bellman 最优方程得到:

$$\begin{aligned} v_*(s) &= \max_a \mathbb{E}[R_{t+1} + \gamma v_*(S_{t+1}) \mid S_t = s, A_t = a] \\ &= \max_a \sum_{s',r} p(s', r \mid s, a)[r + \gamma v_*(s')] \end{aligned} \tag{5.60}$$

其迭代形式为

$$\begin{aligned} v_{k+1}(s) &= \max_a \mathbb{E}[R_{t+1} + \gamma v_k(S_{t+1}) \mid S_t = s, A_t = a] \\ &= \max_a \sum_{s',r} p(s', r \mid s, a)[r + \gamma v_k(s')] \end{aligned} \tag{5.61}$$

价值迭代的算法如下:

Initialize array arbitrarily (e.g., $V(s)=0$ for all $s\in\mathcal{S}^+$)
Repeat
  $\Delta \leftarrow 0$
  For each $s\in\mathcal{S}$:
    $v\leftarrow V(s)$
    $V(s) \leftarrow \max_a \sum_{s',r} p(s',r \mid s,a)[r+\gamma V(s')]$
    $\Delta\leftarrow \max(\Delta, |v-V(s)|)$
until $\Delta<\theta$(a small positive number)
Output a deterministic policy, π, such that
  $\pi(s)=\arg\max_a \sum_{s',r} p(s',r|s,a)[r+\gamma V(s')]$

这 2 种迭代策略的区别在于:策略迭代使用 Bellman 方程来更新价值,最后收敛的价值即 v_π 是当前策略下的价值(所以叫做对策略进行评估),目的是为了策略更新优化。而价值迭代是使用 Bellman 最优方程来更新价值,最后收敛得到的价值即 v_* 就是当前状态下的最优的价值。因此,只要迭代过程收敛,也可获得最优策略。因此这个方法是基于更新价值的,所以叫价值迭代。

基于以上分析,价值迭代比策略迭代更直接,但需要知道状态转移函数 P。两种方法都依赖于模型,而且在理想条件下需要遍历所有的状态,这在现实复杂问题上难以实现。针对动作价值函数进行迭代优化,迭代形式为

$$Q_{i+1}(s,a) = \mathbb{E}_{s'}[r + \lambda \max_{a'} Q_i(s',a') \mid s,a] \tag{5.62}$$

每次根据新得到的反馈值和原来的 Q 值来更新现在的 Q 值。理论上可以证明价值迭代能够使 Q 值收敛到最优的动作价值函数。需要注意的是,策略迭代与价值迭代都是在理想化的情况下基于完整环境信息推导出来的算法,在实际复杂问题中不能直接应用,其学习的精度依赖建模的精度。

5.6.4 *Q*-Learning 算法

Q-Learning 算法由价值迭代方法发展而来。价值迭代过程中每次都对所有的 Q 值进行更新,也就是遍历所有的状态和可能的动作。但在实际情况下无法遍历所有的状态和所

有的动作，只能得到有限的系列样本。因此，Q-Learning 提出了一种更新 Q 值的办法，仅根据有限的样本进行学习：

$$Q(S_t,A_t) \leftarrow Q(S_t,A_t)+\alpha[R_{t+1}+\lambda \max_a Q(S_{t+1},a)-Q(S_t,A_t)] \tag{5.63}$$

虽然该过程根据价值迭代计算出目标 Q 值，但并没有将 Q 值的估计值直接赋值给 Q，而是采用渐进的方式进行梯度下降算法，朝最优点迈近，学习速率为 α，可减少估计误差造成的影响。通过随机梯度下降，最后收敛到最优的 Q 值。

具体的算法流程如下：

初始化 $Q(s,a)$，$\forall s\in S, a\in A(s)$，任意的数值，并且 $Q(terminal-state,:)=0$
重复(对每一节 episode)：
　　初始化状态 S
　　重复(对 episode 中的每一步)：
　　　　使用某一个 policy 比如($\epsilon-greedy$)根据状态 S 选取一个动作执行
　　　　执行完动作后，观察 reward 和新的状态 S'
　　　　$Q(S_t,A_t)\leftarrow Q(S_t,A_t)+\alpha[R_{t+1}+\lambda \max_a Q(S_{t+1},a)-Q(S_t,A_t)]$
　　　　$S\leftarrow S'$
　　循环直到 S 终止

为了得到最优策略，需要估算每个状态下选择每个动作的价值。基于马尔可夫过程假设，每个时刻的 $Q(s,a)$ 仅和当前的反馈值以及下一时刻的 $Q(s,a)$ 有关。在单次实验中，增强学习只能估算当前的 Q 值，而无法获得下一时刻的 Q 值。而 Q-Learning 算法建立在虚拟环境下多次反复实验的基础上，因此可根据当前反馈值及上次实验中下一时刻的 Q 值作为更新依据。

Q-Learning 的算法如下：

初始化 $Q(s,a)$，$\forall s\in S, a\in A(s)$，任意的数值，并且 $Q(terminal-state,:)=0$
重复(对每一节 episode)：
　　初始化状态 S
　　重复(对 episode 中的每一步)：
　　　　使用某一个 policy 比如根据状态 S 选取一个动作执行
　　　　执行完动作后，观察 reward 和新的状态 S'
　　　　$Q(S_t,A_t)\leftarrow Q(S_t,A_t)+\alpha[R_{t+1}+\lambda \max_a Q(S_{t+1},a)-Q(S_t,A_t)]$
　　　　$S\leftarrow S'$
　　循环直到 S 终止

Q-Learning 算法首先就是要对 Q 值进行存储。基本方法是采用矩阵，将状态 S、动作 a 与 Q 值进行对应，所以可以把 Q 值存储为二维表，横列描述 s，纵列描述 a，如下表所示：

	a_1	a_2	a_3	a_4
s_1	Q(1,1)	Q(1,2)	Q(1,3)	Q(1,4)
s_2	Q(2,1)	Q(2,2)	Q(2,3)	Q(2,4)
s_3	Q(3,1)	Q(3,2)	Q(3,3)	Q(3,4)
s_4	Q(4,1)	Q(4,2)	Q(4,3)	Q(4,4)

在重复实验中对 Q 值表进行更新。

Step1：初始化 Q 值表，可都初始化为 0；

Step2：进行迭代实验。根据当前 Q 矩阵及贪婪搜索方法给出下一个动作。例如当前处在状态为 s_1，则 s_1 对应的每一个 Q 值都是 0，则进行均匀随机选择动作 a。

	a_1	a_2	a_3	a_4
s_1	0	0	0	0
s_2	0	0	0	0
s_3	0	0	0	0
s_4	0	0	0	0

若选择动作 a_2，然后得到的反馈值为 1，并进入到 s_3 状态，则根据

$$Q(S_t,A_t) \leftarrow Q(S_t,A_t) + \alpha(R_{t+1} + \lambda \max_a Q(S_{t+1},a) - Q(S_t,A_t)) \tag{5.64}$$

更新 Q 值。取 $\alpha=1,\lambda=1$，即将目标 Q 值赋给 Q。代入迭代公式可得

$$Q(S_t,A_t) = R_{t+1} + \max_a Q(S_{t+1},a) \tag{5.65}$$

在该时刻表示为

$$Q(s_1,a_2) = 1 + \max_a Q(s_3,a) \tag{5.66}$$

则对应的 s_3 状态，最大值为 0，$Q(s_1,a_2)=1+0=1$，Q 值表就变成：

	a_1	a_2	a_3	a_4
s_1	0	1	0	0
s_2	0	0	0	0
s_3	0	0	0	0
s_4	0	0	0	0

Step3：基于状态 s_3 进行动作估计。若选择动作 a_3，然后得到 1 的反馈值，状态变成 s_1，那么同样进行更新：

$$Q(s_3,a_3) = 2 + \max_a Q(s_1,a) = 2 + 1 = 3 \tag{5.67}$$

则 Q 值表就变成：

	a_1	a_2	a_3	a_4
s_1	0	1	0	0
s_2	0	0	0	0
s_3	0	0	3	0
s_4	0	0	0	0

Step4：反复进行上述迭代直至 Q 值表收敛。

通过上述迭代方式，Q 值作为输出控制策略的同时也在反复更新直到收敛。对于现实

复杂问题分析过程中，输入状态维度太高，无法通过二维表方式描述 Q 值。以 Atari 游戏交互为例，人工智能进行 Atari 游戏是纯视觉输入，输入是原始图像数据，是 210×160 像素的图片，输出为有限按键动作，如图 5.23 所示。在该问题中，每个像素都有 256 种选择，那么系统输入状态数量包括 $256^{210\times160}$，远远超过二维表的表示能力。

图 5.23 Arari 对增强学习的输入

高维状态导致维度灾难，需要对状态的维度进行压缩。解决方案是采用价值函数近似，即用函数来表示$Q(s,a)$：

$$Q(s,a)=f(s,a) \tag{5.68}$$

f 可以是任意类型的函数，例如采用线性函数 $Q(s,a)=w_1s+w_2a+b$，其中 w_1,w_2,b 是函数 f 的参数。通过函数表示，状态 s 的具体维度不再重要，最终都通过矩阵运算降维，输出为单值的 Q 值。这就是价值函数近似的基本思想。若用 w 来表示函数 f 的所有参数，则可表示为：

$$Q(s,a)=f(s,a,w) \tag{5.69}$$

由于 Q 值的实际分布未知，该方法的本质是用一个函数来近似 Q 值的分布，即用 $Q(s,a)\approx f(s,a,w)$表示高维状态输入，低维动作输出的表示问题。

Atari 游戏是一个高维状态输入（原始图像），低维动作输出的模型（包含几个离散的按键动作），因此只需要对高维状态输入进行降维，而不需要对动作进行处理。则可用 $Q(s)\approx f(s,w)$进行近似，只把状态 s 作为输入，而输出每一个动作 a 的 Q 值，即输出向量$[Q(s,a_1),Q(s,a_2),Q(s,a_3),\cdots,Q(s,a_n)]$。则每次迭代仅需输入状态 s，即可得到所有的动作 Q 值，也将更利于 Q-Learning 中动作的选择与 Q 值更新。

在实际问题中，价值函数可以根据具体问题构造不同的输入形式。对于图像信息输入，可构造卷积神经网络（convolutional neural network，CNN）来作为价值函数进行评估。若要引入历史信息作为输入项，还可在 CNN 之后加上 LSTM 长短记忆模型。在 DQN 训练的时候，先采集历史的输入输出信息作为样本放在经验池里面，然后通过随机采样的方式采集多个样本进行随机梯度下降训练。

5.6.5 深度增强网络

DQN（deep Q network）算法是 Google DeepMind 于 2013 年提出的第一个深度增强学习算法，并在 2015 年进一步完善，发表在当年的 *Nature* 上。DeepMind 将 DQN 应用在 Atari 游戏上，仅使用视频信息作为输入，模拟人类玩游戏的情况。基于 DQN 算法的人工智能在多种游戏上取得了成绩，相关研究快速发展。

DQN 算法解决的问题均具有相对简单的离散输出，即输出的动作集合仅包含有限的相互独立的动作。因此，DQN 算法基于 Actor-Critic 框架下的 Critic 评判模块，选择并执行最优的动作。将 Q-Learning 算法和深度神经网络结合，就是用一个深度神经网络来表示价值函数近似函数 f。以视觉输入信号为例，构建卷积神经网络对信号进行处理。输入是经过处理的 4 个连续的 84×84 图像，然后经过两个卷积层，两个全连接层，最后输出包含每一个

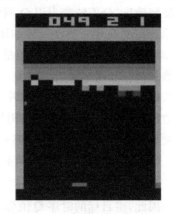

动作 Q 值的向量。该网络结构可针对不同的输入维度进行微调，用神经网络来近似 Q 值可大大提高近似精确度，Q 值转变为用 Q 网络(Q-Network)来表示。深度 Q 学习算法框架如图 5.24 所示

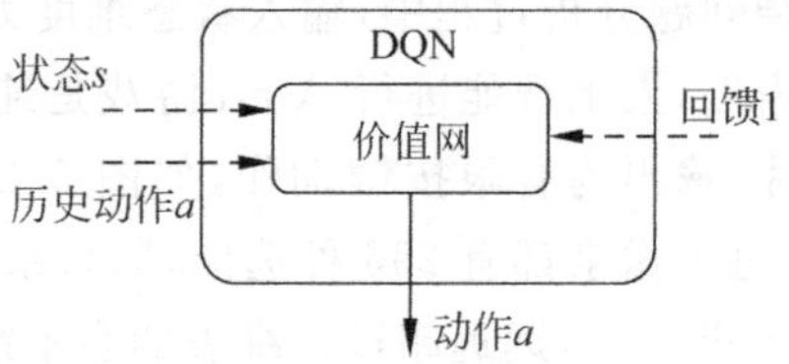

图 5.24 深度 Q 学习算法框架

DQN 算法采用的神经网络进行训练，其损失函数为标签和网络输出的偏差，学习目标是最小化损失函数。深度神经网络的训练需要巨量的有标签数据，然后通过反向传播使用梯度下降的方法来更新神经网络的参数。同样训练 Q 网络需要大量基于 Q 值的时序标签样本。

Q 值更新过程基于反馈值和 Q 估计值计算出目标 Q 值：

$$R_{t+1} + \lambda \max_{a} Q(S_{t+1}, a) \tag{5.70}$$

因此，将目标的时序 Q 值作为标签，进行迭代训练优化 Q 值趋近于实际 Q 值。Q 网络的损失函数定义为

$$L(w) = \mathbb{E}[(\underbrace{r + \gamma \max_{a'} Q(s', a', w)}_{Target} - Q(s, a, w))^2] \tag{5.71}$$

其中 s, a 为下一时刻状态和动作。基于该损失函数的深度增强网络的训练算法如下：

Algorithm 1 Deep Q-Learning with Experience Replay

Initialize replay memory $\mathcal{D}$ to capacity N
Initialize action-value function Q with random weights
for episode=1 M **do**
  Initialise sequence $s_1 = \{x_1\}$ and preprocessed sequenced $\phi_1 = \phi(s_1)$
  for $t=1, T$ **do**
    With probability ϵ select a random action a_t
    otherwise select $a_t = \max_a Q^*(\phi(s_t), a; \theta)$
    Execute action a_t in emulator and observe reward r_t and image x_{t+1}
    Set $s_{t+1} = s_t, a_t, x_{t+1}$ and preprocess $\phi_{t+1} = \phi(s_{t+1})$
    Store transition$(\phi_t, a_t, r_t, \phi_{t+1})$ in $\mathcal{D}$
    Sample random minibatch of transitions$(\phi_j, a_j, r_j, \phi_{j+1})$ from $\mathcal{D}$
    Set $y_j = \begin{cases} r_j & \text{for terminal } \phi_{j+1} \\ r_j + \gamma \max_{a'} Q(\phi_{j+1}, a'; \theta) & \text{for non-terminal } \phi_{j+1} \end{cases}$
    Perform a gradient descent step on$(y_j - Q(\phi_j, a_j; \theta))^2$ according to equation 3
  end for
end for

DQN 算法采用经验池存储样本及进行样本采样。基于高维输入的样本组成一个时间序列，样本之间具有连续性。如果每次得到样本就对 Q 值进行更新，由于临近样本具有相似性，网络训练效果会降低。因此为解决样本分布相似的问题，可通过经验池将样本存储后再通过随机采样进行训练。该思想是模拟人大脑的在回忆中学习的机制。DQN 算法中增强学习 Q-Learning 算法和深度学习的随机梯度下降训练算法是同步进行的。通过

Q-Learning 获取大量的训练样本，然后对神经网络进行训练。

DQN 算法作为首个深度增强学习算法，基于价值网络估计进行学习，第一次成功结合了深度学习和增强学习，解决了高维数据输入问题，并且在 Atari 游戏上取得突破，具有开创性的意义。但是，DQN 算法的训练效率较低，训练时间长，面向低维的离散控制问题，对复杂实际问题的适应性不足。

5.7 深度学习应用

5.7.1 视觉感知

计算机视觉是深度学习算法最早应用的领域。1989 年，加拿大多伦多大学教授 YannLe Cun 提出了卷积神经网络(convolutional neural network，CNN)，该网络的架构设计受到生物学家 Hube 和 Wiesel 的动物视觉模型启发，模拟了动物视觉皮层的 V1 层和 V2 层中简单细胞和复杂细胞在视觉系统的功能。CNN 在小规模图像处理问题上取得了当时世界最好成果，但是在大规模图像处理方面一直没有取得重大突破，这使得它没有引起计算机视觉研究领域足够的重视。

2012 年 10 月，Hinton 教授及其团队构建了深度卷积神经网络模型，该模型在网络的训练中引入了权重衰减的概念，有效减小了权重幅度，防止网络过拟合，从而使网络层数显著增加。此外，计算机计算能力的提升，GPU 加速技术的发展，使得在训练过程中可以产生更多的训练数据，使网络能够更好的拟合训练数据。深度卷积神经网络在 ImageNet 大规模图像识别竞赛(ILSVRC2012)中识别精度超过第二名(传统计算机视觉方法)10 个百分点。此后，深度学习开始成为计算机视觉领域研究热点。

2012 年，国内互联网巨头百度公司将深度学习技术成功应用到人脸识别与自然图像识别问题中，并推出了相应的产品。深度学习模型不仅大幅提高了图像识别的精度，同时也避免消耗大量时间进行人工特征提取，使得在线运行效率大大提升。

1. 深度有监督学习在计算机视觉领域的进展

1) 图像分类

针对图像分类问题，通常采用 Top5 精度表征分类的准确性。Top5 精度指对于任意给定图像，模型通过学习后给出 5 个最有可能的标签，若其预测的 5 个结果中包含正确标签，即认为分类正确。2012 年，基于卷积神经网络(CNN)算法的 AlexNet 的 Top5 正确率为 83.6%；2013 年，ImageNet 大规模图像识别竞赛冠军的正确率达到 88.8%；2014 年，VGG 与 GoogLeNet 的正确率分别为 92.7%和 93.3%；到了 2015 年，微软提出的残差网(ResNet)以 96.43%的 Top5 正确率，超过了人类 94.9%的水平。

2) 图像检测

伴随着图像分类任务，还有另外一个更有挑战度的任务——图像检测。图像检测是指在对图像进行分类的同时把物体用矩形框进行标注。从 2014 年到 2016 年，先后涌现出 R-CNN，FastR-CNN，FasterR-CNN，YOLO，SSD 等知名框架，在计算机视觉一个知名数据集 PASCALVOC 上的检测平均精度(mAP),从 R-CNN 的 53.3%,到 FastRCNN 的 68.4%,再到 FasterR-CNN 的 75.9%。最新研究成果将 FasterRCNN 与残差网(Resnet-101)结合,使检测精度提高到 83.8%。除了检测精度外,采用深度学习算法的检测速度也越来越快。最初的 RCNN 模型每处理一张图片需要 2 秒多时间。此后,FasterRCNN 将其降低至 198 毫秒/张。接着,YOLO 的处理速度达到了 155 帧/秒,但其存在精度较低的缺陷,检测精度只有 52.7%。最近提出的 SSD 同时具有较高的检测精度与速度,精度 75.1%,速度 23 帧/秒。

3) 图像分割

图像分割指将图像中各种不同物体用不同颜色分割出来。通常采用平均精度(mIoU),即预测区域和实际区域交集除以预测区域和实际区域的并集,表征图像分割精度。2015 年,计算机视觉领域的顶级会议 CVPR 的最佳论文提出一种图像语义分割全连接网络(FCN)模型,该模型的图像分割精度达到 62.2%,此后,基于 DeepLab 框架的分割精度提升至 72.7%。最近,牛津大学提出的 CRFastRNN 的分割精度达到 74.7%。该领域是一个仍在进展的领域,具有较大的进步空间。

2. 强化学习在计算机视觉领域的进展

在有监督学习任务中,对于每个给定样本均会有一个固定标签,然后去训练模型。但是,在真实环境中,很难对所有样本给出标签。为此,有学者提出强化学习算法。强化学习是指给定一些奖励或惩罚,采用模型试错,实现自适应优化,以获得更高的分数。2016 年,击败李世石的 AlphaGo 就是采用强化学习完成训练的。AlphaGo 通过不断的自我试错和博弈,以掌握最优的策略。此外,有研究人员采用强化学习去进行 flappy bird 游戏测试(图 5.25),已经取得较好成绩。

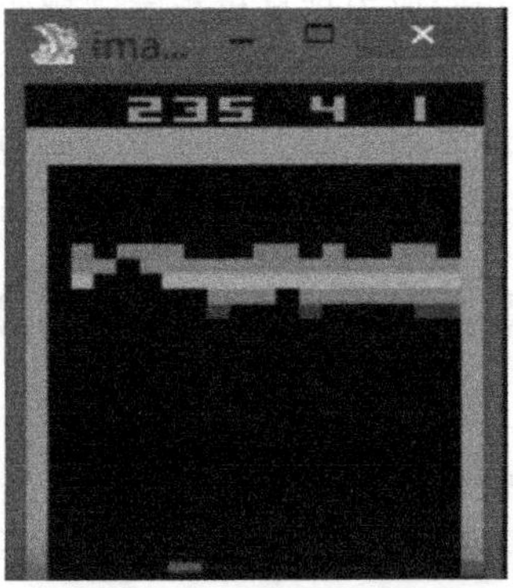

图 5.25 强化学习进行游戏测试

谷歌 DeepMind 使用增强学习来玩 Atari 游戏,其中一个经典的游戏是打砖块(breakout)。DeepMind 提出的模型仅仅使用像素作为输入,没有任何其他先验知识,即模型并不认识球是什么,它玩的是什么。但是令人惊讶的是,在经过 240 分钟的训练后,它不仅学会了正确的接球,击打砖块,还学会了持续击打同一个位置,使游戏胜利得更快。强化学习在机器人和自动驾驶领域也有极大的应用价值,当前 arxiv 上基本上每隔几天就会有相应的论文出现。机器人通过学习试错来达到最优表现,这是人工智能进化的最优途径,也是通向强人工智能的必经之路。

3. 预测学习在计算机视觉领域的进展

相比有限的监督学习数据，自然界有无穷无尽的未标注数据。若人工智能可以从庞大的自然界自动去学习，将开启了一个新的纪元。当前，最有前景的研究领域应属无监督学习，这也是 YannLeCun 教授把无监督学习比喻成人工智能大蛋糕的原因。YannLeCun 提出采用预测学习来替代无监督学习。预测学习通过观察和理解这个世界的运作规律，然后对世界的变化做出预测，使机器学会感知世界的变化，然后对世界的状态进行推断。

MIT 学者 Vondrick 等人发表了一篇名为 *Generating Videos with Scene Dynamics* 的论文，该论文提出了基于一张静态的图像，模型自动推测接下来的场景。例如给出一张人站在沙滩的图片，模型自动给出一段接下来的海浪涌动的小视频。该模型是以无监督的方式，在大量的视频上训练而来的。该模型表明它可以自动学习到视频中有用的特征。

MIT 的 CSAIL 实验室也放出了一篇博客，题目为《教会机器去预测未来》。在该文章中提出了一个预测模型，该模型在 youtube 视频与电视剧上（例如 *The Office* 和《绝望主妇》）训练。训练完成后，给该模型一个亲吻之前的图像，其便能自动推测出接下来拥抱亲吻的动作。

哈佛大学的 Lotter 等人提出了 PredNet 模型，该模型采用长短期记忆神经网络（LSTM）在 KITTI 数据集上进行训练。完成训练后，将行车记录仪前几张图像输入模型，其能自动预测行车记录仪接下来 5 帧的图像。随着时间推移，模型预测结果趋于模糊，但模型已经可以给出有参考价值的预测结果。

5.7.2 语音识别

1952 年，贝尔实验室开发了最早的基于电子计算机的语音识别系统 Audrey，它通过跟踪语音中的共振峰，识别 10 个英文数字，获得了 98%的准确率。20 世纪 60 年代，语音识别的两大突破是线性预测编码技术与动态规划技术。线性预测编码技术可用作语音信号的频谱包络特征分析和两帧频谱的比对，而动态规划技术则用作语音识别的比对。20 世纪 70 年代，语音识别技术开始使用隐马尔可夫模型，取得另一次突破。此后很长一段时间，语音识别技术都没有脱离隐马尔可夫模型框架。从 2009 年开始，微软亚洲研究院的语音识别专家们和深度学习领军人物 Hinton 合作。2011 年，微软和谷歌在语音识别上采用深层神经网络模型，将词错误率降低 20%～30%。2012 年 10 月，微软首席研究官 Rick Rashid 在天津举行的“21 世纪的计算大会”上公开演示了一个全自动同声传译系统，他的英文演讲被实时转换成与他的音色相近、字正腔圆的中文。流畅的效果不但赢得了现场观众的掌声，也让这一演示背后的关键技术——深层神经网络第一次进入公众的视野。

DNN 采用深度置信网络（DBN），使样本数据特征间相关性信息得以充分表示。深度置信网络将连续的特征信息结合构成高维特征，然后对高维特征样本进行训练。由于深度神经网络模拟了人脑神经架构，通过逐层数据特征提取，得到适合进行模式分类处理的理想特征，大大提高了识别精度。

在该 DNN 系统架构中，第一层隐层节点用于接受输入，接下来的不同层级能够识别语音频谱中的特定模式，整个 DNN 系统包含了 7 个隐层。这与在静态图像中识别不同的边缘相近，层级越高，识别的模式抽象化程度也越高。但是，DNN 拥有更为稳定的表述特性。例如，尽管男女声音频谱差别很大，但对 DNN 来说，几乎没有分别，而高斯混合模型则受其影响较大。在 Aurora 语音数据库的噪音测试中，通过多种方式优化后高斯混合模型所达到的效果，DNN 很容易就能实现。此外，在训练不同语言时，共用相同的中间层，或者蓝牙麦克风的训练带宽与信号带宽不一致时，DNN 也有出色表现，这些都是使用高斯混合模型无法想象的。

随着语音识别与深度学习技术的发展，研究人员发现将 CNN 和 RNN 模型结合，应用于语音识别领域可以取得更好的效果。CNN 模型，即卷积神经网络，最早应用于图像处理。将 CNN 模型应用于语音识别中频谱图处理，可以有效克服传统语音识别中采用时间、频率信息而导致的不稳定问题。DBN 和 CNN 模型没有考虑语音之间的关联信息。而 RNN 模型，充分考虑了语音之间的相互关系，因此可以取得更好的效果。现有最好的基于深度学习的语音识别算法一般是基于 DBN+CNN+RNN 模型。截至 2016 年，语音识别的错误率已经从 2012 年的近三分之一下降到约 5%。深度学习方法已经成为这些增长的重要催化剂，并且有可能在未来几年内具有更高的效率。

5.7.3 自然语言处理

自然语言处理(natural language processing，NLP)是深度学习在除了图像和语音识别之外的另一个重要的应用领域。数十年以来，自然语言处理的主流方法是基于统计模型，人工神经网络也是基于统计方法模型之一，但其在自然语言处理领域却一直没有受到重视。美国 NEC 研究院最早将深度学习引入到自然语言处理研究中，该研究院从 2008 年起采用将词汇映射到一维矢量空间和多层一维卷积结构去，解决词性标注、分词、命名实体识别和语义角色标注四个典型的自然语言处理问题。构建了一个网络模型用于解决四个不同问题，均取得了相当精确的结果。

自然语言处理深度学习技术的发展趋势如下。

(1) 深度学习模型在更多 NLP 任务上的定制化应用。例如，将过去统计机器翻译的成熟成果迁移到神经网络模型上，实现基于深度学习的情感分析。NAACL2016 的最佳论文 *Feuding Families and Former Friends; Unsupervised Learning for Dynamic Fictional Relationships* 采用神经网络模型检测小说中的人物关系。

(2) 带有隐变量的神经网络模型。很多 NLP 任务主要基于隐马尔可夫模型、条件随机场方法对标注标签的关联关系进行建模，而单纯的神经网络模型并不具备这个能力，因此一个重要热点是在神经网络模型中引入隐变量，增强神经网络的建模能力。

(3) 注意力机制的广泛应用。大量工作已经证明 attention 机制在文本产生中的重要性，该机制也是继 CNN、RNN、LSTM 之后新的论文增长点。如何将先验知识引入分布式表示是深度学习的重要特点，避免特征工程的端到端框架则是深度学习在 NLP 的独特优势。然而，现实世界中拥有大量人工标注的语言知识库和世界知识库，如何在深度学习框架中引入这些先验知识，是未来的重要挑战性问题，也是极大拓展深度学习能力的重要途径。在这个方面，有很多颇有创见的探索工作，例如来自香港华为 Noah 实验室 Zhengdong Lu 团队的 *Neural Enquirer: Learning to Query Tables* 等。此外，基于深度学习的注意力机制也是引入先验知识的重要手段。2015 年在 *Science* 发表的论文探索了人类举一反三能力的 One-Shot Learning。人类学习机制与目前深度学习的显著差异在于，深度学习利用需要借助大量训练数据才能实现其强大威力，而人类却能仅通过有限样例就能学习到新的概念和类别。这种举一反三的学习机制，是机器学习也是自然语言处理梦寐以求的能力。在 NLP 领域，如何应对新词、新短语、新知识、新用法、新类别，都将与该能力密切相关。

(4) 从文本理解到文本生成的飞跃。目前取得重要成果的 NLP 任务大多在文本理解范畴，如文本分类，情感分类，机器翻译，文档摘要，阅读理解等。这些任务大多是对已有文本的“消费”。自然语言处理的飞跃，需要实现从“消费”到“生产”的飞跃，即研究如何由智能机器自动产生新的有用文本。虽然现在有媒体宣称实现了新闻的自动生成，但从技术上并无太多高深之处，更多是给定数据后，对既有新闻模板的自动填充，无论是从可扩展性还是智能性而言，都乏善可陈。自然语言处理即将面临的一个飞跃，就是智能机器可以汇总和归纳给定数据和信息，自动产生符合相关标准的文本，例如新闻、专利、百科词条、论文的自动生成，以及智能人机对话系统等等。毫无疑问，这个技术飞跃将带来巨大应用空间。

总体而言，深度学习在自然语言处理上取得的成果与在图像、语音识别方面相差甚远，仍有待深入研究。

5.7.4 生物信息处理

随着全民健康意识的普遍增强，情绪健康成为大众日益关注的问题。不良情绪状态不仅影响个人生活质量，也极有可能是严重精神心理疾病的前兆或成因。对于某些特殊群体，如驾驶员、飞行员、军人等，该类人群的情绪健康甚至会影响到公共安全和社会稳定。所以，对情绪健康的定量分析与监测识别成为近年来的研究热点。传统的情绪状态评估是由医生或者心理学工作者与被测对象进行互动，通过包含特定任务的量表对被测对象进行打分评测，主观性较强且缺乏远距离实时监控的手段。即便在医院病房，例如近年来开展的“阳光病房”等试点项目，医生为了满足对病人情绪监控的需求，也只能借由查房、问诊等手段实现。因而亟需发展应用于日常生活情绪健康评估的有效手段。面向情绪识别，采用传感器、计算机等非生命体观察被测对象的情绪特征信号进行观测记录、特征提取和计算分类，能够实现情绪状态的实时客观数据分析，从而为个体情绪健康状态的综合评估乃至精神心理疾病的日常初步筛查提供科学依据。

针对日常情绪健康状况的监测识别，搭建可穿戴传感网络测量系统测量被测个体的脑电、脉搏、血压信号，减少测量硬件对被测个体的影响，实现在被测个体完成日常生活任务的过程中监测识别其情绪。同时，采用栈式自编码器深度神经网络分类算法实现对多模情绪信息的融合分析，并最终优化识别率。可穿戴多模生物信息传感网络是无线传感网络在生物信息测量感知领域的应用实例。该类型的传感网络采用可穿戴、小型化、便携式的传感节点与身体主站，基于分布式远程网络测量技术，实现多种模态情绪信号的测量感知，拓展了情绪监测识别应用领域，使其不再局限于实验室或医院场景。

情绪识别本身是一个复杂度、抽象度较高的问题，情绪状态的描述、情绪特征的提取都存在不确定性。深度学习作为近年来的研究热点，可以实现对复杂模型的特征提取和学习分类，优化情绪数据的挖掘和情绪状态的识别效果。栈式自编码器深度神经网络优化情绪识别算法即是采用深度学习栈式自编码器对提取的特征进行预学习，并通过分类器进一步修正预学习过程，最终达到优化识别率的目标。栈式自编码器神经网络分类算法可对无标签样本特征进行预学习，再通过有标签样本进行深度学习修正。同时，其他数据库中无标签样本也可应用于特征集的预学习。因而，面向日常情绪监测这一应用，采用此方法优化分类过程，并与可穿戴多模生物信息感知网络配合，可形成一套完整的日常情绪监测识别解决方案。

经过长时间实验验证，可穿戴多模传感网络在简化的可用于日常情绪健康监测的测量架构下，实现了对情绪相关信号的测量感知和有效特征提取。栈式自编码器优化的深度特征比原始特征具有更好的分类效果，最终情绪识别率较传统方法有显著提升，论证了基于深度学习栈式自编码器的情绪测量识别机制的可靠性。

参考文献

[1] Bengio Y, Courville A, Vincent P. Representation learning: a review and new perspectives. IEEE Transactions on Pattern Analysis & Machine Intelligence, 2013, 35(8): 1798-1828.

[2] Szegedy C, Liu W, Jia Y, et al. Going deeper with convolutions. 2014: 1-9.

[3] Farabet C, Couprie C, Najman L, et al. Learning Hierarchical Features for Scene Labeling. IEEE Transactions on Pattern Analysis & Machine Intelligence, 2013, 35(8): 1915-1929.

[4] Long J, Shelhamer E, Darrell T. Fully convolutional networks for semantic segmentation//Computer Vision and Pattern Recognition. IEEE, 2015: 3431-3440.

[5] Ji S, Xu W, Yang M, et al. 3D Convolutional Neural Networks for Human Action Recognition. IEEE Transactions on Pattern Analysis & Machine Intelligence, 2012, 35(1): 221-231.

[6] Zheng S, Jayasumana S, Romera-Paredes B, et al. Conditional Random Fields as Recurrent Neural Networks//IEEE International Conference on Computer Vision. IEEE Computer Society, 2015: 1529-1537.

[7] Donahue J, Hendricks L A, Rohrbach M, et al. Long-term Recurrent Convolutional Networks for Visual Recognition and Description//AB initto calculation of the structures and properties of molecules /. Elsevier, 2015: 85-91.

[8] Schroff F, Kalenichenko D, Philbin J. FaceNet: A unified embedding for face recognition and clustering. 2015: 815-823.

[9] Karpathy A, Li F F. Deep visual-semantic alignments for generating image descriptions//Computer Vision and Pattern Recognition. IEEE, 2015: 3128-3137.

[10] Vinyals O, Toshev A, Bengio S, et al. Show and tell: A neural image caption generator//IEEE Conference on Computer Vision and Pattern Recognition. IEEE Computer Society, 2015: 3156-3164.

[11] Noh H, Hong S, Han B. Learning Deconvolution Network for Semantic Segmentation//IEEE International Conference on Computer Vision. IEEE Computer Society, 2015: 1520-1528.

[12] Dong C, Chen C L, He K, et al. Image Super-Resolution Using Deep Convolutional Networks. IEEE Transactions on Pattern Analysis & Machine Intelligence, 2014, 38(2): 295.

[13] Kruger N, Janssen P, Kalkan S, et al. Deep Hierarchies in the Primate Visual Cortex: What Can We Learn for Computer Vision?. IEEE Transactions on Pattern Analysis & Machine Intelligence, 2013, 35(8): 1847.

[14] Wang L, Qiao Y, Tang X. Action recognition with trajectory-pooled deep-convolutional descriptors. 2015: 4305-4314.

[15] Xie S, Tu Z. Holistically-Nested Edge Detection//IEEE International Conference on Computer

Vision. IEEE,2016：1395-1403.
[16] Rosenbloom P S, Laird J E, Mcdermott J, et al. R1-Soar: An Experiment in Knowledge-Intensive Programming in a Problem-Solving Architecture. IEEE Transactions on Pattern Analysis & Machine Intelligence, 2009, PAMI-7(5)：561-569.
[17] Du T, Bourdev L, Fergus R, et al. Learning Spatiotemporal Features with 3D Convolutional Networks//IEEE International Conference on Computer Vision. IEEE, 2015：4489-4497.
[18] Ahmed E, Jones M, Marks T K. An improved deep learning architecture for person re-identification//Computer Vision and Pattern Recognition. IEEE, 2015：3908-3916.
[19] Girshick R, Donahue J, Darrell T, et al. Region-Based Convolutional Networks for Accurate Object Detection and Segmentation. IEEE Transactions on Pattern Analysis & Machine Intelligence, 2016, 38(1)：142.
[20] Wang Y, Narayanan A, Wang D. On Training Targets for Supervised Speech Separation. IEEE/ACM Transactions on Audio Speech & Language Processing, 2014, 22(12)：1849-1858.
[21] Fang H, Gupta S, Iandola F, et al. From captions to visual concepts and back//Computer Vision and Pattern Recognition. IEEE, 2015：1473-1482.
[22] Zhang X, Trmal J, Povey D, et al. Improving deep neural network acoustic models using generalized maxout networks//IEEE International Conference on Acoustics, Speech and Signal Processing. IEEE, 2014：215-219.
[23] Tang J, Deng C, Huang G B. Extreme Learning Machine for Multilayer Perceptron. IEEE Transactions on Neural Networks & Learning Systems, 2016, 27(4)：809.
[24] Zhao R, Ouyang W, Li H, et al. Saliency detection by multi-context deep learning//Computer Vision and Pattern Recognition. IEEE, 2015：1265-1274.
[25] Chan T H, Jia K, Gao S, et al. PCANet: A Simple Deep Learning Baseline for Image Classification?. IEEE Transactions on Image Processing, 2015, 24(12)：5017-5032.
[26] Shin H C, Orton M R, Collins D J, et al. Stacked autoencoders for unsupervised feature learning and multiple organ detection in a pilot study using 4D patient data. IEEE Transactions on Pattern Analysis & Machine Intelligence, 2013, 35(8)：1930-1943.
[27] Liang M, Hu X. Recurrent convolutional neural network for object recognition//Computer Vision and Pattern Recognition. IEEE, 2015：3367-3375.
[28] Zhang R, Lin L, Zhang R, et al. Bit-Scalable Deep Hashing With Regularized Similarity Learning for Image Retrieval and Person Re-Identification. IEEE Transactions on Image Processing, 2015, 24(12)：4766-4779.
[29] Ma C, Huang J B, Yang X, et al. Hierarchical Convolutional Features for Visual Tracking//IEEE International Conference on Computer Vision. IEEE, 2016：3074-3082.
[30] He K, Zhang X, Ren S, et al. Deep Residual Learning for Image Recognition//IEEE International Conference on Computer Vision. IEEE, 2015：770-778.
[31] Liu Z, Li X, Luo P, et al. Semantic Image Segmentation via Deep Parsing Network//IEEE International Conference on Computer Vision. IEEE, 2015：1377-1385.
[32] Sarikaya R, Hinton G E, Deoras A. Application of Deep Belief Networks for Natural Language Understanding. IEEE/ACM Transactions on Audio Speech & Language Processing, 2014, 22(4)：778-784.
[33] Shao L, Wu D, Li X. Learning deep and wide: a spectral method for learning deep networks.. IEEE Transactions on Neural Networks & Learning Systems, 2017, 25(12)：2303-2308.
[34] Salakhutdinov R, Tenenbaum J B, Torralba A. Learning with Hierarchical-Deep Models. IEEE Transactions on Pattern Analysis & Machine Intelligence, 2013, 35(8)：1958-1971.

[35] Huang P S, Kim M, Hasegawa-Johnson M, et al. Deep learning for monaural speech separation//IEEE International Conference on Acoustics, Speech and Signal Processing. IEEE, 2014: 1562-1566.

[36] Nain D, Haker S, Bobick A, et al. Multiscale 3-D Shape Representation and Segmentation Using Spherical Wavelets. IEEE Transactions on Medical Imaging, 2007, 26(4): 598.

[37] Wang X, Gupta A. Unsupervised Learning of Visual Representations Using Videos//IEEE International Conference on Computer Vision. IEEE, 2015: 2794-2802.

[38] Wang L, Liu T, Wang G, et al. Video Tracking Using Learned Hierarchical Features. IEEE Transactions on Image Processing, 2015, 24(4): 1424-1435.

[39] Shin H C, Roth H R, Gao M, et al. Deep Convolutional Neural Networks for Computer-Aided Detection: CNN Architectures, Dataset Characteristics and Transfer Learning. IEEE Transactions on Medical Imaging, 2016, 35(5): 1285.

[40] Zhang C, Li H, Wang X, et al. Cross-scene crowd counting via deep convolutional neural networks//IEEE Conference on Computer Vision and Pattern Recognition. IEEE Computer Society, 2015: 833-841.

[41] Liu Z, Luo P, Wang X, et al. Deep Learning Face Attributes in the Wild//IEEE International Conference on Computer Vision. IEEE, 2014: 3730-3738.

[42] Tajbakhsh N, Shin J Y, Gurudu S R, et al. Convolutional Neural Networks for Medical Image Analysis: Full Training or Fine Tuning?. IEEE Transactions on Medical Imaging, 2016, 35(5): 1299-1312.

[43] Hutchinson B, Deng L, Yu D. Tensor Deep Stacking Networks. IEEE Transactions on Pattern Analysis & Machine Intelligence, 2013, 35(8): 1944-1957.

[44] Liu F, Shen C, Lin G. Deep convolutional neural fields for depth estimation from a single image//IEEE International Conference on Computer Vision. IEEE, 2014: 5162-5170.

[45] Yang S, Luo P, Loy C C, et al. From Facial Parts Responses to Face Detection: A Deep Learning Approach//IEEE International Conference on Computer Vision. IEEE, 2015: 3676-3684.

[46] Zhang S, Yang M, Cour T, et al. Query Specific Rank Fusion for Image Retrieval. IEEE Transactions on Pattern Analysis & Machine Intelligence, 2015, 37(4): 803-815.

[47] Wang L, Lu H, Xiang R, et al. Deep networks for saliency detection via local estimation and global search//IEEE Conference on Computer Vision and Pattern Recognition. IEEE, 2015: 3183-3192.

[48] Hong C, Yu J, Wan J, et al. Multimodal Deep Autoencoder for Human Pose Recovery. IEEE Transactions on Image Processing, 2015, 24(12): 5659-5670.

[49] Stuhlsatz A, Lippel J, Zielke T. Feature extraction with deep neural networks by a generalized discriminant analysis. IEEE Transactions on Neural Networks & Learning Systems, 2012, 23(4): 596.

[50] Shao J, Kang K, Chen C L, et al. Deeply learned attributes for crowded scene understanding//Computer Vision and Pattern Recognition. IEEE, 2015: 4657-4666.

[51] Wang L, Qiao Y, Tang X. Latent Hierarchical Model of Temporal Structure for Complex Activity Classification.. IEEE Transactions on Image Processing A Publication of the IEEE Signal Processing Society, 2014, 23(2): 810-822.

[52] Gupta V, Kenny P, Ouellet P, et al. I-vector-based speaker adaptation of deep neural networks for French broadcast audio transcription//IEEE International Conference on Acoustics, Speech and Signal Processing. IEEE, 2014: 6334-6338.

[53] Chen B, Polatkan G, Sapiro G, et al. Deep Learning with Hierarchical Convolutional Factor Analysis. IEEE Transactions on Pattern Analysis & Machine Intelligence, 2013, 35(8): 1887-1901.

[54] Yang B, Yan J, Lei Z, et al. Convolutional Channel Features//IEEE International Conference on

Computer Vision. IEEE,2015：82-90.

[55] Lin T Y,Cui Y, Belongie S, et al. Learning deep representations for ground-to-aerial geolocalization//Computer Vision and Pattern Recognition. IEEE,2015：5007-5015.

[56] Hou W,Gao X,Tao D,et al. Blind image quality assessment via deep learning.. IEEE Transactions on Neural Networks & Learning Systems,2015,26(6)：1275.

[57] Hayat M,Bennamoun M,An S. Deep Reconstruction Models for Image Set Classification. Pattern Analysis & Machine Intelligence IEEE Transactions on,2015,37(4)：713.

[58] Carneiro G,Nascimento J C,Freitas A. The segmentation of the left ventricle of the heart from ultrasound data using deep learning architectures and derivative-based search methods. IEEE Trans Image Process,2012,21(3)：968-982.

[59] Zhang Y,Sohn K,Villegas R,et al. Improving object detection with deep convolutional networks via Bayesian optimization and structured prediction. 2015,8(1)：249-258.

[60] Lai H,Pan Y,Liu Y, et al. Simultaneous feature learning and hash coding with deep neural networks//Computer Vision and Pattern Recognition. IEEE,2015：3270-3278.

[61] Ding C, Tao D. Robust Face Recognition via Multimodal Deep Face Representation. IEEE Transactions on Multimedia,2015,17(11)：2049-2058.

[62] Simoserra E,Trulls E,Ferraz L,et al. Discriminative Learning of Deep Convolutional Feature Point Descriptors//IEEE International Conference on Computer Vision. IEEE Computer Society,2015：118-126.

[63] Wang X,Fouhey D F,Gupta A. Designing deep networks for surface normal estimation//Computer Vision and Pattern Recognition. IEEE,2014：539-547.

[64] Carneiro G,Nascimento J C. Combining Multiple Dynamic Models and Deep Learning Architectures for Tracking the Left Ventricle Endocardium in Ultrasound Data. IEEE Transactions on Pattern Analysis & Machine Intelligence,2013,35(11)：2592-2607.

[65] Bu S,Liu Z,Han J,et al. Learning High-Level Feature by Deep Belief Networks for 3-D Model Retrieval and Recognition. IEEE Transactions on Multimedia,2014,16(8)：2154-2167.

[66] Sharma A,Tuzel O,Jacobs D W. Deep hierarchical parsing for semantic segmentation//Computer Vision and Pattern Recognition. IEEE,2015：530-538.

[67] Greenspan H,Ginneken B V,Summers R M. Guest Editorial Deep Learning in Medical Imaging：Overview and Future Promise of an Exciting New Technique. IEEE Transactions on Medical Imaging,2016,35(5)：1153-1159.

[68] Bell S,Upchurch P,Snavely N,et al. Material recognition in the wild with the Materials in Context Database//Computer Vision and Pattern Recognition. IEEE,2014：3479-3487.

[69] Ochiai T,Matsuda S,Lu X,et al. Speaker Adaptive Training using Deep Neural Networks//IEEE International Conference on Acoustics,Speech and Signal Processing. IEEE,2014：6349-6353.

[70] Liao S,Jain A K,Li S Z. A Fast and Accurate Unconstrained Face Detector. IEEE Transactions on Pattern Analysis & Machine Intelligence,2016,38(2)：211-223.

[71] Liang X,Liu S,Shen X,et al. Deep Human Parsing with Active Template Regression. IEEE Transactions on Pattern Analysis & Machine Intelligence,2015,37(12)：2402.

[72] Xue S,Abdel-Hamid O,Jiang H,et al. Direct adaptation of hybrid DNN/HMM model for fast speaker adaptation in LVCSR based on speaker code//IEEE International Conference on Acoustics,Speech and Signal Processing. IEEE,2014：6339-6343.

[73] Tian Y,Luo P,Wang X,et al. Pedestrian detection aided by deep learning semantic tasks//Computer Vision and Pattern Recognition. IEEE,2015：5079-5087.

[74] Bianchini M,Scarselli F. On the complexity of neural network classifiers：A comparison between

shallow and deep architectures. IEEE transactions on neural networks and learning systems 2014,25(8): 1553-1565.

[75] Ouyang W,Wang X,Zeng X,et al. DeepID-Net: Deformable deep convolutional neural networks for object detection//Computer Vision and Pattern Recognition. IEEE,2015: 2403-2412.

[76] Goh H, Thome N, Cord M, et al. Learning Deep Hierarchical Visual Feature Coding. IEEE Transactions on Neural Networks & Learning Systems,2017,25(12): 2212-2225.

[77] Xue S,Abdel-Hamid O,Jiang H,et al. Fast adaptation of deep neural network based on discriminant codes for speech recognition. IEEE/ACM Transactions on Audio Speech & Language Processing, 2014,22(12): 1713-1725.

[78] Wang Z,Liu D,Yang J,et al. Deep Networks for Image Super-Resolution with Sparse Prior//IEEE International Conference on Computer Vision. IEEE,2015: 370-378.

[79] Gong M,Zhao J,Liu J,et al. Change Detection in Synthetic Aperture Radar Images Based on Deep Neural Networks. IEEE Transactions on Neural Networks & Learning Systems,2016,27(1): 125.

[80] Huang P S,Kim M, Hasegawa-Johnson M, et al. Joint optimization of masks and deep recurrent neural networks for monaural source separation. IEEE/ACM Transactions on Audio Speech & Language Processing,2015,23(12): 2136-2147.

[81] Tian Y, Luo P, Wang X, et al. Deep Learning Strong Parts for Pedestrian Detection//IEEE International Conference on Computer Vision. IEEE,2015: 1904-1912.

[82] Bertasius G,Shi J, Torresani L. DeepEdge: A multi-scale bifurcated deep network for top-down contour detection//Computer Vision and Pattern Recognition. IEEE,2014,52(3): 4380-4389.

[83] Cai Z, Saberian M, Vasconcelos N. Learning Complexity-Aware Cascades for Deep Pedestrian Detection//IEEE International Conference on Computer Vision. IEEE,2015: 3361-3369.

[84] Yuan Y,Mou L,Lu X. Scene recognition by manifold regularized deep learning architecture.. IEEE Transactions on Neural Networks & Learning Systems,2015,26(10): 2222.

[85] Su L,Yeh C C M,Liu J Y,et al. A Systematic Evaluation of the Bag-of-Frames Representation for Music Information Retrieval. IEEE Transactions on Multimedia,2014,16(5): 1188-1200.

[86] Xu J,Xiang L,Liu Q,et al. Stacked Sparse Autoencoder (SSAE) for Nuclei Detection on Breast Cancer Histopathology Images. IEEE Transactions on Medical Imaging,2016,35(1): 119-130.

[87] Han K, Wang Y, Wang D L, et al. Learning spectral mapping for speech dereverberation and denoising. IEEE/ACM Transactions on Audio Speech & Language Processing, 2015, 23(6): 982-992.

[88] Kendall A,Grimes M,Cipolla R. PoseNet: A Convolutional Network for Real-Time 6-DOF Camera Relocalization//IEEE International Conference on Computer Vision. IEEE,2015,31: 2938-2946.

[89] Wu Z,Valentini-Botinhao C,Watts O,et al. Deep neural networks employing Multi-Task Learning and stacked bottleneck features for speech synthesis//IEEE International Conference on Acoustics, Speech and Signal Processing. IEEE,2015: 4460-4464.

[90] Pfister T,Charles J,Zisserman A. Flowing ConvNets for Human Pose Estimation in Videos//IEEE International Conference on Computer Vision. IEEE,2015: 1913-1921.

[91] Liu W,Mei T, Zhang Y, et al. Multi-task deep visual-semantic embedding for video thumbnail selection//Computer Vision and Pattern Recognition. IEEE,2015: 3707-3715.

[92] Pathak D, Krähenbühl P, Darrell T. Constrained Convolutional Neural Networks for Weakly Supervised Segmentation//IEEE International Conference on Computer Vision. IEEE, 2015: 1796-1804.

[93] Memisevic R. Learning to relate images. IEEE Transactions on Pattern Analysis & Machine Intelligence,2013,35(8): 1829-1846.

[94] Yang X, Zhang T, Xu C. Cross-Domain Feature Learning in Multimedia. IEEE Transactions on Multimedia, 2014, 17(1): 64-78.

[95] Feng X, Zhang Y, Glass J. Speech feature denoising and dereverberation via deep autoencoders for noisy reverberant speech recognition//IEEE International Conference on Acoustics, Speech and Signal Processing. IEEE, 2014: 1759-1763.

[96] Wang X, Yang M, Zhu S, et al. Regionlets for Generic Object Detection//IEEE International Conference on Computer Vision. IEEE Computer Society, 2013: 17-24.

[97] Huang X, Shen C, Boix X, et al. SALICON: Reducing the Semantic Gap in Saliency Prediction by Adapting Deep Neural Networks//IEEE International Conference on Computer Vision. IEEE Computer Society, 2015: 262-270.

[98] Anthimopoulos M, Christodoulidis S, Ebner L, et al. Lung Pattern Classification for Interstitial Lung Diseases Using a Deep Convolutional Neural Network. IEEE Transactions on Medical Imaging, 2016, 35(5): 1207-1216.

[99] Hoshen Y, Weiss R J, Wilson K W. Speech acoustic modeling from raw multichannel waveforms//IEEE International Conference on Acoustics, Speech and Signal Processing. IEEE, 2015: 4624-4628.

[100] Sirinukunwattana K, Raza S, Tsang Y W, et al. Locality Sensitive Deep Learning for Detection and Classification of Nuclei in Routine Colon Cancer Histology Images.. IEEE Transactions on Medical Imaging, 2016, 35(5): 1196-1206.

第6章

支持向量机

CHAPTER 6

6.1 统计学习理论的基本内容

传统的基于统计学的方法多数是建立在大数定理这一基础上的渐近理论,要求学习样本数目足够多。然而在实际应用中,这一前提往往得不到保证。因此在小样本情况下,很难取得理想的学习效果和泛化性能。V. Vapnik 教授等人针对小样本情况下的机器学习,建立了统计学习理论,并在此基础上提出了支持向量机方法。支持向量机基于结构风险最小化原则,能够提高学习机的泛化能力。

6.1.1 机器学习的基本问题

计算机应用到实际问题中时,通常可以显式地描述出给定一组输入如何推出所需的输出。但当计算机应用于更复杂的问题时,有时并不知道如何由给定的输入计算出给定的输出。解决此类问题的一种方法就是让计算机从样例中学习从输入到输出的对应关系。这种使用样例来合成计算机程序的过程称为学习方法。

机器学习的目的是根据给定的训练样本求对某系统输入输出之间依赖关系的估计,使它能够对未知输出做出尽可能准确的预测。机器学习问题在数学上可以表述为"一个基于经验数据的函数估计问题"。最常见的最小二乘法数据拟合问题,可以看做是机器学习的一个最简单的实例,通过从已知数据进行学习,预测未知数据点处的函数值,从这个问题可以看出机器学习的基本思想,如图 6.1 所示。

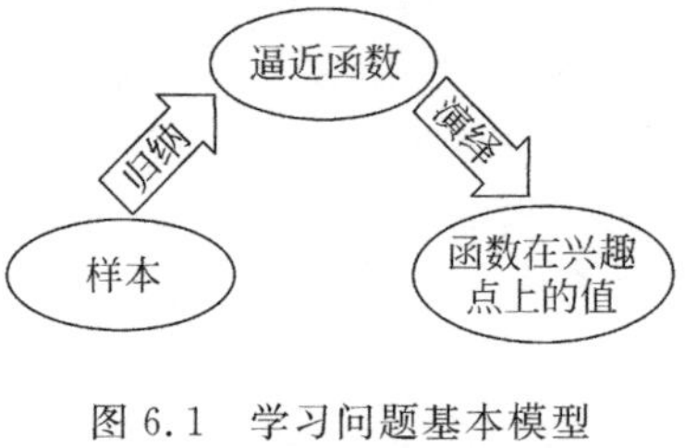

图 6.1 学习问题基本模型

机器学习问题更一般地可以表示为：变量 $\boldsymbol{y}$ 与 $\boldsymbol{x}$ 存在一定的未知依赖关系，即遵循某一未知的联合概率 $F(\boldsymbol{x},\boldsymbol{y})$（$\boldsymbol{y}$ 和 $\boldsymbol{x}$ 之间的确定性关系可以看做是其特例），机器学习问题就是根据 n 个独立同分布观测样本

$$(\boldsymbol{x}_1, y_1), (\boldsymbol{x}_2, y_2), \cdots, (\boldsymbol{x}_n, y_n) \tag{6.1}$$

在一组函数 $\{f(\boldsymbol{x},\boldsymbol{w})\}$ 中求一个最优的函数 $f(\boldsymbol{x},\boldsymbol{w}_0)$，对依赖关系进行估计，使期望风险

$$R(\boldsymbol{w}) = \int L[\boldsymbol{y}, f(\boldsymbol{x},\boldsymbol{w})]\mathrm{d}F(\boldsymbol{x},\boldsymbol{y}) \tag{6.2}$$

最小。其中，$\boldsymbol{w}$ 为函数的广义参数；$\{f(\boldsymbol{x},\boldsymbol{w})\}$ 称做预测函数集，可以表示任何函数集；$L[\boldsymbol{y},f(\boldsymbol{x},\boldsymbol{w})]$ 为由于用 $f(\boldsymbol{x},\boldsymbol{w})$ 对 $\boldsymbol{y}$ 进行预测而造成的损失，用来度量学习方法对实际函数关系的逼近程度。不同类型的学习问题有不同形式的损失函数。预测函数也称做学习函数、学习模型或学习机器。

对应于机器学习更一般的数学描述，可参见图 6.2，各部分的含义如下：

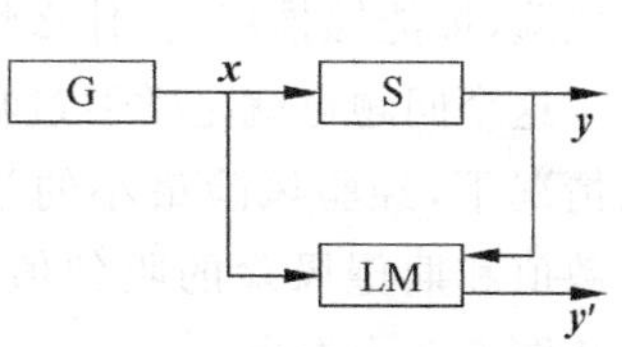

图 6.2　机器学习的一般模型

(1) G 为产生器，产生随机向量 $\boldsymbol{x}$，从固定但未知的概率分布函数 $F(\boldsymbol{x})$ 中独立抽取。

(2) S 为训练器，对于每个输入向量 $\boldsymbol{x}$ 返回一个输出值 $\boldsymbol{y}$，根据固定但未知的条件概率分布函数 $F(\boldsymbol{y}|\boldsymbol{x})$ 产生。

(3) LM 为学习机，能够实现一定的函数集 $f(\boldsymbol{x},\boldsymbol{w})$，$\boldsymbol{w}\in\Lambda$，其中 Λ 是参数集合。

对该模型而言，学习问题就是从给定的函数集 $f(\boldsymbol{x},\boldsymbol{w})$，$\boldsymbol{w}\in\Lambda$ 中选择出能够最好地逼近训练器响应的函数，即使得期望风险最小的函数。这种选择是基于训练集的，训练集由根据联合分布 $F(\boldsymbol{x},\boldsymbol{y})=F(\boldsymbol{x})F(\boldsymbol{x}|\boldsymbol{y})$ 抽取出的 n 个独立同分布观测样本 $(\boldsymbol{x}_1,y_1),(\boldsymbol{x}_2,y_2),\cdots,(\boldsymbol{x}_n,y_n)$ 组成。

有 3 类基本的机器学习问题，即模式识别、函数逼近和概率密度估计。

对模式识别问题，输出 y 是类别标号，两类别分类情况 $y\in\{1,-1\}$，预测函数称做指示函数，损失函数可以定义为

$$L[y,f(\boldsymbol{x},\boldsymbol{w})] = \begin{cases} 0, & y = f(\boldsymbol{x},\boldsymbol{w}) \\ 1, & y \neq f(\boldsymbol{x},\boldsymbol{w}) \end{cases} \tag{6.3}$$

使风险最小就是贝叶斯决策中使错误率最小。

在函数逼近问题中，y 是连续变量（这里假设为单值函数），损失函数可以定义为

$$L[y,f(\boldsymbol{x},\boldsymbol{w})] = [y - f(\boldsymbol{x},\boldsymbol{w})]^2 \tag{6.4}$$

即采用最小平方误差准则。

对概率密度估计问题，学习的目的是根据训练样本确定 x 的概率密度。记估计的密度函数为 $p(\boldsymbol{x},\boldsymbol{w})$，则损失函数可以定义为

$$L[p(\boldsymbol{x},\boldsymbol{w})] = -\lg p(\boldsymbol{x},\boldsymbol{w}) \tag{6.5}$$

在上面的问题表述中，学习的目标在于使期望风险最小化。但是，由于可利用的信息只有样本(6.1)，式(6.2)的期望风险无法计算，因此传统的学习方法中采用了经验风险，即

$$R_{\mathrm{emp}}(\boldsymbol{w}) = \frac{1}{n}\sum_{i=1}^{n} L[y_i, f(\boldsymbol{x}_i,\boldsymbol{w})] \tag{6.6}$$

作为对式(6.2)的估计，设计学习算法使它最小化。上述原则称做经验风险最小化

(empirical risk minimization, ERM)归纳原则,简称 ERM 原则。

6.1.2 学习机的复杂性与推广能力

假设有一组实数样本$\{x, y\}$,y取值在$[0,1]$之间,那么不论样本是依据什么模型产生的,只要用函数$f(x,\alpha)=\sin(\alpha x)$去拟合它们($\alpha$是待定参数),总能够找到一个$\alpha$使训练误差为零,但显然得到的"最优"函数并不能正确代表真实的函数模型。究其原因,是试图用一个十分复杂的模型去拟合有限的样本,导致丧失了推广能力。

由此可以看出,在有限样本情况下:①经验风险最小并不一定意味着期望风险最小;②学习机器的复杂性不但应与所研究的系统有关,而且要和有限数目的样本相适应。这里一个核心的问题就是:对一个使经验风险最小的学习过程,它在什么时候能够取得小的实际风险(即能够推广)?什么情况下不能取得?

这个问题也就是学习过程的一致性问题,即在什么情况下,经验风险最小的学习过程,其经验风险的收敛值和期望风险的收敛值相等?一致性的意义可以从图 6.3 中看出。

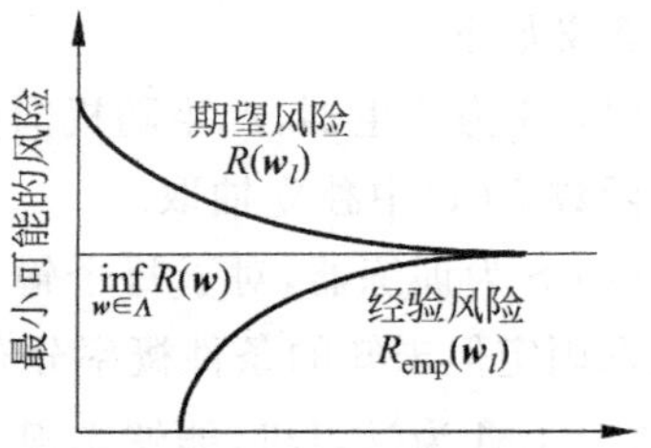

图 6.3 经验风险和期望风险的一致性

设$f(\boldsymbol{x},\boldsymbol{w}_l)$是对给定的独立同分布观测$(\boldsymbol{x}_1, y_1)$, $(\boldsymbol{x}_2, y_2)$, $\cdots$, $(\boldsymbol{x}_l, y_l)$,使经验风险$R_{emp}(\boldsymbol{w}) = \frac{1}{l}\sum_{i=1}^{l} L[y_i, f(\boldsymbol{x}_i, \boldsymbol{w})]$最小化的函数。

一致性的数学定义如下:如果下面两个序列依概率收敛于同一个极限,即

$$\left.\begin{aligned} R(\boldsymbol{w}_l) &\xrightarrow{l\to\infty} \inf_{w\in\Lambda} R(\boldsymbol{w}) \\ R_{emp}(\boldsymbol{w}_l) &\xrightarrow{l\to\infty} \inf_{w\in\Lambda} R(\boldsymbol{w}) \end{aligned}\right\} \tag{6.7}$$

则称 ERM 原则对函数集合$\{f(\boldsymbol{x},\boldsymbol{w})\}$,$\boldsymbol{w}\in\Lambda$和概率分布函数$F(\boldsymbol{x},y)$是一致的。

第一个条件保证了所达到的风险收敛于最好的可能值,而第二个条件保证了可以在经验风险的取值基础上估计最小可能的风险。

6.1.3 统计学习的基本理论

统计学习理论就是研究小样本统计估计和预测的理论,最有指导性的理论结果是推广性的界,与此相关的一个核心概念是 VC 维。

1. VC 维

为了研究学习过程一致收敛的速度和推广性,统计学习理论定义了一系列有关函数集学习性能的指标,其中最重要的是 VC 维(Vapnik-Chervonenkis dimension)。

模式识别方法中 VC 维的直观定义是:对一个指示函数集,如果存在h个样本能够被函数集中的函数按所有可能的2^h种形式分开,则称函数集能够把h个样本打散。函数集的 VC 维就是它能打散的最大样本数目h。若对任意数目的样本都有函数能将它们打散,则函数集的 VC 维是无穷大的。

VC 维反映了函数集的学习能力，VC 维越大，则学习机器越复杂（容量越大）。目前尚没有通用的关于任意函数集 VC 维计算的理论，只对一些特殊的函数集知道其 VC 维。比如，在 n 维实数空间中线性分类器和线性实函数的 VC 维是 $n+1$，而前面提到的 $f(x,\alpha)=\sin(\alpha x)$ 的 VC 维则为无穷大。

2. 推广性的界

统计学习理论系统地研究了对于各种类型的函数集，经验风险和实际风险之间的关系，即推广性的界。关于两类分类问题，结论是：对指示函数集中的所有函数（包括使经验风险最小的函数），经验风险 $R_{\text{emp}}(\boldsymbol{w})$ 和实际风险 $R(\boldsymbol{w})$ 之间以至少 $1-\eta$ 的概率满足如下关系：

$$R(\boldsymbol{w}) \leqslant R_{\text{emp}}(\boldsymbol{w}) + \sqrt{\frac{h\left(\ln\frac{2n}{h}+1\right)-\ln\left(\frac{\eta}{4}\right)}{n}} \tag{6.8}$$

式中，h 是函数集的 VC 维；n 是样本数。

这一结论从理论上说明了学习机器的实际风险是由两部分组成的：一是经验风险（训练误差）；另一部分称做置信范围，它和学习机器的 VC 维及训练样本数有关，可以简单地表示为

$$R(\boldsymbol{w}) \leqslant R_{\text{emp}}(\boldsymbol{w}) + \Phi(h/n) \tag{6.9}$$

它表明，在有限训练样本下，学习机器的 VC 维越高（复杂性越高），置信范围就越大，导致真实风险与经验风险之间可能的差别越大。这就是为什么会出现过学习现象的原因。

机器学习过程不但要使经验风险最小，还要使 VC 维尽量小以缩小置信范围，这样才能取得较小的实际风险，即对未来样本有较好的推广性。

3. 结构风险最小化

从上面的结论可以看到，ERM 原则在样本有限时是不合理的，需要同时最小化经验风险和置信范围。

统计学习理论提出了一种新的策略，即把函数集构造为一个函数子集序列，使各个子集按照 VC 维的大小（亦即 Φ 的大小）排列；在每个子集中寻找最小经验风险，在子集间折中考虑经验风险和置信范围，取得实际风险的最小，如图 6.4 所示。这种思想称做结构风险最小化（structural risk minimization，SRM），即 SRM 准则。

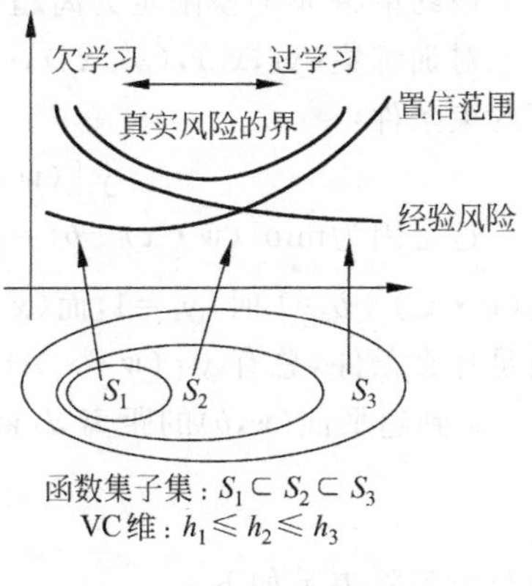

图 6.4　结构风险最小化

实现 SRM 原则可以有两种思路。一是在每个子集中求最小经验风险，然后选择使最小经验风险和置信范围之和最小的子集。显然这种方法比较费时，当子集数目很大甚至是无穷时不可行。因此有第二种思路，即设计函数集的某种结构使每个子集中都能取得最小的经验风险（如使训练误差为 0），然后只需选择适当的子集使置信范围最小，则这个子集中使经验风险最小的函数就是最优函数。支持向量机方法实际上就是这种思想的具体实现。

6.2 支持向量机

支持向量机(support vector machines,SVM)是 AT&T Bell 实验室的 Vapnik 提出的针对分类和回归问题的统计学习理论(statistical learning theory,SLT)。

SVM 的主要思想可以概括为两点:

(1) 针对线性可分情况进行分析。对于线性不可分的情况,通过使用非线性映射算法将低维输入空间线性不可分的样本转化为高维特征空间使其线性可分,从而使得高维特征空间采用线性算法对样本的非线性特征进行线性分析成为可能。

(2) 基于结构风险最小化理论之上,在特征空间中建构最优分割超平面,使得学习机得到全局最优化,并且在整个样本空间的期望风险以某个概率满足一定的上界。

6.2.1 最大间隔分类支持向量机

SVM 是从线性可分情况下的最优分类面发展而来的,其基本思想可用图 6.5 所示的二维情况进行说明。图中实心点和空心点代表两类样本,H 为分类线,H_1 和 H_2 分别为过各类中离分类线最近的样本且平行于分类线的直线,它们之间的距离叫做分类间隔(margin)。所谓最优分类线就是要求分类线不但能将两类正确分开(训练错误率为 0),而且使分类间隔最大。

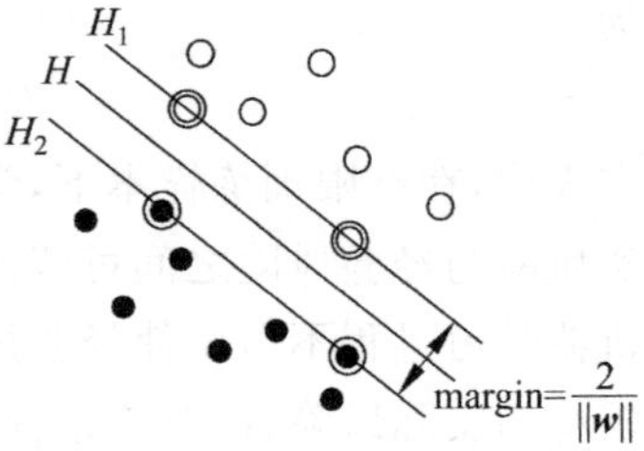

图 6.5 线性可分情况下的最优分类面线

根据数学习惯,分类线方程可以表示为$(\boldsymbol{w}\cdot\boldsymbol{x})+b=0$,其中 $\boldsymbol{w}$ 是法向量,b 是偏移量。但是由于要求分类间隔最大,所以样本点是不会落在方程$(\boldsymbol{w}\cdot\boldsymbol{x})+b=0$ 描述的分类线上的,所以该方程本身是有冗余的。不失一般性,可以考虑参数 $\boldsymbol{w},b$ 满足如下约束的规范超平面:

$$\min_{\boldsymbol{x}} |(\boldsymbol{w}\cdot\boldsymbol{x})+b| = 1 \tag{6.10}$$

该约束将 $\boldsymbol{w}$ 的模限定为离超平面最近的点到它的距离的倒数。

对训练集$(y_1,\boldsymbol{x}_1),(y_2,\boldsymbol{x}_2),\cdots,(y_n,\boldsymbol{x}_n),\boldsymbol{x}\in\mathbb{R}^d,y\in\{-1,+1\}$,最优分类线应该满足如下约束条件:

$$y_i[(\boldsymbol{w}\cdot\boldsymbol{x}_i)+b]\geqslant 1,\quad i=1,2,\cdots,n \tag{6.11}$$

这是因为$\min\limits_{\boldsymbol{x}}|(\boldsymbol{w}\cdot\boldsymbol{x})+b|=1$,所以$(\boldsymbol{w}\cdot\boldsymbol{x})+b\geqslant 1$ 或者$(\boldsymbol{w}\cdot\boldsymbol{x})+b\leqslant -1$,当$(\boldsymbol{x}_i,y_i)$满足$(\boldsymbol{w}\cdot\boldsymbol{x}_i)+b\geqslant 1$ 时,$y_i=1$,而$(\boldsymbol{x}_i,y_i)$满足$(\boldsymbol{w}\cdot\boldsymbol{x}_i)+b\leqslant -1$ 时,$y_i=-1$。因此无论$(\boldsymbol{x}_i,y_i)$满足什么条件,总有 $y_i[(\boldsymbol{w}\cdot\boldsymbol{x}_i)+b]\geqslant 1$。

$\boldsymbol{x}$ 到超平面$(\boldsymbol{w},b)$的距离 $d(\boldsymbol{w},b;\ \boldsymbol{x})$为

$$d(\boldsymbol{w},b;\ \boldsymbol{x})=\frac{|(\boldsymbol{w}\cdot\boldsymbol{x})+b|}{\|\boldsymbol{w}\|} \tag{6.12}$$

则分类间隔表示如下:

$$\rho(\boldsymbol{w},b)=\min_{\{\boldsymbol{x}_i|y_i=1\}} d(\boldsymbol{w},b;\ \boldsymbol{x})+\min_{\{\boldsymbol{x}_i|y_i=-1\}} d(\boldsymbol{w},b;\ \boldsymbol{x})=\frac{2}{\|\boldsymbol{w}\|} \tag{6.13}$$

因此，使得下式最小的超平面就是最优超平面：

$$\varphi(\boldsymbol{w}) = \frac{1}{2}\|\boldsymbol{w}\|^2 \tag{6.14}$$

使分类间隔最大实际上就是对推广能力的控制，这是 SVM 的核心思想之一。统计学理论指出，在 N 维空间中，设样本分布在一个半径为 R 的超球范围内，则满足条件 $\|\boldsymbol{w}\| \leqslant A$ 的正则超平面构成的指示函数集（sgn(・)为符号函数）为

$$f(\boldsymbol{x},\boldsymbol{w},b) = \mathrm{sgn}\{(\boldsymbol{w}\cdot\boldsymbol{x}) + b\} \tag{6.15}$$

其 VC 维满足下面的界：

$$h \leqslant \min[R^2A^2, N] + 1 \tag{6.16}$$

因此，使 $\|\boldsymbol{w}\|^2$ 最小就是使 VC 维的上界最小，从而实现 SRM 准则中对函数复杂性的选择。

综上所述，寻找最优超平面的问题就是解如下不等式约束的二次优化问题：

$$\min\varphi(\boldsymbol{w}) = \frac{1}{2}\|\boldsymbol{w}\|^2 \tag{6.17}$$

根据优化理论，可以利用 Lagrange 乘子方法把该优化问题转化成如下无约束优化问题：

$$\min_{\boldsymbol{w},b} L(\boldsymbol{w},b,\alpha) = \frac{1}{2}\|\boldsymbol{w}\|^2 - \sum_{i=1}^{n}\alpha_i\{[(\boldsymbol{w}\cdot\boldsymbol{x}_i)+b]y_i - 1\} \tag{6.18}$$

$$\text{s.t.}\quad y_i[(\boldsymbol{w}\cdot\boldsymbol{x})+b] \geqslant 1,\quad i = 1,2,\cdots,n \tag{6.19}$$

式中，$\alpha_i \geqslant 0$ 是 Lagrange 乘子。

根据无约束优化理论，使 $L(\boldsymbol{w},b,\alpha)$ 相对于 $\boldsymbol{w},b$ 取得极值的必要条件是

$$\left.\begin{aligned} &\frac{\partial L}{\partial b} = 0 \Rightarrow \sum_{i=1}^{n}\alpha_i y_i = 0 \\ &\frac{\partial L}{\partial \boldsymbol{w}} = \boldsymbol{0} \Rightarrow \boldsymbol{w} = \sum_{i=1}^{n}\alpha_i\boldsymbol{x}_i y_i \end{aligned}\right\} \tag{6.20}$$

根据 Lagrange 对偶原理，无约束优化 $\min\limits_{\boldsymbol{w},b} L(\boldsymbol{w},b,\alpha)$ 等同于其对偶问题，即

$$\max_{\alpha} W(\alpha) = \max_{\alpha}\{\min_{\boldsymbol{w},b} L(\boldsymbol{w},b,\alpha)\} \tag{6.21}$$

将 $\min\limits_{\boldsymbol{w},b} L(\boldsymbol{w},b,\alpha)$ 的极值条件代入，得到如下对偶优化问题：

$$\left.\begin{aligned} &\max_{\alpha} W(\alpha) = \max_{\alpha}\sum_{i=1}^{n}\alpha_i - \frac{1}{2}\sum_{i=1}^{n}\sum_{j=1}^{n}\alpha_i\alpha_j y_i y_j(\boldsymbol{x}_i\cdot\boldsymbol{x}_j) \\ &\text{s.t.}\quad \alpha_i \geqslant 0,\quad i = 1,2,\cdots,l \end{aligned}\right\} \tag{6.22}$$

$$\sum_{i=1}^{l}\alpha_i y_i = 0 \tag{6.23}$$

该问题的解为

$$\alpha^* = \operatorname*{argmin}_{\alpha}\frac{1}{2}\sum_{i=1}^{n}\sum_{j=1}^{n}\alpha_i\alpha_j y_i y_j(\boldsymbol{x}_i\cdot\boldsymbol{x}_j) - \sum_{i=1}^{l}\alpha_i \tag{6.24}$$

从而最优超平面如下：

$$\boldsymbol{w}^* = \sum_{i=1}^{l}\alpha_i^*\boldsymbol{x}_i y_i \tag{6.25}$$

$$b^*:\ y_i\{(\boldsymbol{w}^*\cdot\boldsymbol{x}_i) + b^*\} = 1 \tag{6.26}$$

对这个优化问题，Karush-Kuhn-Tucker 互不条件提供了关于解的结构的有用信息。

Karush-Kuhn-Tucker 互不条件要求最优解$[\alpha^*,(\boldsymbol{w}^*,b^*)]$必须满足

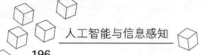

$$\alpha_i^*\{y_i[(\boldsymbol{w}^*\cdot\boldsymbol{x}_i)+b^*]-1\}=0 \tag{6.27}$$

显然，只有满足 $y_i[(\boldsymbol{w}^*\cdot\boldsymbol{x})+b^*]=1$ 的输入$(\boldsymbol{x}_i,y_i)$才能对应非零的 α_i^*，也就是说，这样的$(\boldsymbol{x}_i,y_i)$才对最后的最优超平面 $\boldsymbol{w}^*=\sum_{i=1}^{l}\alpha_i^*\boldsymbol{x}_iy_i$ 有贡献，其他的$(\boldsymbol{x}_i,y_i)$则对最终最优超平面的确定没有影响，可以去掉，因此满足 $y_i[(\boldsymbol{w}^*\cdot\boldsymbol{x}_i)+b^*]=1$ 的输入 $\boldsymbol{x}_i$ 就被称为支持向量，这就是这种学习方法被称做支持向量机的原因。

6.2.2 软间隔分类支持向量机

上述问题都是局限在完全线性可分的情况下讨论的，如果线性不可分，可以引入松弛变量 ξ 和惩罚因子 C，把上述讨论推广到广义的最优超平面求解如下：

$$\min\Phi(\boldsymbol{w},\xi)=\frac{1}{2}\|\boldsymbol{w}\|^2+C\sum_{i=1}^{n}\xi_i \tag{6.28}$$

$$\text{s.t.}\quad y_i[(\boldsymbol{w}\cdot\boldsymbol{x}_i)+b]\geqslant 1-\xi_i,\quad i=1,2,\cdots,n \tag{6.29}$$

式中，ξ_i 是对错误分类误差的度量；C 是预先设定的数，控制对错分样本惩罚的程度。其对偶问题如下：

$$\left.\begin{aligned}&\alpha^*=\arg\min_{\alpha}\frac{1}{2}\sum_{i=1}^{n}\sum_{j=1}^{n}\alpha_i\alpha_jy_iy_j(\boldsymbol{x}_i\cdot\boldsymbol{x}_j)-\sum_{i=1}^{n}\alpha_i\\&\text{s.t.}\quad 0\leqslant\alpha_i\leqslant C,\quad i=1,2,\cdots,l\end{aligned}\right\} \tag{6.30}$$

$$\sum_{i=1}^{l}\alpha_iy_i=0 \tag{6.31}$$

6.2.3 基于核的支持向量机

在数据高度线性不可分的情况下，即使引入松弛变量和惩罚因子仍然不能实现分类。针对这种问题的一种思路就是把数据映射到高维空间，使得在高维空间里，这些数据线性可分。如图 6.6 所示，在 X 空间内，数据高度线性不可分，对数据进行如下映射：$f\colon X\to F$，可见在 F 空间内，数据变为线性可分，称 F 空间为 X 空间的特征空间。

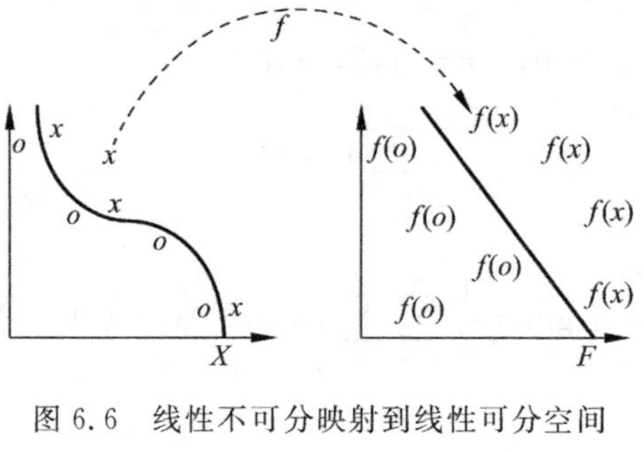

图 6.6 线性不可分映射到线性可分空间

按照这个思路，可以得到将前面的学习方法推广到高维度线性不可分情形下的解决方法。选取适当的映射 $\Phi\colon \boldsymbol{x}\to\Phi(\boldsymbol{x})$，通过 $\Phi(\boldsymbol{x})$把数据映射到特征空间；在特征空间里数据线性可分，就可以利用已经得到的线性可分的学习方法，求解下面的优化问题：

$$\left.\begin{aligned}\alpha^* &= \arg\min_{\alpha} \frac{1}{2}\sum_{i=1}^{n}\sum_{j=1}^{n}\alpha_i\alpha_j y_i y_j(\Phi(\boldsymbol{x}_i)\cdot\Phi(\boldsymbol{x}_j)) - \sum_{i=1}^{n}\alpha_i \\ \text{s.t.}\quad & 0 \leqslant \alpha_i \leqslant C,\quad i=1,2,\cdots,l\end{aligned}\right\} \tag{6.32}$$

$$\sum_{i=1}^{l}\alpha_i y_i = 0 \tag{6.33}$$

核心问题是如何选择合适的 $\Phi(\boldsymbol{x})$ 实现从数据空间到特征空间的映射。这个问题很复杂,目前还没有一套完整的理论来指导映射函数的选择。但是如果注意到优化问题中仅仅出现了 $(\Phi(\boldsymbol{x}_i)\cdot\Phi(\boldsymbol{x}_j))$,即 $\Phi(\boldsymbol{x})$ 的内积,问题就可以简化了。

如果能够找到一个函数 K,满足

$$K(\boldsymbol{x}_i,\boldsymbol{x}_j) = (\Phi(\boldsymbol{x}_i)\cdot\Phi(\boldsymbol{x}_j)) \tag{6.34}$$

则 $K(\cdot)$ 就隐式地定义了一个从数据空间到特征空间的映射,而 K 就被称为核函数。

根据泛函的有关理论,只要一种核函数 $K(\boldsymbol{x}_i,\boldsymbol{x}_j)=(\Phi(\boldsymbol{x}_i)\cdot\Phi(\boldsymbol{x}_j))$ 满足 Mercer 条件,它就对应某一变换空间中的内积。Mercer 定理表述如下:要保证对称函数 $K(\boldsymbol{u},\boldsymbol{v})$ 能以正的系数 $a_k>0$ 展开成

$$K(\boldsymbol{u},\boldsymbol{v}) = \sum_{k=1}^{\infty} a_k\Phi_k(\boldsymbol{u})\Phi_k(\boldsymbol{v}) \tag{6.35}$$

(即 $K(\boldsymbol{u},\boldsymbol{v})$ 描述了在某个特征空间中的一个内积)的充分必要条件是,对使得 $\int g^2(\boldsymbol{u})\mathrm{d}\boldsymbol{u} < \infty$ 的所有 $g \neq 0$,以下条件成立:

$$\iint K(\boldsymbol{u},\boldsymbol{v})g(\boldsymbol{u})g(\boldsymbol{v})\mathrm{d}\boldsymbol{u}\mathrm{d}\boldsymbol{v} > 0 \tag{6.36}$$

SVM 中不同的内积核函数将形成不同的算法。目前研究最多的核函数主要有 3 类:多项式核函数、径向基核函数和 Sigmoid 函数。

多项式函数

$$K(\boldsymbol{x},\boldsymbol{y}) = [(\boldsymbol{x}\cdot\boldsymbol{y})+1]^p \tag{6.37}$$

径向基核函数

$$K(\boldsymbol{x},\boldsymbol{y}) = \mathrm{e}^{-\|\boldsymbol{x}-\boldsymbol{y}\|^2/2\sigma^2} \tag{6.38}$$

Sigmoid 函数

$$K(\boldsymbol{x},\boldsymbol{y}) = \tanh[k(\boldsymbol{x}\cdot\boldsymbol{y})-\delta] \tag{6.39}$$

6.3 多分类支持向量机

传统的或标准的 SVM 是针对两类分类问题提出的,而实际应用中需要解决的一般是多类问题。因此将传统的两类分类 SVM 问题推广到多类分类问题具有重要的意义。

下面以 k 类多分类问题为例,给出多类 SVM 分类的模型。k 类多分类问题可表述为:变量 $\boldsymbol{y}$ 与 $\boldsymbol{x}$ 存在一定的未知依赖关系,即遵循某一未知的联合概率 $F(\boldsymbol{x},\boldsymbol{y})$;根据给定的 N 个独立同分布样本 $\{(\boldsymbol{x}_i,y_i),i=1,2,\cdots,N\}$(其中 $\boldsymbol{x}_i\in\mathbb{R}^{(d)}$ 是 d 维向量,$y_i\in\{1,2,\cdots,k\}$ 表示 $\boldsymbol{x}_i$ 的类别),确定最优函数 $f(\boldsymbol{x},\boldsymbol{w}_0)$ 对该依赖关系进行估计,使风险最小。

将 SVM 推广到多分类问题,大体上有两种途径:直接法和分解法。

(1) 直接法：将多个 SVM 分类面的参数求解合并到一个最优化问题中，通过求解该最优化问题直接实现多类分类。

(2) 分解法：通过某种方式构造一系列标准的两类 SVM 分类器，并将它们组合在一起来实现多类分类。即分解法将多类别分类分解成若干个子问题，每个子问题都可以用 SVM 解决。

说明：为了更直观地说明多类分类 SVM 的原理，后续论述中，多数地方采用分离面或者分类面代替前面的最优超平面。因为分离面和分类面能更清楚地表明传统的两类分类 SVM 在多类分类问题中的作用。

6.3.1 直接法

对 k 类分类问题，直接法在本质上是构造 k 个 SVM 分类器，第 m 个分类器 $f_m(\boldsymbol{x})=(\boldsymbol{w}_m\cdot\Phi(\boldsymbol{x}_i))+b_m$ 将 m 类数据跟其他类别的数据分开。但是所有的参数 $\{(\boldsymbol{w}_m,b_m)\}_{m=1}^{k}$ 都可以通过如下的二次约束优化得到：

$$\min_{w,b,\xi}\frac{1}{2}\sum_{m=1}^{k}\|\boldsymbol{w}_m\|^2+C\sum_{i=1}^{N}\sum_{m\neq y_i}\xi_{i,m} \tag{6.40}$$

$$\text{s.t. }(\boldsymbol{w}_{y_i}\cdot\Phi(\boldsymbol{x}_i))+b_{y_i}\geqslant(\boldsymbol{w}_m\cdot\Phi(\boldsymbol{x}_i))+b_m+2-\xi_{i,m}$$

$$\xi_{i,m}\geqslant 0,\quad i=1,2,\cdots,N,\quad m\in\{1,2,\cdots,k\}\backslash y_i \tag{6.41}$$

其决策函数为

$$f(\boldsymbol{x})=\underset{m=1,2,\cdots,k}{\operatorname{argmax}}\{(\boldsymbol{w}_m\cdot\Phi(\boldsymbol{x}))+b_m\} \tag{6.42}$$

式中，$\underset{x}{\operatorname{argmax}}\{(\boldsymbol{w}_m\cdot\Phi(\boldsymbol{x}))+b_m\}$ 指的是 $(\boldsymbol{w}_m\cdot\Phi(\boldsymbol{x}))+b_m$ 取最大值时，x 的取值。故式(6.42)的意义为：样本 $\boldsymbol{x}$ 的类别是式 $(\boldsymbol{w}_m\cdot\Phi(\boldsymbol{x}))+b_m$ 取得最大值时所对应的 m。

显然，直接法的一个明显缺点是选择的目标函数(式(6.40))过于复杂，从而导致它的计算复杂度高；其优点是支持向量个数相对较少，而且结构紧凑。

6.3.2 分解法

分解法是将较复杂的多分类问题，分解成若干个标准 SVM 可解决的两类分类问题，其中每个 SVM 的参数通过解决相应的二次优化问题得到。基于不同的原理，可以将其分成不同数量的两类分类问题。使用较多的分解方法是一对多(one vs. all，OVA)和一对一(one vs. one，OVO)。其他常用的分解方法包括有向无循环图(directed acylic graph，DAG)和二叉树多类分类 SVM。

1. OVA 方法

对 k 类分类问题，OVA 方法构造 k 个分类器，第 m 个分类器 $f_m(\boldsymbol{x})=(\boldsymbol{w}_m\cdot\Phi(\boldsymbol{x}_i))+b_m$ 将第 m 类样本与其他类别的所有样本分开。对 $f_m(\boldsymbol{x})$ 进行训练时，属于 m 类的样本标记为 $+1$，其他所有的样本都标记为 -1。采用 OVA 的多类分类支持向量机，等同于求解如下 k 个二次优化问题(本质上是标准的两类分类问题的训练求解)：

$$\min_{w_i,b_i,\xi_i}\frac{1}{2}\|\boldsymbol{w}_i\|^2+C\sum_{i=1}^{N}\xi_{i,j} \tag{6.43}$$

$$\text{s.t.}\left.\begin{array}{ll}(\boldsymbol{w}_i\cdot\Phi(\boldsymbol{x}_j))+b_i\geqslant 1-\xi_{i,j}, & y_j=i\\ (\boldsymbol{w}_i\cdot\Phi(\boldsymbol{x}_j))+b_i\leqslant 1-\xi_{i,j}, & y_j\neq i\\ \xi_{i,j}\geqslant 0,\quad i=1,2,\cdots,k; & j=1,2,\cdots,N\end{array}\right\}\tag{6.44}$$

相应的决策函数为

$$f(\boldsymbol{x})=\underset{m=1,2,\cdots,k}{\operatorname{argmax}}\{(\boldsymbol{w}_m\cdot\Phi(\boldsymbol{x}))+b_m\}\tag{6.45}$$

通过以上叙述,可以看到 OVA 算法一个明显的优点是,只需要训练 k 个标准的 SVM,故其所得到的分类函数的个数较少,故分类速度也相对较快。但是 OVA 的缺点也很明显,每个分类器的训练都是将全部的样本作为训练样本,因此这种方法的训练时间比较长。另外一个缺点就是 OVA 中的两类分类 SVM 样本是不对称的,即$+1$类的训练样本数目一般远少于-1类的训练样本数目。

2. OVO 方法

OVO 方法可以看做是对 OVA 方法的改进。对 k 类分类问题,OVO 方法构造 $k(k-1)/2$ 个 SVM 分类模型:$f_{ij}(\boldsymbol{x})=(\boldsymbol{w}_{ij}\cdot\Phi(\boldsymbol{x}_r))+b_{ij}(i<j\leqslant k)$,并且 $f_{ij}(\boldsymbol{x})$将第 i 类与第 j 类分开。对 $f_{ij}(\boldsymbol{x})$进行训练时,属于 i 类的样本标记为$+1$,属于 j 类的数据都标记为-1。与 OVA 类似,OVO 多分类支持向量机方法等同于求解如下的 $k(k-1)/2$ 个二次优化问题(本质上仍是标准的两类分类问题的训练求解):

$$\min_{\boldsymbol{w}_{ij},b_{ij},\xi_{ij}}\frac{1}{2}\|\boldsymbol{w}_{ij}\|^2+C\sum_{i=1}^{N}\xi_{ij,r}\tag{6.46}$$

$$\text{s.t.}\left.\begin{array}{ll}(\boldsymbol{w}_{ij}\cdot\Phi(\boldsymbol{x}_r))+b_{ij}\geqslant 1-\xi_{ij,r}, & y_r=i\\ (\boldsymbol{w}_{ij}\cdot\Phi(\boldsymbol{x}_r))+b_{ij}\leqslant 1-\xi_{ij,r}, & y_r\neq i\\ \xi_{ij,r}\geqslant 0,\quad i,j=1,2,\cdots,k;\quad i<j; & r=1,2,\cdots,N\end{array}\right\}\tag{6.47}$$

OVO 方法的决策函数与 OVA 方法有很大的不同。OVO 采用投票的决策方式,即如果 $\operatorname{sgn}(f_{ij}(\boldsymbol{x}))=1$,则第 i 类的票数 vote(i)加 1,反之第 j 类的票数 vote(j)加 1。利用 $k(k-1)/2$ 个标准 SVM 决策函数 $f_{ij}(\cdot)$分别对新样本 $\boldsymbol{x}$ 进行分类,并记录相应的票数。最后综合利用$\{\text{vote}(m)\}_{m=1}^{k}$,得到如下的决策函数:

$$f(\boldsymbol{x})=\underset{m=1,2,\cdots,k}{\operatorname{argmax}}\{\text{vote}(m)\}\tag{6.48}$$

OVO 方法需要 $k(k-1)/2$ 个传统的 SVM 分类器。当 k 较大时,需要训练的 SVM 分类器数目要比 OVA 方法需要的分类器数目大很多。例如当 $k=10$ 时,OVO 需要训练 45 个 SVM 分类器,而 OVA 只需要 10 个即可。尽管如此,OVO 中每个 SVM 所要求解的二次优化问题的规模比 OVA 要小很多。总的来说,OVO 的优点是其训练速度较 OVA 快;缺点是分类器的数目随分类数 k 的增加而急剧增加,导致决策速度变慢。

对比上述方法可以发现,直接法虽然结构紧凑,但运算非常复杂,故在实际中很少采用。分解法计算量相对较小而且精度较高。分解法有多种形式,其中最常见的是 OVA 和 OVO 两种。综合比较而言,OVO 方法优于 OVA,故在实际应用中,推荐使用 OVO 方法实现多类的 SVM 分类。

3. DAG 方法

与 OVO 和 OVA 相比,DAG 对推广性的界进行了理论分析,在理论上是比较完善的。

该方法指出，泛化误差取决于 DAG 的大小以及在各个决策节点处的边界，而与原样本空间的维数无关。在训练阶段，DAG 所需要训练的标准的两类分类 SVM 分类器与 OVO 训练的分类器一样，也是 $k(k-1)/2$ 个。但在决策阶段，该方法构造一个带有根节点的二值有向无循环图，该图共有 $k(k-1)/2$ 个内部节点和 k 个叶节点，其中每个内部节点对应一个两类的 SVM 分类器，每个叶节点对应一个类标记。图 6.7 所示的是某个 4 类分类的有向无循环图。对一个检验样本 $\boldsymbol{x}$，首先将其输入根节点 SVM 分类器，由该分类器的输出决定检验样本下一步的走向（-1 向左，$+1$ 向右）；接着，第二个 SVM 分类器的输出决定检验样本再下一步的走向。以此类推，直至检验样本达到某叶节点，该叶节点所代表的类别即为 DAG 方法所确定的该样本所属的类别。可见，对 k 类问题来说，要估计一个检验样本的类别，需要经历 $k-1$ 个 SVM 决策。

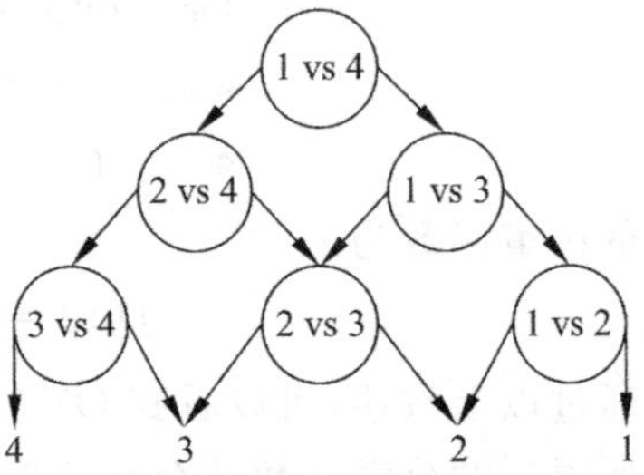

图 6.7　用于 4 类分类问题的 DAG 结构

DAG 简单易行，只需进行 $k-1$ 次 SVM 决策即可得出多类分类结果，较 OVO 方法提高了决策速度。此外，由于其特殊的结构，故有一定的容错性。然而，由于存在自上而下的“误差累积”现象，即如果在某个节点上发生分类错误，则会把分类错误延续到该节点的后续节点上。因此，分类错误在越靠近根的地方发生，由于误差的累积效应，分类性能就越差。尤其在根节点上发生的分类错误，将严重影响分类性能。这意味着，应该根据具体问题设计相应的 DAG 结构，从而使其普适性减弱。

4. 二叉树方法

基于二叉树的多类分类 SVM 是先将所有类别分成两个子类，再将子类进一步划分成两个次级子类，如此循环下去，直到所有的节点都只包含一个单独的类别为止，此节点也是决策树中的叶子。与 OVO 等方法类似，该方法也将原有的多类问题同样分解成了一系列的两类分类问题，其中两个子类间的分类采用 SVM 实现。对 k 类分类问题而言，二叉树方法只需要构造 $k-1$ 个 SVM 分类器，而且对新样本进行决策时并不一定需要计算所有的分类器判别函数，从而可节省决策时间。

和 DAG 方法类似，二叉树的结构对整个分类模型的分类精度有较大的影响。图 6.8 所示为一个 4 类问题的不同的二叉树法构造示意图。在图 6.8(a)中，第 1 个分类面将第 1 类和第 2、第 3、第 4 类分开，第 2 个分类面将第 2 类和第 3、第 4 类分开，最后一个分类面则将第 3 类和第 4 类分开；而图 6.8(b)的分割顺序是先把第 2 类与第 1、第 3、第 4 类分开，然后把第 1 类同第 3、第 4 类分开，最后将第 3 和第 4 类分开。从图中的划分结果可以看出，分割顺序不一样，每个类的分割区域也不同。因此，二叉树多类分类 SVM 方法的分类效果依赖于二叉树的结构。

二叉树的结构有两种：一种是在每个节点处，由一个类与剩下的类构造分类面；另一种是在节点处，多个类与多个类进行分割。一般多选择前者，即每个节点的分类器负责将某一类与剩下的其他类区分开。从某种意义上说，这种二叉树方法所采用的分类器与前面所述的 OVA 比较类似。

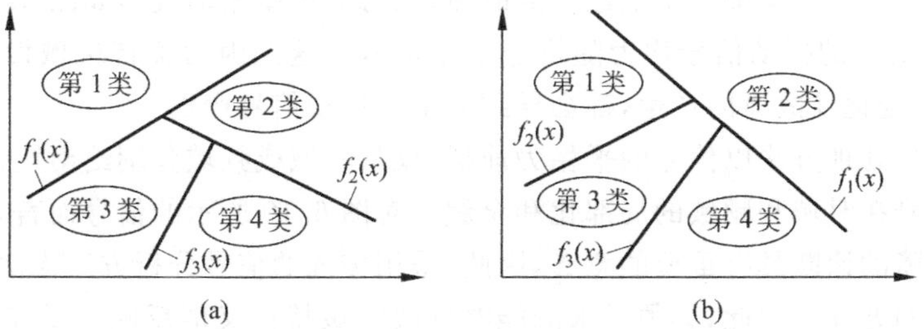

图 6.8 二叉树多分类支持向量机对分类空间的划分

6.4 基于 SVM 的机械设备故障诊断

本节以旋转机械设备的故障诊断为例，介绍多类分类 SVM 在工程中的应用。

旋转机械是机械设备中应用最广泛的一类。一些大型旋转机械，如离心式压缩机、汽轮机等是石化、电力、冶金等工业部门的关键设备，一旦发生故障其损失和影响十分严重，因此，对旋转机械运行状况的监测识别非常重要。旋转机械设备常见的故障状态包括不对中、基础松动和油膜涡动等，对这些故障状态的识别属于典型的多类分类问题，可以采用多类分类 SVM 进行处理。旋转机械在运转过程中所产生的振动和噪声的强弱以及所包含的频率成分，与故障的类型、程度、部位和原因等有着密切的联系，利用这些信息进行状态监测是目前应用最为广泛的方法。

6.4.1 实验平台及故障信号获取

在图 6.9 中转子实验台上进行旋转机械的故障诊断实验。实验台尺寸 630mm×210mm×200mm(长×宽×高)，直流电机驱动，电机转速范围为 0～10 000r/min，采用转动轴联轴节连接，采用双跨油滑动轴承支承，提供 M8 和 M5 的传感器支座以及各种配重钉。转轴上配有圆盘(可在其上加配重块)。利用该实验台可以模拟产生上述的不对中、基础松动和油膜涡动这 3 类故障类型。

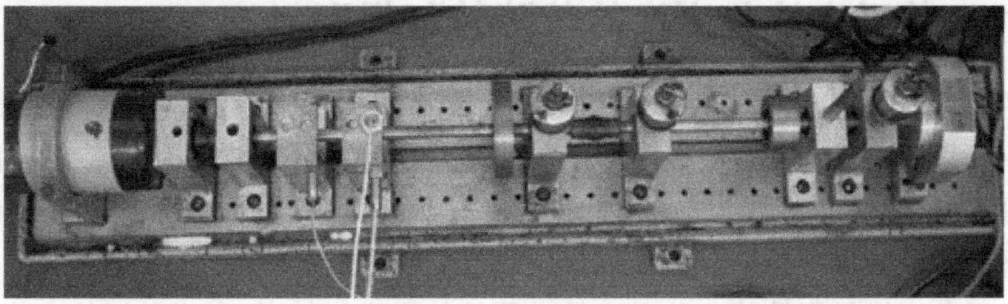

图 6.9 转子实验台及布置的加速度传感器

由于旋转机械运转过程中所产生的振动信号包含了机械设备运行状况的丰富信息，所以可通过采集实验台的振动信号来判断其故障状态。实验中采用电涡流传感器测量实验台的振动信号，该振动信号从本质上讲是实验台振动的加速度信号。

在该转子实验台上模拟产生上述 3 类故障，测得的典型振动波形如图 6.10 所示。可以看出，3 类故障对应的振动信号均为随机非平稳信号。这是因为旋转机械设备运转速度的不稳定、负荷的变化及故障的产生，都会导致非平稳振动信号产生。

传统的信号处理方法以信号的平稳为前提，仅从时域或频域分别给出统计平均结果，不能同时兼顾信号在时域和频域的局部化和全貌。对图 6.10 所示的信号而言，时域和频域的细节信息对故障的诊断具有重要的意义，因此，采用传统的信号分析方法无法对该类非平稳信号进行有效的处理。因此，必须寻求既能够反映时域特征又能反映频域特征的方法来处理非平稳的振动信号，以提供故障特征全貌。

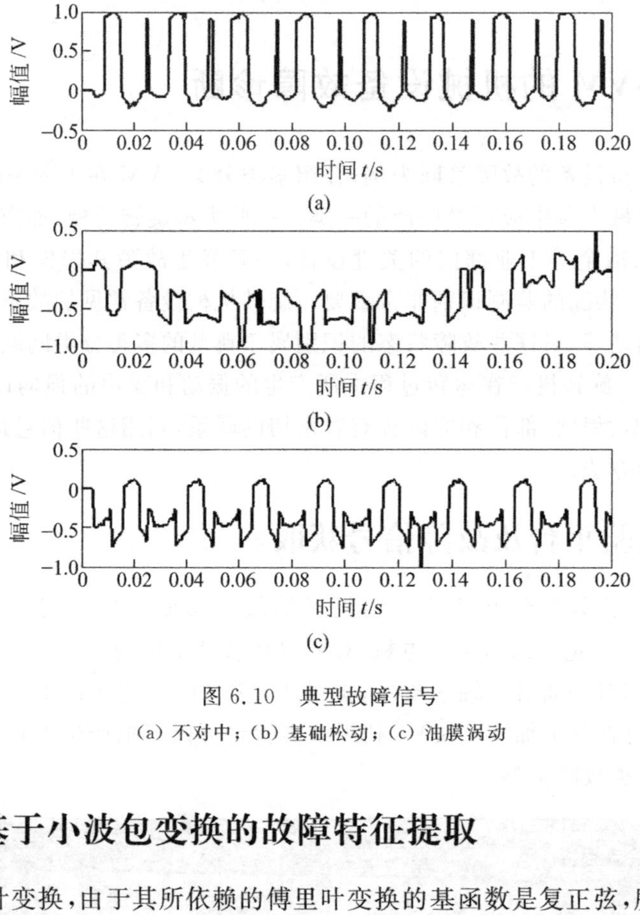

图 6.10　典型故障信号

(a) 不对中；(b) 基础松动；(c) 油膜涡动

6.4.2　基于小波包变换的故障特征提取

传统的傅里叶变换，由于其所依赖的傅里叶变换的基函数是复正弦，所以只能体现频域特点，而缺少时域定位的功能，故而不适用于非平稳信号的分析。因为故障信号中经常包含一些瞬态过程，这些时域上的突变傅里叶变换是体现不出来的。更严格地说，傅里叶变换无法自动调整时域和频域分辨率，以适应信号的瞬态及非平稳变化。

克服傅里叶变换局限性的一种方法是对原始信号进行加窗，实现时域的定位，并且对窗内的信号进行频谱分析，同时得到时域和频域的信息。为了使频率分辨率可以自动变化，要求窗函数的宽度可变。满足上述要求的窗函数可以选为

$$\psi_{a,b}(t)=\frac{1}{\sqrt{a}}\psi\left(\frac{t-b}{a}\right) \tag{6.49}$$

通过 b 的变化可以改变时域分析的中心点，通过 a 的变化可以改变频域分析的范围，从而实现分时域和频域分辨率的自动调整。式(6.49)中的 $\psi(t)$ 一般称为基函数，b 对应时移，a 是尺度因子。

基于该思想，给定平方可积的信号 $x(t)$，即 $x(t)\in L^2(R)$，定义 $x(t)$ 的小波变换(wavelet transform，WT)为

$$\mathrm{WT}_x(a,b)=\frac{1}{\sqrt{a}}\int x(t)\psi^*\left(\frac{t-b}{a}\right)\mathrm{d}t=\int x(t)\psi_{a,b}^*(t)\mathrm{d}t \tag{6.50}$$

这里，$\psi(t)$ 又称为基本小波或母小波；$\psi_{a,b}(t)$ 是母小波经移位和伸缩所产生的一族函数，一般称之为小波基函数，或简称小波基。

本质上说，信号 $f(t)$ 的连续小波变换就是一系列带通滤波器对信号 $f(t)$ 滤波后的输出，$\mathrm{WT}_x(a,b)$ 中的尺度因子 a 反映了带通滤波器的带宽和中心频率，而 b 则为滤波后输出的时间参数；a 的变化形成的一系列带通滤波器都是恒 Q 滤波器；a 的变化使带通滤波器的带宽和中心频率同时变化。信号 $f(t)$ 通过滤波器后，在低频部分信号变化缓慢，频率范围较窄，此时尺度因子 a 较大；在高频部分信号发生突变，频率范围较宽，此时尺度因子 a 较小。

由上述小波变换的特点可知，用较小的 a 对信号进行高频分析时，实际上是用高频小波对信号进行细致观察；用较大的 a 对信号进行低频分析时，实际上是用低频小波对信号进行概貌观察。图 6.11 所示为小波分析的一个应用实例。图中的原始信号是低频正弦信号叠加上高频噪声得到的。当 $a=2$ 时，得到的是高频变化信号，即高频分量；而当 $a=128$ 时，得到的是信号的低频分量，即低频的正弦信号。可见小波分析可以同时得到原始信号的时域和频域变化信息。

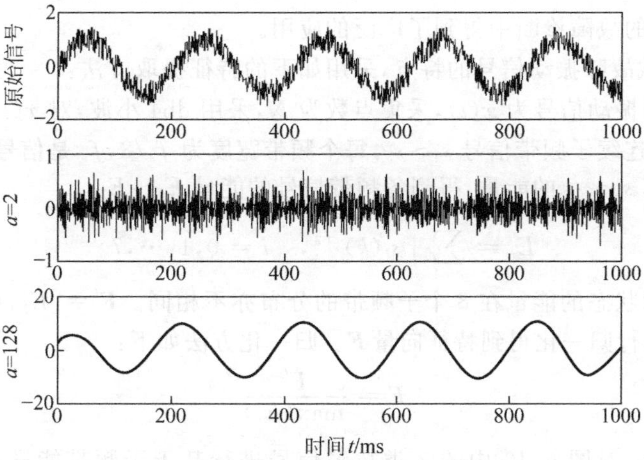

图 6.11 小波分析实例

从上述实例可以看出，小波变换可以对信号进行有效的时频联合分析，但它仅仅可以对低频信号进行精细分析，而对高频段的频率分辨率较差。基于此，提出了小波包分析方法。这种方法将信号频带进行多层次划分，对小波分析没有进一步分解的高频分量做进一步分解，并能根据被分析信号的特征，自适应地选择频带，使之与信号频谱相匹配，从而提高时-

频分辨率。

图 6.12 是对图 6.10(a)中所示的不对中故障信号采用 db4 小波进行小波包分解的结果。8 个信号是小波包分析后得到的不同频段的波形，而且从上往下频率依次增加。从图中可以看出，原始信号中的尖脉冲主要是由高频分量造成的，即由图中最底部的频率分量造成。因为信号中的尖峰和最底部的频率分量极其吻合，而其他的频率分量则没有这种对应关系。

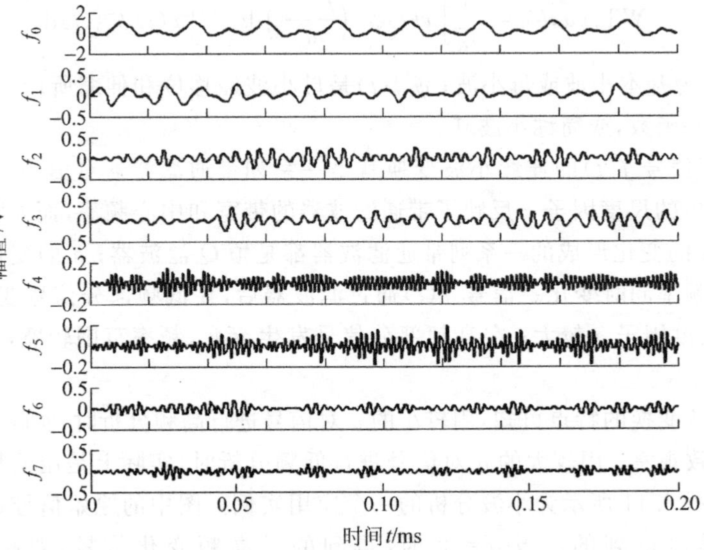

图 6.12　典型不对中故障信号的小波包分析

小波包分析良好的时频分析特性，使其极其适于对诸如故障振动这类非平稳信号的分析，并在机械设备的故障诊断中得到了广泛的应用。

针对旋转机械故障振动信号的特点，采用如下的特征提取方法：

(1) 设采集的振动信号为 $x(t)$，采集点数为 N，采用 db4 小波，对 $x(t)$进行 3 层的小波包分解，得到 8 个连续子频带信号 $s_0 \sim s_7$，每个频带宽度为 $f_s/8$，f_s 是信号的最高频率。

(2) 依次计算 $s_0 \sim s_7$ 的能量，得到各频带信号的能量 $E_0 \sim E_7$：

$$E_i = \sum_{k=1}^{N} |\ s_i(k)\ |^2, \quad i = 0,1,\cdots,7 \tag{6.51}$$

(3) 不同故障状态的能量在 8 个子频带的分布亦不相同。$\boldsymbol{F}'=[E_0, E_1, \cdots, E_7]$可表征故障状态，对 $\boldsymbol{F}'$进行归一化得到特征向量 $\boldsymbol{F}$。归一化方法如下：

$$\boldsymbol{F} = \frac{\boldsymbol{F}'}{\max\limits_{0 \leqslant i \leqslant 7}(E_i)} \tag{6.52}$$

利用上述方法，对图 6.10 中的 3 类故障信号进行基于子频带能量的特征提取，得到图 6.13 所示的特征向量。图中的归一化能量以对数坐标表示，便于对比。从归一化的频带能量分布可以看出，不同的状态，其能量随频段的分布差异明显，能很好地表征状态类型，故是有效的特征提取方法。

6.4.3　基于多类分类 SVM 的故障诊断识别

针对不对中、基础松动和油膜涡动 3 种故障状态，利用所配置的转子实验台分别采集

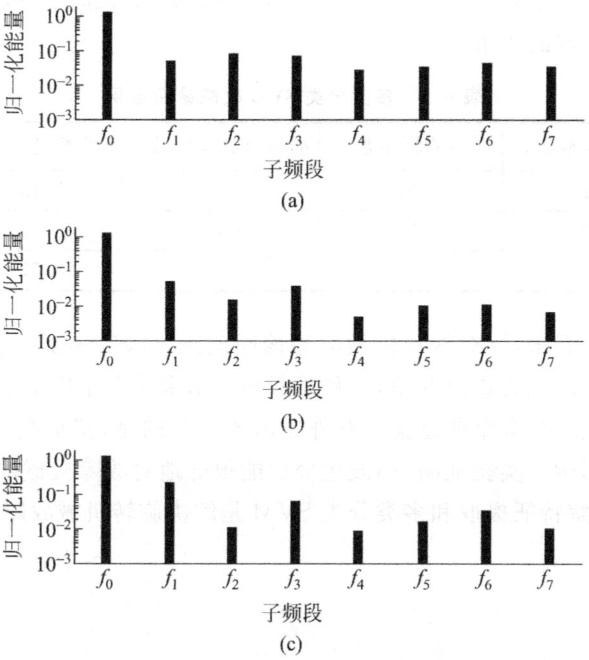

图 6.13　基于小波包分解提取的 3 种故障的特征向量

(a) 不对中；(b) 基础松动；(c) 油膜涡动

101,99 和 100 组振动信号。信号采集完成后，采用上述方法进行特征向量的提取，并进行相应的类别标记。特征向量的维数是 8，因此该诊断问题是 $\boldsymbol{x}\in\mathbb{R}^8, y\in\{1,2,3\}$ 的 3 类 SVM 分类问题。

由于 OVO 方法计算量相对较小，并且对 3 类分类问题的决策速度很快，故采用 OVO 用于该故障诊断的应用。在具体实现过程中最为关键的是核函数的选择。对故障振动的应用而言，一般可以从常见的核函数(式(6.37)、式(6.38)和式(6.39))中进行选择。由于径向基核函数 $K(\boldsymbol{x},\boldsymbol{u})=\mathrm{e}^{-\|\boldsymbol{x}-\boldsymbol{u}\|^2/2\sigma^2}$ 仅有一个参数，在训练优化过程中可以大大降低运算量，故选择径向基函数实现 SVM 方法。SVM 实现过程中，还需要确定的另一个参数是惩罚因子 C，该参数对分类精度影响较大。

在上述选定的核函数条件下，SVM 实现过程中有两个参数需要确定，即核函数参数 σ 和惩罚因子 C。为了提高 SVM 分类的精度，一般的做法是在 σ 和 C 的取值空间上优化 SVM 分类精度。使分类精度最高的参数即为所采用的参数。由于 σ 和 C 都可以在 $[-\infty,+\infty]$ 的区间上取值，因此在如此大的区间上搜索并不可行，为此根据本章参考文献[6]推荐的搜索方法，在如下的参数区间上进行优化：

$$\boldsymbol{C}=[2^{10},2^9,\cdots,2^2,2^0],\quad \boldsymbol{\sigma}=[2^{10},2^9,\cdots,2^2,2^0] \tag{6.53}$$

实验中，根据表 6.1 对获取的样本进行分配，进行 SVM 的训练和检验。OVO 方法的实现以本章参考文献[14]中提出的 LibSVM 为基础。在式(6.53)给定的 $C\times\sigma$ 参数区间上进行搜索，结果表明，在 $C=2^3$ 和 $\sigma=2^0$ 时取得最优的总体故障识别率 98.09%。从表 6.1 中可以看出，检验样本数大致是训练样本数的 2 倍，之所以这样选择，是为了防止出现过学习的现象，降低对新样本的分类精度。表中的单类准确率是指相应故障类型的检验样本中被 OVO 正确识别出来的样本个数占总体的比重。同理，总体准确率是指正确识别出的故障样本占所有检验样本的比重。

表 6.1 多类分类 SVM 故障诊断结果

故障类型	训练样本数	检验样本数	准确分类样本数	单类准确率/%	总体准确率/%
不对中	31	70	68	97.13	98.09
基础松动	30	69	68	98.55	
油膜涡动	30	70	69	98.57	

从实验结果可以看出，针对旋转机械故障诊断问题，OVO 多类分类 SVM 取得了非常高的诊断识别准确率。尤为重要的是，这种诊断识别结果是在小样本学习的条件下得到的，因此对实际的工程应用具有重要意义。此外还需要注意的是，特征提取方法对最终的诊断识别精度也有很大影响。实验证明，小波包分解能很好地对故障机械的振动信号进行分析。因此，采用小波包分解特征提取和多类分类 SVM 是解决旋转机械故障诊断的有效方法。

参考文献

[1] Vapnik V N. The Nature of Statistical Learning Theory. New York : Springer-Verlag, 1995.

[2] Burges C J C. A tutorial on support vector machines for pattern recognition. Data Mining and Knowledge Discovery, 1998, 2: 21-167.

[3] Vapnik V N. 统计学习理论的本质. 张学工，译. 北京：清华大学出版社，2000.

[4] 张学工. 关于统计学习理论与支持向量机. 自动化学报，2000，26(1)：32-41.

[5] Steve R G. Support Vector Machines for Classification and Regression. Technical Report. University of Southampton, Department of Electronics and Computer Science, 1998.

[6] Hsu C W, Lin C J. A comparison of methods for multi-class support vector machines. IEEE Trans. on Neural Networks, 2002, 13: 415-425.

[7] 唐发明，王仲东，陈绵云. 支持向量机多类分类算法研究. 控制与决策，2005，20(7)：746-754.

[8] 郑勇涛，刘玉树. 支持向量机解决多分类问题研究. 计算机工程与应用，2005，23：190-192.

[9] 张周锁，李凌均，何正嘉. 基于支持向量机的多故障分类器及应用. 机械科学与技术，2004，23(5)：536-538.

[10] 毕道伟，王雪，王晟，等. 无线传感网络多分类支持向量机设备状态识别. 电测与仪表，2007，7：20-24.

[11] Wang X, Bi D W, Wang S. Fault recognition with labeled multi-category support vector machine. In: Proceedings of the Third International Conference on Natural Computation, 2007, 1: 567-571.

[12] 杨福生. 小波变换的工程分析与应用. 北京：科学出版社，2000.

[13] Zhang J, Li R X, Han P. Wavelet packet feature extraction for vibration monitoring and fault diagnosis of turbo-generator. In: Proc. of the Second International Conference on Machine Learning and Cybernetics, 2003. 76-80.

[14] Chang C C, Lin C J. LIBSVM: a library for support vector machines. 2001. http://www.csie.ntu.edu.-tw/~cjlin /libsvm.

第7章

模糊逻辑与模糊推理基本方法

CHAPTER 7

7.1　模糊逻辑的历史

模糊理论是在美国加州大学伯克利分校电气工程系 L. A. Zadeh 教授于 1965 年创立的模糊集合理论的数学基础上发展起来的，主要包括模糊集合理论、模糊逻辑、模糊推理和模糊控制等方面的内容。

L. A. Zadeh 引入的模糊逻辑，用以表示并利用模糊和不确定的知识。在他的《不相容原理》一书中，有如下的论述：

随着系统的复杂程度不断提高，人们对其精确而有意义地描述的能力不断降低，以致在达到某一个阈值之后，系统的精确性和复杂性之间呈现出几乎完全排斥的性质。

因此他认为，应当引入一种新的方法，使新开发的日趋复杂的系统能够具有“人情味”。

早在 20 世纪 20 年代，就已经有学者开始思考和研究如何描述客观世界中普遍存在的模糊现象。著名的哲学家和数学家 B. Russell 在 1923 年就写出了有关“含模糊性”的论文。他认为所有的自然语言均是模糊的，比如“年轻的”和“年老的”就都不是很清晰或准确的，它们没有明确的内涵和外延，这些概念实际上是模糊的。可是，在特定的环境中，人们用这些概念来描述某个具体对象时却又能让人们心领神会，很少引起误解和歧义。

事隔 10 余年后，英国学者 M. Black 在 1937 年也曾对“含模糊性”的问题进行过深入研究，并提出了“轮廓一致”的新概念，这完全可以看做是后来的隶属函数这一重要概念的思想萌芽。应该说他已经走到了真理的边缘，可谓模糊集合理论的鼻祖。可惜，他在描述某一概念的“真实接近程度”时，错用了“用法的接近程度”，最终与真理擦肩而过，失之交臂。

与 B. Russell 同时代的逻辑学家和哲学家 J. L. Kasiewicg 发现，经典的二值逻辑只是理想世界的模型，而不是现实世界的模型，因为它在对待诸如"某人个子比较高"这一客观命题时不知所措。他在1920年创立了多值逻辑，为建立正式的模糊模型走出了关键的第一步。但是，多值逻辑本质上仍是精确逻辑，它只是二值逻辑的简单推广。

美国加州大学的L. A. Zadeh博士在1965年发表的*Fuzzy Set*论文中首次提出了表达事物模糊性的重要概念——隶属函数，从而突破了19世纪末德国数学家C. Contor创立的经典集合理论的局限性。借助于隶属函数可以表达一个模糊概念从"完全不属于"到"完全隶属于"的过渡，才能对所有的模糊概念进行定量表示。隶属函数的提出奠定了模糊理论的数学基础。这样，像"冷"和"热"这些在常规经典集合中无法解决的模糊概念就可在模糊集合中得到有效表达。这就为计算机处理这种语言信息提供了一种可行的方法。

1966年，P. N. Marinos发表了模糊逻辑的研究报告，这一报告真正标志着模糊逻辑的诞生。模糊逻辑和经典的二值逻辑不同，模糊逻辑是一种连续逻辑。一个模糊命题是一个可以确定隶属度的句子，它的真值可取[0,1]区间中的任何数。很明显，模糊逻辑是二值逻辑的扩展，而二值逻辑只是模糊逻辑的特殊情况。模糊逻辑有着更加普遍的实际意义，它摒弃了二值逻辑简单的肯定或否定，把客观逻辑世界看成是具有连续灰度等级变化的，它允许一个命题亦此亦彼，存在着部分肯定和部分否定，只不过隶属程度不同而已，这就为计算机模仿人的思维方式来处理普遍存在的语言信息提供了可能，因而具有划时代的现实意义。

1974年，L. A. Zadeh又进行了模糊逻辑推理的研究，从此，模糊理论成了一个热门的课题。建立在模糊逻辑基础上的模糊推理是一种近似推理，可以在所获得的模糊信息前提下进行有效的判断和决策。而基于二值逻辑的演绎推理和归纳推理此时却无能为力，因为它们要求前提和命题都是精确的，不能有半点含糊。

1974年，英国的E. H. Mamdani首次用模糊逻辑和模糊推理实现了世界上第一个试验性的蒸汽机控制，并取得了比传统的直接数字控制算法更好的效果。它的成功也标志着人们采用模糊控制进行工业控制的开始，从而宣告了模糊控制的问世。第一个有较大进展的商业化模糊控制器是在丹麦诞生的。1980年，L. P. Holmblad和Ostergard在水泥窑炉上安装了模糊控制器并获得了成功，这个成果很快引起了有关学者的极大关注。事实上，模糊逻辑应用最有效、最广泛的领域就是模糊控制，模糊控制在各领域出人意料地解决了传统控制理论无法解决或难以解决的问题，并取得了一些令人信服的成效。

目前，对待模糊理论，学术界一直有两种不同的观点，其中持否定态度的观点大有人在，客观地说，有如下两个主要原因：

(1) 推崇模糊理论的学者在强调其不依赖于精确的数学模型时过分地夸大了其功效，而正确的观点似乎应该是模糊控制不依赖于被控对象的精确数学模型，当然它也不应该拒绝有效的数学模型。模糊控制理论在特定条件下可以达到经典控制理论难以达到的"满意控制"，而不是最优控制。

(2) 模糊理论的确还有许多不完善之处，比如模糊规则的获取和确定、隶属函数的选择以及稳定性问题等至今还未得到完善的解决。尽管如此，大量的工程系统已经应用上了模糊理论，特别是日本，尤为重视模糊理论的工程应用。从发展来看，模糊控制已经成为智能控制的一个重要分支。

模糊逻辑是对模糊的、自然语言的表达和描述进行操作与利用。它允许在模糊系统中纳入常识和自学习规则，并意味着一个学习模块能够用一个模糊规则集合来解释其行为。

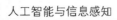

因此模糊系统对使用者来说是透明的(transparent),这与许多人工神经网络(ANN)形成直接的对比。

与许多人工智能(AI)算法一样(模糊逻辑也可被视为一种人工智能技术),模糊逻辑最初应用到那些由人来执行显然毫不费力,但对基于传统算法而言却很困难的课题上,例如语音识别、部分模式匹配、视觉数据分析等。模糊逻辑的发展是由于人们需要一种对不完全、不精确信息做出决定的方法而被激发的,但模糊产品应用得最多的领域则是工程系统。这大概是由于对许多的模糊建模和控制系统,只需要使用少量的、易于理解的模糊信息处理技术就可以完成,因此获得这些算法的学习和归纳能力的内在信息是有可能的。

20世纪70年代,大量的静态模糊控制器被开发出来,并生产出第一个能够改变其规则以提高性能的自组织模糊控制器。20世纪80年代开始了模糊控制在应用领域的研究。20世纪80年代初,日本和东亚许多主要的电子和自动化公司开始对模糊控制感兴趣,在此后至90年代早期,大量的基于模糊控制的消费产品问世,例如洗衣机、空调器、驾驶操作系统等。这些家电产品在节约资源、方便使用以及使用效果方面更富有"人情味",也更符合人的实际生活。与此同时,各种各样的工业模糊控制系统也被研制成功:如各种熔炉、电气炉以及水泥生成炉的控制系统,核能发电供水系统,金属板成形控制系统,汽车控制系统,机器人控制系统,以及航空、通信领域的专家系统等。这些系统中的大部分是静态的,而且这些模糊系统的成功主要源于模糊逻辑在表示和操作上的模糊性。在这当中,专家知识被用以生成复杂的非线性控制界面。在被预置了一组庞大的模糊规则之后,用一个反复迭代的程序开发这类系统。其中重要的一点是,当前开发和应用的模糊系统主要是静态的。模糊逻辑最重要的性质之一,即是静态模糊系统同启发式规则相结合,从而具备了解决不确定性问题的能力。

模糊理论于20世纪70年代后期才引入我国。1981年,我国创办了当时世界上第二个专门刊物《模糊数学》,即后来的《模糊系统与数学》。1982年,我国成立了全国模糊系统与数学学会。目前许多高等院校已开设了模糊数学课程,相继建立了硕士点、博士点。Zadeh不止一次地评价中国的模糊理论与应用研究队伍属于国际四支劲旅之一。

对许多难以建模和控制的系统,模糊逻辑以及应用模糊逻辑的模糊系统是非常有用的。本章将力求简单地讨论这些问题,并说明应用这些技术可能存在的问题以及克服这些困难的解决方案。

7.2　模糊集

模糊集的概念与古典集的概念相对应。模糊集既区别于古典集,又与古典集有密切的联系。古典集用于描述"非此即彼"的清晰概念。对于一个古典集合,一个给定的元素要么属于它,要么不属于它。而模糊集用于描述一个没有明确、清楚定义界线的集合,即它包含的元素可以部分地隶属于这个集合。

例如,"所有高于1.6m的人",这是一个清晰的概念。它表明凡是高于1.6m的人都是该集合的成员。尽管其元素无法一一列举,但其范围是完全确定的。但是,若将上述概念改为"所有比1.6m高得多的人",这就变成一个模糊概念了。因为无法划出严格分明的界限,使得在此界限内的人都属于"比1.6m高得多的人",否则都不属于。而只能说某个人属于比“1.6m高得多的人”这个集合的程度高，另一个人属于它的程度低。因此，对于模糊概念而言，不能仿照清晰概念用“属于或不属于”来表述。

模糊概念来源于自然界中客观存在的模糊现象。人们在了解、掌握和处理自然现象时，大脑中所形成的概念往往是模糊的。这些概念的类属边界是不清晰的。由此产生的划分、判断与推理也都具有模糊性。人类的大脑具有很高的模糊划分、模糊判断和模糊推理的能力。人们的自然语言是为了表达和传递知识，在其中已巧妙地渗透着模糊性，并用尽可能少的词汇表达尽可能多的意思。事实上，人们大多数推理和概念的形成是与使用模糊逻辑和模糊规则联系在一起的。在这个意义上，模糊逻辑既是旧的又是新的，因为，尽管模糊逻辑作为一门现代系统科学的时间还很短，但模糊逻辑的概念其实早就存在于现实生活中了。

Zadeh指出：“在模糊逻辑语言变量的基本概念中，其变量的值是一个‘词’而非‘数’。实际上，模糊逻辑的大部分内容都可以作为一种用‘词’而非‘数’来进行计算的方法学来看待。虽然在内涵上，‘词’不如‘数’精确，但它更接近人的直觉。而且，用‘词’来计算放宽了对不精确量的容许限度，从而降低了解算所需的花费。”为了表示例如“小”这样的“词”(在后面按使用惯例统称为“语言值”)，Zadeh提出了模糊集的概念。一个典型的古典集是与一个特征函数(characteristic function，CF)相联系的。当一个元素属于该集合时，特征函数的值为1，否则特征函数的值为0。因此，要描述一个集合，可以明确地写出其元素，也可以由定义其特征函数来说明。Zadeh扩展了这种二值特征函数的思想，提出了隶属函数的概念，使元素可以部分地属于一个集合，而隶属函数(membership function，MF)返回一个处于单位区间[0,1]的值。因此输入可以是部分地属于一个集合的元素。

更正式的说法是，模糊集A是定义在一个在输入ξ之上并由其隶属函数$\mu_A(\cdot)$：$\xi\to[0,1]$表征的集合。输入域可以是离散的，也可是连续的，但对许多的建模与控制应用问题而言，连续表示更合适一些。

一般地，可以用3种方法来表示一个模糊集。

方法1 Zadeh记法

假设ξ是一个普通集合，称为论域。从ξ到区间[0,1]的映射A称为ξ上的一个模糊集合。μ_A表示ξ隶属于模糊集合A的程度，称为隶属度。$\mu_A(\cdot)$称为隶属函数。若ξ为离散集合，则可表示为

$$\mu_A=\sum(\mu_A(\cdot)/\xi) \tag{7.1}$$

若ξ不是离散集合，则可表示为

$$\mu_A=\int(\mu_A(\cdot)/\xi) \tag{7.2}$$

在此的积分以及累加符号与其通常意义不同，它表示的是各个元素与其隶属度对应关系的一个总括。

方法2 序偶集合记法

将μ_A写成序偶的集合：

$$\mu_A=\{(\xi_1,\mu_A(\xi_1)),(\xi_2,\mu_A(\xi_2)),\cdots,(\xi_n,\mu_A(\xi_n))\} \tag{7.3}$$

式中，每一元素是个序偶$(\xi_i,\mu_A(\xi_i))$。第一分量表示论域中的元素，第二分量为相应元素的隶属度。

方法 3　模糊向量记法

将 μ_A 写成向量的形式，称之为模糊向量：

$$\boldsymbol{\mu}_A = [\mu_A(\xi_1), \mu_A(\xi_2), \cdots, \mu_A(\xi_n)] \tag{7.4}$$

要理解模糊逻辑的基本含义，需要记住的是，在模糊逻辑中，任何的表述在实质上都是一个度量。

下面来看两个例子。

例 7.1　关于一周中的每一天属于"周末"的度量。

考虑用图 7.1 对"周末"进行分级。

任何人都会将星期六和星期天划到"周末"的范畴，但对星期五则难以划分。它似乎应当属于周末，但在某种程度上，从技术上又似乎应当将它从周末中排除。因此，在图 7.1 中星期五处于"骑墙"的位置。

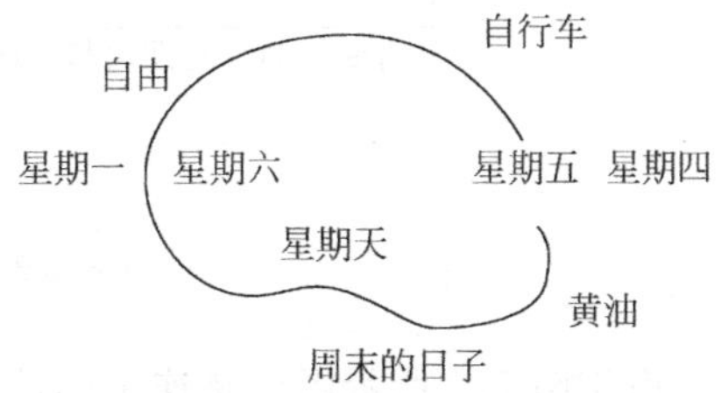

图 7.1　"周末"的集合

在这种情况下，简单边界的二值(YES-NO)逻辑不再适用。生活中，人们往往用一个不太肯定的数字来做判断。例如，

问：星期六是周末吗？

答：1(是，或真)

问：星期二是周末吗？

答：0(不，或假)

问：星期五是周末吗？

答：0.8(差不多是，但不完全是)

问：星期天是周末吗？

答：0.95(是，但和星期六还不完全一样)

如果必须绝对地说"是"或"非"，则在图 7.2(a)的二值逻辑的周末图中表现了关于"周末度"的真实值；如果可以用模糊的中间值来回答，则在图 7.2(b)的多值逻辑的周末图中表现了关于"周末度"的真实值。

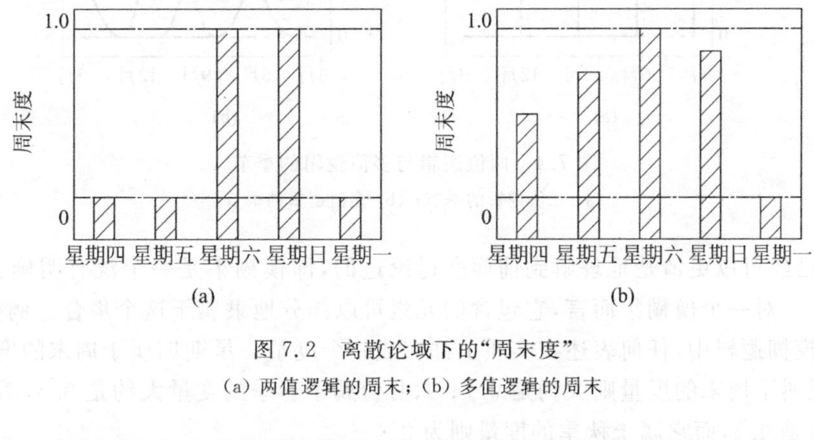

图 7.2　离散论域下的"周末度"

(a) 两值逻辑的周末；(b) 多值逻辑的周末

在图 7.2 中实质上给出的是输入域为离散时各天属于周末的度量。在图 7.3 中则给出

了输入域为连续时的周末度量。

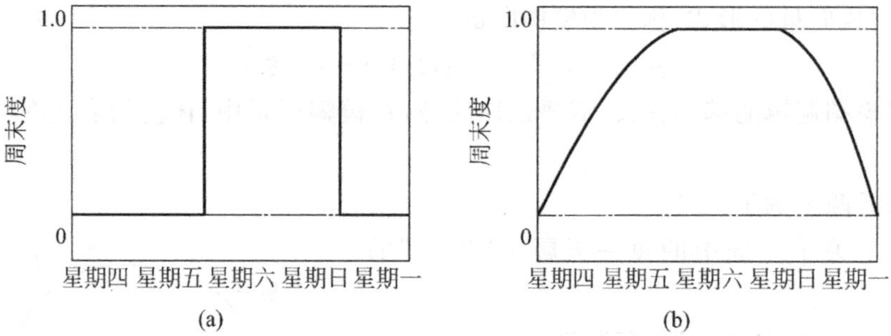

图 7.3　连续论域下的“周末度”
(a) 两值逻辑的周末；(b) 多值逻辑的周末

由于图 7.3 所示图形是连续的，因此可以看成是定义了每一时刻(而不是一整天)隶属于周末的度量。在二值逻辑周末度的图(图 7.3(a))中，注意在星期五的半夜，只要一过 12 点，周末值就立即非连续地从 0 跳转到 1。从统计学的观点而言，这种定义周末的方法是非常有用的，但它与真实世界中的周末概念却没有确切的联系。在多值逻辑周末度的图(图 7.3(b))中，看到的是一条平滑变化的曲线，它当中含有星期五的一整天，在某个较小的程度上，星期五的一部分属于星期四，另一部分属于周末。因此它应当是周末模糊集的部分成员。

例 7.2　关于一年中的每一天属于某个“季节”的度量。

在北半球，夏季正式开始的准确时刻是在每年的 6 月底。若用天文学来定义季节，则可得到如图 7.4(a)所示的有明显边界的图形。但是，对季节变化的经验却是如图 7.4(b)中所示的连续图形(按北半球气候的温度划分)。

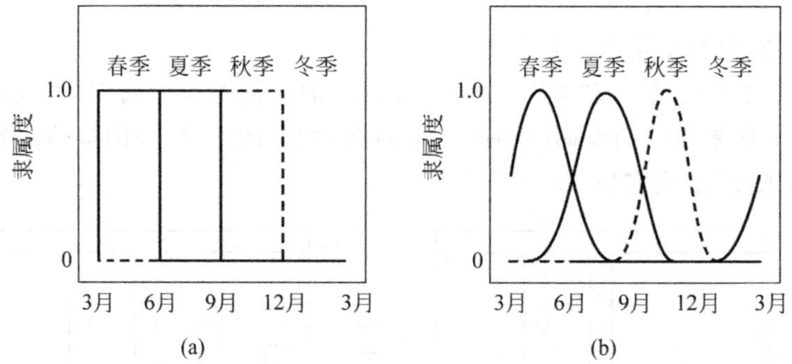

图 7.4　两值逻辑与多值逻辑的季节
(a) 二值逻辑的季节；(b) 多值逻辑的季节

现在，已经可以更清楚地理解到前面所讨论过的，即模糊集是一个没有明确、清楚定义界线的集合。对一个模糊集而言，它包含的元素可以部分地隶属于这个集合。例如，正如前面所说，在模糊逻辑中，任何表述在实质上都变成一个度量。星期四属于周末的度量大约是 0.3，星期五属于周末的度量则大约是 0.7；六月份属于春季的度量大约是 0.5，属于夏季的度量大约也是 0.5，而它属于秋季的度量则为 0。

在前面所说的定义一周中任一时刻周末度的曲线，是一个映射输入空间(一周中的时间)到输出空间(周末)的函数；而定义一年中的任一天属于某一个季节的曲线,同样是一个映射输入空间(一年中的任一天)到输出空间(季节)的函数。具体地说,曲线上的任一点都表示一个隶属度,而描述这条曲线的函数则称为隶属函数。模糊集是定义在一个输入空间之上并由其隶属函数表征的集合。

模糊集与隶属函数之间的关系非常紧密。在许多场合,模糊集与隶属函数两个词的意义是统一的,甚至可以互换使用。但在应用中,关于隶属函数的意义及其确定仍需进行大量的具体工作。因此下面给出关于隶属函数的详细说明。

7.3 隶属函数

隶属函数是一条曲线,它定义了怎样将输入空间(又称论域)上的每一点映射到一个0～1之间的隶属度。

比如,定义周末度的曲线和定义季节的曲线,都可用隶属函数进行描述。输出轴上的值在0～1之间,称为隶属度。输出曲线则称为隶属函数曲线(或简称隶属函数)。

隶属函数常由指定的μ给出。隶属函数唯一必须满足的条件是它的值必须在0～1之间变化。函数本身可以是一条任意曲线,曲线的形状应当满足在某种角度下,可以简单、方便、快速、高效地将其定义为一个函数。

7.3.1 隶属函数的几种确定方法

从表面上看,隶属度似乎是主观的。实际上,模糊性的根源在于客观事物差异之间存在着中间过渡,存在着亦此亦彼的现象。但是,在亦此亦彼中依然存在着差异,依然可以相互比较,在上一层次中是亦此亦彼的东西,在下一层次中又可能是非此即彼的东西。这样,在客观上对隶属度进行了某种限定,使得不能主观任意地捏造隶属度。因此,隶属函数也是具有客观规律的东西,不能由主观任意确定。一般地,确定隶属函数主要有以下几种方法。

1. 模糊统计法

在某些场合下,隶属度可用模糊统计的方法来确定。模糊统计实验的目的是用确定性的手段去研究隶属度的不确定性。

模糊统计的特点是在每次实验中,元素ξ是固定的,而集合A'是可变的。记A'为论域中一个可变的普通集合。A'按照某种条件与一个模糊集合A相联系。模糊统计实验的基本要求是在每一次实验中,要对论域中的一个固定元素ξ是否属于集合A'做出一个确切的判断。更深入的模糊统计实验要求在更深入的层次上做出确切的判断。这就要求在每一次实验中,A'必须是一个取定的普通集合。

做n次实验,计算ξ对模糊集合A的隶属频率:

$$\xi\text{对}A\text{的隶属频率}=\frac{\xi\in A'\text{的次数}}{n} \tag{7.5}$$

许多实验表明,随着n的增大,隶属频率也会呈现稳定性,称之为隶属频率的稳定性。频率稳定所在的数值,就称为元素ξ对模糊集合A的隶属度。

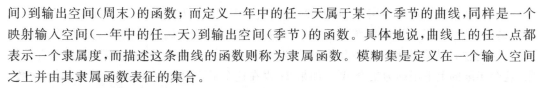

例如，有人曾做过抽样实验，取年龄论域为[0,100]，A 为论域上表示“青年人”的模糊集。选取年龄 $\xi=27$。用模糊统计来确定 ξ 对模糊集 A 的隶属度。选择 129 位合适的人选，在他们独自认真地考虑了青年人的含义之后，报出了他们认为的青年人的最适宜的年限，这个年限的上下限即为集合 A'。如果 27 岁在这个上下限之内，则计一次 $\xi\in A'$ 的次数。最后得到的结果是，27 岁对于青年人年限的隶属频率大致稳定在 0.78 附近。因此可以取 $\mu_A(\xi)=\mu_A(27)=0.78$。

同样，按此方法不难求出青年人模糊集 A 的隶属函数。例如，将论域[0,100]分为 m 组，每组以中值为代表，统计每一组的隶属频率并将其作为该组属于集合 A 的隶属度。连续地描出其图形，即得到隶属函数 $\mu_A(\xi)$ 的曲线。

2. 三分法

三分法也是用随机区间的思想处理模糊性的实验模型。例如，建立“矮个子”A_1、“中等个子”A_2 与“高个子”A_3 这 3 个模糊集合的隶属函数。取论域为[0,3](单位：m)。每一次模糊实验确定论域的一次划分，每次划分确定一对数(α,β)，α 是矮个子与中等个子的分界点，β 是中等个子与高个子的分界点。这样便把该模糊实验转化为如下的随机实验。

视(α,β)为二维随机变量，通过抽样调查，求得 α 与 β 的概率分布 $p_\alpha(\xi)$ 与 $p_\beta(\xi)$。则 A_1,A_2,A_3 的隶属函数分别为

$$\mu_{A_1}(\xi)=\int_{\xi}^{+\infty}p_\alpha(\xi)\mathrm{d}\xi \tag{7.6}$$

$$\mu_{A_2}(\xi)=\int_{-\infty}^{\xi}p_\beta(\xi)\mathrm{d}\xi \tag{7.7}$$

$$\mu_{A_3}=1-\mu_{A_2}-\mu_{A_1} \tag{7.8}$$

通常 α 与 β 都服从正态分布。设 $\alpha\sim\mathrm{N}(a_1,\sigma_1)$，$\beta\sim\mathrm{N}(a_2,\sigma_2)$，则有

$$\mu_{A_1}(\xi)=1-\vartheta\left(\frac{\xi-a_1}{\sigma_1}\right) \tag{7.9}$$

$$\mu_{A_3}(\xi)=\vartheta\left(\frac{\xi-a_2}{\sigma_2}\right) \tag{7.10}$$

$$\mu_{A_2}(\xi)=\vartheta\left(\frac{\xi-a_1}{\sigma_1}\right)-\vartheta\left(\frac{\xi-a_2}{\sigma_2}\right) \tag{7.11}$$

式中，

$$\vartheta(\xi)=\int_{-\infty}^{\xi}\frac{1}{\sqrt{2\pi}}\mathrm{e}^{\frac{-x^2}{2}}\mathrm{d}x \tag{7.12}$$

3. 增量法

同样，以前面关于年龄划分的例子来说明用增量法求隶属函数。例如，求关于“老年”的模糊集 A 的隶属函数 $\mu_A(\xi)$。任给 ξ 一个增量 $\Delta\xi$，相应地 μ 有一个增量 $\Delta\mu$。作为简化条件，可以认为 $\Delta\mu$ 与 $\Delta\xi$ 成正比。另一方面，对于同样大的增量 $\Delta\xi$，若 ξ 越大，则 $\Delta\mu$ 也应越大。再有，因为 μ 的值不能超过 1，故当 μ 越接近 1 时 $\Delta\mu$ 应越小。因此有

$$\Delta\mu=k\xi\Delta\xi(1-\mu) \tag{7.13}$$

式中，k 为比例常数。将 $\Delta\xi$ 移至左边，并令 $\Delta\xi\to0$，则得到微分方程：

$$\frac{\mathrm{d}\mu}{\mathrm{d}\xi}=k\xi(1-\mu) \tag{7.14}$$

解此微分方程，有

$$\mu(\xi)=1-c\mathrm{e}^{\frac{k\xi^2}{2}} \tag{7.15}$$

式中，c 为积分常数。选择适当的 k 和 c，即确定了 $\mu(\xi)$，也即确定了隶属函数 $\mu_A(\xi)$。

7.3.2 几种常用的隶属函数

1. B 样条隶属函数(B-spline membeship function)

B 样条基函数形式如下：

$$\Phi_{i,k_i,j}(\xi_i)=\left(\frac{\xi_i-\lambda_{i,j-k_i}}{\lambda_{i,j-1}-\lambda_{i,j-k_i}}\right)\Phi_{i,k_i-1,j-1}(\xi_i)+\left(\frac{\lambda_{i,j}-\xi_i}{\lambda_{i,j}-\lambda_{i,j-k_i+1}}\right)\Phi_{i,k_i-1,j}(\xi_i) \tag{7.16}$$

式中，

$$\Phi_{i,1,j}(\xi_i)=\begin{cases}1, & \xi_i\in I_{i,j-1}\\ 0, & \text{其他}\end{cases} \tag{7.17}$$

B 样条基函数是一个简单的分段多项式映射，被广泛用于曲线拟合。关于 B 样条函数的详细情况请参见相关的书籍。B 样条函数可用于表示一个模糊隶属函数集合，隶属函数的形状由一组称为节点向量(knot vector)的参数决定。许多模糊设计者在使用三角形隶属函数实现其语言值时，隐含地使用了 2 阶 B 样条基函数，如图 7.5 所示。节点集决定了这些三角模糊集的宽度与位置(每一个唯一地定义在 $k+1$ 个连续值上)，并影响模糊系统的建模与学习能力。节点集形成一个简单的参数集合，以存储模糊集的定义，这在输出计算中是极为有用的。就如同一个简单的多项式可以用于决定对一个特定的输入而言，哪一个输入集是非零一样。

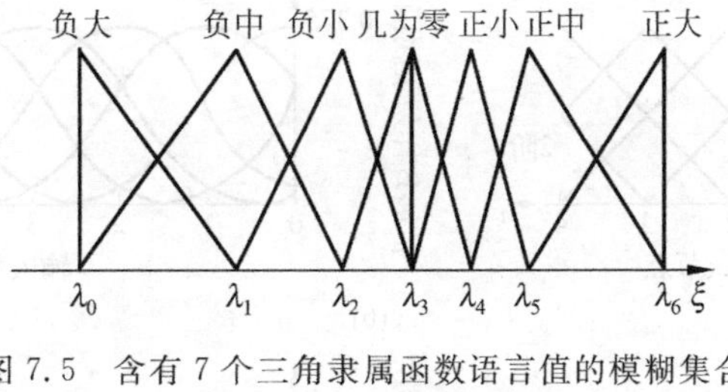

图 7.5 含有 7 个三角隶属函数语言值的模糊集合

更一般地，k 阶 B 样条基函数可以对一个明确的非模糊的表述($k=1$)建模，如果应用 3 阶或 4 阶 B 样条基函数时，则能生成更平滑的 2 阶或 3 阶映射，如图 7.6 和图 7.7 所示。当用加法算子表示逻辑并(OR)，将集合连接到一起时，就形成普遍使用的梯形模糊隶属函数和冗形模糊隶属函数。B 样条基函数 $\Phi_{k,i}(\xi)$ 还具有如下特性：

(1) 它们是 k 阶分段多项式；

(2) 它们定义在紧支集上，其输出只在 k 区间上是非零的；

(3) 它们构成一个单位分解，即 $\sum_{i=1}^{h}\Phi_{k,i}(\xi)\equiv 1$；

(4) 它们的估计运算规则稳定且有效。

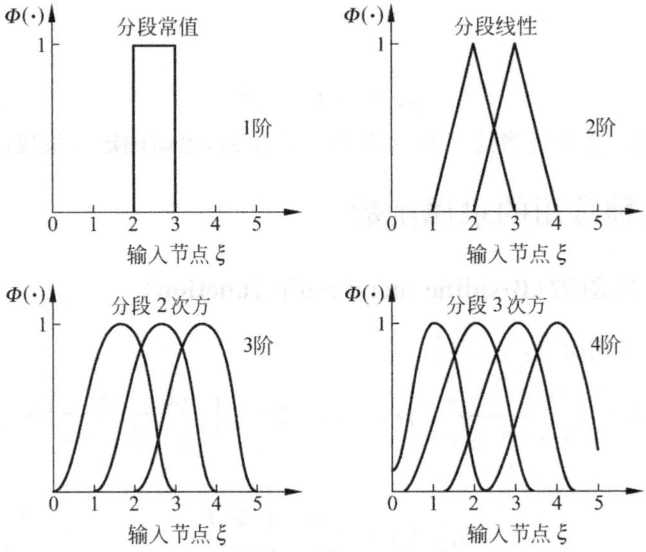

图 7.6　1～4 阶 B 样条函数

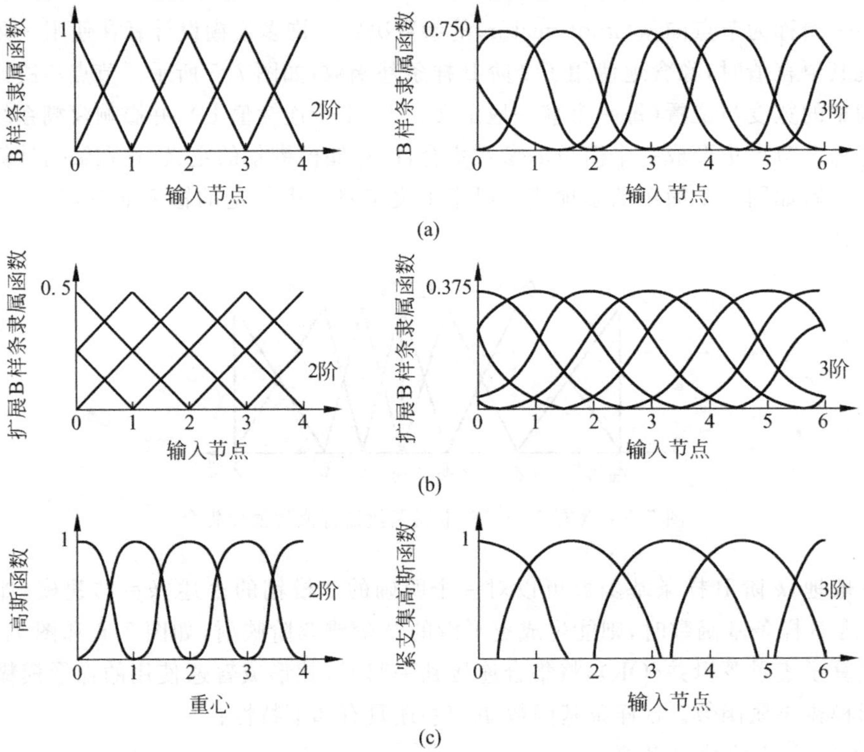

图 7.7　6 种不同的连续隶属函数

B 样条模糊隶属函数是分段多项式这一事实，意味着其应用极具灵活性。而且可以证明，一个基于 B 样条的模糊系统是泛逼近的。就是说，它们可以在一个紧域上任意逼近任何的连续非线性系统。紧支集性质意味着当少数的隶属值非零时只有少数的模糊规则起作用。它还将网络稳定度引入学习算法中,因为训练输入空间的一部分对于存储在一个不相似区域的知识没有显著的影响。一个单位分解的基函数集合是自标准化的。可以证明,模糊系统的反模糊化过程隐含地在网络单位分解,这将显著地影响模糊隶属函数的构成。这种周期性的用以计算函数输出的关系如下式所示:

$$\Phi_{i,1,j}(\xi_i)=\begin{cases}1, & \xi_i\in I_{i,j-1}\\ 0, & \text{其他}\end{cases} \tag{7.18}$$

适当地选择节点的位置,就可以设计基函数,使其在期望函数快速变化的区域显著地改变。同时,在同一位置指定产生多个节点,就可以对数据中的不连续性建模。

普通B样条模糊隶属函数一个可能的限制,是要求其阶数与其支撑尺度相等。当要求较宽的基函数时,就意味着要使用高阶的、极为灵活的集合。当所要求的支撑尺度是一个基函数阶数的整数倍时,加宽的B样条减弱了这种关系。与普通B样条基函数一样,其加宽的相应部分应当满足前面提到的4个期望性质。

2. 高斯隶属函数

另一个常用来表示模糊隶属函数的集合是如下定义的高斯函数:

$$\mu_{A^i}(\xi)=\exp\left[-\frac{(c_i-\xi)^2}{2\sigma^2}\right] \tag{7.19}$$

高斯基函数易于实现,其中心(c_i)和宽度(σ_i)构成了一个简单的参数集合以进行初始化(并可用于自适应模糊系统的训练)。适当地选择中心和宽度,高斯函数也同样极具灵活性。与Sigmoid型(Sigmoid-type)映射一样,网络输出可以逼近局部线性函数。高斯函数也是局部定义的,但严格地说它们不具有紧支集。在其他文献中提出过具有紧支集的修正高斯型隶属函数,其定义如下:

$$\mu_{A^i}(\xi)=\begin{cases}\exp\left[-\dfrac{(\lambda_2-\lambda_1)^2/4}{(\xi-\lambda_1)(\lambda_2-\xi)}\right], & \xi\in(\lambda_1,\lambda_2)\\ 0, & \text{其他}\end{cases} \tag{7.20}$$

当模糊集的支撑为(λ_1,λ_2)时,函数在$\xi=(\lambda_1+\lambda_2)/2$处具有最大值,此时其值为$\exp(-1)$,如图7.7所示。

由图7.7可见,存在许多看起来不同的模糊集形式,且每一个模糊集都由一组参数决定集合的中心和宽度。

在数学上,两个最常用的隶属函数是B样条函数和高斯函数;而在工程应用中,其计算和推导显得过于麻烦。为了达到设计简便及实时计算的要求,在工程中往往采用形式上更简单的隶属函数,其中使用最多的是三角隶属函数。在MATLAB模糊逻辑工具箱中,内置了11种隶属函数以方便用户。下面对MATLAB模糊逻辑工具箱内置的隶属函数进行简单介绍。

7.3.3 模糊逻辑工具箱内置的隶属函数

模糊逻辑工具箱中包含了11个内置的隶属函数类型。这11个函数又由几个基函数构成:分段线性函数、高斯分布函数、S形曲线、二次和三次多项式曲线。按照MATLAB的惯例,所有隶属函数最后的两个字母都是“mf”。

最简单的隶属函数是由直线构成的，这些直线隶属函数的优点之一就是简洁。其中，最简单的是三角隶属函数，其函数名为 trimf，它是由 3 个点构成的一个三角形，如图 7.8 所示。另一个直线隶属函数是梯形隶属函数。梯形隶属函数 trapmf 有一个平顶，它是一个截去顶部的三角形曲线，如图 7.9 所示。

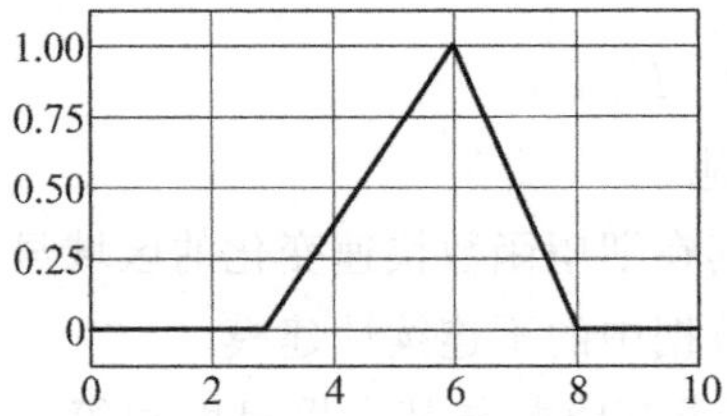

图 7.8　三角形隶属函数

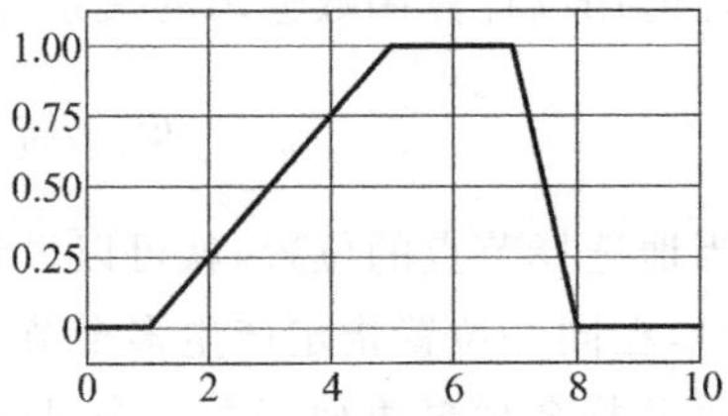

图 7.9　梯形隶属函数

有两个隶属函数建立在高斯分布曲线之上。一个是简单的高斯曲线，如图 7.10 所示；另一个是曲线两侧由不同的高斯曲线组合而成的复合高斯曲线，如图 7.11 所示。这两个函数是 gaussmf 和 gauss2mf。广义钟形隶属函数由 3 个参数指定，其函数名为 gbellmf。钟形隶属函数比高斯隶属函数多一个参数，因此只要适当地调整其参数，它就可以逼近一个非模糊集合，其曲线如图 7.12 所示。由于其平滑性以及表示的简洁性，高斯隶属函数和钟形隶属函数也是目前使用最广泛的定义模糊集合的方法之一。这两个隶属函数的优点是其曲线在所有点上都平滑且非零。

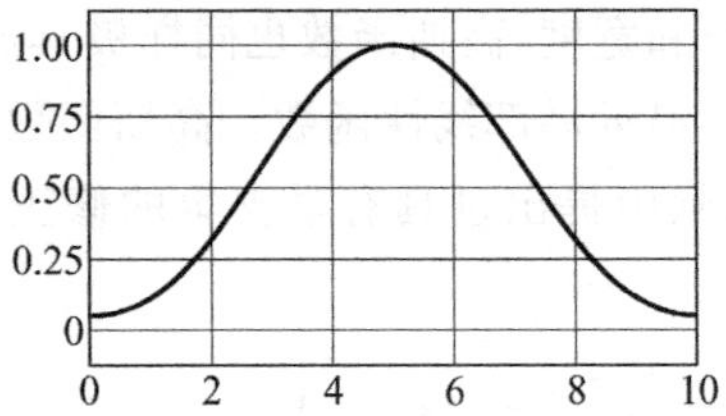

图 7.10　简单高斯隶属函数

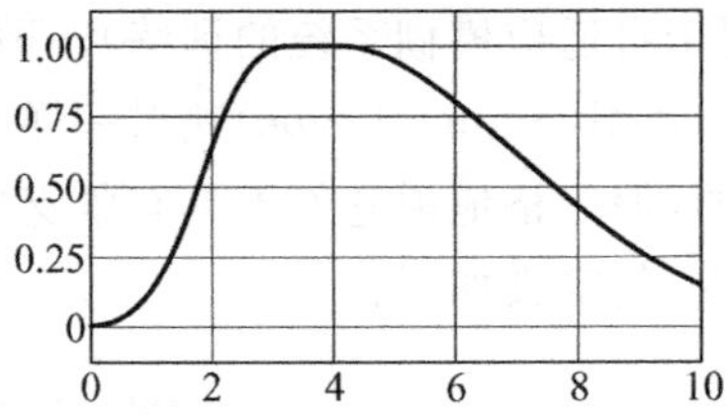

图 7.11　复合高斯隶属函数

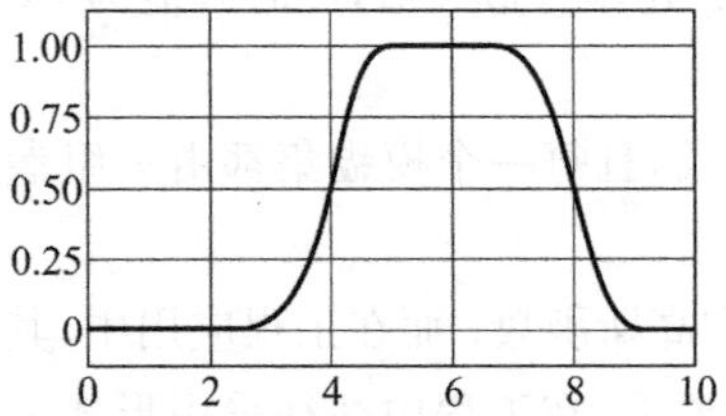

图 7.12　钟形隶属函数

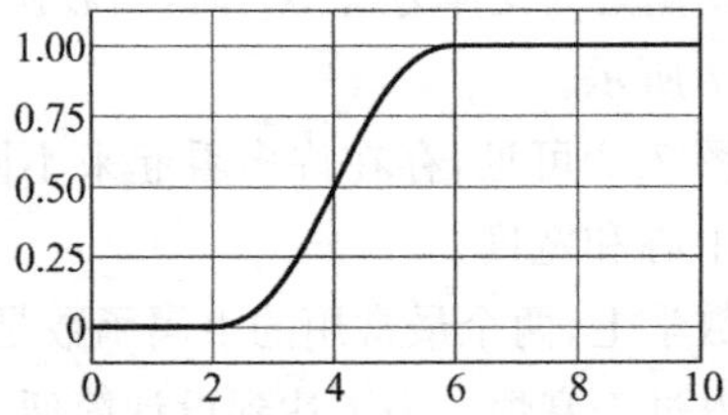

图 7.13　简单 Sigmoid 隶属函数

尽管高斯隶属函数和钟形隶属函数具有平滑性，但它们不能规定非对称的隶属函数，而这在某些应用中是相当重要的。因此模糊逻辑工具箱中内置了 Sigmoid 隶属函数（Sigmoid MF），它是左开或右开的。非对称的或封闭（左闭或右闭）的隶属函数可以由两个 S 形函数结合构成。故除了基本的 sigmf 函数（即简单 Sigmoid 隶属函数，如图 7.13 所示），还有两个 S 形函数之差 dsigmf 函数（即差型 Sigmoid 隶属函数，如图 7.14 所示），及两个 S 形函数之积的 psigmf 函数（即积型 Sigmoid 隶属函数，如图 7.15 所示）。

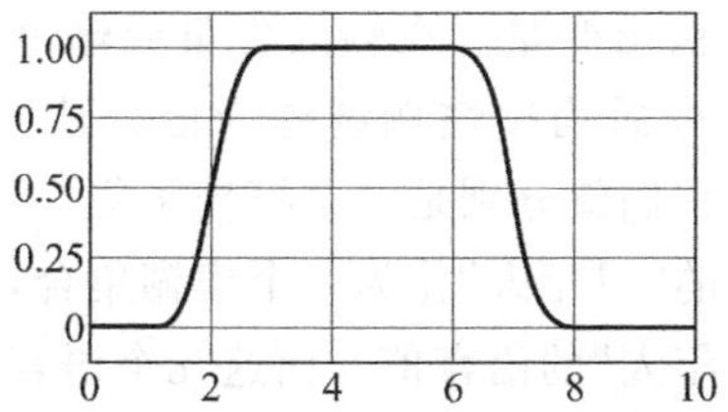

图 7.14　差型 Sigmoid 隶属函数

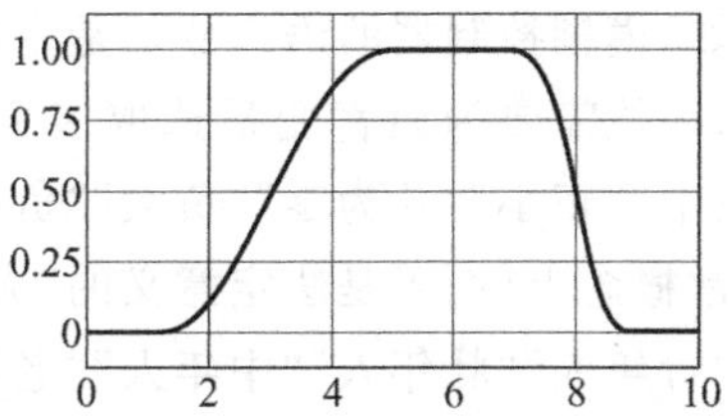

图 7.15　积型 Sigmoid 隶属函数

在工具箱中有若干个基于多项式曲线的隶属函数。3 个相关的隶属函数是 Z(即 Z 形隶属函数,如图 7.16 所示)、S(即 S 形隶属函数,如图 7.17 所示)以及 Pi(即 π 形隶属函数,如图 7.18 所示)曲线,它们的名字与其曲线形状相对应。函数 zmf 是左开的非对称多项式曲线,smf 是右开的镜像函数,pimf 是在两端为 0 中部上升的曲线。

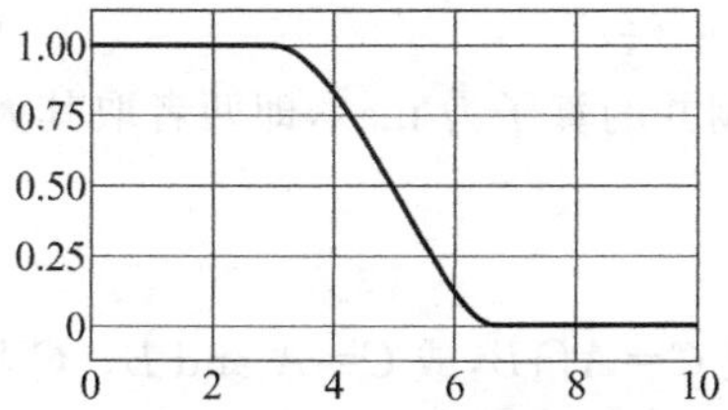

图 7.16　Z 形隶属函数

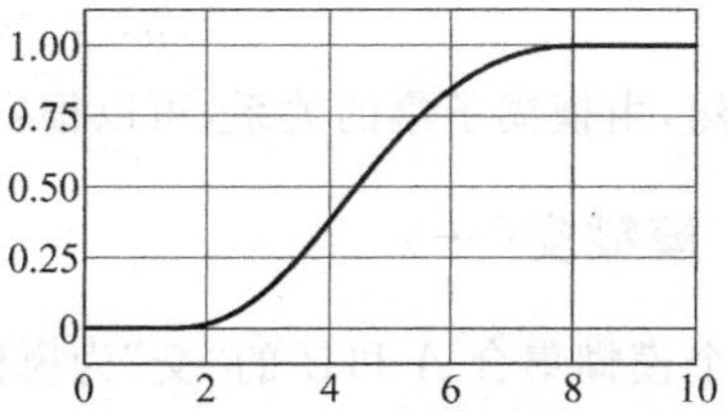

图 7.17　S 形隶属函数

在模糊逻辑工具箱选择所需的隶属函数时,由于模糊逻辑工具箱内置了诸多的隶属函数,因此有很大的选择范围。并且,用户如果觉得选择列表中的隶属函数有局限时,还可以用模糊逻辑工具箱建立自己的隶属函数。由于选择列表中的隶属函数太多,因此只需要记住其中的 1～2 种隶属函数就可以了,比如三角函数和梯形函数。一般而言,模糊逻辑工具箱内置的隶属函数已经足够使用。但要完成一个完善的模糊推理系统,还是有必要建立自己的隶属函数。

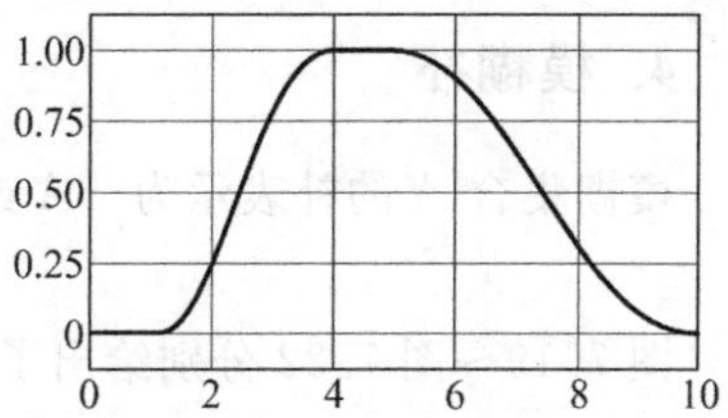

图 7.18　π 形隶属函数

7.4　模糊运算与模糊推理

7.4.1　模糊运算

与经典集合的并、交、补的运算相对应,模糊集合也有相似的运算。首先介绍最简单的模糊并、模糊交与模糊补的概念。对于一般性的理解,这样的介绍已经足够了。之后将更深入地介绍其更一般的意义。

1. 模糊子集

当且仅当对所有的 ξ,均有 $\mu_A(\xi) \leqslant \mu_B(\xi)$,则称模糊集合 A 被包含在模糊集合 B 中,或称 A 是 B 的子集,或称模糊集合 A 小于或等于模糊集 B。记为

$$A \subseteq B \leftrightarrow \mu_A(\xi) \leqslant \mu_B(\xi) \tag{7.21}$$

例如,模糊控制器的语言变量是指其输入变量和输出变量。在输入变量或输出变量的论域上,往往需要为语言变量选取多个语言变量值(以后均按惯例统称为语言值),如“正大”,“正中”“正小”“几为零”“负大”“负中”“负小”等,它们就分别是一个模糊子集。又如,以人们通常概念上(而不是法定意义的“大于18周岁”)的“成年人”作为一个模糊集合,那么就可以用“青年人”“壮年人”“中年人”“老年人”作为“成年人”的语言值。而这几个语言值都分别是“成年人”模糊集合的模糊子集。模糊子集的范畴比语言值更广,但人们使用更多的是模糊集合的语言值。

2. 模糊并(—)

两个模糊集合 A 和 B 的“并”为模糊集合 C,写成 $C=A\cup B$,或 $C=A$ or B。C 与 A 和 B 的隶属函数的关系为

$$\mu_C(\xi)=\max(\mu_A(\xi),\mu_B(\xi)) \tag{7.22}$$

显然,由模糊子集的关系,可以很容易地理解模糊并的算子为 max,即两者取其大。

3. 模糊交(—)

两个模糊集合 A 和 B 的“交”为模糊集合 C,写成 $C=A\cap B$,或 $C=A$ and B。C 与 A 和 B 的隶属函数的关系为

$$\mu_C(\xi)=\min(\mu_A(\xi),\mu_B(\xi)) \tag{7.23}$$

同样,由模糊子集的关系,可以很容易地理解模糊交的算子为 min,即两者取其小。

4. 模糊补

模糊集合 A 的补表示为 $-A$ 或 $\overline{A}$(非 A)。模糊补的隶属函数定义为

$$\mu_{-A}(\xi)=1-\mu_A(\xi) \tag{7.24}$$

图 7.19～图 7.22 分别给出了模糊集合 A 和 B,$A\cup B$,$A\cap B$ 以及 $-B$ 的图形。

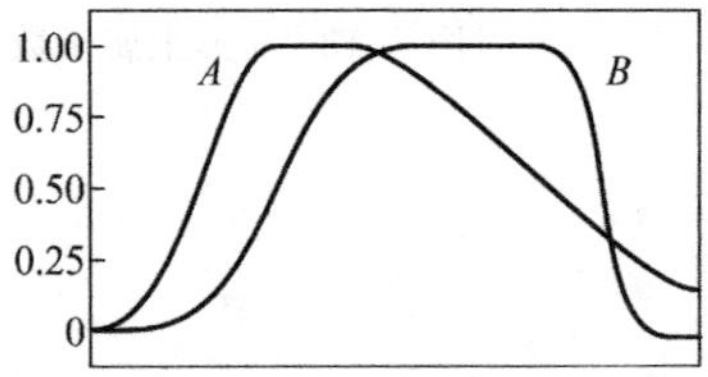

图 7.19　两个模糊集 A 与 B

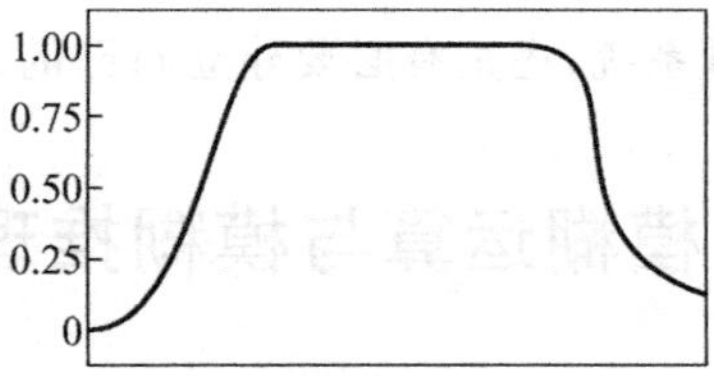

图 7.20　$A\cup B$

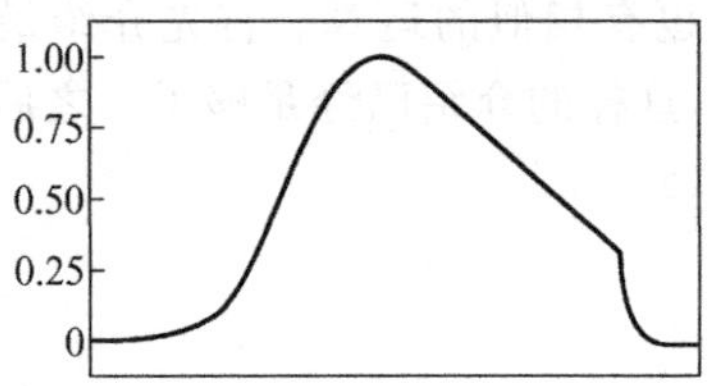

图 7.21　$A\cap B$

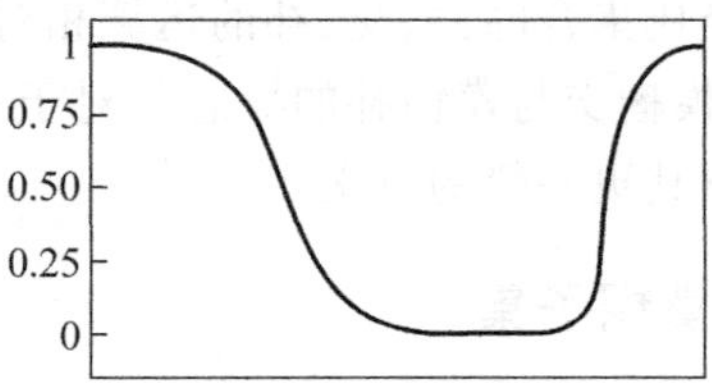

图 7.22　$-B$

一般地，模糊集合 A 和 B 的交集可由一个二元映射 T 来指定，它将两个隶属函数按如下方式结合起来：

$$\mu_{A\cap B}(\xi)=T(\mu_A(\xi),\mu_B(\xi)) \tag{7.25}$$

例如，二元运算 T 可以代表 $\mu_A(\xi)$ 和 $\mu_B(\xi)$ 的乘积。这些模糊交集算子通常被归为 T 范式(三角范式)算子。

如果一个 T 范式算子是一个二元映射 $T(\cdot,\cdot)$，则应当满足如下要求：

(1) 有界性　$T(0,0)=0, T(a,1)=T(1,a)=a$

(2) 单调性　$T(a,b)\leqslant T(c,d)$，　if $a\leqslant c$ and $b\leqslant d$

(3) 交换律　$T(a,b)=T(b,a)$

(4) 结合律　$T(a,T(b,c))=T(T(a,b),c)$

要求(1)使得一个明确的集合具有适当的一般性；要求(2)意味着集合 A 或 B 中隶属值的减少不会导致 A，B 交集中隶属度的增加；要求(3)表明运算符对模糊集合的顺序是无关紧要的；要求(4)表示可以按任意的顺序对任意多个集合进行模糊交运算。

与模糊交一样，一般地，模糊并的运算由一个指定的二元映射 S 产生，即

$$\mu_{A\cup B}(\xi)=S(\mu_A(\xi),\mu_B(\xi)) \tag{7.26}$$

例如，二元运算 S 可以表示 $\mu_A(\xi)$ 和 $\mu_B(\xi)$ 的加法。这些模糊并算子通常被归为 T 协范式(或 S 范式)运算符。

如果 T 协范式(或 S 范式)算子是一个二元映射 $S(\cdot,\cdot)$，则它必须满足如下要求：

(1) 有界性　$S(1,1)=1, S(a,0)=S(0,a)=a$

(2) 单调性　$S(a,b)\leqslant S(c,d), a\leqslant c, b\leqslant d$

(3) 交换律　$S(a,b)=S(b,a)$

(4) 结合律　$S(a,S(b,c))=S(S(a,b),c)$

在过去，人们已经提出了多参数的 T 范式和双 T 协范式。其中每一种都提供了一种在函数中改变增益的方法，因此它可以具有很强的限制性，也可以具有很强的容许性。

5. 模糊交(二)

模糊乘规则的前提是由 n 个单变量语句的模糊交(AND)构成

$$(\xi_1 \text{ is } \mu_{A_1^{(i)}})\text{AND}\cdots\text{AND}(\xi_n \text{ is } \mu_{A_n^{(i)}}) \tag{7.27}$$

它产生一个新的多变量隶属函数 $\mu_{A_1^{(i)}\cap\cdots\cap A_n^{(i)}}(\xi_1,\cdots,\xi_n)$，记为 $\mu_{A^{(i)}}(\xi)$，它定义在初始的 n 维输入空间上，其输出如下：

$$\mu_{A^{(i)}}(\xi)=\hat{\Pi}(\mu_{A_1^{(i)}}(\xi_1),\cdots,\mu_{A_n^{(i)}}(\xi_n)) \tag{7.28}$$

式中，$\hat{\Pi}$ 是一类称为三角范式(triangular norm)的函数。三角范式提供了大量函数以实现模糊交，其中最常用的两个函数是 min 算子和乘法(product)算子。一个二维的模糊隶属函数由两个三角(2 阶 B 样条)单变量隶属函数的乘积构成，其形状如图 7.23 所示。

显然，多变量隶属函数的形状决定于单变量隶属函数的形状以及三角范式的算子。用乘法算子构成的多变量隶属函数所保留的信息，比用 min 算子实现模糊“AND”时所保留的信息要多。因为后者仅保留了一段信息，而乘法算子结合了 n 段信息。当完整地定义了一阶导数时，采用乘法算子还允许将误差信息反向传播回网络中。一般情况下，其输出结果是

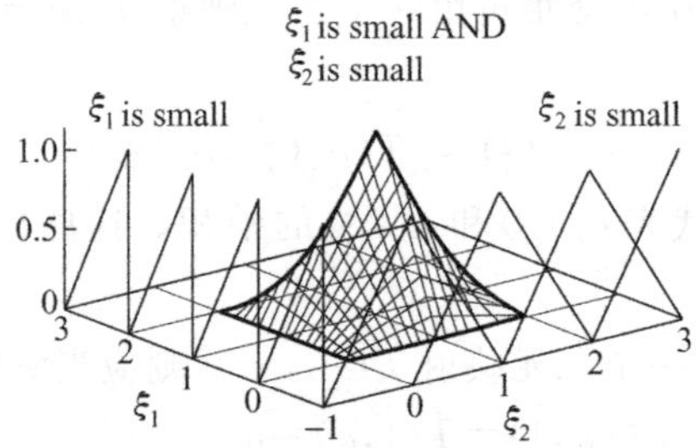

图 7.23　两个三角单变量隶属函数乘积构成的二维模糊隶属函数

一个更平滑的曲面。当每一个语句表达式都用单变量 B 样条和高斯模糊隶属函数表示时，多变量隶属函数是一个简单的 n 维 B 样条或高斯基函数。

当所有可能的模糊交集都由 n 个模糊隶属函数集合得到时，它隐含地在初始输入空间上（多变量模糊隶属函数也在这个初始输入空间上定义）产生一个 n 维网格，如图 7.24 所示。

在图 7.24 中，一个完整的二维模糊隶属函数集合由两个三角单变量模糊集合产生。图中的实线交点表示其中心，虚线区表示两个单变量集合如何用交集算子结合起来。当模糊交集由每一个可能的单变量模糊输入集的结合得到时，多变量隶属函数的数目是输入变量数目的指数函数（exponential function）。此时称这种模糊系统是完备的。因为对每一个输入，至少存在一个具有非 0 隶属度的多变量模糊集。只要从图 7.24 中移去一个多变量模糊集，就意味着模糊规则库不再是完备的（因为在移去集合的中心，每个基函数的隶属度为 0）。假设一个系统有 4 个输入变量，1 个输出变量，每个变量各有 7 个语言值，则一个完备的模糊网络将会有 $7^5=16\,807$ 个中心点。因此，除非用特定的方法构造模糊网络的输入，否则这些系统将会遇到所谓的维数灾难（curse of dimensionality），这限制了它们用于小维数的建模与控制问题。

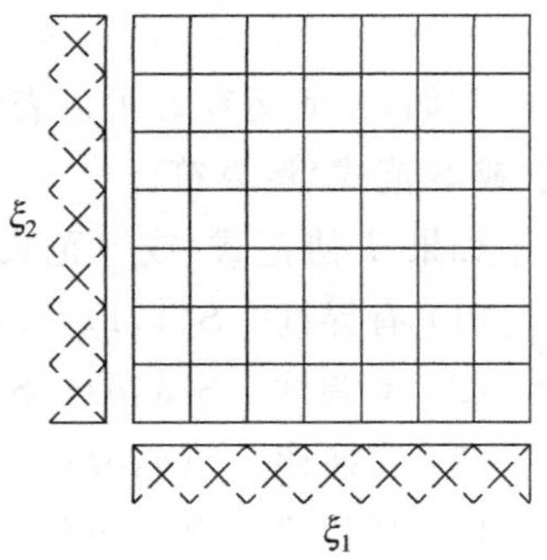

图 7.24　由两个三角模糊集构成的二维模糊集

6. 模糊并（二）

如果 h 个多变量模糊输入集合 $A^{(i)}$ 映射到 q 个单变量模糊输出集合 $B^{(j)}$ 上，则对 hq 个逻辑关系，存在 hq 个相对应的叠加的 $n+1$ 维隶属函数。这 hq 个逻辑关系由此被各个隶属函数并（OR）相结合，构成一个模糊规则库 R。该运算定义如下：

$$\mu_R(\xi,y)=\hat{\Sigma}_{i,j}\mu_{r_{i,j}}(\xi,y) \tag{7.29}$$

式中，$\hat{\Sigma}$ 为一类称为三角协范式的函数。三角协范式同样提供了大量的适用函数，但使用最多的两个函数是 max 算子和加法算子。用 max 算子可以保证在输入输出空间每一特定的点上，只有一个规则对输出有作用。而各个作用之和可以保证若干规则影响相关曲面（relational surface）$\mu_R(\xi,y)$。

但是，在理论上用加法不能保证合理性，因为它产生的输出可能大于 1。当输入输出单变量隶属函数构成单位分解、乘法算子用于交集和蕴涵，并且规则信度向量归一时，这就不是什么问题了，因为系统是自标准的。相似地，当用不同的反模糊化过程执行蕴涵标准化时，在蕴涵中同样可以使用加法算子，即使它产生的 $\mu_R(\xi,y)$ 值大于 1。

所有各相关隶属函数的模糊并，在输入输出空间中构成一条岭线，它表示各输入输出对是如何相联系的，并且当给定一个特定的输入测量时，它可以用于推断模糊输出隶属函数。这个过程称为模糊推理。一个典型的模糊相关关系如图 7.25 所示。

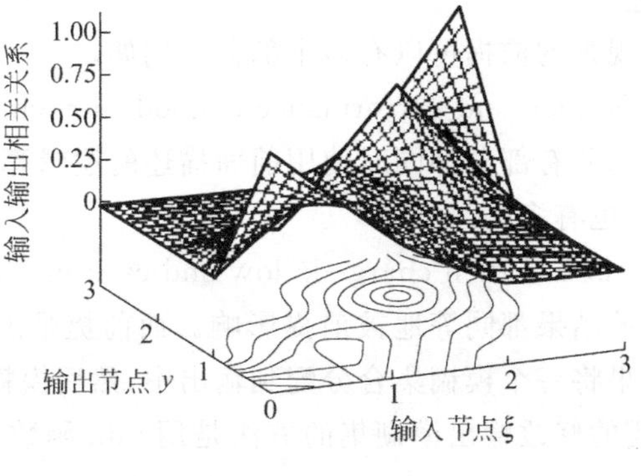

图 7.25 模糊输入输出相关关系

在图 7.25 中，在每一个变量上定义了 4 个三角模糊集（2 阶 B 样条），代数函数用于实现逻辑运算。它们产生一个模糊相关关系曲面，在规则中心点之间是分段线性的，而且从等高线图可以清晰地看出输入和输出关系的总趋势。

7.4.2 模糊规则与模糊推理

在前面的描述中，已经提到了模糊推理和模糊规则的概念。在模糊推理中，经常碰到模糊 if-then 规则，简称模糊规则。

1. 模糊规则

模糊 if-then 规则又称模糊隐含或模糊条件语句。

if-then 规则语句用以阐明包含模糊逻辑的条件语句。一个单独的模糊 if-then 规则形式如下：

$$\text{if } x \text{ is } A \text{ then } y \text{ is } B$$

其中，A 和 B 是由模糊集合分别定义在 x，y 范围（论域）上的语言值。模糊规则中的 if 部分“x is A”被称为规则的前提或假设，同时 then 部分“y is B”被称为结果或结论。实质上，该表达式描述了变量 x 与 y 之间的关系。因此，可以把 if-then 规则定义为乘积空间中的二元模糊关系。

例如，要购买一个软件，其价格由其用户界面和软件功能决定。若单独考虑其价格，则

if interface is good then charge is high

注意：good 用一个 0 和 1 之间的数字表示，因此所谓的前提是一个解析，它返回一个 0～1 之间的单值。另一方面，high 由一个模糊集合表示，因此所谓的结果是一个分配，它分配整个模糊集合 B 到输出变量 y。在 if-then 规则中，当 is 分别出现在前提和结果中时，其意义完全不同。就如在 MATLAB 术语中，使用关系运算符“==”和使用变量赋值符号

"="时,其意义也完全不同。

书写这个规则时,避免混淆的写法是

if interface==good then charge=high

一般地,if-then 规则的输入是输入变量的当前值(在此是 interface),输出是一个模糊集合的整体(在此是 high)。在后面将对这个集合进行反模糊化,将一个值分配到输出。反模糊化的概念将在后面描述。

在模糊推理中,一个规则的前提可以有多个部分。例如,

if interface is good and performance is good then charge is high

在这种情况下,前提的所有部分都同时使用前面描述的逻辑算子进行计算,并分配为一个单值。规则的结果同样也有多重部分:

if interface is bad then charge is low and cash in order is low

在这种情况下,所有的结果都同等地被前提影响。而前提是怎样影响结果的呢?在模糊逻辑中,模糊推理的结果将一个模糊集合分配到输出中,然后模糊规则按前提中指定的程度修改模糊集合。最常用的修改输出模糊集的方法是用 min 函数进行截断或用 prod 函数进行缩放。

对于更多个变量的输入输出关系,令一个规则将第 i 个多变量模糊输入集合 $A^{(i)}$ 映射到第 j 个单变量输出集合 $B^{(j)}$ 上,并以 c_{ij} 表示其信度,这种关系称为模糊蕴涵或简称蕴涵。例如,

$$r_{ij}: \text{IF}(\xi \text{ is } A^{(i)}) \text{ THEN } (y \text{ is } B^{(j)})(c_{ij}) \tag{7.30}$$

则元素 ξ 和元素 y 的相关程度用一个定义在乘法空间 $A_1 \times \cdots \times A_n \times B$ 上的 $n+1$ 维隶属函数表示:

$$\mu_{r_{ij}}(\xi, y) = \hat{*}\mu_{A^{(i)}} \hat{*} c_{ij} \hat{*} \mu_{B^{(j)}}(y) \tag{7.31}$$

式中,$\hat{*}$ 为二元三角范式,通常用 min 算子或乘法算子。当第 ij 个模糊规则的输入为 ξ 时,模糊集 $\mu_{r_{ij}}(\xi, y)$ 表示输出为 y 的信度。

在这些应用中,模糊蕴涵可以认为是输入集合和输出集合的一个交集。这种解释不是唯一的,但是在大量的模糊建模和控制系统中都采用这种解释。

2. 模糊规则的信度

模糊推理系统的知识库中包括了模糊隶属函数的定义、模糊逻辑算子和 $(h \times q)$ 模糊规则信度矩阵(rule confidences matrix)$\boldsymbol{C}$。在模糊规则信度矩阵 $\boldsymbol{C}$ 中,h 为多变量模糊输入集的个数,q 为单变量模糊输出集的个数。规则信度矩阵中的每一个元素 c_{ij} 表示第 i 个多变量模糊输入集合与第 j 个单变量模糊输出集合相关的强度或称信度。当某个规则信度为 0 时,则表示输出集合对特定的模糊输入集合的输出没有作用。另一方面,当一个规则的信度大于 0 时,则无论何时,只要输入部分地满足规则,输出集合就将影响系统输出。因此,模糊规则的信度与模糊规则的权之间有着密切的关系,后面将对此做出解释。一旦定义了一个模糊集合,则规则信度就已封装一个特定过程的专家知识,它们形成一个简便的用于训练的参数集合。

规则信度与模糊集合的形状或类型和模糊逻辑算子无关。模糊集合和模糊逻辑算子分别独立地存储于知识库中。在自组织控制器中广泛使用的离散模糊系统构造了一个相关矩阵,

它完整地表征了系统的知识库,并隐含地包括了模糊集的形状、逻辑算子和规则信度的信息。

人们希望将模糊知识按前面描述过的分布形式存储起来,这将使得人们易于理解不同的实现方法是如何影响系统输出的。

规则信度向量 $\boldsymbol{c}_i$ 与每个多变量模糊输入集合相关联,它表征对特定输入集合的系统输出的估计。一般地,规则信度向量是标准的(归一的),它表示对于一个特定的输入集合,存在关于系统输出的全部知识。当规则库中的知识发生变化时,这些参数易于更新。在许多自适应模糊系统中,更改模糊输出隶属函数的方法是转移其中心,它等于重新定义设计者对语句表述的主观解释。因此有理由提出,在完成训练之后,由于模糊集的形式与其初始定义不一致,因此不能认为这些自适应模糊系统是有效的。但是,当独立地使用和存储规则信度时,适应一个规则作用的强度并重新获得其初始的模糊语义解释是可能的。

3. 模糊推理

建立了模糊规则(模糊蕴涵)的概念之后,接下来进行模糊推理的讨论。

推理是对于一个特定表述的解释过程,它利用所有的有用知识以产生最佳的输出估计。在模糊系统中,利用推理机制完成当前模糊输入集 $\mu_A(\xi)$ 与所有模糊规则前提的模式匹配,并结合其响应,产生一个单独的模糊输出集

$$y(\xi)=\frac{\int_{J_\alpha}\mu_B(y)y\mathrm{d}y}{\int_{J_\alpha}\mu_B(y)\mathrm{d}y}\alpha$$

这个过程定义如下:

$$\mu_B(y)=\hat{\Sigma}_\xi(\mu_A(\xi)\hat{*}\mu_R(\xi,y)) \tag{7.32}$$

式中,对于所有可能的 ξ 值,都应用三角协范式 $\hat{\Sigma}_\xi$。应用三角范式的目的是对一个特定的 ξ 值,计算两个隶属函数之间的匹配度。当 $\hat{\Sigma}_\xi$ 和 $\hat{*}$ 被分别用做积分(和)算子与乘法算子时,

$$\mu_B(y)=\int_D\mu_A(\xi)\mu_R(\xi,y)\mathrm{d}\xi \tag{7.33}$$

上式要求对任意模糊输入集合,在输入域 D 上是 n 维可积的。对模糊输出集的计算依赖于模糊输入集 $\mu_A(\xi)$、相关曲面 $\mu_R(\cdot)$ 以及实际的推理算子。

只要在模糊输入集和规则库前提之间存在重叠,则在某种意义上,模糊系统具有归纳(generalise)能力。对相邻表述的信息进行归纳是模糊逻辑的功能之一。在本节中研究的模糊系统是相当重要的,因为对它的逼近能力能同时进行理论上的分析与决策。这对于实际系统具有重要的意义。

一般地,模糊推理可以分为4步:

(1) 计算隶属度。将已知事实与模糊规则的前提进行比较,求出每一前提下隶属函数的隶属度。

(2) 求激励强度,或称求总前提的满足程度。用模糊并或模糊交算子,把相对于前提隶属函数的隶属度结合起来,求出对总前提的满足程度。

(3) 应用模糊规则,将激励强度施加于模糊规则结果的隶属函数,以产生一个定性的隶属函数。

(4) 进行模糊聚类,获得最终输出的隶属度。

模糊推理的输出结果是一个模糊集,而模糊控制器的输出必须是一个确定的数值。这就是涉及推理结果的反模糊化问题。通常对模糊推理结果有下面几种反模糊化方法:

① 简单平均法

$$y(\xi) = \frac{1}{2}(\inf A_0 + \sup A_0) \tag{7.34}$$

② 最大隶属函数法:选择 y,使

$$y(\xi) = \max_{y \in Y} \mu(y) \tag{7.35}$$

用上式确定的 y 有时不唯一。对此问题的解决方法是,取使上式成立的多个结果的平均值作为 $y(\xi)$。

③ 重力中心法

$$y(\xi) = \frac{1}{2}(\inf A_0 + \sup A_0) \tag{7.36}$$

在此要求分子与分母的积分都存在。重力中心法考虑到了 $\mu_B(y)$ 的形状,采用了较多的信息,是比较常用的方法。

④ 水平重力中心法

$$y(\xi) = \frac{\int_{J_\alpha} \mu_B(y) y \mathrm{d}y}{\int_{J_\alpha} \mu_B(y) \mathrm{d}y} \alpha \tag{7.37}$$

7.4.3 Mamdani 型推理与 Sugeno 型推理

到目前为止,所讨论的模糊推理过程都是 Mamdani 模糊推理方法。本书内容都是在采用 Mamdani 型推理的基础上进行的。Mamdani 型推理方法是使用最多,同时也比较简便的模糊推理方法。但在文献中时常见到使用 Sugeno 型模糊推理的例子,在此对其做简单介绍。

Sugeno 型推理方法又称为 Takagi-Sugeno-Kang 方法,于 1985 年被首次提出。它在许多方面与 Mamdani 型推理方法是相似的。事实上,在模糊推理进程的前两个部分,即输入模糊化和应用模糊算子,两者是完全相同的。

Sugeno 型模糊推理和 Mamdani 型模糊推理之间的主要不同是,对 Sugeno 型模糊推理,输出隶属函数只能是线性的或者是常量。

如前所述,Mamdani 型推理要求输出的隶属函数为一个模糊集。在完成聚类过程之后,对每个需要被反模糊化的输出变量,存在一个模糊集合。而在许多情况下,使用一个模糊单点而不是一个分布模糊集作为输出隶属函数更为有效。

模糊单点的数学表示如下:

$$\mu_A(\xi) = \begin{cases} 1, & \xi = \xi^s \\ 0, & \text{其他} \end{cases} \tag{7.38}$$

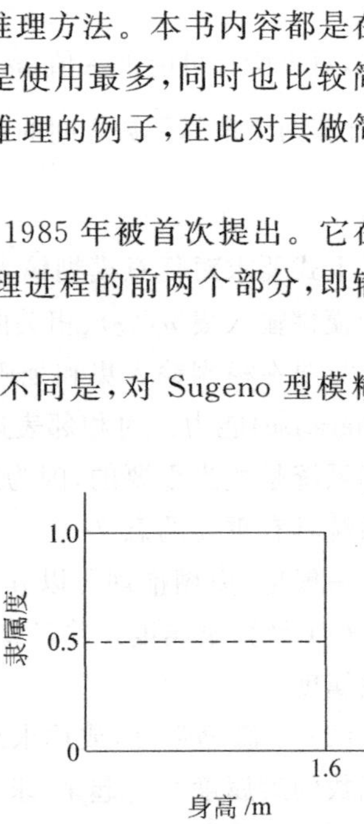

图 7.26 模糊单点

图 7.26 中表征了身高为 1.6m 的模糊单点。这个模糊

单点被称为单元输出隶属函数，可以被视为一个预反模糊化集合。它极大地降低了更一般的、找到二维函数重心的 Mamdani 型推理方法所需的计算量，因此提高了反模糊化过程的效率。

Sugeno 型系统正是支持这一类模型的推理系统。在寻找二维函数重心的过程中，使用的是一些数据点的加权平均值，而不是对二维函数进行积分。在零阶 Sugeno 模糊模型中，一个典型的模糊规则形式如下：

$$\text{If } x \text{ is } A \text{ and } y \text{ is } B \text{ then } z=k$$

其中，A 和 B 是前提中的模糊集；k 是结果中具有明确定义的常量。当 Sugeno 型模糊推理每一规则的输出都是这种常量时，它与 Mamdani 型推理方法的相似性达到惊人的程度。

一般来说，可以使用 Sugeno 型系统对任何推理系统建模，无论推理系统的输出隶属函数是线性的还是常值。

要想象一个一阶 Sugeno 型系统，最容易的方法是设想将每个规则的位置定义为一个“移动的单点”，即在输出空间中模糊单点输出函数能以一种线性方式移动，而移动的方式取决于输入。这将使系统的表示更紧凑而有效。更高阶的 Sugeno 模糊模型也是可能的，但它们具有极大的复杂性，缺乏明显的优点，因此应用数量相当少，而 MATLAB 模糊逻辑工具箱也不支持输出隶属函数高于一阶的 Sugeno 模糊模型。

由于在系统输入变量上每个规则线性相关，因此对于分别应用于一个动态非线性系统中不同条件下的复合线性控制器，Sugeno 方法是一个理想的内插方法。例如，飞机性能可能随着飞行高度和马赫数的变化而剧烈地改变。虽然在给定的条件下，线性控制器易于计算并性能良好，但在飞行状态不断变化时，它必须被有规律地、平滑地刷新。要平滑地插入在整个输入空间中应用的线性增益，Sugeno 模糊推理系统是最适合的。它是一个自然有效的增益序列。同样，Sugeno 系统也适于用内插复合线性模型对非线性系统建模。

Sugeno 型系统所得到的输出曲面与 Mamdani 型系统的结果几乎完全一样。但由于 Sugeno 型系统比 Mamdani 型系统更紧凑，并具有更高的计算效率，所以它在建立模糊模型中可以使用自适应技术。这些自适应技术能用于自定义隶属函数，因此模糊系统能对数据完成最优建模。

Mamdani 方法的优点主要在于：直观；具有广泛的接受性；尤其适于人工输入等。Sugeno 方法的主要优点在于：计算效率高；使用线性化技术工作时性能良好(例如，PID 控制)；使用最优化和自适应工作时性能良好，能保证输出曲面的连续性；尤其适于数学分析等。

7.5 模糊系统

7.5.1 模糊系统的结构

通常，在一个实际的模糊控制系统中，模糊推理系统的功能与模糊控制器的功能是等价的。从系统的观点而言，模糊控制器本身就是一个系统。同时，在用 MATLAB 研究模糊控制系统时，Simulink 模糊控制仿真系统中的模糊控制器就是直接利用模糊逻辑工具箱建立的模糊推理系统。因此在本书中，模糊控制系统与模糊控制器两个词的意义是相同的，两者可以互换使用。

一个模糊系统(fuzzy system)的结构如图 7.27 所示。在该模糊系统中,包含所有的应用模糊算法和解决所有相关的模糊性的必要成分。它由如下 4 个基本要素组成:

(1) 知识库(knowledge base)。包括模糊集和模糊算子的定义。

(2) 推理机制(inference engine)。执行所有的输出计算。

(3) 模糊器(fuzzifier)。将真实的输入值表示为一个模糊集。

(4) 反模糊器(defuzzifier)。将输出模糊集转化为真实的输出值。

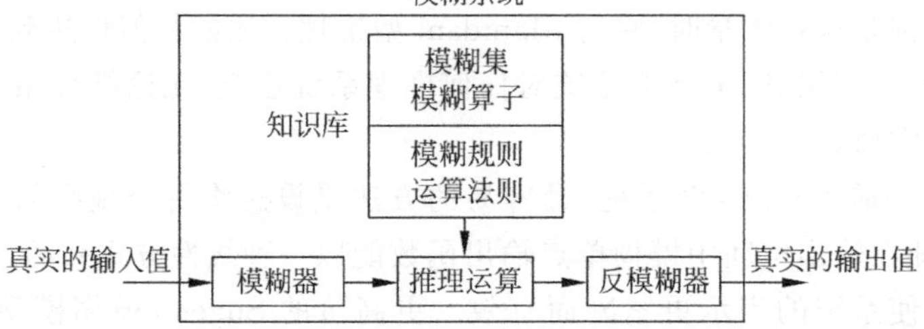

图 7.27　模糊系统结构示意图

知识库中包含了每一个模糊集的定义,并保持一套算子以实现基本的逻辑(AND,OR 等),同时用一个规则信度矩阵表示模糊规则映射。推理单元与模糊器和反模糊器一起,从真实的输入值计算出真实的输出值。模糊器将输入表示为一个模糊集,使得推理单元在存储于知识库中的规则下与之匹配。然后推理单元计算每一规则的作用强度,并输出一个模糊分布(所有模糊输出集的并)。该模糊分布表示真实输出的模糊估计。最后,这些信息被反模糊化(压缩)为单值,该值即为模糊系统的输出。

这些系统非常复杂,它可以被用做一个基本的装置模型、一个控制器或一个估计器,或表示一个性能函数,或用做一个期望的轨迹发生器。它们可以实现一个通用的非线性映射,并由此根据系统输入输出的选择,实现诸多的逼近和分类任务。

模糊系统在其初始化、确认及解释过程中都使用模糊逻辑。一个专业人员可以用一套称为模糊运算法则的模糊产品规则来初始化一个模糊系统。相似地,一个训练后的模糊系统可以用一套模糊算法来解释其行为。当一个模糊系统在解释过程中应用模糊逻辑时,所有与模糊表达式相联系的内在的不精确性都将被完全解决,同时也决定了系统的输入输出行为。本节将探讨怎样实现一个模糊系统,并说明当模糊逻辑使用算子(和/乘)及使用 B 样条或高斯基函数表示模糊集而且上面涉及的运算都被简化考虑时,模糊系统与一个用 B 样条或高斯径向基函数(Gaussian radial basis function,GRBF)的神经-模糊网络具有等价性。所有的神经-模糊网络可以简单地作为一个非线性数字处理装置来运作,但它有一个优点,就是可以用一套模糊语言规则来进行初始化和解释。

7.5.2　模糊控制器的设计

模糊控制器(或称模糊推理系统)是直接实现模糊推理算法的专用设备。可以采用软件和硬件两种方式完成一个模糊控制器的功能。当计算量比较小时,可以用软件实现模糊控制器;但对于一些计算量大、实时要求高的控制系统,需要用硬件设备直接实现模糊推理,以达到计算迅速、使用简便的目的。

与模糊推理过程相对应，模糊控制器的设计主要涉及以下几个内容与步骤。

1. 模糊化

模糊化与反模糊化过程可以被视为模糊规则与真实世界之间的接口。一个实值输入只有被表示为模糊集的形式，才能进行推理计算。而模糊输出集的信息必须被转换为一个单值，这就是模糊推理系统的输出实值。

用一个模糊集表示实值信号的过程称为模糊化。在一个模糊系统处理实值输入时，这个过程是必需的。实现一个模糊器有多种不同的方法，但通常使用最多的是单值化(singleton)，它将输入 $\xi^{(s)}$ 转化为一个二值的或具有如下隶属度的确切的单变量模糊集 A：

$$\mu_A(\xi)=\begin{cases}1, & \xi=\xi^{(s)}\\ 0, & \text{其他}\end{cases} \tag{7.39}$$

当输入被噪声污染时，模糊集或隶属函数的形状反映了与测量过程相关的不确定性。例如，当峰值与某些测量点的均值相一致，而基宽是标准偏差的函数时，就可以使用三角模糊集。当模型的输入是一个语言表达式时，则必须找到一个可以对等地表示这些语句的模糊集。除非输入是一个语言表达式，否则没有理由用与表示如语句“x is small”相同的隶属函数来进行输入的模糊化。选择后者的隶属函数以表示模糊语句表述，而输入模糊集反映了同不精确测量过程的不确定联系，一般这两个量是不同的。一个模糊输入分布实际上与一个低通滤波器或一个邻域均值输出等效。当输入集的宽度增加(不精确测量增加)时，则相应增大了邻域输出值的强度，而系统的优点则变得更保守。

2. 建立模糊推理规则

模糊规则表示为“if-then”条件语句。更清楚的表示是，对多个变化条件的前提经推理产生一个决策结果。在应用中，通常将采用的模糊规则用模糊控制规则表的形式表示出来。表 7.1 中给出了一个模糊控制规则表的例子。两个输入 E 和 EC 各有 7 个模糊语言变量，由此生成 49 条模糊规则。为方便起见，一般按自左到右、自上而下的顺序编号解释其规则。

表 7.1 模糊控制规则表例

U \ EC E	NB	NM	NS	ZO	PS	PM	PB
NB	PB	PB	PB	PB	PM	ZO	ZO
NM	PB	PB	PB	PB	PM	ZO	ZO
NS	PM	PM	PM	PM	ZO	NS	NS
ZO	PM	PM	PS	ZO	NS	NM	NM
PS	PS	PS	ZO	NM	NM	NM	NM
PM	ZO	ZO	NM	NB	NB	NB	NB
PB	ZO	ZO	NM	NB	NB	NB	NB

规则 1：if E is NB and EC is NB then U is PB

规则 12：if E is NM and EC is PS then U is PM

规则 37：if E is PM and EC is NM then U is ZO

其中，几个常用的模糊语言变量的符号表示如下：

NB(Negative Big)：负大

NM(Negative Medium)：负中

NS(Negative Small)：负小

ZO(Almost Zero)：几为零

PS(Positive Small)：正小

PM(Positive Medium)：正中

PB(Positive Big)：正大

模糊规则可以通过相关领域的专家给出，也可以通过大量的实验数据给出。无论应用哪种方法，得到的模糊规则都是近似的，因而还需要解决这些规则的协调问题。既要保证模糊规则的完备性，即对于任何模糊输入状态，都必须产生一个模糊控制器的输出，又要保证模糊规则的相容性问题，即模糊规则之间不能得到相互矛盾的结论。解决这两个问题，往往需要一定的工程经验积累和实验数据。

3. 确定权与规则信度

明确地建立模糊规则的权和知识库中模糊规则信度之间的关系是相当重要的。除了模糊表示的隐含关系常常没有被完全考虑之外，有几位研究者已经对上面的描述提出非常相似的结论。例如，考虑规则置信矩阵是二值的，即对每一个输入集，只有一个规则的信度是非零的，且其值为 1。这个限制意味着，权值只能是有限个值(模糊输出集的中心)中的一个。对每个模糊输入隶属函数，允许超过一个规则的信度为有效(active)，应用位于单位区间内的信度，允许相应的权去估计任何位于模糊输出集支集中的值。

此外，当模糊输出集由 $k(\geqslant 2)$ 阶对称 B 样条基函数定义时，得到如下的关系：

$$\theta_i = \sum_{j=1}^{q} c_{ij} y_j^{(c)} = \boldsymbol{c}_i^{\mathrm{T}} \boldsymbol{y}^{(c)} \tag{7.40}$$

式中，$y_j^{(c)}$ 是第 j 个输出集的中心。存在 q 个模糊输出集，且规则信度由下式定义：

$$c_{ij} = \mu_{B^{(j)}}(\theta_i) \tag{7.41}$$

即在权值和相应的模糊规则置信向量之间存在一个可逆(invertible)映射。知识能以两者中的任何一种形式表示，而且在转换时没有信息丢失。权值与 2 阶 B 样条规则置信向量之间的可逆映射如图 7.28 所示。

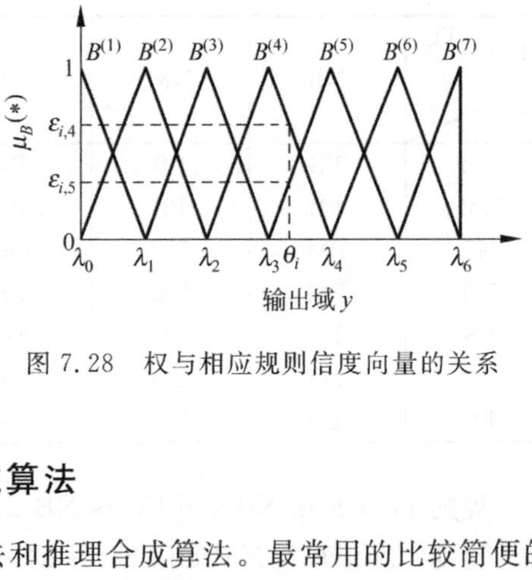

图 7.28　权与相应规则信度向量的关系

这个过程可以被视为对权的模糊化和对单个规则置信向量的反模糊化。而且当使用 $k(\geqslant 2)$ 阶对称 B 样条函数时，在这个过程中没有信息丢失。

4. 选择适当的关系生成方法和推理合成算法

设计模糊控制器需要选择适当的关系生成方法和推理合成算法。最常用的比较简便的方法是 Mamdani 方法。模糊推理算法与模糊规则直接相关。它的复杂性依赖于模糊规则语句中模糊集的隶属函数。选择一些简单的又能反映模糊推理结果的隶属函数可以大大简化模糊推理的计算过程。通常高斯隶属函数、梯形隶属函数和三角形隶属函数是使用最多的隶属函数。

5. 反模糊化

当推理过程的输出构成一个模糊输出集 $\mu_B(y)$时，就有必要压缩其分布以产生一个表达模糊系统输出的单值，这个过程称为反模糊化，其实现有多种方法。其中两个最常用的方法是最大值平均和重力中心算法，在此对这两种方法作进一步介绍。这两种方法又可分别被归为截断法和代数法两类。因为前者的输出值是在 $\mu_B(y)$上具有最大隶属度的值，它是基于对一段信息(或至多几段信息的均值)进行输出估计，故称为截断法。后者使用输出分布中每一点上的标准权值分布进行输出估计，故称为代数法。由于当输入变化时，规则之间有更渐变的转移，因此，重力中心反模糊化算法易于产生一个更平滑的输出曲面。

重力中心反模糊化算法过程的定义如下：

$$y(\xi)=\frac{\int_Y \mu_B(y)y\mathrm{d}y}{\int_Y \mu_B(y)\mathrm{d}y} \tag{7.42}$$

当输入由一个单独的模糊集表示，并使用代数截断算子和 B 样条隶属函数时，就能观察到模糊系统怎样进行信息处理这一重要的过程。表示模糊并的加法算子意味着每个模糊集能独立地被反模糊化，使用乘法蕴涵算子则允许模糊规则中的输入输出项能被独立地分析。同样，同时使用标准化规则信度向量、B 样条隶属函数和乘法交算子降低了对如下多变量模糊输入集简单线性组合的模糊输出计算量：

$$y(\xi)=\sum_{i=1}^{h}\mu_{A^{(i)}}(\xi)\theta_i \tag{7.43}$$

因此，模糊输出曲面的形状由模糊输入集的形式决定。每一个权代表一个对特定模糊输入集合的输出估计，对包含于相应规则信度向量中的信息进行反模糊化，即可给出结果。对这些模糊系统的建模和归纳，依赖于所使用模糊输入集的形式和从输入表示中完全解耦。

7.5.3 神经-模糊系统

下面介绍神经-模糊系统和自适应模糊系统。这是一类最有发展前景的模糊系统。但对于大多数读者而言，可以跳过这些内容而几乎完全不影响对模糊控制的学习和在 MATLAB 中设计和调试模糊控制系统。或者说，在熟悉了模糊控制系统的设计和调试以后，再来阅读本章以后的内容，会更好一些。

神经网络有许多类，但有一类重要的神经网络系统能够用模糊规则来初始化和解释其行为，这种神经网络系统称为神经-模糊(neurofuzzy)系统，因为它们在一个单独的、非线性信息处理装置中结合了神经网络(结构和学习算法)和模糊逻辑(模糊性、信息语句与表达)的特性，如图 7.29 所示。

图 7.29 中的分段多项式 B 样条神经网络和高斯径向基函数神经网络一样可以被归类为神经-模糊系统。另一个重要的神经-模糊系统称为混合专家模型(mixture of experts

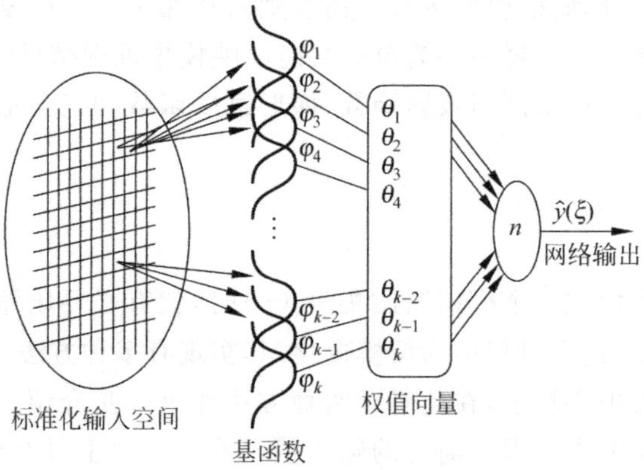

图 7.29　关联记忆网络

model,MEM),其中局部最优化函数的逼近是与其他使用标准化加权过程的局部映射相结合的。在此模型中,权依赖于状态,并表示局部专家为正确的可能性。

1. B 样条神经-模糊系统

当模糊隶属函数用 k 阶单变量 B 样条定义时,采用了重心反模糊化算法,并使用了代数模糊推理算子,而输入被表示为一个单独的模糊集,此时模糊系统的输出如下式所示:

$$y(\xi) = \sum_{i=1}^{h} \mu_{A^{(i)}}(\xi)\theta_i \tag{7.44}$$

在此式中,多变量模糊集 $\mu_{A^{(i)}}(\xi) \equiv \varphi_i(\xi)$ 正是定义在 n 维网格(一个完整的规则基)上的多变量 B 样条基函数,而权向量 $\boldsymbol{\theta}$ 是可调参数的线性集。因此,模糊系统能被直接映射到图 7.29 所示的结构上。其建模和归纳能力依赖于 B 样条基函数的形式和分布。

这种理解对实现模糊系统和其性能的理论分析有重要的意义。说这些神经-模糊系统是泛逼近(universal approximators),只是一种粗浅的理解,因为一个模糊系统产生分段多项式映射时,由 Stone-Weierstrass 理论,这个多项式函数集合为泛逼近。同时有必要注意到,无论 B 样条模糊集合个数的增长,还是样条阶数的增长,都可能证实这个结论。与在后面的"自适应模糊模型"部分描述的一样,由于可调参数(权值)的集合是线性的,且存在许多标准的学习理论可以用于分析这些自适应系统的行为,因此这个解释也是相当重要的。它还意味着,当用上式来实现系统,而不是按执行完全的模糊化-推理-反模糊化的过程计算时,系统的计算量会大大减少。最后,也是最重要的,这种解释允许开发更多的高级神经-模糊学习算法,它能利用训练数据中的冗余数据,解决高维建模和控制问题。在"自适应模糊模型"的"离线网络构造"中将对此讨论。

2. 高斯径向基函数神经-模糊系统

当如前面所述实现一个模糊系统时,除了用以单变量高斯函数表示的隶属函数之外,模糊神经网络在结构上与标准化高斯径向基函数算法完全等价。其中,多变量模糊输入集形成一个单位分解,如下式所示:

$$\varphi_j^*(z) = \frac{\varphi_j(z)}{\sum_{i=1}^{n} \varphi(z)} \tag{7.45}$$

这个修正过的 GRBF 网络有一个标准化因子，这个标准化因子由初始重心反模糊化算法中的分母项引入，它保证了输出曲面质量不被网络形成的内部表示的强度变化所影响。由于最大反模糊化过程的均值仅被分布的相对高度所影响，而不被实际的隶属值所影响，因而它使模糊系统的输出标准化。

将多变量模糊输入隶属函数解释为标准化高斯映射有一个重要的优点，即它能被用来克服基函数中心必须定义在 n 维网格上这一局限。可以选择不同的监控和非监控学习规则来选择、优化和聚类模糊集中心，因此当训练数据与测试数据被约束在输入空间中的某一部分时，这种解释是极为有用的。同时，高斯函数是无限可微的，因此可以估计出模糊逼近及其任意阶导数(模型是否已经被足够精确地训练是另一个问题)。另一个重要的属性归因于高斯基函数的局部(但非严格紧)支撑。当只有一个基函数对输出有显著影响时，对输出的标准化能使其支撑明显地具有全局性。但当在邻近定义其他基函数时，高斯基函数几乎是紧支集的。因此，高斯基函数具有非常灵活的基本形式。

高斯映射是唯一能被写成单变量高斯函数乘积的径向基函数(RBF)，因此，没有其他映射能被表示为一个神经-模糊系统的 RBF 神经网络。

3. 混合专家神经-模糊系统

在混合专家模型(MEM)神经-模糊系统中，由于不是用表示真实输出估计的权与每一个模糊输入集相联系，而是用一个存储的 n 维函数与每一个模糊输入集相联系，因此它具有自身的特性。这些存储的 n 维函数表示一个局部模型集或专家，而模糊输入集用于衡量每一个专家对输出的影响，反映模型为正确的可能性。因此，MEM 神经-模糊系统的输出可表示如下：

$$y(\xi) = \sum_{i=1}^{n} \mu_{A^{(i)}}(\xi)\theta_i(\xi) \tag{7.46}$$

式中，$\theta_i(\xi)$在此是一个函数而非一个单值。一般地，每一个 $\theta_i(\xi)$是一个线性映射，即

$$\theta_i = \theta_{i,0} + \theta_{i,1}\xi_1 + \cdots + \theta_{i,n}\xi_n \tag{7.47}$$

模糊输入集可用 B 样条或高斯基函数表示，或可以将模糊输入集作为一个输入空间上的多层 Sigmoidal 分解。存储线性函数而不是存储单个的权值，意味着比逼近许多光滑函数要简单得多，虽然这要求 n 倍的内存。例如，当用一个 GRBF 神经-模糊系统去逼近一个局部线性函数时，为使逼近误差很小，就要求模糊集的宽度相当大。这反过来意味着，对权值的优化计算是相当病态的。但是，当局部专家模型是线性的且模糊输入集形成一个单位分解时，MEM 神经网络模糊系统对这种映射建模是很简单的。

7.5.4 自适应模糊模型

对本章中描述的模糊系统有多种自适应方法。但也有这样一种观点，即当代数模糊算子与反模糊化区域中心和单点模糊化策略相结合时，可以提出一个完整的理论框架，并且这个理论框架能预测这些自适应神经-模糊系统的性能。通常假定要训练的最优参数是那些

在参数和系统输出之间有明显和直接(透明的)关系的参数。这个假定不仅改善了学习过程的条件,同时由于更容易理解对自适应神经-模糊系统的修正,也简化了验证程序。

神经-模糊系统的三层结构如图 7.29 所示。这种三层结构的描述如下式:

$$y(\xi)=\sum_{i=1}^{n}\mu_{A^{(i)}}(\xi)\theta_i \tag{7.48}$$

它说明了参数是怎样被分解到两个不同范畴的,而正是由此决定了输出是线性的(权值)还是非线性的(隶属函数)。调整线性参数集合比训练非线性参数集合要容易得多,而且还存在多种可以证明收敛性并估计收敛速度的学习算法。因此,权(规则信度)是最易于调整的参数。当它们表示对每一模糊输入集的输出估计时,它们是完全透明的,因此当对一个神经-模糊系统进行在线迭代训练时,权值向量是最易于调整的参数集合。为了适应模糊输入集的形状以及在引入和去除隶属函数中可能引发的结构改变,必须使用一个唯一的、可实现的、只能离线进行的复杂非线性训练过程。下面介绍几种神经-模糊系统的训练规则,包括在线的和离线的,并讨论其性能。

1. 在线规则自适应

迭代学习程序能用于调整神经-模糊系统的线性参数(权)向量。当数据被接收时,它提供系统期望行为的即时范例,权向量能被反复调整以提高系统性能。最小二乘法(LMS)和标准最小二乘法(NLMS)学习算法是以在瞬时均方误差性能曲面上执行梯度下降为基础的。一般地,这个性能度量由下式给出:

$$J(k)=\varepsilon^2(k)=[\hat{y}(k)-y(k)]^2 \tag{7.49}$$

式中,$\varepsilon(k)$为输出误差。而且上式产生如下形式的学习规则:

$$\text{LMS}\qquad \Delta\boldsymbol{\theta}(k)=\delta\varepsilon(k)\boldsymbol{\varphi}(k)$$

$$\text{NLMS}\qquad \Delta\boldsymbol{\theta}(k)=\delta\varepsilon(k)\frac{\boldsymbol{\varphi}(k)}{\|\boldsymbol{\varphi}(k)\|_2^2}$$

式中,$\boldsymbol{\varphi}(k)$是由模糊输入集的输出集所组成的向量,即 $\varphi_i(k)=\mu_N(\xi(k))$;$\delta$ 为学习速度;$\Delta\boldsymbol{\theta}(k)=\boldsymbol{\theta}(k+1)-\boldsymbol{\theta}(k)$是在时刻 k 处的权向量变化。

这些训练程序刷新权向量,使其与归一化输入向量$\boldsymbol{\varphi}(k)/\|\boldsymbol{\varphi}(k)\|^2$ 并行,其步长为 LMS:$\delta\varepsilon(k)\|\boldsymbol{\varphi}(k)\|^2$,NLMS:$\delta\dfrac{\varepsilon(k)}{\|\boldsymbol{\varphi}(k)\|^2}$。

因此,两种学习算法沿着相同的搜索方向刷新其权向量,在沿此路线时只有距离是不同的。两者基于同一个训练数据计算搜索方向及步长。但是,要估计输出误差的哪一部分应归因于权向量的误差、测量误差或建模误差是不可能的。相似地,当两个输入对于输入网格相近或相关时,则逐次的搜索方向是高度相关的。因此,虽然训练规则相当简单,但当存在明显的建模和测量误差,并且逐次的训练样本相似时,其性能是退化的。

这种缺陷可以被部分地克服,其方法是采用一个高阶的学习算法集合,用多于一个的训练数据来估计当前系统的性能。基于此,可以在搜索方向中引入正交性,并可部分地滤掉测量误差或建模误差。当期望的映射为静态时,有大量的优化技术可以解决此类问题。但是,使用在线学习的主要原因是为了处理时变装置。同时,一般而言,在实时处理中这些标准算法太过繁琐而难以实现。因此,值得考虑怎样导出一套计算花费少的线性最优算法用于时变映射建模。

要获得高阶学习算法,中心问题是构造一个典型训练数据存储的能力。存储空间的大小是固定的,而且在存储中应当包含最近的(为了对时变装置建模)和最有效的(部分地解除相关性以增加参数收敛的速度)数据。对于数据更新,存在多种不同的方法,但最简单的就是将当前训练数据与所有存储数据相匹配,并清除最老的数据。在此时间和空间的匹配也是加权的概念。只要给出了额外的信息,就能开发许多将经典最小二乘法推广的学习规则。在实践中发现工作得最好的规则,是设置搜索方向与存储中的当前含有最大残差的输入向量相平行,并选择步长以使对所有的数据当前 MSE 为最小。这种方法将搜索方向正交化,并抑制了沿此搜索方向的步数。

2. 调节规则信度

这部分讨论可以怎样有效地训练神经-模糊系统中的权值,而忽略模糊规则信度的表示。

由于在权和模糊规则信度之间存在一个学习等价(learning equivalence)关系,因此这是可以调整的。可以在权空间中执行并训练一个神经-模糊系统,并由于在权和模糊规则信度之间存在可逆映射,故可用模糊规则解释已知函数。但是,直接训练模糊规则信度也是可能的。

神经-模糊系统的输出线性地依赖规则信度矩阵:

$$y(\varepsilon)=\sum_{i=1}^{h}\mu_{A^{(i)}}(\xi)\left(\sum_{j=1}^{q}c_{ij}y_j^{(c)}\right) \tag{7.50}$$

它可以重写如下:

$$y(\varepsilon)=\boldsymbol{\varphi}^{\mathrm{T}}(\xi)\boldsymbol{C}\boldsymbol{y}^{(c)} \tag{7.51}$$

式中,$\boldsymbol{C}$ 为 $h\times q$ 规则信度矩阵。模糊输入集和输出集的中心都是静态的,因此网络输出是在如下定义空间上规则信度的线性函数,即

$$\boldsymbol{A}\otimes\boldsymbol{y}^{(c)} \tag{7.52}$$

式中,$\boldsymbol{A}$ 为矩阵,其第 k 行由$\boldsymbol{\varphi}^{\mathrm{T}}(\xi(k))$定义。由于输出集中心不依赖于网络输入,故这个空间是一个当然的奇异空间,因此存在无限个产生最优系统输出的最优模糊规则信度矩阵。甚至当规则信度被约束在单位区间上,且每个规则信度向量是标准的(归一的)时,提出的最优化问题仍然不是唯一的。因此,斜率下降过程收敛到一个结果,但它无须一个切实的语言解释。

要取代 LMS 和 NLMS 学习规则的期望输出,一个可能的方法是使用期望规则信度向量(desired rule confidence vector),它通过用与在"权与规则信度"中描述的相似方法,估计期望输出的输出集的隶属度而得到。因此,从期望规则信度中减去当前(加权平均)的规则信度估计,并在如下的模糊 LMS 或 NLMS 规则信度更新算法中使用该量,就可构成一个规则信度向量误差,即

$$\Delta c_i(k)=\delta\left\{\hat{c}(k)-\sum_j\mu_{A^{(j)}}[\xi(k)]c_j(k)\right\}\mu_{A^{(i)}}[\xi(k)] \tag{7.53}$$

式中,$\hat{c}(k)$是期望规则信度向量,它可由模糊输出集的期望输出的隶属度形成。一个用这种学习规则训练的自适应神经-模糊系统与一个类似的基于权的,其权向量是用 LMS 算法调

整的网络是学习等价的。

总的来说，可以为神经-模糊系统找到等价的模糊规则信度训练算法，但其实现的代价更大，而且由于最优化问题内在的奇异性，它们的透明性要小些。

3. 离线网络构造

确定一个神经-模糊系统的结构是一个十分复杂的非线性迭代优化问题，对此必须找到哪些输入更重要，一个单独的网络是否能够用两个或更多个更简单的网络来代替，以及各(子)网所构成的内在表示(模糊集的个数和形状)是什么。在任何建模工作中，这都是一个极为重要的任务，因为如果网络结构不适当，网络要么是过度参数化而含噪建模，要么是缺乏灵活性而不足以存储要求的信息。另外，构造一个适当的内在表示可以将下面4个期望的性质赋予合成系统：

(1) 提高系统的归纳能力；

(2) 减少所需的训练数据个数；

(3) 优化网络条件；

(4) 简化网络结构以得到更透明的规则库。

下面讨论怎样利用附加的和局部的冗余数据解决此问题。

在前面的描述中，这个神经-模糊网络通常都有的在中高维输入空间中定义的逼近函数的问题，不会立即显示出来。但当一个复杂的实际应用系统被开发出来时，这就是一个严肃的问题。例如，考虑用定义在每个(输入输出)轴上的7个单变量模糊集合对一个5维映射建模，则神经-模糊系统所需要的数据源为 $7^6 \approx 120\ 000$ 个规则信度或 $7^5 \approx 17\ 000$ 个权值。在每一种情况下，系统至少需要20 000个分布较好的训练数据，才能在整个输入空间和许多实际情况下正确地推广，实际上这么大量的样本很难获取。这个问题通常称为维数灾难(curse of dimensionality)。

4. 全局冗余

要减轻在神经-模糊系统中发生的维数灾难，最简单的方法之一，是尝试利用在期望函数中产生的任何全局冗余。要达到这个目的，最简单的方法是只引用那些在模型中贡献了大量信息的输入。用忽略冗余输入来减小输入空间大小的方法可以大大简化神经-模糊系统结构。

另一个简化系统结构的方法是利用任何的加性冗余。在最简单的情况下，网络可以由如下形式的非线性单变量模型的线性组合构成：

$$y(\xi) = \sum_{i=1}^{n} s_i(\xi_i) \tag{7.54}$$

式中，$s_i(\cdot)$ 为单变量非线性神经-模糊子网络。整个网络极为简单，其计算量以 n 倍线性增长。但它只能对不同输入变量之间的加性交互作用建模，即要求没有 $\xi_1\xi_2$ 形式的交叉乘积多项式。更一般的模型形式如下：

$$y(\xi) = \sum_{i=1}^{r} s_i(\xi_i) \tag{7.55}$$

式中，r 是(可能是多变量)神经-模糊子网络的个数，其输入向量 ξ_i 属于一个维数更小的子空间。这种方法试图用一个维数更小的神经-模糊子网络的线性组合来逼近基本期望函数。

当一种迭代方式是以一个非常简单的模型开始，且在存储中有一个单变量网络集合时，则在迭代中可以辨识出加性相关性。存储中的每个单变量网络都可被视为神经-模糊系统中可能的单变量子网络，而减少当前输出误差最多(依据其复杂性定义权值)的单变量子网络也包含在神经-模糊系统中。要注意，这些网络能用标准的优化技术(例如共轭梯度法)进行训练。由于加性冗余被明确建模，因此改善了优化问题的条件。这个程序迭代构成由单变量非线性子网络线性组合而成的神经-模糊系统。如果允许在一个当前子网络和另一个存储中的单变量网络之间，或在一个当前子网络和另一个包含在当前模型中的子网络之间存在一个张量乘积运算，则可以发现维数更高的子网络。这种情况将初始子网络增加了一维，意味着新的子网络能精确地存储前两个子网络中的信息，同样，它还能对新的交叉乘积项建模。实践中，在任何时刻都有可能包含一个新的单变量网络，或者形成一个张量乘积运算。而且，最具有统计意义(statistically significant)的子网络也包含在当前的模型中。

5. 局部划分

在开发一个自动网格构造算法时，有必要设计一个能够优化模糊隶属函数的个数与位置的程序。前面描述的归纳学习程序决定了哪些输入变量在精确预测装置性能当中更为重要。但一般而言，还有必要改进(增加、修正或简化)子网格的结构。然而，开发一个设计优良的迭代优化程序依赖于每个子网络使用的表达式。可做的最简单的假定是多变量模糊集被定义在网格上(用每个单变量模糊子网络的张量乘积表示)。在此假定下，每个单变量模糊子网络能被分别优化，而且从它们的张量乘积中生成一个新的多变量子网络。当使用B样条模糊隶属函数时，可以在节点向量中加入一个新的节点(例如在前两个值的中间)，而且这样做将引入一个新的基函数，并局部修正前面的 k 个隶属函数，如图7.30所示。

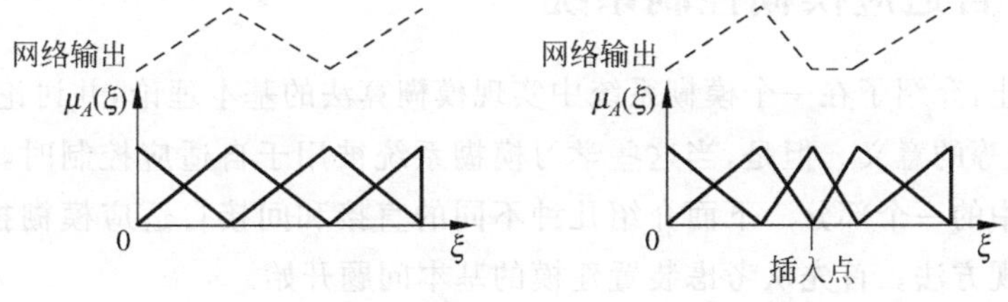

图7.30　在网络中插入一个新的B样条隶属函数(节点)

(a) 插入前的网络输出；(b) 插入后的网络输出

在这种情况中，一个新的B样条模糊隶属函数(节点)被插入一个单变量子网络中。这个过程局部修正了现存的模糊隶属函数，并在模型中增加一个额外的自由度(另一个分段线性段)。在单变量基函数中加入一个单节点，与在一个2维网格中增加一条新的线段或在一个 n 维输入空间中增加一个 $n-1$ 维超平面是等价的。如果约束新节点的值，令其发生在相邻值中间，并估计可能的位置，则有可能决定哪一个优化可以对未建模的数据产生最优拟合，以修正子网络并重新训练整个网络。

但有时候，当上一步归纳学习程序并不总是最优的而且可能出错时，子网络就可能变得太过灵活了。若在模型中包含了不应包含的输入，或节点插入程序仅从区间中值集合中选择一个可能值，则可能形成过于复杂的子网络。因此，在限制网络复杂性中，网络去除是一个很重要的工具。可以删除节点(模糊隶属函数)，并将子网络分解为维数更小的子网络，只要这些子网络之一可以产生一个与更复杂的模型一样适于数据的模型，就可以简化整个神经-模糊系统。

最后，有必要考虑前面设计中的局限性。大多数神经-模糊系统都有一个定义在网格上的基函数集。虽然通过对所有全局加性冗余直接建模，上面的程序可以部分地克服这个局限，但每一个子网络仍然建立在一个维数更小的网格上。应用更复杂的输入空间分割技术可以进一步部分地克服这个局限，虽然其中可以被解释为模糊规则的大部分仍然依赖于将输入空间在平行于轴的方向上分割，如图 7.31 所示。即使允许了这些可以利用局部冗余的分割策略，也仍有必要在将输入表示到每一个子网络之前，将输入旋转并解除其相关性。当考虑了这些可能的局限时，基本的网络结构算法才可能为其他高维模糊系统产生简洁的中等尺度模型。

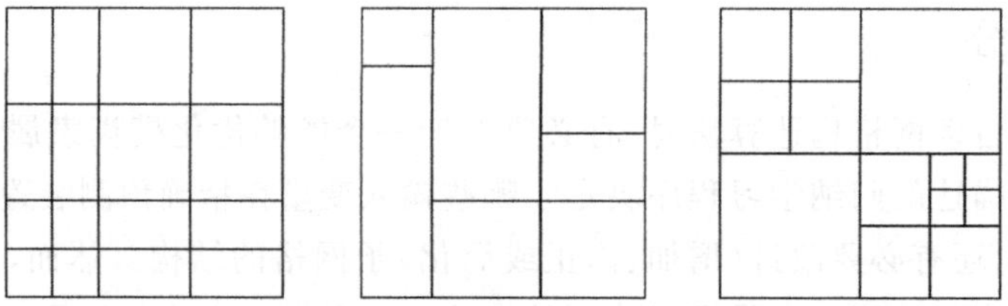

图 7.31　输入空间的网格划分、树状划分和层级划分

(a) 网格划分；(b) 树状划分；(c) 层级划分

7.5.5　自适应模糊控制系统

到目前为止，介绍了在一个模糊系统中实现模糊算法的基本理论，并讨论了应用不同的隶属函数、算子等的意义。但是，当这些学习模糊系统被用于自适应控制时，它们必须作为全局设计计划中的一个部分。下面介绍几种不同的直接和间接自适应模糊控制器，并提供几种不同的实现方法。首先从考虑装置建模的基本问题开始。

1. 自适应模糊建模

相对而言，将一个模糊系统用做一个自适应装置的模型是比较简单的，因为可以直接利用期望的训练信号(测量得到的装置输出)，且只有模糊系统的结构需要被决定。从而学习过程是一个线性优化过程，且当数据满足边值约束时，可以证明学习过程将收敛至全局最小。图 7.32(a)中给出了最简单的结构。其中，模糊装置模型的输入由控制输入的时延测量值和装置的输出构成。在此情况下，假定训练数据由如下描述的过程产生：

$$y(k)=f(\boldsymbol{\xi}(k)) \tag{7.56}$$

式中，$f(\cdot)$是一个未知的非线性映射，它表征了未知装置。

$$\boldsymbol{\xi}(k)=(y(k-1),y(k-2),\cdots,y(k-n),u(k-1),\cdots,u(k-n))$$

是装置的信息向量。故模糊模型可如下构成：

$$\hat{y}(k) = \hat{f}(\boldsymbol{\xi}(k)) \tag{7.57}$$

式中，$\hat{f}(\cdot)$表示模糊系统。输入向量由装置的输出值和控制输入组成。假定测量是正确的，并已得到模型阶数 n_y，n_u 的正确估计，而控制输入为持续激励，则模糊系统将令人满意地逼近$\hat{f}(\cdot)$。甚至即使这些条件并不满足，也可以证明模糊系统能跟踪装置的输出(虽然此时无法将网络适当地推广)，即

$$\lim_{k\to\infty} \varepsilon(k) = 0 \tag{7.58}$$

当测量得到的输出被噪声污染时，建模过程将可能是有偏的。而当输入有误时，将无法判断输出误差是源于参数不匹配还是源于输入不正确。为克服此困难，模型的输入采用其自身的输出而不用测量值(假定模糊系统的输出足够接近真实值)，产生一个如下的模糊模型：

$$\hat{y}(k) = \hat{f}(\boldsymbol{\xi}(k)) \tag{7.59}$$

式中，$\boldsymbol{\xi}(k)=(\hat{y}(k-1),\hat{y}(k-2),\cdots,\hat{y}(k-n_y),u(k-1),\cdots,u(k-n_u))$是模糊系统的信息向量，如图 7.32(b)所示。在当前的跟踪误差可能被前几步的参数误差所影响而非最近一步的参数误差所影响时，训练这些循环的模糊模型的学习规则是非线性的。

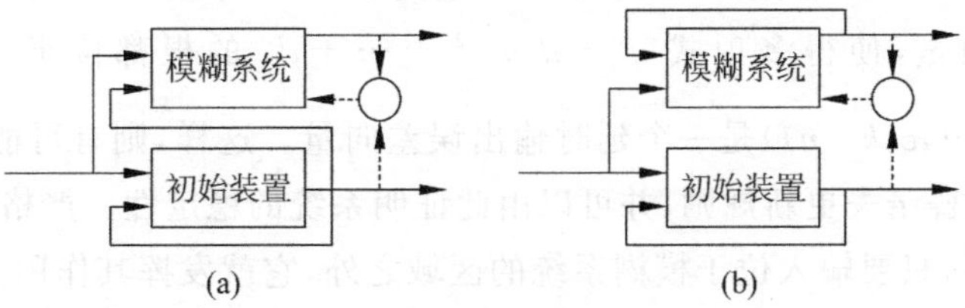

图 7.32　两种基本的模糊装置模型

(a) 采用测量值作为输入的模型；(b) 采用自身输出作为输入的模型

这些模糊系统能用于对一个专家算子建模，这个专家算子知道怎样去控制难以建模的过程，或直接构造这个过程的逆向模型，或更直接地预测这个未知过程的状态，这个未知过程的状态随后被用于预测控制算法或间接控制器的设计。所有这些应用的成功依赖于模糊规则库的结构(对数量 n_y，n_u 和非线性映射构成的估计)和在“离线网络构造”中描述的可用于此的算法。

2. 间接自适应模糊控制

自适应控制算法可以被粗略地分为直接规划和间接规划。在后一种方法中，不用形成一个明确的控制器模型，此时自适应模糊模型被用于间接地构成一个控制信号。在过去的几年中，人们已经开发了大量的间接自适应模糊控制系统(此前所有的自适应模糊系统都是直接的)。

3. 仿射系统

人们为了对一类所谓的仿射系统开发控制算法，已经做了大量的工作。在控制信号中，

仿射系统是线性的，并可表示如下：

$$y(k)=f(\boldsymbol{\xi}(k))+g(\boldsymbol{\xi}(k))u(k-1) \tag{7.60}$$

式中，$f(\cdot)$，$g(\cdot)$是非线性函数，且$\boldsymbol{\xi}(k)=(y(k-1),y(k-2),\cdots,y(k-n_y),u(k-1),\cdots,u(k-n_u))$。

在一个有两个以上子网络的模糊系统中，其中一个子网络依赖于$u(k-1)$，且$u(k-1)$由两个2阶B样条建模（即在紧域上是线性的），可以很容易地表示这个由初始装置分解为两个子模型，其中一个模型与当前控制信号相乘的加法与乘法分解。因此，前面描述的网络构造算法能被用于精确地决定哪些输入更重要以及它们应被怎样表示。这种模糊装置模型表示如下：

$$\hat{y}(k)=\hat{f}(\boldsymbol{\xi}(k))+\hat{g}(\boldsymbol{\xi}(k))u(k-1) \tag{7.61}$$

假定f，g能满足一定的条件，例如平滑及g不为0，并且知道模糊子网络能充分地逼近f和g，则有可能在确定等价性原理(certainty equivalence principle)的基础上设计一个控制器。

因此，若用$y_m(k)$代表k时刻的期望输出，则由下式可计算得到控制信号：

$$u(k-1)=\frac{y_m(k)-\hat{f}(\boldsymbol{\xi}(k))+\boldsymbol{d}^{\mathrm{T}}\boldsymbol{\varepsilon}(k)}{\hat{g}(\boldsymbol{\xi}(k))} \tag{7.62}$$

式中，$\boldsymbol{d}^{\mathrm{T}}$是一个向量，使得多项式$q^n+d_1q^{n-1}+\cdots+d_n$的根都位于一个单位圆内，且$\boldsymbol{\varepsilon}(k)=(\varepsilon(k-1),\cdots,\varepsilon(k-n))$是一个延时输出误差向量。这样，则有可能为模糊子网络$\hat{f}$，$\hat{g}$设计简单的李雅普诺夫更新规则，并可以由此证明系统的稳定性。严格地说，这还需要一个稳定性监控程序，只要输入位于模糊系统的区域之外，它就发挥其作用。

仿射系统最有吸引力的特征之一，是其结构能用输入输出线性化技术决定，这为输入空间尺度给出了一个上界。

4. 模糊模型转换

不将装置模型假定为仿射结构，而是在控制输入中将装置模型简化，并直接用转换模糊规则库，或间接用数字搜索程序，或通过配置已知函数，将模糊装置模型转换。在所有的算法中，都用一个模糊模型映射当前装置状态并控制下一个状态的输入。假定一个参考模型能提供一个期望的行为，即如果$y(k)=y_m(k)$已知，则必须将规则库转换以找到$u(k-1)$。其中，第一个方法（即利用输入、输出都是由模糊集表示，且蕴涵算子是可逆的这一事实，以直接地转换模糊库）看起来很有吸引力，因为控制器是由一个明确的模糊规则集合构成的。但是，这种方法的普适性较差，因为规则信度向量不再是标准的（归一的），而且控制系统不能在输入域边界上正确地推断信息。

间接用数字化搜索程序转换模糊规则库是最精确的方法，虽然它可能占用较多的时间，并可能在映射中存在不连续（因为模糊规则信度未被初始化），因此不能使用假定了某种平滑特性的搜索程序。一个被证明有效的技术是，在均方差意义下对映射$u(k-1)\rightarrow y(k)$配置（全局）线性函数，然后转换此线性关系。但是，这个方法隐含地假定在装置中存在一个仿射结构，而如果这是事实的话，则在上一节“自适应模糊模型”中提到的技术可能更适当一些。

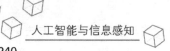

5. 其他方法

另外有许多方法可以将模糊模型用做其控制设计程序的一部分。例如，d 步超前预测控制算法应用优化算法来寻找一个使预设的性能函数值最小的控制信号序列。这个程序并不明确地使用模糊系统的语言属性，但是与一个高效执行相结合的局部学习程序已足以调整其使用。同样，还有一种方法是用模糊系统来对一个线性系统的(非线性)放大系数建模，并进一步用局部线性模型来完成控制器设计。在此使用了模糊系统，因为它们对可调参数是线性的，而且优化程序的条件良好。可能在初始化这两种系统时要用到对过程的专家知识和模糊知识，而且，虽然这是一个有用的特征，但它适于这些工作的原因是源于网络的学习能力。

6. 直接自适应模糊控制

一个直接自适应模糊控制器可以直接地建立一个模糊控制器。模糊控制器将当前状态和期望状态信息映射到一个可取控制信号。最简单的也是用得最多的模糊控制器是用于测量(从一个设定点处的当前的偏离)误差和误差率，基于输入信号的模糊系统或者输出控制信号，或者输出在控制中可取的变化，如图 7.33 所示。

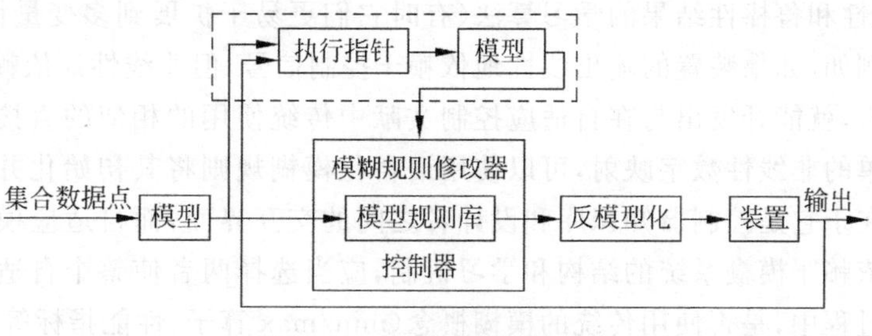

图 7.33　直接模糊控制系统

直接模糊控制器实现了一个非线性控制算法，可以使用模糊的语言化规则将这个非线性控制算法以一种很自然的方式进行初始化和有效化。事实上，目前被开发出的模糊控制系统主要是静态的，模糊系统更可取的唯一可能的原因大概是其常识性，也就是模糊规则能以一种自然的方式被实现和迭代。自适应模糊控制器试图通过学习装置如何响应不同的控制动作来获得其规则，并因此更新其控制策略。因此，可以简单地说，直接(和间接)模糊控制器是一种非线性学习系统，而且它们同常规方法一样，服从同样严格的收敛性、稳定性和鲁棒性分析。

许多直接自适应控制器是基于误差的，每一输入信号都是基于当前装置输出值和要求的设定值(例如其导数和/或积分)之间的误差，因此它就像一个标准的非线性 PID 控制器。但是，使用直接自适应模糊系统的一个主要原因是希望控制非线性装置，除非已经采取特殊的预防措施，比如根据控制点和装置的局部动态行为来改变模糊集的定义，从而，基于误差要求的控制器映射将依赖于状态点。这个程序同与线性控制器增益时序安排是等价的，因为改变模糊集的定义将有效地改变整个系统的放大系数。

7. 学习机制

在建立一个直接自适应控制系统时，必须回答的基本问题是：输出误差中的哪一部分源于不正确的控制信号？例如，用原始的阶跃响应数据去适应控制器是不可行的，因为它等价于要求装置要获得系统状态中的瞬时过渡。因此，信号必须用一个近似的过程模型（在某种意义上）加以滤波。为使要求的装置输出信号是可实现的，需要将这个过程模型置于控制器之前，否则的话，则需要将这类知识隐含在学习机制当中。与其说这些直接自适应模糊控制器不需要一个过程模型，不如说它要求一些关于动态行为的先验知识（不论是定量的还是定性的）是可得到的，而且整个控制系统的性能将取决于这些特定的品质。

最早的自组织模糊控制器使用一个性能指标和一个装置的逆雅可比估计。性能指标用于将装置的输出测量（例如与设定点的偏差量和当前的误差变化速度）与表征系统性能的信号联系起来。装置的逆雅可比模型将性能测量映射到要求的控制信号变化上，这种要求的变化是改善系统性能所必要的。这个过程如图 7.33 所示，除了第一个装置模型（它转换要求的阶跃响应）未被使用外。实际应用已经证明这个程序工作良好。

显然，在训练直接自适应控制模糊控制器中，使用性能指标和（逆）过程模型不是唯一的方法，虽然在许多该学科的文献中，人们希望保持这个模糊训练机制。相反，测试常规的具有收敛性、稳定性和鲁棒性结果的学习算法（有时它们更易于扩展到多变量情况）可以取得很大的进展。例如，如果装置的输出线性地依赖于控制信号，但非线性地依赖于其他的状态和时延控制输入，就能开发出与在自适应控制文献中传统使用的相似的直接学习算法。模糊控制器是简单的非线性数字映射，可以使用语言化模糊规则将其初始化并激活。语言化表示的重要性在于它是控制器知识库和设计者之间的交互界面，而自适应模糊控制器的性能（收敛速度）依赖于模糊系统的结构和学习机制，应当选择两者使整个自适应过程尽可能简单。在这个过程中，是否使用传统的模糊概念（min/max 算子、性能指标等）并不重要。

第8章

模糊计算实现

CHAPTER 8

8.1 模糊推理过程

在模糊推理的过程中，明确地描述了怎样用模糊逻辑将给定的输入映射到输出。其中涉及了在前面几节介绍过的所有内容，如隶属函数、模糊逻辑算子和 if-then 规则等。

在模糊逻辑工具箱中，可以实现两种类型的模糊推理系统，即 Mamdani 型模糊推理系统和 Sugeno 型模糊推理系统，这两种推理系统在确定输出的方法上略有不同。

在模糊逻辑工具箱中，模糊推理过程由 5 个部分构成，即输入变量的模糊化、前提中模糊算子(AND 或 OR)的应用、从前提到结果的蕴涵关系、模糊规则结果的聚类和反模糊化。

图 8.1 表示了一个三输入一输出三规则模糊系统模糊推理过程的各部分，并给出了信号在模糊推理图中的流向。

数据流从左下部的输入开始，然后穿过所有箭头(或规则)，再下转至右下部完成输出。这条路径非常紧凑地表现了模糊推理过程的所有东西，包括从语言变量的模糊化到聚类输出的反模糊化。

8.1.1 模糊推理过程的步骤

第 1 步：输入的模糊化

模糊推理过程的第一步是获取输入，并确定它们通过隶属函数而属于每个适当的模糊集合的隶属度。在模糊逻辑工具箱中，输入总是一个明确的数值，而这个数值被限制在输入变量的论域(范围)中。输出则是一个限定语义集合中的模糊隶属度(总在 0～1 之间)。事实上，输入模糊化的概念与查表或函数估计的概念是等价的。

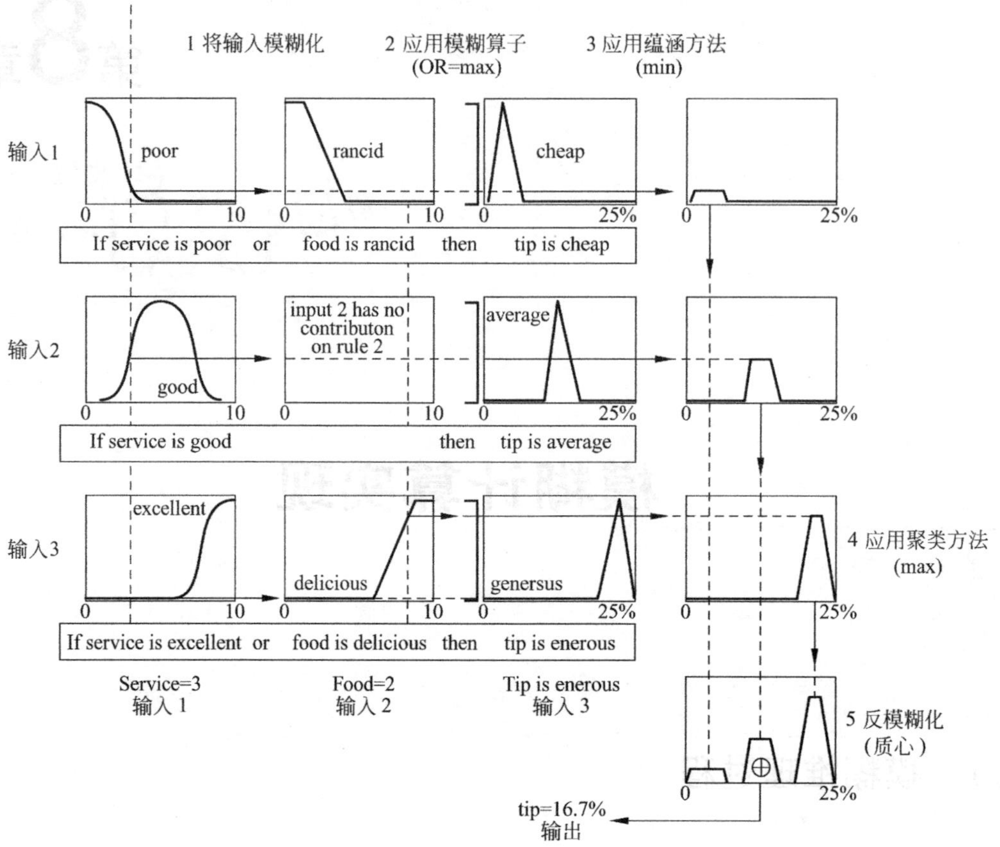

图 8.1 模糊推理过程的反模糊化

一个模糊推理系统的推理基础建立在多个模糊规则之上，每个规则依赖于将输入解析到若干个不同的模糊语义集合之上，如"个子不高""个子有点高""个子很高""电压太低""电压太高"等。必须首先根据各语义集将输入模糊化之后才能进行规则的计算，例如到什么程度个子才真正可以算"很高"。对所有的规则，各个输入均按照相应的隶属函数被模糊化。

第 2 步：应用模糊算子

完成了输入模糊化，就知道对于每个模糊规则，前提中每一部分被满足的程度。如果一个给定规则的前提有多个部分，则可用模糊算子来获得一个数值，这个数值表示前提对于该规则的结果。随后，这个数值被应用于输出函数中。模糊算子的输入是两个或更多个从模糊化输入变量得到的隶属值，而输出是一个单独的真实值。

在模糊逻辑中有多种明确定义的方法可以实现模糊交(AND)和模糊或(OR)算子。模糊逻辑工具箱中内置了两个模糊交方法：min(最小值)和 prod(乘积)，同样还内置了两个模糊或方法：max(最大值)和 probor(OR 概率统计方法)。OR 概率统计方法又称为代数和方法，其运算按如下等式进行：

$$\text{probor}(a,b)=a+b-ab$$

除了这些内置方法，用户还可以自定义实现 AND 和 OR 的方法。其方法是建立一个函数，并将其设为自己的选择项。后面对此将有更多介绍。

例如，在一个二输入三规则的实际工作系统中，如果前提中的两个部分分别产生两个不同的模糊隶属度 0 和 0.7。模糊 OR 算子只要简单地选择二者中的最大值，就完成了对某一规则的模糊运算。在这种情况下，如果使用 OR 概率统计方法(代数和方法)，如上式所示，则其结果仍为 0.7。

第 3 步：模糊推理

在应用模糊蕴涵进行模糊推理之前，必须注意规则的权。每一规则都有一个权(0～1 之间的一个数值)，它被用于前提给定的个数。通常权值为 1。有时用户可能想将某个权值改为一个非 1 的值，以改变相应规则与其他规则之间的相对权值。如果某一规则的权值为 0，则它在模糊推理过程中不产生任何作用。

一旦为每一规则指定了适当的权，就实现了蕴涵。其结果之一是模糊集由隶属函数表示，隶属函数规定了属于它的语义特征的权值。使用一个与前提(一个单值)相关的函数，则结论被重新整形。模糊蕴涵过程的输入是前提给定的一个单值，输出是一个模糊集合。由此实现了对每个规则的蕴涵过程。对此，工具箱有两个内置的方法，它们与 AND 方法使用同样的函数：min 和 prod，前者截断输出模糊集，后者规定输出模糊集的尺度。

第 4 步：聚类输出

由于决策是在对模糊推理系统中所有规则进行测试的基础上做出的，故必须以某种方式将规则结合起来以做出决策。聚类就是这样一个过程，它将表示每个规则输出的模糊集结合成一个单独的模糊集。只有在模糊推理过程的第 5 步，也就是反模糊化之前，才对每个输出变量进行一次聚类处理。聚类过程的输入是对每个规则的蕴涵过程返回的截断输出函数，其输出是一个输出变量的模糊集合。

由于聚类方法是可交换的，因此在聚类方法中，规则的执行顺序无关紧要。工具箱有 3 个内置方法：max，probor 和 sum。其中，sum 执行的是各规则输出集的简单相加。

第 5 步：反模糊化

反模糊化过程的输入是一个模糊集，即上一步中的聚类输出模糊集，其输出为一个单值。在各中间步骤中，模糊性有助于规则计算，但一般而言，对各变量最终的期望输出是一个单值。但是，模糊集的聚类中包含了许多输出值，因此必须将其反模糊化，以从集合中解析出一个单输出值。

反模糊化最常用的方法是重心计算，它计算并返回曲线下区域的中心。工具箱中有 5 个内置方法：重心法(centroid)，二等分法(bisector)，中间最大值法(middle of maximum，输出集最大值的平均)，最大最大值法(largest of maximum)，最小最大值法(smallest of maximum)。

8.1.2　自定义模糊推理

模糊逻辑工具箱的基本目的之一，是建立一个开放的、易于修改的模糊推理系统结构。因此，模糊逻辑工具箱被设计为在描述过程的基本约束之内，使用户尽可能自由地为自己的应用程序设定模糊推理进程。例如，用户可以用自己的 MATLAB 函数代替在上面详细说明的 5 步中默认使用的任何函数，亦即用户可以定义自己的隶属函数、AND 和 OR 方法、蕴涵、聚类方法及反模糊化方法。在 8.2 节中将介绍用模糊逻辑工具箱提供的工具来建立并实现一个模糊推理系统。

8.2 模糊逻辑工具箱的图形界面工具

尽管可以严格地以命令行方式使用模糊逻辑工具箱，但总的来说，使用图形工具建立模糊推理系统更容易些。

模糊逻辑工具箱有 5 个主要的图形用户界面(GUI)工具可以用来建立、编辑和观察模糊推理系统。如图 8.2 所示，这 5 个 GUI 工具中包含了 3 个编辑器，即模糊推理系统(fuzzy inference system，FIS)编辑器、隶属函数编辑器、模糊规则编辑器；2 个观察器，即模糊规则观察器和输出曲面观察器。这些图形化工具相互之间是动态连接的，因此在使用中，只要模糊推理系统任何一个 GUI 的参数或性质被用户修改，其他打开的任何 GUI 中相应的参数或性质都将自动地被改变，这一点极大地方便了用户对自己的模糊推理系统进行调试。

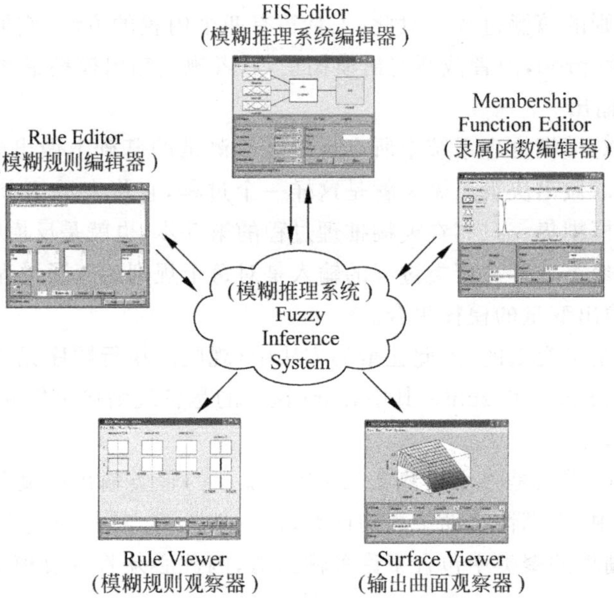

图 8.2　模糊逻辑工具箱图形工具相互关系

在任何一个给定的系统，都可以使用 5 个 GUI 工具中的几个或全部。

除了这 5 个主要的 GUI，工具箱中还包括 ANFIS(神经-模糊推理系统)图形用户界面编辑器，它用于建立并分析 Sugeno 型自适应神经-模糊推理系统。在 8.4 节中将对 ANFIS 编辑器作详细介绍。

模糊逻辑工具箱 5 个主要 GUI 工具的功能如下。

FIS 编辑器：用于处理系统的高级问题，例如，有多少个输入和输出变量？其名称是什么？模糊逻辑工具箱输入变量的个数没有限制。但是，输入变量的个数会受到计算机内存的限制。如果输入变量的个数太多，或隶属函数的个数太多，则可能难以使用其他 GUI 工具来分析 FIS。

隶属函数编辑器：用于定义与每个变量关联的隶属函数的形状。

模糊规则编辑器：用于编辑规则列表，该规则列表定义了系统的行为。

模糊规则观察器和输出曲面观察器：用于观察(但不能编辑)模糊推理系统,它们是严格的只读工具。

模糊规则观察器是基于 MATLAB 模糊推理的图形显示。当模糊规则观察器被用于调试时,它能显示哪个规则正在运作,或各隶属函数的形状怎样影响结果,等等。输出曲面观察器用于显示输出对任何一个或两个输入的依赖性,即它为系统产生并且绘制一个输出曲面。

模糊逻辑工具箱的 5 个基本 GUI 工具之间能相互作用并交换信息。它们中的任何一个都能对工作区和磁盘进行读写(只读观察器同样能与工作区和(或)磁盘交换图形)。对于任何的模糊推理系统,这 5 个 GUI 工具中的任何一个都是开放的。对于一个单独的系统,只要有一个以上的编辑器是打开的,则各 GUI 窗口都会知道其他窗口的存在,并且如果必要,它还能更新相关的 GUI 窗口。因此,如果隶属函数被隶属函数编辑器更名,那么这个变化将在模糊规则编辑器的规则中反映出来。对任意多个 FIS 系统,编辑器都可以同时打开。FIS 编辑器、隶属函数编辑器、模糊规则编辑器都能读并修改 FIS 的数据。但是,模糊规则观察器和输出曲面观察器在任何方式下都不能修改 FIS 的数据。

8.2.1　FIS 编辑器

如果已经存在一个模糊推理系统 aaa.fis,则在工作区中输入“fuzzy aaa”可以直接用模糊逻辑工具箱打开这个模糊推理系统。

如果只是要打开 FIS 编辑器,则需在工作区输入命令“fuzzy”。打开的 FIS 编辑器如图 8.3 所示。

FIS 编辑器(如图 8.3 所示)中各部分的功能如下。

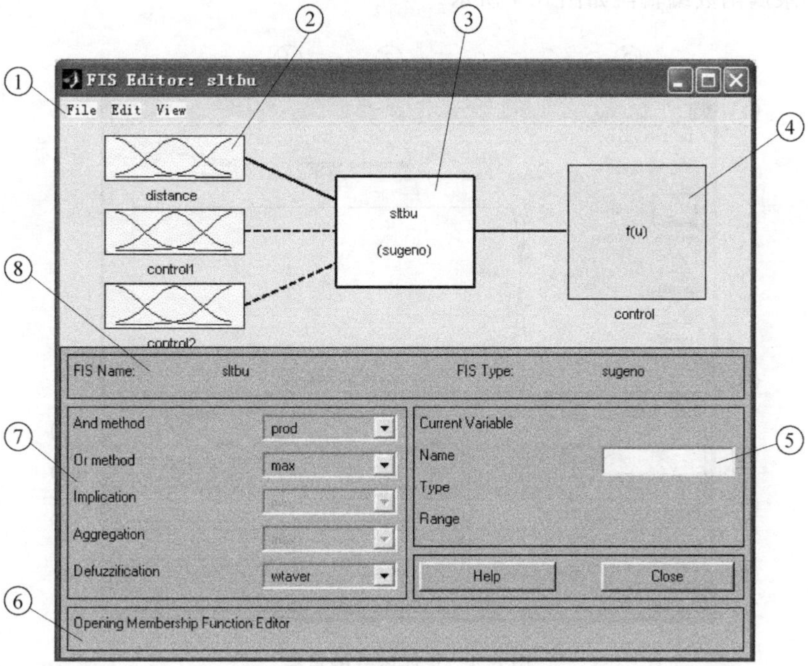

图 8.3　模糊推理系统编辑器

区域①：该区域是每一个基本图形工具中都具有的“File”菜单项，在此可以进行打开、保存或编辑模糊系统的操作。

区域②：双击输入变量的图标，可打开隶属函数编辑器，以定义输入变量或输出变量的隶属函数。

区域③：双击此方框，可打开模糊规则编辑器。

区域④：双击输出变量图标，可打开隶属函数编辑器，以定义输出变量或输入变量的隶属函数。

区域⑤：在该文本框中可对输入变量或输出变量进行命名或改名。

区域⑥：在该状态栏显示上一步进行的操作。

区域⑦：各下拉菜单用于选择模糊推理方法，例如选择“反模糊化”方法等。

区域⑧：在该区域中显示系统名称。要改变系统名称，可在“File”菜单下选择“Save as...”进行。

在系统的建立和修改过程中，FIS 编辑器中显示的图形将被即时刷新，包括系统名称、变量名、隶属函数等，以反映最新做出的修改。

8.2.2 隶属函数编辑器

下面定义与每个变量相关联的隶属函数。首先打开隶属函数编辑器，有以下 3 种方式：

(1) 拉下“View”菜单项，选定“Edit Membership Functions...”。

(2) 双击输出变量图标。

(3) 在命令行键入“mfedit”。

打开的隶属函数编辑器如图 8.4 所示。

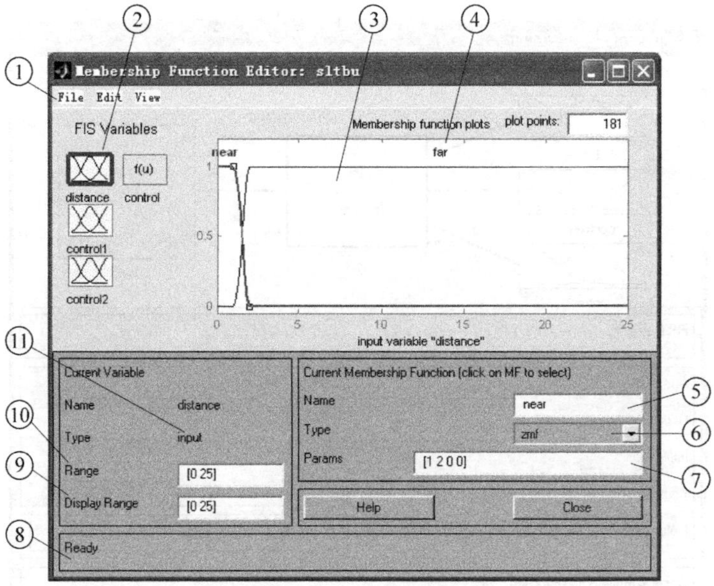

图 8.4 隶属函数编辑器

隶属函数编辑器中各区域的功能如下。

区域①：在5个基本图形工具中的每一个"File"菜单下，均可进行打开、保存或编辑模糊系统的操作。

区域②：该区域为变量区，在此显示了所有已定义的输入变量和输出变量。单击某一变量，使其成为当前变量，就可编辑该变量的隶属函数。

区域③：该区域为绘图区。在此显示当前变量的所有隶属函数。

区域④：在该区域中，单击并选中一条隶属函数，就可以编辑该隶属函数的名称、类型、属性及参数。用鼠标按住一条隶属函数上的小圆圈并拖动鼠标，就可以改变所选中的隶属函数的形状及其参数；如果用鼠标按在隶属函数的小圆圈以外的曲线上并拖动鼠标，就可以平移该隶属函数的位置，而不改变其形状。

区域⑤：在该文本框中，可以改变当前选中的隶属函数的名称。

区域⑥：在该下拉菜单中，可以改变当前隶属函数的类型。

区域⑦：在该文本框中，可以改变当前选中的隶属函数的数字参数。

区域⑧：在该状态栏显示上一步进行的操作。

区域⑨：在该文本框中，可以设置当前图形的显示范围。

区域⑩：在该文本框中，可以设置当前变量的范围。

区域⑪：显示当前选中的变量的名称和类型。

8.2.3　模糊规则编辑器

前面已经完成了对变量命名，同时各变量的隶属函数也有了适当的形状和名字，下面开始编辑模糊规则。有两种方法可以调用模糊规则编辑器：一是在FIS编辑器(同样也可在隶属函数编辑器)中的"View"菜单中选定"Edit rules..."，二是在命令行中输入"ruleedit"。打开的模糊规则编辑器如图8.5所示。

模糊规则编辑器各部分的功能如下。

区域①：在5个基本图形工具中的每一个"File"菜单下，均可进行打开、保存或编辑模糊系统的操作。

区域②：该区域为输入输出量选择框。如前所述，输入输出的量是一个"词"而非数值。

区域③：模糊规则编辑器根据用户的操作而自动地书写或修改模糊规则，并将最新的模糊规则显示在该可视化区域。

区域④：按"Help"按钮，可调用模糊规则编辑器的使用帮助；按"Close"按钮，可关闭模糊规则编辑器。

区域⑤：按"Delete rule"按钮，将选中的模糊规则删除；按"Change rule"按钮，可以修改选中的模糊规则；按"Addrule"按钮，将按照从输入输出菜单中所选的变量，建立新的模糊规则。

区域⑥：选中此复选框，将使模糊规则中输入输出的表述为"not"(取反)。

区域⑦：在该状态栏显示上一步进行的操作。

区域⑧：选择该处的单选按钮，可以确定模糊规则中各输入间"and"或"or"的连接关系。

使用模糊规则编辑器构造规则非常容易。在FIS编辑器对输入输出变量进行定义和描

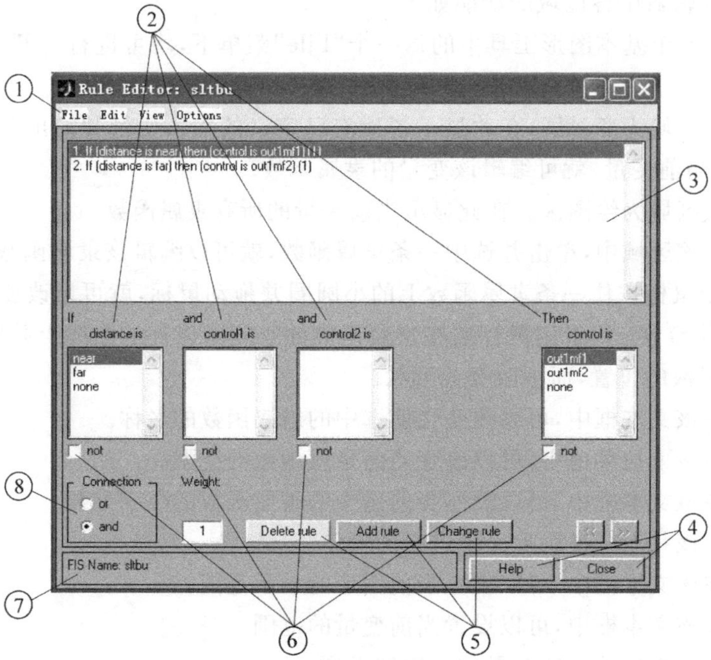

图 8.5 模糊规则编辑器

述的基础上,可用模糊规则编辑器自动构造模糊规则语句。其方法是在模糊规则编辑器左边选择一个输入变量,并选中它的一个语言值(或称模糊子集、隶属函数),然后在编辑器右边的输出变量框中选择一个输出变量,并选中它的一个语言值(或称模糊子集、隶属函数),然后将这种联系添加到模糊规则中。如果一个规则中有多个输入变量,只要在输入变量之间再选择一个连接项(and 或 or)即可。如果在选择的变量下,选择"none"作为其隶属函数,则表示在这一规则中,这个变量不起作用。对任何变量,如果选择了下方的"not"复选框,都将对与该变量相关的性质取反。

从模糊规则编辑器的"Options"菜单下可以弹出"Format"菜单项,选择在"Format"菜单中的各项,可以看到模糊规则的不同格式。默认的是"verbose"项,此时看到的是模糊规则的详细格式。将其变成"symbolic",看到的模糊规则的显示没有太大不同,只是后者语言化色彩稍弱一些,因为它不依赖于"if-then"这种格式。

不过如果将格式变换为"indexed",则模糊规则将以高度压缩的形式显示,其中不含任何自然语言。例如:

1 1 (1) : 1

2 2 (1) : 1

3 3 (1) : 1

这种格式用于机器处理。结构中的首列对应于输入变量,第二列对应于输出变量,第三列表示应用每个规则的权值,第四列是一个简写,它指明规则是"OR"(2)还是"AND"(1)。在前两列中的数字指示隶属函数的索引数。

对规则 1 的文字解释是:如果输入 1 为 MF1(与输入 1 关联的第一个隶属函数),则输出 1 应当是具有权值为 1 的 MF1(与输出 1 关联的第一个隶属函数)。由于在此系统中仅有一个输入，故最后一列的"1"关联连接的"AND"是没有结果的。

在"Format"选项中，"symbolic"格式与"if-then"项没有关系，索引格式甚至与变量名也没有关系。显然，系统功能不取决于变量和隶属函数叫什么名字。对变量命名的全部准则，就是为了用户能更方便地解释系统。因此一般而言，用"verbose"这一详细格式对变量命名会更方便。

应用以上 3 个模糊逻辑工具箱图形工具，就可以完整地建立模糊推理系统。要查看模糊推理系统的各种特性，需要应用下面两个观察器，即模糊规则观察器和输出曲面观察器。

8.2.4　模糊规则观察器

模糊规则观察器的功能是可以令用户观察模糊推理图，并观察模糊推理系统的行为是否与预期的一样。

要打开模糊规则观察器，可在工作区中输入"ruleview"，或从 FIS 编辑器（同样也可以从隶属函数编辑器或模糊规则编辑器）的"View"菜单中选择"View rules..."。

打开的模糊规则观察器如图 8.6 所示。

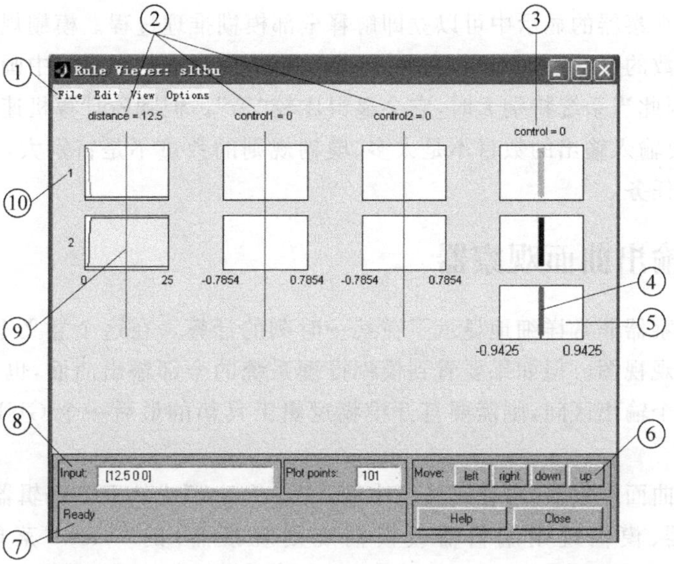

图 8.6　模糊规则观察器

模糊规则观察器各部分的功能如下。

区域①：在 5 个基本图形工具中的每一个"File"菜单下，均可进行打开、保存或编辑模糊系统的操作。

区域②：阴影↔花纹，每列图形显示该列相应的输入变量如何应用在模糊规则中。在各列的顶端给出的是该输入变量的值。

区域③：阴影↔花纹，显示输出变量如何应用在模糊规则中。

区域④：由这条线给出了反模糊化的值。

区域⑤：该区域显示各模糊规则的输出如何被结合，并构成聚类输出，然后再被反模糊化。

区域⑥：当系统很复杂、模糊规则个数很多时，整个计算机屏幕可能容纳不下所有模糊规则。在此的4个按钮可以将整个模糊观察器的图形区向上、下、左、右移动，以便于观察。

区域⑦：在该状态栏显示上一步进行的操作。

区域⑧：在该文本框中可设置具体的输入值。

区域⑨：用鼠标按住并移动此线，可改变输入值，并产生一个新的输出响应。

区域⑩：每一行图形表示一个模糊规则(图中有30个模糊规则)。单击模糊规则的标号1,2或3,在状态栏中将显示该规则的表述。

模糊规则观察器显示了整个模糊推理过程的重要部分。它的基础是8.1节中描述的模糊推理过程。上面的窗口图形中嵌套了90个小图。顶部横向的3个小图表示前提条件与第一个规则的结果。每一个规则与一行图形相对应，每一列上是一个变量。前两列的黄色小图显示的是前提(即每个规则的"if"部分)引用的隶属函数。第三列的蓝色小图显示的是结果(即每个规则的"then"部分)引用的隶属函数。单击图形最左边的某个规则标号1,2或3,将在图形下端显示相应的规则。若在某输入变量下有一个空白小图，则表示相应模糊规则中对该输入变量选择的描述为"none"。第三列的最后一个图形中表示对给定推理系统的总和加权判定。对系统的这一判定将取决于输入值。

从模糊规则观察器的显示中可以立即解释全部模糊推理过程。模糊规则观察器同样显示了某一隶属函数的形状会如何影响整体结果。由于模糊规则观察器中画出了每一规则每一部分的图形，因此当系统特别大时，它会显得比较"笨"。但随着计算机速度和内存的不断发展与扩充，只要输入输出的数目不是太多、模糊规则的数量不是特别大，模糊规则观察器都能轻易地完成任务。

8.2.5 输出曲面观察器

模糊规则观察器非常详细地显示了在某一时刻的计算。在这个意义上，它给出的是模糊推理系统的微观视图。但如果要看到模糊推理系统的全部输出曲面，也就是与整个输入区间相对应的整个输出区间，则需要打开模糊逻辑工具箱的最后一个GUI工具，即输出曲面观察器。

要打开输出曲面观察器，可在工作区中输入"surfview"或从FIS编辑器(同样也可以从隶属函数编辑器、模糊规则编辑器或模糊规则观察器)的"View"菜单中选择"View surface..."。

打开的输出曲面观察器如图8.7所示。

输出曲面观察器各部分的功能如下。

区域①：在5个基本图形工具中的每一个"File"菜单下，均可进行打开、保存或编辑模糊系统的操作。

区域②：在输出曲面中显示了系统的任一输出与任一或两个输入间的对应关系。在输出曲面上拖动鼠标，可以转动坐标轴，以便于观察输出曲面。

区域③：在该下拉菜单中可指定要显示的输出变量。

区域④：在设置了新的输入变量之后，单击"Evaluete"按钮，可计算新的输出曲面并绘出其图形。

区域⑤：按"Help"按钮，可调用输出曲面观察器的使用帮助；按"Close"按钮，可关闭输

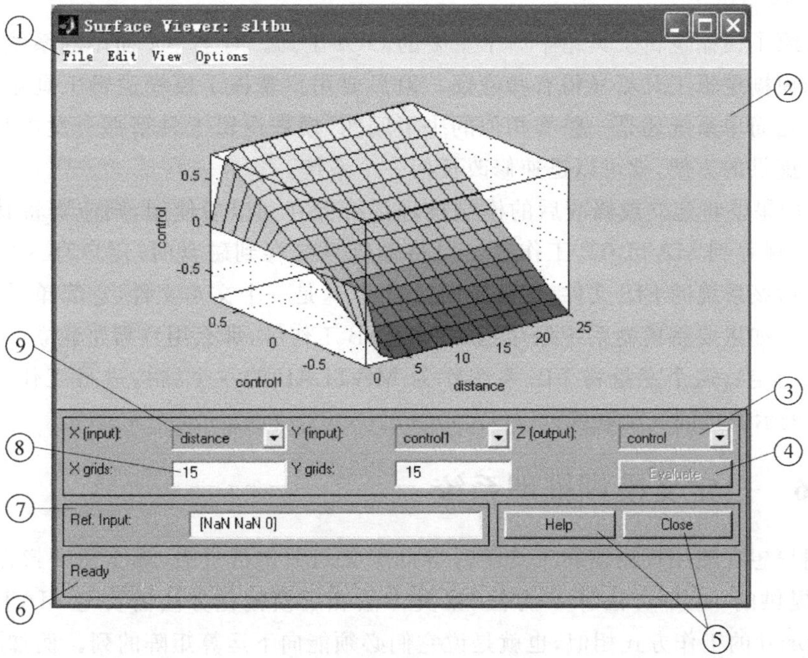

图 8.7 输出曲面观察器

出曲面观察器。

区域⑥：在该状态栏显示上一步进行的操作。

区域⑦：在输出曲面上只能显示两个输入变量。当输入变量的个数多于两个时，在该文本框中可设置未在输出曲面中显示出的输入变量的值。

区域⑧：在该文本框中可指定对输入空间绘图的网格数。

区域⑨：在该下拉菜单中可指定要在输出曲面中显示的一或两个输入变量。

在输出曲面观察器中，对于单输入单输出情形，可以在一个图形中看到全部映射；对于二输入单输出的情形，因为 MATLAB 可以轻易地完成三维图形的绘制，所以系统同样能完成工作。当系统的输入输出个数之和超过 3 个(三维)时，则难以作出输出的图形。因此，在输出曲面观察器的下端设置了弹出式选择框，从中可在多个变量中任选两个输入作为三维图形中 X,Y 轴的输入，并以输出作为 Z 轴的输入。在变量选择框正下方是两个文字输入区，在其中输入合适的数字，则可以在 X 轴和 Y 轴上设置相应数目的网格线。对于复杂问题，将网格线数目设置得相对少一些，可以使计算时间更理想。在改变了变量和网格的设置后，按"Evaluate"按钮，系统开始计算，并在计算完成后立即绘制结果图形。在看到输出曲面后，要更改 X 轴或 Y 轴的网格，只需要在文字区中更改数字，然后单击输出曲面上的 X 轴或 Y 轴，系统就会立即根据新数字重绘图形。

输出曲面观察器变量和网格设置区的下面是"Ref. Input"区。假定现在有一个四输入单输出系统并想观察其输出曲面，则输出曲面观察器可以产生一个三维的输出曲面，其中两维是 4 个输入变量中的任意两个，这两个输入是可变的。但由于计算机无法显示五维图形，所以 4 个输入变量中的另外两个必须是定值。在这种情况下，输入为四维矢量。但其中用"NaN"(not a number)占据可变输入的位置，同时将其值保持固定的输入用一个数字在

"Ref. Input"区中给出。

上面介绍了模糊逻辑工具箱中 5 个主要的 GUI 工具。对于一个简单的系统,用户可能会认为使用模糊逻辑工具箱显得有些麻烦。但只要用户掌握了模糊逻辑工具箱的使用,则不论面对的是简单系统还是一整类相似的决策问题,模糊逻辑工具箱都会发挥其强大的功能。有了它提供的方便,就可以迅速修改任何一个系统。

注意:如果要将建立或修改后的模糊推理系统保存到以后使用,则应当将其保存到磁盘,而不是仅保存到 MATLAB 工作区。当将模糊系统存到磁盘时,用户存入的是一个用 ASCII 码表示该系统的 FIS 文件,文件属名为 fis。这是一个文本文件,它简单易懂,并可被编辑或修改。如果要将模糊系统保存到 MATLAB 工作区,那么用户需要建立一个变量(变量名由用户指定),这个变量将 FIS 系统作为 MATLAB 的一个结构进行工作,fis 文件和 FIS 结构所表示的是同一个系统。

8.2.6 自定义模糊推理系统

如果用户想在使用模糊逻辑工具箱时将自定义函数包括进去,那么需要遵循下面的规定,即用户提供的 AND 方法、OR 方法、聚类方法和反模糊化方法需要与 MATLAB 中的 max,in 或 prod 的工作方式相似,也就是说它们必须能向下运算矩阵的列。例如,与 min 函数相似,蕴涵应当对矩阵一列一列地运算,如下例:

```
a=[1  2;3  4];
b=[2  2;2  2];
min(a,b)
ans=
     1  2
     2  2
```

用户可以用 M 文件建立自己的隶属函数。这些函数的取值必须在 0~1 之间。对自定义隶属函数的限制是其参数不能超过 16 个。

例如,假定要建立一个名为"custmf"的自定义隶属函数,则步骤如下:

(1) 为函数建立一个 M 文件 custmf. m,其取值在 0~1 之间,且参数最多为 16 个。

(2) 在隶属函数编辑器的"Edit"菜单选择"Add Custom MF...",弹出一个对话框。

(3) 在弹出对话框的"M-file function name"文本框中输入自定义隶属函数的 M 文件名"custmf"。

(4) 在"Parameter list"文本框中输入在自定义隶属函数中想要使用的参数矢量。

(5) 在"MF name"文本框中对自定义隶属函数指定一个名称。这个名称必须与模糊推理系统中使用的其他任何隶属函数的名称都不相同。

(6) 单击该弹出对话框的"OK"按钮。

用户可以将这个文件命名为"testmfl. m",并用用户选择的参数将其载入隶属函数编辑器中。

8.3 模糊逻辑工具箱的命令行工作方式

8.3.1 系统结构函数

系统结构函数主要有：readfis，setfis，getfis，showfis，structure。

要载入一个已存在的名为“aaafis”的模糊推理系统，须在工作区中输入

a=readfis('aaa.fis')

MATLAB工作区将输出该模糊推理系统的如下信息：name(系统名称)，type(理类型)，andMethod(与算子)，orMethod(或算子)，defuzzMethod(反模糊化方法)，impMethod(蕴涵算子)，aggMethod(聚类算子)，input(输入向量维数)，output(输出向量维数)，rule(模糊规则个数)。

函数getfis(a)返回的信息几乎与结构a的信息完全一样。

与函数getfis对应的函数是setfis。使用该函数可以改变FIS的任何属性。例如，要改变系统的名称，可以输入

a=setfis(a,'name','gratuity');

则将系统名称设置为gratuity。

使用函数showfis(a)可以更深入地看到FIS的结构。showfis(a)的主要功能是用于调试，但它能给出FIS结构中记录的所有信息。

当变量a被指定为某一个模糊推理系统时，在命令行中可以直接调用该模糊推理系统5个GUI的任何部分。下列函数中的每一个都可以调出关联到GUI的模糊系统。

fuzzy(a)：调出FIS编辑器

mfedit(a)：调出隶属函数编辑器

ruleedit(a)：调出模糊规则编辑器

ruleview(a)：调出模糊规则观察器

surfview(a)：调出输出曲面观察器

另外，如果a是一个Sugeno型FIS，则anfisedit(a)将调出ANFIS的图形化工具。

只要打开了任何一个GUI，就可以通过它的下拉菜单打开其他的GUI，而不必再用命令行方式。

8.3.2 系统显示函数

模糊逻辑工具箱在命令行中设计了3个函数，可以用它们得到高水准的模糊推理系统图形。这3个函数是plotfis，plotmf和gensurf。

第一个函数绘制出与FIS编辑器上相同的全系统模块图，其使用格式为

plotfis(a)

如果所有的MATLAB图形或GUI窗口都已被关闭，函数plotmf将画出与给定变量相关联的所有隶属函数。其使用格式为

plotmf(a,'input',1)

plotmf(a,'output',1)

如果5个图形化工具中的任何一个是打开的，那么调用 plotmf 后，隶属函数图将以 GUI 或 MATLAB 图的方式显示。

第三个函数 gensurf 的功能，是画出给定系统输入变量中的任一个或两个与输出变量中的任一个之间的图形，该图形是二维曲线或三维曲面。注意：当有3个或更多个输入时，gensurf 只能产生两个输入为可变而其余输入为固定的图形。这种情况与前面介绍的 genfis 是一样的。gensurf 的使用格式为

gensurf(a)

8.3.3 在命令行中建立系统

事实上，完全可以在没有 GUI 工具的情况下使用模糊逻辑工具箱。例如，要完全从命令行中建立小费计算系统，可以使用函数 newns，addvar，addmf 和 addrule。在此给出一个简单的例子。在 MATLAB 命令行中输入如下的命令：

```
a=newns('tipper');
a.input(1).name='service';
a.input(1).Range=[0  10];
a.input(1).mf(1).name='poor';
a.input(1).mf(1).type='gaussmf';
a.input(1).mf(1).params=[1.5  0];
a.input(1).mf(2).name='good';
a.input(1).mf(2).type='gaussmf';
a.input(1).mf(2).params=[1.5  5];
a.input(1).mf(3).name='excellent';
a.input(1).mf(3).type='gaussmf';
a.input(1).mf(3).params=[1.5  10];
a.input(2).name=' food';
a.input(2).Range=[0  10];
a.input(2).mf(1).name='rancid';
a.input(2).mf(1).type='trapmf';
a.input(2).mf(1).params=[-2  0  1  3];
a.input(2).mf(2).name='delicious';
a.input(2).mf(2).type='trapmf';
a.input(2).mf(2).params=[7  9  10  12];
a.Output(1).Name='tip';
a.Output(1).range=[0  30];
a.Output(1).mf(1).name='cheap'
a.Output(1).mf(1).type='trimf'
a.Output(1).mf(1).params=[0  5  10];
a.Output(1).mf(2).name='average';
a.Output(1).mf(2).type='trimf';
a.Output(1).mf(2).params=[10  15  20];
a.Output(1).mf(3).name='generous';
a.Output(1).mf(3).type='trimf';
```

```
a.Output(1).mf(3).params=[20  25  30];
a.rule(1).antecedent=[1  1];
a.rule(1).cnnsequent=[1];
a.rule(1).weight=1;
a.rule(1).connection=2;
a.rule(2).antecedent=[2  0];
a.rule(2).consequent=[2];
a.rule(2).weight=1;
a.rule(2).connection=1;
a.rule(3).antecedent=[3  2];
a.rule(3).consequent=[3];
a.rule(3).weight=1;
a,rule(3).connection=2
```

则建立了一个名为"tipper"的模糊推理系统。

在这个过程中,最困难的部分是建立模糊推理系统使用的模糊规则的快速方法。这项工作由函数 addrule 完成。

每个输入或输出变量都有一个指针,每个隶属函数也有一个指针。在语句表述中建立规则的方式如下:

if input1 is MF1 or input2 is MF3 then Output1 is MF2(weight=0.5)

规则根据下列逻辑返回到结构中:如果系统有 m 个输入和 n 个输出,则规则结构中的前 m 个向量元素与第 $1\sim m$ 个输入相对应,第一列中的元素是与输入 1 相关的隶属函数指针,第二列中的元素是与输入 2 相关的隶属函数指针,以此类推。其后的 n 列以相同方式关联到输出。第 $m+n+1$ 列是与规则相关的权(通常为 1),第 $m+n+2$ 列指定其连接方式(AND=1,OR=2)。因此,与上一个模糊规则相关联的结构为

1 3 2 0.5 2

8.3.4 FIS 求解

要在给定输入下求模糊系统的输出,可以使用函数 evalfis。例如,下列语句求出了输入为[1 2]时的小费额。

```
a=readfis('tipper');
evalfis([1 2],a)
```

结果为

```
ans=5.5586
```

因为不同的输入向量表示在输入结构的不同部分当中,所以这个函数也可用于在多重输入集情况下计算模糊推理系统的输出。一次性地完成多重计算,可以极大地提高计算速度。例如:

```
evalfis([3  5; 2  7],a)
```

结果为

```
ans=
      12.2184
      7.7885
```

8.3.5 FIS结构

模糊推理结构是一个 MATLAB 对象，它包含了模糊推理系统的所有信息。这个结构存储在每个 GUI 工具中。使用 getfis，setfis 等函数可以方便地检查该结构。同样，也可以用 structure. field 语法查看该结构(参阅 8.3 节)。

一个给定的模糊推理系统的所有信息都包含在 FIS 结构中，包括变量名、隶属函数定义等。这个结构本身可以视为一个层级结构，如图 8.8 所示。

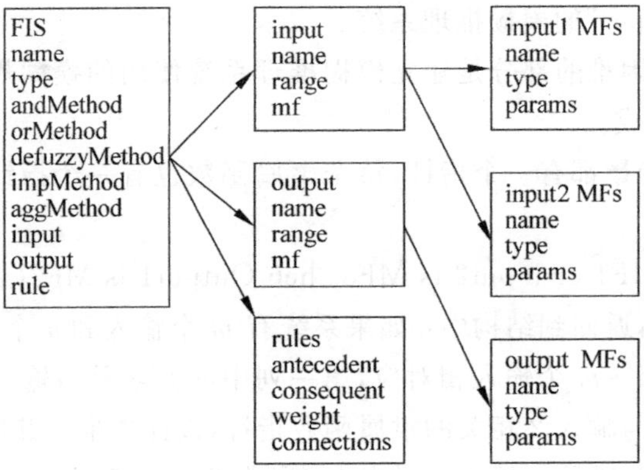

图 8.8　模糊推理系统结构

在 MATLAB 命令行中输入“showfis(a)”，则将给出 FIS 的所有信息列表。与 FIS 结构相关的命令行函数包括：getfis，setfis，showfis，addvar，addmf，addrule，rmvar 和 rmmf。将 FIS 文件存储到磁盘时，使用了一个特定的文本文件格式 .fis。可用函数 readfis 和 writefis 对这些文件进行读写。

如果需要，用户还可以通过任何文本编辑器来编辑文件 fis 以修改 FIS，而不必使用任何 GUI 工具。但要注意的是，在文本编辑中，只要改变了一项，就必须改变其他项。例如，如果编辑文本文件的方法删除了一个隶属函数，用户就必须同时删除所有的需要该隶属函数的模糊规则。

8.4 神经-模糊推理编辑器 ANFIS

到目前为止，所见到的模糊推理系统的基本结构都是将输入特性映射到输入隶属函数再将输入隶属函数映射到模糊规则上，然后将模糊规则映射到输出特征集上，再将输出特征映射到输出隶属函数上，最后将输出隶属函数映射到一个单值输出上或一个与输出相关的决策上。其中，仅考虑了确定的隶属函数，并在选择隶属函数时带有一定的主观性。而模糊推理的应用对象，是用户对模型变量的特性已经预先决定的系统。

但有时候，因为要在某个系统中应用模糊推理，为此采集了许多输入输出数据，并想将这些数据用于建模、模型跟踪或其他方案。这时候，往往并没有一个基于系统变量特征的先验模型结构，而且在某些条件下，模糊控制器的设计者无法一边看着数据，一边就能够弄清楚隶属函数的形状。在这种情况下，可以用为输入输出数据选择适当的参数(而不是任意地选择与给定函数相关的参数)来调整隶属函数，以说明数据的变化类型。在模糊逻辑工具箱中的 anis 函数中嵌入的神经自适应训练技术即可完成该工作。

工具箱函数 ANFIS 使用一个给定的输入输出数据集构造出一个模糊推理系统，并用一个单独反向传播算法或该算法与最小二乘相结合的方法来完成对系统隶属函数参数的调节。这使模糊系统可以从其建模数据中学习信息。在 MATLAB 中有命令行和图形用户界面两种方式可以应用工具箱函数 ANFIS。其图形用户界面称为 ANFIS 编辑器。由于 ANFIS 的命令行方式比较麻烦，在此仅对 ANFIS 图形界面编辑器作介绍。

ANFIS 编辑器将模糊推理技术用于数据建模。与在其他的模糊推理工具中一样，隶属函数的形状由其参数决定，改变这些参数就将改变隶属函数的形状。

8.4.1 神经-模糊推理

ANFIS 既可从命令行中访问，也可通过 ANFIS 图形编辑器访问。由于 ANFIS 在命令行中的功能与在 ANFIS 图形界面编辑器中的功能相同，因此在本章的讨论中，它们在某种程度上是互换使用的，除非通过对图形界面的说明将它们区分开来。

输入输出之间的映射关系可用与神经网络结构相似的网络型结构来解释，即它是先通过输入隶属函数及其参数，然后再通过输出隶属函数及其参数，完成从输入到输出的映射。通过训练过程，可以改变与隶属函数相关的参数。在估计隶属函数参数时，ANFIS 使用的是反向传播算法或其与最小二乘估计相结合的方法。

ANFIS 使用的建模方法与系统辨识的方法相似。首先假定一个参数化的模型结构(将输入关联到隶属函数、规则、输出隶属函数等)，然后采集输入输出数据。再使用 ANFIS 训练 FIS 模型，根据某个选定的误差准则修正隶属函数参数，使得 FIS 系统模仿提供给系统的训练数据。

一般地，如果输入 ANFIS 的训练数据能够完全地表示将要建模的系统的特征，那么得到的 FIS 模型工作得非常好。但在实际中数据采集时往往含有噪声，而训练数据无法表示要建模的系统的全部特征。此时需要用检验数据和测试数据进行模型确认的工作。

在用 ANFIS 编辑器进行模型确认的过程中，将输入输出数据中未经训练过的输入数据传送到被训练的 FIS 模型中，观察 FIS 模型的输出数据。在 ANFIS 中，也可以使用另一类型的数据集即检验数据集进行模型确认，其作用是控制 FIS 模型过度匹配数据的可能性。当检验数据与训练数据被同时输入 ANFIS 时，则可选定 FIS 模型，其参数为使检验数据模型误差最小时的参数。

模型确认中重要的是要选择一个良好的输入输出数据集，这个数据集既要能典型地代表被训练模型要模仿的数据集，又要与训练数据集有明显的区别，以免确定过程失去价值。

在模型确认中使用检验数据集的基本思想是训练中的某一时刻之后，模型开始完全匹配训练数据集。原则上，当训练到完全匹配这一点发生时，对检验数据的模型误差将趋于减少，然后由于模型过度地匹配数据，检验数据的模型误差会突然增加。

一般而言，ANFIS远比前面讨论的模糊推理系统复杂，而且它并不是对所有的模糊推理系统都适用。具体地说，ANFIS只支持Sugeno型系统，而且必须是各规则的权均为1的一阶或零阶Sugeno型系统，并且系统是单输出，其输出值由加权平均反模糊化方法（即线性或常量输出隶属函数）获得。

8.4.2 ANFIS编辑器

要使用ANFIS图形界面编辑器，可在命令行中输入“anfisedit”，屏幕上将出现如图8.9所示的图形界面。

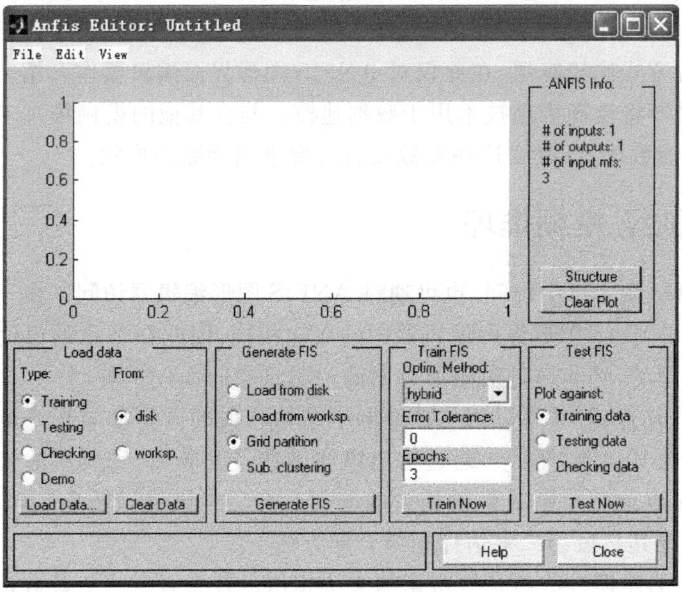

图8.9　ANFIS编辑器

在这个图形工具中可以完成如下工作：

① 载入数据（训练、测试、检验）。在GUI的“Load data”部分选择合适的单选按钮，然后选择“Load Data...”，在图形区上会画出载入的数据。

② 产生或载入一个初始化FIS模型。在GUI中使用“Generate FIS”选项。

③ 观察FIS模型结构。当初始化FIS模型产生或载入后，选择“Structure”按钮。

④ 选择FIS模型参数优化方法。可选择反向传播算法或反向传播算法与最小二乘法的结合（混合法）。

⑤ 选择训练时长和训练误差容忍限。

⑥ 训练nS模型。选择“Train Now”按钮。在训练中将调整隶属函数参数并在图形区画出训练数据（和/或检验数据）误差图。

⑦ 观察相对于训练、检验或测试数据输出的FIS模型输出。选择“Test Now”按钮。该函数在图形区绘制对FIS输出的测试数据。

用ANFIS编辑器可以载入训练初始化FIS、保存训练过的FIS、新建一个Sugeno型系统以及打开其他图形工具来描述训练过的 FIS 模型。

要用 ANFIS 图形界面编辑器训练一个模糊推理系统，首先需要一个训练数据集，在该训练数据集中应当包含要建模的目标系统所期望的输入输出数据对。有时候用户可能还需要一个可选测试数据集，它能检验结果模糊推理系统的归纳能力，或(和)需要一个检验数据集，它对训练期间模型的完全匹配将会有所帮助。

如前所述，完全匹配是对在训练数据上训练的 FIS 系统进行检验数据测试来估计的，如果它们的误差表示模型完全匹配，则选择那些与最小检验误差相关联的隶属函数参数。在做出此决定之前，必须相当仔细地检验训练误差图形。通常是在观察目标系统的基础上采集这些训练和检查数据集，并且将数据集分别存储于不同的文件中。

需要注意的是，任何载入 ANFIS 图形界面编辑器的数据集(或在命令行函数 ANFIS 中应用的数据集)都必须是一个矩阵。在该矩阵中，除了最后一列外，都必须是一个以矢量形式排列的输入数据。输出数据必须在最后一列。

8.4.3 应用 ANFIS 编辑器的步骤

1. 用检验数据确定模型

输入"anfisedit"打开 ANFIS 编辑器。要载入训练数据集，需选择 ANFIS 编辑器左下的"Load data"区中"Type"下的单选按钮"Training"和"From"下的单选按钮"disk"，然后单击"Load data"框底部的"Load Data..."。从数据集所在的目录下载入训练数据文件(例如 fuzexltrnData.dat)。在 ANFIS 编辑器中心的图形区会将训练数据以"O"的形式绘制出来，如图 8.10 所示。

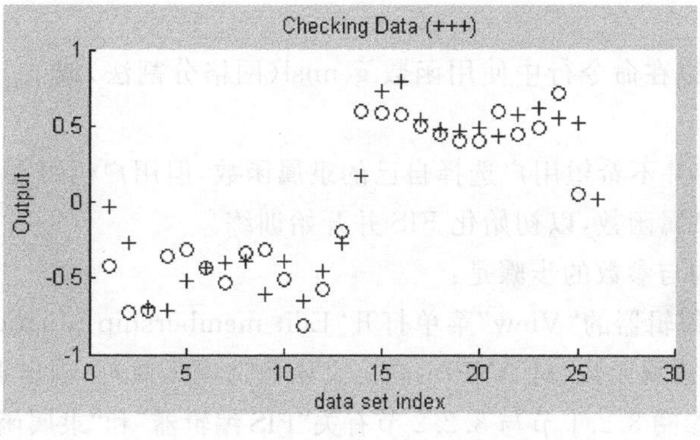

图 8.10 训练数据与检验数据图形

注意：如图 8.10 中横轴标号是 data set index，它给出了横向标记，可以得到输入数据的值(不论输入是向量还是标量)。

然后，在编辑器"Load data"区的"Type"列选择"Checking"，或者在"From"下选择"disk"，从检验数据集所在的目录下载入数据，则检验数据将以"+"的形式叠加在编辑器图形区的训练数据上，如图 8.10 所示。

这个数据集用于调整数据建模的最佳隶属函数参数从而训练模型系统。下一步是为 ANFIS 的训练指定一个初始模糊推理系统。

用户可以按自己的经验初始化模糊推理系统的参数，但如果对系统参数没有任何先验的认识，则可由 ANFIS 来完成初始化。

用 ANFIS 初始化模糊推理系统的步骤是：

(1) 在 ANFIS 编辑器的“Generate FIS”区中选择默认分割法“Grid partition”。

(2) 单击“Generate FIS”区底部的“Generate FIS...”按钮，它弹出一个菜单，从中用户可以选择输入和输出隶属函数的类型及输入隶属函数的个数。注意，在输出隶属函数中只有两个选项：“constant”和“linear”，其原因是 ANFIS 只工作于 Sugeno 型系统中。

(3) 在图 8.11 中填入输入变量个数，然后单击 OK 按钮。在 ANFIS 编辑器的底端将出现“a new fis generated”的信息。

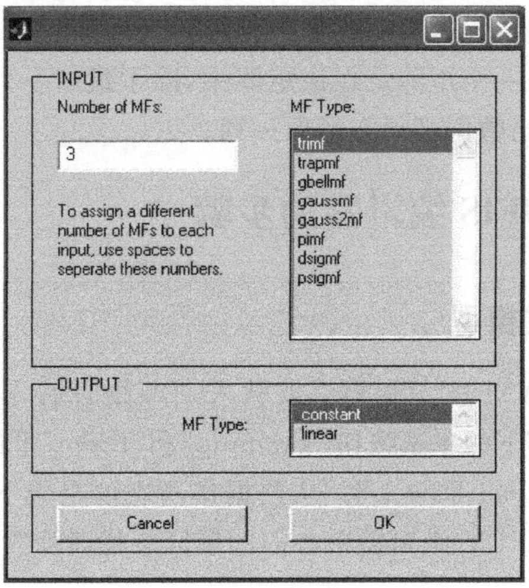

图 8.11　定义神经-模糊系统的输入输出隶属函数

同样，用户也可以在命令行中使用函数 gennsl(网格分割法)或 genfis(消去聚类法)产生 FIS。

尽管 MATLAB 并不希望用户选择自己的隶属函数，但用户仍可在 ANFIS 中选择想要的具有特定参数的隶属函数，以初始化 FIS 并开始训练。

自定义 FIS 结构与参数的步骤是：

(1) 从 ANFIS 编辑器的“View”菜单打开“Edit membership functions”菜单项。

(2) 添加期望的隶属函数(对 ANFIS，自定义函数选项无效)。输出隶属函数必须都是常量或都为线性的(请参阅 8.2.1 节与 8.2.2 节有关“FIS 编辑器”和“隶属函数编辑器”的部分)。

(3) 在“View”菜单中选择“Edit rules”菜单项，用规则编辑器产生规则(请参阅 8.2.1 节有关“模糊规则编辑器”的部分)。

(4) 在“View”菜单中选择“Edit FIS properties”菜单项，对用户的模糊推理系统命名，并将其保存到工作区或磁盘中。

(5) 使用“View”菜单回到 ANFIS 图形界面编辑器，开始训练 FIS。

(6) 要为 ANnS 的初始化载入一个已存在的 FIS，请在 ANFIS 编辑器下中部的“Generate FIS”部分中单击“Load from worksp”或“Load from disk”(如果要使用的 nS 已经预先存入磁盘，则从磁盘中载入 FIS，否则从工作区载入用户的 FIS)，单击其中之一，载入用户的 FIS。

生成 FI 后,单击 GUI 右上方的"ANFIS info"区中的"Structure"按钮,可以观察模型结构。此时将弹出一个新的图形工具,如图 8.12 所示。

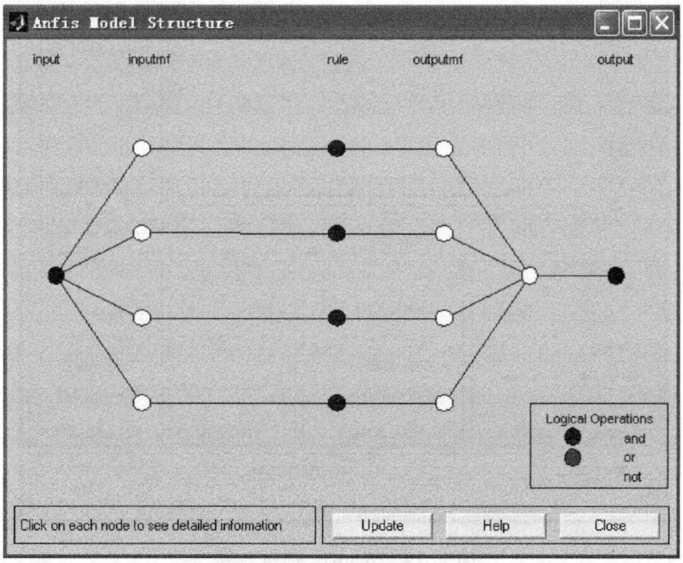

图 8.12 模糊推理系统的结构

在节点图的分支上是颜色编码,它指明在规则中使用的是 AND,OR 还是 NOT。在节点上单击,将显示结构信息。

2. ANFIS 训练

在模糊推理系统的训练中,有两种 ANFIS 参数优化方法选项,即 hybrid(默认值,它是反向传播算法与最小二乘法的结合,即混合法)和 backpropa(反向传播算法)。Error Tolerance(误差容许限)用于建立一个停止训练的标准,它与误差的大小有关。当训练数据误差保持在容忍限之内时,则停止训练。如果不知道训练误差的范围,最好将其设为 0。

要开始训练,可按照如下步骤进行:

(1) 在 ANFIS 编辑器右下方的"Train FIS"区下的"Optim Method"中,选择优化方法为"hybrid"。

(2) 在"Train FIS"区下的"Error Tolerance"设定误差容忍限。

(3) 在"Train FIS"区下的"Epochs"将训练时间设为"40"(默认值是 3)。

(4) 选定"Train Now"按钮。

屏幕上的显示如图 8.13 所示。

注意:在训练中检验误差是怎样减少至某一个点,然后再跳跃上去的。这个跳跃点就表示模型完全匹配的点。ANFIS 将选择与最小检验误差(就在跳跃点之前)相关联的隶属函数参数。这个例子说明 ANFIS 的检验数据选项是有用的。

3. 用训练过的 FIS 测试用户的数据

要用检验数据测试模糊推理系统,请在 ANFIS 编辑器右下方的"Test FIS"部分选中

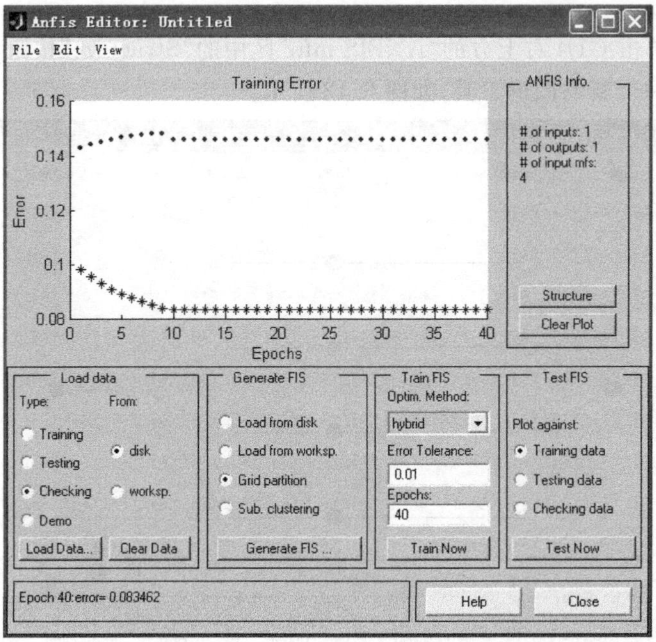

图 8.13　ANFIS 训练结果

"Checking data",然后单击"Test Now"按钮。现在对 FIS 测试检查数据,系统工作良好。检验结果如图 8.14 所示。

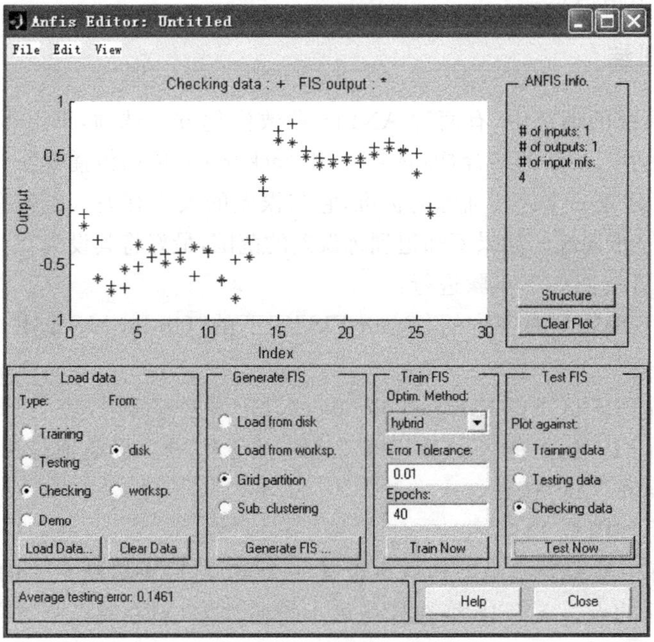

图 8.14　ANFIS 检验结果

当训练数据集和检验数据集差别很大时,系统结果将不会像上面那样良好,即训练过的

FIS没有很好地提取出数据集的特征。在这种情况下，用户需要在训练中选择更多数据，或者修改选择的隶属函数(包括隶属函数的数目和类型)。

参考文献

[1]　罗承忠.模糊集引论.北京：北京师范大学出版社，2007.
[2]　Bergmann M. An Introduction to Many-Valued and Fuzzy Logic：Semantics，Algebras，and Derivation Systems. Cambridge，2007.
[3]　李彬，郑宾，殷云华，等.模糊逻辑控制的改进与仿真.机械工程与自动化，2007，4：25-27.
[4]　李鸿吉.模糊数学基础及实用算法.北京：科学出版社，2006.
[5]　曾光奇.模糊控制理论与工程应用.武汉：华中科技大学出版社，2006.
[6]　刘福才.非线性系统的模糊模型辨识及其应用.北京：国防工业出版社，2006.
[7]　林钢.模糊控制及其在家用电器中的应用.北京：机械工业出版社，2006.
[8]　韩敏，孙燕楠，许士国.一种模糊逻辑推理神经网络的结构及算法设计.控制与决策，2006，21(4)：415-420.
[9]　Michael H. Applied Fuzzy Arithmetic：an Introduction with Engineering Applications. New York：Springer，2005.
[10]　James J B. Fuzzy Probabilities：New Approach and Applications. Berlin：Springer，2005.
[11]　Carlos A，Pena R. Coevolutionary Fuzzy Modeling. Berlin：Springer，2004.
[12]　诸静.模糊控制理论与系统原理.北京：机械工业出版社，2005.
[13]　杨纶标，高英仪.模糊数学原理及应用.广州：华南理工大学出版社，2005.
[14]　陈水利，李敬功，王向公.模糊集理论及其应用.北京：科学出版社，2005.
[15]　张吉礼.模糊-神经网络控制原理与工程应用.哈尔滨：哈尔滨工业大学出版社，2004.
[16]　刘立柱.概率与模糊信息论及其应用.北京：国防工业出版社，2004.
[17]　崔炳哲.人工神经网络与模糊信号处理.北京：科学出版社，2003.
[18]　曹谢东.模糊信息处理及应用.北京：科学出版社，2003.
[19]　张国良.模糊控制及其MATLAB应用.西安：西安交通大学出版社，2002.
[20]　吴晓莉，林哲辉.MATLAB辅助模糊系统设计.西安：西安电子科技大学出版社，2002.

第9章

遗传算法

CHAPTER 9

9.1 遗传优化算法基础

遗传算法(genetic algorithms,GA)研究的历史比较短。20世纪60年代末期到20世纪70年代初期,主要由美国密歇根大学的John Holland与其同事、学生们研究形成了一个较完整的理论和方法。他们从试图解释自然系统中生物的复杂适应过程入手,模拟生物进化的机制来构造人工系统的模型。随后经过20余年的发展,取得了丰硕的理论研究进展和应用成果,特别是近年来世界范围形成的进化计算热潮,计算智能已成为人工智能研究的一个重要方向,以及后来的人工生命研究兴起,使遗传算法受到广泛的关注。从1985年在美国卡耐基·梅隆大学召开的第一届国际遗传算法会议(International Conference on Genetic Algorithms: ICGA'85),到1997年5月IEEE的*Transactions on Evolutionary Computation*创刊,遗传算法作为具有系统优化、适应和学习功能的高性能计算和建模方法的研究渐趋成熟。本章在介绍遗传算法的产生和发展历史之后,概述了遗传算法的基本理论和应用情况。

9.1.1 遗传算法的产生与发展

早在20世纪50年代和20世纪60年代,就有少数几个计算机科学家独立地进行了所谓的“人工进化系统”研究,其出发点是进化的思想可以发展成为许多工程问题的优化工具。早期的研究形成了遗传算法的雏形,如大多数系统都遵行适者生存的仿自然法则,有些系统采用了基于种群(population)的设计方案,并且加入了自然选择和变异操作,还有一些系统对生物染色体编码进行了抽象处理,应用二进制编码。20世纪60年代初期,柏林工业大学的I. Rechenberg和H. P. Schwefel等在进行风洞实验时,由于设计中描述物体形状的参数难以用传统方法进行优化，因而利用生物变异的思想来随机改变参数值，并获得了较好的结果。随后，他们对这种方法进行了深入的研究，形成了进化计算的另一个分支——进化策略(evolutionary strategy,ES)，如今 ES 和 GA 已呈融合之势。也是在 20 世纪 60 年代，L. J. Fogel 等人在设计有限态自动机(finite state machine, FSM)时提出了进化规划(evolutionary programming,EP)。他们借用进化的思想对一组 FSM 进行进化，以获得较好的 FSM。他们将此方法应用到数据诊断、模式识别和分类及控制系统的设计等问题中，取得了较好的结果。后来又借助进化策略方法发展了进化规划，并用于数值优化及神经网络的训练等问题中。

由于缺乏一种通用的编码方案，人们只能依赖变异而非交叉来产生新的基因结构，因此早期的算法收效甚微。20 世纪 60 年代中期，J. Holland 在 A. S. Fraser 和 H. J. Bremermann 等人工作的基础上提出了位串编码技术。这种编码既适用于变异操作，又适用于交叉(即杂交)操作，并且强调将交叉作为主要的遗传操作。随后，Holland 将该算法用于自然和人工系统的自适应行为的研究中，并于 1975 年出版了其开创性著作 *Adaptation in Natural and Artificial System*。之后，Holland 等人将该算法加以推广，应用到优化及机器学习等问题中，并正式定名为遗传算法。遗传算法的通用编码技术和简单有效的遗传操作为其广泛、成功的应用奠定了基础。Holland 早期有关遗传算法的许多概念一直沿用至今，可见 Holland 对遗传算法的贡献之大。他认为遗传算法本质上是适应算法，应用最多的是系统最优化的研究。

Holland 早期的工作集中在所谓的认知系统 CS1(Cognitive System 1)的研究，借助最优化的方法获取学习的规则，遗传算法是他考虑的途径之一。于是他将基于遗传的机器学习(genetic-based machine learning,GBML)方法发展成为 CS1 的分类系(classifier system)学习方法，奠定了遗传算法重要思想的基础。遗传算法适用于最优化问题，归功于 Holland 的学生 DeJong，而 Grefenstette 开发了第一个遗传算法软件——GENESIS，为遗传算法的普及推广起了重要作用。对遗传算法研究影响力最大的专著，要属 1989 年美国伊利诺大学的 Goldberg 所著的 *Genetic Algorithm in Search, Optimization, and Machine Learning*。这本书对遗传算法的理论及其多领域的应用展开了较为全面的分析和例证。1992 年，Mkhalewiez 出版了另一本很有影响力的著作 *Genetic Algorithms + Data Structures = Evolution Programs*，对遗传算法应用于最优化问题起到了推波助澜的作用，1994 年该书又再版发行。

20 余年来，遗传算法的应用无论是用来解决实际问题还是建模，其范围不断扩展，这主要依赖于遗传算法本身的逐渐成熟。近年来，许多冠以"遗传算法"的研究与 Holland 最初提出的算法已少有雷同之处，这些方法采用了不同的遗传基因表达方式、不同的交叉和变异算子，引用了特殊算子，以及采用了不同的再生和选择方法，但这些改进方法产生的灵感都来自大自然的生物进化，可以归为一个算法簇。人们用进化计算(evolutionary computation)来包容这样的遗传算法簇。它基本划分为 4 个分支：遗传算法(GA)、进化规划(EP)、进化策略(ES)和遗传程序设计(GP)。

遗传算法研究热潮的兴起，使人工智能再次成为人们关注的焦点。有些学者甚至提出，进化计算是人工智能的未来。其观点是，虽然我们不能设计人工智能(即用机器代替人的自然智能)，但可以利用进化通过计算获得智能。目前，进化计算与人工神经网络、模糊系统理论一起已形成一个新的研究方向——计算智能(computational intelligence,CI)。人工智能已从传统的基于符号处理的符号主义,向以神经网络为代表的连接主义和以进化计算为代表的进化主义方向发展。

1980年以来,人们越来越清楚地意识到传统人工智能方法的局限性,而且随着计算机速度的提高及并行计算机的普及,遗传算法和进化计算对机器速度的要求已不再是制约其发展的因素。德国Dortmund大学1993年末的一份研究报告表明,根据不完全统计,进化算法已在16个大领域、250多个小领域中获得了应用。遗传算法在机器学习、过程控制、经济预测、工程优化等领域取得的成功,已引起了数学、物理学、化学、生物学、计算机科学、社会科学、经济学及工程应用等领域专家的极大兴趣。某些学者研究了进化计算的突现行为(emergent behavior)后声称,进化计算与混沌理论、分形几何将成为人们研究非线性现象和复杂系统的新的三大方法,并将与神经网络一起成为人们研究认知过程的重要工具。

9.1.2 遗传算法概要

1. 生物进化理论、遗传学的基本知识

在介绍遗传算法之前,有必要了解有关的生物进化理论和遗传学的基本知识。

生命的基本特征包括生长、繁殖、新陈代谢、遗传与变异。生命是进化的产物,现代的生物是在长期进化过程中发展起来的。达尔文(1858年)用自然选择(natural selection)来解释物种的起源和生物的进化,其自然选择学说包括以下3个方面:

(1) 遗传(heredity)。这是生物的普遍特征,"种瓜得瓜,种豆得豆",亲代把生物信息交给子代,子代按照所得信息而发育、分化,因而子代总是和亲代具有相同或相似的性状。生物有了这个特征,物种才能稳定存在。

(2) 变异(variation)。亲代和子代之间以及子代的不同个体之间总有些差异,这种现象称为变异。变异是随机发生的,变异的选择和积累是生命多样性的根源。

(3) 生存斗争和适者生存。自然选择来自繁殖过剩和生存斗争。由于弱肉强食的生存斗争在不断进行,其结果是适者生存,具有适应性变异的个体被保留下来,不具有适应性变异的个体被淘汰,通过一代代生存环境的选择作用,物种变异朝着一个方向积累,于是性状逐渐和原来的祖先种群不同,演变为新的物种。这种自然选择过程是一个长期的、缓慢的、连续的过程。

达尔文的进化理论是生物学史上的一个重要里程碑,它解释了自然选择作用下生物的渐变式进化。1866年孟德尔发表了《植物杂交实验》的论文,他提出了遗传学的两个基本规律——分离律和自由组合律,奠定了现代遗传学的基础。随着细胞学的发展,染色体、减数分裂和受精过程相继被发现,W. S. Sutton发现染色体的行为与基因的遗传因子行为是平行的,因此提出遗传因子是位于染色体上的。美国遗传学家摩尔根(T. H. Morgan)进一步确立了染色体的遗传学说,认为遗传性状是由基因决定的,染色体的变化必然在遗传性状上有所反映。生物的性状往往不是简单地决定于单个基因,而是不同基因相互作用的结果,基因表达要求一定的环境条件,同一基因型在不同的环境条件下可以产生不同的表现型。20世纪20年代以来,随着遗传学的发展,一些科学家用统计生物学和种群遗传学的成就重新解释达尔文的自然选择理论,他们通过精确地研究种群基因频率由一代到下一代的变化,来

阐述自然选择是如何起作用的，形成现代综合进化论(synthetic theory of evolution)。种群遗传学是以种群为单位而不是以个体为单位的遗传学，是研究种群中基因的组成及其变化的生物学。在一定地域中，一个物种的全体成员构成一个种群(population)，种群的主要特征是种群内的雌雄个体能够通过有性生殖实现基因的交流。生物的进化实际上是种群的进化，个体总是要消亡的，但种群则会继续保留，每一代个体基因型的改变会影响种群基因库(gene pool)的组成。而种群基因库组成的变化就是这一种群的进化，没有所谓的生存斗争问题，单是个体繁殖机会的差异也能造成后代遗传组成的改变，自然选择也能够进行。综合进化论对达尔文式的进化给予了新的更加精确的解释。

生物进化非常复杂，现有的进化理论所不能解释的问题比已经解释的问题还要多。除了达尔文的渐变进化外，人们又提出了很多新的非达尔文式进化理论，如木村资生的分子进化中性理论(neutral theory of molecular evolution)、Goldschmidt 的跳跃进化(saltation)、N. Eldredge 的间断平衡进化(punctuated equilibrium evolution)等。随着生物学的前沿领域——生物物理学、分子生物学和生物化学的发展，关于生物进化的理论仍在发展之中，但以自然选择为核心的进化理论比其他学说的影响更为广泛而深远，它仍然是各种生物进化理论的一个重要基础。

遗传算法模拟的是怎样的生物进化模型呢？假设对相当于自然界中一群人的一个种群进行操作，第一步的选择是以现实世界中的优胜劣汰现象为背景的；第二步的重组交叉则相当于人类的结婚和生育；第三步的变异则与自然界中偶然发生的变异是一致的。人类偶然出现的返祖现象便是一种变异。由于包含着对模式的操作，遗传算法不断地产生出更加优良的个体，正如人类向前进化一样。所采用的遗传操作都与生物尤其是人类的进化过程相对应。如果再仔细分析遗传算法的操作对象种群，实际上它对应的是一群人，而不是整个人类。一群人随着时间的推移而不断地进化，并具备越来越多的优良品质。然而，由于他们的生长、演变、环境和原始祖先的局限性，经过相当一段时间后，他们将逐渐进化到某些特征相对优势的状态(例如中国人都是黄皮肤、黑眼睛以及具有特有的文化和社会传统习惯)定义这种状态为平衡态。当一个种群进化到这种状态后，这种种群的特性就不再有很大的变化了。一个简单的遗传算法，从初始代开始，并且各项参数都已设定，也会达到平衡态。此时种群中的优良个体仅包含了某些类的优良模式，因为该遗传算法的设置特性参数使得这些优良模式的各个串位未能得到平等的竞争机会。

现实世界中有许多民族，每个民族都有各自的优缺点。历史上各个民族之间通过多种形式的交流(包括战争、移民等)，打破了他们原有的平衡态，从而推动他们达到更高层次的平衡态，使整个人类向前进化。现实生活中的例子可以在生物实验室中找到，例如，为了改良动、植物品种，常常采用杂交、嫁接等措施，即是为了这个目的。遗传算法效仿基于自然选择的生物进化，是一种模仿生物进化过程的随机方法。下面先给出几个生物学的基本概念与术语。

(1) 染色体(chromosome)。生物细胞中含有的一种微小的丝状化合物称为染色体。它是遗传物质的主要载体，由多个遗传因子——基因组成。

(2) 脱氧核糖核酸(DNA)。控制并决定生物遗传性状的染色体主要是由一种叫做脱氧核糖核酸(deoxy ribonucleic acid，DNA)的物质构成。DNA 在染色体中有规则地排列着，它是一个大分子的有机聚合物，其基本结构单位是核苷酸。许多核苷酸通过磷酸二酯键相结合形成一条长长的链状结构,两个链状结构再通过碱基间的氢键有规律地扭合在一起,相互卷曲起来形成一种双螺旋结构。

(3) 核糖核酸(RNA)。低等生物中含有一种叫作核糖核酸(ribonucleic acid,RNA)的物质,它的作用和结构与DNA类似。

(4) 遗传因子(gene)。DNA或RNA长链结构中占有一定位置的基本遗传单位称为遗传因子,也称为基因。生物的基因数量根据物种的不同多少不一,小的病毒只含有几个基因,而高等动、植物的基因却数以万计。一个基因或多个基因决定了组成蛋白质的20种氨基酸的组成比例及其排列顺序。

(5) 遗传子型(genotype)。遗传因子组合的模型叫遗传子型。它是性状染色体的内部表现,又称基因型。一个细胞核中所有染色体所携带的遗传信息的全体称为一个基因组(genome)。

(6) 表现型(phenotype)。由染色体决定性状的外部表现,或者说,根据遗传子型形成的个体,称为表现型。

(7) 基因座(locus)。遗传基因在染色体中所占据的位置称为基因座。同一基因座可能有的全部基因称为等位基因(allele)。

(8) 个体(individual)。染色体带有特征的实体称为个体。

(9) 种群(population)。染色体带有特征的个体的集合称为种群。该集合内个体数称为群体的大小。有时个体的集合也称为个体群。

(10) 进化(evolution)。生物在其延续生存的过程中,逐渐适应其生存环境,使得其品质不断得到改良,这种生命现象称为进化。生物的进化是以种群的形式进行的。

(11) 适应度(fitness)。在研究自然界中生物的遗传和进化现象时,生物学家使用适应度这个术语来度量某个物种对于生存环境的适应程度。对生存环境适应程度较高的物种将获得更多的繁殖机会,而对生存环境适应程度较低的物种,其繁殖机会就会相对较少,甚至逐渐灭绝。

(12) 选择(selection)。决定以一定的概率从种群中选择若干个体的操作称为选择。一般而言,选择的过程是一种基于适应度的优胜劣汰的过程。

(13) 复制(reproduction)。细胞在分裂时,遗传物质DNA通过复制而转移到新产生的细胞中,新的细胞就继承了旧细胞的基因。

(14) 交叉(crossover)。有性生殖生物在繁殖下一代时两个同源染色体之间通过交叉而重组,亦即在两个染色体的某一相同位置处DNA被切断,其前后两串分别交叉组合形成两个新的染色体。这个过程也称为基因重组(recombination),俗称杂交。

(15) 变异(mutation)。在细胞进行复制时可能以很小的概率产生某些复制差错,从而使DNA发生某种变异,产生出新的染色体,这些新的染色体表现出新的性状。

(16) 编码(coding)。DNA中遗传信息在一个长链上按一定的模式排列,也即进行了遗传编码。遗传编码可以看做从表现型到遗传子型的映射。

(17) 解码(decoding)。从遗传子型到表现型的映射称为解码。

2. 遗传算法的基本思想

遗传算法是从代表问题可能潜在解集的一个种群开始的,而一个种群则由经过基因编码的一定数目的个体组成。每个个体实际上是染色体带有特征的实体。染色体作为遗传物质的主要载体，即多个基因的集合，其内部表现（即基因型）是某种基因组合，它决定了个体形状的外部表现。例如，黑头发的特征是由染色体中控制这一特征的某种基因组合决定的。因此，在一开始需要实现从表现型到基因型的映射，即编码工作。仿照基因编码的工作很复杂，往往需要进行简化，如二进制编码。初代种群产生之后，按照适者生存和优胜劣汰的原理，逐代演化产生出越来越好的近似解。在每一代，根据问题域中个体的适应度（大小挑选个体，并借助于自然遗传学的遗传算子进行组合交叉和变异），产生出代表新的解集的种群。这个过程将导致种群像自然进化一样，后生代种群比前代更加适应于环境，末代种群中的最优个体经过解码，可以作为问题近似最优解。

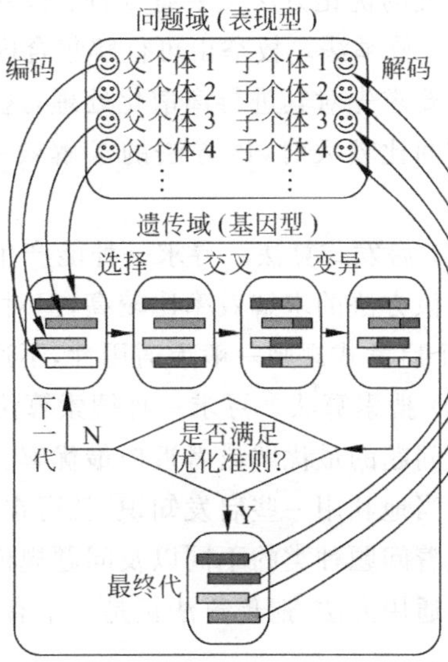

图 9.1 遗传算法的过程

遗传算法采纳了自然进化模型，如选择、交叉、变异、迁移、局域与邻域等。图 9.1 表示了基本遗传算法的过程。计算开始时，N 个个体（父个体 1、父个体 2……）即种群随机地初始化，并计算每个个体的适应度函数，第一代也即初始代就产生了。如果不满足优化准则，开始产生新一代的计算。为了产生下一代，按照适应度选择个体，父代要求基因重组（交叉）而产生子代。所有的子代按一定概率变异。然后子代的适应度又被重新计算，子代被插入到种群中将父代取而代之，构成新的一代（子个体 1、子个体 2……）。这一过程循环执行，直到满足优化准则为止。图 9.2 表示了遗传算法的流程图。

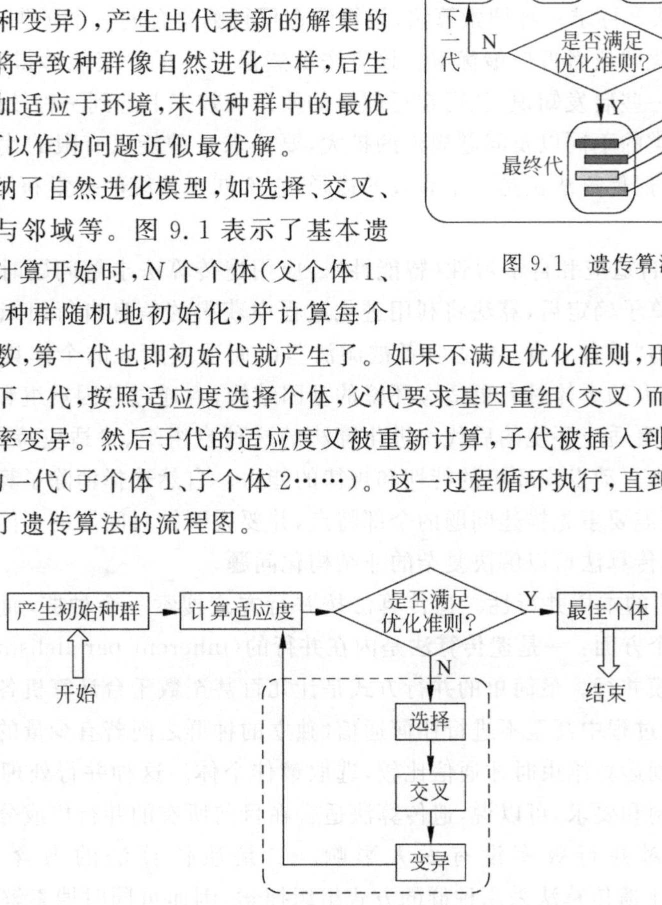

图 9.2 遗传算法的流程图

尽管这样单一种群的遗传算法很强大，可以很好地解决相当广泛的问题。但采用多种群的算法往往会获得更好的结果。每个子种群像单种群遗传算法一样独立地演算若干代后，在子种群之间进行个体交换。这种多种群遗传算法更加贴近于自然中种族的进化，称为并行遗传算法（paralleling genetic algorithm，PGA）。

3. 遗传算法的特点

传统的优化方法主要有 3 种：枚举法、启发式算法和搜索算法。

(1) 枚举法。枚举出可行解集合内的所有可行解，以求出精确最优解。对于连续函数，该方法要求先对其进行离散化处理，这样就可能因离散处理而永远达不到最优解。此外，当枚举空间比较大时，该方法的求解效率比较低，有时甚至在目前先进计算工具上也无法求解。

(2) 启发式算法。寻求一种能产生可行解的启发式规则，以找到一个最优解或近似最优解。该方法的求解效率比较高，但对每一个需要求解的问题必须找出其特有的启发式规则，这个启发式规则一般无通用性，不适合于其他问题。

(3) 搜索算法。寻求一种搜索算法，该算法在可行解集合的一个子集内进行搜索操作，以找到问题的最优解或者近似最优解。该方法虽然保证不了一定能够得到问题的最优解，但若适当地利用一些启发知识，就可在近似解的质量和效率上达到一种较好的平衡。

随着问题种类的不同以及问题规模的扩大，要寻求一种能以有限的代价来解决搜索和优化的通用方法，遗传算法正是一个有效的途径，它不同于传统的搜索和优化方法。主要区别在于：

(1) 自组织、自适应和自学习性(智能性)。应用遗传算法求解问题时，在编码方案、适应度函数及遗传算子确定后，算法将利用进化过程中获得的信息自行组织搜索。由于基于自然的选择策略为"适者生存，不适应者被淘汰"，因而适应度大的个体具有较高的生存概率。通常，适应度大的个体具有更适应环境的基因结构，再通过基因重组和基因突变等遗传操作，就可能产生更适应环境的后代。进化算法的这种自组织、自适应特征，使它同时具有能根据环境变化来自动发现环境的特性和规律的能力。自然选择消除了算法设计过程中的一个最大障碍，即需要事先描述问题的全部特点，并要说明针对问题的不同特点算法应采取的措施。因此，遗传算法可以解决复杂的非结构化问题。

(2) 遗传算法的本质并行性。遗传算法按并行方式搜索一个种群，而不是单点。它的并行性表现在两个方面：一是遗传算法是内在并行的(inherent parallelism)，即遗传算法本身非常适合大规模并行。最简单的并行方式是让几百甚至数千台计算机各自进行独立种群的演化计算，运行过程中甚至不进行任何通信(独立的种群之间若有少量的通信一般会带来更好的结果)，等到运算结束时才通信比较，选取最佳个体。这种并行处理方式对并行系统结构没有什么限制和要求，可以说，遗传算法适合在目前所有的并行机或分布式系统上进行并行处理，而且对并行效率没有太大影响。二是遗传算法的内含并行性(implicit parallelism)。由于遗传算法采用种群的方式组织搜索，因而可同时搜索解空间内的多个区域，并相互交流信息。使用这种搜索方式，虽然每次只执行与种群规模 n 成比例的计算，但实质上已进行了大约 $O(n^3)$ 次有效搜索，这就使遗传算法能以较少的计算获得较大的收益。

(3) 遗传算法不需要求导或其他辅助知识，而只需要影响搜索方向的目标函数和相应的适应度函数。

(4) 遗传算法强调概率转换规则，而不是确定的转换规则。

(5) 遗传算法可以更加直接地应用。

(6) 遗传算法对给定问题，可以产生许多的潜在解，最终选择可以由使用者确定(在某些特殊情况下，如多目标优化问题不止一个解存在，则有一组最优解。这种遗传算法对于确认可替代解集而言是特别合适的）。

9.1.3 遗传算法的应用情况

遗传算法提供了一种求解复杂系统优化问题的通用框架，它不依赖于问题的具体领域，对问题的种类有很强的鲁棒性，所以广泛应用于很多学科。下面是遗传算法的一些主要应用领域：

(1) 函数优化。函数优化是遗传算法的经典应用领域，也是对遗传算法进行性能评价的常用算例。很多人构造出了各种复杂形式的测试函数，有连续函数也有离散函数，有凸函数也有凹函数，有低维函数也有高维函数，有确定函数也有随机函数，有单峰函数也有多峰函数等，人们用这些几何特性各异的函数来评价遗传算法的性能。而对于一些非线性、多模型、多目标的函数优化问题，用其他优化方法较难求解，遗传算法却可以方便地得到较好的结果。

(2) 组合优化。随着问题规模的扩大，组合优化问题的搜索空间急剧扩大，有时在目前的计算机上用枚举法很难甚至不可能得到其精确最优解。对于这类复杂问题，人们已意识到应把精力放在寻求其满意解上，而遗传算法则是寻求这种满意解的最佳工具之一。实践证明，遗传算法对于组合优化中的NP完全问题非常有效。例如，遗传算法已经在求解旅行商问题、背包问题、装箱问题、图形划分问题等方面得到成功的应用。

(3) 生产调度问题。生产调度问题在许多情况下所建立起来的数学模型难以精确求解，即使经过一些简化之后可以进行求解，也会因简化太多而使得求解结果与实际相差甚远。因此，目前在现实生产中也主要靠一些经验进行调度。遗传算法已成为解决复杂调度问题的有效工具，在单件生产车间调度、流水线生产车间调度、生产规划、任务分配等方面，遗传算法都得到了有效的应用。

(4) 自动控制。在自动控制领域中许多与优化相关的问题都需要求解，遗传算法的应用日益增加，并显示了良好的效果。例如，用遗传算法进行航空控制系统的优化、基于遗传算法的模糊控制器优化设计、基于遗传算法的参数辨识、利用遗传算法进行人工神经网络的结构优化设计和权值学习，都显示出了遗传算法在这些领域中应用的可能性。

(5) 机器人智能控制。机器人是一类复杂的难以精确建模的人工系统，而遗传算法的起源就来自于对人工自适应系统的研究，所以机器人智能控制理所当然地成为遗传算法的一个重要应用领域。例如，遗传算法已经在移动机器人路径规划、关节机器人运动轨迹规划、机器人逆运动学求解、细胞机器人的结构优化和行动协调等方面得到研究和应用。

(6) 图像处理和模式识别。图像处理和模式识别是计算机视觉中的一个重要研究领域。在图像处理过程中，如扫描、特征提取、图像分割等，不可避免地会产生一些误差，这些误差会影响图像处理和识别的效果。如何使这些误差最小是使计算机视觉达到实用化的重要途径。遗传算法在图像处理中的优化计算方面是完全胜任的。目前已在图像恢复、图像边缘特征提取、几何形状识别等方面得到了应用。

(7) 人工生命。人工生命是用计算机等人工媒体模拟或构造出的具有自然生物系统特有行为的人造系统。自组织能力和自学习能力是人工生命的两大主要特征。人工生命与遗传算法有着密切的关系，基于遗传算法的进化模型是研究人工生命现象的重要理论基础。

虽然人工生命的研究尚处于启蒙阶段，但遗传算法已在其进化模型、学习模型、行为模型等方面显示了初步的应用能力。可以预见，遗传算法在人工生命及复杂自适应系统的模拟与设计、复杂系统突现性理论研究中得到更为深入的发展。

(8) 遗传程序设计。Koza 发展了遗传程序设计的概念，使用了以 LISP 语言所表示的编码方法，基于对一种树形结构所进行的遗传操作自动生成计算机程序。虽然遗传程序设计的理论尚未成熟，应用也有一些限制，但它已有一些成功的应用。

(9) 机器学习。学习能力是高级自适应系统所应具备的能力之一。基于遗传算法的机器学习，特别是分类器系统，在许多领域得到了应用。例如，遗传算法被用于模糊控制规则的学习，利用遗传算法学习隶属度函数，从而更好地改进了模糊系统的性能。基于遗传算法的机器学习可用于调整人工神经网络的连接权，也可用于神经网络结构的优化设计。分类器系统在多机器人路径规划系统中得到了成功的应用。

9.1.4 基本遗传算法

神经网络在控制中的应用面临两大问题，即神经网络拓扑结构的优化设计和高效的学习算法。由于遗传算法具有群体寻优和天然的增强式学习能力，使其具有全局性、并行性、快速性和自适应性，成为解决上述两大问题的有力工具，用于优化神经网络控制器与辨识器的结构权系和学习规则。这方面的研究显示出遗传算法良好的性能和潜在的应用前景。

GA 是模拟生物的遗传和长期进化过程而发展起来的一种搜索和优化算法。它模拟生物界“生存竞争，优胜劣汰，适者生存”的机制，用逐次迭代法搜索、寻优。遗传算法具有以下特点：

(1) 对所要求解的问题无连续性和无可微性要求，只需知道目标函数的信息。

(2) 借鉴生物遗传学研究成果，GA 的寻优过程始终保持整个种群的进化，不是一点，而是在群体中搜索寻优。

因此，GA 为许多困难的全局优化问题的解决开辟了新途径。

一般认为，GA 是进化算法的 3 个组成部分之一。进化算法包括遗传算法、进化规划和进化策略，是一类基于自然选择和遗传变异等生物进化机制的全局性概率搜索性算法，搜索寻优过程由迭代完成。其中，GA 是进化算法中提出早、影响大、应用也较广的一种算法。

GA 是 20 世纪 60 年代由美国密歇根大学的 J. H. Holland 教授首先提出的，他在 1975 年出版的专著 *Adaptation in Natural and Artificial System* 标志了遗传算法的诞生。自 1985 年召开第一届国际 GA 学术会议以来，在一些以机器学习、人工智能、神经网络等为主题的国际学术会议上，均有 GA 分组会议，且 GA 理论与应用方面的专著也相继出版，其中，D. E. Goldberg 的著作 *Genetic Algorithms in Search, Optimization, and Machine Learning* (1989 年)是最有影响的专著之一。此书总结了 GA 研究的主要成果，对算法及其应用进行了全面、系统的论述。近年来，GA 已成为人工智能研究的一个重要分支，应用于很多领域。其中，自动控制是 GA 应用的活跃领域之一，在系统辨识、无模型控制系统设计、模糊控制、神经网络控制、系统故障诊断、行走机器人路径规划等方面的研究正在不断深入。

1. 生物的遗传、进化和适应性

自然界的生物由简单到复杂、由低级到高级、由父代到子代，被称为生物的遗传和进化

(genetics and evolution)。根据达尔文的进化论及自然选择学说,异种间的交配或由于某种原因使物种产生变异,生成新的物种,新物种若能适应环境,在增殖的同时,变异的部分能够一代代遗传下来;若环境变化后,有的物种不能适应,即被淘汰。可见,物种的多样性是生成新物种的必要条件。

又由生物遗传学、分子生物学等研究成果可知,构成生物的基本单元是细胞,细胞核内的染色体中包含遗传基因,细胞由于能分裂而具备自我复制的能力,分裂之际细胞核内的遗传基因由于同时被复制而继承下来。交配使双亲的不同染色体重组生成新的染色体,其内的遗传基因是由双亲的基因重组而成的。遗传基因的变异也能产生新的染色体。因此可以说,物种的进化主要是由细胞中染色体的交叉和变异实现的。不同基因组合的可能性构成了生物体的多样性。

在生物的进化(或称适应)过程中,不同的局部生态环境中,生物体的基因组合也不同,这称为环境小生境(environmental niches),它也决定了生物体的多样性。

对于自然界的生物,单一个体不能进化,进化过程必定是以群体形式进行的,因此适当规模的群体是进化的基础。同时,群体中的个体必须存在差异,否则,进化过程不可能发生。

2. 基本的遗传算法概述

遗传算法是模拟上述生物群体的遗传和长期进化过程建立起来的一类搜索和优化算法,或称为模型,它模拟了生物界"生存竞争,优胜劣汰,适者生存"的机制,用逐次迭代法搜索寻优。

基本的遗传算法也称为简单遗传算法(simple GA,SGA),是 Holland 提出来的,由 3 个基本算子组成,即选择、交叉和突然变异(selection,crossover and mutation),称为遗传操作(genetic operator)。GA 空间中的个体就是染色体,个体的基本构成要素是遗传基因,个体上遗传基因所在的位置称为基因座,一组个体的集合称为种群。

个体对环境适应能力的评价用适应度 f 表示,适应度大的个体,是优质个体,表征其在此环境下的生存能力强。由于适应度是种群中个体生存机会选择的唯一确定性指标,因此适应度函数(fitness function)的形式直接决定了群体的进化行为,故适应度函数规定为非负,即 $f \geqslant 0$。在一般情况下,个体可用一定长度的符号串表示,最简单的是用{0,1}二值定义,如用 8 位"0","1"二进制符号串表示个体:00010110。

下面详细说明用 GA 求解问题时,需进行问题的解空间 ζ 到 GA 的搜索空间 S 之间的相互转换,由 ζ 到 S 称为编码过程,反之为译码过程。

遗传算法是一个迭代过程,遗传操作是在种群中进行的,产生初始种群,规模(population size)为 N,即种群由 N 个个体组成,经 GA 操作,生成一代一代新种群(每代 N 个个体)。从每一代种群中选出适应度 f 高的优质个体,在解空间 ζ 成为候补解集合,直到满足要求的收敛指标,即求得问题的解。图 9.3 中,$t=0$ 是初始种群,为第 0 代。在图 9.3(c)中,用黑点表示个体。随机生成的初始种群经迭代后,个体向优质进化,适应度 f 高的个体不断增加,使各代中种群的平均适应度 $\bar{f}$ 随着 t 的增加而增大,至 $t=a+b$ 次迭代后得到满足要求的解,见图 9.3(c)和(d)。每代种群的规模是不变的,均为 N。用 SGA 求解问题的步骤如下(图 9.4):

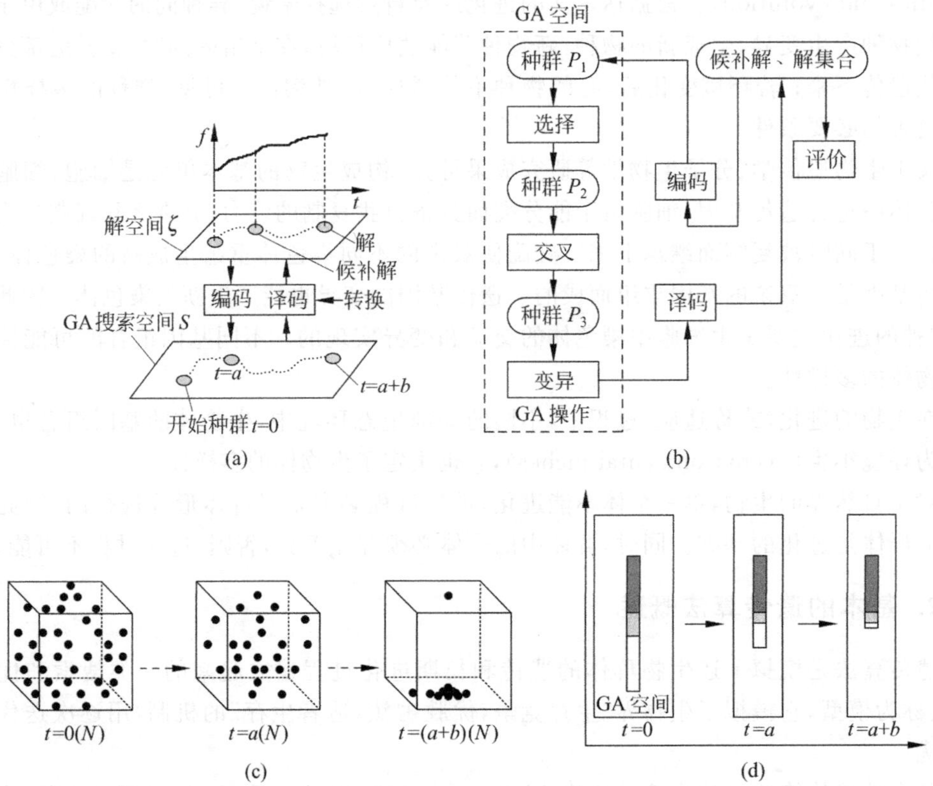

图 9.3　SGA 求解问题的结构框架与寻优机理

（1）确定编码方式，实现 ζ 到 S 的转换。

（2）确定参数，包括种群规模 N、交叉概率 p_c、变异概率 p_m、计算结束条件。

（3）初始化，即在 GA 空间随机生成 N 个个体，为世代 $t=0$ 的初始种群。

（4）评价，即译码到问题空间 S，计算候补解、解集合的适应度、平均适应度等。

（5）在 GA 空间进行遗传操作，如选择、交叉和变异。

（6）评价。

（7）判定是否计算结束。若满足结束条件，则具有最大适应度的个体经译码后即为所求的解；否则，至步骤(5)。

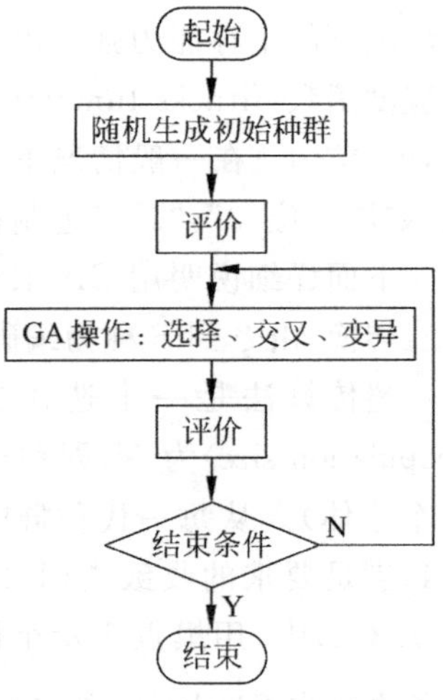

图 9.4　SGA 求解问题流程

3. 遗传操作

SGA 的遗传操作由 3 个基本算子组成：选择、交叉和变异。

1）选择

选择也称为复制或繁殖，是从旧种群中选择优质个体，淘汰部分个体，产生新种群的过程。选择不产生新的个体，优质个体得到复制，使种群的平均适应度$\bar{f}$得到提高。可见它模拟了生物界的“优胜劣汰”。

选择的方法有多种，无论哪种都与适应度有关，且选择的主要思想是个体的选择概率正比于其适应度。下面介绍 4 种选择方法（或称选择策略）。

（1）轮盘赌法

轮盘赌法选择（roulette wheel selection）采用下式计算种群中个体的选择概率：

$$p_i = \frac{f_i}{\sum_{j=1}^{N} f_j} = \frac{f_i}{f_{\text{sum}}} \tag{9.1}$$

式中，f_i 为个体 i 的适应度；f_{sum} 为种群的总适应度；p_i 为个体 i 的选择概率。

可见，适应度 f 高的个体，被复制的可能性就大，因此也称为基于适应度比例的选择策略。之所以称为轮盘赌法，可由图 9.5 说明。设种群规模 $N=10$，各个体的适应度 f_i 与图中轮盘扇形的角度成比例。矢是固定不动的，给轮盘以冲击，使其转起来然后停下后，矢指向的个体即是被选择（或称被复制）的个体。轮盘转动 N 次，适应度高的个体被选择的概率大，适应度低的个体也有被选中的可能性，从而维持个体的多样性。

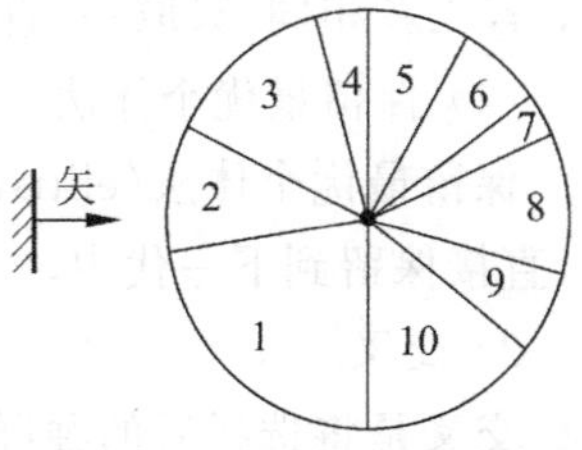

图 9.5　轮盘赌法选择

轮盘赌法选择的步骤如下：

① 在第 t 代，设种群为 P_1，如图 9.3(b)所示，由式(9.1)分别求 p_i 与 f_{sum}。

② 产生{0,1}的随机数 rand(·)，求 $s=\text{rand}(\cdot)\times f_{\text{sum}}$。

③ 求 $\sum_{i=1}^{k} f_i \geqslant s$ 中最小的 k，则第 k 个个体被选中。

④ 进行 N 次步骤(2)，步骤(3)的操作，得到 N 个个体，成为第 $t=t+1$ 代的种群 P_2。

由上可见，选择算子操作后不产生新的个体。此法在 GA 中应用得较多。

（2）期待值法

期待值法选择（expected value selection）采用下式求个体的期待值：

$$v_i = \frac{f_i}{\bar{f}} = \frac{f_i}{f_{\text{sum}}/N} \tag{9.2}$$

将期待值 v_i 四舍五入，得到个体 i 被选择的次数 n_i，从而种群由 P_1 成为 P_2。

例如，在有 10 个个体的种群 P_1 中，已知个体的适应度为 f_i，由式(9.2)求得期待值 v_i，进而得到个体 i 的复制（选择）数 n_i。由所有个体选择数求和可知，种群 P_2 的规模为 10，如表 9.1 所示。

表 9.1　期待值法选择(1)

参数	1	2	3	4	5	6	7	8	9	10
适应度 f_i	6	1	10	11	17	32	4	12	5	2
期待值 v_i	0.6	0.1	1.0	1.1	1.7	3.2	0.4	1.2	0.5	0.2
选择数 n_i	1	0	1	1	2	3	0	1	1	0

期待值法的不足之处在于选择后的种群 P_2 中的个体数可能与选择前的种群 P_1 产生 ±1 的误差，这是因四舍五入量化造成的。例如，若种群规模 $N=10$，已知个体的适应度为

f_i，求得期待值 v_i，得到个体 i 的复制（选择）数 n_i。由所有个体选择数求和可知，种群 P_2 的规模为 11，如表 9.2 所示。可见，因量化使 P_2 比 P_1 多一个体。

表 9.2 期待值法选择(2)

参数	1	2	3	4	5	6	7	8	9	10
适应度 f_i	6	1	10	11	15	30	4	12	5	6
期待值 v_i	0.6	0.1	1.0	1.1	1.5	3.0	0.4	1.2	0.5	0.6
选择数 n_i	1	0	1	1	2	3	0	1	1	1

(3) 两两竞争法

两两竞争法(tournament)是指每次随机地在种群 P_1 中取两个个体，选择适应度大的个体；若二者相同，只取一，直到选出的个体数为 N，得到种群 P_2。

(4) 保留最优个体法

保留最优个体法(elitist preserving)是将这一代适应度 f 高的个体不进行交叉、变异操作，直接保留到下一代中。

2) 交叉

交叉是将选择后的种群 P_2 中的个体放入交配池(mating pool)随机配对，称之为父代，按照选定的交叉方式及确定的交叉概率 p_c，把成对个体的基因部分地交换，形成一对子代。可见交叉后会生成新的个体。交叉操作后，种群由 P_2 变为 P_3，如图 9.3(b)所示。

交叉概率 p_c 是在选出进入交配池的一对个体上发生交叉操作的概率。

交叉方法包括一点交叉、多点交叉和均匀交叉。下面以二进制编码为例来说明。

(1) 一点交叉

一点交叉是指将一对父代个体的基因链随机地在同一位置切断，部分交换重组后产生一对新个体，成为子代。

例如，设个体由 8 位“0”“1”二进制符号串表示，一对父代个体的基因链在基因座 4 与 5 之间切断，父代双亲基因座 5678 上的基因互换，经一点交叉后重组，生成一对子代，如图 9.6 所示。

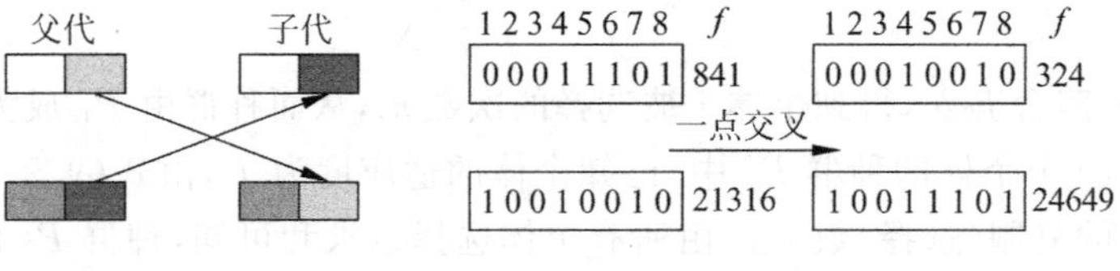

图 9.6 一点交叉实例

若个体的适应度 f 由其二进制串转换成十进制整数的平方表示，则交叉前父代双亲的 f 分别是 $29^2=841$ 和 $146^2=21\ 316$；交叉后，一对子代的 f 分别是 $18^2=324$ 和 $157^2=24\ 649$。可见，子代的基因链是父代的继承（即遗传）和重组；子代有可能超过父代，如子代中 $f=157^2$ 的个体优于父代，体现了进化。

(2) 多点交叉

多点交叉是指将一对父代个体的基因链随机地多点切断（二者位置相同），部分交换重组后产生一对新个体，成为子代。

例如，将父代双亲基因座12和78上的基因互换，生成两个新个体，成为子代，如图9.7所示。

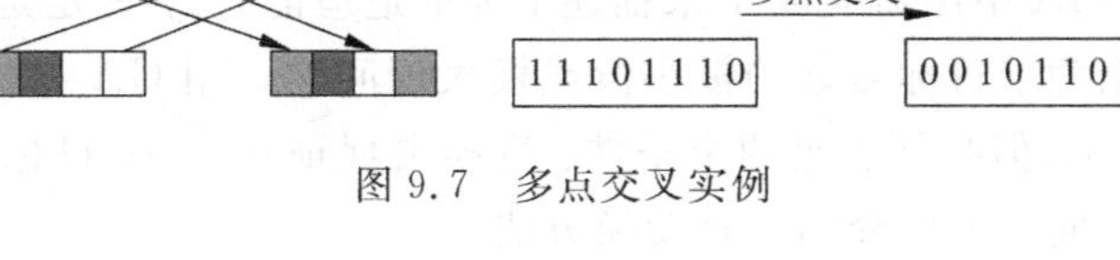

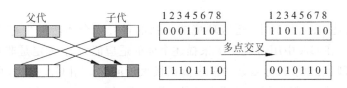

图9.7 多点交叉实例

(3) 均匀交叉

均匀交叉也称一致交叉，随机产生{0,1}位串，位串长度与个体的长度相等，称为屏蔽模板，在其“1”的基因座上将父代①，②的基因分别传到子代①，②；在其“0”的基因座上将父代①，②的基因分别交叉传到子代①，②。如图9.8所示。

3) 突然变异

突然变异是按设定的变异率 p_m，在种群中个体的基因座上用其对立基因进行置换(对于二进制位串)，得到新的个体。如图9.9所示，在旧个体7号基因座上产生变异，基因由“1”变为对立基因“0”，得到新个体。

父代	①	11010011
	②	10111100
模板		10110101
子代	①	11011001
	②	11110110

图9.8 均匀交叉实例

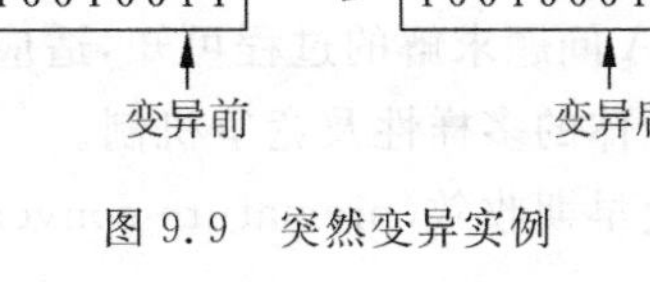

图9.9 突然变异实例

4. GA的有效性

GA寻优的有效性主要在于遗传算子与群体搜索策略两个方面。

(1) 遗传算子中，主要是选择和交叉操作。起核心作用的是交叉，它是GA区别于其他寻优算法之处，可将父代优良的品质传到下一代。由图9.4可见，交叉后，子代的基因链是父代的继承与重组，并且子代之一的适应度比父代双亲的适应度高，模拟了生物的遗传和进化。变异是第二位的，是不可少的。当种群陷入某超平面，只用交叉不能使其从中摆脱时，变异有可能使之跳出，但交叉形成的优质个体有被变异破坏的可能性。

(2) GA的群体搜索策略比一点搜索寻优(如BP算法)好，它突破了邻域搜索的限制，可以在整个解空间上采集信息并搜索解，如图9.3(c)所示。

例9.1 群体陷入一个超平面，讨论变异的作用。

如图9.10所示，由4个个体组成的种群在基因座5上的基因均为“0”，无论如何配对，若在基因座5678上交叉，基因座5上的基因都不会变为“1”，只有变异才可能使之成为“1”。

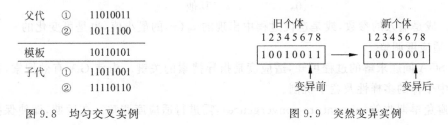

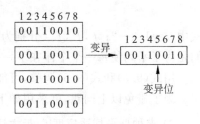

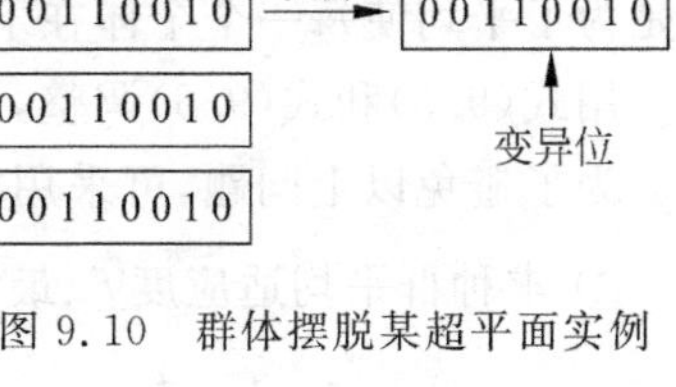

图9.10 群体摆脱某超平面实例

5. 适应度及调整

1）适应度

如 9.4 节所述，在自然界中，适应环境能力强的种群或个体能够生存下来，并能增殖；反之，会被淘汰。在 GA 中用适应度 f 来描述个体的适应能力，f 一定是非负的，即 $f_i \geqslant 0$。

寻优问题可归结为求目标函数的极小值或极大值问题。用 GA 寻优，可将目标函数进行变换，得到相应的 f_i，但必须满足两个条件：变换要保证 $f_i \geqslant 0$；目标函数的优化方向对应于适应度的增大方向。下面介绍一种变换方法。

（1）极小值问题。若目标函数为 $z(x)$，可设

$$f=\begin{cases}c_{\max}-z(x), & z(x)<c_{\max}\\ 0, & \text{其他}\end{cases} \tag{9.3}$$

式中，$c_{\max}$ 或是输入的参数，或是理论上 $z(x)$ 的最大值，但一般理论上 $z(x)$ 的最大值是未知的。通常，对于要求解的问题，可取迭代过程中出现 $z(x)$ 的最大值，$c_{\max}$ 将随迭代次数而变化。

（2）极大值问题。若目标函数为 $z_1(x)$，可设

$$f=\begin{cases}z_1(x)+c_{\min}, & z_1(x)+c_{\max}>0\\ 0, & \text{其他}\end{cases} \tag{9.4}$$

式中，$c_{\min}$ 或是输入的参数，或是迭代过程中出现的 $z_1(x)$ 的最小值，也是可变化的。

2）适应度调整

由 SGA 问题求解的过程可知，适应度是指导搜索的关键。为使 GA 有效搜索，必须保持种群中个体的多样性及竞争机制。

为避免早期收敛（premature convergence），需进行适应度调整。在后期，即使保持了种群中个体的多样性，但若 $f_{\max}$ 与 $\bar{f}$ 很接近，则 $f_{\max}$ 的个体与 $\bar{f}$ 附近的个体被选中的概率相差无几，使选择趋于随机化，适应度的作用减少，搜索趋于停顿，因此也需进行适应度调整。

调整模型如下：

（1）线性调整

$$f'=af+b \tag{9.5}$$

式中，f，f' 分别为调整前、调整后个体的适应度；a，b 为常系数。调整前后的关系如图 9.11(a) 所示，应为

$$\left.\begin{aligned}\bar{f'}&=\bar{f}\\ f'_{\max}&=c\bar{f}\end{aligned}\right\} \tag{9.6}$$

式中，$c=1.2\sim2$；$\bar{f}$，$\bar{f'}$，$f'_{\max}$ 分别为调整前后种群的平均适应度及调整后的最大适应度，它们是为了平均使每一个个体在下一代有一个后代，并且限制最优个体到下一代的数量。

用式(9.5)和式(9.6)调整，可能出现调整后 $f'<0$ 的情况，如图 9.11(b)所示。

为了避免以上问题，可采用如下算法：

① 求种群平均适应度 $\bar{f}$、最大适应度 $f_{\max}$ 和最小适应度 $f_{\min}$，设 $c_{\mathrm{mul}}=2$。

② 若 $f_{\min}>\dfrac{c_{\mathrm{mul}}\bar{f}-f_{\max}}{c_{\mathrm{mul}}-1}$，则至步骤③；否则，至步骤④。

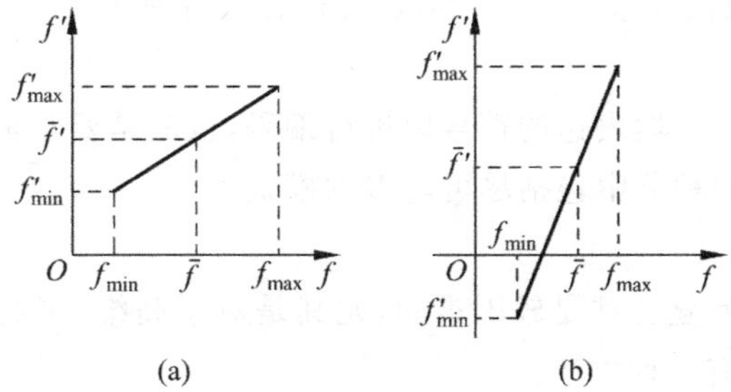

图 9.11 适应度调整

(a) 调整后 $f'>0$；(b) 调整后有的 $f'<0$

③ 求解

$$\left.\begin{aligned} a &= \frac{(c_{\text{mul}}-1)\,\bar{f}}{f_{\max}-\bar{f}} \\ b &= \frac{(f_{\max}-c_{\text{mul}}\bar{f})\,\bar{f}}{f_{\max}-\bar{f}} \end{aligned}\right\} \tag{9.7}$$

④ 求解

$$\left.\begin{aligned} a &= \frac{\bar{f}}{\bar{f}-f_{\min}} \\ b &= \frac{f_{\min}\,\bar{f}}{\bar{f}-f_{\min}} \end{aligned}\right\} \tag{9.8}$$

⑤ 求解

$$f'_i = af_i + b, \quad i=1,2,\cdots,N \tag{9.9}$$

(2) 预处理

为了有效地解决图 9.11(b)所示的问题，在调整前可对适应度进行预处理，算法如下：

$$f' = \begin{cases} f-(\bar{f}-c\sigma), & f'>0 \\ 0, & f'<0 \end{cases} \tag{9.10}$$

式中，σ 是种群适应度的标准偏差；c 是常值，$c=1\sim3$。

(3) 乘幂调整

$$f'_i = f_i^k \tag{9.11}$$

式中，k 是常数，$k=1.005$ 较适宜。此种算法较少用。

6. 有关的几个问题

1) SGA 的参数

SGA 的参数由 5 项组成：

(1) N——种群规模，常数，$N=20\sim150$。

(2) p_c——交叉概率，常数，$p_c=0.5\sim1$。

(3) p_m——变异概率，常数，$p_m=0.001\sim0.05$。

(4) L——{0,1}二进制值位串长度，由待求解问题要求解的精度确定。

(5) T——迭代结束的代数,与以上参数、编码方式等有关。

2) 编码原则

(1) 选择使问题得以自然表达的符号串进行编码,也就是要与求解问题的特征有关。

(2) 应使确定规模的种群中包括尽可能多的模式。

3) 约束问题

有约束条件的处理问题往往是较困难的,尤其是对于高维、多约束问题的求解,还没有很好地解决。当前主要有3种方法:

(1) 编码时考虑约束,使个体译码后的解始终是可行解。

(2) 编码时不考虑约束,运算过程中保留可行解,去除不可行解。

(3) 惩罚方法,即对于不可行解,使其适应度减小作为惩罚。进入种群后,随着迭代运算,不可行解逐渐减少,以求得最优解。

4) 终止条件

起初是由设置的迭代终了的代数 T 为终止条件,改进方法是设定某种判别标准,常用的是使连续几代种群的平均适应度不超过某一阈值等。

5) GA 的特点

(1) GA 不是一点搜索,而是在群体中一代一代搜索,取得最优解或准最优解。

(2) GA 是对积木块操作,是在群体中并行进行的,这就是其内在的并行性。

(3) GA 运用随机搜索技术,对所需求解的问题无连续性和可微性要求。

(4) 迭代过程模拟了生物的遗传和进化过程,与达尔文生物进化论所述"适者生存,优胜劣汰"是一致的。

6) SGA 的不足

SGA 是早期的遗传算法,求解效率还不高,也就是在搜索的快速性、全局收敛性方面还不能达到较好的效果,可从如下几方面分析。

(1) 早期收敛。所谓早期收敛是指在搜索的初期阶段,由于优良个体急剧增加,使种群失去多样性的现象。其产生的原因是,选择使优质个体被复制,这样,种群中会出现相同的优质个体。若相同的个体进行交叉,就不能生成新的子代,此时若相同的个体很多,作为 GA 核心的交叉操作便失去了作用,陷入某一超平面中而搜索不到全局最优解,于是陷入局部解,寻优目的不能达到。

(2) 变异虽可以使陷入某一超平面的个体得以解脱,但由于是随机的,因此不能有效地解决这一问题。

(3) 微调能力差。当搜索到最优解附近时,很难精确地确定最优解的位置,也就是说,局部搜索空间不具备微调能力。

(4) GA 参数的选择问题。如何选取 GA 的参数,如种群规模 N、位串长度等,还靠经验。

(5) 模式定理是 SGA 的理论基础,但只适用于{0,1}二进制值编码。

9.1.5 模式定理

模式(schema)定理是由 Holland 提出的,是遗传算法的基础理论,是解释基本遗传算法寻优机理的一种数学方法。

1. 模式

模式也称积木块(building block),是描述位串子集的相似性模板,表示基因串中某些特征位相同的结构。如以下位串及适应度:

位串	0110	0101	1100	1001
适应度	36	25	144	81

以"1"开头的位串适应度高;以"0"开头的位串适应度低。这种位串的相似性正是SGA有效搜索之所在。

若SGA中的个体在{0,1}上定义,设位串的长度为L,则位串的表达式为

$$A = a_1 a_2 \cdots a_{L-1} a_L \tag{9.12}$$

模式在{0,1,*}上定义,其中"*"可为"0"或"1"。设H表示模式,其表达式为

$$H = 10*00* \tag{9.13}$$

设$O(H)$表示模式的位数,是H中有定义的非"*"位的个数,称为H模式的阶。$\delta(H)$表示模式的定义长度,是H中最两端有定义的基因座之间的距离,称为模式H的距。它们是分析位串的相似性、SGA的3个基本算子对模式影响的基本手段。

例9.2 某位串A=101001,长度L=6,列出其中包含的3个模式及其阶与距。

模式H	1***01	**1001	**10**
模式H的阶$O(H)$	3	4	2
模式H的距$\delta(H)$	5	3	1

对于长度为L的位串,所含的模式数是2^L个。若种群规模为N,则具有的模式数在$2^L \sim N \cdot 2^L$之间,具体取决于位串的多样性。

2. 基本算子对模式的影响

1) 选择

选择在位串空间中不产生新的点,但适应度高的相似优质位串被选中的概率大,优质模式的数量将会增加。

设种群$A(t)$有N个个体。$m(H,t)$为$A(t)$中,第t代模式H的数量;$f(H)$为所有包含模式H的位串的平均适应度;$\bar{f}$为种群的平均适应度。

选择操作是在$A(t)$的N个个体中选出N个放入交配池,位串A_i被选中的概率为$p_i = f_i / \sum_j f_j$,则第$t+1$代模式H的数量为

$$m(H,t+1) = \frac{m(H,t)Nf(H)}{\sum_j f_j} \tag{9.14}$$

将种群的平均适应度$\bar{f} = \sum_j f_j / N$代入上式,则有

$$m(H,t+1) = \frac{m(H,t)f(H)}{\bar{f}} \tag{9.15}$$

可见,若$f(H) > \bar{f}$,则模式H的数量增加;若$f(H) < \bar{f}$,则H的数量减少。种群中的

任意模式都按式(9.14)所示规律变化，这就是 GA 隐含的并行性。

式(9.15)是选择算子对模式 H 数量影响的定量描述。

设 $f(H)-\bar{f}=c\bar{f}$，c 是常数，代入式(9.15)，有

$$m(H,t+1)=\frac{m(H,t)(\bar{f}+c\bar{f})}{\bar{f}}=(1+c)m(H,t) \tag{9.16}$$

由 $t=0$ 始，有

$$m(H,t)=m(H,0)\,(1+c)^{t} \tag{9.17}$$

由上式可归结出选择算子对模式 H 的影响：若 $c>0$，则选择以指数规律增长每一模式 H 的数量；若 $c<0$，则以指数规律减少每一模式 H 的数量。

2) 交叉

交叉操作有可能破坏一个模式，破坏的概率与其定义长度成正比。也就是说，交叉对一个模式的影响与 $\delta(H)$ 有关，$\delta(H)$ 越大，模式 H 被分裂的概率就越大，从而降低其成活率。

例如，设位串 A 的长度 $L=7$，随机产生的交叉位置在基因座 3 与 4 之间，p_d 是被破坏的概率，则有

基因座	1234567		
A =	0111000		
H_1 =	*1****0	$\delta(H_1)=5$	$p_d=5/(L-1)=5/6$
H_2 =	****10*	$\delta(H_2)=5$	$p_d=5/(L-1)=5/6$

p_d 的表达式为

$$p_d=\frac{\delta(H)}{L-1} \tag{9.18}$$

设成活率为 p_s，则

$$p_s=1-p_d=1-\frac{\delta(H)}{L-1} \tag{9.19}$$

在交叉率 p_c 时的成活率 p_s 为

$$p_s\geqslant 1-p_d=1-p_c\frac{\delta(H)}{L-1} \tag{9.20}$$

由式(9.15)和式(9.20)可得到在选择与交叉操作后，模式 H 的数量为

$$m(H,t+1)=m(H,t)\frac{f(H)}{\bar{f}}\left[1-p_c\frac{\delta(H)}{L-1}\right] \tag{9.21}$$

由上式可归结出选择与交叉对模式 H 数量的综合影响：H 数量与其平均适应度 $f(H)$ 的大小($f(H)>\bar{f}$ 或 $f(H)<\bar{f}$)和定义长度 $\delta(H)$ 有关，$f(H)$ 越大，$\delta(H)$ 越小，模式 H 的数量越多。

3) 变异

设某一位变异率为 p_m，则保持率为 $1-p_m$，模式 H 在变异后的生存率为

$$p_1=(1-p_m)^{O(H)} \tag{9.22}$$

一般情况下，变异率 $p_m\ll 1$，可得

$$p_1=1-p_mO(H) \tag{9.23}$$

在 3 个基本操作(选择、交叉、变异)后，模式 H 的数量($t+1$ 代)为

$$m(H,t+1) = m(H,t)\frac{f(H)}{\bar{f}}\left[1 - p_c\frac{\delta(H)}{L-1} - p_m O(H)\right] \tag{9.24}$$

式(9.24)给出了 $m(H,t+1)$的下限。

由以上分析，Holland 提出了如下定理：

模式定理 在3个遗传算子(选择、交叉、变异)作用下，定义长度短的、确定位数少的、平均适应度高的模式的数量，将随着迭代次数的增加呈指数增长。

可见，GA 是通过在种群中迭代运算，使高质量的模式得以组合，从而求得高质量的个体。这就是 GA 高效搜索的原因。

9.1.6 遗传算法的改进

GA 作为优化搜索算法，为很多困难问题的求解开辟了新途径。用其求解问题时，一方面，希望在广的空间进行搜索，以有利于求得最优解；另一方面，希望向着解的方向尽快缩小搜索范围，收敛于寻优目标，以求得全局最优解。如何两者兼顾，恰到好处，促使遗传算法在 SGA 的基础上不断发展。也就是说 GA 的发展主要围绕着提高全局最优解的概率和效率进行。多年来，人们从各种不同的方面做了种种努力，取得了相当大的进展；同时针对不同的应用领域，研究了相应的解决特定问题的算法。

1. 交叉、变异概率的自适应调整

交叉、变异概率(p_c,p_m)的自适应调整，是提高搜索效率的有效方法之一。调整算法为

$$p_c = \begin{cases} k_1(f_{max} - f'_c)/(f_{max} - \bar{f}), & f'_c \geqslant \bar{f} \\ k_3, & f'_c < \bar{f} \end{cases} \tag{9.25}$$

$$p_m = \begin{cases} k_2(f_{max} - f)/(f_{max} - \bar{f}), & f \geqslant \bar{f} \\ k_4, & f < \bar{f} \end{cases} \tag{9.26}$$

式中，f'_c为交叉前父代双亲适应度大者；f 为需变异个体的适应度；$k_1 = k_3 = 1$，$k_2 = k_4 = 0.5$。

对于优质个体(适应度高于种群的平均值)，p_c 和 p_m 取小一些可促进 GA 收敛；对于适应度低于种群的平均值的个体，p_c 和 p_m 取大些可避免 GA 陷入局部解。

2. 高级算子

在基本算子基础上，多年来，人们利用生物遗传学、生态学等的研究成果，模拟大自然的造物机制，为提高 GA 的有效性进行了有益的探索，下面介绍几例。

1) 逆算子

逆算子(inversion operator)也称倒位算子，其操作是在一个个体的长度方向上选两个切断点，两点之间的基因倒位后再接起来，成为新的个体。

图 9.12 逆算子例

经常将逆算子与交叉相结合进行操作。图 9.12 所示为在 4567 号基因座上倒位。

2）对等交叉法

两个个体上的基因完全对等时，才可进行交叉。例如，有 3 个个体 A，B 和 C：

$$A=11001,\quad B=00110,\quad C=10011$$

由于 A，B 的基因完全对等，因此可进行交叉，而 A，C 和 B，C 都不能。

3）静态繁殖

SGA 是用子代取代父代，静态繁殖（steady state reproduction）是在迭代过程中用部分优质子串来更新部分父串，这需要合理确定更新的数量。

4）本地算子

自然界中相距遥远的、种类相似的生物并非一起繁殖，本地的才有机会。为了维持多样性，本地算子采取了两项措施：

（1）采用一种共享机制，限制一些个体快速扩张。

（2）为了维持一些个体的存在，应有选择地进行交配，即交叉受限。

3. 并行 CA

在此介绍两种并行 GA（parallel GA，PGA）模型。

1）岛模型

岛模型（island model）属于 PGA 模型的一种，是把种群分成多个子群，在多计算机上进行并行且独立的 GA 操作。同时，不同部分的子群之间可进行个体交换，将其称为迁移（migration）。若任意子群之间均可有个体迁移，则称为飞石模型（stepping-stone model）。

岛模型的迁移，需确定如下几个问题：

（1）哪些子群间可以迁移。

（2）迁移个体的选择及迁移的个体数。

（3）经几代可迁移。

图 9.13(a)为分成 4 个子群并进行迁移的岛模型示意图。在此模型中，由于并行计算，可使运算时间缩短，且因局域性搜索，对于整个群体而言，可维持个体的多样性，从而抑制了早期收敛。

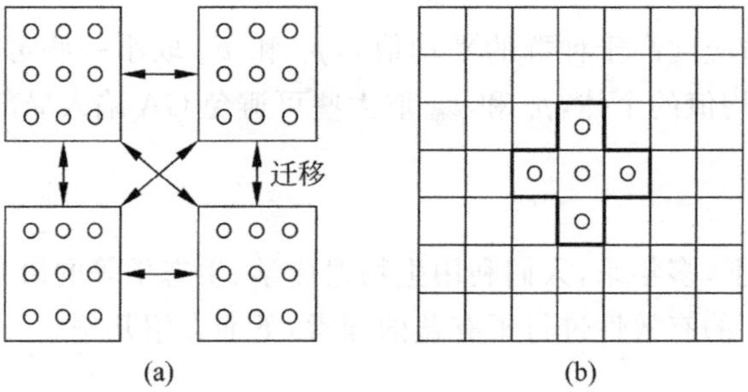

图 9.13 并行 GA 示意图
(a) 岛模型；(b) 近旁模型

2）近旁模型

近旁模型（neighborhood model）也属 PGA 型，是指在种群内的各个个体仅与限定的近旁的个体相互作用，进行 GA 操作。因此操作是并行的，且是局域的。在种群内，每一个个体定义其近旁。此模型中，由于近旁的定义不同，而有多种形式，图 9.13(b)所示为其中一例。

用近旁模型，由于 GA 操作的局域性，在种群中即使某个体的适应度 f 很高，其影响只能通过近旁间渐渐地波及到整个群体，因此个体适应度的急剧增加被抑制，也就起到了抑制早期收敛的作用。

在实际应用时，结合求解的具体问题，只有认真设计和调试相应的参数，才能收到较好的效果。有些参数的设计问题是较困难的。当然，由于增加了计算量，求解的复杂性也增加了。

4. 可变长个体与 Messy GA

SGA 种群中的个体，二进制位串长度是不变的。由模式定理可知：定义长度短的、确定位数少的、平均适应度高的模式数量，将随着迭代次数的增加呈指数增长。定义长的模式被称为积木块，因 SGA 被破坏的可能性大，因此人们正探索用可变长个体改善 GA 的搜索能力。

1) 可变长个体

若个体的位串长度 L 不变，个体可用二元组(基因座与其值)表示为

$$A:(i_1,v_1)(i_2,v_2)(i_3,v_3)\cdots(i_L,v_L)$$

例如基因座　123456

$A=$　　011001 可表示为 A：(1,0)(2,1)(3,1)(4,0)(5,0)(6,1)

若可变长个体长度 L 是可变的，个体也可用二元组表示，此时，

$$1\leqslant i_k\leqslant L,\quad k=1,2,\cdots,L$$
$$v_k\in v_i,\quad k=1,2,\cdots,L$$

例如，

(4,0)(5,0)(3,1)

(4,0)(3,1)

(4,0)(2,1)(5,0)(6,1)(1,0)

且相同的个体可有不同的表示，如(4,0)(2,1)(5,0)(6,1)(1,0)或(2,1)(5,0)(4,0)(6,1)(1,0)等。

2) 算子

代替 SGA 中交叉算子的是如下两个算子：

(1) 切断(cut)。以某概率在个体长度上随机选择位置，将基因链切断，如图 9.14(a)所示。

(2) 接合(splice)。以某概率将两个基因链接合，如图 9.14(b)所示。

个体 1　(3, 1) (1, 0) (5, 0) (2, 0) | (1, 0) (4, 1)
个体 2　(5, 1) | (4, 0) (2, 1) (1, 1)

(a)

新个体 1　(3, 1) (1, 0) (5, 0) (2, 0) (4, 0) (2, 1) (1, 1)
新个体 2　(5, 1) (1, 0) (4, 1)

(b)

图 9.14　切断与接合算子

(a) 切断算子；(b) 接合算子

3) Messy GA

可变长个体的遗传算法称为 Messy GA,其流程如图 9.15 所示。

(1) 设置个体位串的最大长度 $k_{max}=L,k\leqslant L$。

(2) 初始化:在 GA 空间生成不同长度的个体位串 N 个,为初始种群。

(3) 译码至问题空间,求适应度并进行评价。

(4) 用两两竞争法选择,直到选出 N 个高适应度的个体(只适用于初始种群)。

(5) 循环:切断→接合→选择→评价,直到满足结束条件。

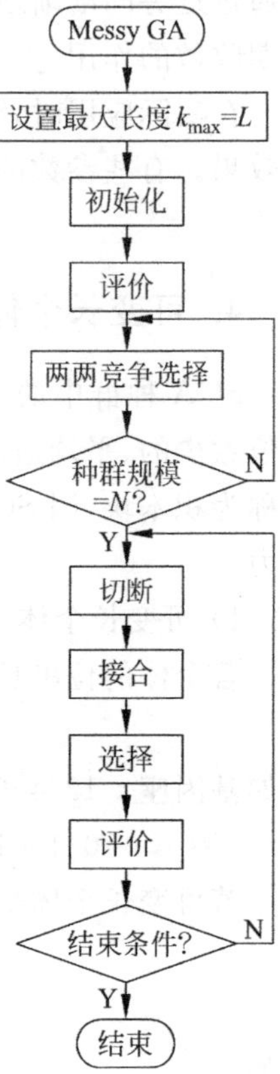

图 9.15 Messy GA 流程

5. 基于小生境技术的 GA

在生物的进化过程中,不同的局部生态环境,生物体的基因组合也不同,即环境小生境决定了生物体的多样性。

在 SGA 的基础上,Goldberg 提出了适应度共享模型(fitness-sharing model)的选择策略,它是基于小生境技术的 GA 算法中的一种。该算法是用共享函数来调整种群中各个个体的适应度,使种群在进化过程中能依据调整后的适应度进行选择,以维护种群的多样性,构造出小生境的进化环境。它是一种用于多峰搜索问题的优化算法,使得能(尽可能)搜索到多个全局最优解。

共享函数(sharing function)是表示两个个体之间关系密切程度的函数。设有 n 个个体的种群 $A=[a_1,a_2,\cdots,a_n]$,两个个体 a_i 与 a_j 间的共享函数 $\mathrm{sh}(d_{ij})$一般描述为

$$\mathrm{sh}(d_{ij})=\begin{cases}1-\left(\dfrac{d_{ij}}{\sigma_{\mathrm{share}}}\right)^{a}, & d_{ij}\leqslant\sigma_{\mathrm{share}}\\ 0, & d_{ij}>\sigma_{\mathrm{share}}\end{cases}\tag{9.27}$$

式中,σ_{share}为小生境半径,是设定值;d_{ij}为个体 a_i 与 a_j 间距离的测度,在解空间采用欧氏距离,在 GA 空间采用汉明距离;a 为调整系数。

由式(9.27)可见:

(1) $0\leqslant\mathrm{sh}(d_{ij})\leqslant1$,$\mathrm{sh}(d_{ij})$大,表明二者关系密切,或者说个体之间相似的程度大。

(2) 每一个个体自身的 $\mathrm{sh}(d_{ij})=1$。

(3) 当 $d_{ij}\geqslant\sigma_{\mathrm{share}}$时,$\mathrm{sh}(d_{ij})=0$。

(4) 在 σ_{share}范围内的个体小生境半径相同,互相减小适应度,收敛在同一小生境内。σ_{share}的值是影响搜索性能的关键因素。

个体 a_i 在(同一小生境内)种群中的共享度 m_i 是它与种群中其他个体间共享函数值之和,描述为

$$m_i=\sum_{j=1}^{n}\mathrm{sh}(d_{ij}),\quad i=1,2,\cdots,n\tag{9.28}$$

设个体 a_i 的共享适应度为 $f'(a_i)$,算法为

$$f'(a_i)=f(a_i)/m_i\tag{9.29}$$

可见，共享法是一种选择策略，适应度共享函数是将问题空间的多个峰值分开，在GA空间相当于将每一代个体分为多个子群，之后，子群中和子群间由交叉、变异操作生成下一代种群。它是适用于复杂多峰函数的寻优算法。

在基于小生境技术的GA算法中，除了适应度共享模型之外，还有排挤模型(crowding model)和预选择模型，它们都是维持个体多样性的选择策略。

6. 混合GA

局部搜索(或称微调)能力差是SGA的不足之处。将具有很强局部搜索能力的算法，如梯度法、模拟退火法与GA相结合，构成混合GA(hybrid GA)，是增强GA局部搜索能力的有效手段。

梯度法与GA结合的混合GA适用于连续可微函数的全局寻优。模拟退火算法与GA结合的混合GA是一种求解大规模组合优化问题有效的近似算法。

7. 导入年龄结构的GA

在SGA基础上导入年龄结构的算法是模拟自然界中多年生生物具有年龄所建立的模型。

这一算法有两种：AGA(aged GA)和ASGA(age structured GA)。二者的共同点是把离散时间的一个单元作为一代，对种群中的每一个个体设置整数年龄参数。在第t代年龄为x的个体，在第$t+1$代年龄为$x+1$，并设置死亡年龄。

1) AGA

AGA是导入年龄和死亡年龄的模型。算法中除了由选择而淘汰一部分个体外，达到死亡年龄的个体也被淘汰。交叉后的双亲不存留，新生的子辈年龄为零。因此，这一算法中亲子不共存。增加的计算是年龄的更新和到龄个体的死亡。

2) ASGA

ASGA是在导入年龄、死亡年龄参数外，增设死亡率参数的模型，也是模拟了多年生生物在每一年龄都可能有死亡这一现象。

死亡率是指对于生存着的个体，与适应度无关的死亡概率，是0～1之间的随机数。

在每一代中，除了选择操作及达到死亡年龄的个体被淘汰外，每一年龄的个体按照死亡率被淘汰。在这一模型中，交叉后的双亲仍可生存，因此在个体群中亲子共存。

ASGA与AGA相比较，在相同情况下，求解过程中，个体适应度值f的变化前者出现较少的振荡，趋向于最终收敛。

可见，导入年龄结构的模型，是通过抑制种群中适应度f高的个体的增殖，使适应度f低的个体生存概率增加，因此可降低选择压力，维持个体的多样性，缓和早期收敛。

8. 基于基因分布评价的适应度调整

为了分析种群中个体的多样性，需设定其评价方法。此类问题在个体只用“0”，“1”编码时较易解决。本书对于多变量优化问题，用十进制整数编码来评价个体多样性的方法及适应度调整，要点为：

(1) 用基因分布直方图(histogram)评价种群中基因分布的多样性。

(2) 用基因分布直方图计算个体的稀少度(rareness)。

(3) 通过调整变异的幅度,产生稀少的个体。

(4) 由稀少度进行适应度调整,使稀少的个体在种群中存在,以维持个体的多样性。设 i 表示变量,也表示个体的基因座号。基因座的值域为$[-D,+D]$,即变量编码值。将其均分为 M 个区域,即 $n=1,2,\cdots,M$。

用基因分布直方图(图 9.16)可对种群某一基因座上的基因分布状态进行描述和评价,也可对某一个体在所有基因座上的基因分布状态进行描述和评价,并进行个体稀少度 R_i 计算。

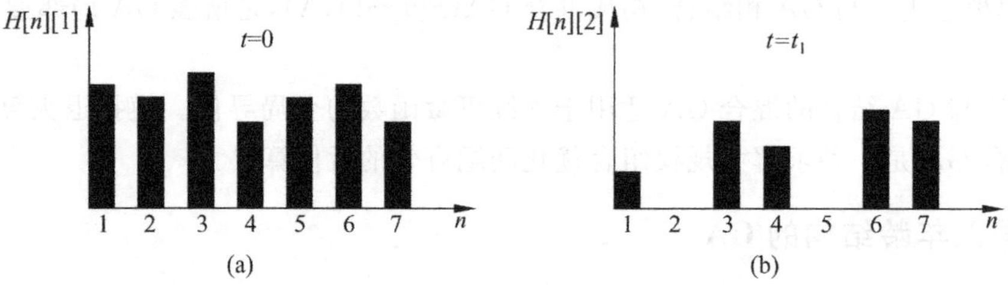

图 9.16　基因分布直方图

图 9.16(a)中,$H[n][1]$,$t=0$ 为第 0 代所有个体在基因座 1 上的基因分布直方图($n=1,2,\cdots,7$)。此时,种群中的个体由初始化随机产生,可见基因分布较均匀。

图 9.16(b)中,$H[n][2]$,$t=t_1$ 为第 t_1 代所有个体在基因座 2 上的基因分布直方图。可见,在 $n=2$ 和 $n=5$ 两个区间内,基因分布为零,即在基因座 2 上的基因不包含这两个区间的编码值。

个体稀少度 R_i 定义为在个体 i 的所有基因座上,基因分布为零的区间数。将值 R_i 小的个体称为稀少的个体。

变异操作是用$[-E,+E]$之间的随机数加在个体群中,在个体所有的基因座上调节变异的幅度,以调节产生稀少的个体数。

适应度调整算法为

$$f' = f/R_i \tag{9.30}$$

由于 R_i 与迭代有关,因此是变量。

另外,采用双倍体和显性遗传等都是 GA 的改进算法。

9. GA 理论研究

GA 的理论研究有两种:基于模式理论的分析和基于随机模型理论的研究。

Holland 提出的模式(积木块)及模式定理指出了在 3 个 GA 算子的作用下,较优的模式数目呈指数增长,为解释 SGA 的寻优机理提供了一种数学方法。其不足是仅适用于二进编码制,没有涉及 SGA 的 5 项参数如何选取等问题。

Bethke 提出了用 Walsh 函数、离散 Walsh 变换计算模式平均适应度的方法,对 GA 的寻优过程进行分析。

基于随机模型理论的 GA 分析是建立马尔可夫链的 GA 模型,分析 GA 的收敛问题。

GA 主要研究的问题如下：

1）编码与收敛问题

{0,1}二进制编码是 GA 最早用的编码，由 Holland 提出。至今，遗传算法已有多种编码被应用，如十进整数、实数、浮点数等。

浮点数编码具有精度高且搜索空间大的优点。对浮点数编码用马尔可夫链分析，在种群规模 $N\to\infty$ 的假设条件下可得到全局收敛的结论。

2）参数的优化

主要指种群规模 N、交叉概率 p_c、变异概率 p_m 的优化问题。

3）GA 欺骗问题

在 GA 搜索过程中，将妨碍适应度高的个体生成而影响 GA 的工作，使搜索方向偏离全局最优解的问题，称为 GA 欺骗问题(GA deceptive problem)。

依据模式欺骗性定义，欺骗问题分完全欺骗、一致欺骗、序列欺骗和基本欺骗 4 种，其欺骗性依次由高到低，搜索难度也随之由高到低。

依据模式欺骗性定义和相关定理，单调和单峰函数无模式欺骗性，非单调和多峰函数有可能具有模式欺骗性，这是因为搜索过程中可能存在某些低阶模式难以重组为期望的高阶模式，使搜索偏离全局最优解所致。研究表明，有可能利用适当的调整适应度函数和基因编码的不同方式来避免欺骗问题。

总之，研究的关键是 GA 算法的全局收敛性并求取最优(准最优)解的问题。至今，很多复杂 GA 问题的分析仍是困难的，有待于深入探讨。

9.1.7 遗传算法与函数最优化

GA 的典型应用之一就是求解最优化问题。函数最优化问题，是指有制约地把目标函数最小化或最大化，一般可用下式表示：

$$\min_x f(x) \tag{9.31}$$

$$\max_x f(x) \tag{9.32}$$

式中，x 为变量，$x\in\zeta$。设 V 为基本空间，$\zeta\subseteq V$，即 ζ 是 V 的部分空间的解空间。

$x\in\zeta$ 是制约条件，满足式(9.32)所确定的变量 x 称为可行解。

应用 GA，结合最优化问题的要求，求解步骤如下：

(1) 设定解空间 ζ 与 GA 搜索空间 S，选择 $\zeta\leftrightarrow S$ 之间的转换，也就是选择编码与译码方式。

(2) 确定目标函数及与适应度之间变换的模型。

(3) 确定 GA 算子及有关运算参数。

(4) 在 GA 空间随机产生初始种群，译码至问题空间。

(5) 求最大适应度 f_{max}、平均适应度 $\bar{f}=f_{avg}$。

(6) 评价。若满足要求，则适应度 $f=f_{max}$ 者即为所求的解，计算结束；否则，至下一步。

(7) 在 GA 空间进行 GA 操作，生成下一代种群，译码至问题空间。

(8) 至步骤(5)。

例 9.3 实数向量函数最优化实例(1)：

$$\max_{x,y} z = f(x,y) = 100\,(x^2 - y)^2 + (1-x)^2,$$
$$-2.048 \leqslant x,\quad y \leqslant 2.048$$

本例是二参数函数优化问题，其特点是有一个最优解$[z,x,y]=[3906,-2.048,-2.048]$，有一个次优解$[z,x,y]=[3898,2.048,-2.048]$，其三维图形如图 9.17 所示。

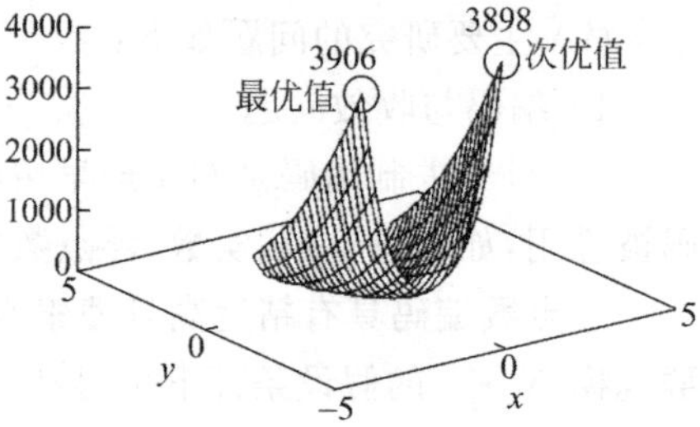

图 9.17 函数最优化实例(1)

求解步骤如下：

(1) 解空间 $\zeta \to$GA 搜索空间 S 之间的转换为

$$x = (x,y) \to S = (x_1, y_1)$$

(2) 用 d-bit 二进制代码表示(转换为十进制整数)x_1 和 y_1，二者关系的模型为(以 x 为例)

$$x = x_{\min} + [x_{\max} - x_{\min}]\frac{x_1}{2^d - 1} \tag{9.33}$$

取 $d=10$，则有

$$(x,y) = -2.048 + [2.048 - (-2.048)]\frac{(x_1, y_1)}{2^{10} - 1} \tag{9.34}$$

编码分辨率为

$$[2.048 - (-2.048)]/(2^{10} - 1)$$

每一个个体长度 $L=20$，用 20-bit$\{0,1\}$编码成符号(位)串表示。

若 $x=(-1.824, 0.963)$，则 $s=(56,752)$；若位串 $s=00001110001011110000$，则

```
1          10          20
12345678910 12345678910
0000111000  1011110000
    x1          y1
```

(3) 本例是求目标函数 z 的极大值，$z>0$，因此适应度与 z 确定为相同，$f=z$。GA 参数$(N,L,T,p_c)=(40,20,180,0.5)$。遗传操作采用轮盘赌法+保留最优个体法选择，每代保留一个最优个体直接到下一代。采用两点交叉的方法，变异率可变，即

$$p_m = \begin{cases} 0.0005, & 0 \leqslant t \leqslant 60 \\ 0.0010, & 60 < t \leqslant 120 \\ 0.0015, & 120 < t \leqslant 180 \end{cases}$$

用线性调整法对适应度进行调整，抑制早期收敛，见式(9.5)～式(9.9)。

(4) 在 GA 空间，随机产生初始种群：$t=0$，$N=40$，继续上述遗传算法最优化步骤(5)～步骤(8)。

某次优化的搜索过程如图 9.18 和图 9.19 所示。图 9.18 为各代适应度的变化情况，图中，$f_{\max}(t)$为第 t 代最大的适应度，$f_{\text{avg}}(t)$为第 t 代平均适应度。可见，随着搜索的进行，t 增大，$f_{\max}(t)$和 $f_{\text{avg}}(t)$随之增大，指导搜索向最优方向发展。

图 9.19 所示为解空间候补解、解集合的分布情况。初始解群的 40 个候补解随机、较均匀地分布在解空间中，随着搜索的进行，候补解在解空间中向最优解方向发展，且越来越集

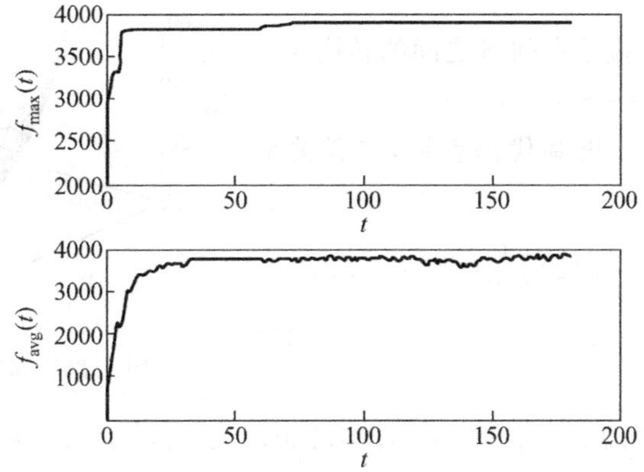

图 9.18 适应度变化图(1)

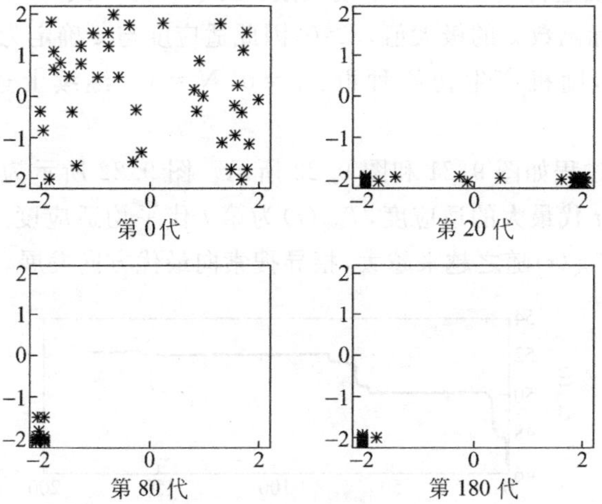

图 9.19 解空间候补解、解集合分布(1)

中到最优解附近。经常有多个候补解重合到某一点,直到某代有一个或多个候补解达到最优解。至此,寻优结束。

图 9.19 中列出了第 20,80,180 代的候补解、解集合,可见本次搜索向着$[z,x,y]=[3906,-2.048,-2.048]$收敛。在$t=100$代,$f_{max}=3906=z$的点(如图 9.18 和图 9.19 所示)即是所求的解(集合)。

另外,此函数除了有一个最优解($z=3906$)外,还有一个次优解($z=3898$)。这样,若进行多次搜索,由于随机数的摆动,会有一半的概率偏向次优解。

例 9.4 实数向量函数最优化实例(2):

$$\max_{x,y} z = x^2 + y^2, \quad -5.12 \leqslant x, \ y \leqslant 5.12$$

本例是两参数函数优化问题,其特点是有 4 个最优解$[z,x,y]=[52.43,\pm 5.12,\pm 5.12]$,三维图形如图 9.20 所示。

求解步骤如下：

(1) 解空间 $\zeta \to$ GA 搜索空间 S 之间的转换为

$$x=(x,y)\to S=(x_1,y_1)$$

x_1,y_1 各用 10-bit 二进制代码表示，二者关系的模型为

$$(x,y)=[5.12-(-5.12)]\frac{(x_1,y_1)}{2^{10}-1}-5.12 \tag{9.35}$$

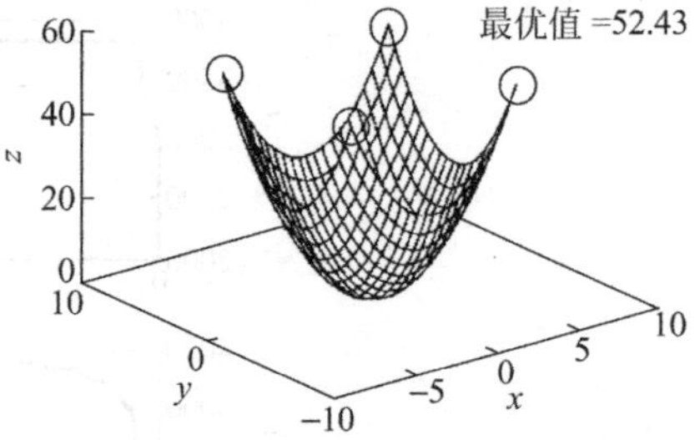

图 9.20　函数最优化实例(2)

编码分辨率约为 0.01。

(2) GA 参数$(N,L,T,p_c,p_m)=(40,20,180,0.8,0.0005)$。每一个个体长度 $L=20$，用 20-bit{0,1}编码成符号(位)串表示。遗传操作采用轮盘赌法＋保留最优个体法选择，每代保留一个最优个体直接到下一代。两点交叉，交叉率 $p_c=0.8$；变异，变异率 $p_m=0.0005$。用线性调整法对适应度进行调整，抑制早期收敛，见式(9.5)～式(9.9)。

(3) 本例是求目标函数 z 的极大值，$z>0$，因此适应度与 z 确定为相同，即 $f=z$。

(4) 在 GA 空间，随机产生初始种群：$t=0, N=40$，继续上述遗传算法最优化步骤(5)～步骤(8)。

某次优化的搜索过程如图 9.21 和图 9.22 所示。图 9.22 所示为各代适应度的变化情况，图中，$f_{\max}(t)$为第 t 代最大的适应度，$f_{\text{avg}}(t)$为第 t 代平均适应度。可见，随着搜索的进行，t 增大，$f_{\max}(t)$和 $f_{\text{avg}}(t)$随之越来越大，指导搜索向最优方向发展。

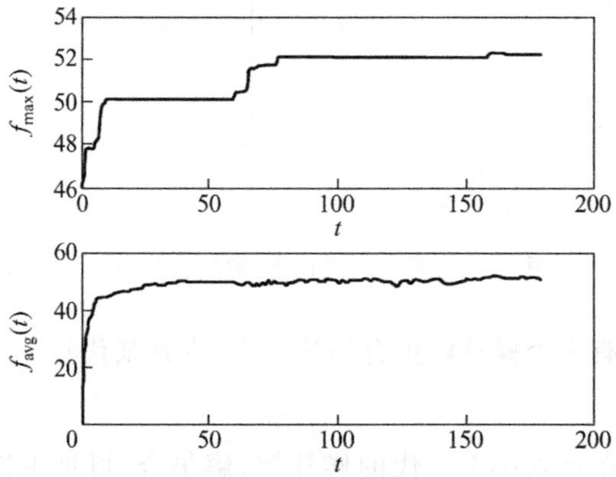

图 9.21　适应度变化图(2)

图 9.22 所示为解空间候补解、解集合的分布情况。初始解群的 40 个候补解随机、较均匀地分布在解空间中，随着搜索的进行，候补解在解空间中向最优解方向发展，且越来越集中到最优解附近。经常有多个候补解重合到某一点，直到某代有一个或多个候补解达到最优解。至此，寻优结束。

图 9.22 中列出了第 20,80,180 代的候补解、解集合。可见，本次搜索向$[z,x,y]=[52.43,5.12,-5.12]$收敛。在 $t=180$ 代，$f_{\max}=52.43=z$ 的点(如图 9.21 和图 9.22 所示)即是所求的解。

在第 180 代的候补解、解集合图中，有一点距解较远，这是由变异引起的。

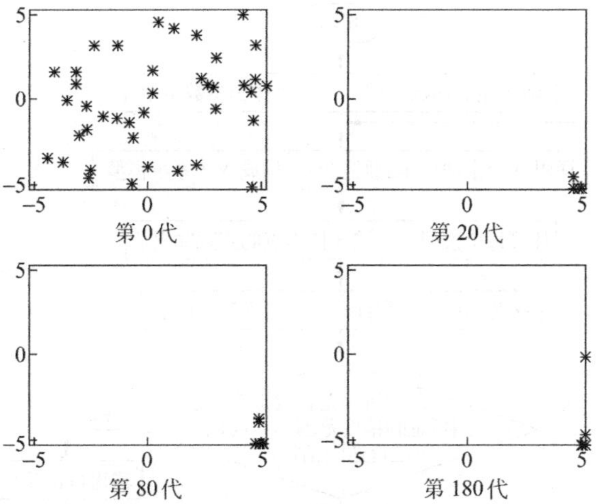

图 9.22 解空间候补解、解分布(2)

上述两个函数最优化实例,说明了以下几个问题:

(1) 用 GA 求解的有效性。

(2) 两例均是多峰函数,对于此类函数的寻优问题,一次迭代只能求得一个最优或次优解。因为一旦出现一个最优点,GA 就引导搜索向这一方向进行。即使两个最优点同时出现,也难以代代保持下去。如图 9.22 所示,在第 20 代,已有候补解分别接近最优解与次优解,但随着迭代寻优的进行,本次最终搜索到一个解,$[z,x,y]=[3908,-2.048,-2.048]$。解决这一问题的算法可采用基于小生境技术的 GA。

(3) 对于最优化问题,用 GA 求解,除了本书所述共性问题外,由于目标函数与约束条件不同,还各有特点,如组合优化问题等。

9.1.8 遗传算法与系统辨识

GA 用于系统辨识,也是求解最优化问题。本节讨论在假设系统(或环节)模型结构已知的情况下,由 GA 优化模型的参数,使准则函数最小。

将 GA 用于系统辨识的步骤如图 9.23 所示,与将 GA 用于函数最优化的步骤类似,不同的是对于系统辨识,GA 空间 S 的个体位串表示的是被辨识系统模型参数估计(候补解或解)的编码。具体阐述如下几个问题。

(1) 训练样本是被辨识系统的输入/输出序列,对于单输入/单输出动态系统,输入/输出序列为$\{u(k),y(k)\}$,若系统的参数有 m 个,即

$$\theta=[a_1,a_2,\cdots,a_m] \tag{9.36}$$

则 $y(k)$与 $u(k)$和 θ 的关系可表示为

$$y(k)=g\{u(k),\theta\}=g\{u(k),a_1,a_2,\cdots,a_m\} \tag{9.37}$$

(2) 在 GA 空间,个体位串表示的是系统参数估计的编码。

(3) 个体位串长度的确定。由式(9.36)可知,待辨识(估计)的 m 个参数为

$$\hat{\theta}=[\hat{a}_1,\hat{a}_2,\cdots,\hat{a}_m] \tag{9.38}$$

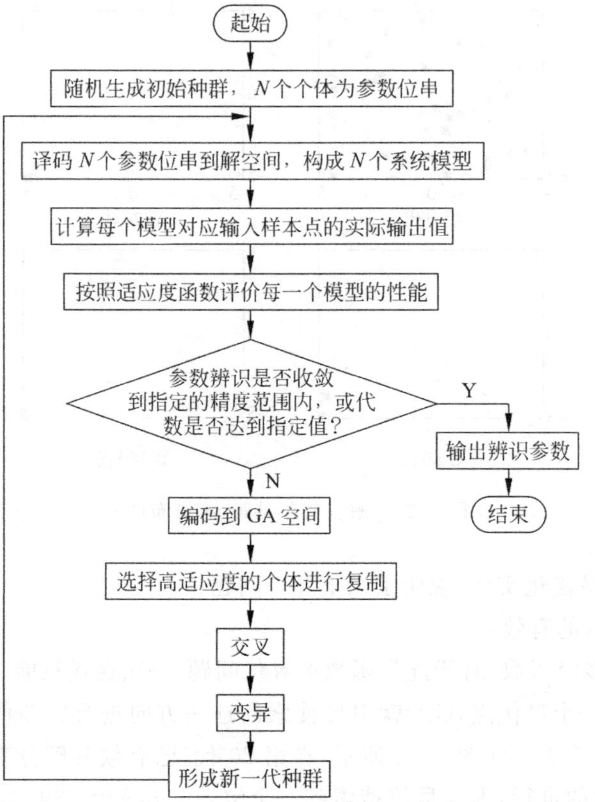

图 9.23　GA 用于系统辨识流程

每一个$\hat{a}_i$的范围可由对系统了解的先验知识来确定，参数的估计值$\hat{a}_i(i=1,2,\cdots,m)$经编码到GA空间，则其估计精度由码的长度来确定(浮点制编码除外)，长度越长，精度越高。个体位串的长度L，即θ的长度是各$\hat{a}_i$在GA空间的编码长度之和。

(4) 适应度函数的选择。适应度函数是遗传算法用来指导搜索的唯一准则，如何选择适当的适应度函数来评价系统辨识中参数估计的性能是关键的问题。设第t代的第$j(1\leqslant j\leqslant n)$个位串所对应的参数估计为

$$\hat{\theta}_j^{(t)}=[\hat{a}_{1j}^{(t)},\hat{a}_{2j}^{(t)},\cdots,\hat{a}_{mj}^{(t)}] \tag{9.39}$$

对于辨识问题，适应度函数有两种形式：动态系统辨识和静态系统辨识。

1. 动态系统辨识

在已知系统模型结构和参数估计$\hat{\theta}_j^{(t)}$的情况下，由系统输入$u(k)$可求得所对应系统模型的输出$\hat{y}_j^{(t)}(k)$及系统与模型输出的误差$\hat{e}_j^{(t)}(k)$：

$$\hat{y}_j^{(t)}(k)=g\{u(k),\hat{\theta}_j^{(t)}\}=g\{u(k),\hat{a}_{1j}^{(t)},\hat{a}_{2j}^{(t)},\cdots,\hat{a}_{mj}^{(t)}\} \tag{9.40}$$

$$\hat{e}_j^{(t)}(k)=y(k)-\hat{y}_j^{(t)}(k) \tag{9.41}$$

适应度函数取

$$f(\hat{\theta}_j^{(t)}) = \frac{q}{\sum_{i=0}^{q} \hat{e}_j^{(t)}(k-i)^2} \tag{9.42}$$

式中，$q \leqslant k$，q 值越大，适应度函数的可信度越高。选择方差和的倒数为适应度函数，可引导搜索向着优化方向发展。

2. 静态系统辨识

设有单输入/单输出静态系统(或环节)，其输入/输出为 u_p/y_p，$p=1,2,\cdots,Q$。在已知系统模型结构和参数的估计 $\hat{\theta}_j^{(t)}$ 的情况下，由系统的输入 u_p 可求得所对应系统模型的输出 $\hat{y}_{jp}^{(t)}$ 及系统与模型输出的误差 $\hat{e}_{jp}^{(t)}$：

$$\hat{y}_{jp}^{(t)}(k) = g\{u_p, \hat{\theta}_j^{(t)}\} = g\{u_p, \hat{a}_{1j}^{(t)}, \hat{a}_{2j}^{(t)}, \cdots, \hat{a}_{mj}^{(t)}\} \tag{9.43}$$

$$\hat{e}_{jp}^{(t)} = y_p - \hat{y}_{jp}^{(t)} \tag{9.44}$$

适应度函数取

$$f(\hat{\theta}_j^{(t)}) = \frac{Q}{\sum_{p=1}^{Q} (\hat{e}_{jp}^{(t)})^2} \tag{9.45}$$

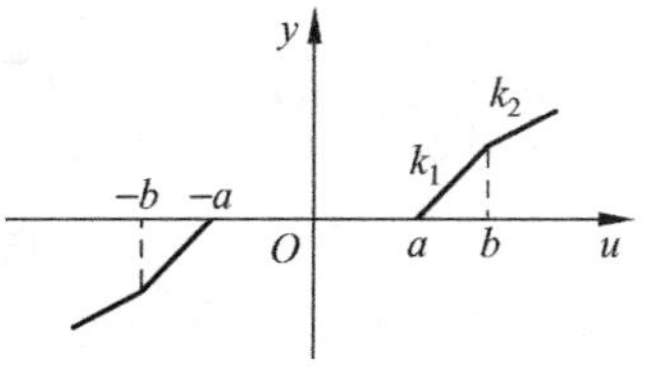

图 9.24 非线性环节

例 9.5 GA 用于静态非线性环节参数辨识。

环节的结构已知，如图 9.24 所示，且

$$y = \begin{cases} 0, & |u| \leqslant b \\ k_1[u - a\mathrm{sgn}(u)], & a < |u| < b \\ k_2[u - b\mathrm{sgn}(u)] + k_1(b-a)\mathrm{sgn}(u), & |u| \geqslant a \end{cases} \tag{9.46}$$

由输入/输出数据 $\{u_p, y_p\}$，$p=1,2,\cdots,Q$，对其参数 $\boldsymbol{\theta} = [a, b, k_1, k_2]$ 进行辨识，求得参数的估计值 $\hat{\boldsymbol{\theta}} = [\hat{a}, \hat{b}, \hat{k}_1, \hat{k}_2]$。

辨识步骤如下：

(1) 求环节的输入/输出。设环节的参数 $\boldsymbol{\theta} = [a, b, k_1, k_2] = [1, 2, 1, 0.5]$，若 $u_p = -4:0.5:4$，由式(9.46)可求得输出 y_p，$p=1,2,\cdots,17$。

(2) 待辨识参数的范围取 $[-4,4]$，若每一参数在 GA 搜索空间 S 中用 20-bit 表示，则 $\hat{\theta}$ 在 S 中对应的个体长度为

$$L = 20 \times 4 = 80(\text{bit})$$

编码分辨率为

$$[4-(-4)]/(2^{20}-1) \approx 7.6 \times 10^{-6} < 10^{-5}$$

(3) GA 参数 $(N, L, T, p_{\mathrm{m}}) = (50, 80, 100, 0.03)$。交叉概率 p_c 自适应调整。GA 操作采用轮盘赌法+保留最优个体法选择。

(4) 适应度选取按式(9.45)，式中 $Q=17$，适应度为线性调整。

(5) 由式(9.45)可知，本例是极小化问题。因适应度大的个体位串表征参数估计的误差小，由式(9.43)和式(9.44)可知，使得其模型的准则函数小，即若 $f(\hat{\theta}_j^{(t)})$ 大，则 $J_j^{(t)} = \frac{1}{2}\sum_{k=1}^{Q}(y_p - \hat{y}_{jp}^{(t)})^2 = \frac{1}{2}\sum_{k=1}^{Q}(\hat{e}_{jp}^{(t)})^2$ 小。

(6) 初始化。在 GA 搜索空间 S 随机产生 $L=80\text{bit}$，$N=50$ 个个体位串。

(7) 按图 9.23 所示流程进行辨识，结果如图 9.25、图 9.26 和表 9.3 所示。取 $t=80$ 代的个体位串的译码值 $f=f_{\max}$ 者作为参数估计值。

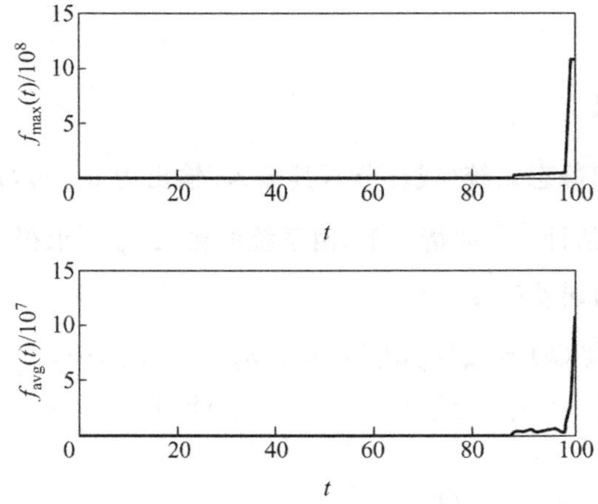

图 9.25　每代最大适应度及平均适应度

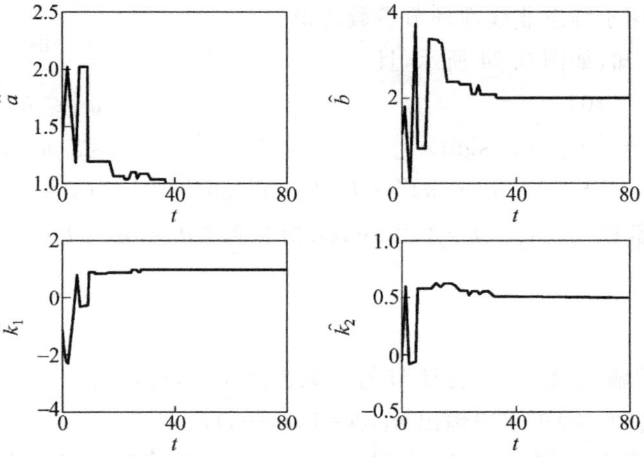

图 9.26　参数优化过程

表 9.3　辨识结果估计值与参数值比较($t=80$ 代)

辨识(估计参数)	环节参数	误差	辨识(估计参数)	环节参数	误差
$\hat{a}=1.000\,004\,8$	$a=1.0$	0.000 004 8	$\hat{k}_1=0.999\,936\,1$	$K_1=1.0$	0.000 063 9
$\hat{b}=2.000\,074\,4$	$b=2.0$	0.000 074 4	$\hat{k}_2=0.500\,027\,2$	$K_2=0.5$	0.000 027 2

例 9.6　GA 用于动态系统辨识。

仿真系统为二阶线性动态系统：

$$P(s)=\frac{K}{(T_1s+1)(T_2s+1)}=\frac{2}{(s+1)(20s+1)}$$

采样周期 $T=1\text{s}$，离散化后，Z 传递函数为

$$P(z) = K\frac{b_1 z^{-1} + b_2 z^{-1}}{1 - a_1 z^{-1} - a_2 z^{-1}}$$

式中，

$$a_1 = e^{-T/T_1} + e^{-T/T_2} = 1.319$$

$$a_2 = e^{-T/T_1} e^{-T/T_2} = -0.35$$

$$b_1 = 1 - \frac{e^{-T/T_1} - (T_2/T_1)e^{-T/T_2}}{1 - T_2/T_1} = 0.018$$

$$b_2 = e^{-T/T_1} e^{-T/T_2} + \frac{e^{-T/T_1} - (T_2/T_1)e^{-T/T_2}}{1 - T_2/T_1} = 0.0127$$

代入 K 与系数，有

$$P(z) = -\frac{0.036z^{-1} + 0.0255z^{-2}}{1 - 1.319z^{-1} + 0.35z^{-2}} = \frac{0.036 + 0.0255z^{-1}}{1 - 1.319z^{-1} + 0.35z^{-2}}(-z^{-1})$$

系统采样点输入/输出数据为$\{u(k), y(k)\}$，则差分方程为

$$y(k) - 1.319y(k-1) + 0.35y(k-2) = 0.036u(k-1) + 0.0255u(k-2)$$

可见，离散化后是具有一阶时延的系统，系统参数为

$$\theta = [a_1, a_2, b_1, b_2]^{\mathrm{T}} = [-1.319, 0.35, 0.036, 0.0255]^{\mathrm{T}}$$

待估计的参数为

$$\hat{\theta} = [\hat{a}_1, \hat{a}_2, \hat{b}_1, \hat{b}_2]$$

辨识步骤如下：

(1) 系统输入 $u(k)$为循环周期 $N_p = 15$ 的四阶 M 序列。

(2) 仿真系统输出 $y(k)$由差分方程经计算得到，即

$$y(k) = 1.319y(k-1) - 0.35y(k-2) + 0.036u(k-1) + 0.0255u(k-2)$$

(3) 设待辨识的参数分布在[−2, +2]之间，每一参数在 GA 空间 S 用 20-bit 编码，则 $\hat{\theta}$ 在 S 中对应的个体长度为

$$L = 4 \times 20 = 80$$

编码分辨率为

$$[2 - (-2)]/(2^{20} - 1) \approx 3.8 \times 10^{-6}$$

(4) GA 参数$(N, L, T, p_m) = (50, 80, 1100, 0.03)$。交叉概率 p_c 自适应调整。GA 操作采用轮盘赌法+保留最优个体法选择。

(5) 适应度函数按式(9.42)选取。

(6) 本例每采样一次数据，遗传进化 3 代。按照图 9.23 所示流程进行辨识，经过 350 代遗传进化，即采样 141 组数据，辨识出较理想的结果，如图 9.27～图 9.29 和表 9.4 所示。图 9.27 为输入/输出数据(仅给出 100 对)。由图 9.28 和图 9.29 可见，随着迭代次数的增加，每代中的最优适应度与平均适应度随着增大，各参数向最优方向进化。当辨识结束时，最大适应度可达到 3×10^5 数量级，估计参数与真参数的相对误差在千分之几到百分之几的数量级。

图 9.30 是仿真系统和辨识模型的波特图比较。可见，辨识结果在低频段能较好地反映仿真系统的特性。

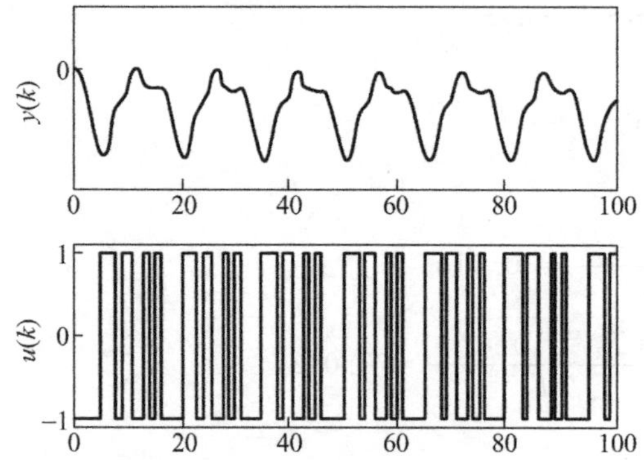

图 9.27　输入、输出数据

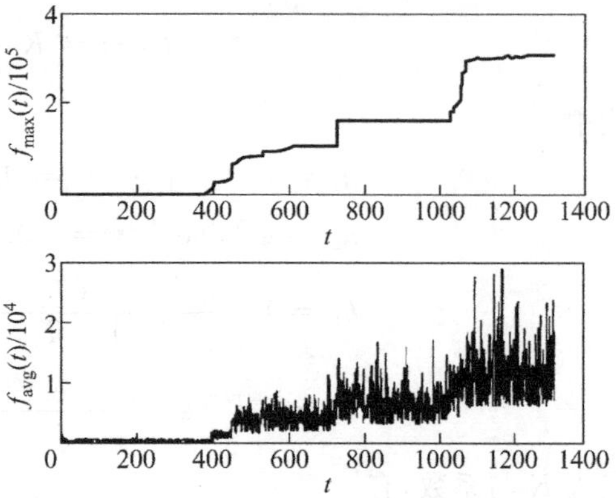

图 9.28　每代最大适应度及平均适应度

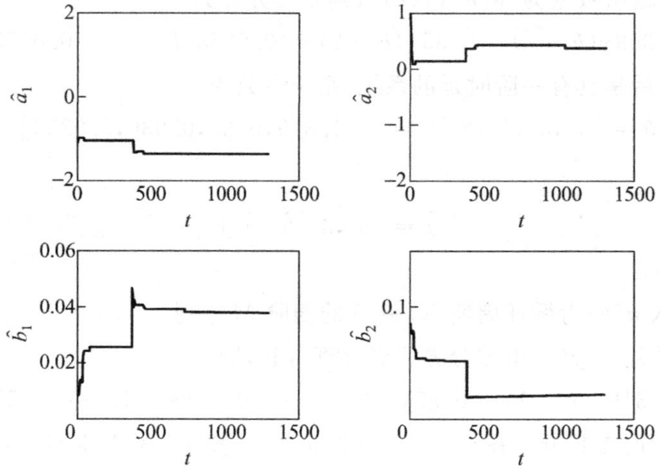

图 9.29　参数优化过程

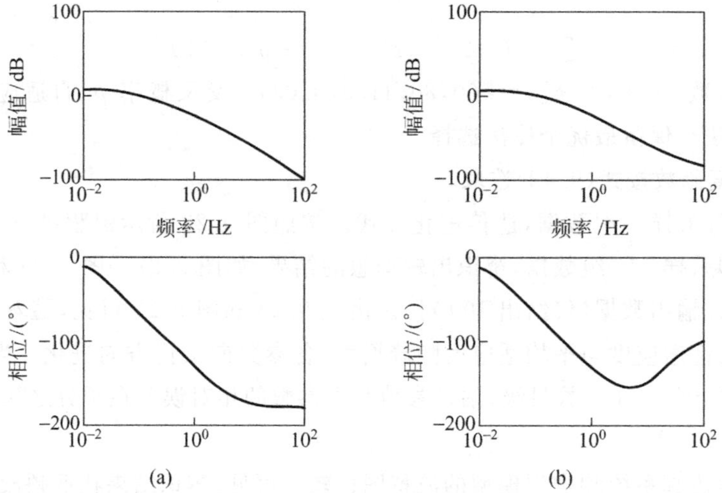

图 9.30　仿真系统及辨识模型的波特图

(a) 理想模型；(b) 实际模型

表 9.4 所示是辨识结果参数的估计值及误差。

表 9.4 辨识结果估计值与参数值比较

辨识(估计)参数	参数	绝对误差	相对误差/%
$\hat{a}_1=1.3424753$	$a_1=-1.319$	0.0234753	1.78
$\hat{a}_2=0.3750023$	$a_2=0.350$	0.0250023	7.14
$\hat{b}_1=0.0360415$	$b_1=0.036$	0.0000415	0.12
$\hat{b}_2=0.0246519$	$b_2=0.0255$	0.0008481	3.32

9.1.9 遗传算法与神经控制

神经网络控制就是由神经网络作为控制器与(或)辨识器,对复杂的不确定、不确知系统实现有效的控制。将神经网络作为辨识器与控制器,广泛采用的是 BP 学习算法,其不足之处是收敛速度慢,不可避免地存在局部极小,动态特性不够理想,且对于时变动态系统,学习精度受一定的限制。将 GA 用于神经网络辨识器与控制器的学习和训练,即用 GA 来优化网络的权系,其特点是:

(1) 控制器(辨识器)具有神经网络的广泛映射能力。

(2) 遗传算法(GA)的全局、并行寻优及增强式学习能力。

遗传算法的上述特点可提高控制系统的性能,对于非线性、时变、滞后等被控对象,在控制精度、鲁棒性和动态特性方面都可得到改善。神经网络辨识器与控制器的 GA 优化步骤与前述神经网络 GA 优化步骤相同,只是神经网络的输入/输出与其在神经控制中的作用不同,以输出而言,若网络为控制器,则输出是控制量 $u(k)$;若为辨识器,输出是系统的状态估计 $\hat{x}(k)$ 或输出估计 $\hat{y}(k)$。

例 9.7 倒立摆系统的神经控制。

倒立摆系统是非线性、不稳定的典型被控对象,已有许多控制策略和研究成果。本例由神经网络控制器实现对倒立摆的控制,网络的权系数用 GA 进行优化,控制结构如图 9.31 所示。

1. 被控对象——倒立摆系统

设有一个带轮小车,其上用铰链系一根钢性杆,小车可沿有界轨迹向左右自由地做直线运动。同时,杆可在垂直平面内自由运动,如图 9.32 所示。设系统的状态向量为

$$\boldsymbol{x}(t)=[x_1,x_2,x_3,x_4]^{\mathrm{T}}=[\alpha,\dot{\alpha},x,\dot{x}]^{\mathrm{T}} \tag{9.47}$$

式中,$\dot{\alpha}(t)$,$\dot{x}(t)$分别为杆偏离垂直方向的角度、角速度;α,x 分别为车的位置、速度。

系统在力 $u(t)=F(t)$ 作用下的运动描述为

$$\left.\begin{aligned}\ddot{\alpha}(t)&=\frac{mg\sin\alpha(t)-\cos\alpha(t)[F(t)+m_{\mathrm{p}}l\sin\alpha(t)-\mu_1\operatorname{sgn}\dot{x}(t)]-\mu_2\dot{\alpha}(t)m/m_{\mathrm{p}}l}{(4/3)ml-m_{\mathrm{p}}l\cos^2\alpha(t)}\\ \ddot{x}(t)&=\frac{F(t)+m_{\mathrm{p}}l[\dot{\alpha}^2(t)\sin\alpha(t)-\ddot{\alpha}(t)\cos\alpha(t)]-\mu_1\operatorname{sgn}\dot{x}(t)}{m}\end{aligned}\right\} \tag{9.48}$$

式中,m,m_{p} 分别为车与杆的质量,l 为 1/2 杆长;g 为重力加速度,$g=9.8\mathrm{m/s^2}$;μ_1,μ_2 分别

为车与地的摩擦系数、车与杆的摩擦系数；$u(t)=F(t)$，为作用于小车的控制力。

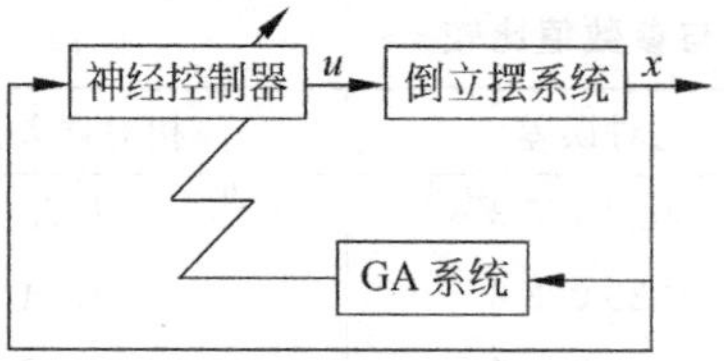

图 9.31　倒立摆的神经控制

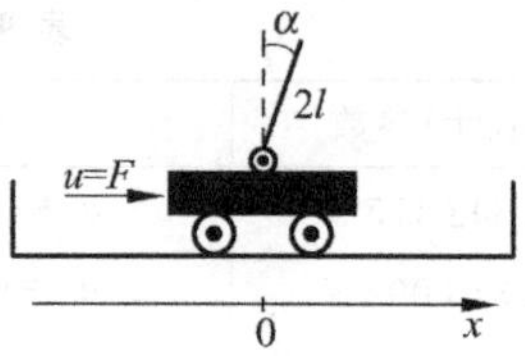

图 9.32　倒立摆系统

2. 神经网络控制器

由式(9.47)可知，神经网络控制器应是四输入/单输出网络，输入 $\boldsymbol{x}(t)$，输出 $u(t)$：

$$u_1(t) = Ng[\boldsymbol{x}(t), W] \tag{9.49}$$

$$u(t) = F(t) = cu_1(t) \tag{9.50}$$

式中，W 是网络权系数；N 为种群规模；$g[\cdot]$为非线性特性。

控制的目标是在 $u(t)$作用下使倒立摆系统满足以下条件：

$$\left.\begin{aligned} |\alpha(t)| \leqslant \alpha, \quad t \leqslant t_1 \\ |x(t)| \leqslant b, \quad t \leqslant t_1 \end{aligned}\right\} \tag{9.51}$$

式中，α, b, t_1 是设定值，也就是通过给小车加作用力 F(如图 9.32 所示)，在尽可能长的时间内，使小车不超出定义的轨迹界限($\pm b$)，小车上的杆与垂线偏角不超出定义的角度界限($\pm\alpha$)。

3. GA 训练网络权系数 W

GA 优化 W 的步骤如下：

(1) 设倒立摆系统初始状态为

$$\boldsymbol{x}(0) = [x_1(0), x_2(0), x_3(0), x_4(0)]^{\mathrm{T}} = [\alpha(0), \dot{\alpha}(0), x(0), \dot{x}(0)]^{\mathrm{T}}$$

其中，

$$|\alpha(t)| \leqslant a_0 (a_0 \leqslant a), \quad |x(t)| \leqslant b_0 (b_0 \leqslant b), \quad \dot{\alpha} = 0, \quad \dot{x} = 0$$

(2) 选三层前馈网。网络输入是系统状态 $\boldsymbol{x}(t)$，见式(9.47)，输出是控制倒立摆系统的力$u(t)=F(t)$。隐层节点数在优化过程中确定。取隐层节点、输出节点的非线性作用函数分别为

$$f_1(z) = 1/(1+\exp(-z))$$

$$f_2(z) = a(1-\exp(-z))/(1+\exp(-z))$$

(3) GA 的编码形式采用二进制字符串。设 $w_{ij}(k)$为在解空间 ζ 的实际权(阈)值，变化范围 $w_{ij}(k)=(w_{ij})_{\min}\sim(w_{ij})_{\max}$；$w_{bij}(k)$为在 GA 空间 S 的权的位串表示值(整数)。二者之间的关系为

$$w_{ij} = (w_{ij})_{\min} + \frac{w_{bij}}{2^d - 1}[(w_{ij})_{\max} - (w_{ij})_{\min}] \tag{9.52}$$

式中，d 是二进制位串的位数。

(4) 定义适应度 f 为稳定时间 T，即使系统满足以下条件的网络：

$$\left.\begin{aligned} |\alpha(t)| \leqslant \alpha \\ |x(t)| \leqslant b \end{aligned}\right\} \tag{9.53}$$

(5) 确定 GA 的参数$(N,p_c,p_m)=(50,0.92,0.03)$，GA 操作采用轮盘法选择、一点交叉。

(6) 在 GA 空间，随机产生 $N=50$ 个个体的初始群体，若网络结构为 $N_{n,m,p}$，则网络权个数(权值+阈值)为

$$M=(nm+mp)+(m+p)$$

若每个权值二进制位串的位数是 d，则每一个个体二进制位串的长度 $L=dM$。本例神经控制器的结构如图 9.33 所示，$\text{NNC}=N_{n,m,p}=N_{4,5,1}$，$M=(4\times5+5)+(5+1)=31$。取 $d=10$，则个体位串长度 $L=d\times M=310$。

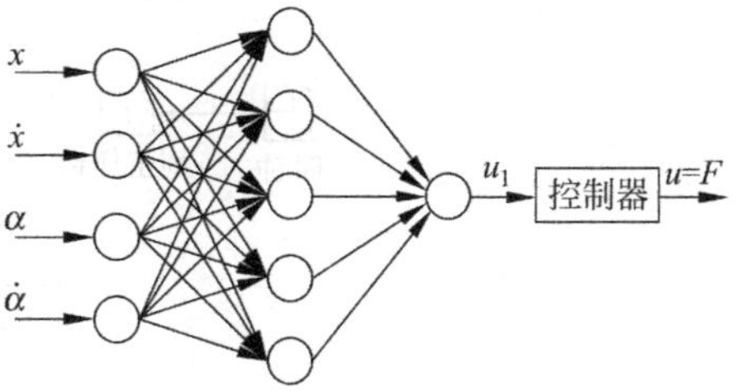

图 9.33 神经控制器结构

(7) 前向计算。将 GA 中所有的个体译码至解空间，由 $\boldsymbol{x}(0)$起求前向计算网络的输出(用 BP 网络的前向计算法)，得到控制器的控制力 $u(t)$，如图 9.33 所示，作用于系统，产生下一时刻的输出 $\boldsymbol{x}(t+1)$。若有一个网络满足式(9.53)，则优化 W 的 GA 结束；否则，至步骤(8)。

(8) 进行 GA 操作。按设定的 p_c，p_m 进行 GA 操作，产生下一代种群，返回步骤(7)。

4. 仿真

设 $m=1.1\text{kg}$，$m_p=0.1\text{kg}$，$l=0.5\text{m}$，$\mu_1=5\times10^{-4}$，$\mu_2=2\times10^{-6}$，生成倒立摆系统初始状态为

$$\boldsymbol{x}(0)=[\alpha(0),\dot{\alpha}(0),x(0),\dot{x}(0)]^{\mathrm{T}}$$

其中，

$$|\alpha(0)|\leqslant6^\circ,\quad |x(0)|\leqslant0.1\text{m},\quad \dot{\alpha}=0,\quad \dot{x}=0$$

网络权(阈)值为

$$-511.5\leqslant w_{ij}\leqslant511.5,\quad c=10$$

按图 9.31 和图 9.33 所示结构、式(9.48)所示倒立摆系统模型及 GA 优化神经控制器步骤，可得到最优神经控制器权系数值，如表 9.5 所示。

表 9.5 神经网络控制器的权系值

层号 \ 节点号		$j=1$	$j=2$	$j=3$	$j=4$	$j=5$
隐层	$i=1$	−435.5	73.5	−506.5	222.5	217.5
	$i=2$	−180.5	−259.5	−119.5	−480.5	428.5
	$i=3$	−457.5	−335.5	−212.5	421.5	−362.5
	$i=4$	419.45	113.5	−337.5	−190.5	422.5
	阈值	192.5	336.5	1.5	506.5	−212.5
输出层	$i=1$	−175.5				
	$i=2$	−139.5				
	$i=3$	−785				
	$i=4$	−131.5				
	$i=5$	−227.5				
	阈值	−461.5				

在表 9.5 所示权系数值神经控制器作用下，用 MATLAB 语言中的 SIMULINK 进行仿真，如图 9.34 所示，自动改变仿真步长，采样周期 $T=0.02$s。仿真系统不但能给出控制过程中倒立摆系统的状态数据，且有动画演示。

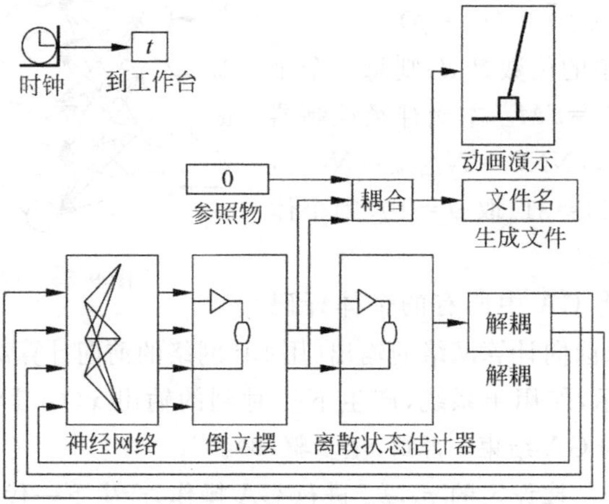

图 9.34　系统仿真

图 9.35 所示为倒立摆控制系统运动轨迹仿真实例。设 $\mu_1=\mu_2=0$，初始状态 $\boldsymbol{x}(0)=[\alpha(0),\dot{\alpha}(0),x(0),\dot{x}(0)]=[-2°,0,0,0]$。图中给出偏角 α 及小车位置 x 的控制过程，可见，在 80s 时间中，倒立摆能被控制在偏角不大于 4°且小车位置距中心点不超过 0.2m 的范围内。

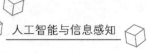

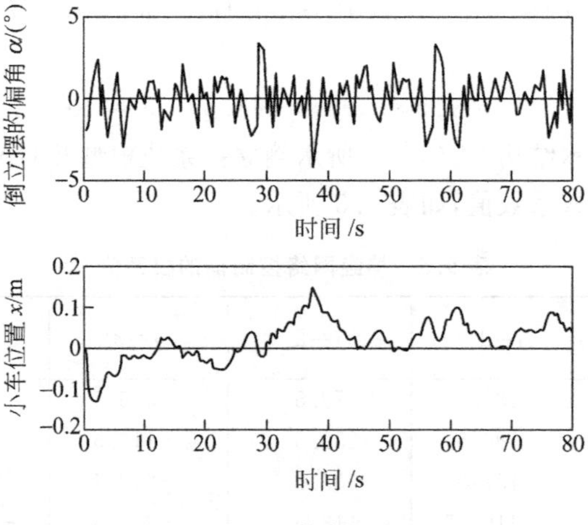

图 9.35　控制过程

遗传算法是进化算法的组成部分，是模拟生物遗传和长期进化过程的一类搜索和优化算法(也称模型)，它模拟了生物界“生存竞争，优胜劣汰，适者生存”的机制，用逐次迭代法搜索寻优。在群体中搜索寻优，是 GA 有效性的要素之一，也克服了一点搜索寻优的不足。

本节阐述了 SGA 的 3 个算子：选择、交叉和变异，它们是 GA 有效性的要素之二。其中，核心作用是交叉，该算子产生的子代是将父代的基因进行重组，使子代具有遗传、进化的性能。当然，具有相当规模的种群是3个算子得以操作的基础。

在GA中，适应度 f 是评价个体对环境适应能力的唯一标准，f 必须满足非负条件。f 越大的个体，表明其适应能力越强。

因SGA的不足，如存在早期收敛、全局最优解概率和效率不高等，在SGA基础上，为提高算法的适应性，提高算法的收敛速度和解的精度，研究产生了相应的算法，如若干高级算子、交叉和变异率的自适应调整算法，GA与有关算法的结合等。

本节阐述了用GA求解函数最优化问题，并通过实例证明了其可行性和有效性。同时，还阐述了GA优化神经网络权系数及其优点，以及GA在系统辨识、优化神经网络控制器与辨识器中的应用。

在GA应用中，需依据求解的具体问题确定适应度函数、目标函数、GA参数、GA算法等。GA的理论研究工作仍在不断进行。

9.2 遗传优化算法的工程应用

最优化在运筹学和管理科学中起着核心作用。最优化通常是极大或极小某个多变量的函数并满足一些等式和(或)不等式约束。最优化技术对社会的影响日益增加，应用的种类和数量快速增加，丝毫没有减缓的趋势。然而，许多工业工程设计问题性质十分复杂，用传统的优化方法很难解决。近年来，遗传算法作为一种全新的优化方法，以其巨大的潜力受到人们的普遍关注。本节将讨论遗传算法在无约束优化、非线性规划、可靠性优化、车间布局优化和参数优化中的应用。

9.2.1 遗传算法在无约束优化中的应用

1. 基本理论

无约束优化针对没有约束前提下的极大或极小化某个函数的问题。一般来说，无约束优化问题可用如下数学公式描述：

$$\min f(x), \quad x \in \Omega$$

式中，f 是实值函数，可行域 Ω 是 E^n 的子集。就可行域而言，当 $\Omega = E^n$ 时，问题是无约束的。

对点 $x^* \in \Omega$，如果存在 $\varepsilon > 0$，使得所有 $x \in \Omega$ 与 x^* 的距离不大于 ε 的点满足 $f(x) \geqslant f(x^*)$，则称 x^* 是 f 在 Ω 上的局部最优点；如果 $f(x) \geqslant f(x^*)$ 对所有 $x \in \Omega$ 均成立，则称 x^* 是 f 在 Ω 上的全局最优点。

利用局部极小点的一阶必要条件，求函数极值的问题往往转化为求解 $\nabla f(x) = 0$，即求 x，使其满足下式：

$$\left.\begin{aligned} \frac{\partial f(x)}{\partial x_1} &= 0 \\ &\vdots \\ \frac{\partial f(x)}{\partial x_n} &= 0 \end{aligned}\right\} \tag{9.54}$$

F 在点 x 的 Hessian 矩阵记为$\nabla^2 f(x)$：

$$\nabla^2 f(x) = \left[\frac{\partial^2 f(x)}{\partial x_i x_j}\right], \quad i,j = 1,2,\cdots,n$$

虽然绝大多数实际优化问题都有必须满足的约束条件，但无约束优化问题的研究是约束优化问题的基础。下面具体说明遗传算法在无约束优化问题中的应用。

2. 实例分析

Ackley 函数是函数叠加上适度放大的余弦波再经调制而得到的连续型实验函数，如下式所示：

$$f(x) = -20\mathrm{e}^{-0.2}\sqrt{\frac{1}{n}\sum_{j=1}^{n} x_j^2} - \mathrm{e}^{\frac{1}{n}}\sum_{j=1}^{n}\cos(2\pi x_j) + 22.71282 \qquad (9.55)$$

当 $n=2$ 时，形状如图 9.36 所示。例程 9.1 是绘制图 9.36 的 MATLAB 代码。

例程 9.1

```
[x1,x2]=meshgrid(-5:0.1:5);
f=-20*exp(-0.2*sqrt(0.5*(x1.^2+x2.^2)))-
  exp(0.5*(cos(2*pi*x1)+cos(2*pi*x2)))+
  22.71282;
mesh(x1,x2,f);
xlabel('x1');
ylabel('x2');
zlabel('f(x1,x2)');
```

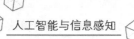

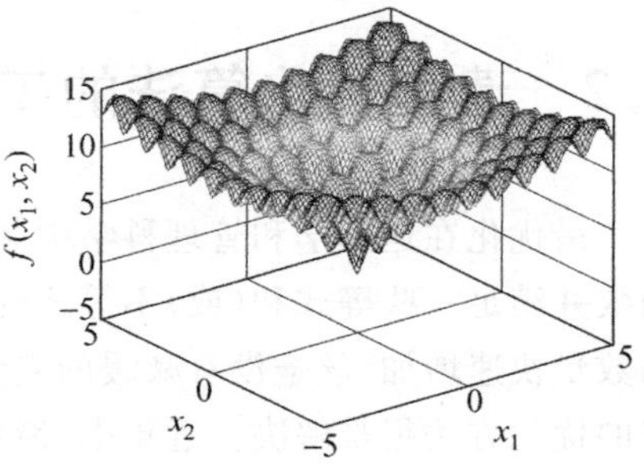

图 9.36　Ackley 函数形状图

1）问题

$$在 -5 \leqslant x_j \leqslant 5, \quad j = 1,2 区间内, \quad 求解 \min f(x_1, x_2)$$

Ackley 指出，这个函数的搜索十分复杂，因为一个严格的局部最优算法在爬山过程中不可避免地要落入局部最优的陷阱；而扫描较大领域就能越过干扰的山谷，逐步达到最优点。所以求解 Ackley 函数的最小值是遗传优化算法应用的一个有力例证。

2）分析

采用遗传算法实现 Ackley 函数极小化。按照遗传算法的基本步骤进行种群初始化、适应度估计、选择、交叉和变异运算，编码采用实数。

遗传算法的参数设置如下：种群大小 pop_size=10；最大代数 gen_max=1000；变异率 $p_m=0.1$；交叉率 $p_c=0.3$。

初始种群是在[−5,5]区间内随机产生的，如表 9.6 所示。

表 9.6　初始种群值

种群值 \ 初始值	x_1	x_2
p_1	4.5013	1.1543
p_2	−2.6886	2.9194
p_3	1.0684	4.2181
p_4	−0.1402	2.3821

续表

种群值 \ 初始值	x_1	x_2
p_5	3.9130	−3.2373
p_6	2.6210	−0.9429
p_7	−0.4353	4.3547
p_8	−4.8150	4.1690
p_9	3.2141	−0.8973
p_{10}	−0.5530	3.9365

相应的初始值为：

$\text{eval}(p_1)=f(4.5013,1.1543)=11.5418$
$\text{eval}(p_2)=f(-2.6886,2.9194)=10.0203$
$\text{eval}(p_3)=f(1.0684,4.2181)=10.1639$
$\text{eval}(p_4)=f(-0.1402,2.3821)=7.4906$
$\text{eval}(p_5)=f(3.9130,-3.2373)=11.3654$
$\text{eval}(p_6)=f(2.6210,-0.9429)=8.1130$
$\text{eval}(p_7)=f(-0.4353,4.3547)=11.4769$
$\text{eval}(p_8)=f(-4.8150,4.1690)=13.0315$
$\text{eval}(p_9)=f(3.2141,-0.8973)=8.5692$
$\text{eval}(p_{10})=f(-0.5530,3.9365)=10.3252$

3）程序清单

例程 9.2 是 Ackley 函数的 MATLAB 代码。

例程 9.2

```
function [eval]=griewangk(sol)
numv=size(sol,2);
x=sol(1:numv);
eval=-20*exp(-0.2*sqrt(sum(x.^2)/numv))-exp(sum(cos(2*pi*x))/numv)+22.71282;
```

例程 9.3 是计算 Ackley 函数适应度的 MATLAB 代码。

例程 9.3

```
function [sol,eval]=Ackleymin(sol,options)
numv=size(sol,2)-1;
x=sol(1:numv);
eval=Ackley(x);
eval=-eval;
```

例程 9.4 是遗传算法求解的 MATLAB 代码。

例程 9.4

```
%维数 n=2
%设置参数边界
bounds=ones(2,1)*[-5  5];
%遗传算法优化
```

```
[p,endPop,bestSols,trace]=ga(bounds,'Ackleymin');

%性能跟踪
plot(trace(:,1),trace(:,3),'b-')
hold on
plot(trace(:,1),trace(:,2),'r-')
xlabel('Generation');
ylabel('Fittness');
legend('解的变化','种群平均值的变化');
```

4）结果输出

最优解为：

```
p=
        0.0000
        0.0000
```

此时，Ackley 函数的适应度，即极小值为 Ackley(p)=0.0055。

在理论上，最优解应为 $p=[0\quad 0\quad 0]$，极小值为 0。显然，遗传算法有效地解决了 Ackley 函数的极小问题。图 9.37 是遗传算法寻优性能的跟踪图。

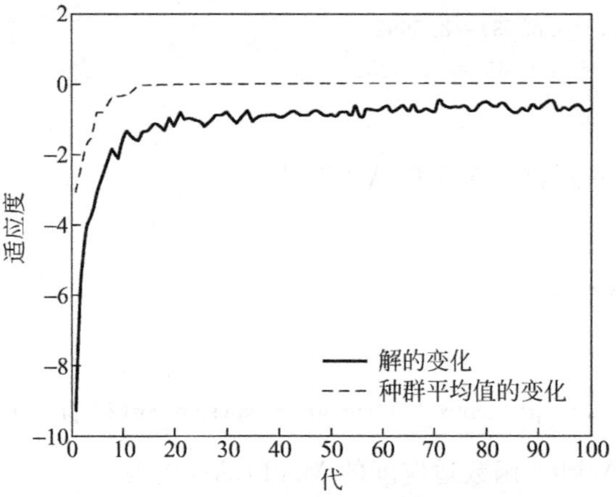

图 9.37 遗传算法寻优性能的跟踪图

9.2.2 遗传算法在非线性规划中的应用

1. 基本原理

非线性规划是存在等式或不等式约束前提下最优某个目标函数的问题。由于许多实际问题不能表达为线性规划模型，因此非线性规划对于工程、数学和运筹学的各个领域都极其重要。一般非线性规划可描述如下：

$$\max f(x) \tag{9.56}$$

$$g_i(x) \leqslant 0, \quad i=1,2,\cdots,m \tag{9.57}$$

满足

$$\left.\begin{aligned} h_i(x) = 0,\quad i = m+1, m+2, \cdots, n \\ x \in \Omega \end{aligned}\right\} \tag{9.58}$$

上述问题要求在变量 $x_1, x_2, \cdots, x_n$ 满足约束的同时极小化函数 f。函数 f 通常称为目标函数，约束 $g_i(x) \leqslant 0$ 称为不等式约束，$h_i(x) = 0$ 称为等式约束。与线性规划不同，传统的非线性规划方法十分复杂且效率不高。在过去几年里，遗传算法在非线性规划中应用不断增加。

由于对染色体做遗传运算通常获得不可行的后代，因此运用遗传算法解非线性规划的核心是如何满足约束的问题。近年来已经提出了几种用遗传算法满足约束的技术，这些技术大致可分为以下几类：拒绝策略，修复策略，改进遗传算子策略，惩罚策略。各种策略都有不同的优点和缺点。

1）拒绝策略

拒绝策略抛弃所有进化过程中产生的不可行的染色体，这是遗传算法中普遍的做法。当可行的搜索空间是凸的且为整个搜索空间的适当的一部分时，这种方法是有效的。然而这样的条件是比较苛刻的。例如，对许多约束优化问题初始种群可能是由非可行染色体构成的，这就需要对它们进行修补。对于某些系统，允许跨过不可行染色体使修复往往更能达到最优解。

2）修复策略

修补染色体是对不可行染色体采用修复程序使之变为可行的。对于许多组合优化问题，构造修复程序相对较容易。已经证明，对于一个有多个不连通可行集的约束组合优化问题，修复策略在速度和计算性能上都远胜过其他策略。该方法的缺点是它对问题本身具有依赖性，对于每个具体问题必须设计专门的修复程序，而对某些问题，修复过程本身比原问题的求解更复杂。

3）改进遗传算子策略

解决可行性问题的一个合理办法是设计针对问题的表达方式，以及专门的遗传算子来维持染色体的可行性。许多领域中的实际工作者采用专门的问题表达方式和遗传算子构成了非常成功的遗传算法，这已经是一个十分普遍的趋势。但是该方法遗传搜索受到了可行域的限制。

4）惩罚策略

上述3种策略的共同优点是都不会产生不可行解，缺点是无法考虑可行域外的点。对于约束严的问题，不可行解在种群中的比例很大，这样将搜索限制在可行域内就很难找到可行解。惩罚策略就是这类在遗传搜索中考虑不可行解的技术。

工程中常用的方法是惩罚策略。本质上它是通过惩罚不可行解将约束问题转化为无约束问题。在约束算法中，惩罚技术用来在每一代的种群中保持部分不可行解，使遗传搜索可以从可行域和不可行域两部分来达到最优解。惩罚策略的关键问题是如何设计一个惩罚函数 $p(x)$，从而能够有效地引导遗传搜索达到解空间的最好区域。不可行染色体和解空间可行部分的关系在惩罚不可行染色体中起了关键作用：不可行染色体的惩罚相应于某种测度下的不可行性的度量。

构造带有惩罚项的适应度函数一般有两种，一种是采用加法形式，即

$$\mathrm{val}(x)=f(x)+p(x) \tag{9.59}$$

式中,x 代表染色体;$f(x)$是问题的目标函数;$p(x)$是惩罚项。

对于极大化问题,则取

$$\left.\begin{array}{ll} p(x)=0, & \text{若 } x \text{ 可行} \\ p(x)>0, & \text{其他} \end{array}\right\} \tag{9.60}$$

对于极小化问题,则取

$$\left.\begin{array}{ll} p(x)=0, & \text{若 } x \text{ 可行} \\ p(x)<0, & \text{其他} \end{array}\right\} \tag{9.61}$$

另一种采用乘法形式,即

$$\mathrm{val}(x)=f(x)p(x) \tag{9.62}$$

此时,对于极大化问题,则取

$$\left.\begin{array}{ll} p(x)=1, & \text{若 } x \text{ 可行} \\ 0\leqslant p(x)<1, & \text{其他} \end{array}\right\} \tag{9.63}$$

对于极小化问题,则取

$$\left.\begin{array}{ll} p(x)=0, & \text{若 } x \text{ 可行} \\ p(x)>1, & \text{其他} \end{array}\right\} \tag{9.64}$$

2. 实例分析

考虑如下问题:

$$\left.\begin{array}{l} \min f(x)=(x_1-2)^2+(x_2-1)^2 \\ g_1(x)=x_1-2x_2+1\geqslant 0 \\ \text{s.t.}\quad g_2(x)=\dfrac{x_1^2}{4}-x_2^2+1\geqslant 0 \end{array}\right\} \tag{9.65}$$

1) 分析

采用 Homaifar,Qi 和 Lai 方法求解。Homaifar 等考虑如下非线性规划问题:

$$\left.\begin{array}{l} \min f(x) \\ \text{s.t. } g_i(x)\geqslant 0, \quad i=1,2,\cdots,m \end{array}\right\} \tag{9.66}$$

取加法形式的适应度函数:

$$\mathrm{val}(x)=f(x)+p(x) \tag{9.67}$$

惩罚函数由两部分构成,可变乘法因子和违反约束乘法,其表达式如下:

$$p(x)=\begin{cases} 0, & \text{若 } x \text{ 可行} \\ \displaystyle\sum_{i=1}^{m} r_i g_i(x), & \text{其他} \end{cases} \tag{9.68}$$

式中,r_i 是约束 i 的可变惩罚函数。

选择二进制编码,种群中的个体数目为 100,实数编码,交叉概率为 0.95,变异概率为 0.08。

2) 程序清单

例程 9.5 是计算目标函数适应度的 MATLAB 代码。

例程 9.5

```
function [sol,eval]=f552(sol,options)
x1=sol(1);
x2=sol(2);
r1=0.1;
r2=0.8;
%约束条件
g1=x1-2*x2+1;
g2=x1.^2/4-x2.^2+1;
%加惩罚项的适应度
if (g1>=0)&(g2>=0)
  eval=(x1-2).^2+(x2-1).^2;
else
  eval=(x1-2).^2+(x2-1).^2+r1*g1+r2*g2;
  eval=-eval;
end
```

例程 9.6 是遗传算法求解的 MATLAB 代码。

例程 9.6

```
%n=2
%设置参数边界
bounds=ones(2,1)*[-1  1];

%遗传算法优化
[p,endPop,bestSols,trace]=ga(bounds,'rosenbrockMin');

%性能跟踪
plot(trace(:,1),trace(:,3),'b-')
hold on
plot(trace(:,1),trace(:,2),'r-')
xlabel('Generation');
ylabel('Fittness');
legend('解的变化','种群平均值的变化');
```

3) 结果输出

最优解为:

```
p=

        1.000
        1.000
```

此时,极小值为 eval(p)=1; $g_1(p)=0$; $g_2(p)=0.25$。显然最优解满足约束条件。

图 9.38 是遗传算法寻优性能的跟踪图。

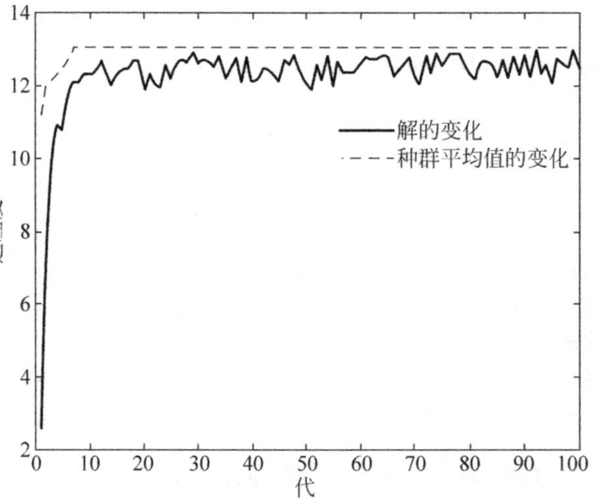

图 9.38　遗传算法寻优的跟踪图(1)

参考文献

[1]　王小平，曹立明. 遗传算法——理论、应用与软件实现. 西安：西安交通大学出版社，2002.

[2]　玄光男，程润伟. 遗传算法与工程优化. 北京：清华大学出版社，2004.

[3]　周明，孙树栋. 遗传算法原理及其应用. 北京：国防工业出版社，1999.

[4]　陈国良，王煦法，等. 遗传算法及其应用. 北京：人民邮电出版社，1996.

[5]　理查德·道金斯. 自私的基因. 卢允中，等译. 长春：吉林人民出版社，1998.

[6]　刘勇，康立山，等. 非数值并行计算(第 2 册)——遗传算法. 北京：科学出版社，1995.

[7]　陈阅增. 普通生物学——生命科学通论. 北京：高等教育出版社，1997.

[8]　赵南元. 认知科学与广义进化论. 北京：清华大学出版社，1994.

[9]　许国志. 系统科学与工程研究. 上海：上海科技教育出版社，2000.

[10]　潘正军，康立山，等. 演化计算. 北京：清华大学出版社，1998.

[11]　孙增圻. 智能控制理论与技术. 北京：清华大学出版社，1998.

[12]　徐丽娜，等. 神经网络控制. 北京：电子工业出版社，2003.

[13]　Goldberg D E. Genetic Algorithms in Search Optimization and Machine Learning. MA：AddisonWisely，1989.

[14]　Miehalewicz. Genetic Algorithms Data Structures Evolution Programs，Second Extended Edition. Springer Verlag，1994.

[15]　Hofbauer J，Sigmund K. The Theory of Evolution and Dynamical Systems. Cambridge University Press，1988.

[16]　Bonissone P，Goebel K. Hybrid Soft Computing System：Industrial and Commercial Applications. Proceedings of the IEEE，1999，87(9)：1641-1665.

[17]　Grefenstette J J. GENESIS：a system for using genetic search procedures. In：Proceedings of the 1984 Conference on Intelligent Systems and Machines，1984. 161-165.

[18]　Forrest S. Genetic Algorithms，Proceedings of the Fifth International Conference on Genetic Algorithms. Morgan Kaufmann Publishers，1993.

[19]　Whitley L D. Foundations of Genetic Algorithms II. Morgan Kaufmann Publishers，1993.

［20］ 巩敦卫.交互式遗传算法原理及其应用.北京：国防工业出版社，2007.
［21］ 陈伦军.机械优化设计遗传算法.北京：机械工业出版社，2005.
［22］ 玄光男.遗传算法与工程优化.北京：清华大学出版社，2004.
［23］ Tohka J，Krestyannikov E，Dinov I D. Genetic algorithms for finite mixture model based voxel classification in neuroimaging. IEEE Trans. Medical Imaging，2007，26(5)：696-711.
［24］ Leng G，McGinnity T M，Prasad G. Design for self-organizing fuzzy neural networks based on genetic algorithms. IEEE Trans. Fuzzy Systems，2006，14(6)：755-766.
［25］ Patra S S M，Roy K，Banerjee S，et al. Improved genetic algorithm for channel allocation with channel borrowing in mobile computing，IEEE Trans. Mobile Computing，2006，5(7)：884-892.
［26］ Yang Y，Yu X. Cooperative coevolutionary genetic algorithm for digital IIR filter design. IEEE Trans. Industrial Electronics，2007，54(3)：1311-1318.
［27］ Tsai J T，Chou J H，Liu T K. Tuning the structure and parameters of a neural network by using hybrid Taguchi-genetic algorithm. IEEE Trans. Neural Networks，2006，17(1)：69-80.
［28］ Xiong W. Polarimetric calibration using a genetic algorithm. IEEE Geoscience and Remote Sensing Letters，2007，4(3)：421-425.
［29］ Hu X B，Chen W H，Di Paolo E，et al. Multiairport capacity management：genetic algorithm with receding horizon. IEEE Trans. Intelligent Transportation Systems，2007，8(2)：254-263.
［30］ Chao P C P，Wu S C. Optimal design of magnetic zooming mechanism used in cameras of mobile phones via genetic algorithm. IEEE Trans. Magnetics，2007，43(6)：2579-2581.
［31］ Li B B，Wang L. A hybrid quantum-inspired genetic algorithm for multiobjective flow shop scheduling. IEEE Trans. Systems，Man and Cybernetics，Part B，2007，37(3)：576-591.
［32］ Chen K，Yun X，He Z，et al. Synthesis of sparse planar arrays using modified real genetic algorithm. IEEE Trans. Antennas and Propagation，2007，55(4)：1067-1073.

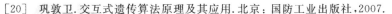

第10章

粒群智能

CHAPTER 10

10.1 引言

微粒群算法(particle swarm optimization,PSO)是1995年由美国社会心理学家J. Kennedy和电气工程师R. Eberhart共同提出的,其基本思想是受鸟类群体行为研究结果的启发,并利用了生物学家F. Heppner的生物群体模型。自微粒群算法提出以来,它的计算快速性和算法本身的易实现性,引起了国际上相关领域众多学者的关注和研究,其研究大致可以分为:算法的改进、算法的分析以及算法的应用。下面就这3个方面的研究情况做简单的介绍。

10.1.1 微粒群算法综述

在微粒群算法的改进方面,首先是由Kennedy和Eberhart在1997年提出的二进制微粒群算法,为微粒群算法与遗传算法的性能比较提供了有效途径,该方法可用于神经网络的结构优化。

其次,为提高算法的收敛性能,Shi和Eberhart于1998年在微粒群算法的速度项中引入惯性权重ω,并提出在进化过程中动态调整惯性权重以平衡收敛的全局性和收敛速度,该进化方程已被相关学者称为标准微粒群算法。Clerc于1999年在进化方程中引入收缩因子以保证算法的收敛性,同时减少了速度限制。有关学者已通过代数方法对此方法进行了详细的算法分析,并给出了参数选择的指导性建议。

Angeline于1999年借鉴进化计算中的选择概念,将其引入微粒群算法中。通过比较微粒的适应度,淘汰适应度差的微粒,而将具有较高适应度的微粒进行复制以产生等数额的微粒来提高算法的收敛性。而 Lovbjerg 等人进一步将进化计算机制应用于微粒群算法，如复制、交叉等，给出了算法交叉的具体形式，并通过典型测试函数的仿真实验说明了算法的有效性。

为了提高微粒群算法收敛的全局性，保证微粒的多样性是其关键。Suganthan 在标准微粒群算法中引入了空间邻域的概念，将处于同一个空间领域的微粒构成一个子微粒群分别进行进化，并随着进化动态地改变选择阈值以保证群体的多样性。Kennedy 引入邻域拓扑的概念来调整邻域的动态选择，同时引入社会信念将空间邻域与邻域拓扑中的环拓扑相结合以增加邻域间的信息交流，提高群体的多样性。Lovbjerg 等人于 2001 年将遗传算法中的子群体概念引入微粒群算法中，同时引入繁殖算子以进行子群体的信息交流。

学者们在微粒群算法的行为分析和收敛性分析方面也进行了大量的研究工作。首先是采用代数方法对几种典型的微粒群算法的运行轨迹进行了分析，给出了保证收敛性的参数选择范围。在收敛性方面，van den Bergh 引用 Solis 和 Wets 关于随机性算法的收敛准则，证明了标准微粒群算法不能收敛于全局最优解，甚至于局部最优解，而保证收敛的微粒群算法则能够收敛于局部最优解。

在微粒群算法的应用方面，微粒群算法最早应用于人工神经网络的训练方法，Kennedy 和 Eberhart 成功地将微粒群算法应用于分类异或问题的神经网络训练。随后微粒群算法在函数优化、约束优化、极大极小问题、多目标优化等问题中均得到了成功的应用。特别是在电力系统、集成电路设计、系统辨识、状态估计等问题中的应用均有报道。

10.1.2 微粒群算法的研究方向

1. 微粒群算法的改进

标准微粒群算法主要适用于连续空间函数的优化问题，如何将微粒群算法应用于离散空间优化问题，特别是一类非数值优化问题，将是微粒群算法的主要研究方向。另外充分借鉴其他进化类算法的优势，以改进微粒群算法存在的不足也是值得研究的问题。

2. 微粒群算法的理论分析

到目前为止，微粒群算法的分析方法还很不成熟和系统，存在许多不完善和未涉及的问题。如何利用有效的数学工具对微粒群算法的运行行为、收敛性及计算复杂性进行分析是目前的研究热点之一。

3. 微粒群算法的生物学基础

如何根据群体进化行为完善微粒群算法，同时分析群体智能行为，如何将其引入微粒群算法中，以充分借鉴生物群体进化规律和进化的智能性也是目前的研究方向之一。

4. 微粒群算法与其他类进化算法的比较研究

通过对比微粒群算法与其他进化算法对不同问题的局部收敛能力和全局寻优能力，分析微粒群算法的应用范围，为研究微粒群算法与其他进化算法的结合打下基础。

5. 微粒群算法的应用

算法研究的目的是应用，如何将微粒群算法应用于更多领域，同时研究应用中存在的问题也是值得关注的热点。

10.2 微粒群算法的基本原理

10.2.1 引言

自然界中各种生物体均具有一定的群体行为，而人工生命的主要研究领域之一就是探索自然界生物的群体行为，从而在计算机上构建其群体模型。通常，群体行为可以由几条简单的规则进行建模，如鱼群、鸟群等。虽然每个个体具有非常简单的行为规则，但群体的行为却非常复杂。Reynolds将这种类型的个体称为boid，并使用计算机图形动画对复杂的群体行为进行仿真。他在仿真中采用了下列3条简单规则：

(1) 飞离最近的个体，以避免碰撞；

(2) 飞向目标；

(3) 飞向群体的中心。

群体内每一个个体的行为可采用上述规则描述，这是微粒群算法的基本概念之一。

Boyd和Richerson在研究人类的决策过程时，提出了个体学习和文化传递的概念。根据他们的研究结果，人们在决策过程中使用两类重要的信息：一是自身经验，二是他人经验。即人们根据自身经验和他人经验进行自己的决策。这是微粒群算法的另一基本概念。

F. Heppner的鸟类模型在反映群体行为方面与其他类模型有许多相同之处，区别在于鸟类被吸引飞向栖息地。在仿真中，一开始每一只鸟均无特定目标进行飞行，直到有一只鸟飞到栖息地，当设置期望栖息比期望留在鸟群中具有较大的适应度时，每一只鸟都将离开群体而飞向栖息地，随后就自然地形成了鸟群。由于鸟类使用简单的规则确定自己的飞行方向与飞行速度(实质上，每一只鸟都试图停在鸟群中而又不相互碰撞)，当一只鸟飞离鸟群而飞向栖息地时，将导致它周围的其他鸟也飞向栖息地。这些鸟一旦发现栖息地，将降落在此，驱使更多的鸟落在栖息地，直到整个鸟群都落在栖息地。

鸟类寻找栖息地与对一个特定问题寻找解很类似。已经找到栖息地的鸟引导它周围的鸟飞向栖息地的方式，增加了整个鸟群都找到栖息地的可能性，也符合信念的社会认知观点。Eberhart和Kennedy对Heppner的模型进行了修正，以使微粒能够飞向解空间并在最好解处降落。其关键在于如何保证微粒降落在最好解处而不降落在其他解处，这就是信念的社会性及智能性所在。信念具有社会性的实质在于个体向它周围的成功者学习。个体与周围的其他同类比较，并模仿其优秀者的行为。将这种思想用算法实现将导致一种新的最优化算法。

要解决上述问题，关键在于在探索(寻找一个好解)和开发(利用一个好解)之间寻找一个好的平衡。探索的力度太小将导致算法过早收敛，而开发的力度太小则会使算法不收敛。另一方面，需要在个性与社会性之间寻求平衡，既希望个体具有个性化，像鸟类模型中的鸟不互相碰撞，又希望其知道其他个体已经找到了好解并向它们学习，即社会性。Eberhart

和 Kennedy 较好地解决了上述问题，提出了微粒群优化算法。

10.2.2 基本微粒群算法

Kennedy 和 Eberhart 在 1995 年的 IEEE 国际神经网络学术会议上正式发表了题为 *Particle Swarm Optimization* 的文章，标志着微粒群算法的诞生。

1. 算法原理

微粒群算法与其他进化类算法相类似，也采用群体与进化的概念，同样也是依据个体（微粒）的适应度大小进行操作。所不同的是，微粒群算法不像其他进化算法那样对于个体使用进化算子，而是将每个个体看做是在 n 维搜索空间中的一个没有质量和体积的微粒，并在搜索空间中以一定的速度飞行。该飞行速度由个体的飞行经验和群体的飞行经验进行动态调整。

设 $\boldsymbol{X}_i=(x_{i1},x_{i2},\cdots,x_{in})$ 为微粒 i 的当前位置，$\boldsymbol{V}_i=(v_{i1},v_{i2},\cdots,v_{in})$ 为微粒 i 的当前飞行速度，$\boldsymbol{P}_i=(p_{i1},p_{i2},\cdots,p_{in})$ 为微粒 i 所经历的最好位置，也就是微粒 i 所经历过的具有最好适应度的位置。对于最小化问题，目标函数值越小，对应的适应度越好。

为了讨论方便，设 $f(\boldsymbol{X})$ 为最小化的目标函数，则微粒 i 的当前最好位置由下式确定：

$$\boldsymbol{P}_i(t+1)=\begin{cases}\boldsymbol{P}_i(t), & f(\boldsymbol{X}_i(t+1))\geqslant f(\boldsymbol{P}_i(t))\\ \boldsymbol{X}_i(t+1), & f(\boldsymbol{X}_i(t+1))< f(\boldsymbol{P}_i(t))\end{cases} \tag{10.1}$$

设群体中的微粒数为 s，群体中所有微粒所经历过的最好位置为 $\boldsymbol{P}_g(t)$，称为全局最好位置。则

$$\begin{aligned}&\boldsymbol{P}_g(t)\in\{\boldsymbol{P}_0(t),\boldsymbol{P}_1(t),\cdots,\boldsymbol{P}_s(t)\}\mid f(\boldsymbol{P}_g(t))\\ &=\min\{f(\boldsymbol{P}_0(t)),f(\boldsymbol{P}_1(t)),\cdots,f(\boldsymbol{P}_s(t))\}\end{aligned} \tag{10.2}$$

有了以上定义，基本微粒群算法的进化方程可描述为

$$v_{ij}(t+1)=v_{ij}(t)+c_1r_{1j}(t)[p_{ij}(t)-x_{ij}(t)]+c_2r_{2j}(t)[p_{gj}(t)-x_{ij}(t)] \tag{10.3}$$

$$x_{ij}(t+1)=x_{ij}(t)+v_{ij}(t+1) \tag{10.4}$$

式中，下标 j 表示微粒的第 j 维；i 表示微粒 i；t 表示第 t 代；c_1,c_2 为加速常数，通常在 0～2 间取值；$r_1\sim U(0,1)$，$r_2\sim U(0,1)$ 为两个相互独立的随机函数。

从上述微粒进化方程可以看出，c_1 调节微粒飞向自身最好位置方向的步长，c_2 调节微粒向全局最好位置飞行的步长。为了减少在进化过程中微粒离开搜索空间的可能性，v_{ij} 通常限定于一定范围内，即 $v_{ij}\in[-v_{\max},v_{\max}]$。如果问题的搜索空间限定在 $[-x_{\max},x_{\max}]$ 内，则可设定 $v_{\max}=kx_{\max}$，$0.1\leqslant k\leqslant 1.0$。

基本微粒群算法的初始化过程为：

(1) 设定群体规模 N。

(2) 对任意 i,j，在 $[-x_{\max},x_{\max}]$ 内服从均匀分布产生 x_{ij}。

(3) 对任意 i,j，在 $[-v_{\max},v_{\max}]$ 内服从均匀分布产生 v_{ij}。

(4) 对任意 i，设 $y_i=x_i$。

2. 算法流程

基本微粒群算法的流程如下：

(1) 依照初始化过程，对微粒群的随机位置和速度进行初始设定。

(2) 计算每个微粒的适应度。

(3) 对于每个微粒，将其适应度与所经历过的最好位置 $\boldsymbol{P}_i$ 的适应度进行比较，若较好，则将其作为当前的最好位置。

(4) 对每个微粒，将其适应度与全局所经历的最好位置 $\boldsymbol{P}_g$ 的适应度进行比较，若较好，则将其作为当前的全局最好位置。

(5) 根据式(10.3)、式(10.4)对微粒的速度和位置进行进化。

(6) 如未达到结束条件，则返回步骤(2)。结束条件通常为足够好的适应度或达到一个预设最大代数($G_{\max}$)。

10.2.3 基本微粒群算法的社会行为分析

在式(10.3)所描述的速度进化方程中，其第一部分为微粒先前的速度；第二部分为"认知"部分，因为它仅考虑了微粒自身的经验，表示微粒本身的思考。如果基本微粒群算法的速度进化方程仅包含认知部分，即

$$v_{ij}(t+1) = v_{ij}(t) + c_1 r_{1j}(t)[p_{ij}(t) - x_{ij}(t)] \tag{10.5}$$

则其性能变差。主要原因是不同的微粒间缺乏信息交流，即没有社会信息共享，微粒间没有交互，使得一个规模为 N 的群体等价于运行了 N 个单个微粒，因而得到最优解的概率非常小。

式(10.3)的第三部分为"社会"部分，表示微粒间的社会信息共享。若速度进化方程中仅包含社会部分，即

$$v_{ij}(t+1) = v_{ij}(t) + c_2 r_{2j}(t)[p_{gj}(t) - x_{ij}(t)] \tag{10.6}$$

则微粒没有认识能力，也就是"只有社会(social-only)"的模型。这样，微粒在相互作用下，有能力到达新的搜索空间，虽然它的收敛速度比基本微粒群算法更快，但对于复杂问题，则容易陷入局部最优点。Kennedy 以异或问题的神经网络训练为例进行了仿真实验，证明了上述结论。

总之，基本微粒群算法的速度进化方程由认识和社会两部分组成。虽然目前的一些研究表明，对一些问题，模型的社会部分显得比认识部分更重要，但两部分的相对重要性还没有从理论上给出结论。

1. 与其他进化算法比较

很显然，微粒群算法与其他进化算法有许多共同之处。首先，微粒群算法和其他所有进化类算法相同，均使用群体概念，用于表示一组解空间中的个体集合。如果将微粒所经历的最好位置 $\boldsymbol{P}_i$ 看做是群体的组成部分，则微粒群的每一步进化呈现出弱化形式的"选择"机制。在($\mu+\lambda$)进化策略算法中，子代与父代竞争，若子代具有更好的适应度，则用来替换父代，而微粒群算法的进化方程式(10.1)具有与此相类似的机制，其唯一的差别在于，只有当微粒的当前位置与所经历的最好位置 $\boldsymbol{P}_i$ 相比具有更好的适应度时，其微粒所经历的最好位置(父代)才会唯一地被该微粒的当前位置(子代)所替换。微粒群算法包含一定形式的选择机制。

其次，式(10.3)所描述的速度进化方程与实数编码遗传算法的算术交叉算子相类似。

通常，算术交叉算子由两个父代个体的线性组合产生两个子代个体，而在微粒群算法的速度进化方程中，假如先不考虑 v_{ij} 项，就可以将该方程理解为由两个父代个体产生一个子代个体的算术交叉运算。从另一个角度，在不考虑 $v_{ij}(t)$ 项的情况下，速度进化方程也可以看做是一个变异算子，其变异的强度(大小)取决于两个父代微粒间的距离，即代表个体最好位置和全局最好位置的两个微粒的距离。至于 $v_{ij}(t)$ 项，也可以理解为一种变异的形式，其变异的大小与微粒在前代进化中的位置相关。

通常在进化类算法的分析中，人们习惯于将每一步进化迭代理解为用新个体(即子代)代替旧个体(即父代)的过程。如果将微粒群算法的进化迭代理解为一个自适应过程，则微粒的位置 $\boldsymbol{X}_i$ 就不是被新的微粒所代替，而是根据速度向量 $\boldsymbol{V}_i$ 进行自适应变化。这样，微粒群算法与其他进化类算法的最大不同点在于：微粒群算法在进化过程中同时保留和利用位置与速度(即位置的变化程度)信息，而其他进化类算法仅保留和利用位置的信息。

另外，如果将式(10.4)看做一个变异算子，则微粒群算法与进化规划很相似。不同之处在于：在每一代微粒群算法中的每个微粒只朝一些根据群体的经验认为是好的方向飞行，而在进化规划中可通过一个随机函数变异到任何方向。也就是说，微粒群算法执行一种有“意识(conscious)”的变异。从理论上讲，进化规划具有更多的机会在优化点附近开发，而如果意识能提供有用的信息，微粒群则有更多的机会更快地飞到更好解的区域。

从以上分析可以看出，基本微粒群算法也呈现出一些其他进化类算法所不具有的特性，特别是微粒群算法同时将微粒的位置与速度模型化，给出了一组显式的进化方程，这是其不同于其他进化类算法的最显著之处，也是该算法所呈现出许多优良特性的关键。

2. 两种基本进化模型

在基本微粒群算法中，根据直接相互作用的微粒群定义可构造微粒群算法的两种不同版本，也就是说，可以通过定义全局最好微粒(位置)或局部最好微粒(位置)构造具有不同社会行为的微粒群算法。

1) Gbest 模型(全局最好模型)

Gbest 模型以牺牲算法的鲁棒性为代价提高算法的收敛速度，基本微粒群算法就是该模型的具体实现。在该模型中，整个算法以该微粒为吸引子，将所有微粒拉向它，使所有微粒最终收敛于该位置。这样，如果在进化过程中，该最好解得不到有效更新，则微粒群将出现类似于遗传算法中的早熟现象。为了讨论方便，将微粒群的进化方程重新表述如下：

$$\begin{aligned}\boldsymbol{P}_g(t) &\in \{\boldsymbol{P}_0(t), \boldsymbol{P}_1(t), \cdots, \boldsymbol{P}_s(t)\} \mid f(\boldsymbol{P}_g(t)) \\ &= \min\{f(\boldsymbol{P}_0(t)), f(\boldsymbol{P}_1(t)), \cdots, f(\boldsymbol{P}_s(t))\}\end{aligned} \tag{10.7}$$

$$v_{ij}(t+1) = v_{ij}(t) + c_1 r_{1j}(t)[p_{ij}(t) - x_{ij}(t)] + c_2 r_{2j}(t)[p_{gj}(t) - x_{ij}(t)] \tag{10.8}$$

式中，$\boldsymbol{P}_g(t)$称为全局最好位置，对应于全局最好微粒所处的位置。

2) Lbest 模型(局部最好模型)

为了防止 Gbest 模型可能出现的早熟现象，Lbest 模型采用多吸引子代替 Gbest 模型中的单一吸引子。首先将整个微粒群分解为若干个子群，在每一个子群中保留其局部最好微粒 $\boldsymbol{P}_i(t)$，称之为局部最好位置或邻域最好位置。假设第 i 个子群处于长度为 l 的邻域内，则 Lbest 模型的进化方程可描述为

$$N_i = \{\boldsymbol{P}_{i-l}(t), \boldsymbol{P}_{i-l+1}(t), \cdots, \boldsymbol{P}_{i-1}(t), \boldsymbol{P}_i(t), \boldsymbol{P}_{i+1}(t), \cdots, \boldsymbol{P}_{i+l-1}(t), \boldsymbol{P}_{i+l}(t)\} \tag{10.9}$$

$$\boldsymbol{P}_i(t+l)\in\{N_i \mid f(\boldsymbol{P}_i(t+1))=\min f(a)\},\quad \forall a\in N_i \tag{10.10}$$

$$v_{ij}(t+l)=v_{ij}(t)+c_1r_{1j}(t)[p_{ij}(t)-x_{ij}(t)]+c_2r_{2j}(t)[p_{gj}(t)-x_{ij}(t)] \tag{10.11}$$

式中,子群 N_i 中的微粒与其在搜索空间域内所处的位置无关,仅依赖微粒的索引数或者微粒的编码,这样一方面避免了微粒间的聚类分析,节省了计算时间,另一方面能够加快更好解信息在整个群体间的扩散。

事实上,Gbest 模型实际上是 Lbest 模型在 $l=s$ 时的特殊情况。实验证明:$l=1$ 时的 Lbest 模型,其收敛速度低于 Gbest 模型,而 $1<l<s$ 时,其收敛速度仍低于 Gbest 模型,但收敛的全局最优性明显改善。

10.2.4 带惯性权重的微粒群算法

为改善基本微粒群算法的收敛性能,Y. Shi 与 R. C. Eberhart 在 1998 年的 IEEE 国际进化计算学术会议上发表了题为 *A Modified Particle Swarm Optimizer* 的论文,首次在速度进化方程中引入惯性权重,即

$$v_{ij}(t+1)=\omega v_{ij}(t)+c_1r_{1j}(t)[p_{ij}(t)-x_{ij}(t)]+c_2r_{2j}(t)[p_{gj}(t)-x_{ij}(t)] \tag{10.12}$$

式中,ω 称为惯性权重。因此,基本微粒群算法是惯性权重 $\omega=1$ 的特殊情况。惯性权重 ω 使微粒保持运动惯性,使其有扩展搜索空间的趋势,有能力探索新的区域。

引入惯性权重 ω 可清除基本微粒群算法对 v_{max} 的需要,因为 ω 本身具有维护全局和局部搜索能力的平衡的作用。这样,当 v_{max} 增加时,可通过减少 ω 来达到平衡搜索。而 ω 的减少可使得所需的迭代次数变小。从这个意义上看,可以将 $v_{max,d}$ 固定为每维变量的变化范围,只对 ω 进行调节。

对全局搜索,通常的好方法是在前期有较高的探索能力以得到合适的种子,而在后期有较高的开发能力以加快收敛速度。为此,可将 ω 设定为随着进化而线性减少,例如取 ω 为 0.9~0.4。Y. Shi 和 R. C. Eberhart 的仿真实验结果也表明,ω 线性减少可取得较好的结果。目前,有关微粒群算法的研究大多以带惯性权重的微粒群算法为基础进行扩展和修正。为此,在大多文献中将带惯性权重的微粒群算法称之为微粒群算法的标准版本,或简称标准微粒群算法;而将基本微粒群算法称为微粒群的初始版本。

10.3 改进微粒群算法

10.3.1 基本微粒群算法进化方程的改进

1. 基本微粒群算法分析

基本微粒群算法的形式表述如下:

$$\boldsymbol{V}_i(t+1)=\boldsymbol{V}_i(t)+c_1r_1[\boldsymbol{P}_i-\boldsymbol{X}_i(t)]+c_2r_2[\boldsymbol{P}_g-\boldsymbol{X}_i(t)] \tag{10.13}$$

$$\boldsymbol{X}_i(t+1)=\boldsymbol{X}_i(t)+\boldsymbol{V}_i(t+1) \tag{10.14}$$

式中,$\boldsymbol{P}_i$ 表示第 i 个微粒所经历过的最好位置;$\boldsymbol{P}_g$ 表示所有微粒所经历过的最好位置;c_1,c_2 为常数,$r_1,r_2\in[0,1]$为均匀分布的随机数。

为了更好地分析基本微粒群算法，将式(10.13)改写为

$$\boldsymbol{V}_i(t+1) = \boldsymbol{G}_1 + \boldsymbol{G}_2 + \boldsymbol{G}_3 \tag{10.15}$$

式中，$\boldsymbol{G}_1=\boldsymbol{V}_i(t)$，$\boldsymbol{G}_2=c_1r_1[\boldsymbol{P}_i-\boldsymbol{X}_i(t)]$，$\boldsymbol{G}_3=c_2r_2[\boldsymbol{P}_g-\boldsymbol{X}_i(t)]$。

从式(10.15)可以看出，其右边可以分成3部分：第一部分为原先的速度项；第二、三部分分别表示对原先速度的修正。其中，第二部分考虑该微粒历史最好位置对当前位置的影响，而第三部分考虑微粒群体历史最好位置对当前位置的影响。

为了考虑 $\boldsymbol{G}_1$，$\boldsymbol{G}_2$，$\boldsymbol{G}_3$ 对微粒群搜索能力的影响，首先将式(10.15)修改为

$$\boldsymbol{V}_i(t+1) = \boldsymbol{G}_1 \tag{10.16}$$

式(10.16)表示微粒速度的进化方程仅保留第一部分，此时，微粒将会保持速度不变，沿该方向一直“飞”下去直至到达边界。因而，在这种情形下，微粒很难搜索到较优解。

接着将式(10.15)修改为

$$\boldsymbol{V}_i(t+1) = \boldsymbol{G}_2 + \boldsymbol{G}_3 \tag{10.17}$$

式(10.17)表示微粒速度的进化方程保留第二、三部分，由于微粒的速度将取决于其历史最优位置与群体的历史最优位置，从而导致速度的无记忆性。假设在开始时，微粒 j 处于整体的最优位置，则按照式(10.17)它将停止进化直到群体发现更好的位置。此时，对于其他微粒而言 $\lim\limits_{t\to\infty}\boldsymbol{X}_i(t)=\boldsymbol{P}_g$。这表明，整个微粒群的搜索区域将会收缩到当前最优位置附近，即如果没有第一项，则整个进化方程具有很强的局部搜索能力。

对于基本微粒群算法而言，其具有全局搜索能力，这表明，微粒速度的进化方程的第一项用于保证算法具有一定的全局搜索能力。通过分析发现，$\boldsymbol{G}_2$，$\boldsymbol{G}_3$ 使得微粒群算法具有局部收敛能力，而 $\boldsymbol{G}_1$ 则是用于保证算法的全局收敛性能。

2. 带惯性因子的改进微粒群算法

1) 一般的惯性因子设计

对于不同的问题，如何确定局部搜索能力与全局搜索能力的比例关系，对于其求解过程非常重要。甚至对于同一个问题而言，进化过程中也要求不同的比例。为此，Y. Shi 提出了带有惯性权重的改进微粒群算法。其进化方程为

$$\boldsymbol{V}_i(t+1) = \omega\boldsymbol{V}_i(t) + c_1r_1[\boldsymbol{P}_i - \boldsymbol{X}_i(t)] + c_2r_2[\boldsymbol{P}_g - \boldsymbol{X}_i(t)] \tag{10.18}$$

$$\boldsymbol{X}_i(t+1) = \boldsymbol{X}_i(t) + \boldsymbol{V}_i(t+1) \tag{10.19}$$

当惯性权重 $\omega=1$ 时，式(10.18)与式(10.13)相同，表明带惯性权重的微粒群算法是基本微粒群算法的扩展。部分文献建议，ω 的取值范围为[0,1.4]，但实验结果表明，当 ω 取[0.8,1.2]时，算法收敛速度更快，而当 $\omega>1.2$ 时，算法则较多地陷入局部极值。

惯性权重 ω 表明微粒原先的速度能在多大程度上得到保留。假设微粒 j 的初始速度非零，当 $c_1=c_2=0$ 且 $\omega>0$ 时，则微粒将会加速直至 $v_{\max}$；当 $\omega<0$ 时，则微粒将会减速直至0。当 c_1，$c_2\neq0$ 时，情况比较复杂，但实验结果表明，$\omega=1$ 效果更好。

惯性权重 ω 类似模拟退火中的温度，较大的 ω 有较好的全局收敛能力，而较小的 ω 则有较强的局部收敛能力。因此，随着迭代次数的增加，惯性权重 ω 应不断减少，从而使得微粒群算法在初期具有较强的全局收敛能力，而晚期具有较强的局部收敛能力。通常，惯性权重 ω 满足

$$\omega(t)=0.9-\frac{t}{\text{MaxNumber}}\times 0.5 \tag{10.20}$$

式中，MaxNumber 为最大截止代数。将惯性权重 ω 看做迭代次数的函数，可从 0.9 到 0.4 线性减少，以改善算法的收敛性能。

2) 基于模糊系统的惯性因子的动态调整

对于惯性权重 ω 来说，对于不同的问题，其每一代所需要的比例关系并不相同，这样，线性递减关系只对某些问题有效，对于其他问题而言显然不是最佳的。为此提出了基于模糊系统的惯性权重的动态调整。该模糊系统需要两个输入参数：当前种群最优性能指标(current best performance evaluation，CBPE)和当前的惯性权重，输出为惯性权重的调节量。具体操作时，首先假设所优化的问题为求解最小值的问题，其次对性能指标规范化操作，即

$$\text{NCBPE}=\frac{\text{CBPE}-\text{CBPE}_{\min}}{\text{CBPE}_{\max}-\text{CBPE}_{\min}} \tag{10.21}$$

式中，$\text{CBPE}_{\min}$ 为全局最小值(或估计值)，$\text{CBPE}_{\max}$ 为所得到的某个上界。3 个变量(2 个输入变量，1 个输出变量)分为低、中、高 3 种状态。对于每种状态，其隶属度函数分别表示为 $f_{\text{left\_triangle}}$，f_{triangle}，$f_{\text{right\_triangle}}$，具体定义为

$$f_{\text{left\_triangle}}=\begin{cases}1, & x<x_1\\ \dfrac{x_2-x}{x_2-x_1}, & x_1\leqslant x\leqslant x_2\\ 0, & x>x_2\end{cases} \tag{10.22}$$

$$f_{\text{triangle}}=\begin{cases}0, & x<x_1\\ 2\dfrac{x-x_1}{x_2-x_1}, & x_1\leqslant x\leqslant x_2\\ 2\dfrac{x_2-x}{x_2-x_1}, & x>x_2\end{cases} \tag{10.23}$$

$$f_{\text{right\_triangle}}=\begin{cases}0, & x<x_1\\ \dfrac{x-x_1}{x_2-x_1}, & x_1\leqslant x\leqslant x_2\\ 1, & x>x_2\end{cases} \tag{10.24}$$

式中，参数 x_1，x_2 分别用以确定函数的形状和位置。

整个模糊系统如下表示：

```
9
2 1
NCBPE 3 0 1
    LeftTriangle 0 0.06
    Triangle 0.05 0.4
    RightTriangle 0.31

Weight 3 0.2 1.1
    LeftTriangle 0.2 0.6
    Triangle 0.4 0.9
```

RightTriangle 0.6 1.1
w_change 3 －0.12 0.05
LeftTriangle 0.12 0.02
Triangle 0.04 －0.04
RightTriangle 0.0 0.05
1 1 2
1 2 1
1 3 1
2 1 3
2 2 2
2 3 1
3 1 3
3 2 2
3 3 1

其中，第一行的“9”表示共有9条规则。第二行的“2 1”表示有2个输入变量和1个输出变量。第三行的“NCBPE 3 0 1”表示第一个输入变量是个NCBPE变量(规范化操作)，有3个模糊集，取值范围为(0,1)。当使用隶属度函数$f_{\text{left_triangle}}$时，参数x_1，x_2分别取0.0和0.06；使用隶属度函数f_{triangle}时，参数x_1，x_2分别取0.05和0.4；使用隶属度函数$f_{\text{right_triangle}}$时，参数$x_1$，$x_2$分别取0.3和1.0。这4行完整地定义了第一个输入变量。第二个输入变量为weight，输出变量为w_change，分别进行了定义。之后，又给出了具体的9条模糊规则。在规则中“1”代表低状态，“2”表示中状态，“3”表示高状态。因此，第一条规则“1 1 2”就表示输入变量NCBPE为低，weight为低，输出变量w_change为中的情形。

3. 带有收缩因子的微粒群算法

Clerc在研究中，提出了收缩因子的概念，描述了一种选择ω，c_1和c_2值的方法，以确保算法收敛。通过正确地选择这些控制参数，就没有必要将$v_{i,j}$的值限制在$[-v_{\max},v_{\max}]$之中。下面讨论一个与带有收缩因子的微粒群算法相关的收敛模式特例。

一个与某个收敛模式相符合的改进了的速率方程式以如下形式提出：

$$v_{ij}(t+1)=\chi\{v_{ij}(t)+c_1r_{1j}(t)[p_{ij}(t)-x_{ij}(t)]+c_2r_{2j}(t)[p_{gj}(t)-x_{ij}(t)]\} \tag{10.25}$$

这里，

$$\chi=\frac{2}{|2-l-\sqrt{l^2-4l}|} \tag{10.26}$$

且$l=c_1+c_2$，$l>4$。

设$c_1=c_2=2.05$，将$l=c_1+c_2=4.1$代入式(10.26)，得出$\chi=0.7298$后代入方程式(10.25)，同时省略参数t，结果为

$$v_{ij}(t+1)=0.7298[v_{ij}+2.05r_{1j}(p_{ij}-x_{ij})+2.05r_{2j}(p_{gj}-x_{ij})] \tag{10.27}$$

因为$20.5\times0.7298=1.4962$，所以这个方程式与在改进的微粒群速率更新方程式使用$c_1=c_2=1.4962$和$\omega=0.7298$所得到的方程式是等价的。

Eberhart和Shi将分别利用$v_{\max}$和收缩因子控制微粒速度的两种算法性能做了比较。

结果表明，后者比前者通常具有更好的收敛率。然而在有些测试函数的求解过程中，使用收缩因子的微粒群算法在给定的迭代次数内无法达到全局极值点。按照 Eberhart 和 Shi 的观点，这是由于微粒偏离所期望的搜索空间太远而造成的。为了降低这种影响，他们建议在使用收缩因子时首先对算法进行限定，比如设参数 $v_{\max}=x_{\max}$，或者预先设置搜索空间的大小。这样可以改进算法对所有测试函数的求解性能——不管是在收敛率方面还是在搜索能力方面。

10.3.2 收敛性改进

1. 保证收敛的改进微粒群算法

由于基本微粒群算法有过早收敛的可能，F. van den Bergh 提出了具有局部收敛性能的改进微粒群算法(guaranteed convergence particle swarm optimizer，GCPSO)，给出了仿真结果，同时讨论了 GCPSO 的局部收敛性能，并指出该算法不具有全局收敛性能。为了进一步讨论 GCPSO 的性能，考虑了 GCPSO 在不同邻域结构中的表现。

前面已经介绍过，式(10.12)为基本微粒群算法的进化方程，其中的惯性权重 ω 用以确定该微粒先前速度的保留情况。c_1，c_2 是两个正的加速因子，r_{1j}，r_{2j} 是两个介于(0,1)的随机数分布序列。p_{ij} 是微粒 i 所得到的最优位置，p_{gj} 是所有微粒得到的历史最优位置。

当微粒 i 现在的位置是当前种群的最优位置时，即 $x_{ij}(t)=p_{ij}=p_{gj}$ 时，式(10.12)中的第二部分和第三部分将为 0，从而可简化为

$$v_{ij}(t+1)=\omega v_{ij}(t) \tag{10.28}$$

对于式(10.28)，由于仅有一项，即原有速度的调整，从而微粒 i 将一直沿着该方向搜索，直到发现更好的解或者到达边界。但是，对于整个区域而言，沿直线进行搜索，其发现更好解的概率几乎为 0，因而其效率极低。此外，如果 $\omega<1$，即 $v_{ij}(t+1)<v_{ij}(t)$，则存在某一固定的数 N，使得当 $t>N$ 时，若群体的当前最优解没发生变化，则微粒 i 的各速度分量 $v_{ij}(t)<\varepsilon$(ε 为一给定的误差)，从而使得该微粒停止进化。这样，即使该方向上存在更好解，也可能在搜索到该解之前停止进化，从而导致过早收敛。

为了解决这个问题，设 τ 是当前最优位置所在的下标，则有

$$y_\tau=P$$

为了保证该微粒能正常移动，引入下面的速度进化方程：

$$v_{\tau j}(t+1)=-x_{\tau j}(t)+p_{gj}(t)+\omega v_{\tau j}(t)+\rho(t)[1-2r_{2j}(t)] \tag{10.29}$$

此时，微粒 τ 的进化方程为

$$x_{\tau j}(t+1)=p_{gj}(t)+\omega v_{\tau j}(t)+\rho(t)[1-2r_{2j}(t)] \tag{10.30}$$

式中，参数 $\rho(t)$ 按下式进行更新：

$$\rho(t+1)=\begin{cases}2\rho(t), & \#\text{success}>s_c\\ 0.5\rho(t), & \#\text{failure}>f_c\\ \rho(t), & \text{其他}\end{cases} \tag{10.31}$$

式中，初始值 $\rho(0)=0$，而 #success 和 #failure 分别表示成功和失败的次数。若

$$f(\hat{y}(t))=f(\hat{y}(t-1)) \tag{10.32}$$

则表示一次失败。这样有

$$\left.\begin{aligned}\#\text{success}(t+1) > \#\text{success}(t) \Rightarrow \#\text{failure}(t+1) = 0 \\ \#\text{failure}(t+1) > \#\text{failure}(t) \Rightarrow \#\text{success}(t+1) = 0\end{aligned}\right\} \tag{10.33}$$

此外，f_c 和 s_c 为两个阈值。

2. 保证全局收敛的随机微粒群算法

如前所述，微粒群算法的进化方程为式(10.18)和式(10.19)，其中的 $\boldsymbol{P}_i$ 表示第 i 个微粒所经历过的最好位置，$\boldsymbol{P}_g$ 表示所有微粒所经历过的最好位置，ω, c_1, c_2 为常数，$r_1, r_2 \in [0,1]$为均匀分布的随机数。

在式(10.18)、式(10.19)所描述的基本微粒群算法中，当 $\omega=0$ 时，微粒的飞行速度只取决于微粒的当前位置 $\boldsymbol{X}_i(t)$、历史最好位置 $\boldsymbol{P}_i$ 和微粒群的历史最好位置 $\boldsymbol{P}_g$，速度本身无记忆性。这样，对于位于全局最好位置的微粒将保持静止，而其他微粒则趋向它本身最好位置 $\boldsymbol{P}_i$ 和全局最好位置 $\boldsymbol{P}_g$ 的加权中心。也就是说，微粒群将收缩到当前的全局最好位置，更像一个局部算法。当 $\omega \neq 0$ 时，使得微粒具有了扩展搜索空间的趋势，即具有一定的全局搜索能力。ω 越大，全局搜索能力越强。

根据上述分析，当 $\omega=0$ 时，式(10.18)、式(10.19)描述的进化方程为

$$\boldsymbol{X}_i(t+1) = \boldsymbol{X}_i(t) + c_1 r_1[\boldsymbol{P}_i - \boldsymbol{X}_i(t)] + c_2 r_2[\boldsymbol{P}_g - \boldsymbol{X}_i(t)] \tag{10.34}$$

与基本微粒群算法相比，式(10.34)描述的进化方程使得全局搜索能力减弱，而局部搜索能力加强。同时，当 $\boldsymbol{x}_j^{(t)} = \boldsymbol{P}_j = \boldsymbol{P}_g$ 时，第 j 个微粒将停止进化。为了改善式(10.34)的全局搜索能力，可保留 $\boldsymbol{P}_g$ 作为微粒群的历史最好位置，而在搜索空间 S 重新随机产生微粒 j 的位置 $x_j(t+1)$，其他微粒 i 以式(10.34)进化产生 $x_i(t+1)(i \neq j)$，则

$$\boldsymbol{P}_j = \boldsymbol{X}_j(t+1), \quad \boldsymbol{P}_i = \begin{cases}\boldsymbol{P}_i, & f(\boldsymbol{P}_i) < f(\boldsymbol{X}_i(t+1)) \\ \boldsymbol{X}_i(t+1), & f(\boldsymbol{P}_i) \geqslant f(\boldsymbol{X}_i(t+1))\end{cases} \tag{10.35}$$

$$\left.\begin{aligned}\boldsymbol{P}'_g &= \operatorname{argmin}\{f(\boldsymbol{P}_i) \mid i = 1, S\} \\ \boldsymbol{P}_g &= \operatorname{argmin}\{f(\boldsymbol{P}'_g), f(\boldsymbol{P}_g)\}\end{aligned}\right\} \tag{10.36}$$

若 $\boldsymbol{P}_g = \boldsymbol{P}_j$，则随机产生的微粒 j 处于历史最好位置，无法按式(10.34)进化，继续在搜索空间 S 随机产生，其他微粒在更新 $\boldsymbol{P}_g, \boldsymbol{P}_i$ 后按式(10.34)进化；若 $\boldsymbol{P}_g \neq \boldsymbol{P}_i$，且 $\boldsymbol{P}_g$ 未更新，则所有微粒均按式(10.34)进化；若 $\boldsymbol{P}_g \neq \boldsymbol{P}_i$，且 $\boldsymbol{P}_g$ 已更新，即存在 $k \neq j$，使得 $\boldsymbol{X}_k(t+1) = \boldsymbol{P}_k = \boldsymbol{P}_g$，则微粒 k 停止进化，在搜索空间 S 重新随机产生，其余微粒在更新 $\boldsymbol{P}_g, \boldsymbol{P}_i$ 后按式(10.34)进化。这样在进化的某些代，至少有一个微粒 j 满足 $\boldsymbol{X}_j(t) = \boldsymbol{P}_j = \boldsymbol{P}_g$，也就是说，至少有一个微粒需在 S 中重新随机产生，这样就势必增强了全局搜索能力。为了与基本微粒群算法相区别，上述算法称为随机微粒群算法(SPSO)。

定义 $\varphi_1 = c_1 r_1, \varphi_2 = c_2 r_2, \varphi = \varphi_1 + \varphi_2$，由式(10.36)可得

$$\boldsymbol{X}_i(t+1) = (1-\varphi)\boldsymbol{X}_i(t) + \varphi_1 \boldsymbol{P}_i + \varphi_2 \boldsymbol{P}_g \tag{10.37}$$

当 $\boldsymbol{P}_g, \boldsymbol{P}_i$ 固定时，上式为一简单的线性差分方程，当 $\boldsymbol{X}_i(0) = \boldsymbol{X}_{i0}$ 时，其解为

$$\boldsymbol{X}_i(t) = \boldsymbol{K} + (\boldsymbol{X}_{i0} - \boldsymbol{K})(1-\varphi)^t \tag{10.38}$$

式中，

$$\boldsymbol{K} = \frac{\varphi_1 \boldsymbol{P}_i + \varphi_2 \boldsymbol{P}_g}{\varphi} \tag{10.39}$$

式(10.38)是在假设随着 t 的变化 $\boldsymbol{P}_g$,$\boldsymbol{P}_i$ 固定不变的情况下得到的。但在 SPSO 算法的进化过程中,$\boldsymbol{P}_g$,$\boldsymbol{P}_i$ 则随时可能更新,因此,式(10.38)、式(10.39)仅在新的更好位置产生之前有效。一旦产生新的更好位置($\boldsymbol{P}_g$ 或者 $\boldsymbol{P}_i$),微粒的运动轨迹方程将按照新的 $\boldsymbol{P}_g$,$\boldsymbol{P}_i$ 改变,并将当前位置作为初始点重新计算,也就是说,式(10.38)中 $\boldsymbol{K}$,$\boldsymbol{X}_{i0}$ 的值重新设置。

从式(10.38)可以看出,当 $|1-\varphi|<1$ 时,式(10.37)所描述的进化方程线性收敛,即当 $t\to\infty$ 时,$\boldsymbol{X}_i(t)\to(\varphi_1\boldsymbol{P}_i+\varphi_2\boldsymbol{P}_g)/\varphi$。根据 $|1-\varphi|<1$,可得 $0<c_1+c_2<2$。也就是说,当 $0<c_1+c_2<2$ 时,SPSO 算法的进化方程线性渐近收敛。

定理 10.1 当 $|1-\varphi|<1$ 时,$\lim\limits_{t\to\infty}\boldsymbol{X}_i(t)=\boldsymbol{P}_g$。

证明 由式(10.18)可知,当 $|1-\varphi|<1$ 时,

$$\lim_{t\to\infty}\boldsymbol{X}_i(t)=k=\frac{\varphi_1\boldsymbol{P}_i+\varphi_2\boldsymbol{P}_g}{\varphi}$$

而

$$\boldsymbol{X}_i(t+1)=\boldsymbol{X}_i(t)-(\varphi_1+\varphi_2)\boldsymbol{X}_i(t)+\varphi_1\boldsymbol{P}_i+\varphi_2\boldsymbol{P}_g$$

当 $t\to\infty$ 时,$\boldsymbol{X}_i(t+1)=\boldsymbol{X}_i(t)$,则

$$-(\varphi_1+\varphi_2)\boldsymbol{X}_i(t)+\varphi_1\boldsymbol{P}_i+\varphi_2\boldsymbol{P}_g=0$$

由于 φ_1,φ_2 为随机变量,显然只有当 $\boldsymbol{X}_i(t)=\boldsymbol{P}_i=\boldsymbol{P}_g$ 时,上式满足,也就是说,

$$\lim_{t\to\infty}\boldsymbol{X}_i(t)=\boldsymbol{P}_i=\boldsymbol{P}_g$$

为了使微粒 j 以较大概率位于最优点附近,可采用其他一些非群体随机优化方法进行生成,如模拟退火方法。以当前历史最好位置 $\boldsymbol{P}_g$ 为初始状态,即 $\boldsymbol{X}_j(t)=\boldsymbol{P}_g$,并选择初始温度 $T=T_0$,采用下式产生下一状态

$$\boldsymbol{X}'_j(t+1)=\boldsymbol{X}_j(t)+\boldsymbol{\eta}\varepsilon \tag{10.40}$$

式中,$\boldsymbol{\eta}$ 为扰动幅值参数;ε 为随机变量,一般可服从柯西分布、正态分布或均匀分布。计算 $f'_j=f(\boldsymbol{X}'_j(t+1))$,$f_j=f(\boldsymbol{X}_j(t))$,$\Delta=f'_j-f_j$,则

$$\boldsymbol{X}_j(t+1)=\begin{cases}\boldsymbol{X}'_j(t+1), & \min\{1,\mathrm{e}^{-\Delta/T_k}\}\geqslant\gamma_j\\ \boldsymbol{X}_j(t), & \text{其他}\end{cases} \tag{10.41}$$

式中,$\gamma_j\in[0,1]$为均匀分布的随机变量。

$$T_{k+1}=\lambda T_k,\quad 0<\lambda<1 \tag{10.42}$$

由于模拟退火方法本身具有很好的全局收敛性,因而采用该方法生成微粒并依式(10.40)、式(10.41)进行状态更新对于 SPSO 算法的全局收敛性不会产生负面影响。

10.4 微粒群算法的实验设计与参数选择

10.4.1 设计微粒群算法的基本原则与步骤

1. 设计微粒群算法的基本原则

与其他进化算法一样,在设计微粒群算法时应遵循如下原则:

(1) 适用性原则。算法的适用性是指该算法所能适用的问题种类,这取决于算法所需

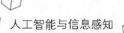

的限制与假设。如果优化问题的性质不同,则相应的具体处理方式也不同。

(2) 可靠性原则。算法的可靠性是指算法具有以适当的精度求解大多数问题的能力,即能对大多数问题提供一定精度的解。与其他众多的进化算法一样,微粒群算法同样是一种随机的优化算法,因此在求解不同问题时,其结果具有一定的随机性与不确定性。故设计算法实验时,应尽量经过较多样本的检验,以确定算法的可靠性。

(3) 收敛性原则。微粒群算法的收敛性是指算法能否以概率1收敛到全局最优解,并具有一定的收敛速度和收敛精度。通常评价算法的收敛性能,可通过比较在有限时间代内算法所求解的精度来实现。

(4) 稳定性原则。算法的稳定性是指算法对其控制参数及问题数据的敏感程度。一个性能稳定的算法,应该具有以下两种特性:一是对一组固定的控制参数,算法能用于较广泛问题的求解;二是对给定的问题数据,算法的求解结果应不会随控制参数的微小扰动而波动。

(5) 生物类比原则。微粒群算法的设计思想源于对生物群社会行为的模拟,因此生物界中相关的进化理论、策略、方法,均可通过类比的原则,引入到算法中以提高算法性能。

2. 微粒群算法的设计步骤

不同模型的微粒群算法,均遵守以下的设计步骤:

(1) 确定问题的表示方案(编码方案)。和其他的进化算法一样,微粒群算法在求解问题时,首先应将问题的解从解空间映射到具有某种结构的表示空间,即用特定的码串表示问题的解。根据问题的特征选择适当的编码方法,将会对算法的性能及求解结果产生直接的影响。微粒群算法的早期研究均集中在数值优化领域中,其标准计算模型适用于具有连续特征的问题函数,因此目前算法大多采用实数向量的编码方案。用微粒群算法求解具有离散特征的问题对象,正是此领域内的一个研究重点。

(2) 确定优化问题的评价函数。在求解过程中,借助于适应度来评价解的质量。因此在求解问题时,必须根据问题的具体特征,选取适当的目标函数或费用函数计算适应度。适应度是唯一能够反映并引导优化过程不断进行的参量。

(3) 选取控制参数。微粒群算法的控制参数通常包括微粒群的规模(微粒的数目)、算法执行的最大代数、惯性系数、认知参数、社会参数及其他一些辅助控制参数等。针对不同的算法模型,选取适当的控制参数,将直接影响算法的优化性能。

(4) 设计微粒的飞行模型。在微粒群算法中,最关键的操作是如何确定微粒的速度。由于微粒是由多维向量来描述的,故相应的微粒的飞行速度也表示为一个多维向量。在飞行过程中,微粒借助于自身的记忆(Lbest)与社会共享信息(Gbest),沿着每一分量方向动态地调整自己的飞行速度与方向。

(5) 确定算法的终止准则。与其他进化算法一样,微粒群算法中最常用的终止准则是预先设定一个最大的飞行代数,或者是当搜索过程中解的适应度在连续多少代后不再发生明显改进时终止算法。

(6) 编程上机运行。根据所设计的算法结构编程,并进行具体优化问题的求解。通过所获得问题的解的质量,可以验证算法的有效性、准确性与可靠性。

3. 微粒群算法的伪码描述

下面是微粒群算法的伪码描述，其中用到的符号含义如下：

N——微粒群规模。

P——微粒飞行所经历的最好位置。

D——描述微粒的多维向量的维数。

G——所有微粒飞行经过的最好位置。

Lbest——*P* 所对应的适应度。

t——迭代次数。

Gbest——*G* 所对应的适应度。

微粒群算法伪码：

```
begin
    t=0
    Lbest=Lbest(0)
    Gbest=Gbest(0)
    while(i<N)
        while(d<D)
            在[X_min,X_max]内随机产生 X_id
            在[V_min,V_max]内随机产生 V_id
        end while
        计算微粒 X_i 的适应度 fitness
        if (fitness_i>Gbest)
            设 G=X_i
        更新 Lbest,Gbest
    end while
    t=t+1
    while (终止条件未满足时)
      while (i<N)
        while (d<D)
                计算 V_id
                计算 X_id
        end while
        计算微粒 X_i 的适应度 fitness_i
        if (fitness_i>Gbest)
            设 G=X_i
        if (fitness_i>Lbest)
            设 P=X_i
        更新 Lbest,Gbest
      end while
    end while
end begin
```

10.4.2 几种典型的微粒群模型及参数选择

自 1995 年微粒群算法问世以来，不同领域的研究人员曾提出各种算法模型，从不同角度对微粒群算法进行了详细分析、设计。其中备受推崇的是 Kennedy，Eberhart，Yuhui Shi 与 Clerc 等人，他们依据微粒群算法的模拟思想，分别构造了简单微粒群算法模型、引入惯性权重的微粒群算法模型以及引入收缩因子的微粒群算法模型，并通过大量的实验研究，详细分析了模型中不同控制参数的意义与作用，并为其确定了相应的参考取值。这 3 种算法模型被后来的研究人员视为微粒群算法的经典及研究基础。

下面详细介绍上述 3 种模型，同时借助于他们的研究成果，共同来探讨微粒群算法的设计及参数选择问题。

1. 简单微粒群算法模型

Eberhart 与 Kennedy 定义了最早的简单微粒群模型(simple PSO model)，模型如下：

$$\left.\begin{aligned}v_{id}(t+1) &= v_{id}(t)+c_1r_1[p_{id}(t)-x_{id}(t)]+c_2r_2[p_{gd}(t)-x_{id}(t)]\\ x_{id}(t+1) &= x_{id}(t)+v_{id}(t+1)\end{aligned}\right\}\tag{10.43}$$

此模型中含有两个控制参数 c_1,c_2，可视为加速度常量。c_1 反映了微粒飞行过程中所记忆的最好位置(Lbest)对微粒飞行速度的影响，又称为认知系数；c_2 则反映了整个微粒群所记忆的最好位置(Gbest)对微粒飞行速度的影响，又称为社会学习系数。

为确定 c_1,c_2 对算法性能影响，1997 年 Kennedy 在其所发表的 *The Particle Swarm: Social Adoptions of Knowledge* 一文中，通过下述系列实验，详细讨论了两个参数对算法性能的作用。

实验一：设 $c_2=0$(认知模型，cognition-only model)，则

$$\left.\begin{aligned}v_{id}(t+1) &= v_{id}(t)+c_1r_1[p_{id}(t)-x_{id}(t)]\\ x_{id}(t+1) &= x_{id}(t)+v_{id}(t+1)\end{aligned}\right\}\tag{10.44}$$

实验二：设 $c_1=0$(社会模型，social-only model)，则

$$\left.\begin{aligned}v_{id}(t+1) &= v_{id}(t)+c_2r_2[p_{gd}(t)-x_{id}(t)]\\ x_{id}(t+1) &= x_{id}(t)+v_{id}(t+1)\end{aligned}\right\}\tag{10.45}$$

实验三：设 $c_1=c_2=C$(完全模型，full model)。

实验四：自私模型(selfness model)，可表示为

$$\left.\begin{aligned}v_{id}(t+1) &= v_{id}(t)+c_2r_2[p_{gd}(t)-x_{id}(t)],\quad g\neq i\\ x_{id}(t+1) &= x_{id}(t)+v_{id}(t+1)\end{aligned}\right\}\tag{10.46}$$

自私模型也属于一种社会模型，唯一的区别在于每个微粒在获取 Gbest 时，只考虑其他微粒的相关信息，而不包括自己。

Kennedy 将微粒群算法用于异或神经网络权值的优化，比较了不同模型在取不同参数时的优化结果，发现认知模型的求解性能最差，社会模型和自私模型的求解性能要优于完全模型。同时 Kennedy 还发现，算法在执行的过程中，微粒的飞行速度应当受到适当的限制，一方面保证微粒能够飞越局部极值，具有一定的全局探测能力；另一方面又能够使微粒以

一定的速度步长逼近全局最优解。通常可在计算模型中引入一个适当的阈值 V_{max}。

随后 Kennedy 进一步研究了两种参数的具体取值，经过大量的实验结果对比，指出 c_1 与 c_2 之和最好接近 4.0，通常 $c_1 \approx c_2 = 2.05$。

2. 引入惯性权重的微粒群模型

从简单微粒群算法模型可以看出，微粒的飞行速度相当于搜索步长，其大小直接影响着算法的全局收敛性。当微粒的飞行速度过大时，能够保证各微粒以较快的速度飞向全局最优解所在的区域。但是当逼近最优解时，由于微粒的飞行速度缺乏有效的控制与约束，很容易飞越最优解，转而去探索其他区域，从而使算法很难收敛于全局最优解。这一现象也说明了算法在速度缺乏有效的控制策略时，不具备较强的局部搜索能力（或精细搜索能力）。

为了有效地控制微粒的飞行速度，使得算法能够达到全局探测与局部开采功能间的有效平衡，单依靠施加 V_{max} 是不够的。可以在算法模型中引入惯性权重 ω，以实现对微粒飞行速度的有效控制与调整。这一思想源于模拟退火算法，ω 类似于其中的温度控制参数。具体的计算模型如下：

$$\left.\begin{aligned} v_{id}(t+1) &= \omega v_{id}(t) + c_1 r_1[p_{id}(t) - x_{id}(t)] + c_2 r_2[p_{gd}(t) - x_{id}(t)] \\ x_{id}(t+1) &= x_{id}(t) + v_{id}(t+1) \end{aligned}\right\} \tag{10.47}$$

从上式易知，ω 越大，微粒的飞行速度越大，微粒将以较大的步长进行全局探测；ω 越小，微粒的速度步长越小，微粒将趋向于进行精细的局部搜索。Shi 与 Eberhart 等人经过实验发现，当 $\omega \in [0.9, 1.2]$ 时，算法具有较理想的搜索性能。另外，在搜索过程中可以对 ω 进行动态调整：在算法开始时，可以给 ω 赋予一较大正值，随着搜索的进行，可以线性地使 ω 逐渐减小，这样可以保证在算法开始时，各微粒能够以较大的速度步长在全局范围内探测到较好的种子；而在搜索后期，较小的 ω 值则保证微粒能够在极点周围做精细的搜索，从而使算法有较大的几率以一定精度收敛于全局最优解。为了确定惯性权重 ω 对算法性能的影响，Shi 与 Eberhart 设计了如下一系列实验。

实验一：用引入惯性权重 ω 的微粒群模型求解优化函数。

$$\text{F1}: f_1(X) = \sum_{i=1}^{n} x_i^2, \quad -100 \leqslant x_i \leqslant 100$$

$$\text{F2}: f_2(X) = \sum_{i=1}^{n} 100(x_{i+1}^2 - x_i) + (1 - x_i)^2, \quad -30 \leqslant x_i \leqslant 30$$

$$\text{F3}: f_3(X) = \sum_{i=1}^{n} [x_i^2 - A\cos(2\pi x_i) + A], \quad -5.12 \leqslant x_i \leqslant 5.12$$

$$\text{F4}: f_4(X) = \sum_{i=1}^{n} x_i^2/4000 - \prod_{i=1}^{n} \cos(x_i/\sqrt{i}) + 1, \quad -60 \leqslant x_i \leqslant 600$$

控制参数取值如下：$c_1 = c_2 = 2$，$V_{max} = X_{max}$，微粒群规模 N 分别为 20，40，80，160，ω 从 0.9 减小至 0.4，部分实验结果见表 10.1。

根据系列实验数据，Shi 与 Eberhart 得出下述结论：在算法执行过程中，ω 随时间逐渐减小，这种方法在一定程度上会导致搜索后期收敛速度的降低，从而影响算法的全局收敛性能，但与采用固定 ω 的微粒群算法与 EP 算法相比较，其搜索结果仍然有很大的提高与改善。同时，他们发现，群体规模的大小对微粒群算法的性能并没有太大的影响。

表 10.1 算法采用不同微粒群规模时的求解结果

微粒数目	维数	收敛代数	MBF F1	MBF F2	MBF F3	MBF F4
20	10	1000	0.0000	96.1715	5.5572	0.0919
	20	1500	0.0000	214.6764	22.8892	0.0303
	30	2000	0.0000	316.4468	47.2941	0.0182
40	10	1000	0.0000	70.2139	3.5623	0.0862
	20	1500	0.0000	180.9671	16.3504	0.0286
	30	2000	0.0000	299.7061	38.5250	0.0127
80	10	1000	0.0000	36.2945	2.53579	0.0760
	20	1500	0.0000	87.2802	13.4263	0.0288
	30	2000	0.0000	205.5596	29.3063	0.0128
160	10	1000	0.0000	24.2277	1.4943	0.0628
	20	1500	0.0000	72.8190	10.3696	0.03
	30	2000	0.0000	131.5866	24.0864	0.0127

注：MBF 为 mean best fitness(平均最佳适应度)的缩写。

实验二：比较 ω 与 V_{max} 两个参数对算法性能的影响，分析两者在算法中的不同地位。实验中利用微粒群算法求解 Schaffer 函数，Shi 等人详细观察了取不同 V_{max}、不同 ω 值时算法的运行结果，并统计了算法在 30 次运行过程中收敛时所需的迭代次数，部分实验数据如表 10.2、表 10.3 所示。

表 10.2 算法取不同 ω 与 V_{max} 收敛时的平均迭代次数

V_{max}	ω								
	1.4	1.2	1.1	1	0.9	0.8	0.7	0.6	0
3	2387	1840	1758	1653	738	438	402		663
4	—	2215	2128	1967	946	439	471	421	652
5	—	—	—	2456	1090	366	503	535	1133
10	—	—	—	658	2027	460	789	490	895
X_{max}	—	—	—	—	—	974	879	927	933

注：有"—"表示没有统计数据。

表 10.3 采用随时间递减的 ω 值 30 次运行中的收敛代数($V_{max}=X_{max}$)

序号	迭代次数	序号	迭代次数	序号	迭代次数
1	423	7	250	13	427
2	231	8	241	14	362
3	317	9	293	15	338
4	373	10	284	16	510
5	321	11	429	17	373
6	226	12	398	18	302

续表

序号	迭代次数	序号	迭代次数	序号	迭代次数
19	402	23	305	27	337
20	461	24	421	28	268
21	407	25	394	29	378
22	309	26	243	30	359
平均迭代次数	344				

通过对实验数据的分析，Shi 与 Eberhart 得到下述结论：

(1) V_{max}间接地影响算法的全局搜索能力。当 $V_{max} \leqslant 2$ 时，ω 取值最好选择接近于 1。当 $V_{max} \geqslant 3$ 时，$\omega=0.8$ 是最佳的选择。当 $\omega \in (0.9, 1.2)$时，一般可达到比较理想的结果。当 V_{max}取值过小时，无论 ω 取值如何，算法总是趋向于局部搜索，而缺乏全局探测能力；如果 $V_{max}=X_{max}$足够大，则算法的性能主要取决于 ω。

(2) 算法可仅选择 ω 作为控制参数。执行过程中使 ω 从一个较大的初始值逐渐减小(1.4→0)同样可以提高算法的搜索性能。但是在搜索后期，较小的 ω 值一定程度上限制了算法的全局搜索能力。

而 Shi 与 Eberhart 的结论受到了质疑，Ozcan 与 Mohan 分析了微粒群算法在多维搜索空间的能力、速度步长及 ω 系数对算法的影响，所得结论与 Shi 有所矛盾。他们认为，ω 并不能显著提高算法的性能，当 ω 接近于 1 时，实验结果最佳，说明 ω 对算法的有效性可能被算法固有的随机性克服了。

3. 引入收缩因子的微粒群模型

为了有效地控制微粒的飞行速度，使算法达到全局探测与局部开采两者间的有效平衡，Clerc 构造了引入收缩因子的微粒群模型。模型如下：

$$\left.\begin{aligned} v_{id}(t+1) &= K\{v_{id}(t)+c_1r_1[p_{id}(t)-x_{id}(t)]+c_2r_2[p_{gd}(t)-x_{id}(t)]\} \\ x_{id}(t+1) &= x_{id}(t)+v_{id}(t+1) \end{aligned}\right\} \tag{10.48}$$

式中，K 称为收缩因子，$K=\dfrac{2}{|2-C-\sqrt{c_2-4C}|}$，$C=c_1+c_2$，且 $C>4$。

此模型中 K 的作用类似于参数 V_{max}的作用，用来控制与约束微粒的飞行速度。但实验结果表明，K 比 V_{max}更能有效地控制微粒速度的振动。Eberhart 详细分析比较了 ω 与 K 两种参数对微粒群算法性能的影响，他谦虚地承认，Clerc 所提出的收缩因子 K 比惯性权重 ω 更能有效地控制与约束微粒的飞行速度，同时增强算法的局部搜索能力。

2001 年，Carlisle 与 Dozier 综合了微粒群参数选择问题上的各种研究成果，为微粒群算法提出了一组较完善、合理的参数，称之为经典微粒群参数集。

4. 经典微粒群算法模型

综合上述的种种研究可知，微粒群算法中通常有如下几种重要的控制参数：

(1) 微粒群规模(population size)：指微粒群中所包含的微粒个数。

(2) 认知学习系数(cognitive learning rate)c_1。

(3) 社会学习系数(social learning rate)c_2。

(4) 控制微粒飞行速度的 $V_{\max}$。

(5) 惯性权重(inertia weight factor)ω。

(6) 收缩因子(constriction factor)K。

Carlisle 与 Dozier 通过一系列的实验研究，详细分析了上述不同控制参数对算法性能的影响，在此基础上提出了如下经典微粒群算法模型(canonical PSO，CPSO)

$$v_{id}=\begin{cases}K[v_{id}+c_1r_1(P_{id}-x_{id})+c_2r_2(p_{gd}-x_{id})], & X_{\min}<x_{is}<X_{\max}\\ 0, & \text{其他}\end{cases}$$

$$x_{id}=\begin{cases}x_{id}+v_{id}, & X_{\min}<x_{id}<X_{\max}\\ X_{\max}, & (x_{id}+v_{id})>X_{\max}\\ X_{\min}, & X_{\min}<(x_{id}+v_{id})\end{cases}\tag{10.49}$$

式中，K 为收缩因子，$K=\dfrac{2}{|2-C-\sqrt{c_2-4C}|}$。各控制参数的最佳取值为：$c_1=2.8$，$c_2=1.3$，$C=c_1+c_2=4.1$，微粒群规模 $N=30$，这些参数的组合被称为经典参数集。

10.5　基于微粒群算法的人工神经网络优化

10.5.1　神经网络的微粒群算法优化策略

作为一种简单、有效的随机搜索算法，微粒群算法同样可用来优化神经网络。尽管这一方面的研究尚处于初期阶段，但是已有的研究成果表明，微粒群算法在优化神经网络方面具有很大的潜力。

1. 神经网络训练的微粒群算法设计

1) 问题的描述

采用微粒群算法训练神经网络时，首先应将特定结构中所有神经元间的连接权值编码成实数码串表示的个体。假设网络中包含 M 个优化权值(包括阈值在内)，则每个个体可用由 M 个权值参数组成的一个 M 维向量来表示。

例如，给定如下结构神经网络，包括一个阈值、一维输入、两个隐层单元、一维输出，由图 10.1 可知，其中包括 6 个连接权，分别是$\{W_{11},W_{12},W_{21},W_{22},W_{Y_1},W_{Y_2}\}$，设 $X_1=W_{11}$，$X_2=W_{12}$，$X_3=W_{21}$，$X_4=W_{22}$，$X_5=W_{Y_1}$，$X_6=W_{Y_2}$，则微粒群中的个体可用一个六维向量来表示，即 **Indv** $=\{X_1,X_2,X_3,X_4,X_5,X_6\}$。此时，个体结构中的每一个元素，即代表神经网络中的一个权值。

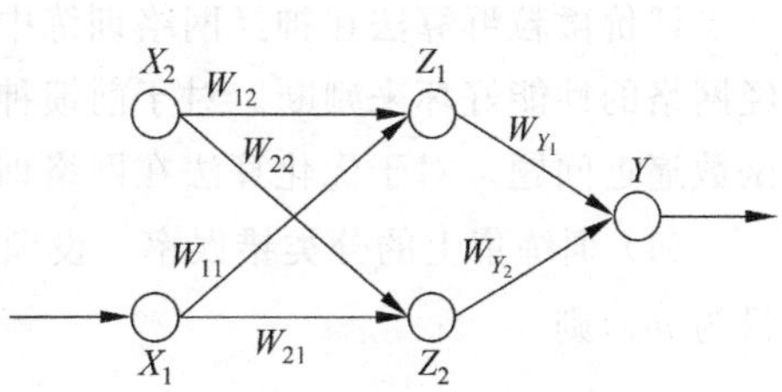

图 10.1　一个多层前馈神经网络

2) 初始化微粒群

根据微粒群规模，按照上述个体结构随机产生一定数目的个体(微粒)组成种群，其中不同的个体代表神经网络的一组不同权值，同时初始化 Gbest，Lbest。

3）神经网络的训练及微粒的评价

将微粒群中每一个个体的分量映射为网络中的权值，从而构成一个神经网络。对每一个个体对应的神经网络，输入训练样本进行训练。网络权值优化过程是一个反复迭代的过程。通常为了保证所训练的神经网络具有较强的泛化能力，在网络的训练过程中，往往将给定的样本空间分为两部分：一部分用做训练样本，称为训练集，一部分作为测试样本，称为测试集。而在权值优化过程中，每进行一次训练，都要对给定样本集进行分类，以保证每次训练时采用的训练集均不相同。

计算每一个网络在训练集上产生的均方误差，以此作为目标函数，并构造如下的适应度函数，用来计算个体的适应度：

$$E(X_p)=\frac{1}{2n}\sum_{p=1}^{n}\sum_{k=0}^{c}[Y_{k,p}(X_p)-t_{k,p}] \tag{10.50}$$

式中，$t_{k,p}$ 指训练样本 p 在 k 输出端的给定输出，适应度函数定义如下：

$$f(x)=\frac{1}{1+E(X)} \tag{10.51}$$

4）微粒群模型计算

评价微粒群中的所有个体（每一个个体视为可飞行的微粒），从中找到最佳个体用来判断是否需要更新微粒的 Gbest 与 Lbest。然后按照微粒群模型更新每一个个体不同分量上的飞行速度，并以此产生新的个体微粒。

5）算法的终止条件

当目标函数值（即均方误差）小于给定的误差，即 $\varepsilon\to 0$ 时，算法终止。

用微粒群训练神经网络的具体流程如图 10.2 所示。

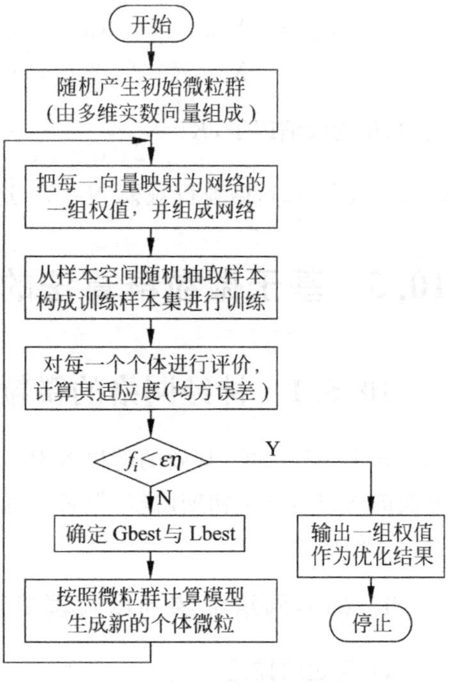

图 10.2　微粒群优化神经网络流程图

2. 算法评价及分析

评价微粒群算法在神经网络训练中的优化能力，通常可通过其训练求解特定问题的神经网络的性能好坏来判断。对于前馈神经网络的优化，采用的测试问题主要有分类问题及函数逼近问题。对于优化算法在网络训练中的性能指标通常有以下 4 种：

(1) 训练集上的分类错误率。设训练中样本数目为 M_T，训练过程中分类失败的样本数目为 m_T，则

$$\varepsilon_T=\frac{m_T}{M_T}\times 100\% \tag{10.52}$$

定义为训练集上的分类错误率。

(2) 测试集上的分类错误率。设测试集中的测试样本总数为 M_G，对训练后的网络进行测试时，分类失败的样本数目为 m_G，则定义测试集上的分类错误率如下：

$$\varepsilon_G = \frac{m_G}{M_G} \times 100\% \tag{10.53}$$

（3）训练集上的均方误差。定义为

$$MSE_T = \frac{1}{2M_G}\sum_{p=1}^{M_G}\sum_{k=0}^{C}[Y_{k,p}(X_p) - t_{k,p}]^2 \tag{10.54}$$

（4）测试集上的均方误差。定义为

$$MSE_G = \frac{1}{2M_G}\sum_{p=1}^{M_G}\sum_{k=0}^{C}[Y_{k,p}(X_p) - t_{k,p}]^2 \tag{10.55}$$

用多层前馈网络求解分类问题时，4个性能指标都可选用，而对于函数逼近和拟合问题，只能利用 MSE_T 与 MSE_G 对训练结果进行评估。

10.5.2 协同微粒群算法优化神经网络

所谓的协同进化，是指将解空间中的群体划分为若干子群体，每个子群体代表求解问题的一个子目标，所有子群体在独立进化的同时，基于信息迁移与知识共享，共同进化。

协同进化算法中最常见的协同模型是孤岛模型（island model）与邻城模型（neighborhood model）。两种模型中，直接将群体中的个体划分为若干个子群体，每一个子群体代表解空间中的一个子区域（子空间），其中的每一个个体均代表问题的一个解。所有子群体并行展开局部搜索，所搜索到的优良个体将在不同群体间进行迁移，作为共享信息指导进化的进行，从而有效地提高算法的全局收敛效率。

除此之外，Potter曾提出了另外一种协同进化模型（cooperative coevolutionary genetic algorithm，CCGA）。在CCGA算法中，子群体的构成采用一种截然不同的划分方式。假设一个待求解问题的解空间被映射为一个包含 m 个个体的群体，而其中的每一个个体均由一个 n 维向量表示，则CCGA将群体中的所有个体划分为 n 个一维向量个体，然后同一分量方向上的 m 个一维向量相互组合，从而形成 n 个子群体。显而易见，此时每个子群体并不能独立求解优化问题，问题的可行解必须由来自 n 个不同子群体中的 n 个个体共同组合而构成，因此在优化过程中，所有子群体必须进行相互协调，共同进化以求取问题的最优解。

协同微粒群算法（CPSO）的思想类似于CCGA算法的协同模型，同样采用沿不同分量划分子群体的原则。但是，这种算法在优化过程中各分量是独立调整计算的，因此往往会出现这样一种现象：在某一更新代后，尽管局部范围内适应函数值有所增长，但这一结果却有可能是由微粒在某些分量上背向而行所造成的，这种现象势必削弱算法的全局收敛性，而且使搜索易于陷入局部极值。这就是所谓的"两步向前、一步向后"现象。

CPSO算法以一定的计算费用为代价有效地解决了这一问题。在每一操作代中，问题的解是按照每一分量依次进行更新的。当某一子群体中的微粒沿着某一分量方向飞行一次后，随即便与其他子群体搜索到的当前最优相组合，构成的新解用来对其进行适应度评价，以确定此次飞行的成败。在这之后，下一个子群体的微粒再进行飞行。依次类推，直至所有子群体循环完毕。可以看出，上述操作使得CPSO能够以较大的几率收敛于全局最优解，但同时增加了许多计算量。为了解决此矛盾，van den Bergh在CPSO算法中，引入了一种灵活的子群体划分方案，将群体中的所有向量（尽量按照分量间的相关性大小）划分为 K 个部分（K 被称为分裂因子，$K<n$），从而形成 K 个子群体。在每一操作代中，问题的解是基于

K 个子群体依次进行更新的，从而有效地限制了 CPSO 为克服“两步向前、一步向后”现象而增加的计算代价。上述算法被称为带有分裂因子的 CPSO，简称 CPSO-S 算法，其中分裂因子的取值直接影响着优化算法的性能。

10.6 蚁群智能

10.6.1 双桥实验与随机模型

蚂蚁群体，或者是具有更普遍意义的群居昆虫群体，都可以看做一个分布式系统。虽然系统中的个体都非常简单，但是整个系统却呈现出一种高度结构化的群体组织。正是由于这个群体组织的存在，蚂蚁群体才得以完成一些远远超出单只蚂蚁个体能力负荷的复杂工作。

在“蚂蚁算法”的研究领域中，蚂蚁算法的研究模型源于对真实蚂蚁行为的观测，此模型在解决优化问题和分布控制问题上将对新类型算法的研究设计有所启发。

此项研究旨在通过开发引导真实蚂蚁高度协作行为的自组织原理（self-organizing principle），来调动一群人工代理（agent）协作解决一些计算问题。蚂蚁群体在某些方面的行为特性已经启发研究者建立了若干种蚂蚁算法，例如觅食行为（foraging）、劳动分配（division of labor）、孵化分类（brood sorting）和协作运输（cooperative transport）。在这些例子中，蚂蚁都通过媒介质（stigmergy）来协调它们之间的行动。所谓媒介质，指的是一种以环境的变化为媒介的间接通信形式。例如，一个正在寻找食物的蚂蚁在经过的地面上释放一种化学物质，其目的是增加其他蚂蚁走同一条路的概率。生物学家已经指出，许多针对群居昆虫的观察结果都显示，很多群体行为都可以用仅需媒介质传递信息的简单模型加以解释。换句话说，生物学家认为只要存在一种通过媒介质进行的间接传递信息的途径，就足以解释群居昆虫是如何实现自组织行为的。蚂蚁算法正是以此种观点为依托，以一种人工媒介质的形式来调节各个个体之间的群体协作性。

蚁群优化（ant colony optimization，ACO）是蚂蚁算法最成功的例子之一，也是本章的主题。ACO 算法的灵感来源于蚂蚁群体寻找食物的行为，而算法针对的是离散的优化问题。很多种类的蚂蚁所具有的视觉感知系统都是发育不全的，甚至有些种类的蚂蚁是完全没有视觉的。事实上，关于蚂蚁行为的早期研究表明，群体中的个体之间以及个体与环境之间的信息传递大部分都是依赖于蚂蚁产生的化学物质进行的。人们把这些化学物质称为信息素（pheromone）。蚂蚁这种特有的信息传递方法，不同于人类以及其他高级种群之间所使用的以视觉和听觉为主的感知方式。对于某些蚂蚁来说，在它们的群居生活中，最重要的是路径信息素（trail pheromone）的使用。这是一种特殊的信息素，某些种类的蚂蚁使用路径信息素来标记地面上的路径，例如从食物源到蚁穴之间的路径等。蚂蚁正是通过感知由其他蚂蚁释放的路径信息素来沿途找到食物的所在地。这种根据其他蚂蚁所释放的化学物质信息来影响蚂蚁群体路径选择的行为方式正是 ACO 算法的灵感来源。

1. 双桥实验

很多种类的蚂蚁在寻找食物时，都是以信息素作为媒介而间接进行信息传递的。当蚂蚁从食物源走到蚁穴，或者从蚁穴走到食物源时，都会在经过的地面上释放信息素，从而形成一条含有信息素的路径。蚂蚁可以感觉出路径上信息素的浓度大小，并且以更高的概率选中信息素浓度最高的路径。

目前已有学者对某些种类的蚂蚁通过信息素浓度选择路径的行为进行过可监控的实验。例如，研究人员使用了一个双桥来连接蚂蚁的蚁穴和食物源。在实验的过程中测试了一组不同比例的 $r=l_l/l_s$ 值，其中 r 是双桥上两个分支之间的长度比例，l_l 是较长分支的长度，而 l_s 是较短分支的长度。

在第一个实验中，桥上两个分支长度相同（即 $r=1$，如图 10.3(a)所示）。开始的时候，蚂蚁可以自由地在蚁穴和食物源之间来回移动，实验目的就是观察蚂蚁随时间选择两条分支中某一条的百分比。实验的最终结果显示（如图 10.4(a)所示），尽管最初蚂蚁通常随机选择某一条分支，但是最后所有蚂蚁都会选择同一条分支。这是由于刚开始时两条分支上都不存在信息素，因此蚂蚁对这两条分支的选择就不存在任何偏向性，以相同的概率在这两条分支间进行选择。然而，由于随机波动的出现，选择某一条分支的蚂蚁数量可能会比另外一条多。正是因为蚂蚁在移动的过程中会释放信息素，那么当有更多的蚂蚁选择某条分支时将会导致这条分支上的信息素总量比另外一条多，而这种更高浓度的信息素将会促使更多的蚂蚁再次选择这一条分支。这个过程一直进行，直到最后所有蚂蚁都集中到某一条分支路径上。这种自身催化（auto catalytic）或者正反馈（positive feedback）的过程，实际上就是蚂蚁实现自组织行为的一个例子。实验中，蚂蚁的路径集中到某一条分支上的过程显示的是宏观上的群体行为，此行为可以通过蚂蚁的微观行为得到解释，也就是通过群体中个体之间的局部交互过程来解释。蚂蚁在移动的过程中，利用周围环境的变化信息间接进行信息传递，从而调整它们自身的群体行为。

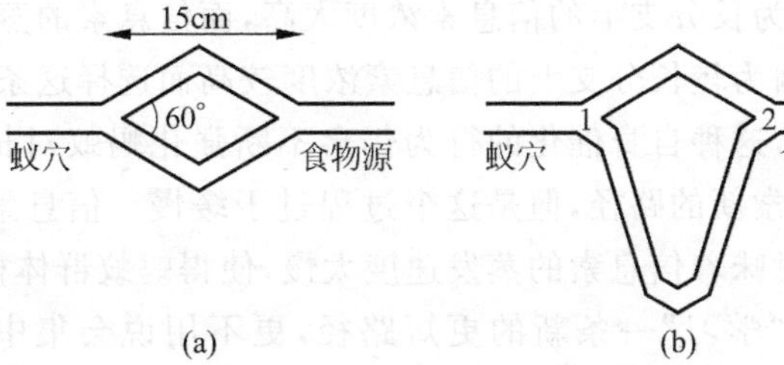

图 10.3 双桥实验设置

(a) 两条分支具有相同长度；(b) 两条分支具有不同长度

在第二个实验中，两条分支的长度比例设定为 $r=2$，较长的那条分支的长度是较短那条的 2 倍（如图 10.3(b)中显示的实验设置）。在这种设置条件下，大部分实验结果显示，经过一段时间后所有的蚂蚁都会选择较短的那条分支（如图 10.4(b)所示）。与第一个实验一样，蚂蚁离开蚁穴探索环境，它们到达了一个决策点，在这里需要在两条分支之间做出选择。一开始两条分支对蚂蚁来说都是一样的，因此它们会随机选择两条中的一条。正因为这样，尽管有时会由于出现一些随机摆动而使得某一条分支比另外一条分支上的蚂蚁数量多，但平均而言，仍然可以期望会有一半的蚂蚁选择较短的分支，而另外一半选择较长的分支。然而，此实验采取了一个与先前的实验完全不同的设置。由于一条分支比另外一条分支短，选择了较短分支的那些蚂蚁会首先到达食物源，并开始返回它们的巢穴。当返回的蚂蚁需要再次在短分支和长分支之间做出选择时，短分支上的高浓度信息素将会影响它们的决定。正因为短分支上的信息素积累速度要比长分支快，根据先前提到的自身催化过程，最终所有蚂蚁都会选择较短的那条分支。与两条分支长度相同的实验相比，在本实验中初始随机波动的影响大大减少，起作用的主要是媒介质、自身催化和差异路径长度（differential path length）等机制。有趣的是，据观察，虽然较长的分支是短分支长度的2倍，但并不是所有蚂蚁都会使用较短的分支，相反有很小比例的蚂蚁会选择较长的分支。这种情况可以解释为一种路径探索（path exploration）行为。

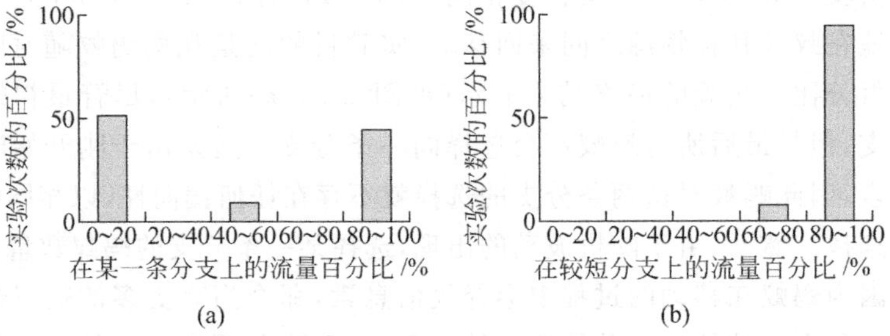

图 10.4　双桥实验结果

(a) 两条分支具有相同长度($r=1$)的实验结果；(b) 两条分支中的一条分支长度是另外一条的2倍($r=2$)时的实验结果

让人同样感兴趣的是，如果在蚂蚁的路径集中后再给蚁群一条连接蚁穴和食物源的更短的新路线，那将会出现什么样的情况呢？为此实验人员进行了附加实验。起初只向蚂蚁群体提供一条较长的分支路径，30min之后再添加一条短分支路径（如图10.5所示）。在这种情况下，除了极少数蚂蚁选择较短的分支以外，整个群体几乎都困在较长的分支上。出现这种情况的原因可以归结为长分支上的信息素浓度太高，而信息素的蒸发速度又过于缓慢。实际上，大部分蚂蚁都是因为较长分支上的信息素浓度较高而选择这条分支的，因此即使出现了一条较短的分支路径，这种自身催化的行为仍会不断强化蚂蚁对长分支的选择。信息素的蒸发虽然可以帮助探索新的路径，但是这个过程过于缓慢。信息素的有效期长短与路径的存在时间相当，这就意味着信息素的蒸发速度太慢，使得蚂蚁群体根本无法“忘记”较差的路径，也就无法发现和“学习”一条新的更短路径，更不用说会集中到这条更短的路径上了。

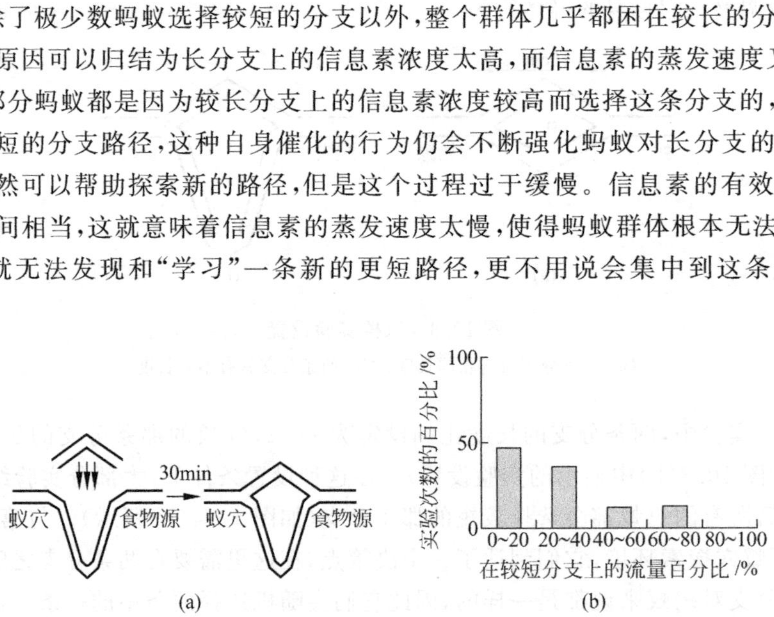

图 10.5　最初的实验设置以及30min后添加短分支的新情况

(a) 实验设置；(b) 实验结果

2. 随机模型

Deneubourg 提出了一个简单的随机模型，用以描述在双桥实验中观测得到的蚁群动态行为。在这个模型中，单位时间有 φ 只蚂蚁以恒定的速度 v 从某一个方向过桥，并在分支上释放一个单位的信息素。给定短分支长度 l_s 和长分支长度 l_l，选择了短分支的蚂蚁可用 $t_s=l_s/v$ 通过，而选择了长分支的蚂蚁则需用 rt_s，其中 $r=l_l/l_s$。

一只到达决策点 $i\in\{1,2\}$（如图 10.5(b)所示）上的蚂蚁选择分支 $a\in\{s,l\}$ 的概率是 $p_{ia}(t)$，其中 s 和 l 分别代表短分支和长分支，在时刻 t 中，$p_{ia}(t)$ 被设置为分支上信息素总量的函数 $\varphi_a(t)$，该函数的值与时刻 t 前使用那条分支的蚂蚁总数成正比。例如，选择短分支的概率 $p_{is}(t)$ 可以表示为

$$p_{is}(t)=\frac{[t_s+\varphi_{is}(t)]^a}{[t_s+\varphi_{is}(t)]^a+[t_s+\varphi_{il}(t)]^a} \tag{10.56}$$

式(10.56)的函数形式以及值 $a=2$ 都是从有关路径跟随的实验中得出的；$p_{il}(t)$ 的计算与之相类似，并有 $p_{is}(t)+p_{il}(t)=1$。

这个模型假设分支中的信息素总量与过去使用这条分支的蚂蚁总数成正比。换句话说，在这个模型中并没有考虑任何的信息素蒸发，描述随机系统演化过程的微分方程如下：

$$\mathrm{d}\varphi_{is}/\mathrm{d}t=\varphi p_{js}(t-t_s)+\varphi p_{is}(t),\quad i=1,j=2;\quad i=2,j=1 \tag{10.57}$$

$$\mathrm{d}\varphi_{il}/\mathrm{d}t=\varphi p_{jl}(t-rt_s)+\varphi p_{il}(t),\quad i=1,j=2;\quad i=2,j=1 \tag{10.58}$$

式(10.57)可以这样理解：在 t 时刻，决策点 i 上分支 s 的信息素瞬间变量的大小，等于蚂蚁的流量 φ 乘以在 $(t-t_s)$ 时刻选择决策点 j 上短分支的概率，加上蚂蚁的流量乘以在 t 时刻选择决策点 i 上短分支的概率，其中 φ 假定为常量。常量 t_s 代表的是时间延迟，也就是蚂蚁通过短分支所需要的时间。式(10.58)针对长分支的表达方式与短分支的一样。

由这些式子所定义的动态系统是使用蒙特卡罗(Monte Carlo)方法进行模拟的。图 10.6 给出了两个各含 1000 次模拟的实验结果，其中分支长度的比例分别设为 $r=1$ 和 $r=2$。从图中可以看出，当两个分支的长度相同时，在 1000 次模拟中蚂蚁以相同的概率集中使用一条分支或另一条分支。相反，当一条分支的长度是另外一条的 2 倍($r=2$)时，在大部分实验中多数蚂蚁都选择了较短的分支。

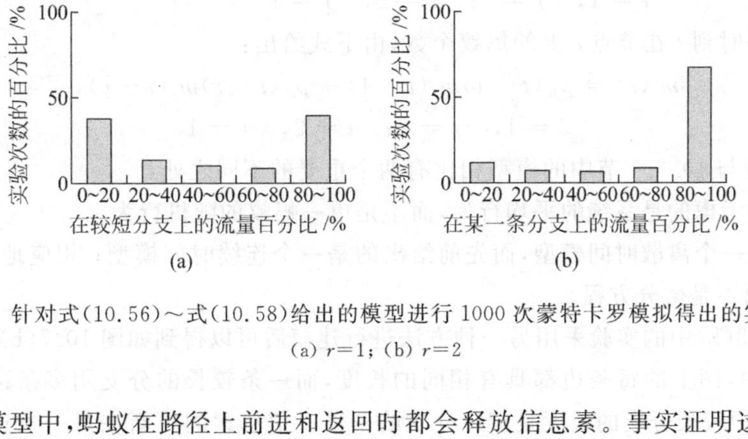

图 10.6　针对式(10.56)～式(10.58)给出的模型进行 1000 次蒙特卡罗模拟得出的实验结果

(a) $r=1$；(b) $r=2$

在这个模型中，蚂蚁在路径上前进和返回时都会释放信息素。事实证明这是蚁群集中到较短分支所必需的行为方式。实际上，如果所考虑的模型仅仅是在路径的前进方向或返

回方向上释放信息素，那么蚁群将无法选出较短的分支。对真实蚁群的观测结果也证实了如果蚂蚁仅仅在返回巢穴时释放信息素，那么它们是无法找到巢穴与食物源之间的最短路径的。

10.6.2 人工蚂蚁模型

1. 人工蚂蚁方法

双桥实验清晰地显示出蚁群具有一种内在的优化能力，它们可以通过使用基于局部信息的概率规则找出所在环境中两点之间的最短路径。有趣的是，此实验设计了一种人工蚂蚁，让它们在模拟双桥的图上移动，找出蚁穴和食物源两点之间的最短路径。

作为人工蚂蚁定义的第一步，需要考虑一个类似于图 10.3(b)所示的实验模型，如图 10.7 所示。图中包含两个节点（节点 1 和节点 2，分别代表蚁穴和食物源），这两个节点分别由一条短边和一条长边相连（此例中长边的长度是短边的 r 倍，其中 r 是一个整数）。此外，还假设时间是离散的（$t=1,2,\cdots$），在每个时刻，每一只蚂蚁都以恒定速度（每单位时间移动一个单位长度）朝相邻点移动。当移动到相邻点时，蚂蚁会在所使用的边上释放一个单位的信息素。蚂蚁在图中的移动是基于一定的概率来选择路径的：$p_{is}(t)$是位于节点 i 的蚂蚁在 t 时刻选择短边的概率，而 $p_{il}(t)$是选择长边的概率。这些概率都是位于节点 $i(i\in\{1,2\})$ 的蚂蚁在分支 $a(a\in\{s,l\})$上信息素 φ_{ia} 的函数，即

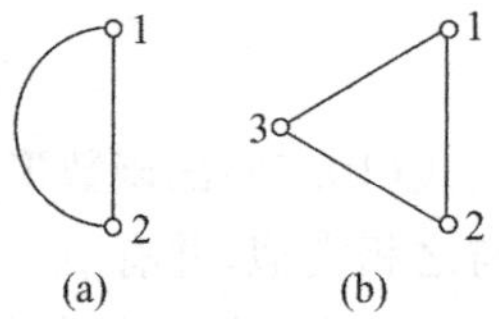

图 10.7　等价实验模型

(a) 长分支的长度是短分支的 r 倍；(b) 每一条边都具有相同的长度，较长的分支由多边序列表示

$$p_{is}(t)=\frac{[\varphi_{is}(t)]^{\alpha}}{[\varphi_{is}(t)]^{\alpha}+[\varphi_{il}(t)]^{\alpha}},\quad p_{il}(t)=\frac{[\varphi_{il}(t)]^{\alpha}}{[\varphi_{is}(t)]^{\alpha}+[\varphi_{il}(t)]^{\alpha}} \tag{10.59}$$

两条分支上的信息素更新按下式进行：

$$\varphi_{is}(t)=\varphi_{is}(t-1)+p_{is}(t-1)m_i(t-1)+p_{js}(t-1)m_j(t-1),\quad i=1,\ j=2;\ i=2,\ j=1 \tag{10.60}$$

$$\varphi_{il}(t)=\varphi_{il}(t-1)+p_{il}(t-1)m_i(t-1)+p_{jl}(t-r)m_j(t-r),\quad i=1,\ j=2;\ i=2,\ j=1 \tag{10.61}$$

式中，$m_i(t)$是时刻 t 在节点 i 上的蚂蚁个数，由下式给出：

$$m_i(t)=p_{js}(t-1)m_j(t-1)+p_{jl}(t-r)m_j(t-r),\quad i=1,\ j=2;\ i=2,\ j=1 \tag{10.62}$$

这个模型与 10.6.1 节中的模型相比有两个重要的不同之处：

(1) 模型考虑的是系统的平均行为，而不是单一蚂蚁的随机行为。

(2) 这是一个离散时间模型，而先前给出的是一个连续时间模型；相应地，模型使用的是差分方程而不是微分方程。

对图 10.3(b)中的实验采用另一种方法进行建模后可以得到如图 10.7(b)所示的模型。在这个模型中，图上的每条边都具有相同的长度，而一条较长的分支用多条边的序列来表示。例如，图中较长分支的长度是较短分支的 2 倍。信息素的更新在每一条边上都具有一个单位的时间延迟。从计算的角度来说，这两种模型是等价的，然而如果所考虑的图上具有

很多节点，那么第二种模型显然在算法实现上会容易些。

根据这个离散时间模型进行模拟后得出的结果与在式(10.56)～式(10.58)中的连续时间模型中得出的结果非常相似。例如，设蚂蚁数量为 20 只，分支长度比例 $r=2$，参数 $a=2$，系统很快就会朝着使用短分支的方向迅速收敛(见图 10.8)。

图 10.8 中显示了在图 10.7(b)中选择 3 条边的概率。经过一段极为短暂的时间后，选择长边($p(1,3)\equiv p_{1l}$)和($p(2,3)\equiv p_{2l}$)的概率将会变得相当小(在图中可以看到从一开始经过很少几次迭代后选择长边的概率就变得非常小了)，而选择短边($p(1,2)\equiv p_{1s}$)的概率却趋近于 1。

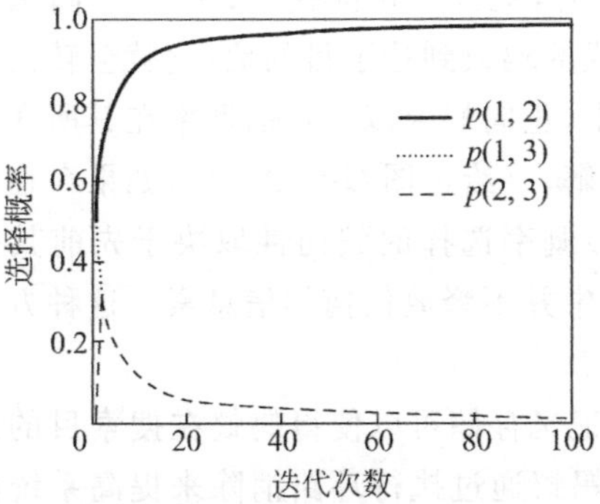

图 10.8 仿真模型实验结果

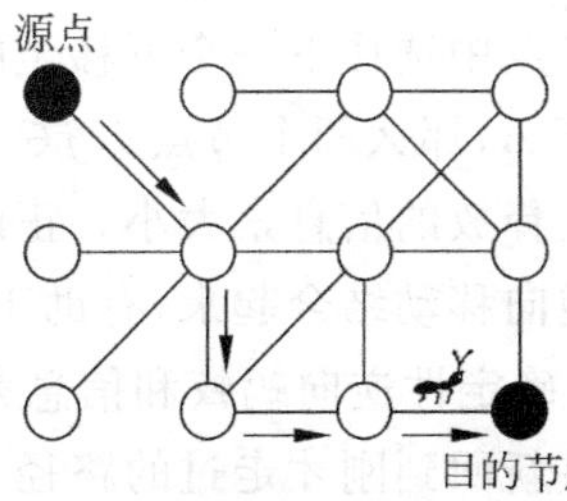

图 10.9 蚂蚁建立问题的解，即一条从源点到目的节点的路径

2. 人工蚂蚁和最小成本路径

前面已经给出了一些生成结果与 Deneubourg 等人提出的连续模型所得出的平均行为非常接近的差分方程，目标是定义一种可以用于解决最小成本问题的算法。最小成本问题所涉及的连接图要比双桥实验中所使用的复杂得多，如图 10.9 所示。

基于这个目标，考虑一个静态连接图 $G=(N,A)$，其中 N 是节点集合，$n=|N|$ 代表节点数目，而 A 是连接 N 中节点的无向边的集合。正如传统的最小成本代价问题一样，所要建立的一条最小成本路径是在被称为源点和目的地两个节点之间建立的，当边上的成本改用它们的长度来代替时，最小成本问题就等同于最短路径问题。有时候，这两个点也被称为蚁穴和食物源。

然而，如果所使用的人工蚂蚁仅仅是前面描述的蚂蚁的直接扩展，那么在解决图 G 表示的最小成本路径问题时就会遇到以下问题：蚂蚁在建立解的过程中，可能生成环路。这种正向信息素更新机制的后果将是导致蚂蚁最终困在这些越发有吸引力的环路上。但是即使蚂蚁可以逃出这些环路，信息素的总体分布也不会再有利于短路径的选择，与此同时，在简单双桥实验中让蚂蚁具有更高的概率选择短边的机制也不再起作用。正是因为这个问题是由正向信息素更新引起的，那么解决这个问题最简单的方法就是去掉正向更新机制。在这种情况下，蚂蚁就只能依赖于逆向更新。然而，这也不是一个可行的解决方法。因为如果去掉正向信息素更新，那么这个模型系统就会连最简单的双桥实验也解决不了。

因此需要用其他方法来增强人工蚂蚁的能力，保留真实蚂蚁最重要的特点，使它们可以解决一般连接图中的最小成本路径问题。尤其应当给予人工蚂蚁一种有限形式的记忆存储能力，使它们可以同时把目前为止所经过的部分路径和已经遍历过的连接上的成本值都储存起来。通过使用记忆存储，蚂蚁可以执行一系列有用的行为，更高效地构建最小成本路径问题的解。这些行为包括：①由信息素导向的概率型解的构造（不具有正向信息素更新）；②带有环路消除和信息素更新的确定性路径返回过程；③对生成解的质量进行评估，并根据解的质量决定要释放的信息素数量。此外，在算法中考虑信息素蒸发也可以大大提高算法的性能，而且并不需要考虑真实蚂蚁在这方面的实际行为。简单 ACO 算法（简称 S-ACO）即基于这些基本原理。

(1) 概率型正向蚂蚁和解的构建。S-ACO 中的蚂蚁可以被认为具有两种工作模式：正向和逆向。当它们的移动方向是从蚁穴朝着食物源时，就处于正向模式；而当它们从食物源返回蚁穴时，就处于逆向模式。一旦处于正向模式的蚂蚁到达了目的地，它就会转换为逆向模式并向着源点开始它的返回过程。在 S-ACO 中，正向蚂蚁以一定的概率在其所在节点的邻居节点中选择下一个可移至的节点来建立一个解。（给定图 $G=(N,A)$，如果存在一条边 $(i,j)\in A$，那么两个节点 $i,j\in N$ 就是邻居节点。）概率选择的偏向性取决于先前其他蚂蚁在图上释放的信息素大小。正向蚂蚁在移动过程中并不释放任何的信息素。这种方法与确定性逆向移动结合起来，有助于避免环路的生成。

(2) 确定性逆向蚂蚁和信息素更新。使用显式记忆存储可以使得蚂蚁在搜索目的点的过程中重新回到刚才走过的路径上。此外，S-ACO 蚂蚁通过执行环路消除来提高系统的性能。实际上，在路径返回开始之前，S-ACO 蚂蚁会消除在搜索目的节点（即正向路径）的过程中所记录的路径上的任何环路。在返回的时候，它们会在所经过的边上释放信息素。

(3) 基于解质量的信息素更新。在 S-ACO 中，蚂蚁会保存在正向路径中所经过的节点，如果所在的图带权，蚂蚁还会记住经过的边的成本代价值。因此可以评估出所生成的解的成本值，并使用这个成本值调整在逆向模式中所释放的信息素大小。把信息素的更新设计成关于生成解质量的函数有助于更加明确地指引将来的蚂蚁建立更好的解。事实上，让蚂蚁在更短的路径上释放更多的信息素，可以使蚂蚁在路径寻找中更快地朝向更好的解。

(4) 信息素蒸发。对于真实的蚂蚁群体，信息素的浓度会由于蒸发而随着时间日益减少。S-ACO 中的蒸发过程是通过使用一个合理定义的信息素蒸发规则来模拟的。例如，可以为人工信息素的衰减设定一个常数比例。先前搜索阶段可能会包含人工蚂蚁建立的非常差的解，而信息素的蒸发正好可以降低先前阶段中所释放的信息素的影响。

1) S-ACO

S-ACO 算法是一种通过修改真实蚂蚁的行为得出的用于解决基于图的最小成本路径问题的算法。对于图 $G=(N,A)$ 中的每一条边 (i,j)，都给它关联一个称为人工信息素 (artificial pheromone trail) 的变量 τ_{ij}（以下将人工信息素简称为信息素）。信息素由蚂蚁来读取和修改。信息素的大小（浓度）正比于使用那条边来建立好解的效用，这种效用是由蚂蚁评估的。

(1) 蚂蚁的路径搜索行为。每一只蚂蚁都使用逐步决策方法从源点开始建立问题的解。在每一个节点上，蚂蚁都会读取（感知）存储在节点上或者与该节点相连的边上的局部信息，并以一种随机方式决定应该移到哪一个节点上。在搜索过程的开始，每一条边都被赋予一个固定数量的信息素（例如 $\tau_{ij}=1,\forall(i,j)\in A$）。当蚂蚁 k 处于节点 i 上时，它会使用信息素 τ_{ij} 计算选择节点 j 作为下一个点的概率：

$$p_{ij}^{(k)} = \begin{cases} \dfrac{\tau_{ij}^{a}}{\sum\limits_{l \in N_i^{(k)}} \tau_{ij}^{a}}, & j \in N_i^{(k)} \\ 0, & j \notin N_i^{(k)} \end{cases} \tag{10.63}$$

式中，$N_i^{(k)}$ 是蚂蚁 k 在节点 i 上的邻域。在 S-ACO 中，一个节点 i 的邻域包含了在图 $G=(N,A)$ 中与节点 i 直接连接的所有节点，但节点 i 的前驱(即在移动到节点 i 之前蚂蚁最后访问的节点)除外。这样，蚂蚁就可以避免返回到节点 i 之前的同一个节点上。只有当 $N_i^{(k)}$ 是空的时候，即对应着图中的一个死端点时，节点 i 的前驱才允许被包含在 $N_i^{(k)}$ 中。值得注意的是，这种决策方法很容易导致在路径上生成环路。

蚂蚁重复地使用这种决策方法从一个节点跳到另一个节点，直到最终到达目的节点为止。由于蚂蚁寻找路径的差异，每只蚂蚁到达目的节点所用的时间长度会互不相同。

(2) 路径返回与信息素更新。当蚂蚁到达目的节点后，就会从正向模式转换为逆向模式，然后一步一步地按原路返回到源点处。此外蚂蚁在开始返回之前，会先消除在寻找目的节点的过程中所经路径上的环路。环路问题指的是当一只蚂蚁按原路返回并释放信息素时，这条环路由于被多次添加信息素，从而导致自我强化环路(self-reinforcing loops)问题。

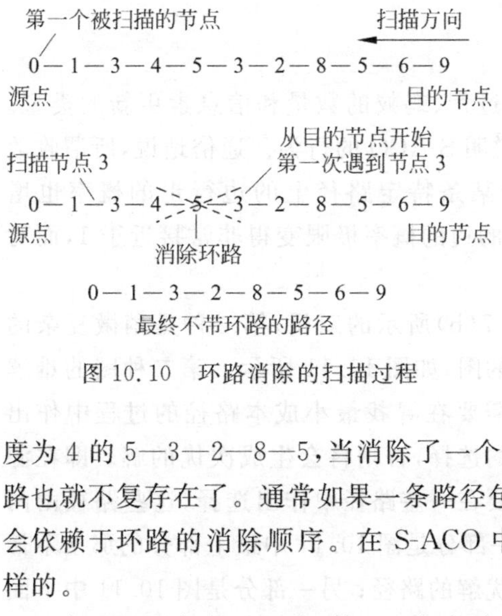

图 10.10 环路消除的扫描过程

环路的消除可以通过迭代地从源点开始逐个位置扫描点的标识而实现：对于处于第 i 个位置上的节点，路径从目的节点开始扫描，直到在某个位置上第一次遇到与第 j 个位置上相同的节点，譬如说是位置 j(因为扫描过程最迟会在位置 i 上停止，因此总会有 $i \leqslant j$)。如果 $j > i$，那么从位置 $i+1$ 到位置 j 上的子路径就是一条环路并且可以消除。扫描过程如图 10.10 所示。这个例子同时还表明这种环路的消除过程并不需要消除最大的环路。例如在本例中，最长的环路是长度为 4 的 5—3—2—8—5，当消除了一个具有长度为 3 的环路 3—4—5—3 以后，这条大环路也就不复存在了。通常如果一条路径包含了嵌套的环路，最终生成的不带环路的路径将会依赖于环路的消除顺序。在 S-ACO 中，环路消除的顺序与这些环路的生成顺序是一样的。

在返回源点的过程中，第 k 只蚂蚁会在它访问过的边上释放大小为 $\Delta\tau^{(k)}$ 的信息素。特别地，如果蚂蚁 k 处于逆向模式，而且它正经过边 (i,j)，那么它就会把边上的信息素改变为

$$\tau_{ij} \leftarrow \tau_{ij} + \Delta\tau^{(k)} \tag{10.64}$$

通过这条规则可知，如果蚂蚁经过了连接节点 i 到节点 j 的边，那么将来的蚂蚁选择同一条边的概率就会有所增加。

$\Delta\tau^{(k)}$ 的选择是一个重要问题。假设该值对于所有蚂蚁而言是常数。在这种情况下，在检测短路径方面起作用的就只有差异路径长度：检测到更短路径的蚂蚁会比在长路径上行走的蚂蚁更早地释放信息素。除了确定性逆向信息素更新外，蚂蚁还释放大小为路径长度函数的信息素，路径越短，蚂蚁所释放的信息素就越多。通常要求蚂蚁释放的信息素为路径长度的非递增函数。

(3) 信息素蒸发。信息素的蒸发可以看做是避免所有蚂蚁快速地向较差路径集中的一种探索机制。实际上，信息素浓度的减少有助于在整个搜索过程中探索其他不同的路线。对于真实的蚂蚁群体来说，它们的信息素也同样蒸发，不过就像已经看到的那样，真实蚂蚁的信息素蒸发在寻找最短路径上的作用并不重要。相反，对于人工蚂蚁来说，信息素的蒸发作用就显得非常重要，这可能是由于人工蚂蚁所要解决的优化问题通常比真实蚂蚁所解决的问题复杂得多。就像蒸发机制一样，那些倾向于忘记过去的错误或者劣质选择的机制都是人工蚂蚁所必需的，因为这样能使人工蚂蚁对已经学到的问题结构不断进行改进。此外，人工信息素的蒸发还起到了一个很重要的作用，那就是使信息素存在一个最大上限值。

蒸发过程以指数减少信息素的值。在 S-ACO 中，信息素的蒸发和蚂蚁释放信息素的过程是交错进行的。根据先前描述的蚂蚁的搜索行为，蚂蚁 k 移动到下一个节点后，所有边上的信息素都会根据下式进行蒸发：

$$\tau_{ij} \leftarrow (1-\rho)\tau_{ij}, \quad \forall (i,j) \in A \tag{10.65}$$

式中，$\rho \in (0,1]$是一个参数。当所有边都进行了信息素的蒸发后，算法就会对有关的边添加大小为 $\Delta\tau^{(k)}$ 的信息素。把涉及蚂蚁移动、信息素蒸发和信息素释放的一个完整周期过程称为 S-ACO 的一次迭代。

2）实验验证

通过实验评估 S-ACO 的 3 个重要特性：蒸发过程、蚂蚁的数量和信息素更新的类型。根据算法朝着最小成本(最短)路径的收敛情况来说明 S-ACO 的行为。通俗地说，所谓收敛是指随着算法执行的迭代次数不断增加，蚂蚁沿某条特定路径上的边行走的概率也增加——在极限时达到一种状态，即选择这条路径上的边的概率极限变得非常接近于 1，而对于其他边来说，选择的概率极限任意地趋向于 0。

实验中使用了两个简单的图：第一种是图 10.7(b)所示的双桥，第二种是稍微复杂的称为扩展双桥的图，如图 10.11 所示。第二种图的难解之处在于蚂蚁需要在寻找最小成本路径的过程中作出一系列"正确"的选择，否则将会生成次优的解。即在源点处的蚂蚁需要在一些路径中作出选择，这些路径由两个部分组成：一部分是图 10.11 中最上部分的那条不带环路但次于最优解的路径；另一部分是图 10.11 中下面一系列路径的集合，其中包括两条长度为 5 的最优路径，也包括有限数目的更长的不带环路的路径，以及无穷多的更长的带环路的路径。究竟是使用一条很容易得到但不是最优的路径，还是在一个存在最优路径的区域进行搜索，这个问题需要权衡考虑。需要注意的是，后者很容易生成较差的路径。换言之，为了收敛到问题的最优解，蚂蚁必须选择图 10.11 中的下面部分进行搜索，但这将需要作出大量的决策，因此收敛到最小成本路径成了一项艰难的任务。

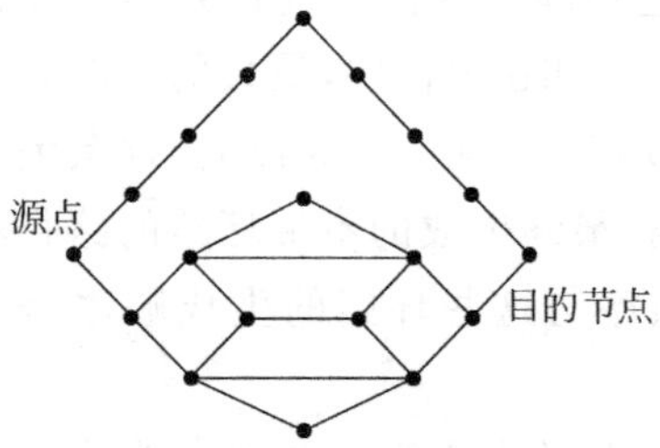

图 10.11 扩展双桥图示

需要注意的是：这里使用前面定义的判别方法对算法是否收敛进行判断，而不是其他更标准的性能指标。例如，求最优解所需的运算时间或迭代次数等。收敛判别方法的选择需要与研究目标一致，即探讨和理解设计的选择与算法行为之间的关系。事实上，为了使模拟所需要的计算时间保持相对较短，以达到更容易观察蚂蚁行为的目的，往往要求在简单的图上进行此项研究，如前面所讨论的简单图。然而由于蚂蚁数目较大，搜索空间相对较小，蚂蚁能迅速地发现图中的最短路径，因此，对于简单图来说，基于找到最优解的时间(或迭代次数)的性能指标并不是很有意义。实际上，前面定义的收敛判别方法，即认为所有蚂蚁都使用同一条路径才是收敛的判别方法。

相反，在更复杂的 NP 难优化问题或动态网络中的路由问题上，判断实验结果所使用的方法将会有所不同。NP 难优化问题的主要目标是要快速找出高质量的解，因此感兴趣的主要是 ACO 算法找到的最优解的质量。而在动态网络路由问题中，算法必须对条件的变化作出快速反应，保持探索解的能力，这样才能够有效地发掘出其他由于问题的动态性而变得更加理想的解。

(1) 蚂蚁的数量和信息素更新的类型。双桥实验：第一组实验研究了不同数量的蚂蚁和不同信息素释放方式对 S-ACO 算法行为的影响。实验使用的是双桥模型。选择双桥模型是为了更好地把 S-ACO 的计算结果与真实蚂蚁的行为模型的结果进行比较。需要注意的是，真实蚂蚁模型与 S-ACO 之间的主要不同在于前者(式(10.59)～式(10.62))描述的是系统的平均行为，而后者则是描述固定数量的蚂蚁在图上独立移动的行为。直观地，在 S-ACO 中蚂蚁的数量越多，它的性能就越趋近于式(10.59)～式(10.62)中的平均行为。

实验具体内容为：

① 以不同的蚂蚁数量 m 来运行 S-ACO，其中，蚂蚁在访问过的边上释放的信息素为常量(在式(10.64)中 $\Delta\tau^{(k)}=\text{const.}$)；

② 蚂蚁释放的信息素与发现的路径长度成反比，即 $\Delta\tau^{(k)}=1/L^{(k)}$，其中，$L^{(k)}$ 是蚂蚁 k 所在路径的长度。

实验的每一组参数都运行了 100 次，每次均在每只蚂蚁走完 1000 步时终止。在信息素的蒸发中(见式(10.65))ρ 设为 0，而式(10.63)中的参数 a 设为 2。在实验的最后，检查了在短路径和长路径上信息素的差异。表 10.4 给出了两个实验的计算结果，表中叙述的是出现长路径上的信息素浓度较高这种情况的实验次数的百分比。在给定的参数设置条件下，S-ACO 在蚂蚁走了 1000 步后已经表现出收敛性，因此表中给出的百分比对于理解算法的行为是有意义的。

表 10.4 S-ACO 收敛到长路径上的实验次数百分比

m	1	2	4	8	16	32	64	128	256	512
不考虑路径长度	50	42	26	29	24	18	3	2	1	0
考虑路径长度	18	1418	0	0	0	0	0	0	0	0

注：对于 m 的不同取值各运行 100 次，其中 $a=2,\rho=0$

第一个实验中，在蚂蚁的数量比较少的情况下(最多 32 只)，S-ACO 相对较多地收敛到较长的路径上。这是由于算法在初始迭代时，路径选择的波动导致对长路径的一个有力强化。然而，这种情况随着蚂蚁数量的增多而迅速减少。当蚂蚁的数量很多(这里取 512 只)时，发现 100 次实验均未出现收敛到长路径上的情况。实验结果还表明，当只使用 1 只蚂蚁时 S-ACO 的性能非常差，因此只有蚂蚁的数量远大于 1 只才能使算法收敛到短路径上。

第二个实验中，当信息素的更新基于解的质量时，实验得到的结果要好得多。如表 10.4 所示，S-ACO 收敛到长路径上的频率远远小于当信息素更新与解的质量无关时的频率。在只有一只蚂蚁的情况下，S-ACO 在 100 次实验中只有 18 次收敛到长路径上，该值明显要比第一个实验中的少得多，而当蚂蚁的数量为 8 只或以上时，算法都收敛到短路径。

其他实验还检验了式(10.63)中参数 a 对 S-ACO 的收敛行为的影响，尤其是研究了 a 在步长为 0.25 时值从 1 到 2 变化的情况。与先前一样，实验还是根据是否让信息素更新基于解的质量这两种情况分别进行。在第一种情况下，增加 a 值对收敛行为起的是消极作用，而在第二种情况下，a 值的变化对计算结果没有影响。通常对于固定数量的蚂蚁群体来说，当 a 值接近于 1 时算法倾向于收敛到最短的路径。这是因为一个较大的 a 值会增强初始随机波动的影响。如果大部分蚂蚁在开始时都很偶然地同时选择了长路径，那么在搜索过程中整个群体就会很快地偏向于长路径。而当 a 值接近于 1 时，出现这种情况的可能性就会减少。

实验结果和真实蚂蚁的情况一样，在 S-ACO 中自身催化和差异路径长度都起到了有利于短路径出现的作用。S-ACO 的结果显示，单靠差异路径长度就足以使 S-ACO 收敛到一个小图中的最优解上。同时结果还显示，采用这些作用作为算法的主要推动力量所要付出的代价是要使用大规模种群，即意味着需要更长的模拟时间。此外，随着问题复杂度的增加，差异路径长度的作用效果会大大减弱。

(2) 信息素蒸发。扩展双桥实验：第二组实验研究了信息素蒸发对于 S-ACO 收敛行为的影响。实验使用的是扩展双桥图。在这些实验中，蚂蚁释放的信息素是所在路径长度的倒数(即 $\Delta\tau^{(k)}=1/L^{(k)}$)。而在释放信息素之前，蚂蚁还使用图 10.10 所描述的过程来消除路径上的环路。

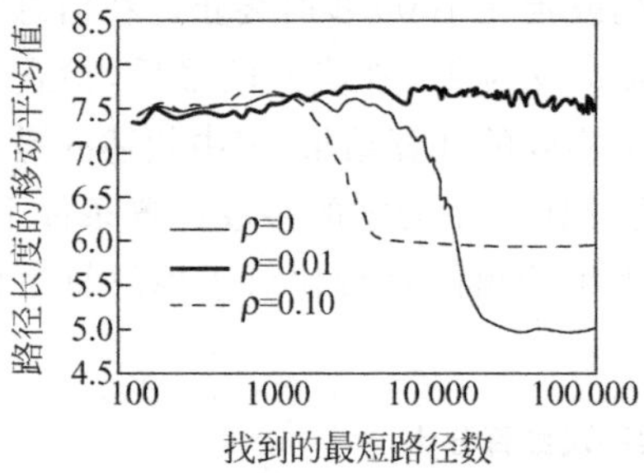

图 10.12　蚂蚁路径长度的移动平均值

为评价算法行为，观察了蚂蚁找到的路径的生成情况。特别地，在环路消除后还计算出路径长度的移动平均值。即在图 10.12 中，每当一只蚂蚁完成从源点到目的点再返回源点这一完整的遍历过程后，就会在图中描出一个节点(在 X 轴上标识的是遍历的次数)，在 Y 轴上的值对应的是环路消除后得到的路径长度的移动平均值。

在实验中测试了不同的蒸发率参数 $\rho\in\{0,0.01,0.1\}$(在所有的实验中都有 $\alpha=1$ 和 $m=128$)。如果 $\rho=0$，算法中就不存在信息素的蒸发。值得注意的是，信息素蒸发率 $\rho=0.1$ 是一个很大的值，因为在 S-ACO 算法中的每一次迭代都会执行信息素的蒸发，所以经过 10 次迭代后，也就是经过一只蚂蚁建立最短路径并返回源点所需要的最少步数后，大概每一条边上都会有 65%的信息素蒸发掉，而当 $\rho=0.01$ 时这个蒸发比例会缩小到 10%左右。

图 10.12 给出了观察到的移动平均值。尽管图中只显示出了算法一次运行的计算结果，却代表了算法的一般行为。如果不使用信息素蒸发，那么算法就不会收敛，从图 10.12 中可以看到，移动平均值保持在 7.5 左右，这就表明这些值与任何一条路径的长度都无关。在带有信息素蒸发的情况中，S-ACO 的算法行为明显不同。在一个很短的阶段后，S-ACO 算法就收敛到一条单一路径上：或者是最短路径($\rho=0.01$ 对应的移动平均值 5)，或者是 $\rho=0.1$ 时得到的路径长度 6。对计算结果进行更深入的研究后发现，两种情况下所有蚂蚁在收

敛时都建立了与相应长度值对应的不带回路的路径。

通过 S-ACO 的进一步实验，可得到如下结果：

① 在信息素更新与解的质量无关的情况下，S-ACO 的计算性能很差，尤其是算法经常收敛到长度为 8 的次优解，参数 a 或 ρ 的值越大，S-ACO 收敛到这个次优解的速度就越快；

② 信息素的蒸发率 ρ 至关重要，特别地，当信息素蒸发率的值设得太高的时候，S-ACO 经常收敛到次优解，例如，在将 ρ 设定为 0.2 的 15 次实验中，S-ACO 一次收敛到长度为 8 的路径上，一次收敛到长度为 7 的路径上，而两次收敛到长度为 6 的路径上，当把 ρ 设置为 0.01 时，在所有实验中 S-ACO 都收敛到最短路径上；

③ 对 S-ACO 算法来说，较大的 a 值会导致较差的结果，这是因为较大的 a 值过于强调初始的随机波动。

3）讨论

只有通过大量的个体相互协作，蚂蚁群体的高层次模式（如最短路径）才会出现。有趣的是，实验结果显示，在很大程度上，这个特点对 S-ACO 来说也存在。蚂蚁群体的使用对于利用差异路径长度效应、增加算法的鲁棒性和减少算法对参数设置的依赖程度非常重要。即使是解决像双桥这种简单问题也需要使用蚂蚁数量大于 1 的蚁群。

一般来说，随着问题复杂性的增强，S-ACO 的参数设置对于收敛到最优解而言会变得越来越重要。特别是上述实验结果还证实了以下结论：

(1) 尽管差异路径长度效应非常重要，但是对于大型优化问题来说这并不足以有效地找出问题的解；

(2) 基于解质量的信息素更新对于算法的快速收敛起着很重要的作用；

(3) 比较大的 a 值会使得算法过于看重初始的随机波动，导致计算结果很差；

(4) 蚂蚁数量越多，尽管相应的模拟时间会增加，但是算法的收敛性会越好；

(5) 当尝试解决更加复杂的问题时，信息素的蒸发就变得非常重要。

10.6.3 蚁群优化元启发式算法

蚁群优化（ACO）是一种针对难解的离散优化问题的元启发式算法，它利用一群人工蚂蚁的协作来寻找好的解。协作是 ACO 算法设计中的关键要素。ACO 算法既可以解决静态的组合优化问题，又可以解决动态的组合优化问题。本节将重点论述以下问题：ACO 元启发式算法可以应用的问题类型，控制人工蚂蚁的行为特征，以及 ACO 元启发式算法的通用结构。

1. 问题描述

ACO 中的人工蚂蚁实际上代表的是一个随机构建过程，在该构建过程中，通过不断向部分解添加符合定义的解成分从而构建出一个完整的解。因此，ACO 元启发式算法可以应用到任何能够定义构建性启发式的组合优化问题中。

尽管这意味着 ACO 元启发式算法可以应用于任何组合优化问题中，但真正的问题在于如何把某个问题描述成可以被人工蚂蚁用来构建解的表达方式。下面对人工蚂蚁所使用的问题表达方式和具体执行策略的形式化特征进行描述。

考虑一个最小化问题(S,f,Ω)。其中，S 是候选解（candidate solution）的集合；f 是目

标函数，对于每一个候选解 $s\in S$，都对应着一个目标函数(成本代价)值 $f(s,t)$；$\Omega(t)$是约束条件的集合。参数 t 表明目标函数和问题的约束都与时间有关，如动态问题的应用例子(例如，在通信网络路由问题中，连接的成本与流量大小成正比，而这个网络流量与时间有关)。

问题的目标就是要找出一个全局最优可行解 s^*，也就是在最小化问题中具有最小成本代价的可行解。

组合优化问题(S,f,Ω)对应的问题描述具有以下特征：

(1) 给定问题成分(component)的有限集合 $C=\{c_1,c_2,\cdots,c_{N_c}\}$，其中 N_c 是成分的个数。

(2) 问题的状态由 C 上的元素组成的有限长度序列 $x=\langle c_i,c_j,\cdots,c_h,\cdots\rangle$定义。所有可能状态的集合用 X 来表示。序列 x 的长度，即序列中元素的个数，用$|x|$来表示。序列的最大长度以一个正常数 n 来限定($n<+\infty$)。

(3) 候选解的集合 S 是 X 的一个子集(即 $S\subseteq X$)。

(4) 一个可行状态的集合$\tilde{X}(\tilde{X}\subseteq X)$是通过与问题有关的实验进行定义的，而这些实验还验证了把序列 $x\in\tilde{X}$扩展成一个满足约束 Ω 的完整解并非是不可能的。注意到在这个定义中，状态 $x\in\tilde{X}$的可行性在解释上是“弱义”的。实际上，这个定义并不保证 x 的完整解 $s(s\in\tilde{X})$存在。

(5) 最优解的非空集合 S^*，具有 $S^*\subseteq\tilde{X}$和 $S^*\subseteq S$。

(6) 每一个候选解 $s\in S$ 关联着一个成本代价 $g(s,t)$。在大多数情况下，对 $\forall s\in\tilde{S}$，都有 $g(s,t)\equiv f(s,t)$，式中，$\tilde{S}(\tilde{S}\subseteq S)$是可行候选解的集合，是满足 $\Omega(t)$约束的 S 的子集。

(7) 在某些情况下，成本代价(或者说成本的估计值)$J(x,t)$与状态有关，而不是与候选解有关。如果 x_j 可以通过向状态 x_i 添加解成分得到，那么就有 $J(x_i,t)\leqslant J(x_j,t)$。

给定了上述的问题描述，人工蚂蚁就可以在完全连接图 $G_C=(C,L)$上通过随机游走(randomized walks)来构建解，图上的点是 C 中的成分，集合 L 完全连接 C 中的成分点。图 G_C 称为构建图(construction graph)，L 中的元素称为连接(connections)。

问题的约束 $\Omega(t)$包含在人工蚂蚁遵循的策略中。在人工蚂蚁所使用的构建策略上实施的约束选择带有一定程度的灵活性。事实上，基于所考虑的组合优化问题，有时候实施硬性约束的方法更合理，即只允许蚂蚁建立可行的解。有时候会采用软性约束的方法，但要根据解的不可行程度用函数进行相应的惩罚。

2. 蚂蚁的行为

正如前面所说的，在 ACO 算法里面，人工蚂蚁就是在构建图 $G_C=(C,L)$上随机游走来建立解的随机构建过程。问题的约束 $\Omega(t)$建立在蚂蚁的构建性启发式方法上。在大部分应用中，蚂蚁总是只构建可行解。然而，有时候为了某种需要，蚂蚁也会构建非可行解。成分 $c_i\in C$ 和连接 $l_{ij}\in L$ 可以关联一个信息素值 τ(如果关联到成分则为 τ_i，如果关联到连接则为 τ_{ij})和启发值 η。信息素编码了有关蚂蚁完整搜索过程的一段长时间记录，并由蚂蚁对其进行更新。不同的是，通常被称为启发信息的启发值 η，代表的是问题实例的先前信息或者运行时的信息，并不由蚂蚁提供，而由其他来源提供。在很多情况下，η 代表的是成本代价或者是成本代价的估计值，也就是在构建过程中添加解的成分或新的连接到解中所需要的代价。蚂蚁的启发式规则使用这些值以一定概率决定如何在图上移动。

更精确地说，蚁群中的每一只蚂蚁 k 都有以下性质：

(1) 蚂蚁通过利用构建图 $G_C=(C,L)$ 来寻找最优解 $s^* \in S^*$。

(2) 每只蚂蚁都有一个记忆体 $M^{(k)}$，用来保存到目前为止蚂蚁所经过的路径上的信息。这些记忆体可以用来建立可行解、计算启发式值、评估当前找到的解、构建回路等。

(3) 每只蚂蚁都有一个开始状态 $x_s^{(k)}$ 和一个(或多个)终止状态 $e^{(k)}$。通常，开始状态是一个空序列或者是只带有一个单位长度的序列，即一个单成分序列。

(4) 在状态 $x_r=\langle x_{r-1}, i\rangle$ 中，如果不满足终止条件，蚂蚁就会移动到它的邻域 $N^{(k)}(x_r)$ 中的某个点 j 上，即状态 $\langle x_r, j\rangle \in X$。如果满足至少一个终止条件，蚂蚁的移动就停止。当蚂蚁构建候选解时，在大多数情况下是不允许蚂蚁移动到非可行状态上的，这主要通过使用蚂蚁的记忆体或者通过设定合适的启发式值实现。

(5) 蚂蚁利用概率决策规则进行移动的选择。概率决策规则是一个具有以下参数变量的函数：局部可用的信息素值和启发式值、蚂蚁用来保存自己当前状态的私有记忆体、问题相关的约束。当蚂蚁添加一个成分 c_j 到当前状态时，它会更新该成分或有关边上的信息素的值。

(6) 一旦蚂蚁建立了一个解，它就可以按原路返回并在返回的过程中对已添加成分上的信息素进行更新。

需要注意的是，蚂蚁之间是并行独立地运动的，尽管每只蚂蚁中的机制已经足以找到问题的一个解(可能是很差的解)，但要产生更好的解，必须通过蚂蚁之间的交互协作。这种交互协作是通过蚂蚁读(写)信息素变量中的信息来进行间接沟通而实现的。在某种程度上说，这就是一个分布学习的过程，每一个单独的蚂蚁并不是基于自身信息进行自我调整的，而是自适应地调整问题的表现形式以及其他蚂蚁对问题的感知。

3. 元启发式算法

通俗地说，ACO 算法可以想象为 3 个过程的相互作用：蚂蚁构建解(ConstructAntsolutlons)、更新信息素(UpdatePheromones)和后台执行(DaemonActions)。图 10.13 给出了 ACO 元启发式算法的伪代码。

```
procedure ACOMetaheuristic
    ScheduleActivities
        ConstructAntsSolutions
        UpdatePheromones
        DaemonActions
    end ScheduleActivities
end-procedure
```

图 10.13　ACO 元启发式算法的伪代码

ACO 元启发式算法的主体过程包括了 ACO 算法的 3 个组成过程，具体由行为调度(ScheduleActivities)过程进行构建：①管理蚂蚁的行为；②更新信息素；③后台执行。行为调度的结构并没有规定这 3 个过程是如何安排和同步的。换句话说，它并不明确显示这 3 个过程是应该在完全并行和独立的方式下执行，还是需要之间存在某种程度的同步。因此，算法的设计者在考虑到问题的特征时，可以自由指定这 3 个过程的结合方式。

当前，存在着大量成功的 ACO 元启发式算法，这些方法已经应用于很多不同的组合优化问题上，如表 10.5 所示。

表 10.5 当前 ACO 算法的应用列表

问题类型	问题名称	主要参考文献
路由	旅行商问题	Dorigo, Maniezzo, Colorni[6]
		Dorigo[7]
		Gambardella, Dorigo[8]
		Dorigo, Gambardella[9]
		Stützle, Hoos[10]
	车辆路由	Bullnheimer, Hartl, Strauss[11]
		Gambardella, Taillard, Agazzi[12]
		Reimann, Stummer, Doerner[13]
	顺序排列	Gambardella, Dorigo[14]
分配	二次分配	Maniezzo[15]
	图着色	Costa, Hertz[16]
	广义分配	Lourenco, Serra[17]
	频率分配	Maniezzo, Carbonaro[18]
调度	工序车间	Colorni, Dorigo, Maniezzo, Trubian[19]
	项目调度	Merkle, Middendorf, Schmeck[20]
	组车间	Blum[21]
子集	多重背包	Leguizamón, Michalewicz[22]
	冗余分配	Liang, Smith[23]
	最大团	Fenet, Solnon[24]
其他	最短公共超序列	Michel, Middendorf[25]
机器学习	分类规则	Parpinelli, Lopes, Freitas[26]
	贝叶斯网络	de Campos, Gámez, Puerta[27]
	模糊系统	Casillas, Cordón, Herrera[28]
网络路由	无连接的网络路由	Di Caro, Dorigo[29]

参考文献

[1] Kennedy J, Eberhart R C. Particle Swarm Optimization. In: Proc. IEEE International. Conf. on Neural Networks, Ⅳ. Piscataway, NJ: IEEE Service Center, 1995. 1942-1948.

[2] Kennedy J, Eberhart R C. A Discrete Binary Version of the Particle Swarm Algorithm. In: Proc. 1997Conf. on Systems, Man, and Cybernetics. Piscataway, NJ: IEEE Service Center, 1997. 4104-4109.

[3] Shi Y, Eberhart R C. A Modified Particle Swarm Optimizer. In: Proceedings of the IEEE International Conference on Evolutionary Computation. Piscataway, NJ: IEEE Press, 1998. 69-73.

[4] Clerc M. The Swarm and the Queen: Towards a Deterministic and Adaptive Particle Swarm Optimization. In: Proc. 1999 Congress on Evolutionary Computation. Washington, DC, Piscataway, NJ: IEEE Service Center, 1999. 1951-1957.

[5] Yoshida H, Kawata K, Fukuyama Y, et al. A Particle Swarm Optimization for Reactive Power and Voltage Control Considering Voltage Stability. In: Torres G L, Alves da Silva A P. Eds. Proc. Intl. Conf. on Intelligent System Application to Power Systems, Rio de Janneiro, Brazil, 1999. 117-121.

[6] Fukuyama Y, Yoshida H. A Particle Swarm Optimization for Reactive Power and Voltage Control in

Electric Power Systems. In: Proc. Congress on Evolutionary Computation 2001. Seoul, Korea. Piscataway, NJ: IEEE Service Center, 2001.

[7] Shi Y, Eberhart R C. A Modified Particle Swarm Optimizer. In: Proceedings of the IEEE International Conference on Evolutionary Computation. IEEE Press, Piscataway, NJ, 1998. 69-73.

[8] Shi Y, Eberhart R C. Empirical Study of Particle Swarm Optimization. In: Proceedings of the 1999 Congress on Evolutionary Computation. Piscataway, NJ, IEEE Service Center, 1999. 1945-1950.

[9] Shi Y, Eberhart R C. Fuzzy Adaptive Particle Swarm Optimization. In: Proc. Congress on Evolutionary Computation 2001. Seoul, Korea, IEEE Service Center, 2001.

[10] Clerc M. The Swarm and the Queen: Towards a Deterministic and Adaptive Particle Swarm Optimization. In: Proc. Congress on Evolutionary Computation, Washington, DC, Piscataway, NJ: IEEE Service Center, 1999. 1951-1957.

[11] Corne D, Dorigo M, Glover F. New Ideas in Optimization. McGraw Hill, 1999.

[12] van den Bergh, Engelbrecht A. A New Locally Convergent Particle Swarm Optimizer. In: 2002 IEEE International Conference on Systems, Man, and Cybernetics, 2002.

[13] van den Bergh, Engelbrecht A. Particle Swarm Weight Initialization in Multi-layer Perception Artificial Neural Networks. Development and Practice of Artificial Intelligence Techniques. Durban, South Africa, 1999. 41-45.

[14] van den Bergh, Engelbrecht A. Using Neighborhood with the Guaranteed Convergence PSO. In: 2003 IEEE Swarm Intelligence Symposium, USA, 2003. 235-242.

[15] Kennedy J. The Particle Swarm: Social Adaptation of Knowledge. In: Proc. Intl. Conf. on Evolutionary Computation. Indianapolis, IN, 303-308. Piscataway, NJ: IEEE Service Center, 1997.

[16] Kennedy J. Thinking is Social: Experiments with the Adaptive Culture Model. Journal of Conflict Resolution, 1998, 42(1): 56-76.

[17] Shi Y, Eberhart R C. Parameter Selection in Particle Swarm Optimization. In: Evolutionary Programming Ⅶ: Proc. EP98. New York: Springer-Verlag, 1998. 591-600.

[18] Ozcan E, Mohan C. Particle Swarm Optimization: Surfing The Waves. In: Proc. 1999 Congress on Evolutionary Computation, Piscataway. NJ: IEEE Service Center, 1999. 1939-1944.

[19] Eberhart R C, Hu X. Human Analysis Using Particle Swarm Optimization. In: Proc. Congress on Evlolutionary Computation 1999, Washington, DC. Piscataway, NJ: IEEE Service Center, 1999. 1927-1930.

[20] Carlisle A, Dozier G. An Off-the-shelf PSO. In: Proceedings of the Workshop on Particle Swarm Optimization. Indianapolis, IN: Purdue School of Engineering and Technology, IUPUI, 2001.

[21] Mulenbein H. Parallel Genetic Algorithms, Population Genetics and Combinatorial Optimization. In: Proceedings of the 3rd International Conference on Genetic Algorithms, Fairfax, WA, USA, 1989.

[22] Pearsall J. Concise Oxford Dictionary. 10th edition. Clay Ltd, Bungay. Suffolk, 1999.

[23] Potter M A, de Jong K A. A Cooperative Coevolutionary Approach to Function Optimization. In: The Third Parallel Problem Solving from Nature, Jerusalem, Israel, Springer-Verlag 1994. 249-257.

[24] van den Bergh F, Engelbrecht A P. Cooperative Learning in Neural Networks Using Particle Swarm Optimizers. South African Computer Journal, 2000, 26: 84-90.

[25] van den Bergh F, Engelbrecht A P. Effects of Swarm Size on Cooperative Particle Swarm Optimizers. In: Proceeding of the Genetic and Evolutionary Computation Conference. San Francisco, USA, July 2001. 892-899.

[26] 王雪，王晟，马俊杰. 无线传感网络移动节点位置并行微粒群优化策略. 计算机学报，2007，30(4)：563-568.

[27] Heo N, Varshney P K. A Distributed Self Spreading Algorithm for Mobile Wireless Sensor

Networks. In: Wireless Communications and Networking Conference, New Orleans, USA, 2003. Piscataway, NJ: IEEE Press, 2003. 1597-1602.

[28] Dhillon S S, Chakrabarty K. Sensor Placement for Effective Coverage and Surveillance in Distributed Sensor Networks. In: Wireless Communications and Networking Conference, New Orleans, USA, 2003. Piscataway, NJ: IEEE Press, 2003. 1609-1614.

[29] Wong T, Tsuchiya T, Kikuno T. A Self-organizing Technique for Sensor Placement in Wireless Micro-sensor Networks. In: Proc. of the 18th International Conference on Advanced Information Networking and Application, Fukuoka, Japan, 2004. Piscataway, NJ: IEEE Press, 2004. 78-83.

[30] Zhou S, Wu M Y, Shu W. Finding Optimal Placements for Mobile Sensors: Wireless Sensor Network Topology Adjustment. In: Emerging Technologies: Frontiers of Mobile and Wireless Communication, Shanghai, China, 2004. Piscataway, NJ: IEEE Press, 2004. 529-532.

[31] Zou Y, Chakrabarty K. Sensor Deployment and Target Localization Based on Virtual Forces. In: IEEE INFOCOM, San Francisco, USA, 2003. Piscataway, NJ: IEEE Press, 2003. 1293-1303.

[32] 曾建潮，介婧，崔志华. 微粒群算法. 北京：科学出版社，2004.

[33] Ting T O, Rao M V C, Loo C K. A novel approach for unit commitment problem via an effective hybrid particle swarm optimization. IEEE Trans. Power Systems, 2006, 21(1): 411-418.

[34] Krohling R A, dos Santos Coelho L. Coevolutionary particle swarm optimization using Gaussian distribution for solving constrained optimization problems. IEEE Trans. Systems, Man and Cybernetics, Part B, 2006, 36(6): 1407-1416.

[35] Genovesi S, Mittra R, Monorchio A. Particle swarm optimization for the design of frequency selective surfaces. Antennas and Wireless Propagation Letters, 2006, 5(1): 277-279.

[36] Xu S, Rahmat-Samii Y. Boundary conditions in particle swarm optimization revisited. IEEE Trans. Antennas and Propagation, 2007, 3(1): 760-765.

[37] Liu D, Tan K C, Goh CK, et al. A multiobjective memetic algorithm based on particle swarm optimization. IEEE Trans. Systems, Man and Cybernetics, Part B, 2007, 37(1): 42-50.

[38] Bayraktar Z, Werner P L, Werner D H. The design of miniature three-element stochastic Yagi-Uda arrays using particle swarm optimization. Antennas and Wireless Propagation Letters, 2006, 5(1): 22-26.

[39] Heo J S, Lee K Y, Garduno-Ramirez R. Multiobjective control of power plants using particle swarm optimization techniques. IEEE Trans. Energy Conversion, 2006, 21(2): 552-561.

[40] Mikki S M, Kishk A A. Quantum particle swarm optimization for electromagnetics. IEEE Trans. Antennas and Propagation, 2006, 54(10): 2764-2775.

[41] Deneubourg J L, Aron S, Goss S. The self-organizing exploratory pattern of the Argentine ant. Journal of Insect Behavior, 1990, 3, 159-168.

[42] Goss S. Aron S, Deneubourg J L. Self-organized shortcuts in the Argentine ant. Naturwissenschaften, 1989, 76, 579-581.

[43] Liu J S. Monte Carlo Strategies in Scientific Computing. New Yrok: Springer-Verlag, 2001.

[44] Deneubourg J. Personal Communication. Universite Libre De Bruxelles, Buxelles, Bussels, 2002.

[45] Johnson D S, McGeoch L A. The traveling salesman problem: A case study in local optimization. In: E. H. L. Aarts and J. K. Lenstra, Local Search in Combinatorial Optimization, 2003. 215-310.

[46] Dorigo M, Maniezzo V, Colorni A. Positive feedback as a search strategy. Technical report 91-016, Dipartimento di Elettronica, Politecnico di Milano, Milan, 1991.

[47] Dorigo M. Optimization, Learning and Natural Algorithms. PhD thesis, Dipartimento di Elettronica, Politecnico di Milano, Milan, 1992.

[48] Gambardella L M, Dorigo M. Ant-Q: Reinforcement learning approach to the traveling salesman

problem. In: Proceedings of the Twelfth International Conference on Machine Learning, Palo Alto, CA, Morgan Kaufmann, 1995. 252-260.

[49] Dorigo M, Gambardella L M. Ant colonies for the traveling salesman problem. BioSystems, 1997, 43(2): 73-81.

[50] Stützle T, Hoos H H. MAX-MIN Ant System. Future Generation Computer Systems, 2000. 889-914.

[51] Bullnheimer B, Hartl R F, Strauss C. Applying the ant system to the vehicle routing problem. In: Meta-Heuristics: Advances and Trends in Local Search Paradigms for Optimization, 1999. 285-296.

[52] Gambardella L M, Taillard E D, Agazzi G. MACS-VRPTW: A multiple ant colony system for vehicle routing problems with time windows. In: New Ideas in Optimization. London, McGraw Hill, 1999. 63-76.

[53] Reimann M, Stummer M, Doerner K. A savings based ant system for the vehicle routing problem. In: Proceedings of the Genetic and Evolutionary Computation Conference, 2002. 1317-1325.

[54] Gambardella L M, Dorigo M. HAS-SOP: An hybrid Ant System for the sequential ordering sequential ordering problem. INFORMS Journal on Computing, 2000, 12(3): 237-255.

[55] Maniezzo V. Exact and approximate nondeterministic tree-search procedures for the quadratic assignment problem. INFORMS Journal on Computing, 1999, 11(4): 358-369.

[56] Costa D, Hertz A. Ants can color graphs. Journal of the Operational Research Society, 1997, 48: 295-305.

[57] Lourenco H, Serra D. Adaptive search heuristics for the generalized assignment problem. Mathware and Soft Computing, 2002, 209-234.

[58] Maniezzo V, Carbonaro A. An ANTS heuristic for the frequency assignment problem. Future Generation Computer Systems, 2000, 16(8): 927-935.

[59] Colorni A, Dorigo M, Maniezzo V. Ant System for job-shop scheduling. JORBEL-Belgian Journal of Operations Research, Statistics and Computer Science, 1994, 34(1): 39-53.

[60] Merkle D, Middendorf. Ant colony optimization for resource-constrained project scheduling. In: Proceedings of the Genetic and Evolutionary Computation Conference, 2000. 893-900.

[61] Blum C. An ant colony optimization algorithm to tackle shop scheduling problems. Technical report TR/IRIDIA/2003-1, IRIDIA, Universite Libre de Bruxelles, Brussels, 2003.

[62] Leguizamón G, Michalewicz Z. A new version of Ant System for subset problems. In: Proceedings of the 1999 Congress on Evolutionary Computation, 1999. 1459-1464.

[63] Liang Y C, Smith A E. An Ant System approach to redundancy allocation. In: Proceedings of the 1999 Congress on Evolutionary Computation, Piscataway, NJ, IEEE Press, 1999. 1478-1484.

[64] Fenet S, Solnon C. Searching for maximum cliques with ant colony optimization. In: Applications of Evolutionary Computing, Proceedings of EvoWorkshops, Lecture Notes in Computer Science, 2003, 2611: 236-245.

[65] Michel R, Middendorf M. An ACO algorithm for the shortest supersequence problem. In: New Ideas in Optimization. London: McGraw Hill, 1999. 51-61.

[66] Parpinelli R S, Lopes H S, Freitas A A. An ant colony algorithm for classification rule discovery. In: Data Mining: A Heuristic Approach. Hershey, PA, Idea Group Publishing, 2002. 191-208.

[67] De Campos L M, Gámez J A, Puerta J M. Learning Bayesian networks by ant colony optimization: Searching in the space of orderings. Mathware and Soft Computing, 2002, 9(2-3): 251-268.

[68] Casillas J, Cordón O, Herrera F. Learning cooperative fuzzy linguistic rules using ant colony algorithms. Technical report DECSAI-00-01-19, Department of Computer Science and Artificial Intelligence, University of Granada, Granada, Spain, 2000.

[69] Di Caro G, Dorigo M. AntNet: Distributed stigmergetic control for communications networks. Journal of Artificial Intelligence Research, 1998, 9: 317-365.

[70] Chang C S, Tian L, Wen F S. A new approach to fault section estimation in power systems using ant system. Electric Powere Systems Research, 1999, 49(1): 63-70.
[71] 孙京诰,李艳秋,杨欣斌,等.基于蚁群算法的故障识别.华东理工大学学报,2004,30(2):71-75.
[72] 覃方君,田蔚风,李安,等.基于蚁群算法的复杂系统多故障状态的决策.中国惯性技术学报,2004,12(4):12-15.
[73] 樊友平,陈允平,黄席樾,等.运载火箭控制系统漏电故障诊断研究.宇航学报,2004,25(5):507-513.
[74] 边肇祺,张学工.模式识别.北京:清华大学出版社,2000.
[75] Michael J B K, Jean-Bernard B, Laurent K. Ant-like task and recruitment in cooperative robots. Nature, 2000, 406(31): 992-995.
[76] Konishi M, Nishi T, Nakano K, et al. Evolutionary routing method for multi mobile robots in transportation. In: Proceedings of the 2002 IEEE International Symposium on Intelligent Control, 2002. 490-495.
[77] Hu Y, Jing T, Hong X L, et al. An-OARSMan: obstacle-avoiding routing tree construction with good length performance. In: Proceedings of the Asia and South Pacific Design Automation Conference, 2005. 1: 7-12.
[78] Mucientes M, Casillas J. Obtaining a fuzzy controller with high interpretability in mobile robots navigation. In: Proceedings of the 2004 IEEE International Conference on Fuzzy Systems, 2004, 3: 1637-1642.
[79] Liu G Q, Li T J, Peng Y Q, et al. The ant algorithm for solving robot path planning problem. In: Proceedings of the 3rd International Conference on Information Technology and Applications, 2005, 2: 25-27.
[80] Parker C A C, Zhang H. Biologically inspired decision making for collective robotic systems. In: Proceedings of the 2004 IEEE/RSJ International Conference on Intelligent Robots and Systems, 2004, 1: 375-380.
[81] Hsiao Y T, Chuang C L, Chen C C. Ant colony optimization for best path planning. In: Proceedings of the IEEE International Symposium on Communications and Information Technology, 2004, 1: 109-113.
[82] Fan X P, Luo X, Y S, et al. Optimal Path planning for mobile robots based on intensified ant colony optimization algorithm. In: Proceedings of the 2003 IEEE International Conference on Robotics, Intelligent Systems and Signal Processing, 2003, 1: 131-136.
[83] 樊晓平,罗熊,易晟,等.复杂环境下基于蚁群优化算法的机器人路径规划.控制与决策,2004,19(2):166-170.
[84] 金飞虎,洪炳熔,高庆吉.基于蚁群算法的自由飞行空间机器人路径规划.机器人,2002,24(6):526-529.
[85] 胡小兵,黄席樾.基于蚁群算法的三维空间机器人路径规划.重庆大学学报,2004,27(8):132-135.
[86] 朱庆保,张玉兰.基于栅格法的机器人路径规划蚁群算法.机器人,2005,27(2):132-136.
[87] 丁滢颖,何衍,蒋静坪.基于蚁群算法的多机器人协作策略.机器人,2003,25(5):414-418.
[88] Ding Y Y, He Y, Jiang J P. Multi-robot cooperating method based on the ant algorithm. In: Proceedings of the 2003 IEEE Swarm Intelligence Symposium, 2003. 14-18.
[89] Brooks R A. A robust layered control system for a mobile robot. IEEE Journal of Robotics and Automation, 1986, RA-2(1): 14-23.
[90] Ge Y, Meng Q C, Yen C J, et al. A hybrid ant colony algorithm for global optimization of continuous multi-extreme functions. In: Proceedings of the 2004 International Conference on Machine Learning and Cybernetics, 2004, 4: 2427-2432.
[91] Zheng H, Wong A, Nahavandi S. Hybrid ant colony algorithm for texture classification. In:

Proceedings of the 2003 Congress on Evolutionary Computation, 2003, 4: 2648-2652.
[92] Zheng H, Zheng Z B, Xiang Y. The application of ant colony system to image texture classification. In: 2003 IEEE Proceedings of the 2003 International Conference on Machine Learning and Cybernetics, 2003, 3: 1491-1495.
[93] Ouadfel S, Batouche M. Ant colony system with local search for Markov random field image segmentation. In: Proceedings of the 2003 International Conference on Image Processing, 2003, 1: 133-136.
[94] Meshoul S, Batouche M. Ant colony system with extremal dynamics for point matching and pose estimation. In: Proceedings of the 16th International Conference on Pattern Recognition, 2002, 3: 823-826.
[95] Li X, Luo X H, Zhang J H. Modeling of vector quantization image coding in an ant colony system. Chinese Journal of Electronics, 2004, 13(2): 305-307.
[96] Li X, Luo X H, Zhang J H. Codebook design by a hybridization of ant colony with improved LEG algorithm. In: Proceedings of the 2003 International Conference on Neural Networks and Signal Processing, 2003, 1: 469-472.
[97] Zhuang X. Image feature extraction with the perceptual graph based on the ant colony system. In: Proceedings of the 2004 IEEE International Conference on Systems, Man and Cybernetics, 2004. 7: 6354-6359.
[98] Zhuang X. Edge feature extraction in digital images with the ant colony system. In: Proceedings of the 2004 IEEE International Conference on Computational Intelligence for Measurement Systems and Applications, 2004. 133-136.
[99] 燕忠,袁春伟. 基于蚁群智能和支持向量机的人脸性别识别分类方法. 电子与信息学报, 2004, 26(8): 1177-1182.
[100] 韩彦芳,施鹏飞. 基于蚁群算法的图像分割方法. 计算机工程与应用, 2004, 40(18): 5-7.
[101] 郑肇葆,叶志伟. 基于蚁群行为仿真的影像纹理分类. 武汉大学学报, 2004, 29(8): 669-673.
[102] 段海滨. 蚁群算法原理及其应用. 北京: 科学出版社, 2005.
[103] Dorigo M, Stützle T. 蚁群优化. 张军,胡晓敏,罗耀翔,等译. 北京: 清华大学出版社, 2007.